Ellipti

Th

Professor d
u

D r

Die Lehre

von den

Elliptischen Integralen

und den

Theta-Functionen.

Von

K. H. Schellbach,
Professor der Mathematik am Königl. Friedrich Wilhelms-Gymnasium
und an der Königl. Kriegs-Akademie zu Berlin.

Berlin,
Druck und Verlag von Georg Reimer.
1864.

Vorrede.

Wenn auch die Wissenschaften in steter Entwickelung begriffen sind und namentlich die Mathematik zu ihren Wahrheiten stets auf neuen Wegen zu gelangen oder dieselben auch als besondere Fälle höherer Gesetze aufzufassen sucht, so sind doch einzelne Disciplinen im Grossen und Ganzen als abgeschlossen zu betrachten, so dass z. B. Niemand erwarten wird, es könnte die Lehre von den Kreisfunctionen mit ihren Anwendungen auf die Trigonometrie in nächster Zeit eine wesentliche Aenderung erleiden, selbst wenn die mathematische Forschung einen ungewöhnlich raschen Aufschwung nehmen sollte. Eben so haben auch die Arbeiten der Mathematiker in einem höher liegenden Gebiete, welche bereits länger als ein Jahrhundert andauern, hauptsächlich durch Jacobi's Leistungen, eine so krystallinisch feste Gestalt gewonnen, dass sie auf lange Zeit einer wesentlichen Umgestaltung zu widerstehen scheinen.

Wir glauben in der That, dass wenn auch der Eingang zu Jacobi's Thetafunctionen von verschiedenen Seiten möglich ist, doch das Gebäude schon so fest geordnet erscheint, dass Jeder sich schnell orientiren wird, der bereits einmal in das Innere eingeführt worden ist. Das vorliegende Buch macht nun keinen weiteren Anspruch, als ein Führer zu sein in die Rechnung mit den Thetafunctionen, unbekümmert darum, ob es auch noch viele andere Wege dahin giebt, die vielleicht auch noch andere Gesichtspunkte eröffnen, auf Gebiete, die in weiter Ferne liegen und deswegen eine wohlbekannte Anziehungskraft ausüben.

Der Verfasser beabsichtigt mit seinem Buche mehr das Können, als das Wissen seiner Leser zu fördern, und verfolgt also recht eigentlich praktische Zwecke. Die Mechanik, die Astronomie und die Physik fordern von der Mathematik die Lösung bestimmter Aufgaben, und unser Buch soll zeigen, wie man, nach dem Vorgange Jacobi's, mit Hülfe der Theorie der Thetafunctionen viele derselben leichter und vollständiger zu lösen vermag, als dies bisher mit den bekannten Rechnungsoperationen möglich war. Er betrachtet die Thetafunctionen als ein neues, noch wenig bekanntes Instrument, dessen Handhabung zuerst studirt werden sollte, ehe man es gegen ein noch neueres vertauscht, mit dem in vielen Fällen nicht mehr als mit dem alten geleistet wird, besonders dann, wenn man dieses gut zu führen versteht.

Jeder Lehrer weiss, dass Schüler einer Wissenschaft

am besten gefördert werden, wenn man sie zunächst in einen Gedankenkreis von übersichtlichem Umfange einweiht, und ihnen Gelegenheit giebt, durch Ausführung vorgeschriebener Operationen sich ihres Besitzes bewusst zu werden. Das nicht sehr alte „exempla plus prosunt quam praecepta“ wird in neueren Lehrbüchern sehr häufig vergessen.

Die erste Anregung, die vorliegende Arbeit zu übernehmen, gab uns vor längerer Zeit ein Heft über die Theorie der elliptischen Functionen, welches Herr Dr. Borchardt während seiner Studienzeit in Königsberg nach einer Vorlesung Jacobi's ausgearbeitet hat. Wenn auch in diesem Hefte ein anderer Ausgangspunkt gewählt ist, und die Wege, die eingeschlagen worden sind, so wie selbst die Ziele, die erreicht werden sollten, wesentlich andere sind, als in diesem Buche, so darf doch nicht unerwähnt bleiben, dass uns die Kenntniss dieses Heftes, welche wir der freundlichen Gefälligkeit des Herrn Dr. Borchardt verdanken, von grossem Nutzen gewesen ist. Ausserdem haben wir mit Vortheil für unsere Arbeit eine Inaugural-Dissertation des Herrn Professor Schröter in Breslau: „De aequationibus modularibus“ studirt und an mehreren Stellen, namentlich im fünften Abschnitte der Anwendungen, die verdienstvolle Schrift des Herrn Dr. Durège: „Theorie der elliptischen Functionen“ benutzen können, das erste in Deutschland über diese Lehre erschienene Werk. Noch glauben wir erwähnen zu müssen, dass die wichtige Formel (2.) pag. 101 sich bereits in einer Abhandlung des Herrn Professor Richelot im 50sten Bande des Crelle'schen Journals findet, wenn sie auch dort auf ganz andere Art abgeleitet worden ist.

Besonders dankbar sind wir aber Herrn Professor Weierstrass, dass wir unser Buch mit einigen Blättern von der Hand dieses berühmten Meisters haben zieren dürfen, denn der dreizehnte Abschnitt der ersten Abtheilung rührt unmittelbar von ihm selbst her.

Bei der Redaction des ganzen Werkes und der einzelnen Rechnungen haben wir uns der Beihülfe einiger junger talentvoller Mathematiker zu erfreuen gehabt, die uns gestatten werden, hier unsern Dank für ihre Hülfe öffentlich aussprechen zu dürfen. Zunächst ist Herr Dr. Wernicke zu erwähnen, der die Correktur des ganzen Werkes übernommen und ausserdem auch für stylistische Sauberkeit und Ordnung in der äussern Ausführung gesorgt hat. Er und Herr Dr. E. Schultze haben ausserdem auf meinen Wunsch den zwölften Abschnitt der ersten Abtheilung aus dem grösseren Werke Légendre's mit gehöriger Umsicht entnommen, da ich selbst keine wesentlichen Verbesserungen anzubringen wusste, ohne wichtigere Glieder in ihrer Entwicklung zu beschränken.

In §. 2 hat hauptsächlich Herr Worpitzky den Nachweis geliefert, dass die Grösse μ aus den Gleichungen reell hervorgeht. Die numerische Rechnung in §. 61 ist von Herrn Dr. Harprecht ausgeführt worden, und eben so haben die Herren Dr. Bachmann, Dr. Teichert, Dr. Kretschmer und Studiosus Biermann mehrere numerische

Rechnungen übernommen, die von wesentlichem Nutzen für mich gewesen sind, auch wenn viele derselben nicht unmittelbar in das Buch mit aufgenommen werden konnten. Allen diesen jungen Mathematikern, und ganz besonders den Herren Dr. Schultze und Dr. Kretschmer, spreche ich nochmals für ihre vielfachen Bemühungen meinen aufrichtigen Dank aus.

Schliesslich haben wir uns noch über die Benutzung einer gewissermassen nur scheinbar neuen Bezeichnung zu rechtfertigen. Es sind in dieser Schrift durch die Zeichen

$$f(x),\ g(x),\ h(x)$$

Functionen von x ausgedrückt worden, welche Jacobi mit

$$\sqrt{k}\sin am\left(\frac{2K}{\pi}x\right);\quad \sqrt{\frac{k}{k'}}\cos am\left(\frac{2K}{\pi}x\right);\quad \frac{1}{\sqrt{k'}}\Delta am\left(\frac{2K}{\pi}x\right)$$

und Gudermann etwas kürzer mit

$$\sqrt{k}\,sn\left(\frac{2K}{\pi}x\right);\quad \sqrt{\frac{k}{k'}}\,cn\left(\frac{2K}{\pi}x\right);\quad \frac{1}{\sqrt{k'}}\,dn\left(\frac{2K}{\pi}x\right)$$

bezeichneten. Für diese Functionen wurden später von Briot und Bouquet in ihrer „Théorie des fonctions doublement periodiques“ die Zeichen

$$\sqrt{k}\,\lambda\left(\frac{\omega x}{2\pi}\right);\quad \sqrt{\frac{k}{k'}}\,\mu\left(\frac{\omega x}{2\pi}\right);\quad \frac{1}{\sqrt{k'}}\,\nu\left(\frac{\omega x}{2\pi}\right)$$

benutzt, in denen $4K$ durch ω ersetzt worden ist. Wir haben aber in dem vorliegenden Buche selbst keinen Werth auf den Gebrauch der Buchstaben f, g, h gelegt, die eben so gut durch drei andere ersetzt werden können und überhaupt keinen typischen Charakter beanspruchen sollen. Wer übrigens nur einen oberflächlichen

Blick in unser Buch wirft, wird leicht begreifen, dass wir uns der älteren Bezeichnung unmöglich bedienen konnten, ohne den Formeln eine ungeschickte Breite geben zu müssen. Ausserdem haben wir auch geglaubt, uns wegen der ältern Bezeichnung keinen Zwang auferlegen zu dürfen, weil dieselbe doch nicht fähig gewesen ist, dem Algorithmus eine wesentlich grössere Geschmeidigkeit zu verleihen.

Berlin, im März 1864.

K. H. Schellbach.

Inhalts-Verzeichniss.

Erste Abtheilung.

Die Theorie.

Zweite Abtheilung.

Die Anwendungen.

Erste Abtheilung.

D i e T h e o r i e.

Erster Abschnitt.

Begriff der elliptischen Integrale. Ihre Reduction auf die Normalform.

§. 1.

Die Elemente der Integralrechnung lehren das Integral

$$\int f(x,y)\,dx$$

in welchem $f(x,y)$ eine rationale Function der Veränderlichen x und y bedeutet, und y eine Wurzelgrösse von der Form

$$\sqrt{a+bx+cx^2}$$

vorstellt, algebraisch oder mit Hülfe von Logarithmen und Kreisfunctionen berechnen.

Auf eine ähnliche einfache Weise lässt sich auch das Integral

$$\int f(x,y,z)\,dx$$

angeben, wenn die Veränderlichen y und z zwei Wurzelgrössen von der Form

$$\sqrt{a+bx} \quad \text{und} \quad \sqrt{\alpha+\beta x}$$

bedeuten.

Wenn aber im ersten Falle y eine Wurzel von der Form

$$\sqrt{a+bx+cx^2+dx^3+ex^4}$$

vorstellt, oder im zweiten y und z die Ausdrücke

$$\sqrt{a+bx+cx^2} \quad \text{und} \quad \sqrt{\alpha+\beta x+\gamma x^2}$$

bezeichnen, welcher zweite Fall, durch Rationalmachen der einen Quadratwurzel, leicht auf den ersten zurückgeführt werden kann, dann reichen die Kreisfunctionen, die Logarithmen oder Exponentialgrössen nicht mehr aus, um die Natur dieser Functionen welche elliptische Integrale genannt werden, erforschen zu können. Zu diesem Zwecke eignen sich nur die neuen Gebilde, welche unter dem Namen der Jacobi'schen oder der Thetafunctionen in die Wissenschaft eingeführt worden sind, und ihre Entstehung einer Erweiterung des Begriffes der binomischen Reihe verdanken, während die Logarithmen, die Exponential- und Kreisfunctionen mit Hülfe dieser Reihe, in ihrer einfachsten Gestalt, leicht und vollständig entwickelt werden konnten. Wenn nun auch der Entwickelungsgang der Wissenschaft der Zeit nach thatsächlich ein anderer gewesen ist, und die Mathematiker erst auf diese Gebilde, von denen man schon mehr als ein Jahrhundert lang Kenntniss hatte, durch das Studium der Integralrechnung wieder aufmerksam geworden sind, so erscheint doch diese Auffassungsweise den Lesern eines Buches gegenüber gerechtfertigt, welche in die Rechnung mit den Thetafunctionen ebenso eingeführt werden sollen, wie sie bereits in die Rechnung mit Logarithmen und Kreisfunctionen vollständig eingeweiht sind.

Ehe wir aber die Lehre von den Thetafunctionen ausführlicher abhandeln können, ist es nothwendig, vorher eine Vorstellung von den wichtigsten Eigenschaften der elliptischen Integrale zu geben.

§. 2.

In dem allgemeinen elliptischen Integrale

$$\int f(x, y)\, dx$$

lässt sich die Wurzelgrösse y, unter welcher wir den Ausdruck

$$\sqrt{E(x^4 + Ax^3 + Bx^2 + Cx + D)}$$

verstehen, immer so umformen, dass das Polynom nur die geraden Potenzen der Veränderlichen x enthält. Um dies nachzuweisen, wollen wir annehmen, dass durch die Substitution

$$x = z - \tfrac{1}{4}A$$

das Polynom bereits die Gestalt

$$y = \sqrt{E(z^4 + 2az^2 + 4bz + c)}$$

angenommen hat.

Bezeichnen wir das Polynom unter dem Wurzelzeichen kurz mit $F(z)$, so ist

$$F(z) = z^4 + 2az^2 + 4bz + c = \left(z^2 + a + \frac{b}{z}\right)^2 - \left(a + \frac{b}{z}\right)^2 + 2bz + c.$$

Führen wir nun wieder statt z eine neue durch die Gleichung

$$z = \lambda + \mu x$$

bestimmte Veränderliche x ein, so lassen sich die Constanten λ und μ so bestimmen, dass in der Entwickelung die Coefficienten von x^0 und x^4, sowie von x^1 und x^3 einander gleich werden. Der Coefficient von x^0 ist aber offenbar in der Entwickelung von $F(z) = F(\lambda + \mu x)$ nur $F(\lambda)$ und der von x^4 ist μ^4; ferner sind die Coefficienten von x^3 und x^1 entsprechend

$$4\lambda\mu^3 \quad \text{und} \quad \mu F'(\lambda) = 4\mu(\lambda^3 + a\lambda + b).$$

Daher hat man zur Bestimmung von λ und μ die Gleichungen

$$(1.) \qquad \left(\lambda^2 + a + \frac{b}{\lambda}\right)^2 - \left(a + \frac{b}{\lambda}\right)^2 + 2b\lambda + c = \mu^4$$

$$(2.) \qquad \lambda^2 + a + \frac{b}{\lambda} = \mu^2;$$

folglich liefert die Gleichung

$$(3.) \qquad \left(a + \frac{b}{\lambda}\right)^2 - 2b\lambda - c = 0$$

den gesuchten Werth von λ und die Gleichung (2.) das zugehörige μ.

Es ist nun zunächst nachzuweisen, dass die Gleichung (3.), welche als cubische zwar stets einen reellen Werth für λ liefert, diesen auch so bestimmt, dass er, in die Gleichung (2.) eingesetzt, μ^2 positiv macht, also auch μ reell ergiebt.

Fasst man die linke Seite der Gleichung (3.) als Function von λ auf, setzt also

$$\psi(\lambda) = \left(a + \frac{b}{\lambda}\right)^2 - 2b\lambda - c,$$

so ist, wenn man mit ω eine unendlich grosse Zahl bezeichnet,

$$\psi(0) = +\omega \quad \text{und} \quad \psi(\pm\omega) = \mp b\omega,$$

also hat die Gleichung

$$\psi(\lambda) = 0$$

immer eine reelle Wurzel λ_1, welche mit b gleiches Vorzeichen hat, so dass für diese Wurzel

$$\frac{b}{\lambda_1} > 0$$

ist. Zieht man nun die identische Gleichung

$$\left(a + \frac{b}{\lambda_1}\right)^2 - 2b\lambda_1 - c = 0$$

von (3.) ab, so bleibt, wenn man mit $1-\frac{\lambda}{\lambda_1}$ dividirt,

$$(4.)\quad \left(\frac{b}{\lambda}+2a+\frac{b}{\lambda_1}\right)\frac{b}{\lambda}=-2b\lambda_1$$

oder wenn man nach (2.)

$$(5.)\quad \lambda_1^2+a+\frac{b}{\lambda_1}=\mu_1^2$$

setzt,

$$(6.)\quad \left(\frac{b}{\lambda}+a+\frac{b}{2\lambda_1}\right)^2=\left(a+\frac{3b}{2\lambda_1}\right)^2-\frac{2b}{\lambda_1}\mu_1^2.$$

Ergäbe sich nun μ_1^2 aus (5.) positiv, so wären für λ und μ zwei reelle Grössen λ_1 und μ_1 gefunden. Machte aber λ_1 das μ_{II}^2 negativ, so würden die beiden andern Wurzeln λ_2 und λ_3 der Gleichung (3.) oder der Gleichung (6.) beide reell gefunden, da $\frac{b}{\lambda_1}$ positiv, also $-\frac{2b}{\lambda_1}\mu_1^2$ ebenfalls positiv sein würde und die Grösse

$$\sqrt{\left(a+\frac{3b}{2\lambda_1}\right)^2-\frac{2b}{\lambda_1}\mu_1^2}$$

entschieden reell wäre.

Diese beiden Wurzeln λ_2 und λ_3 liefern aber ein positives μ^2, also ein reelles μ; denn setzt man

$$a+\frac{b}{2\lambda_1}=L \text{ und } \sqrt{L^2-2b\lambda_1}=M,$$

so findet man aus (4.)

$$\frac{b}{\lambda}=-L\pm M$$

$$2\lambda_1\lambda=-L\mp M.$$

Mit Hülfe dieser Gleichungen ergiebt sich aus (2.)

$$2\lambda_1^2\mu^2=M^2\pm(L+2\lambda_1^2)M.$$

Es ist aber

$$(L+2\lambda_1^2)^2=M^2+4\lambda_1^2\mu_1^2$$

folglich

$$2\lambda_1^2\mu^2=M\left(M\pm\sqrt{M^2+4\lambda_1^2\mu_1^2}\right).$$

Da nun μ_1^2 negativ ist, so ist die Wurzelgrösse kleiner als M, also μ^2 stets positiv und μ reell.

§. 3.

Nachdem wir uns jetzt überzeugt haben, dass die Constanten λ und μ stets als reelle Grössen bestimmt werden können, führen wir in y die Substitution $z = \lambda + \mu x$ ein und erhalten so, mit Rücksicht auf (1.) und (2.),

$$y = \sqrt{E\{\mu^4(x^4+1) + 4\lambda\mu^3(x^3+x) + 2\mu^2(3\lambda^2+a)x^2\}}$$

$$= \mu x\sqrt{E\left\{\mu^2\left(\frac{1}{x^2}+x^2\right) + 4\lambda\mu\left(\frac{1}{x}+x\right) + 2(3\lambda^2+a)\right\}}.$$

Setzt man nun

$$x = \frac{1+t}{1-t}$$

so wird

$$z = \lambda - \mu + \frac{2\mu}{1-t}; \qquad dz = \frac{2\mu dt}{(1-t)^2}$$

und

$$y = \frac{2\mu}{(1-t)^2}\sqrt{\alpha + 2\beta t^2 + \gamma t^4},$$

wenn man die Bezeichnungen einführt

$$\alpha = E\left(2\lambda^2 + 2\lambda\mu + a + \frac{b}{2\lambda}\right)$$

$$\gamma = E\left(2\lambda^2 - 2\lambda\mu + a + \frac{b}{2\lambda}\right)$$

$$\beta = E\left(2a + \frac{3b}{\lambda}\right)$$

§. 4.

Ist nun das Integral

$$\int f(x, y)\,dx$$

zu berechnen, in welchem $f(x, y)$ eine rationale Function von x und y, und y eine Quadratwurzel aus einem Polynom vierten Grades der Variabeln x bedeutet, so lässt sich zunächst $f(x, y)$ unter der Form darstellen

$$f(x, y) = \frac{P+Qy}{R+Sy} = \frac{P+Qy}{R+Sy}\cdot\frac{R-Sy}{R-Sy}$$

$$= \frac{PR-QSy^2}{R^2-S^2y^2} + \frac{(QR-PS)y^2}{R^2-S^2y^2}\cdot\frac{1}{y},$$

wo P, Q, R, S ganze rationale Functionen von x sind. Der erste Bruch auf der rechten Seite dieser Gleichung, sowie der zweite, welcher als Factor von $\frac{1}{y}$ erscheint, sind beide rationale Functionen von x und mögen durch X und Y bezeichnet werden. Dann erscheint das vorgelegte Integral als aus den beiden Theilen

$$\int X dx + \int Y \frac{dx}{y}$$

zusammengesetzt, von denen sich der erste nach bekannten Vorschriften integriren lässt.

Wenn man im zweiten Theile die Substitution des §. 3 benutzt, so wird Y eine rationale Function von t statt von x, und das Differential $\frac{dx}{y}$ erscheint unter der Gestalt

$$\frac{dt}{\sqrt{\alpha + 2\beta t^2 + \gamma t^4}}.$$

Ganz in derselben Weise wie vorher $f(x, y)$ zerlegt wurde, lässt sich auch Y in zwei Theile

$$T + tT_1$$

auflösen, in denen T und T_1 rationale Functionen von t^2 vorstellen. Das Integral

$$\int \frac{T_1\, t dt}{\sqrt{\alpha + 2\beta t^2 + \gamma t^4}}$$

lässt sich, wenn man $t^2 = x$ setzt, nach bekannten Methoden auffinden. Es bleibt also nur noch übrig, das Integral

$$\int \frac{T . dt}{\sqrt{\alpha + 2\beta t^2 + \gamma t^4}}$$

zu berechnen.

Durch Zerlegung in Partialbrüche lässt sich T in Glieder von der Form

$$\frac{A}{(a - t^2)^n} \quad \text{und} \quad Bt^{2m}$$

auflösen, wo a auch imaginär sein kann. Man hat sich also nur noch mit den beiden Integralen

$$\int \frac{t^{2m}\, dt}{\sqrt{\alpha + 2\beta t^2 + \gamma t^4}} \quad \text{und} \quad \int \frac{dt}{(a - t^2)^n \sqrt{\alpha + 2\beta t^2 + \gamma t^4}}$$

zu beschäftigen. Diese Integrale nehmen für $t^2 = x$, wenn man

$$\alpha x + 2\beta x^2 + \gamma x^3 = \varphi(x)$$

setzt, die Gestalt an

$$\int \frac{x^m\, dx}{\sqrt{\varphi(x)}} \quad \text{und} \quad \int \frac{dx}{(a - x)^n \sqrt{\varphi(x)}}$$

von denen die erste als ein specieller Fall der zweiten betrachtet werden kann, wenn man nämlich $a=0$ und n negativ annimmt. Es bleibt daher nur noch das letzte Integral zu untersuchen übrig.

§. 5.

Um dieses Integral auf seine einfachen Elemente zurückzuführen, kann man folgende allgemeine Reductionsformel benutzen. Nach dem Taylor'schen Satze ist für

$$a-x=A$$

$$\varphi(x)=\varphi(a-A)=\varphi(a)-A\varphi'(a)+\frac{A^2}{2!}\varphi''(a)-\frac{A^3}{3!}\varphi'''(a)+\cdots$$

Ferner

$$\frac{d.A^\lambda\sqrt{\varphi(x)}}{dx}$$

$$=-\lambda A^{\lambda-1}\sqrt{\varphi(x)}+\tfrac{1}{2}\frac{A^\lambda\varphi'(x)}{\sqrt{\varphi(x)}}=\frac{A^{\lambda-1}}{2\sqrt{\varphi(x)}}(A\varphi'(x)-2\lambda\varphi(x))$$

$$=\frac{A^{\lambda-1}}{2\sqrt{\varphi(x)}}\Big\{A\varphi'(a)-A^2\varphi''(a)+\frac{A^3}{2!}\varphi'''(a)-\frac{A^4}{3!}\varphi^{\mathrm{IV}}(a)+\cdots$$
$$-2\lambda\Big(\varphi(a)-A\varphi'(a)+\frac{A^2}{2!}\varphi''(a)-\frac{A^3}{3!}\varphi'''(a)+\cdots\Big)\Big\}$$

$$=\frac{A^{\lambda-1}}{2\sqrt{\varphi(x)}}\Big\{-2\lambda\varphi(a)+(2\lambda+1)A\varphi'(a)-\frac{2\lambda+2}{2!}A^2\varphi''(a)$$
$$+\frac{2\lambda+3}{3!}A^3\varphi'''(a)-\frac{2\lambda+4}{4!}A^4\varphi^{\mathrm{IV}}(a)+\cdots\Big\}.$$

Integrirt man diese Gleichung, so wird

$$(1.)\quad 2A^\lambda\sqrt{\varphi(x)}$$
$$=-2\lambda\varphi(a)\int\frac{A^{\lambda-1}dx}{\sqrt{\varphi(x)}}+(2\lambda+1)\varphi'(a)\int\frac{A^\lambda dx}{\sqrt{\varphi(x)}}$$
$$-\frac{2\lambda+2}{2!}\varphi''(a)\int\frac{A^{\lambda+1}dx}{\sqrt{\varphi(x)}}+\frac{2\lambda+3}{3!}\varphi'''(a)\int\frac{A^{\lambda+2}dx}{\sqrt{\varphi(x)}}-\cdots$$

Da

$$\varphi(x)=\alpha x+2\beta x^2+\gamma x^3$$

so verschwindet $\varphi^{\mathrm{IV}}(a)$ und daher enthält die rechte Seite dieser Formel (1.) in diesem Falle nur die vier niedergeschriebenen Glieder.

Aus dieser Formel ergiebt sich sogleich, dass man, wenn λ eine positive oder negative ganze Zahl bedeutet, jedes Integral von der Form

$$\int\frac{A^\lambda dx}{\sqrt{\varphi(x)}}$$

berechnen kann, wenn die drei Integrale

$$\int \frac{dx}{\sqrt{\varphi(x)}}; \quad \int \frac{A\,dx}{\sqrt{\varphi(x)}}; \quad \int \frac{dx}{A\sqrt{\varphi(x)}}$$

bekannt sind, denn man braucht in dieser Formel nur $\lambda = 0, +1, -1, +2, -2, \ldots$ einzusetzen, um sich von der Richtigkeit der Behauptung zu überzeugen.

§. 6.

Die letzten drei Integrale sind einer weitern Umformung fähig, und zwar lässt sich das erste derselben, oder auch das Integral

$$u = \int_a^b \frac{dx}{\sqrt{x(\alpha + 2\beta x + \gamma x^2)}}$$

stets auf ein Integral von der Form

$$(N) \qquad \int_{a'}^{b'} \frac{dx}{\sqrt{x(1-x)(1-\delta x)}}$$

zurückführen, in welchem der Coefficient δ immer ein positiver echter Bruch ist. Denn wenn zunächst die Coefficienten α, β, γ sämmtlich positiv sind, so führen wir durch die Gleichungen

$$(1.) \qquad \sqrt[4]{\frac{\gamma x^2}{\alpha}} = \frac{1-\sqrt{1-z}}{\sqrt{z}}$$

$$(2.) \qquad \sqrt[4]{\frac{\alpha}{\gamma x^2}} = \frac{1+\sqrt{1-z}}{\sqrt{z}}$$

oder

$$(3.) \qquad \tfrac{1}{4}\left(\sqrt[4]{\frac{\alpha}{\gamma x^2}} + \sqrt[4]{\frac{\gamma x^2}{\alpha}}\right)^2 = \frac{1}{z}$$

eine neue Veränderliche z ein. Differenziirt man die erste dieser Gleichungen logarithmisch, so findet man

$$\frac{dx}{x} = \frac{dz}{z\sqrt{1-z}}.$$

Aus Nr. 3 ist sogleich

$$\frac{\alpha}{x} + \gamma x = \left(\frac{4}{z} - 2\right)\sqrt{\alpha\gamma}.$$

Bezeichnet man daher

$$(4.)\quad \tfrac{1}{4}\left(\sqrt[4]{\frac{\alpha}{\gamma a^2}}+\sqrt[4]{\frac{\gamma a^2}{\alpha}}\right)^2=\frac{1}{a'}$$

$$(5.)\quad \tfrac{1}{4}\left(\sqrt[4]{\frac{\alpha}{\gamma b^2}}+\sqrt[4]{\frac{\gamma b^2}{\alpha}}\right)^2=\frac{1}{b'},$$

so wird, wenn man wieder x statt z schreibt, da bei dem bestimmten Integrale der Integrations-Buchstabe ganz willkürlich ist,

$$(6.)\quad u=\frac{1}{2\sqrt[4]{\alpha\gamma}}\int_{a'}^{b'}\frac{dx}{\sqrt{x(1-x)\left(1-\frac{1}{2}\left[1-\frac{\beta}{\sqrt{\alpha\gamma}}\right]x\right)}}\cdots$$

Wenn nun β kleiner ist als $\sqrt{\alpha\gamma}$, so hat jetzt u in der That die vorgeschriebene Form angenommen.

Ist aber β grösser als $\sqrt{\alpha\gamma}$ und man ersetzt x durch $1-x$, so verwandelt sich u in

$$(7.)\quad u=\frac{1}{\sqrt{2(\beta-\sqrt{\alpha\gamma})}}\int_{1-b'}^{1-a'}\frac{dx}{\sqrt{x(1-x)\left(1-\frac{\beta-\sqrt{\alpha\gamma}}{\beta+\sqrt{\alpha\gamma}}x\right)}}$$

erscheint also wieder in der Gestalt ($N.$), die wir als die Normalform bezeichnen wollen.

§. 7.

Hat man aber das Integral zu reduciren

$$u=\int_a^b\frac{dx}{\sqrt{x(\alpha+2\beta x-\gamma x^2)}}$$

in welchem die Coefficienten α, β, γ, sämmtlich wieder positive Grössen sind, so nimmt zunächst das Trinom unter der Wurzel für

$$\sqrt{\alpha\gamma+\beta^2}=\delta$$

die Gestalt an

$$\frac{1}{\gamma}(\delta-\beta+\gamma x)(\delta+\beta-\gamma x)$$

und für $\gamma x=(\delta+\beta)z$ verwandelt sich u, wenn man die Grenzen noch unbestimmt lässt, in

$$u=\int\frac{dz}{\sqrt{z(1-z)(\delta-\beta+[\delta+\beta]z)}}$$

Schreibt man hier wieder $1-x$ statt z, so erhält man

$$u = \frac{1}{\sqrt{2\delta}} \int_{a'}^{b'} \frac{dx}{\sqrt{x(1-x)\left(1-\frac{1}{2}\left[1+\frac{\beta}{\delta}\right]x\right)}}$$

wenn

$$a' = 1 - \frac{b\gamma}{\beta+\delta} \quad \text{und} \quad b' = 1 - \frac{a\gamma}{\beta+\delta}$$

Da $\beta < \delta$ ist, so hat das Integral die Normalform bereits angenommen, sowohl wenn β negativ als wenn es positiv ist.

§. 8.

Die beiden Integrale

$$\int_a^b \frac{dx}{\sqrt{x(\alpha+2\beta x+\gamma x^2)}} \quad \text{und} \quad \int_a^b \frac{dx}{\sqrt{x(\alpha+2\beta x-\gamma x^2)}}$$

lassen sich also stets auf ein Integral von der Form

$$\int_{a'}^{b'} \frac{dx}{\sqrt{x(1-x)(1-\delta x)}}$$

zurückführen, in welchem δ ein positiver echter Bruch ist. Alle übrigen Fälle, welche durch die Verschiedenheit der Zeichen und numerischen Werthe der Coefficienten α, β, γ auftreten können, lassen sich aber auf diese beiden Integrale zurückführen, wenn man den Integrationsbuchstaben mit

$$-x \quad \text{oder} \quad \frac{x}{\delta} \quad \text{oder} \quad \frac{1}{x}$$

vertauscht. Es wird dem Leser keine Mühe machen, sich von der Richtigkeit dieser Behauptung zu überzeugen, wenn er alle einzelnen Fälle, mit Rücksicht auf diese Behauptung, untersucht.

§. 9.

Wenn man

$$x(1-x)(1-\delta x) = \psi(x)$$

setzt, so ist also das erste der drei Integrale in §. 5. auf die Form gebracht

$$\int \frac{dx}{\sqrt{\psi(x)}}$$

und bildet, in dieser Gestalt, die erste Gattung der elliptischen Integrale.

Das zweite Integral

$$\int \frac{(a-x)\,dx}{\sqrt{x(\alpha+2\beta x+\gamma x^2)}}$$

zerfällt, wenn α und γ entgegengesetzte Zeichen haben, durch die Substitutionen des §. 7. in die beiden

$$\int \frac{dx}{\sqrt{\psi(x)}} \quad \text{und} \quad \int \frac{x\,dx}{\sqrt{\psi(x)}}.$$

Haben aber α und γ gleiche Zeichen, dann wird durch die Substitution des §. 6, wenn man N. 1 durch N. 2 dividirt

$$(1) \quad x\sqrt{\frac{\gamma}{\alpha}} = \frac{1-\sqrt{1-z}}{1+\sqrt{1-z}}$$

oder

$$x\sqrt{\frac{\gamma}{\alpha}} = \frac{2-z-2\sqrt{1-z}}{z},$$

also zerfällt das Integral in drei Integrale von der Form

$$A\int \frac{dz}{z\sqrt{\psi(z)}} + B\int \frac{dz}{\sqrt{\psi(z)}} + C\int \frac{\sqrt{1-z}\,.\,dz}{z\sqrt{\psi(z)}}$$

Das erste wird durch die Substitution $z=\frac{1}{x}$ leicht auf die Form gebracht

$$\int \frac{x\,dx}{\sqrt{\psi(x)}}$$

und bildet die zweite Gattung der elliptischen Integrale. Das zweite ist ein elliptisches Integral erster Gattung und das dritte oder

$$\int \frac{dz}{z\sqrt{z(1-\delta z)}}$$

wird nach bekannten Methoden berechnet.

Das dritte Integral in §. 5

$$\int \frac{dx}{(a-x)\sqrt{x(\alpha+2\beta x+\gamma x^2)}}$$

nimmt wieder durch die Substitutionen im §. 7, wenn α und γ entgegengesetzte Zeichen haben, die Form an

$$\int \frac{dx}{(b-x)\sqrt{x(1-x)(1-\delta x)}}.$$

Sind aber α und γ mit gleichen Zeichen behaftet, vo verwandelt man den Factor $\frac{1}{b-x}$ durch die Substitution (1) leicht in

$$\frac{A+B(c-z)+C\sqrt{1-z}}{c-z},$$

wodurch das vorgelegte Integral in die drei andern

$$A\int\frac{dz}{(c-z)\sqrt{\psi(z)}}+B\int\frac{dz}{\sqrt{\psi(z)}}+C\int\frac{dz}{(a-z)\sqrt{z(1-\delta z)}}$$

zerfällt, von denen das erste die dritte Gattung der elliptischen Integrale bildet, das zweite zur ersten Gattung gehört und das dritte nach bekannten Methoden berechnet werden kann.

§. 10.

Wir sind also jetzt zu drei wesentlich von einander verschiedenen Grundformen der elliptischen Integrale gelangt, die sich nicht mehr in einfachere Bestandtheile zerlegen lassen. Ersetzt man in ihnen x durch x^2, so nehmen sie die Formen an

$$\int\frac{dx}{\sqrt{(1-x^2)(1-k^2x^2)}};\quad\int\frac{x^2dx}{\sqrt{(1-x^2)(1-k^2x^2)}};$$

$$\int\frac{dx}{(a-x^2)\sqrt{(1-x^2)(1-k^2x^2)}};$$

in denen k kleiner als 1 ist und a jede beliebige auch complexe Grösse sein kann.

Zieht man das zweite Integral vom ersten ab, so erhält man das Integral

$$\int\frac{dx\sqrt{1-x^2}}{\sqrt{1-k^2x^2}}$$

welches gewöhnlich als Normalform der zweiten Gattung betrachtet wird.

Legendre, der Schöpfer der Theorie der elliptischen Integrale, führt in diesen drei Integralen $\sin\varphi$ statt x ein und erhält so die Formen

$$\int\frac{d\varphi}{\sqrt{1-k^2\sin\varphi^2}};\quad\int\frac{\sin\varphi^2\,d\varphi}{\sqrt{1-k^2\sin\varphi^2}};\quad\int\frac{d\varphi}{(1+n\sin\varphi^2)\sqrt{1-k^2\sin\varphi^2}}.$$

Multiplicirt man das zweite Integral mit k^2 und zieht es vom ersten ab, so bleibt der Rest

$$\int d\varphi\sqrt{1-k^2\sin\varphi^2}$$

welchen Legendre als die eigentliche Normalform der elliptischen Integrale zweiter Gattung ansieht. Dieses Integral, durch welches die Länge des Bogens einer Ellipse dargestellt wird, hat dieser ganzen Klasse von Functionen den Namen gegeben.

Er bezeichnet ausserdem

$$\sqrt{1-k\sin^2\varphi^2} = \Delta\varphi$$

oder auch $\Delta(\varphi,k)$, wenn ausgedrückt werden soll, dass der Werth des Integrals auch von k abhängt. Diese drei Gattungen elliptischer Integrale werden von ihm auch stets als bestimmte aufgefasst, deren untere Grenze 0 und deren obere φ ist, so dass man gewöhnlich unter den elliptischen Integralen erster, zweiter und dritter Gattung die Integrale

$$\int_0^\varphi \frac{dx}{\Delta x}; \quad \int_0^\varphi \Delta x\, dx; \quad \int_0^\varphi \frac{dx}{(1+n\sin x^2)\Delta x}$$

versteht.

Die Constante k, welche stets kleiner als 1 ist, wird der Modul des Integrals genannt und die Constante n, welche nur in den Integralen dritter Gattung erscheint und auch imaginär sein kann, heisst der Parameter.

Die obere Grenze φ nennt man die Amplitude des Integrals.

Führt man durch die Gleichung

$$k^2 + k'^2 = 1$$

einen neuen Modul k' ein, so heisst dieser der complementäre Modul.

Legendre lässt auch häufig in dem Zeichen $\Delta\varphi$ den Buchstaben φ fort und unterscheidet die drei Gattungen der elliptischen Integrale durch folgende Zeichen:

$$\int_0^\varphi \frac{d\varphi}{\Delta} = F; \quad \int^\varphi \Delta d\varphi = E; \quad \int_0^\varphi \frac{d\varphi}{(1+n\sin\varphi^2)\Delta} = \Pi.$$

Durch die Zeichen

$$F(\varphi,k); \quad E(\varphi,k); \quad \Pi(\varphi,k,n)$$

wird ausgedrückt, dass diese Integrale nicht nur Functionen der Amplitude φ, sondern auch des Moduls k und des Parameters n sind.

Wenn die obere Grenze der Integrale $\frac{\pi}{2}$ ist, werden sie vollständige Integrale genannt und von Legendre durch

$$\int_0^{\frac{\pi}{2}} \frac{d\varphi}{\Delta} = F'; \quad \int_0^{\frac{\pi}{2}} \Delta d\varphi = E'; \quad \int_0^{\frac{\pi}{2}} \frac{d\varphi}{(1+n\sin\varphi^2)\Delta} = \Pi'$$

bezeichnet.

Jacobi bezeichnet das vollständige elliptische Integral erster Gattung mit K und das entsprechende, in welchem der Modul k mit dem complementären k' vertauscht ist, durch K', so dass nach ihm

$$\int_0^{\frac{\pi}{2}} \frac{d\varphi}{\sqrt{1-k^2\sin\varphi^2}} = K \quad \text{und} \quad \int_0^{\frac{\pi}{2}} \frac{d\varphi}{\sqrt{1-k'^2\sin\varphi^2}} = K'.$$

Noch andere Bezeichnungsweisen, welche Jacobi eingeführt hat, werden wir später kennen lernen.

Zweiter Abschnitt.

Die Bildungsweise der Thetafunctionen.

---

§. 11.

Erweiterung des Begriffs der Potenz eines Binoms und ihrer Entwickelung.

Die Verwandlung eines Products von n gleichen Factoren

$$(1-x)(1-x)(1-x)\dots(1-x) = (1-x)^n$$

in eine nach Potenzen von x fortschreitende Reihe, ist zuerst von Newton benutzt worden, um auch zusammengesetztere Ausdrücke, und namentlich die einfachsten Kreisfunctionen, in solche Reihen zu entwickeln. Er erkannte zugleich die Bedeutung dieser algebraischen Gebilde auch in dem Falle, wenn dem n ein gebrochener oder negativer numerischer Werth beigelegt wird, und die gleichzeitigen grossen Mathematiker verfolgten diese Gedanken weiter, bis endlich Euler in seiner Einleitung in die Analysis des Unendlichen, welche 1748 erschien, ein vollständiges Lehrgebäude der Analysis des Endlichen aufstellen konnte, dem Ideen von Newton und Leibnitz und die Entdeckungen der Gebrüder Jacob und Johann Bernoulli zu Grunde lagen.

In diesem grossartigen Werke benutzt aber Euler bereits auch Gebilde von der Form

$$(1-x)(1-xr)(1-xr^2)(1-xr^3)\dots$$

hauptsächlich um durch ihre Entwickelung in Reihen gewisse Eigenschaften der Zahlen zu erforschen, und bedient sich ihrer dann später bei zahlentheoretischen Untersuchungen.

Selbst vor Euler hatte schon Jacob Stirling in seiner Methodus differentialis, welche 1730 in London herauskam, bei sehr merkwürdigen Reihenentwickelungen, die wir später mittheilen werden, Ausdrücke von dieser Gestalt benutzt. Auch Gauss bediente sich ihrer in einer Abhandlung vom Jahre 1808, und endlich wendete sie Jacobi zuerst in seinem Werke Fundamenta nova theoriae functionum ellipticarum 1829 zu Reihenentwickelungen der elliptischen Transcendenten an. Nach diesen Andeutungen erscheint es gerechtfertigt, eine nächste fruchtbare Erweiterung des Newtonschen Theorems in der Entwickelung dieser Formen zu suchen. Wir beschränken uns indessen, bei dem unermesslichen Reichthum von Gestalten, welche diese Gebilde annehmen können, in unsern Mittheilungen zunächst nur auf das, was in der Theorie der elliptischen Functionen von Wichtigkeit erscheint.

§. 12.

Ein Product von n Factoren der angeführten Art

$$(1-x)(1-xr)(1-xr^2)\dots(1-xr^{n-1})$$

bezeichnen wir kurz durch

$$(x;r)^n$$

und multipliciren die identische Gleichung

$$1-axr^{n-1}=1-xr^{n-s-1}+x(1-ar^s)r^{n-s-1}$$

oder, was dasselbe ist, die Gleichung

$$\frac{1-axr^{n-1}}{1-r^n}=\frac{1-xr^{n-s-1}}{1-r^{n-s}}\cdot\frac{1-r^{n-s}}{1-r^n}+x\frac{1-ar^s}{1-r^{s+1}}\cdot\frac{r^{n-s-1}-r^n}{1-r^n}$$

mit dem Producte der Factoren x^s und

$$\frac{(a;r)^s}{(r;r)^s} \quad \text{und} \quad \frac{(x;r)^{n-1-s}}{(r;r)^{n-1-s}},$$

welche letztere beide durch

$$A_s \quad \text{und} \quad X_{n-1-s}$$

bezeichnet werden sollen. Wir setzen dann in der entstandenen Gleichung für s alle ganze Zahlen von 0 bis $n-1$ und addiren die erhaltenen n Gleichungen. Diese ganze Operation lässt sich leicht verständlich und übersichtlich, mit Hülfe des Summenzeichens, in folgender Weise ausdrücken:

$$\frac{1-axr^{n-1}}{1-r^n}\Sigma_0^{n-1}x^sA_sX_{n-1-s}$$

$$=\Sigma_0^{n-1}x^sA_sX_{n-s}\frac{1-r^{n-s}}{1-r^n}+\Sigma_0^{n-1}x^{s+1}A_{s+1}X_{n-1-s}\frac{r^{n-s-1}-r^n}{1-r^n}.$$

Sondert man hier auf der rechten Seite von der ersten Reihe das erste Glied ab und von der zweiten das letzte, so nimmt sie die

Gestalt an:

$$X_n + \Sigma_0^{n-1} x^s A_s X_{n-s} \frac{1-r^{n-s}}{1-r^n} + \Sigma_1^{n-1} x^s A_s X_{n-s} \frac{r^{n-s}-r^n}{1-r^n} + x^n A_n$$

oder

$$X_n + \Sigma_1^{n-1} x^s A_s X_{n-s} + x^n A_n = \Sigma_0^n x^s A_s X_{n-s}.$$

Es ist also

$$\frac{1-axr^{n-1}}{1-r^n} \Sigma_0^{n-1} x^s A_s X_{n-1-s} = \Sigma_0^n x^s A_s X_{n-s}.$$

Fasst man die rechte Seite dieser Gleichung als eine Function von n auf und bezeichnet sie durch $\varphi(n)$, sowie den Bruch auf der linken Seite vor dem Summenzeichen durch $\psi(n)$, so lässt sich diese Gleichung als

$$\psi(n)\varphi(n-1) = \varphi(n)$$

darstellen. Setzt man für n alle ganze Zahlen von 1 bis n und multiplicirt die so erhaltenen n Gleichungen mit einander, so gelangt man zu der Gleichung

$$\psi(1).\psi(2).\psi(3)\ldots\psi(n) = \varphi(n),$$

da $\varphi(0) = 1$ ist. Es ist also

$$(1.) \quad \frac{(ax;r)^n}{(r;r)^n} = \Sigma_0^n x^s \frac{(a;r)^s}{(r;r)^s} \cdot \frac{(x;r)^{n-s}}{(r;r)^{n-s}}$$

oder

$$\frac{1-ax.1-axr.1-axr^2\ldots1-axr^{n-1}}{1-r\;.\;1-r^2\;.\;1-r^3\ldots\ldots1-r^n}$$

$$= \frac{1-x.1-xr\ldots1-xr^{n-1}}{1-r.1-r^2\ldots1-r^n} + x\frac{1-a}{1-r} \cdot \frac{1-x\ldots1-xr^{n-2}}{1-r\ldots1-r^{n-1}}$$

$$+ x^2 \frac{1-a.1-ar}{1-r.1-r^2} \cdot \frac{1-x\ldots1-xr^{n-3}}{1-r\ldots1-r^{n-2}}$$

$$+ x^3 \frac{1-a.1-ar.1-ar^2}{1-r.1-r^2.1-r^3} \cdot \frac{1-x\ldots1-xr^{n-4}}{1-r\ldots1-r^{n-3}} + \cdots$$

$$+ x^{n-1} \frac{1-a\ldots1-ar^{n-2}}{1-r\ldots1-r^{n-1}} \cdot \frac{1-x}{1-r} + x^n \frac{1-a\ldots1-ar^{n-1}}{1-r\ldots1-r^n}.$$

Um diese Formel noch übersichtlicher darzustellen, kann man auch den Bruch

$$\frac{(a;r)^s}{(r;r)^s} \quad \text{mit} \quad a_s$$

bezeichnen, wodurch sie die Form annimmt

$$(ax)_n = \Sigma_0^n x^s a_s x_{n-s}$$

oder

$$(ax)_n = x_n + x a_1 x_{n-1} + x^2 a_2 x_{n-2} + x^3 a_3 x_{n-3} + \cdots + x^n a_n.$$

§. 13.

Um die Natur der gewonnenen Formel etwas genauer kennen zu lernen, setzen wir bx statt x und $\frac{a}{b}$ statt a; dann verwandelt sie sich in

$$(1.)\quad (ax)_n = (bx)_n + bx\left(\frac{a}{b}\right)_1 (bx)_{n-1} + b^2x^2\left(\frac{a}{b}\right)_2 (bx)_{n-2} + \cdots$$
$$\cdots + b^n x^n \left(\frac{a}{b}\right)_n.$$

Nimmt man nun $b = 0$ an und multiplicirt die ganze Gleichung mit $(r;r)^n$, so ergiebt sich, wenn noch ax mit x vertauscht wird,

$$(2.)\quad (x;r)^n = 1-x.1-xr\ldots 1-xr^{n-1}$$

$$= 1 - \frac{1-r^n}{1-r}x + \frac{1-r^n.1-r^{n-1}}{1-r.1-r^2}rx^2 - \frac{1-r^n.1-r^{n-1}.1-r^{n-2}}{1-r.1-r^2.1-r^3}r^3x^3$$
$$+ \frac{1-r^n\ldots 1-r^{n-3}}{1-r\ldots 1-r^4}r^6x^4 - \cdots \pm r^{\frac{n^2-n}{2}}x^n.$$

Für $r = 1$ erhält man hieraus den binomischen Lehrsatz, da sich $\frac{1-r^m}{1-r^\mu}$ für $r = 1$ in $\frac{m}{\mu}$ verwandelt.

Das Zeichen

$$(x;r)^n$$

hat auch für ein negatives n einen ganz bestimmten Sinn; denn da

$$(3.)\quad \frac{(x;r)^n}{1-xr^{n-1}} = (x;r)^{n-1}$$

also, für $n = 1$, hieraus

$$(x;r)^0 = \frac{(x;r)^1}{1-x} = 1$$

folgt, so erhält man aus (3.) für $n = 0, -1, -2, -3\ldots$ die Gleichungen

$$\frac{1}{1-\frac{x}{r}} = (x;r)^{-1}$$

$$\frac{(x;r)^{-1}}{1-\frac{x}{r^2}} = (x;r)^{-2}$$

$$\frac{(x;r)^{-2}}{1-\frac{x}{r^3}} = (x;r)^{-3}$$

. . . .

$$\frac{(x;r)^{-n+1}}{1-\frac{x}{r^n}} = (x;r)^{-n},$$

deren Product die Formel liefert

$$(4.)\qquad (x;r)^{-n} = \frac{1}{1-\frac{x}{r}}\cdot\frac{1}{1-\frac{x}{r^2}}\cdot\frac{1}{1-\frac{x}{r^3}}\cdots\frac{1}{1-\frac{x}{r^n}}$$

$$= \frac{1}{\left(\frac{x}{r};\frac{1}{r}\right)^n}.$$

Verwandelt man nun in (2.) n in $-n$, so erhält man

$$(x\,;r)^{-n} = \frac{1}{\left(\frac{x}{r};\frac{1}{r}\right)^n} = 1 - \frac{1-r^{-n}}{1-r}x + \frac{1-r^{-n}.1-r^{-n-1}}{1-r.1-r^2}rx^2$$

$$-\frac{1-r^{-n}.1-r^{-n-1}.1-r^{-n-2}}{1-r.1-r^2.1-r^3}r^3x^3+\cdots$$

und wenn hier xr statt x und dann $\frac{1}{r}$ statt r geschrieben wird, so entsteht die Formel

$$(5.)\qquad \frac{1}{(x;r)^n} = 1 + \frac{1-r^n}{1-r}x + \frac{1-r^n.1-r^{n+1}}{1-r.1-r^2}x^2$$

$$+\frac{1-r^n.1-r^{n+1}.1-r^{n+2}}{1-r.1-r^2.1-r^3}x^3+\cdots$$

Für $r=1$ verwandelt sich diese Formel in die bekannte Entwickelung von $(1-x)^{-n}$ nach Potenzen von x.

Die Formel (5.) lässt sich auch direct ohne Hülfe des Zeichens (4.) ableiten und beide Formeln (2.) und (5.) nehmen für $r<1$ und ein unendlich grosses n neue Gestalten an; aber wir verlassen hier diesen Gegenstand, der in einem späteren Abschnitte etwas ausführlicher behandelt werden soll, um jetzt unserm Hauptziele zuzueilen.

§. 14.

Die Formel (1.) im §. 12 lässt sich jetzt einer solchen Umformung unterwerfen, dass man aus ihr unmittelbar zu den Thetafunctionen gelangen kann.

Wir ersetzen zu dem Zwecke in ihr n durch $2n$, x durch $\frac{ar^{\frac{1}{2}}}{c}$, a durch cr^{-n} und multipliciren beide Seiten derselben mit dem Quadrate von $(r;r)^{2n}$, und erhalten dann

$$(r;r)^{2n}(ar^{\frac{1}{2}-n};r)^{2n}$$
$$=\Sigma_0^{2n}\frac{a^s r^{\frac{s}{2}}}{c^s}\cdot\frac{(r;r)^{2n}}{(r;r)^s}\cdot\frac{(r;r)^{2n}}{(r;r)^{2n-s}}(cr^{-n};r)^s\left(\frac{ar^{\frac{1}{2}}}{c};r\right)^{2n-s}.$$

Es ist aber

$$\frac{(r;r)^{2n}}{(r;r)^s}=(r^{s+1};r)^{2n-s}\quad\text{und}\quad\frac{(r;r)^{2n}}{(r;r)^{2n-s}}=(r^{2n-s+1};r)^s.$$

Nimmt man c unendlich gross an, so wird

$$\frac{r^{\frac{s}{2}}}{c^s}(cr^{-n};r)^s=r^{\frac{s}{2}}\left(\frac{1}{c}-r^{-n}\right)\left(\frac{1}{c}-r^{1-n}\right)\dots\left(\frac{1}{c}-r^{s-1-n}\right)$$
$$=(-1)^s\frac{r^{\frac{1}{2}(n-s)^2}}{r^{\frac{1}{2}n^2}}.$$

und

$$\left(\frac{ar^{\frac{1}{2}}}{c};r\right)^{2n-s}=1.$$

Auf diese Weise verwandelt sich unsre Formel in

$$(r;r)^{2n}(ar^{\frac{1}{2}-n};r)^{2n}=\Sigma_0^{2n}(-1)^s a^s\frac{r^{\frac{1}{2}(n-s)^2}}{r^{\frac{1}{2}n^2}}(r^{2n+1-s};r)^s(r^{s+1};r)^{2n-s}.$$

Es ist aber

$$(ar^{\frac{1}{2}-n};r)^{2n}=(-1)^n\frac{a^n}{r^{\frac{1}{2}n^2}}\left(\frac{r^{\frac{1}{2}}}{a};r\right)^n(ar^{\frac{1}{2}};r)^n.$$

Multiplicirt man nun noch beide Seiten der Formel mit $(-1)^n\frac{r^{\frac{1}{2}n^2}}{a^n}$ und nimmt dann rechts die Summe nicht von $s=0$ bis $s=2n$, sondern von $s=-n$ bis $s=+n$, was erlaubt ist, wenn man $n-s$ statt s schreibt, so gelangt man endlich zu der Formel

$$(1.)\quad (r\,;r)^{2n}(ar^{\frac{1}{2}}\,;r)^n\left(\frac{r^{\frac{1}{2}}}{a}\,;r\right)^n$$

$$= \Sigma_{-n}^{n}(-1)^s r^{\frac{1}{2}s^2}\,.\,a^s(r^{n+s+1}\,;r)^{n-s}(r^{n-s+1}\,;r)^{n+s}.$$

Diese Formel gilt nun für ganz beliebige Werthe von a und r, wenn n eine positive ganze Zahl ist. Sie nimmt aber eine ausserordentlich einfache und symmetrische Gestalt an, wenn man $r < 1$ und n unendlich gross setzt. Bezeichnen wir dann durch

$$(x\,;r) = 1-x\,.\,1-xr^2\,.\,1-xr^3\ldots$$

eine unendlich grosse Anzahl von Factoren, wo also in dem früheren Zeichen bloss der Buchstabe fortgefallen ist, der diese Anzahl angiebt, so erhalten wir, wenn noch $-a$ statt a und r^2 statt r geschrieben und ω statt des Zeichens ∞ eingeführt wird

$$(2.)\quad (r^2;r^2)(-ar\,;r^2)\left(-\frac{r}{a}\,;r^2\right) = \Sigma_{-\omega}^{\omega}a^s r^{s^2}$$

oder

$$(1-r^2.\,1-r^4.\,1-r^6\ldots)(1+ar\,.\,1+ar^3.\,1+ar^5\ldots)\left(1+\frac{r}{a}\,.\,1+\frac{r^3}{a}\,.\,1+\frac{r^5}{a}\ldots\right)$$

$$= 1+(a+a^{-1})r+(a^2+a^{-2})r^4+(a^3+a^{-3})r^9+(a^4+a^{-4})r^{16}+\ldots$$

Ersetzen wir in dieser Formel a durch ar, multipliciren beide Seiten mit $a^{\frac{1}{2}}r^{\frac{1}{4}}$ und sondern links den Faktor $1+\dfrac{1}{a}$ ab, so gewinnen wir noch folgende Formel:

$$(3.)\quad a^{\frac{1}{2}}r^{\frac{1}{4}}\left(1+\frac{1}{a}\right)(r^2;r^2)(-ar^2;r^2)\left(-\frac{r^2}{a};r^2\right) = \Sigma_{-\omega}^{\omega}a^{s+\frac{1}{2}}r^{(s+\frac{1}{2})^2}$$

oder

$$a^{\frac{1}{2}}r^{\frac{1}{4}}\left(1+\frac{1}{a}\right)(1-r^2.\,1-r^4.\,1-r^6\ldots)(1+ar^2.\,1+ar^4.\,1+ar^6\ldots)$$

$$\cdot\left(1+\frac{r^2}{a}\cdot 1+\frac{r^4}{a}\cdot 1+\frac{r^6}{a}\cdots\right)$$

$$= (a^{\frac{1}{2}}+a^{-\frac{1}{2}})r^{\frac{1}{4}}+(a^{\frac{3}{2}}+a^{-\frac{3}{2}})r^{\frac{9}{4}}+(a^{\frac{5}{2}}+a^{-\frac{5}{2}})r^{\frac{25}{4}}+(a^{\frac{7}{2}}+a^{-\frac{7}{2}})r^{\frac{49}{4}}+\cdots$$

§. 15.

Die Jacobischen oder die Thetafunctionen in ihrer ersten Form.

Während die unendliche geometrische Reihe

$$1+x+x^2+x^3+\cdots = (1-x)^{-1}$$

wenn x kleiner als 1 ist, als ein specieller Fall des binomischen Satzes betrachtet werden kann, und eine solche Reihe

$$1+r\left(a+\frac{1}{a}\right)+r^2\left(a^2+\frac{1}{a^2}\right)+r^3\left(a^3+\frac{1}{a^3}\right)+\cdots$$
$$=\frac{1}{1-ra}+\frac{1}{1-\frac{r}{a}}-1=\frac{1-r^2}{1-r\left(a+\frac{1}{a}\right)+r^2}$$

als die Summe zweier geometrischen Reihen erscheint und z. B. für $a=e^{xi}$ die Gestalt annimmt:

$$1+2r\cos x+2r^2\cos 2x+2r^3\cos 3x+\cdots=\frac{1-r^2}{1-2r\cos x+r^2},$$

so sind wir jetzt durch Erweiterung des binomischen Satzes, wenn das a in §. 14 ebenfalls durch e^{xi} ersetzt wird, zu Reihen von der Form gelangt:

$$1+2r\cos x+2r^4\cos 2x+2r^9\cos 3x+2r^{16}\cos 4x+\cdots$$

und

$$r\cos x+r^9\cos 3x+r^{25}\cos 5x+r^{49}\cos 7x+\cdots$$

Jede dieser Reihen kann als die Summe zweier geometrischer Reihen zweiter Ordnung d. h. solcher Reihen betrachtet werden, in denen erst die Quotienten der Quotienten zweier aufeinanderfolgender Glieder constante Grössen sind, oder in denen die Exponenten der einzelnen Glieder arithmetische Reihen zweiter Ordnung bilden.

Die allgemeinste Form einer solchen geometrischen Reihe zweiter Ordnung würde

$$abc+ab^2c^4+ab^3c^9+ab^4c^{16}+\ldots+ab^nc^{n^2}$$

oder

$$\alpha+\alpha\beta+\alpha\beta^2\gamma+\alpha\beta^3\gamma^3+\alpha\beta^4\gamma^6+\ldots+\alpha\beta^{n-1}\gamma^{\frac{(n-1)(n-2)}{2}}$$

sein.

Unsere bisherigen Entwickelungen haben aber nicht etwa dazu geführt, einen geschlossenen Ausdruck in endlicher Form für diese Reihen aufstellen zu können, sondern sie haben nur gelehrt ein Product von unendlich vielen Factoren in eine solche Reihe aufzulösen, obgleich die Formel (1.) im §. 14, welche uns als Ausgangspunkt für unsere Rechnungen diente, aus einer endlichen Anzahl von Gliedern und Factoren bestand.

Da die Reihen (2.) und (3.) nur aus Gliedern von der Form $(ar^n)^n$ und $\left(\frac{r^n}{a}\right)^n$ bestehen, so convergiren sie offenbar, wenn r kleiner als 1 ist, für einen ganz beliebigen Werth von a.

§. 16.

Ersetzt man in den Reihen (2.) und (3.) des §. 14. a durch e^{2xi} und schreibt q statt r, so verwandeln sie sich in

$$(q^2\,;q^2)(-qe^{2xi}\,;q^2)(-qe^{-2xi}\,;q^2)=\Sigma_{-\omega}^{\omega}\,q^{s^2}e^{2xsi}$$

oder

$$(1.)\quad (q^2\,;q^2)\,\Pi_0^{\omega}(1+2q^{2s+1}\cos 2x+q^{4s+2})$$
$$=1+2q\cos 2x+2q^4\cos 4x+2q^9\cos 6x+\cdots$$

und

$$2q^{\frac{1}{4}}\cos x.(q^2;\,q^2)(-q^2e^{2xi}\,;q^2)(-q^2e^{-2xi}\,;q^2)=\Sigma_{-\omega}^{\omega}\,q^{(s+\frac{1}{2})^2}e^{(2s+1)xi}$$

oder

$$(2.)\quad 2q^{\frac{1}{4}}(q^2\,;q^2)\cos x\,\Pi_0^{\omega}(1+2q^{2s+2}\cos 2x+q^{4s+2})$$
$$=2q^{\frac{1}{4}}\cos x+2q^{\frac{9}{4}}\cos 3x+2q^{\frac{25}{4}}\cos 5x+\cdots$$

wenn man nämlich immer zwei sich entsprechende Factoren auf der linken Seite mit einander multiplicirt und das übersichtliche und bekannte Productzeichen einführt. Die Reihe auf der rechten Seite der Formel (1.) bezeichnet Jacobi, der Schöpfer der Theorie der Thetafunctionen, mit dem Zeichen $\theta_3(x)$ und die Reihe in Nr. 2. durch $\theta_2(x)$. Der blosse Anblick dieser Formeln lehrt, dass sowohl die Reihen rechts als auch die Producte links, stark convergiren, selbst wenn das q nur wenig kleiner als 1 ist.

Wir werden uns also künftig, nach Jacobi, stets folgender Bezeichnungen bedienen

$$\theta_3(x)=1+2q\cos 2x+2q^4\cos 4x+2q^9\cos 6x+\cdots$$
$$\theta_2(x)=\quad 2q^{\frac{1}{4}}\cos x+2q^{\frac{9}{4}}\cos 3x+2q^{\frac{25}{4}}\cos 5x+\cdots$$

Sowie man in der Theorie der Kreisfunctionen für die Function $\cos\left(\frac{\pi}{2}-x\right)$ ein besonderes Zeichen $\sin x$ hat, ganz in derselben Weise ist man genöthigt, auch für die Complemente der Functionen $\theta_3 x$ und $\theta_2 x$ neue Bezeichnungen zu wählen. Jacobi bezeichnet

$$\theta_2\left(\frac{\pi}{2}-x\right)=\theta_1 x$$
$$\theta_3\left(\frac{\pi}{2}-x\right)=\theta x.$$

Man hat daher noch die Gleichungen zu beachten

$$\theta_1 x=\quad 2q^{\frac{1}{4}}\sin x-2q^{\frac{9}{4}}\sin 3x+2q^{\frac{25}{4}}\sin 5x-\cdots$$
$$\theta\, x=1-2q\cos 2x+2q^4\cos 4x-2q^9\cos 6x+\cdots$$

Die wichtigste Arbeit, der wir uns jetzt zu unterziehen haben, besteht darin, die Natur dieser vier Thetafunctionen zu erforschen, welche durch folgende vier Formeln characterisirt sind.

$$(3.)\quad \vartheta x = 1 - 2q\cos 2x + 2q^4\cos 4x - 2q^9\cos 6x + \cdots$$

$$(4.)\quad \vartheta_1 x = \qquad 2q^{\frac{1}{4}}\sin x - 2q^{\frac{9}{4}}\sin 3x + 2q^{\frac{25}{4}}\sin 5x - \cdots$$

$$(5.)\quad \vartheta_2 x = \qquad 2q^{\frac{1}{4}}\cos x + 2q^{\frac{9}{4}}\cos 3x + 2q^{\frac{25}{4}}\cos 5x + \cdots$$

$$(6.)\quad \vartheta_3 x = 1 + 2q\cos 2x + 2q^4\cos 4x + 2q^9\cos 6x + \cdots$$

oder mit Benutzung des Summen- und Productzeichens

$$(3.)\quad \vartheta x = \Sigma_{-\omega}^{\omega}(-1)^s q^{s^2}\cos 2sx$$
$$= (q^2;\,q^2)\,\Pi_0^{\omega}(1 - 2q^{2s+1}\cos 2x + q^{4s+2})$$

$$(4.)\quad \vartheta_1 x = \Sigma_{-\omega}^{\omega}(-1)^s q^{(s+\frac{1}{2})^2}\sin(2s+1)x$$
$$= 2q^{\frac{1}{4}}(q^2;\,q^2)\sin x\,\Pi_0^{\omega}(1 - 2q^{2s+2}\cos 2x + q^{4s+4})$$

$$(5.)\quad \vartheta_2 x = \Sigma_{-\omega}^{\omega} q^{(s+\frac{1}{2})^2}\cos(2s+1)x$$
$$= 2q^{\frac{1}{4}}(q^2;\,q^2)\cos x\,\Pi_0^{\omega}(1 + 2q^{2s+2}\cos 2x + q^{4s+4})$$

$$(6.)\quad \vartheta_3 x = \Sigma_{-\omega}^{\omega} q^{s^2}\cos 2sx$$
$$= (q^2;\,q^2)\,\Pi_0^{\omega}(1 + 2q^{s+1}\cos 2x + q^{4s+2}).$$

§. 17.

Das unendliche Product für $\vartheta_3 x$ ist einer Umformung fähig. Offenbar ist

$$\vartheta_3 o = (q^2\,;\,q^2)\,\Pi_0^{\omega}(1 + 2q^{2s+1} + q^{4s+2}) = 1 + 2q + 2q^4 + 2q^9 + \cdots$$

und mit Hülfe dieser Formel geht (6.) in §. 16. über in

$$\vartheta_3 x = \vartheta_3 o\,\Pi_0^{\omega}\frac{1 + 2q^{2s+1}\cos 2x + q^{4s+2}}{1 + 2q^{2s+1} + q^{4s+2}}.$$

Der Bruch unter dem Productzeichen ist aber, wenn man

$$q = e^{-\nu}$$

setzt und den Bruch mit $e^{(2s+1)\nu}$ erweitert,

$$\frac{e^{(2s+1)\nu} + e^{-(2s+1)\nu} + 2\cos 2x}{e^{(2s+1)\nu} + e^{-(2s+1)\nu} + 2} = \frac{\cos(2s+1)\nu i + \cos 2x}{\cos(2s+1)\nu i + 1}$$

$$= \frac{\cos(x + (s+\frac{1}{2})\nu i)\cos(x - (s+\frac{1}{2})\nu i)}{\cos(s+\frac{1}{2})\nu i\,.\,\cos(s+\frac{1}{2})\nu i}$$

Vermöge dieser Zerlegung lässt sich $\vartheta_3(x)$ so darstellen

$$\vartheta_3 x = \vartheta_3 o\,e^{ix}\,\Pi_{-\omega}^{\omega}\frac{\cos(x + (s+\frac{1}{2})\nu i)}{\cos(s+\frac{1}{2})\nu i}$$

Man überzeugt sich von der Richtigkeit dieser Formel, wenn man bedenkt, dass das erste Product, in welchem s die Werthe aller ganzen Zahlen von 0 bis ω annimmt, nach der Zerlegung des Bruches in zwei Factoren, $2\omega+2$ Factoren enthält, und das zweite nur $2\omega+1$. Man muss also zu diesem letzteren Producte noch den Factor

$$\frac{\cos(x-(\omega+\frac{1}{2})\nu i)}{\cos(\omega+\frac{1}{2})\nu i} = \frac{e^{ix}+e^{-ix}e^{-(2\omega+1)\nu}}{1-e^{-(2\omega+1)\nu}} = e^{ix}$$

hinzufügen, damit es dem ersteren gleich wird.

Wenn man sich die Factoren niedergeschrieben denkt, so erkennt man sofort die Identität

$$\Pi_{-\omega}^{\omega} F(s) = \frac{F(\omega)}{F(-\omega-1)} \Pi_{-\omega}^{\omega} F(s-1)$$

also in unserm Falle, wo ω unendlich gross angenommen wird,

$$\Pi_{-\omega}^{\omega} \frac{\cos(x+(s+\frac{1}{2})\nu i)}{\cos(s+\frac{1}{2})\nu i} = \frac{e^{-ix}}{e^{ix}} \Pi_{-\omega}^{\omega} \frac{\cos(x+(s-\frac{1}{2})\nu i)}{\cos(s-\frac{1}{2})\nu i}$$

Ersetzt man daher in dem zweiten Producte für $\vartheta_3 x$ das s durch $s-1$, so muss der Factor vor dem Producte nicht e^{ix}, sondern e^{-ix} heissen. Es muss ferner noch bemerkt werden, dass man in einem solchen Producte, in welchem dem s alle ganze Zahlenwerthe von $-\omega$ bis $+\omega$ beigelegt werden, offenbar stets $-s$ statt $+s$ schreiben darf.

Nachdem wir jetzt zu der Formel

$$\begin{aligned}\vartheta_3 x &= \vartheta_3 o\, e^{ix}\, \Pi_{-\omega}^{\omega} \frac{\cos(x+(s+\frac{1}{2})\nu i)}{\cos(s+\frac{1}{2})\nu i} \\ &= \Sigma_{-\omega}^{\omega} q^{s^2} e^{2sxi} = e^{\frac{-x^2}{\nu}} \Sigma_{-\omega}^{\omega} e^{-\frac{1}{\nu}(s\nu+xi)^2} \\ &= 1+2q\cos 2x+2q^4\cos 4x+2q^9\cos 6x+\cdots\end{aligned}$$

gelangt sind, so wollen wir zunächst aus ihr eine zweite für ϑx ableiten, indem wir x durch $\frac{\pi}{2}-x$ ersetzen. Wir erhalten so, wenn $s-1$ statt s geschrieben wird,

$$\begin{aligned}\vartheta x &= \vartheta_3 o\, e^{i\left(\frac{\pi}{2}-x\right)} \Pi_{-\omega}^{\omega} \frac{\sin((s+\frac{1}{2})\nu i-x)}{\cos(s+\frac{1}{2})\nu i} \\ &= 1-2q\cos 2x+2q^4\cos 4x-2q^9\cos 6x+\cdots\end{aligned}$$

für $x=0$ wird

$$\vartheta o = \vartheta_3 o\, e^{\frac{i\pi}{2}} \Pi_{-\omega}^{\omega} \operatorname{tang}(s+\tfrac{1}{2})\nu i = 1-2q+2q^4-2q^9+\cdots$$

daher

$$\theta x = \theta o\, e^{-ix}\, \Pi^{\omega}_{-\omega} \frac{\sin((s+\frac{1}{2})\nu i - x)}{\sin(s+\frac{1}{2})\nu i}$$

oder auch, da offenbar $\theta(-x) = \theta(x)$ ist, wie man aus der Reihe sieht,

$$\theta x = \theta o\, e^{ix}\, \Pi^{\omega}_{-\omega} \frac{\sin(x+(s+\frac{1}{2})\nu i)}{\sin(s+\frac{1}{2})\nu i} = \Sigma^{\omega}_{-\omega} (-1)^s q^{s^2} e^{2sxi}.$$

Wendet man dieselben Mittel der Transformation auch auf die Functionen $\theta_1 x$ und $\theta_2 x$ an, so erhält man folgendes Formelsystem:

$$(1.)\qquad \theta x = \theta o\, e^{ix}\, \Pi^{\omega}_{-\omega} \frac{\sin(x+(s+\frac{1}{2})\nu i)}{\sin(s+\frac{1}{2})\nu i}$$

$$(2.)\qquad \theta_1 x = \theta_1 o\ \ \Pi^{\omega}_{-\omega} \frac{\sin(x+s\nu i)}{\cos. s\nu i}$$

$$(3.)\qquad \theta_2 x = \theta_2 o\ \ \Pi^{\omega}_{-\omega} \frac{\cos(x+s\nu i)}{\cos s\nu i}$$

$$(4.)\qquad \theta_3 x = \theta_3 o\, e^{ix}\ \Pi^{\omega}_{-\omega} \frac{\cos(x+(s+\frac{1}{2})\nu i)}{\cos(s+\frac{1}{2})\nu i}.$$

Man überzeugt sich leicht, dass diese Producte convergiren, wenn man die Rechnung mit den mittelsten Factoren beginnt, und zwei gleichweit von der Mitte entfernte Factoren zusammenzieht

Aus §. 16. entnehmen wir noch, dass

$$\theta_1 o = 0 \quad \text{und}$$
$$\theta o = 1 - 2q + 2q^4 - 2q^9 + \cdots$$
$$\theta_2 o = 2q^{\frac{1}{4}} + 2q^{\frac{9}{4}} + 2q^{\frac{25}{4}} + 2q^{\frac{49}{4}} + \cdots$$
$$\theta_3 o = 1 + 2q + 2q^4 + 2q^9 + \cdots$$

§. 18.

Drückt man durch das Zeichen $\theta(x, \nu)$ aus, dass die Thetafunctionen zugleich von x und von ν abhängen, und setzt in den Reihenausdrücken dieser Functionen $\nu - \pi i$ statt ν, so dass sich $q = e^{-\nu}$ in $q^{\pi i - \nu} = -e^{-\nu} = -q$ verwandelt, so ersieht man aus den Formeln des §. 16 sogleich, dass

$$(1.)\qquad \theta(x, \nu - \pi i) = \theta_3(x, \nu)$$

$$(2.)\qquad \theta_1(x, \nu - \pi i) = e^{\frac{i\pi}{4}}\, \theta_1(x, \nu)$$

$$(3.)\qquad \theta_2(x, \nu - \pi i) = e^{\frac{i\pi}{4}}\, \theta_2(x, \nu)$$

$$(4.)\qquad \theta_3(x, \nu - \pi i) = \theta(x, \nu)$$

§. 19.

Die zweite Form der Thetareihen.

Die für die Thetafunctionen aufgestellten Reihen sind mit Hülfe der Fourier'schen Reihe einer Verwandlung fähig, welche wir vornehmen wollen, nachdem wir uns die Form dieser Reihe auf eine leichte Weise wieder in's Gedächtniss gerufen haben.

Wenn n eine positive ganze Zahl bedeutet und m und s ganze Zahlen zwischen $-n$ und $+n$ sind, so ist der Ausdruck

$$\frac{1}{2n+1}\cdot\frac{\sin(m-s)\pi}{\sin\frac{(m-s)\pi}{2n+1}}$$

stets Null, so lange s von m verschieden ist; nimmt aber den Werth 1 an, wenn $s=m$ wird. Es ist daher, wenn φ ein Functionszeichen bedeutet,

$$(1.)\qquad \varphi\left(\frac{m\pi}{2n+1}\right)=\Sigma_{-n}^{n}\,\varphi\left(\frac{s\pi}{2n+1}\right)\frac{\sin(m-s)\pi}{\sin\frac{(m-s)\pi}{2n+1}}$$

eine identische Gleichung.

Setzt man aber

$$\frac{m\pi}{2n+1}=\alpha$$

und nimmt n unendlich gross an, so liegt α zwischen $-\frac{\pi}{2}$ und $+\frac{\pi}{2}$ und der Bruch $\frac{s\pi}{2n+1}$ durchläuft alle Werthe, welche zwischen denselben Grenzen liegen; daher ist, dem Begriffe eines bestimmten Integrals gemäss, die Gleichung (1.) nichts anderes als

$$\varphi(\alpha)=\frac{1}{\pi}\int_{-\frac{\pi}{2}}^{\frac{\pi}{2}}\varphi(x)\frac{\sin(2n-1)(\alpha-x)}{\sin(\alpha-x)}\,dx.$$

Für ein beliebiges ganzes n gilt aber die Gleichung

$$\frac{\sin(2n+1)z}{\sin z}=\Sigma_{-n}^{n}\cos 2sz.$$

Daher wird

$$(2.)\qquad \varphi(\alpha)=\frac{1}{\pi}\,\Sigma_{-\omega}^{\omega}\int_{-\frac{\pi}{2}}^{\frac{\pi}{2}}\varphi(x)\cos 2s(\alpha-x)\,dx$$

und dieses ist die unserm Zwecke entsprechende Form des Fourierschen Satzes.

Vertauscht man in dieser Formel $\varphi(\alpha)$ mit $F(\alpha+n\pi)$, also $\varphi(x)$ mit $F(x+n\pi)$, so geht sie über in

$$F(\alpha+n\pi)=\frac{1}{\pi}\,\Sigma_{-\omega}^{\omega}\int_{-\frac{\pi}{2}}^{\frac{\pi}{2}}F(x+n\pi)\cos 2s(\alpha-x)\,dx.$$

Wenn man also $x+n\pi$ durch z ersetzt und sich unter n eine ganze Zahl denkt, so erhält man

$$(3.)\qquad F(\alpha+n\pi)=\frac{1}{\pi}\,\Sigma_{-\omega}^{\omega}\int_{(n-\frac{1}{2})\pi}^{(n+\frac{1}{2})\pi}F(z)\cos 2s(\alpha-z)\,dz.$$

Substituirt man hier nun noch für n alle ganze Zahlen von a bis b, wo z. B. a auch negativ sein kann, summirt die entstandenen Gleichungen und zieht die Integrale in eins zusammen, so gelangt man zu der Formel

$$\Sigma_{a}^{b}\,F(\alpha+s\pi)=\frac{1}{\pi}\,\Sigma_{-\omega}^{\omega}\int_{(a-\frac{1}{2})\pi}^{(b+\frac{1}{2})\pi}F(z)\cos 2s(\alpha-z)\,dz,$$

welche für $a=-\omega$ und $b=\omega$, wenn man α mit x vertauscht, in

$$(4.)\qquad \Sigma_{-\omega}^{\omega}F(x+s\pi)=\frac{1}{\pi}\,\Sigma_{-\omega}^{\omega}\int_{-\omega}^{\omega}F(z)\cos 2s(x-z)\,dz$$

übergeht.

§. 20.

Die letzte Gleichung, welche überhaupt eine unendliche Reihe in eine andere verwandeln lehrt, kann nun dazu dienen, den Reihen für die Thetafunctionen eine andere Gestalt zu geben.

Nimmt man z. B. für die Function $F(z)$ die Exponentialgrösse

$$e^{-\frac{z^2}{\nu}}$$

an, so wird das bestimmte Integral

$$\int_{-\omega}^{\omega}e^{-\frac{z^2}{\nu}}\cos 2s(x-z)\,dz=\cos 2sx\int_{-\omega}^{\omega}e^{-\frac{z^2}{\nu}}\cos 2sz\,dz$$
$$+\sin 2sx\int_{-\omega}^{\omega}e^{-\frac{z^2}{\nu}}\sin 2sz\,dz.$$

Alle Elemente des zweiten Integrals auf der rechten Seite vernichten sich gegenseitig und der Werth des ersten, welches allein übrig bleibt, ist

$$\sqrt{\nu\pi}\, e^{-\nu s^2}$$

wie in jedem guten Lehrbuche der Integralrechnung bewiesen wird. Setzt man nun die gefundenen Werthe in die Formel (4.) des §. 19. ein, und multiplicirt beide Seiten mit $\sqrt{\frac{\pi}{\nu}}$, so verwandelt sie sich in

$$(1.)\quad \sqrt{\frac{\pi}{\nu}} \Sigma_{-\omega}^{\omega} e^{-\frac{1}{\nu}(x+s\pi)^2} = \Sigma_{-\omega}^{\omega} e^{-\nu s^2} \cos 2sx.$$

Es war aber in den Thetafunctionen $e^{-\nu} = q$ gesetzt worden, also liefert diese Formel nach §. 16.

$$\vartheta_3 x = \sqrt{\frac{\pi}{\nu}} \Sigma_{-\omega}^{\omega} e^{-\frac{1}{\nu}(s\pi+x)^2}.$$

Aus der Formel (1.) lässt sich eine neue ableiten, wenn man rechts noch die Reihe

$$i \Sigma_{-\omega}^{\omega} e^{-\nu s^2} \sin 2sx$$

addirt, deren Werth offenbar Null ist, da immer ein positives Glied von einem negativen vernichtet wird. Die rechte Seite nimmt dann folgende Gestalt an:

$$\Sigma_{-\omega}^{\omega} e^{-\nu s^2 + 2sxi}.$$

Wenn man nun noch die linke Seite der Gleichung mit

$$(-1)^s e^{-\pi i s} = 1$$

multiplicirt, so verwandelt sich (1.) in

$$\sqrt{\frac{\pi}{\nu}} \Sigma_{-\omega}^{\omega} (-1)^s e^{-s\pi i - \frac{1}{\nu}(x+s\pi)^2} = \Sigma_{-\omega}^{\omega} e^{-\nu s^2 + 2sxi}.$$

Ersetzt man hier x durch $x - \frac{\nu i}{2}$ oder multiplicirt beide Seiten der Gleichung mit $e^{-ix-\frac{\nu}{4}}$, so ergiebt sich die neue Formel

$$(2.)\quad \sqrt{\frac{\pi}{\nu}} \Sigma_{-\omega}^{\omega} (-1)^s e^{-\frac{1}{\nu}(x+s\pi)^2} = \Sigma_{-\omega}^{\omega} e^{-\nu(s+\frac{1}{2})^2 + (2s+1)xi},$$

da man offenbar rechts $s+1$ statt s schreiben darf.

Nach §. 16. ist aber die rechte Seite dieser Gleichung nichts anderes als $\vartheta_2 x$, da man nämlich in der Reihe für $\vartheta_2 x$ auch $\cos(2s+1)x$ durch $e^{(2s+1)xi}$ ersetzen darf, denn der imaginäre Theil, der durch diese Exponentialgrösse eingeführt wird, verschwindet offenbar.

Setzt man nun in (1.) und (2.) $\frac{\pi}{2}+x$ statt x und verwandelt dann in allen vier erhaltenen Gleichungen x in $-x$, so gelangt man zu folgenden neuen Reihenentwickelungen für die vier Thetafunctionen:

$$(3.)\qquad \theta x = \sqrt{\frac{\pi}{\nu}}\,\Sigma_{-\omega}^{\omega}\, e^{-\frac{1}{\nu}((s+\frac{1}{2})\pi - x)^2}$$

$$(4.)\qquad \theta_1 x = \sqrt{\frac{\pi}{\nu}}\,\Sigma_{-\omega}^{\omega}\,(-1)^s e^{-\frac{1}{\nu}((s+\frac{1}{2})\pi - x)^2}$$

$$(5.)\qquad \theta_2 x = \sqrt{\frac{\pi}{\nu}}\,\Sigma_{-\omega}^{\omega}\,(-1)^s e^{-\frac{1}{\nu}(s\pi - x)^2}$$

$$(6.)\qquad \theta_3 x = \sqrt{\frac{\pi}{\nu}}\,\Sigma_{-\omega}^{\omega}\, e^{-\frac{1}{\nu}(s\pi - x)^2}.$$

§. 21.

Die Vergleichung dieser letzten Formeln mit denen in §. 16. führt zu sehr wichtigen Relationen der verschiedenen Thetafunctionen unter einander.

Zunächst bringt man die Ausdrücke für $\theta_3 x$ in §. 15. und §. 20, wenn man andeutet, dass diese Reihen von x und ν abhängen, leicht unter die Form

$$\theta_3(x, \nu) = e^{-\frac{x^2}{\nu}}\,\Sigma_{-\omega}^{\omega}\, e^{-\nu\left(s+\frac{xi}{\nu}\right)^2}$$

$$\theta_3(x, \nu) = \sqrt{\frac{\pi}{\nu}}\,\Sigma_{-\omega}^{\omega}\, e^{-\frac{\pi^2}{\nu}\left(s+\frac{x}{\pi}\right)^2}.$$

Führt man nun durch die Gleichungen

$$(1.)\qquad \nu\nu' = \pi^2$$

$$(2.)\qquad \frac{x'}{\sqrt{\nu'}} = \frac{x}{\sqrt{\nu}} \quad\text{oder}\quad \frac{x'}{\nu'} = \frac{x}{\pi} \quad\text{und}\quad \frac{x}{\nu} = \frac{x'}{\pi}$$

zwei neue Grössen x' und ν' ein, so ergiebt sich aus der ersten Formel

$$\theta_3(x', \nu') = e^{-\frac{x'^2}{\nu'}}\,\Sigma_{-\omega}^{\omega}\, e^{-\nu'\left(s+\frac{x'i}{\nu'}\right)^2}$$

oder wenn man in der zweiten x mit ix vertauscht, so wird mit Benutzung von (1.) und (2.)

$$\theta_3(ix, \nu) = \sqrt{\frac{\pi}{\nu}}\,\Sigma_{-\omega}^{\omega}\, e^{-\frac{\pi^2}{\nu}\left(s+\frac{xi}{\pi}\right)^2} = \sqrt{\frac{\pi}{\nu}}\,\Sigma_{-\omega}^{\omega}\, e^{-\nu'\left(s+\frac{x'i}{\nu'}\right)^2}$$

$$= \sqrt{\frac{\nu'}{\pi}}\, e^{\frac{x'^2}{\nu'}}\,\theta_3(x', \nu').$$

Nimmt man nun ganz dieselben Substitutionen mit den übrigen Thetafunctionen vor, so gelangt man ohne Mühe zu folgenden Formeln

$$(3.)\quad \theta(ix,\nu) = \sqrt{\frac{\nu'}{\pi}}\, e^{\frac{x'^2}{\nu'}}\, \theta_2(x',\nu')$$

$$(4.)\quad \theta_1(ix,\nu) = i\sqrt{\frac{\nu'}{\pi}}\, e^{\frac{x'^2}{\nu'}}\, \theta_1(x',\nu')$$

$$(5.)\quad \theta_2(ix,\nu) = \sqrt{\frac{\nu'}{\pi}}\, e^{\frac{x'^2}{\nu'}}\, \theta(x',\nu')$$

$$(6.)\quad \theta_3(ix,\nu) = \sqrt{\frac{\nu'}{\pi}}\, e^{\frac{x'^2}{\nu'}}\, \theta_3(x',\nu').$$

§. 22.

Vergleichung der Theta unter einander.

Die letzten Formeln lehren die Theta mit dem Modul ν oder q, welches mit dem ν durch die Gleichung $q = e^{-\nu}$ zusammenhängt, durch Theta mit dem Modul ν' oder $q' = e^{-\nu'}$ ausdrücken. Wenn man dieses Zeichen einführt, so lassen sich die Formeln in §. 20. so darstellen:

$$\theta x =$$
$$\sqrt{\frac{\pi}{\nu}}\left\{q'^{\left(\frac{1}{2}-\frac{x}{\pi}\right)^2} + q'^{\left(\frac{1}{2}+\frac{x}{\pi}\right)^2} + q'^{\left(\frac{3}{2}-\frac{x}{\pi}\right)^2} + q'^{\left(\frac{3}{2}+\frac{x}{\pi}\right)^2} + q'^{\left(\frac{5}{2}-\frac{x}{\pi}\right)^2} + q'^{\left(\frac{5}{2}+\frac{x}{\pi}\right)^2} + \cdots\right\}$$

$$\theta_1 x =$$
$$\sqrt{\frac{\pi}{\nu}}\left\{q'^{\left(\frac{1}{2}-\frac{x}{\pi}\right)^2} - q'^{\left(\frac{1}{2}+\frac{x}{\pi}\right)^2} - q'^{\left(\frac{3}{2}-\frac{x}{\pi}\right)^2} + q'^{\left(\frac{3}{2}+\frac{x}{\pi}\right)^2} + q'^{\left(\frac{5}{2}-\frac{x}{\pi}\right)^2} - q'^{\left(\frac{5}{2}+\frac{x}{\pi}\right)^2} - \cdots\right\}$$

$$\theta_2 x =$$
$$\sqrt{\frac{\pi}{\nu}}\left\{q'^{x^2} - q'^{\left(1-\frac{x}{\pi}\right)^2} - q'^{\left(1+\frac{x}{\pi}\right)^2} + q'^{\left(2-\frac{x}{\pi}\right)^2} + q'^{\left(2+\frac{x}{\pi}\right)^2} - q'^{\left(3-\frac{x}{\pi}\right)^2} - q'^{\left(3+\frac{x}{\pi}\right)^2} + \cdots\right\}$$

$$\theta_3 x =$$
$$\sqrt{\frac{\pi}{\nu}}\left\{q'^{x^2} + q'^{\left(1-\frac{x}{\pi}\right)^2} + q'^{\left(1+\frac{x}{\pi}\right)^2} + q'^{\left(2-\frac{x}{\pi}\right)^2} + q'^{\left(2+\frac{x}{\pi}\right)^2} + q'^{\left(3-\frac{x}{\pi}\right)^2} + q'^{\left(3+\frac{x}{\pi}\right)^2} + \cdots\right\}$$

und daher

$$\theta o = 2\sqrt{\frac{\pi}{\nu}}\left\{q'^{\frac{1}{4}} + q'^{\frac{9}{4}} + q'^{\frac{25}{4}} + q'^{\frac{49}{4}} + \cdots\right\}$$

$$\theta_2 o = \sqrt{\frac{\pi}{\nu}}\left\{1 - 2q' + 2q'^4 - 2q'^9 + 2q'^{16} - \cdots\right\}$$

$$\theta_3 o = \sqrt{\frac{\pi}{\nu}}\left\{1 + 2q' + 2q'^4 + 2q'^9 + 2q'^{16} + \cdots\right\}.$$

Es lässt sich aber auch jede Thetafunction durch die drei übrigen darstellen, wenn alle denselben Modul enthalten. Die Formeln (3.) und (4.) in §. 16. lassen sich z. B. in folgender Weise schreiben:

$$\theta x = \Sigma_{-\omega}^{\omega} (-1)^s e^{-\nu s^2 - 2sxi}$$

$$\theta_1 x = i\,\Sigma_{-\omega}^{\omega} (-1)^s e^{-\nu(s+\frac{1}{2})^2 - (2s+1)xi},$$

wenn man $\cos 2sx$ und $\sin(2s+1)x$ durch ihre imaginären Exponentialausdrücke ersetzt. Der blosse Anblick dieser beiden Ausdrücke lehrt, dass

$$\theta_1 x = ie^{-ix - \frac{1}{4}\nu}\theta(x, \tfrac{1}{2}\nu i)$$

ist. Behandelt man die übrigen Theta in derselben Weise, so erhält man ohne Mühe folgendes System von Formeln, welches sehr oft benutzt werden wird und in welchem, der Kürze wegen,

$$e^{-ix - \frac{1}{4}\nu} = A$$

gesetzt worden ist:

(1.) $\theta x = \theta_3(\tfrac{1}{2}\pi - x) = iA\theta_1(x - \tfrac{1}{2}\nu i) = -iA\theta_2(\tfrac{1}{2}\pi + x - \tfrac{1}{2}\nu i)$

(2.) $\theta_1 x = \theta_2(\tfrac{1}{2}\pi - x) = iA\theta(x - \tfrac{1}{2}\nu i) = iA\theta_3(\tfrac{1}{2}\pi + x - \tfrac{1}{2}\nu i)$

(3.) $\theta_2 x = \theta_1(\tfrac{1}{2}\pi - x) = A\theta_3(x - \tfrac{1}{2}\nu i) = A\theta(\tfrac{1}{2}\pi + x - \tfrac{1}{2}\nu i)$

(4.) $\theta_3 x = \theta(\tfrac{1}{2}\pi - x) = A\theta_2(x - \tfrac{1}{2}\nu i) = A\theta_1(\tfrac{1}{2}\pi + x - \tfrac{1}{2}\nu i).$

Durch wiederholte Anwendung dieser Formeln und gehörige Beachtung derselben, findet man, wenn m und n positive oder negative ganze Zahlen bedeuten und der Kürze wegen

$$e^{\nu n^2 - 2nxi} = N$$

gesetzt wird, folgende vier wichtige Gleichungen

(5.) $\theta(x + m\pi + n\nu i) = (-1)^n N\theta x$

(6.) $\theta_1(x + m\pi + n\nu i) = (-1)^{m+n} N\theta_1 x$

(7.) $\theta_2(x + m\pi + n\nu i) = (-1)^m N\theta_2 x$

(8.) $\theta_3(x + m\pi + n\nu i) = N\theta_3 x.$

Dieses Formelsystem gilt auch, wenn man $n+\frac{1}{2}$ statt n schreibt, aber rechts muss dann θ mit θ_1 und θ_2 mit θ_3 vertauscht werden. Setzt man also

$$e^{\nu(n+\frac{1}{2})^2-2(n+\frac{1}{2})xi}=N'$$

so wird

$$\begin{array}{lll}(9.) & \theta(x+m\pi+(n+\frac{1}{2})\nu i)=(-1)^{n+\frac{1}{2}}N'\theta_1 x \\ (10.) & \theta_1(x+m\pi+(n+\frac{1}{2})\nu i)=(-1)^{m+n+\frac{1}{2}}N'\theta x \\ (11.) & \theta_2(x+m\pi+(n+\frac{1}{2})\nu i)=(-1)^{m}N'\theta_3 x \\ (12.) & \theta_3(x+m\pi+(n+\frac{1}{2})\nu i)=\phantom{(-1)^{m}}N'\theta_2 x.\end{array}$$

Dritter Abschnitt.

Bildung doppelt periodischer Functionen aus den Thetafunctionen.

§. 23.

Die letzten vier Formeln leiten auf den Gedanken, mit Hülfe der Thetafunctionen neue Functionen zu bilden, welche, wie die Kreisfunctionen, die Eigenschaft haben periodisch zu sein, d. h. wieder denselben Werth anzunehmen, wenn das Argument x um eine bestimmte Grösse zu- oder abnimmt. Offenbar stellt der Quotient irgend zweier dieser Theta eine solche periodische Function dar, wenn die Zahlen m und n gerade angenommen werden. Es ist aber am vortheilhaftesten, wie sich in der Folge zeigen wird, folgende drei neue Functionen in die Rechnung einzuführen:

$$f(x)=\frac{\theta_1 x}{\theta x}$$

$$g(x)=\frac{\theta_2 x}{\theta x}$$

$$h(x)=\frac{\theta_3 x}{\theta x}.$$

Die Functionen $f(x)$, $g(x)$, $h(x)$ sind nun periodische Functionen von x, denn die letzten Formeln des §. 22. führen unmittelbar zu den Gleichungen:

$$\begin{array}{ll}(1.) & f(x+m\pi+n\nu i)=(-1)^m f(x) \\ (2.) & g(x+m\pi+n\nu i)=(-1)^{m+n}g(x) \\ (3.) & h(x+m\pi+n\nu i)=(-1)^n h(x)\end{array}$$

und von diesen gelangt man sogleich zu den Formeln

$$(4.)\quad f(x+2m\pi+n\nu i) \;=f(x)$$

$$(5.)\quad g(x+2m\pi+2n\nu i)=g(x)$$

$$(6.)\quad h(x+m\pi+2n\nu i)=h(x)$$

aus welchen die periodische Natur der Functionen f, g, h hervorgeht.

Diese drei Functionen sind aber nicht blos einfach periodisch, wie die Kreisfunctionen, sondern sie sind doppelt periodisch, d. h. sie nehmen wieder denselben Werth an, nicht nur wenn sich x um ein reelles Vielfaches von π ändert, sondern auch, wenn x um ein imaginäres Vielfaches von ν zu- oder abnimmt. Sie haben also eine reelle und eine imaginäre Periode.

Die letzten Formeln des §. 21 geben sogleich für imaginäre Argumente der Functionen f, g, h folgende wichtige Relationen:

$$(7.)\quad f(ix,\nu)=i\frac{f(x',\nu')}{g(x',\nu')}$$

$$(8.)\quad g(ix,\nu)=\frac{1}{g(x',\nu')}$$

$$(9.)\quad h(ix,\nu)=\frac{h(x',\nu')}{g(x',\nu')}$$

wo

$$\nu\nu'=\pi^2 \quad \text{und} \quad \frac{x}{\sqrt{\nu}}=\frac{x'}{\sqrt{\nu'}}$$

ist. Die letzten zwei Formeln geben für $x=o$ sogleich die vier folgenden:

$$(10.)\quad g(o,\nu')=\frac{1}{g(o,\nu)}$$

$$(11.)\quad h(o,\nu')=\frac{h(o,\nu)}{g(o,\nu)}$$

$$(12.)\quad g(o,\nu)=\frac{1}{g(o,\nu')}$$

$$(13.)\quad h(o,\nu)=\frac{h(o,\nu')}{g(o,\nu')}$$

welche sämmtlich sehr oft benutzt werden.

Ausser diesen Formeln ist noch folgendes Formelsystem zu beachten, welches unmittelbar aus den Gleichungen (1.) bis (4.) in §. 22 und (1.) bis (4.) in §. 18 hervorgeht:

$$(14.)\quad f\left(\frac{\pi}{2}-x\right)=\frac{gx}{hx}=e^{-\frac{i\pi}{4}}g(x,\nu-i\pi)$$

$$(15.)\quad g\left(\frac{\pi}{2}-x\right)=\frac{fx}{hx}=e^{-\frac{i\pi}{4}}f(x,\nu-i\pi)$$

$$(16.)\quad h\left(\frac{\pi}{2}-x\right)=\frac{1}{hx}=h(x,\nu-i\pi)$$

also

$$(16'.)\quad \frac{g(\frac{1}{2}\pi-x,\nu-i\pi)}{f(\frac{1}{2}\pi-x,\nu-i\pi)}=\frac{fx}{gx}$$

und

$$(17.)\quad f\left(x-\frac{i\nu}{2}\right)=\frac{1}{fx}$$

$$(18.)\quad g\left(x-\frac{\nu i}{2}\right)=i\frac{hx}{fx}$$

$$(19.)\quad h\left(x-\frac{\nu i}{2}\right)=i\frac{gx}{fx}.$$

Ferner

$$(20.)\quad f\left(x\pm\frac{\pi}{2}-\frac{\nu i}{2}\right)=\pm\frac{hx}{gx}$$

$$(21.)\quad g\left(x\pm\frac{\pi}{2}-\frac{\nu i}{2}\right)=\pm\frac{i}{gx}$$

$$(22.)\quad h\left(x\pm\frac{\pi}{2}-\frac{\nu i}{2}\right)=-\frac{ifx}{gx}.$$

Nach den 9 letzten Formeln ist also der Gang der Functionen fx, gx, hx bekannt, wenn man ihre Werthe von $x=0$ bis $x=\frac{1}{4}\pi$ berechnet hat, denn für negative x finden offenbar die Formeln Statt:

$$f(-x)=-fx;\quad g(-x)=gx;\quad h(-x)=hx$$

und für complexe Werthe von x lassen sich diese Functionen, wie sich später zeigen wird, in einen reellen und einen imaginären Theil zerlegen.

§. 24.

Relationen der Thetafunctionen von verschiedenen Moduln.

Die Formeln, welche jetzt gebildet werden sollen, sind für die Theorie der Jacobi'schen oder Thetafunctionen ausserordentlich wichtig und verdienen deswegen eine sehr sorgfältige Beachtung.

In der Reihe für $\vartheta_3 x$ sei s und in der für $\vartheta_3 y$ sei σ der Buchstabe, in Beziehung auf welchen summirt wird; dann ist

$$\vartheta_3 x\, \vartheta_3 y = \Sigma_{-\omega}^{\omega} e^{-\nu s^2 - 2sxi} \Sigma_{-\omega}^{\omega} e^{-\nu\sigma^2 - 2\sigma y i}$$
$$= \Sigma_{-\omega}^{\omega} \Sigma_{-\omega}^{\omega} e^{-\nu(s^2+\sigma^2) - 2(sx+\sigma y)i}$$

Der Exponent von e lässt sich auf die Form bringen:

$$-2\nu\{\tfrac{1}{4}(s+\sigma)^2 + \tfrac{1}{4}(s-\sigma)^2\} - 2i\{\tfrac{1}{2}(s+\sigma)(x+y) + \tfrac{1}{2}(s-\sigma)(x-y)\}.$$

Hier müssen s und σ die Werthe aller positiven und negativen ganzen Zahlen annehmen, so dass $\frac{1}{2}(s+\sigma)$ und $\frac{1}{2}(s-\sigma)$ entweder zugleich positive oder negative ganze Zahlen oder auch Zahlen von der Form $n+\frac{1}{2}$ sein werden, wenn n eine beliebige positive oder negative ganze Zahl bedeutet. Hieraus folgt, dass die Doppelreihe für $\vartheta_3 x\, \vartheta_3 y$ auch durch die Summe folgender zwei Doppelreihen dargestellt werden kann:

$$\Sigma_{-\omega}^{\omega} \Sigma_{-\omega}^{\omega} e^{-2\nu(s^2+\sigma^2) - 2i[s(x+y)+\sigma(x-y)]}$$
$$+ \Sigma_{-\omega}^{\omega} \Sigma_{-\omega}^{\omega} e^{-2\nu[(s+\frac{1}{2})^2 + (\sigma+\frac{1}{2})^2] - 2i[(s+\frac{1}{2})(x+y) + (\sigma+\frac{1}{2})(x+y)]}$$

Nun ist aber, wenn man unter dem Functionszeichen θ den Modul mit ausdrückt, sobald er ein anderer als ν ist,

$$\Sigma_{-\omega}^{\omega} e^{-2\nu s^2 - 2s(x+y)i} = \vartheta_3(x+y, 2\nu)$$
$$\Sigma_{-\omega}^{\omega} e^{-2\nu(s+\frac{1}{2})^2 - 2(s+\frac{1}{2})(x+y)i} = \vartheta_2(x+y, 2\nu)$$

also ist

$$\vartheta_3 x\, \vartheta_3 y = \vartheta_3(x+y, 2\nu)\, \vartheta_3(x-y, 2\nu) + \vartheta_2(x+y, 2\nu)\, \vartheta_2(x-y, 2\nu).$$

Nach §. 22. ist aber

$$\vartheta_3(x - \tfrac{1}{2}\nu i) = e^{ix+\frac{1}{4}\nu} \vartheta_2 x$$

folglich wenn man 2ν statt ν setzt,

$$\vartheta_3(x - \nu i, 2\nu) = e^{ix+\frac{1}{2}\nu}\, \vartheta_2(x, 2\nu).$$

Ebenso ist

$$\vartheta_2(x - \nu i, 2\nu) = e^{ix+\frac{1}{2}\nu}\, \vartheta_3(x, 2\nu).$$

Ersetzt man daher in der vorigen Gleichung x durch $x - \frac{1}{2}\nu i$ und y durch $y - \frac{1}{2}\nu i$, so erhält man, wenn die so gewonnene Gleichung durch $e^{i(x+y)+\frac{1}{2}\nu}$ dividirt wird,

$$\vartheta_2 x\, \vartheta_2 y = \vartheta_2(x+y, 2\nu)\, \vartheta_3(x-y, 2\nu) + \vartheta_3(x+y, 2\nu)\, \vartheta_2(x-y, 2\nu).$$

Vertauscht man in der ersten Formel $\frac{1}{2}\pi - x$ mit x und $\frac{1}{2}\pi - y$ mit y, so gewinnt man folgende neue:

$$\theta x\, \theta y = \vartheta_3(x+y, 2\nu)\, \vartheta_3(x-y, 2\nu) - \vartheta_2(x+y, 2\nu)\, \vartheta_2(x-y, 2\nu).$$

Für $x - \frac{1}{2}\nu i$ statt x und $y - \frac{1}{2}\nu i$ statt y liefert diese Formel mit Benutzung der bekannten Relationen

$$\theta_1 x\,\theta_1 y = \theta_3(x+y, 2\nu)\,\theta_2(x-y, 2\nu) - \theta_2(x+y, 2\nu)\,\theta_3(x-y, 2\nu).$$

Substituirt man in den Formeln, welche wir für die Producte $\theta x\,\theta y$, $\theta_2 x\,\theta_2 y$, $\theta_3 x\,\theta_3 y$ gefunden haben, $u = x + y$, $v = x - y$, ν statt 2ν und vertauscht dann u mit x und ν mit y, so ergeben sich folgende vier Gleichungen

$$\begin{aligned}
&(1.) && \theta(\tfrac{1}{2}(x+y), \tfrac{1}{2}\nu)\,\theta(\tfrac{1}{2}(x-y), \tfrac{1}{2}\nu) = \theta_3 x\,\theta_3 y - \theta_2 x\,\theta_2 y\\
&(2.) && \theta_1(\tfrac{1}{2}(x+y), \tfrac{1}{2}\nu)\,\theta_1(\tfrac{1}{2}(x-y), \tfrac{1}{2}\nu) = \theta_3 x\,\theta_2 y - \theta_2 x\,\theta_3 y\\
&(3.) && \theta_2(\tfrac{1}{2}(x+y), \tfrac{1}{2}\nu)\,\theta_2(\tfrac{1}{2}(x-y), \tfrac{1}{2}\nu) = \theta_3 x\,\theta_2 y + \theta_2 x\,\theta_3 y\\
&(4.) && \theta_3(\tfrac{1}{2}(x+y), \tfrac{1}{2}\nu)\,\theta_3(\tfrac{1}{2}(x-y), \tfrac{1}{2}\nu) = \theta_3 x\,\theta_3 y + \theta_2 x\,\theta_2 y.
\end{aligned}$$

Setzt man in ihnen $\frac{1}{2}\pi - x$ statt x und $\frac{1}{2}\pi - y$ statt y, so verwandelt man sie leicht mit Benutzung der Formeln des §. 22. in

$$\begin{aligned}
&(5.) && \theta(\tfrac{1}{2}(x+y), \tfrac{1}{2}\nu)\,\theta_3(\tfrac{1}{2}(x-y), \tfrac{1}{2}\nu) = \theta x\,\theta y + \theta_1 x\,\theta_1 y\\
&(6.) && \theta_1(\tfrac{1}{2}(x+y), \tfrac{1}{2}\nu)\,\theta_2(\tfrac{1}{2}(x-y), \tfrac{1}{2}\nu) = \theta_1 x\,\theta y + \theta x\,\theta_1 y\\
&(7.) && \theta_2(\tfrac{1}{2}(x+y), \tfrac{1}{2}\nu)\,\theta_1(\tfrac{1}{2}(x-y), \tfrac{1}{2}\nu) = \theta_1 x\,\theta y - \theta x\,\theta_1 y\\
&(8.) && \theta_3(\tfrac{1}{2}(x+y), \tfrac{1}{2}\nu)\,\theta(\tfrac{1}{2}(x-y), \tfrac{1}{2}\nu) = \theta x\,\theta y - \theta_1 x\,\theta_1 y.
\end{aligned}$$

Ersetzt man jetzt in den Gleichungen (5.), (8.), (4.) und (1.) ν durch 2ν, $\frac{1}{2}(x+y)$ durch x, $\frac{1}{2}(x-y)$ durch y, so erhält man durch Addition und Subtraction zweier Gleichungen:

$$\begin{aligned}
&(9.) && 2\theta(x+y, 2\nu)\,\theta(x-y, 2\nu) = \theta x\,\theta_3 y + \theta_3 x\,\theta y\\
&(10.) && 2\theta_1(x+y, 2\nu)\,\theta_1(x-y, 2\nu) = \theta x\,\theta_3 y - \theta_3 x\,\theta y\\
&(11.) && 2\theta_2(x+y, 2\nu)\,\theta_2(x-y, 2\nu) = \theta_3 x\,\theta_3 y - \theta x\,\theta y\\
&(12.) && 2\theta_3(x+y, 2\nu)\,\theta_3(x-y, 2\nu) = \theta_3 x\,\theta_3 y + \theta x\,\theta y.
\end{aligned}$$

§. 25.

Als specielle Fälle dieser zwölf wichtigen Formeln verdienen ganz besonders folgende hervorgehoben zu werden:

$$\begin{aligned}
&(1.) && \theta x\,\theta_3 x = \theta(o, 2\nu)\,\theta(2x, 2\nu)\\
&(2.) && \theta_1 x\,\theta_2 x = \theta(o, 2\nu)\,\theta_1(2x, 2\nu)\\
&(3.) && \theta x\,\theta_1 x = \tfrac{1}{2}\theta_2(o, \tfrac{1}{2}\nu)\,\theta_1(x, \tfrac{1}{2}\nu)\\
&(4.) && \theta_2 x\,\theta_3 x = \tfrac{1}{2}\theta_2(o, \tfrac{1}{2}\nu)\,\theta_2(x, \tfrac{1}{2}\nu),
\end{aligned}$$

von denen (1.) aus (9.) in §. 24. für $y = x$ folgt; (2.) aus (6.) für

$y = 0$, $x = 2x$ und $\nu = 2\nu$; (3.) aus (6.) für $y = x$ und endlich (4.) aus (3.) für $y = x$.

Aus den letzten Formeln fliessen noch folgende drei andere, welche sehr oft benutzt werden müssen:

$$(5.)\qquad \theta o\, \theta_2 o = \theta_1(\tfrac{1}{4}\pi, \tfrac{1}{2}\nu)^2 = \theta_2(\tfrac{1}{4}\pi, \tfrac{1}{2}\nu)^2$$

$$(6.)\qquad \theta o\, \theta_3 o = \theta(o, 2\nu)^2 = \theta(\tfrac{1}{4}\pi, \tfrac{1}{2}\nu)^2$$

$$(7.)\qquad \theta_2 o\, \theta_3 o = \tfrac{1}{2}\theta_2(o, \tfrac{1}{2}\nu)^2.$$

Die Formel (5.) folgt aus (2.), wenn x durch $\frac{1}{4}\pi - x$ ersetzt, der §. 22. benutzt und $x = 0$ gesetzt wird, nachdem man 2ν mit ν vertauscht hat. Die (6.) ist die (1.) für $x = 0$ und ebenso folgt (7.) aus (4.).

§. 26.

Für $y = 0$ folgt aus (4.) in §. 24

$$\theta_3 o\, \theta_3 x + \theta_2 o\, \theta_2 x = \theta_3(\tfrac{1}{2}x, \tfrac{1}{2}\nu)^2.$$

Nach (1.) in §. 25 ist aber

$$\theta o\, \theta x = \theta(\tfrac{1}{2}x, \tfrac{1}{2}\nu)\, \theta_3(\tfrac{1}{2}x, \tfrac{1}{2}\nu).$$

Der Quotient dieser beiden Gleichungen liefert:

$$(1.)\qquad ho\, hx + go\, gx = h(\tfrac{1}{2}x, \tfrac{1}{2}\nu).$$

Auf dieselbe Weise folgt aus (1.) in §. 24

$$(2.)\qquad ho\, hx - go\, gx = \frac{1}{h(\frac{1}{2}x, \frac{1}{2}\nu)}.$$

Das Product dieser beiden Gleichungen giebt

$$(3.)\qquad ho^2 hx^2 - go^2 gx^2 = 1.$$

Für $y = 0$ giebt das Product der beiden Gleichungen (9.) und (10.) in §. 24

$$\theta_3 o^2 \theta x^2 - \theta o^2 \theta_3 x^2 = 4\theta(x, 2\nu)^2 \theta_1(x, 2\nu)^2.$$

Nach (3.) in § 25 ist aber

$$2\theta(x, 2\nu)\, \theta_1(x, 2\nu) = \theta_2 o\, \theta_1 x.$$

Daher ist

$$\theta_3 o^2 \theta x^2 - \theta o^2 \theta_3 x^2 = \theta_2 o^2 \theta_1 x^2$$

oder auch, wenn man mit $\theta o^2 \theta x^2$ dividirt,

$$(4.)\qquad ho^2 - hx^2 = go^2 fx^2.$$

Für $x = 0$ erhält man aus (3.)

$$(5.)\qquad ho^4 - go^4 = 1.$$

Multiplicirt man (4.) mit ho^2 und addirt das Product zu (3.), so ergiebt sich, wenn man (5.) benutzt,

$$(6.)\quad ho^2 fx^2 + gx^2 = go^2.$$

Diese Formel und die beiden andern (4.) und (3.)

$$(4.)\quad go^2 fx^2 + hx^2 = ho^2$$

$$(3.)\quad ho^2 hx^2 - go^2 gx^2 = 1$$

gehören zu den wichtigsten der ganzen Theorie. Multiplicirt man (6.) mit ho^2, (4.) mit go^2 und zieht das erste Product vom zweiten ab, so erhält man noch die Formel:

$$(7.)\quad go^2 hx^2 - ho^2 gx^2 = fx^2.$$

§. 27.

Dividirt man jede der Gleichungen (10.), (11.), (12.) im §. 24. durch (9.), so erhält man auf der Stelle folgende drei Formeln:

$$(1.)\quad f(x+y,2\nu)\,f(x-y,2\nu) = \frac{hy - hx}{hy + hx}$$

$$(2.)\quad g(x+y,2\nu)\,g(x-y,2\nu) = \frac{hx\,hy - 1}{hy + hx}$$

$$(3.)\quad h(x+y,2\nu)\,h(x-y,2\nu) = \frac{hx\,hy + 1}{hy + hx}.$$

Ferner leitet man leicht folgende vier Formeln ab:

$$(4.)\quad \theta o^2 \frac{\theta(x+y)\,\theta(x-y)}{\theta x^2\,\theta y^2} = 1 - fx^2 fy^2$$

$$(5.)\quad \theta o^2 \frac{\theta_1(x+y)\,\theta_1(x-y)}{\theta x^2\,\theta y^2} = fx^2 - fy^2$$

$$(6.)\quad \theta_1 o^2 \frac{\theta_2(x+y)\,\theta_2(x-y)}{\theta x^2\,\theta y^2} = hx^2 hy^2 - 1$$

$$(7.)\quad \theta_2 o^2 \frac{\theta_3(x+y)\,\theta_3(x-y)}{\theta x^2\,\theta y^2} = 1 + gx^2 gy^2.$$

Die Formel (4.) folgt aus dem Producte der Formeln (5.) und (8.) in §. 24, wenn man (1.) in §. 25 berücksichtigt. Um (5.) abzuleiten, muss man (6.) und (7.) in §. 24 mit einander multipliciren und (2.) in §. 25 anwenden.

Zur Ableitung von (6.) benutzt man die Formeln

$$\theta(\tfrac{1}{2}\pi - x) = \theta_3 x$$

$$\theta_1(\tfrac{1}{2}\pi - x) = \theta_2 x,$$

nach denen also

$$f\left(\frac{\pi}{2}-x\right)=\frac{gx}{hx}$$

ist. Für $\frac{1}{2}\pi-x$ statt x folgt dann aus (5.)

$$(a.)\quad \theta o^2\frac{\theta(x+y)\theta(x-y)}{\theta x^2\theta y^2}=gx^2-hx^2fy^2$$

und wenn man auch in (4.) x durch $\frac{1}{2}\pi-x$ ersetzt, so ergiebt sich noch

$$(b.)\quad \theta o^2\frac{\theta(x+y)\theta(x-y)}{\theta x^2\theta y^2}=hx^2-gx^2fy^2.$$

Mit Hülfe von (4.) und (6.) in §. 26. verwandelt man nun leicht die rechten Seiten der beiden Gleichungen (a.) und (b.) so, dass die Formeln (6.) und (7.) erscheinen.

§. 28.

Benutzt man die Formeln (3.), (4.), (6.) im §. 26, so erhält man sogleich, wenn man in dem Producte hx^2fy^2 erst fy durch hy und dann hx durch fx ausdrückt

$$ho^2hx^2-hx^2hy^2=go^2ho^2fy^2-go^4fx^2fy^2$$

und wenn man ebenso mit gx^2fy^2 verfährt, so wird

$$go^2gx^2-gx^2gy^2=go^2ho^2fy^2-ho^4fx^2fy^2.$$

Subtrahirt man diese Gleichung von der vorhergehenden, und wendet (3.) und (5.) in §. 26 an, so gelangt man zu der Formel

$$(1.)\quad fx^2fy^2-gx^2gy^2+hx^2hy^2=1$$

welche die drei wichtigen Formeln (3.), (4.), (6.) in §. 26 als specielle Fälle in sich enthält. Denn für $y=o$ ergiebt sich aus ihr (3.); für $y=\frac{1}{2}\pi$ ist

$$f\frac{\pi}{2}=\frac{go}{ho};\quad g\frac{\pi}{2}=o;\quad h\frac{\pi}{2}=\frac{1}{ho};$$

also verwandelt sich die (1.) für diesen Werth von y in N. 4. Für $y=\frac{1}{2}\nu i-\frac{1}{2}\pi$ ist nach §. 22

$$f\left(\frac{\nu i}{2}-\frac{\pi}{2}\right)=-\frac{ho}{go},\quad g\left(\frac{\nu i}{2}-\frac{\pi}{2}\right)=\frac{i}{go},\quad h\left(\frac{\nu i}{2}-\frac{\pi}{2}\right)=o,$$

also erhält man für diesen Werth von y aus (1.) die N. 6.

§. 29.

Die Additionstheoreme für die Functionen f, g, h.

Mutliplicirt man die Formeln (9.) und (11.) in §. 24. mit einander und setzt der Kürze wegen $x+y=z$, $x-y=u$, so erhält man

$$4\theta(z,2\nu)\,\theta_1(z,2\nu)\,\theta(u,2\nu)\,\theta_1(u,2\nu)$$
$$=\theta x\,\theta_1 x\,(\theta_1 y^2-\theta y^2)+\theta y\,\theta_1 y\,(\theta_1 x^2-\theta x^2).$$

Aus (11.) wird aber für $y=x$

$$\theta_1 x^2-\theta x^2=2\theta_1(0,2\nu)\,\theta_1(2x,2\nu).$$

Benutzt man diese Formel und die N. 1 in §. 25

$$\theta(x)\,\theta_1(x)=\theta(0,2\nu)\,\theta(2x,2\nu),$$

so gelangt man, wenn 2ν, $2x$, $2y$ entsprechend mit ν, $x+y$, $x-y$ vertauscht werden, zu der Formel

$$(1'.)\quad 2\theta x\,\theta_1 x\,\theta y\,\theta_1 y=\theta o\,\theta_1 o\,\{\theta(x+y)\,\theta_1(x-y)+\theta(x-y)\,\theta_1(x+y)\}.$$

Das Product der Formeln (10.) und (12.) liefert auf eine ähnliche Weise

$$(2'.)\quad 2\theta_1 x\,\theta_1 x\,\theta_1 y\,\theta_1 y=\theta o\,\theta_1 o\,\{\theta(x+y)\,\theta_1(x-y)-\theta(x-y)\,\theta_1(x+y)\}.$$

Durch Vertauschung von x mit $\frac{1}{2}\pi-x$ geben diese Formeln die beiden neuen

$$(3'.)\quad 2\theta_1 x\,\theta_1 x\,\theta y\,\theta_1 y=\theta o\,\theta_1 o\,\{\theta_1(x+y)\,\theta_1(x-y)+\theta_1(x-y)\,\theta_1(x+y)\}$$
$$(4'.)\quad 2\theta x\,\theta_1 x\,\theta_1 y\,\theta_1 y=\theta o\,\theta_1 o\,\{\theta_1(x+y)\,\theta_1(x-y)-\theta_1(x-y)\,\theta_1(x+y)\}.$$

Benutzt man die Gleichungen (3.), (4.) und (7) in §. 25., sowie (6.) und (7.) in §. 24, so gelangt man leicht zu den beiden Formeln

$$(5'.)\quad 2\theta x\,\theta_1 x\,\theta_1 y\,\theta_1 y=\theta_1 o\,\theta_1 o\,\{\theta_1(x+y)\,\theta(x-y)+\theta(x+y)\,\theta_1(x-y)\}$$
$$(6'.)\quad 2\theta_1 x\,\theta_1 x\,\theta y\,\theta_1 y=\theta_1 o\,\theta_1 o\,\{\theta_1(x+y)\,\theta(x-y)-\theta(x+y)\,\theta_1(x-y)\}.$$

Mit Hülfe von (1.) und (2.) §. 25 ergeben sich auf gleiche Weise die Formeln

$$(7'.)\quad 2\theta_1 x\,\theta_1 x\,\theta y\,\theta_1 y=\theta o\,\theta_1 o\,\{\theta_1(x+y)\,\theta_1(x-y)+\theta_1(x-y)\,\theta_1(x+y)\}$$
$$(8'.)\quad 2\theta x\,\theta_1 x\,\theta_1 y\,\theta_1 y=\theta o\,\theta_1 o\,\{\theta_1(x+y)\,\theta_1(x-y)-\theta_1(x-y)\,\theta_1(x+y)\}.$$

Die Formeln (9.) und (10.) in §. 24 verwandeln sich mit Hülfe von (1.) und (2.) in §. 25, und durch gehörige Buchstabenvertauschung in

$$(9'.)\quad 2\theta x\,\theta_1 x\,\theta y\,\theta_1 y=\theta o\,\theta_1 o\,\{\theta_1(x+y)\,\theta(x-y)+\theta_1(x-y)\,\theta(x+y)\}$$
$$(10'.)\quad 2\theta_1 x\,\theta_1 x\,\theta_1 y\,\theta_1 y=\theta o\,\theta_1 o\,\{\theta_1(x-y)\,\theta(x+y)-\theta_1(x+y)\,\theta(x-y)\}.$$

Bezeichnet man jetzt die linke Seite der Gleichung (4.) in §. 27 mit $2T$, so lassen sich diese 10 Gleichungen, wenn man sie gehörig ordnet, in folgender Weise darstellen:

$$(1.)\quad go\,ho\,T\{f(x+y)+f(x-y)\}=fx\,gy\,hy$$
$$(2.)\quad go\,ho\,T\{f(x+y)-f(x-y)\}=fy\,gx\,hx$$

$$(3.)\quad go\,T\{g(x-y)+g(x+y)\} = gx\,gy$$

$$(4.)\quad go\,T\{g(x-y)-g(x+y)\} = fx\,hx\,fy\,hy$$

$$(5.)\quad ho\,T\{h(x-y)+h(x+y)\} = hx\,hy$$

$$(6.)\quad ho\,T\{h(x-y)-h(x+y)\} = fx\,gx\,fy\,gy$$

$$(7.)\quad go\,T\{f(x+y)h(x-y)+f(x-y)h(x+y)\} = fx\,hx\,gy$$

$$(8.)\quad go\,T\{f(x+y)h(x-y)-f(x-y)h(x+y)\} = fy\,hy\,gx$$

$$(9.)\quad ho\,T\{f(x+y)g(x-y)+f(x-y)g(x+y)\} = fx\,gx\,hy$$

$$(10.)\quad ho\,T\{f(x+y)g(x-y)-f(x-y)g(x+y)\} = fy\,gy\,hx$$

$$(11.)\quad go\,ho\,T\{g(x+y)h(x-y)+g(x-y)h(x+y) = gx\,hx\,gy\,hy$$

$$(12.)\quad go\,ho\,T\{g(x+y)h(x-y)-g(x-y)h(x+y)\} = fx\,gx\,fy\,gy$$

Die Formeln (1.) und (2.) ergeben sich leicht aus (5'.) bezüglich (6'.), indem man die in §. 23 definirten Functionen f, g, h einführt; in derselben Weise erhält man (3.) und (4.) aus (1'.) und (2'.), (5'.) und (6.) aus (9'.) und (10'.), (7.) und (8.) aus (3'.) und (4'.), (8.) und (9.) aus (7'.) und (8'.). Die beiden letzten Formeln sind mit Hülfe der Gleichungen (2.) und (3.) in §. 24, und (2.), (4.) in §. 25 gebildet worden.

Aus diesen Formeln folgen sogleich noch drei andere:

$$(13.)\quad \frac{g(x+y)h(x-y)+g(x-y)h(x+y)}{f(x+y)-f(x-y)} = \frac{gy\,hy}{fy}$$

$$(14.)\quad \frac{f(x+y)h(x-y)-f(x-y)h(x+y)}{g(x-y)+g(x+y)} = \frac{hy\,fy}{gy}$$

$$(15.)\quad \frac{f(x+y)g(x-y)-f(x-y)g(x+y)}{h(x-y)+h(x+y)} = \frac{fy\,gy}{hy}.$$

§. 30.

Aus den sechs ersten der hier aufgestellten Gleichungen bildet man sich durch Addition und Subtraction die wichtigen Formeln:

$$(1.)\quad go\,ho\,f(x\pm y) = \frac{fx\,gy\,hy \pm fy\,gx\,hx}{1-fx^2\,fy^2}$$

$$(2.)\quad go\,g(x\pm y) = \frac{gx\,gy \mp fx\,fy\,hx\,hy}{1-fx^2\,fy^2}$$

$$(3.)\quad ho\,h(x\pm y) = \frac{hx\,hy \mp fx\,fy\,gx\,gy}{1-fx^2\,fy^2}$$

in denen die oberen Zeichen zu den oberen und die unteren zu den unteren genommen werden müssen.

Wenn man je zwei der Gleichungen in §. 29 addirt und subtrahirt, so erhält man leicht eine grössere Zahl von Formeln, welche zum Theil die letzten drei in anderer Form darstellen und die wir später angeben werden. Aus den Formeln des §. 29 erhält man noch, wenn (4.) durch (5.) und (3.) durch (6.) dividirt werden, nach gehöriger Buchstabenvertauschung:

$$(4.)\quad f\left(\frac{x+y}{2}\right)f\left(\frac{x-y}{2}\right)=\frac{go}{ho}\cdot\frac{gy-gx}{hy+hx}=\frac{ho}{go}\cdot\frac{hy-hx}{gy+gx}.$$

Der Quotient von (11.) durch (5.) liefert in derselben Weise

$$(5.)\quad g\left(\frac{x+y}{2}\right)g\left(\frac{x-y}{2}\right)=go\frac{gx\,hy+hx\,gy}{hy+hx}.$$

Ferner giebt (11.) durch (3.) die Formel

$$(6.)\quad h\left(\frac{x+y}{2}\right)h\left(\frac{x-y}{2}\right)=ho\frac{gx\,hy+hx\,gy}{gy+gx}$$

und endlich erhält man, wenn hier die N. 4 durch N. 5 dividirt wird,

$$(7.)\quad \frac{f\frac{1}{2}(x+y)f\frac{1}{2}(x-y)}{g\frac{1}{2}(x+y)g\frac{1}{2}(x-y)}=\frac{gy-gx}{ho(gx\,hy+hx\,gy)}.$$

Aus diesen 4 Formeln ergeben sich für $y=o$ folgende

$$(8.)\quad f\left(\frac{x}{2}\right)^2=\frac{go}{ho}\cdot\frac{go-gx}{ho+hx}=\frac{ho}{go}\cdot\frac{ho-hx}{go+gx}$$

$$(9.)\quad g\left(\frac{x}{2}\right)^2=go\cdot\frac{ho\,gx+go\,hx}{ho+hx}$$

$$(10.)\quad h\left(\frac{x}{2}\right)^2=ho\cdot\frac{ho\,gx+go\,hx}{go+gx}$$

$$(11.)\quad \left(\frac{f\frac{1}{2}x}{g\frac{1}{2}x}\right)^2=\frac{1}{ho}\cdot\frac{go-gx}{ho\,gx+go\,hx}.$$

§. 31.

Wir bedürfen in der Folge noch einiger speciellen Fälle dieser Formeln, welche wir jetzt aufführen, um später den Fortgang der Entwickelung nicht unterbrechen zu müssen.

Für $y=o$ liefern nämlich die Gleichungen (9.) bis (12.) in §. 24

$$(1.)\quad 2\theta(x,2\nu)^2=\theta_3 o\,\theta x+\theta o\,\theta_3 x$$

$$(2.)\quad 2\theta_1(x,2\nu)^2=\theta_3 o\,\theta x-\theta o\,\theta_3 x$$

$$(3.)\quad 2\theta_1(x,2\nu)^2 = \theta_2 o\, \theta_2 x - \theta o\, \theta x$$

$$(4.)\quad 2\theta_2(x,2\nu)^2 = \theta_2 o\, \theta_2 x + \theta o\, \theta x.$$

Zieht man aus dem Producte (1.) . (4.) und (2.) . (3.) die Quadratwurzel und benutzt (1.) und (2.) in §. 25, so erhält man die beiden ersten Gleichungen der folgenden Gruppe:

$$(5.)\quad 2\theta(2x,4\nu) = \frac{1}{\theta(o,4\nu)} \sqrt{(\theta_2 o\, \theta x + \theta o\, \theta_2 x)(\theta_2 o\, \theta_2 x + \theta o\, \theta x)}$$

$$(6.)\quad 2\theta_1(2x,4\nu) = \frac{1}{\theta(o,4\nu)} \sqrt{(\theta_2 o\, \theta x - \theta o\, \theta_2 x)(\theta_2 o\, \theta_2 x - \theta o\, \theta x)}$$

$$(7.)\quad 2\theta_1(2x,4\nu) = \theta_2 x - \theta x$$

$$(8.)\quad 2\theta_2(2x,4\nu) = \theta_2 x + \theta x.$$

Die letzten Gleichungen ergeben sich daraus, dass

$$\theta(x,\nu) = \Sigma_{-\omega}^{\omega} (-1)^s e^{-\nu s^2} \cos 2sx$$

$$\theta_1(x,\nu) = \Sigma_{-\omega}^{\omega} e^{-\nu(s+\frac{1}{2})^2} \cos(2s+1)x$$

$$\theta_2(x,\nu) = \Sigma_{-\omega}^{\omega} e^{-\nu s^2} \cos 2sx$$

also

$$\theta_1(2x,4\nu) = \Sigma_{-\omega}^{\omega} e^{-\nu(2s+1)^2} \cos(4s+2)x$$

$$\theta_2(2x,4\nu) = \Sigma_{-\omega}^{\omega} e^{-\nu(2s)^2} \cos 4sx.$$

Die Summe dieser beiden letzten Gleichungen liefert $\theta_2 x$ und die Differenz θx und diese Operation beweist die Richtigkeit der Formeln (7.) und (8.).

Dividirt man die Gleichungen (2.), (3.), (4.) durch (1.) und zieht aus dem Quotienten die Wurzel, so erhält man

$$(9.)\quad f(x,2\nu) = \sqrt{\frac{ho - hx}{ho + hx}}$$

$$(10.)\quad g(x,2\nu) = \sqrt{\frac{ho\, hx - 1}{ho + hx}}$$

$$(11.)\quad h(x,2\nu) = \sqrt{\frac{ho\, hx + 1}{ho + hx}}.$$

Für $x = o$ ergiebt sich aus (5.) die Formel

$$(12.)\quad \theta(o,4\nu) = \theta o \sqrt[4]{\tfrac{1}{2} ho(ho^2 + 1)}$$

und wenn man diese Formel benutzt, so fliessen aus den Formeln (5.) bis (8.) sogleich die folgenden drei:

$$(13.)\quad f(2x,4\nu)=\sqrt{\frac{(ho-hx)(ho\,hx-1)}{(ho+hx)(ho\,hx+1)}}$$

$$(14.)\quad g(2x,4\nu)=\frac{\sqrt[4]{\tfrac{1}{2}ho\,(ho^2+1)}\,(hx-1)}{\sqrt{(ho+hx)(ho\,hx+1)}}$$

$$(15.)\quad h(2x,4\nu)=\frac{\sqrt[4]{\tfrac{1}{2}ho\,(ho^2+1)}\,(hx+1)}{\sqrt{(ho+hx)(ho\,hx+1)}}.$$

Aus den Formeln (9.), (11.), (12.) in §. 24 und (2.) in §. 25 ergiebt sich für $y=x$

$$(16.)\quad \theta(2x,2\nu)=\frac{\theta x\,\theta_3 x}{\theta(o,2\nu)}=\frac{\theta x\,\theta_3 x}{\sqrt{\theta o\,\theta_3 o}}$$

$$(17.)\quad \theta_1(2x,2\nu)=\frac{\theta_1 x\,\theta_2 x}{\theta(o,2\nu)}=\frac{\theta_1 x\,\theta_2 x}{\sqrt{\theta o\,\theta_3 o}}$$

$$(18.)\quad \theta_2(2x,2\nu)=\frac{\theta_3 x^2-\theta x^2}{2\theta_2(o,2\nu)}=\frac{\theta_3 x^2-\theta x^2}{\sqrt{2(\theta_3 o^2-\theta o^2)}}$$

$$(19.)\quad \theta_3(2x,2\nu)=\frac{\theta_3 x^2+\theta x^2}{2\theta_3(o,2\nu)}=\frac{\theta_3 x^2+\theta x^2}{\sqrt{2(\theta_3 o^2+\theta o^2)}}.$$

Dividirt man die drei letzten dieser Formeln durch die erste, so erhält man

$$(20.)\quad f(2x,2\nu)=\frac{fx\,gx}{hx}=\frac{1}{go^2\,hx}\sqrt{(ho^2-hx^2)(ho^2hx^2-1)}$$

$$(21.)\quad g(2x,2\nu)=\frac{hx^2-1}{2g(o,2\nu)hx}=\sqrt{\frac{2ho}{ho^2-1}}\cdot\frac{hx^2-1}{2hx}$$

$$(22.)\quad h(2x,2\nu)=\frac{hx^2+1}{2h(o,2\nu)hx}=\sqrt{\frac{2ho}{ho^2+1}}\cdot\frac{hx^2+1}{2hx}.$$

Die rechte Seite der Formel (20.) ergiebt sich durch Benutzung der Formel

$$(23.)\quad 2\theta x\,\theta_1 x\,\theta_2 x\,\theta_3 x=\theta o\,\theta_2 o\,\theta_3 o\,\theta_1(2x)=\theta_1'(o)\,\theta_1(2x)$$

(welche aus (5′.) in §. 29 für $y=x$ erhalten wird), wenn man die Formeln (1.) bis (4.) in §. 31 berücksichtigt und (1.) in §. 32.

Es muss noch bemerkt werden, dass der Quotient von (7.) durch (8.) zu der Formel führt:

$$(24.)\quad \frac{\theta_2(2x,4\nu)}{\theta_3(2x,4\nu)}=\frac{g(2x,4\nu)}{h(2x,4\nu)}=\frac{hx-1}{hx+1},$$

welche sich für $x=o$ in

$$(25.)\quad \frac{g(o,4\nu)}{h(o,4\nu)} = \frac{ho-1}{ho+1}$$

verwandelt.

§. 32.

Die Differentialquotienten der Functionen fx, gx, hx.

Wenn man in N. 2 des §. 29 x mit $x+y$ und dann y mit $\frac{1}{2}\alpha$ vertauscht, so nimmt diese Gleichung die Gestalt an:

$$go\,ho\{f(x+\alpha)-f(x)\} = \frac{2f\frac{1}{2}\alpha \,.\, g(x+\frac{1}{2}\alpha)h(x+\frac{1}{2}\alpha)}{1-f\frac{1}{2}\alpha^2 f(x+\frac{1}{2}\alpha)^2}.$$

Dividirt man diese Gleichung durch α und setzt dann $\alpha = 0$, so wird

$$go\,ho\,f'x = f'o\,gx\,hx.$$

Es ist aber

$$f'(x) = \left(\frac{\theta_1 x}{\theta x}\right)' = \frac{\theta_1' x}{\theta x} - \frac{\theta_1 x\, \theta' x}{\theta x^2},$$

also

$$f'o = \frac{\theta_1' o}{\theta o}.$$

Nach N. 4 in §. 16 ist

$$\theta_1' o = 2q^{\frac{1}{4}}(q^2;q^2)\,\Pi_0^\omega(1-q^{2s+2})^2 = 2q^{\frac{1}{4}}\{(q^2;q^2)\}^3.$$

Aus den Formeln (3.), (5.) und (6) desselben §. ergiebt sich aber

$$\theta o\, \theta_2 o\, \theta_3 o = 2q^{\frac{1}{4}}\{(q^2,q^2)\}^3\,\Pi_0^\omega(1-q^{4s+2})^2(1+q^{2s+2})^2.$$

durch wirkliches Niederschreiben der Factoren überzeugt man sich, dass

$$\Pi_0^\omega(1-r^{2s+1})(1+r^{s+1}) = \Pi_0^\omega(1-r^{2(2s+1)})(1+r^{2(s+1)}),$$

dass also ein solches Product nicht verändert wird, wenn man r durch r^2 ersetzt. Diese Substitution kann also immer von Neuem vorgenommen werden, so dass zuletzt, wenn $r<1$ ist, r durch eine unendlich kleine Grösse ersetzt werden wird. Das Product hat also offenbar den Werth 1 und daher ist

$$(1.)\quad \theta_1' o = \theta o\, \theta_2 o\, \theta_3 o$$

und

$$(2.)\quad f'o = \theta_2 o\, \theta_3 o$$

also

$$(3.)\quad f'x = \theta o^2\, gx\, hx.$$

Mit Hülfe der Gleichungen (4.) und (6.) in §. 26 lassen sich nun auch die Differentialquotienten der Functionen gx und hx berechnen. Man erhält aus ihnen mit Benutzung von (3.)

$$(4.)\quad g'x = -\theta o^2 fx\, hx$$
$$(5.)\quad h'x = -\theta o^2 fx\, gx.$$

Die letzten drei Formeln werden offenbar durch die eine ersetzt:

$$(6.)\quad go^2 ho^2 (fx^2)' = -go^2 (gx^2)' = -ho^2 (hx^2)' = 2\theta o^2 ho^2 fx\, gx\, hx,$$

deren Integrale die Gleichungen (3.), (4.) und (6.) in §. 26 liefern.

§. 33.

Mit Hülfe der Formeln (7.), (8.), (9.) in §. 23 lassen sich jetzt die Functionen fx, gx, hx für complexe Argumente in einen reellen und imaginären Theil zerlegen. Denn bezeichnen wir jetzt kurz

$$fx,\ gx,\ hx \quad \text{durch} \quad f,\ g,\ h$$

und

$$f(y',\nu'),\ g(y',\nu'),\ h(y',\nu') \quad \text{durch} \quad f',\ g',\ h',$$

wo y' und ν' mit y und ν durch die beiden Gleichungen (1.) und (2.) in §. 21 zusammenhängen, so wird nach den erwähnten Formeln,

$$f(iy) = \frac{if'}{g'};\quad g(iy) = \frac{1}{g'},\quad h(iy) = \frac{h'}{g'}$$

und

$$go = \frac{1}{g'o};\quad ho = \frac{h'o}{g'o},$$

also nach N. 1 in §. 30, wenn man y durch iy ersetzt,

$$(1.)\quad go\, ho\, f(x+iy) = \frac{fh' + ighf'g'}{g'^2 + f^2 f'^2}.$$

Der Nenner dieses Bruchs lässt sich umformen; denn es ist nach N. 4 in §. 26

$$f^2 = \frac{ho^2 - h^2}{go^2} = h'o^2 - g'o^2 h^2$$

und nach N. 6 in §. 26

$$g'^2 = g'o^2 - h'o^2 f'^2,$$

folglich

$$g'^2 + f^2 f'^2 = g'o^2 - g'o^2 h^2 f'^2 = g'o^2 (1 - h^2 f'^2)$$

oder

$$(2.)\quad g'^2 + f^2 f'^2 = \frac{1}{go^2}(1 - h^2 f'^2).$$

Daher ist auch

$$\frac{ho}{go} f(x+iy) = \frac{fh' + ighf'g'}{1 - h^2 f'^2}$$
$$= \frac{f(x,\nu)h(y',\nu') + ig(x,\nu)h(x,\nu)f(y',\nu')g(y',\nu')}{1 - h(x,\nu)^2 f(y',\nu')^2}.$$

Verfährt man ebenso mit den Formeln (2.) und (3.) in §. 30, so gelangt man zu folgenden wichtigen Gleichungen:

$$(3.)\quad \frac{ho}{go} f(x \pm iy) = \frac{fh' \pm igh f'g'}{1-h^2 f'^2}$$

$$(4.)\quad \frac{1}{go} g(x \pm iy) = \frac{gg' \mp ifh f'h'}{1-h^2 f'^2}$$

$$(5.)\quad \frac{ho}{go^2} h(x \pm iy) = \frac{hg'h' \mp ifgf'}{1-h^2 f'^2}.$$

§. 34.

Für jede, auch complexe Grösse $w = x + yi$ ist nach N. 6 in §. 62

$$\frac{ho^2}{go^2} fw^2 + \frac{gw^2}{go^2} = 1.$$

Daher kann man setzen

$$(1.)\quad \frac{ho}{go} f(x+iy) = \sin(\varphi + i\psi)$$

$$(2.)\quad \frac{1}{go} g(x+iy) = \cos(\varphi + i\psi).$$

Vergleicht man diese Formeln mit N. 3 und N. 4 in §. 33, so ergiebt sich

$$(3.)\quad \begin{cases} \sin\varphi \cos i\psi = \dfrac{fh'}{1-h^2 f'^2}; & \cos\varphi \sin i\psi = \dfrac{igh f'g'}{1-h^2 f'^2} \\ \cos\varphi \cos i\psi = \dfrac{gg'}{1-h^2 f'^2}; & \sin\varphi \sin i\psi = \dfrac{ifh f'h'}{1-h^2 f'^2}. \end{cases}$$

Die Summe der Quadrate dieser vier Gleichungen giebt

$$1 = \frac{f^2 h'^2 + g^2 g'^2 - h^2 f'^2 (f^2 h'^2 + g^2 g'^2)}{(1-h^2 f'^2)^2} = \frac{f^2 h'^2 + g^2 g'^2}{1-h^2 f'^2}$$

oder

$$(4.)\quad f^2 h'^2 + g^2 g'^2 + h^2 f'^2 = 1$$

oder

$$fx^2 h(y',\nu')^2 + gx^2 g(y',\nu')^2 + hx^2 f(y',\nu')^2 = 1,$$

in welcher Formel x und y' ganz beliebige Grössen und ν und ν' complementäre Moduln sind, welche durch die Gleichung

$$\nu\nu' = \pi^2$$

mit einander zusammenhängen.

Durch die letzte Gleichung N. (4.) ist der Nenner der Brüche in den Formeln (3.), (4.), (5.) in §. 33. auf folgende drei verschiedene

Weisen ausdrückbar:

$$(5.)\quad 1-h^2f'^2 = f^2h'^2+g^2g'^2 = go^2(g'^2+f^2f'^2).$$

Mit Rücksicht auf diese Gleichung ergiebt sich sehr leicht aus den Formeln der N. 3.

$$(6.)\quad \cos i\psi = \frac{1}{\sqrt{1-h^2f'^2}};\qquad \sin i\psi = \frac{ihf'}{\sqrt{1-h^2f'^2}}$$

$$(7.)\quad \cos\varphi = \frac{gg'}{\sqrt{1-h^2f'^2}};\qquad \sin\varphi = \frac{fh'}{\sqrt{1-h^2f'^2}}$$

$$(8.)\quad fh' = \frac{\sin\varphi}{\cos i\psi};\quad gg' = \frac{\cos\varphi}{\cos i\psi};\quad hf' = -i\,\mathrm{tg}\,i\psi$$

$$(9.)\quad \mathrm{tg}\,\varphi = \frac{fh'}{gg'}.$$

Auch erhält man, mit Hülfe von N. 20 in §. 31,

$$\frac{f(2x,2\nu)}{f(2iy,2\nu)} = \frac{\sin 2\varphi}{\sin 2i\psi}.$$

Die Summe der Quadrate der drei Formeln (8.) liefert die wichtige Gleichung (4.) und durch die letzte derselben und (9.) werden die Winkel φ und ψ am bequemsten aus x und y bestimmt, denn y hängt mit y durch die Gleichung

$$\frac{y'}{\sqrt{\nu'}} = \frac{y}{\sqrt{\nu}}$$

zusammen.

§. 35.

Bezeichnet man

$$x+iy = w$$
$$\varphi+i\psi = \chi,$$

so ist nach dem vorigen Paragraphen und nach §. 26

$$(1.)\quad \frac{ho}{go}fw = \sin\chi$$

$$(2.)\quad \frac{gw}{go} = \cos\chi$$

$$(3.)\quad \frac{hw}{ho} = \sqrt{1-\left(\frac{go}{ho}\right)^4\sin\chi^2}.$$

Das Differential der N. 1 ist nach §. 32

$$\frac{ho}{go}f'w\,dw = \frac{ho}{go}\theta o^2.gw.hw.dw = \cos\chi\,d\chi$$

oder

$$(4.)\quad \vartheta o^2 . dw = \frac{d\chi}{\sqrt{1-\left(\frac{go}{ho}\right)^4 \sin\chi^2}}.$$

Wenn nun die Integrations-Constante so bestimmt wird, dass für $\chi = 0$ auch $w = 0$ ist, so kann man jede der Gleichungen (1.), (2.), (3.) als das Integral der Differentialgleichung (4.) betrachten.

Um Anfangs, der leichteren Uebersicht wegen, die imaginären Argumente zu vermeiden, nehmen wir hier $y = 0$ also auch $\psi = o$ an, und setzen

$$\frac{go^2}{ho^2} = k,$$

dann gelangen wir zu der Gleichung

$$(5.)\quad \frac{d\varphi}{du} = \sqrt{1-k^2\sin\varphi^2} = \Delta\varphi$$

oder

$$(6.)\quad u = x\vartheta o^2 = \int_0^{\varphi} \frac{d\varphi}{\sqrt{1-k^2\sin\varphi^2}}.$$

Der Werth von ϑo lässt sich aber bestimmen, da für $\chi = \frac{1}{2}\pi$ auch $\varphi = \frac{1}{2}\pi$ wird, folglich

$$\tfrac{1}{2}\pi\vartheta o^2 = \int_0^{\frac{1}{2}\pi} \frac{d\varphi}{\Delta\varphi} = K$$

also

$$\vartheta o^2 = \frac{2K}{\pi} \text{ und}$$

$$x = \frac{\pi u}{2K}.$$

Das elliptische Integral erster Gattung N. 6 lässt sich also jetzt berechnen; denn da man, wie sich bald zeigen wird, aus der Gleichung

$$\sqrt{k} = \frac{go}{ho} = \frac{\vartheta o}{\vartheta o} = \frac{2q^{\frac{1}{4}} + 2q^{\frac{9}{4}} + 2q^{\frac{25}{4}} + \cdots}{1 + 2q + 2q^4 + \cdots}$$

die Grösse q durch ein Umkehrungsverfahren aus k berechnen kann, so lässt sich φ durch eine der Gleichungen

$$(7.)\quad \frac{ho}{go} fx = \frac{1}{\sqrt{k}} f\left(\frac{\pi u}{2K}\right) = \sin\varphi$$

$$(8.)\quad \frac{gx}{go} = \sqrt{\frac{k'}{k}}\, g\left(\frac{\pi u}{2K}\right) = \cos\varphi$$

$$(9.)\quad \frac{hx}{ho} = \sqrt{k'}\, h\left(\frac{\pi u}{2K}\right) = \Delta\varphi$$

bestimmen, wenn x gegeben ist. Vermöge dieser Gleichungen findet man dann aber auch durch ein Umkehrungsverfahren x oder u aus φ und hat somit die Berechnung des Integrals u vollendet, da sich Θ_0 unmittelbar aus q ergiebt.

Vierter Abschnitt.

Ueber die Berechnungsweisen des numerischen Werthes eines elliptischen Integrals erster Gattung.

§. 36.

Nachdem wir im vorigen Paragraphen eine Vorstellung davon gegeben haben, wie die Berechnung eines elliptischen Integrals erster Gattung mit Hülfe der Thetafunctionen ausgeführt werden kann, wollen wir jetzt die zweckmässigsten Formen einer solchen Rechnung ausführlicher mittheilen.

Ehe man die Berechnung der numerischen Werthe einer Function unternimmt, muss man sich stets vorher eine Vorstellung von dem Umfange des Bereichs dieser Werthe zu verschaffen suchen. Das Integral

$$u = \int_0^{\varphi} \frac{d\varphi}{\sqrt{1 - k^2 \sin\varphi^2}}$$

liegt offenbar, wenn sich φ von 0 bis $\frac{1}{2}\pi$ und k von 0 bis 1 erstreckt, zwischen den Grenzen 0 und ∞; denn für $\varphi = 0$ ist auch $u = 0$, was auch k für einen Werth zwischen 0 und 1 annehmen mag und für $\varphi = \frac{1}{2}\pi$ und $k = 1$ ist

$$u = \int_0^{\frac{1}{2}\pi} \frac{d\varphi}{\cos\varphi} = \{l\,\mathrm{tg}(\tfrac{1}{4}\pi + \tfrac{1}{2}\varphi)\}_0^{\frac{1}{2}\pi} = \infty.$$

Die Grenzen des Werthes von u sind also sehr weit. Es ist daher wünschenswerth, sich eine genauere Vorstellung von der Aenderung von u bilden zu können, während φ und k alle mögliche Werthe durchlaufen. Man kann sich zwar leicht durch eine einfache Untersuchung des Integrals diese Kenntniss verschaffen; da aber bereits von Legendre Tabellen für unsere Function berechnet worden sind, so stellen wir hier sogleich eine solche Tafel im Auszuge dar.

	φ									
α	0°	10°	20°	30°	40°	50°	60°	70°	80°	90°
0°	0	0,175	0,349	0,524	0,698	0,873	1,047	1,222	1,396	1,571
10°	0	0,175	0,349	0,524	0,700	0,876	1,052	1,229	1,406	1,583
20°	0	0,175	0,350	0,526	0,704	0,884	1,066	1,250	1,434	1,620
30°	0	0,175	0,351	0,529	0,712	0,898	1,090	1,285	1,485	1,686
40°	0	0,175	0,352	0,533	0,721	0,917	1,123	1,337	1,560	1,787
50°	0	0,175	0,353	0,538	0,732	0,940	1,164	1,407	1,666	1,934
60°	0	0,175	0,354	0,542	0,744	0,965	1,213	1,494	1,812	2,157
70°	0	0,175	0,355	0,546	0,754	0,988	1,262	1,596	2,012	2,505
80°	0	0,175	0,356	0,548	0,760	1,004	1,301	1,692	2,265	3,153
90°	0	0,175	0,356	0,550	0,763	1,011	1,317	1,735	2,436	∞

Die erste horizontale Zeile dieser Tabelle enthält die Werthe des Winkels φ von 10 zu 10 Grad und die erste verticale Columne giebt die Werthe des Winkels von α an, wenn nämlich der Modul

$$k = \sin\alpha$$

gesetzt wird. Die den Winkeln φ und α entsprechenden Werthe von u findet man an der Stelle, wo sich die entsprechenden horizontalen und verticalen Spalten kreuzen. Man ersieht aus der Tafel sogleich, wie langsam anfangs der Werth von u wächst, selbst bei bedeutenden Aenderungen von φ und α; wie aber später dieser Werth ausserordentlich rasch zunimmt, wenn sich diese Winkel ihrer Grenze $\frac{1}{2}\pi$ stark genähert haben.

§. 37.

Will man sich zur Berechnung eines Integrals von der Form

$$\int_0^{\varphi} (1 - \sin\alpha^2 \sin\varphi^2)^n \, d\varphi$$

einer Reihenentwickelung bedienen, so verfährt man zweckmässig auf folgende Weise.

Man überzeugt sich leicht, dass

$$1 - \sin\alpha^2 \sin\varphi^2 = \cos\tfrac{1}{2}\alpha^4 (1 - \operatorname{tg}\tfrac{1}{2}\alpha^2 e^{2\varphi i})(1 + \operatorname{tg}\tfrac{1}{2}\alpha^2 e^{-2\varphi i})$$

ist, wenn man die Klammern auflöst und die Formel

$$1 = (\cos\tfrac{1}{2}\alpha^2 + \sin\tfrac{1}{2}\alpha^2)^2 = \cos\tfrac{1}{2}\alpha^4 + \tfrac{1}{2}\sin\alpha^2 + \sin\tfrac{1}{2}\alpha^4$$

berücksichtigt.

Bezeichnet man nun den Binomialcoefficienten

$$\frac{n(n-1)(n-2)\ldots(n-m+1)}{1.2.3\ldots m} = n_m$$

so wird

$$(1-\sin\alpha^2\sin\varphi^2)^n = \cos\tfrac{1}{2}\alpha^{4n}(1+n_1\operatorname{tg}\tfrac{1}{2}\alpha^2 e^{2\varphi i}+n_2\operatorname{tg}\tfrac{1}{2}\alpha^4 e^{4\varphi i}+\cdots)$$
$$\times(1+n_1\operatorname{tg}\tfrac{1}{2}\alpha^2 e^{-2\varphi i}+n_2\operatorname{tg}\tfrac{1}{2}\alpha^4 e^{-4\varphi i}+\cdots).$$

Führt man die Multiplication rechts aus und ordnet nach Potenzen von $e^{\varphi i}$ und bedient sich des Summenzeichens, so findet man bald

$$(1.)\quad (1-\sin\alpha^2\sin\varphi^2)^n = \cos\tfrac{1}{2}\alpha^{4n}\Sigma_0^\infty n_s\operatorname{tg}\tfrac{1}{2}\alpha^{4s}\{n_s$$
$$+2n_{s+1}\operatorname{tg}\tfrac{1}{2}\alpha^2\cos 2\varphi+2n_{s+2}\operatorname{tg}\tfrac{1}{2}\alpha^4\cos 4\varphi+2n_{s+3}\operatorname{tg}\tfrac{1}{2}\alpha^6\cos 6\varphi+\cdots\}.$$

Setzt man nun der Kürze wegen

$$(2.)\quad \cos\tfrac{1}{2}\alpha^{4n}\Sigma_0^\infty n_s n_{s+m}\operatorname{tg}\tfrac{1}{2}\alpha^{4s+2m} = A_m$$

so wird

$$(3.)\quad \int_0^\varphi (1-\sin\alpha^2\sin\varphi^2)^n d\varphi$$
$$= A_0\varphi+A_1\sin 2\varphi+\tfrac{1}{2}A_2\sin 4\varphi+\tfrac{1}{3}A_3\sin 6\varphi+\tfrac{1}{4}A_4\sin 8\varphi+\cdots$$

und

$$(4.)\quad \int_0^{\frac{1}{2}\pi}(1-\sin\alpha^2\sin\varphi^2)^n d\varphi = \tfrac{1}{2}\pi A_0 = \tfrac{1}{2}\pi\cos\tfrac{1}{2}\alpha^{4n}\Sigma_0^\infty n_s n_s\operatorname{tg}\tfrac{1}{2}\alpha^{4s}$$
$$= \tfrac{1}{2}\pi\cos\tfrac{1}{2}\alpha^{4n}\{1+n_1^2\operatorname{tg}\tfrac{1}{2}\alpha^4+n_2^2\operatorname{tg}\tfrac{1}{2}\alpha^8+n_3^2\operatorname{tg}\tfrac{1}{2}\alpha^{12}+\cdots\}.$$

§. 38.

Eine weniger rasch convergirende Reihe erhält man, wenn man unmittelbar die Entwickelung anwendet:

$$(1-\sin\alpha^2\sin\varphi^2)^n = 1-n_1\sin\alpha^2\sin\varphi^2+n_2\sin\alpha^4\sin\varphi^4$$
$$-n_3\sin\alpha^6\sin\varphi^6+\cdots$$

und die Formel benutzt

$$\sin\varphi^{2n} = \frac{1}{2^{2n}}\{(2n)_n-2(2n)_{n-1}\cos 2\varphi+2(2n)_{n-2}\cos 4\varphi$$
$$-2(2n)_{n-3}\cos 6\varphi+\cdots\pm 2\cos 2n\varphi\}.$$

Ordnet man dann nach den Cosinus der Vielfachen von φ und setzt

$$(1.)\quad \Sigma_0^\infty(-1)^s\frac{n_{s+m}(2s+2m)_s\sin\alpha^{2s+2m}}{2^{2s+2m}} = B_m$$

so wird

$$(1-\sin\alpha^2\sin\varphi^2)^n = B_0+2B_1\cos 2\varphi+2B_2\cos 4\varphi+2B_3\cos 6\varphi+\cdots$$

also

$$(2.)\quad \int_0^\varphi(1-\sin\alpha^2\sin\varphi^2)^n d\varphi$$
$$= B_0\varphi+B_1\sin 2\varphi+\tfrac{1}{2}B_2\sin 4\varphi+\tfrac{1}{3}B_3\sin 6\varphi+\cdots$$

und

$$\int_0^{\frac{1}{2}\pi}(1-\sin\alpha^2\sin\varphi^2)^n d\varphi = \tfrac{1}{2}\pi B_0 = \tfrac{1}{2}\pi\Sigma_0^\infty(-1)^s\frac{n_s(2s)_s}{2^{2s}}\sin\alpha^{2s}.$$

Es ist aber

$$(2'.)\quad (-1)^s\frac{(2s)_s}{2^{2s}} = (-\tfrac{1}{2})_s$$

also

$$(3.)\quad \int_0^{\frac{1}{2}\pi}(1-\sin\alpha^2\sin\varphi^2)^n d\varphi = \tfrac{1}{2}\pi\Sigma_0^\infty(-\tfrac{1}{2})_s n_s\sin\alpha^{2s}$$

$$= \tfrac{1}{2}\pi\{1+(-\tfrac{1}{2})_1 n_1\sin\alpha^2+(-\tfrac{1}{2})_2 n_2\sin\alpha^4+(-\tfrac{1}{2})_3 n_3\sin\alpha^6+\cdots\}.$$

§. 39.

Man erhält eine dritte Entwickelung des Binoms, wenn man $\sin\varphi$ durch $\cos\varphi$ ausdrückt. Es ist nämlich

$$1-\sin\alpha^2\sin\varphi^2 = \cos\alpha^2+\sin\alpha^2\cos\varphi^2 = \cos\alpha^2(1+\operatorname{tg}\alpha^2\cos\varphi^2)$$

also

$$(1-\sin\alpha^2\sin\varphi^2)^n$$

$$= \cos\alpha^{2n}(1+n_1\operatorname{tg}\alpha^2\cos\varphi^2+n_2\operatorname{tg}\alpha^4\cos\varphi^4+n_3\operatorname{tg}\alpha^6\cos\varphi^6+\cdots).$$

Benutzt man nun die Formel

$$\cos\varphi^{2n} = \frac{1}{2^{2n}}\{(2n)_n+2(2n)_{n-1}\cos 2\varphi+2(2n)_{n-2}\cos 4\varphi$$
$$+2(2n)_{n-3}\cos 6\varphi+\cdots+2\cos 2n\varphi\}$$

ordnet nach den Cosinus der Vielfachen von φ und setzt

$$(1.)\quad \cos\alpha^{2n}\Sigma_0^\infty\frac{n_{s+m}(2s+2m)_s}{2^{2s+2m}}\operatorname{tg}\alpha^{2s+2m} = C_m$$

so wird

$$(1-\sin\alpha^2\sin\varphi^2)^n = C_0+2C_1\cos 2\varphi+2C_2\cos 4\varphi+2C_3\cos 6\varphi+\cdots$$

also

$$(2.)\quad \int_0^{\varphi}(1-\sin\alpha^2\sin\varphi^2)^n d\varphi$$

$$= C_0\varphi+C_1\sin 2\varphi+\tfrac{1}{2}C_2\sin 4\varphi+\tfrac{1}{3}C_3\sin 6\varphi+\cdots$$

und

$$(3.)\quad \int_0^{\frac{1}{2}\pi}(1-\sin\alpha^2\sin\varphi^2)^n d\varphi = \tfrac{1}{2}\pi C_0 = \tfrac{1}{2}\pi\cos\alpha^{2n}\Sigma_0^\infty\frac{n_s(2s)_s}{2^{2s}}\operatorname{tg}\alpha^{2s}$$

$$= \tfrac{1}{2}\pi\cos\alpha^{2n}\Sigma_0^\infty(-1)^s(-\tfrac{1}{2})_s n_s\operatorname{tg}\alpha^{2s}$$

$$= \tfrac{1}{2}\pi\cos\alpha^{2n}\{1-(-\tfrac{1}{2})_1 n_1\operatorname{tg}\alpha^2+(-\tfrac{1}{2})_2 n_2\operatorname{tg}\alpha^4-(-\tfrac{1}{2})_3 n_3\operatorname{tg}\alpha^6+\cdots\}.$$

§. 40.

Da

$$1-\sin\alpha^2\sin\varphi^2 = 1-\sin\alpha^2\left(\frac{1-\cos 2\varphi}{2}\right)$$
$$= (1-\tfrac{1}{2}\sin\alpha^2)\left(1+\frac{\sin\alpha^2}{2-\sin\alpha^2}\cos 2\varphi\right),$$

so kann man noch eine vierte Entwickelung des vorgelegten Integrals erhalten, die wir der Vollständigkeit wegen noch hier mittheilen wollen.

Benutzt man nämlich die Formel

$$\cos 2\varphi^{2n+1} = \frac{1}{2^{2n}}\{(2n+1)_n\cos 2\varphi + (2n+1)_{n-1}\cos 6\varphi$$
$$+ (2n+1)_{n-2}\cos 10\varphi + \cdots + \cos(2n+1)2\varphi\}$$

und setzt

$$(1.)\quad (1-\tfrac{1}{2}\sin\alpha^2)^n \Sigma_0^\infty \frac{n_{2s+m}(2s+m)_s}{2^{2s+m}(2\operatorname{cosec}\alpha^2-1)^{2s+m}} = D_m,$$

so erhält man

$$(1-\sin\alpha^2\sin\varphi^2)^n = D_0 + 2D_1\cos 2\varphi + 2D_2\cos 4\varphi + 2D_3\cos 6\varphi + \cdots$$

also

$$(2.)\quad \int_0^\varphi (1-\sin\alpha^2\sin\varphi^2)^n d\varphi$$
$$= D_0\varphi + D_1\sin 2\varphi + \tfrac{1}{2}D_2\sin 4\varphi + \tfrac{1}{3}D_3\sin 6\varphi + \cdots$$

und vermöge (2'.) in §. 37

$$(3.)\quad \int_0^{\frac{1}{2}\pi} (1-\sin\alpha^2\sin\varphi^2)^n d\varphi = \tfrac{1}{2}\pi D_0$$
$$= \tfrac{1}{2}\pi(1-\tfrac{1}{2}\sin\alpha^2)^n \Sigma_0^\infty \frac{(-1)^s(-\frac{1}{2})_s n_{2s}}{(2\operatorname{cosec}\alpha^2-1)^{2s}}.$$

§. 41.

Die in den letzten vier Paragraphen entwickelten Formeln, welche von Gauss herrühren, können nun unmittelbar zur numerischen Berechnung eines elliptischen Integrals erster und zweiter Gattung benutzt werden.

Zur Berechnung eines elliptischen Integrals erster Gattung, mit der wir uns hier zunächst allein beschäftigen wollen, kann man vier Reihen benutzen, die man aus der folgenden

$$(1.)\quad \int_0^\varphi \frac{d\varphi}{\sqrt{1-\sin\alpha^2\sin\varphi^2}} = E_0\varphi + E_1\sin 2\varphi + \tfrac{1}{2}E_2\sin 4\varphi$$
$$+ \tfrac{1}{3}E_3\sin 6\varphi + \cdots$$

dadurch erhält, dass man den Coefficienten E_m folgende vier, zwar numerisch gleiche, aber der Form nach verschiedene Werthe beilegt:

$$A_m = \frac{1}{\cos\frac{1}{2}\alpha^2}\Sigma_0^\infty(-\tfrac{1}{2})_s(-\tfrac{1}{2})_{s+m}\,\mathrm{tg}\,\tfrac{1}{2}\alpha^{4s+2m}$$

$$B_m = \Sigma_0^\infty\frac{(-1)^s(-\frac{1}{2})_{s+m}(2s+2m)_s\sin\alpha^{2s+2m}}{2^{2s+2m}}$$

$$C_m = \frac{1}{\cos\alpha}\Sigma_0^\infty\frac{(-\frac{1}{2})_{s+m}(2s+2m)_s}{2^{2s+2m}}\,\mathrm{tg}\,\alpha^{2s+2m}$$

$$D_m = (1-\tfrac{1}{2}\sin\alpha^2)^n\Sigma_0^\infty\frac{(-\frac{1}{2})_{2s+m}(2s+m)_s}{2^{2s+m}(2\,\mathrm{cosec}\,\alpha^2-1)^{2s+m}}.$$

§. 42

Wenn man jetzt in der Gleichung (1.) des vorigen Paragraphen $\varphi = \frac{1}{2}\pi$ annimmt, so reducirt sich die rechte Seite auf das erste Glied $E_0 . \frac{1}{2}\pi$ und mithin kann man das vollständige elliptische Integral erster Gattung durch folgende vier Reihen berechnen:

$$(1.)\quad \int_0^{\frac{1}{2}\pi}\frac{d\varphi}{\sqrt{1-\sin\alpha^2\sin\varphi^2}} =$$

$$\frac{\pi}{2\cos\frac{1}{2}\alpha^2}\Sigma_0^\infty(-\tfrac{1}{2})_s^2\,\mathrm{tg}\,\tfrac{1}{2}\alpha^{4s} = \frac{\pi}{2\cos\frac{1}{2}\alpha^2}\Big\{1+(\tfrac{1}{2})^2\,\mathrm{tg}\,\tfrac{1}{2}\alpha^4+\Big(\frac{1.3}{2.4}\Big)^2\mathrm{tg}\,\tfrac{1}{2}\alpha^8 + \Big(\frac{1.3.5}{2.4.6}\Big)^2\mathrm{tg}\,\tfrac{1}{2}\alpha^{12}+\cdots\Big\}$$

$$(2.)\quad \tfrac{1}{2}\pi\Sigma_0^\infty(-\tfrac{1}{2})_s^2\sin\alpha^{2s} = \tfrac{1}{2}\pi\Big\{1+(\tfrac{1}{2})^2\sin\alpha^2+\Big(\frac{1.3}{2.4}\Big)^2\sin\alpha^4 + \Big(\frac{1.3.5}{2.4.6}\Big)^2\sin\alpha^6+\cdots\Big\}$$

$$(3.)\quad \frac{\pi}{2\cos\alpha}\Sigma_0^\infty(-1)^s(-\tfrac{1}{2})_s^2\,\mathrm{tg}\,\alpha^{2s} = \frac{\pi}{2\cos\alpha}\Big\{1-(\tfrac{1}{2})^2\mathrm{tg}\,\alpha^2 + \Big(\frac{1.3}{2.4}\Big)^2\mathrm{tg}\,\alpha^4-\Big(\frac{1.3.5}{2.4.6}\Big)^2\mathrm{tg}\,\alpha^6+\cdots\Big\}$$

$$(4.)\quad \frac{\pi}{2\sqrt{1-\frac{1}{2}\sin\alpha^2}}\Sigma_0^\infty\frac{(-1)^s(-\frac{1}{2})_s(-\frac{1}{2})_{2s}}{(2\,\mathrm{cosec}\,\alpha^2-1)^{2s}}$$

$$= \frac{\pi}{2\sqrt{1-\frac{1}{2}\sin\alpha^2}}\left\{1+\frac{(\frac{1}{2})^2\frac{3}{4}}{(2\,\mathrm{cosec}\,\alpha^2-1)^2}+\frac{\Big(\frac{1.3}{2.4}\Big)^2\frac{5.7}{6.8}}{(2\,\mathrm{cosec}\,\alpha^2-1)^4} + \frac{\Big(\frac{1.3.5}{2.4.6}\Big)^2\frac{7.9.11}{8.10.12}}{(2\,\mathrm{cosec}\,\alpha^2-1)^6}+\cdots\right\},$$

Vergleicht man die zweite dieser Reihen mit der ersten und dritten, so ergiebt sich auf der Stelle, dass

$$(5.)\quad \int_0^{\frac{1}{2}\pi}\frac{d\varphi}{\sqrt{1-\sin\alpha^2\sin\varphi^2}}=\frac{1}{\cos\frac{1}{2}\alpha^2}\int_0^{\frac{1}{2}\pi}\frac{d\varphi}{\sqrt{1-\mathrm{tg}\frac{1}{2}\alpha^4\sin\varphi^2}}$$

$$=\frac{1}{\cos\alpha}\int_0^{\frac{1}{2}\pi}\frac{d\varphi}{\sqrt{1+\mathrm{tg}\,\alpha^2\sin\varphi^2}}.$$

Diese Relationen werden wir gleich nachher auf einem andern Wege bestätigt finden.

Von diesen Reihen convergirt die erste offenbar am stärksten und ist in der That zur numerischen Berechnung des Integrals auch anwendbar, sobald α nicht zu nahe an 90^0 liegt. Zur Berechnung des allgemeinen Integrals in §. 39 ist die Reihe, welche die Coefficienten A enthält, auch dienlich, aber doch vorzugsweise nur dann brauchbar, wenn der Winkel α klein ist.

§. 43.

Weit bessere Dienste als die Reihenentwickelung, oder auch eine geschickte mechanische Quadratur, leisten aber die Thetafunctionen zur Berechnung eines elliptischen Integrals erster Gattung.

Nach §. 35 ist es zunächst erforderlich, aus dem Modul k die Grösse q berechnen zu können. Es war dort

$$(1.)\qquad \sqrt{k}=\frac{go}{ho}$$

gesetzt worden, also würde der complementäre Modul nach §. 10

$$k'=\sqrt{1-k^2}=\sqrt{1-\frac{go^4}{ho^4}}=\frac{1}{ho^2}$$

sein und

$$(2.)\qquad \sqrt{k'}=\frac{1}{ho}.$$

Setzt man nun

$$(3.)\qquad k=\sin\alpha,\quad \text{also}\quad k'=\cos\alpha$$

und

$$(4.)\qquad \frac{1}{ho}=\sqrt{k'}=\sqrt{\cos\alpha}=\cos\beta$$

so ergiebt sich aus der Formel N. 25 in § 31

$$\frac{ho-1}{ho+1}=\frac{\mathfrak{g}(o,4\nu)}{\mathfrak{h}(o,4\nu)}$$

$$(5.)\quad \tfrac{1}{2}\cdot\frac{1-\cos\beta}{1+\cos\beta} = \tfrac{1}{2}\operatorname{tg}\tfrac{1}{2}\beta^2 = \frac{q+q^9+q^{25}+q^{49}+\cdots}{1+2q^4+2q^{16}+2q^{36}+\cdots}$$

Vernachlässigt man hier q^{16} und alle höheren Potenzen von q und setzt

$$\tfrac{1}{2}\operatorname{tg}\tfrac{1}{2}\beta^2 = \lambda$$

so erhält man zur Bestimmung von q

$$\lambda = \frac{q(1+q^8)}{1+2q^4}.$$

Um aus dieser Gleichung q zu finden, setze man

$$q = \lambda z \quad \text{und} \quad \lambda^4 = a,$$

dann wird unter den gegebenen Bedingungen

$$z = \frac{1+2q^4}{1+q^8} = (1+2q^4)(1-q^8) = 1+2q^4-q^8-2q^{12}$$

oder

$$z = 1+2az^4-a^2z^8-2a^3z^{12}.$$

Auf der rechten Seite setze man für z seinen durch diese Gleichung gegebenen Werth wieder ein und gehe in der Entwickelung bis a^3 fort, so ergiebt sich

$$\begin{aligned} z &= 1+2a(1+2az^4-a^2z^8)^4-a^2(1+2az^4)^8-2a^3 \\ &= 1+2a(1+8az^4+20a^2z^8)-a^2-18a^3 \\ &= 1+2a+16a^2z^4-a^2+22a^3 = 1+2a+15a^2+150a^3. \end{aligned}$$

Es ist also

$$(6.)\quad q = \lambda+2\lambda^5+15\lambda^9+150\lambda^{13}+\cdots$$

Mit Hülfe dieser Gleichung lässt sich der Werth von q aus k für alle Fälle, die in den Anwendungen vorkommen, mit hinreichender Genauigkeit berechnen.

Wenn k sehr nahe an 1 läge, so würde k' sehr wenig von o verschieden sein und α, und noch mehr β würden fast mit $\frac{1}{2}\pi$ zusammenfallen, so dass also λ nur wenig kleiner als $\frac{1}{2}$ sein könnte. In diesem Falle wäre die Gleichung (6.) zur Berechnung von q unbrauchbar; aber dann erweisen die Formeln in §. 23 ihre Dienste. Denn so eben fanden wir

$$(7.)\quad \sqrt{\sin\alpha} = \frac{g(o,\nu)}{h(o,\nu)}$$

$$(8.)\quad \sqrt{\cos\alpha} = \frac{1}{h(o,\nu)}$$

und nach §. 23 N. 13 ist

$$\frac{1}{h(o,\nu)} = \frac{g(o,\nu')}{h(o,\nu')},$$

also

$$(9.) \quad \sqrt{\sin(\tfrac{1}{2}\pi - \alpha)} = \frac{g(o,\nu')}{h(o,\nu')}.$$

Vergleicht man nun (7.) mit (9.), so ergiebt sich, dass man ν mit ν' vertauschen muss, wenn α in $\frac{1}{2}\pi - \alpha$ übergeht. Wir hatten aber

$$e^{-\nu} = q$$

gesetzt, und wenn man

$$e^{-\nu'} = q'$$

bezeichnet, so hängen vermöge der Gleichung

$$\nu\nu' = \pi^2$$

die Grössen q und q' durch die Gleichung

$$(10.) \quad l\left(\frac{1}{q}\right) l\left(\frac{1}{q'}\right) = \pi^2$$

mit einander zusammen, oder wenn man unter log die gemeinen Logarithmen versteht, durch die Gleichung

$$\log\frac{1}{q}\log\frac{1}{q'} = \pi^2(\log e)^2,$$

aus welcher sich, wenn man von beiden Seiten die Logarithmen nimmt,

$$(11.) \quad \log\left(\log\frac{1}{q}\right) + \log\left(\log\frac{1}{q'}\right) = 0{,}26986836$$

ergiebt. Vermittelst dieser Gleichung lässt sich daher q' aus q sehr leicht berechnen.

Man braucht also jetzt die Formel (6.) zur Berechnung von q nur so lange zu benutzen, als α unter $\frac{1}{4}\pi$ liegt. Wenn also mit Hülfe von (6.) bereits q für alle Werthe von α, welche zwischen 0 und $\frac{1}{4}\pi$ liegen, berechnet worden ist, so findet man durch (11.) alle Werthe von q, welche es annimmt, wenn sich α von $\frac{1}{4}\pi$ bis $\frac{1}{2}\pi$ erstreckt, denn denkt man sich q als Function von α, setzt also

$$F(\alpha) = q$$

so ist

$$F(\tfrac{1}{2}\pi - \alpha) = q'.$$

Wird $\alpha = \frac{1}{4}\pi$, erhält es also den grössten Werth, für welchen q noch direct aus der Gleichung (6.) berechnet werden muss, so findet man

$$k = k' = \sqrt{\tfrac{1}{2}} = 0{,}70710678$$

$$\sqrt{k} = \sqrt{\cos 45^0} = \cos\beta = \cos 32^0 45' 54'', 370$$

und hieraus

$$\lambda = 0{,}04321363$$

$$\lambda^5 = 0{,}000000150$$

also

$$q = e^{-\pi} = \lambda + 2\lambda^5 = 0{,}04321393 = \frac{1}{23{,}41}.$$

Selbst in dem ungünstigsten Falle also, in welchem k oder der Winkel α seinen grössten Werth angenommen hat, bedarf man von der Reihe für q nur zwei Glieder, um es bis auf 7 Decimalen genau zu erhalten. Will man q bis auf 6 Decimalen genau bestimmen, so genügt schon das erste Glied jener Reihe. Jacobi hat im 26. Bande des Crelle'schen Journals vom Jahre 1843 eine Tabelle für $\log q$ von $\alpha = 0^0$ bis $\alpha = 90^0$ bis auf 5 Decimalen berechnet und eine ähnliche Tafel hatte schon Verhulst in seinem Traité élem. des fonctions elliptiques 1841 und später Dr. Meissel 1860 noch ausführlicher mitgetheilt. Der starken Convergenz der Reihe für q gegenüber sind solche Tabellen hauptsächlich nur in den berechneten Fällen von Nutzen, besonders für kleine Werthe von k, wo die Differenzen ziemlich gross sind und das Interpoliren also sehr unbequem wird.

Selbst wenn $\alpha = 75^0$, also $k = \sin\alpha = 0{,}9659258$ wird, gebraucht man von der Reihe (6.) doch nur drei Glieder, um q bis auf 7 Decimalen genau zu berechnen. Man wird also die Formel (11.) nur in seltenen Fällen anzuwenden haben.

Entwickelt man λ nach Potenzen von k, so findet man leicht

$$(12.) \qquad \lambda = \tfrac{1}{2}\cdot\frac{1-\sqrt[4]{1-k^2}}{1+\sqrt[4]{1-k^2}}$$

$$= \frac{1}{k^2}\{1-\tfrac{1}{2}k^2+(1-k^2)^{\frac{1}{2}}-(1-k^2)^{\frac{1}{4}}-(1-k^2)^{\frac{3}{4}}\}$$

$$= \frac{k^2}{16}+\frac{k^4}{32}+\frac{21\,k^6}{1024}+\frac{31\,k^8}{2048}+\cdots$$

Diesen Werth nimmt auch q an; denn das Glied λ^5 würde zu dieser Reihe erst ein fünftes Glied hinzufügen, welches die zehnte Potenz von k enthält.

Die folgende Tabelle giebt eine Vorstellung von der Abhängigkeit des q von dem Modul k:

$k=0{,}000$	0,100	0,200	0,300	0,400	0,500	0,600	0,700	0,800	0,900	1,000
$q=0{,}000$	0,001	0,002	0,006	0,011	0,018	0,028	0,042	0,064	0,102	1,000

Fig. 1.

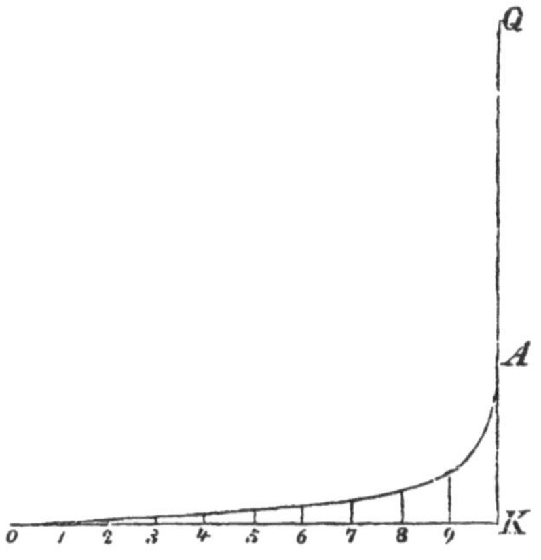

Nach dieser Tabelle ist die Figur 1 entworfen, in welcher O den Anfang der Abscissen k bezeichnet und $OK = KQ$ die Längeneinheit darstellt. Für die Abscisse $k = 0{,}999$ ist die Ordinate $q = 0{,}339$, wenn also die Längeneinheit ein Decimeter wäre und $KA = 3{,}39$ Centimeter betrüge, so würde die Curve, deren Ordinate q vorstellt, im Punkte A nur noch 0,1 Millimeter von der Senkrechten KQ entfernt sein. Von hier ab schmiegt sie sich so dicht an diese Linie an, dass sie bei dem angenommenen Mafsstabe, nicht mehr von ihr zu unterscheiden ist.

§. 44.

Wäre mit Hülfe der Reihe (6.) in §. 43 q aus k gefunden, so könnte man jetzt eine der folgenden Formeln benutzen, um aus x den Winkel φ oder aus φ das x zu berechnen:

$$(1.)\qquad \sqrt{k}\,\sin\varphi = fx = 2\cdot\frac{q^{\frac{1}{4}}\sin x - q^{\frac{9}{4}}\sin 3x + \cdots}{1-2q\cos 2x + 2q^4\cos 4x - \cdots}$$

$$(2.)\qquad \sqrt{\frac{k}{k'}}\cos\varphi = gx = 2\cdot\frac{q^{\frac{1}{4}}\cos x - q^{\frac{9}{4}}\cos 3x + \cdots}{1-2q\cos 2x + 2q^4\cos 4x - \cdots}$$

$$(3.)\qquad \frac{\Delta\varphi}{\sqrt{k'}} = hx = \frac{1+2x\cos 2x + 2q^4\cos 4x + \cdots}{1-2q\cos 2x + 2q^4\cos 4x - \cdots}.$$

Zur Berechnung von φ aus x ist jede dieser Formeln anwendbar, um aber x aus φ zu finden, wendet man am besten die letzte Gleichung an.

Vernachlässigt man in ihr q^{16} und die höheren Potenzen von q, so wird unmittelbar oder vermöge der Formel

$$\frac{hx-1}{hx+1} = \frac{\vartheta_2(2x, 4\nu)}{\vartheta_3(2x, 4\nu)}$$

$$\frac{hx-1}{hx+1} = \frac{2q(\cos 2x + q^8\cos 6x)}{1+2q^4\cos 4x}.$$

Setzt man wieder wie in §. 43

$$k = \sin\alpha; \quad \sqrt{k'} = \sqrt{\cos\alpha} = \cos\beta; \quad \sin\alpha\sin\varphi = \sin\gamma,$$

$$\frac{1}{hx} = \frac{\cos\beta}{\cos\gamma} = \operatorname{tg}\delta,$$

so wird

$$\cos 2x = \frac{1}{2q}\operatorname{tg}(\tfrac{1}{4}\pi - \delta)\frac{1+2q^4 - 4q^4\sin 2x^2}{1+q^8 - 4q^8\sin 2x^2}.$$

Entwickelt man hier die rechte Seite nach Potenzen von q und setzt für q seinen Werth

$$q = \lambda + 2\lambda^5 + 15\lambda^9$$

so erhält man die Formel

$$(4.)\quad \cos 2x = \frac{1}{2\lambda}\operatorname{tg}(\tfrac{1}{4}\pi - \delta) - 2(\lambda^3 + 5\lambda^7)\operatorname{tg}(\tfrac{1}{4}\pi - \delta)\sin 2x^2,$$

in welcher nur λ'' und die höheren Potenzen von λ vernachlässigt worden sind.

Dieser Ausdruck für $\cos 2x$ hat durch die Einführung der Grösse λ eine einfachere Gestalt angenommen, als wenn man in der Entwickelung die Grösse q beibehalten hätte.

Wenn α nicht 45^0 übersteigt, so genügt fast immer das erste Glied der Formel (4.)

$$(5.)\quad \cos 2x = \cot\tfrac{1}{2}\beta^2\operatorname{tg}(\tfrac{1}{4}\pi - \delta)$$

um x auf sieben Decimalen genau zu berechnen. Ist aber α grösser, so nimmt man für x den durch (5.) gefundenen Werth und berechnet mit dessen Hülfe den zweiten negativen Theil der Formel (4.), und erhält so eine Correction von $\cos 2x$, also von x, die man abermals auf dieselbe Weise benutzen kann, wenn eine noch grössere Genauigkeit erforderlich sein sollte.

§. 45.

Bemerkung über diese Auflösungsmethode der Gleichung (4.).

Hat man die etwas allgemeinere Gleichung aufzulösen

$$(1.)\quad \cos x = a - b\sin x^n,$$

in welcher b eine kleine Grösse ist, so bestimmt man zunächst aus der Gleichung

$$(2.)\quad \cos x' = a$$

einen genäherten Werth x' von x und kann dann aus der Gleichung

$$\cos x'' = a - b\sin x'^n$$

einen zweiten genäherten Werth x'' finden. Zieht man aber diese Gleichung von der vorhergehenden ab, so wird

$$\cos x' - \cos x'' = 2 \sin \tfrac{1}{2}(x'' + x') \sin \tfrac{1}{2}(x'' - x') = b \sin x'^{n}.$$

Da sich nun x'' nur sehr wenig von x' unterscheidet, so kann $x'' - x'$ statt $2 \sin \frac{1}{2}(x'' - x')$ und $\sin x'$ statt $\sin \frac{1}{2}(x'' + x')$ geschrieben werden und man erhält so

(3.) $$x'' - x' = b \sin x'^{n-1},$$

womit die zweite Näherung x'' gefunden ist.

Um zur dritten Näherung überzugehen, müsste man die Gleichung bilden:

$$\cos x''' = a - b \sin x''^{n}.$$

Zieht man diese Gleichung von der für $\cos x''$ ab, so bleibt

$$-(\cos x''' - \cos x'') = b(\sin x''^{n} - \sin x'^{n})$$

oder

$$-\Delta x'' \frac{\Delta \cos x''}{\Delta x''} = b\, \Delta x' \frac{\Delta \sin x'^{n}}{\Delta x'}$$

oder

$$\Delta x'' \sin x'' = b\, \Delta x' n \sin x'^{n-1} \cos x'$$

oder wenn man $\sin x'' = \sin x'$ annimmt:

(4.) $$x''' - x'' = nb(x'' - x') \cos x'' \sin x''^{n-2}.$$

Auf diesem bequemen Wege fortschreitend würde man zwar leicht neue Näherungen auffinden, sich aber auch leicht von dem wahren Werthe entfernen können, wenn man nicht die gegebene Gleichung von Neuem als Ausgangspunkt der Rechnung benutzen wollte.

Bei ähnlichen Problemen, die sich sehr häufig darbieten, verfährt man in ähnlicher Weise.

§. 46.

Wir kehren jetzt zu unserer Aufgabe zurück.

Wenn man x gefunden hat, so bedarf man noch zur Berechnung des Integrals

$$u = \int_0^{\varphi} \frac{d\varphi}{\Delta \varphi} = x \vartheta o^2$$

der Grösse ϑo^2, welche man mit Hülfe der Formel

$$\vartheta o = 1 + 2q + 2q^4 + 2q^9 + \cdots$$

berechnen könnte, da q in §. 43. durch das bekannte λ ausgedrückt worden ist. Würde man diese Rechnung wirklich ausführen, so gelangte man zu der Formel:

(1.) $\vartheta o^2 =$

$$\frac{1}{(\cos\frac{1}{2}\beta)^4}\left\{1+\left(\frac{1}{2}\right)^2 \operatorname{tg}\tfrac{1}{2}\beta^8+\left(\frac{1.3}{2.4}\right)^2 \operatorname{tg}\tfrac{1}{2}\beta^{16}+\left(\frac{1.3.5}{2.4.6}\right)^2 \operatorname{tg}\tfrac{1}{2}\beta^{24}+\cdots\right\}.$$

Diese Reihe für ϑo^2 wird sich aber nachher auf naturgemässere Weise ergeben.

Wenn sich φ von o bis $\frac{1}{2}\pi$ erstreckt, so durchläuft auch x dasselbe Intervall, es ist daher

$$(2.)\ K=\int_0^{\frac{1}{2}\pi}\frac{d\varphi}{\Delta\varphi}=\tfrac{1}{2}\pi\vartheta o^2=\frac{\pi}{2(\cos\frac{1}{2}\beta)^4}\left\{1+\tfrac{1}{4}\operatorname{tg}\tfrac{1}{2}\beta^8+\tfrac{9}{64}\operatorname{tg}\tfrac{1}{2}\beta^{16}+\cdots\right\}.$$

Bei der Berechnung des Logarithmus des ersten Gliedes dieser Reihe muss der $\log\cos\frac{1}{2}\beta$ mit 4 multiplicirt werden, wodurch die Unsicherheit bis auf 2 Einheiten der letzten Stelle steigen kann; man vermeidet diesen Uebelstand aber, wenn man für das erste Glied

$$\tfrac{1}{2}\pi(1+\operatorname{tg}\tfrac{1}{2}\beta^2)^2=\tfrac{1}{2}\pi+\pi\operatorname{tg}\tfrac{1}{2}\beta^2+\tfrac{1}{2}\pi\operatorname{tg}\tfrac{1}{2}\beta^4$$

setzt.

§. 47.

Kann man sich mit den ersten zwei Gliedern der Reihe (1.) begnügen, so erhält man

$$\begin{aligned}\log\vartheta o^2 &= -4\log\cos\tfrac{1}{2}\beta+\log e\,l(1+\tfrac{1}{4}\operatorname{tg}\tfrac{1}{2}\beta^8)\\ &= -4\log\cos\tfrac{1}{2}\beta+\tfrac{1}{4}\log e\operatorname{tg}\tfrac{1}{2}\beta^8,\end{aligned}$$

wenn man nur das erste Glied in der Entwickelung des natürlichen Logarithmus beibehält.

Addirt man nun noch $\log\frac{1}{2}\pi$, so erhält man zur Berechnung des Logarithmus des vollständigen elliptischen Integrals erster Gattung die Formel

$$\log K = 0{,}1961199 - 4\log\cos\tfrac{1}{2}\beta + \varepsilon(\operatorname{tg}\tfrac{1}{2}\beta)^8,$$

wenn

$$\log\varepsilon = 9{,}03572.$$

Um z. B.

$$K=\int_0^{\frac{1}{2}\pi}\frac{d\varphi}{\sqrt{1-k^2\sin\varphi^2}}$$

für $k=\sin 44^0$ zu finden, hat man folgende Rechnung auszuführen:

$$\log\cos\beta = \log\sqrt{\cos 44^0} = 9{,}9284673;\ \beta = 31^0\,59'\,24'',62$$
$$\tfrac{1}{2}\beta = 15^0\,59'\,42'',31$$

$$\begin{aligned}
8\log\operatorname{tg}\tfrac{1}{2}\beta &= 5{,}65884 \\
\log\varepsilon &= 9{,}03572 \\
\hline
& \ 4{,}69456 \qquad \text{num.} = +0{,}0000049 \\
-4\log\cos\tfrac{1}{2}\beta = -4\,.\,9{,}9828523 &= \quad \cdot\ \cdot \quad -9{,}9314092 \\
& \qquad\qquad\qquad\quad +0{,}1961199 \\
\hline
& \log K = \quad 0{,}2647156
\end{aligned}$$

Dieser Werth ist nur um eine Einheit in der letzten Stelle zu gross. Der genauere Werth von K ist

$$K = 1{,}8395667211.$$

§. 48.

Zur Berechnung des Integrals

$$u = \int_0^{60^0} \frac{d\varphi}{\sqrt{1-k^2\sin\varphi^2}} = x\theta_0 o^2 = \frac{2K}{\pi}x$$

für $k = \sin.44^0$ bedient man sich der Vorschriften des §. 44.

Man hat nämlich

$$\begin{aligned}
\log\sin 44^0 &= 9{,}8417713 \\
\log\sin 60^0 &= 9{,}9375306 \\
\hline
\log\sin\gamma &= 9{,}7793019, \quad \gamma = \quad 36^0\,59'\,2'',36
\end{aligned}$$

$$\begin{aligned}
\log\cos\beta &= 9{,}9284670 \\
\log\cos\gamma &= 9{,}9024401 \\
\hline
\log\operatorname{tg}\delta &= 0{,}0260269, \quad \delta = \quad 46^0\,42'\,56'',946 \\
& \tfrac{1}{4}\pi - \delta = -\ \ 1^0\,42'\,56'',946.
\end{aligned}$$

Nach (4.) in §. 44 ist also zunächst, wenn man λ^7 vernachlässigt und für λ seinen Werth $\frac{1}{2}\operatorname{tg}\frac{1}{2}\beta^2$ setzt,

$$-\cos 2x = \cot\tfrac{1}{2}\beta^2\operatorname{tg}(\delta-\tfrac{1}{4}\pi) - \tfrac{1}{4}\operatorname{tg}\tfrac{1}{2}\beta^6\operatorname{tg}(\delta-\tfrac{1}{4}\pi)\sin 2x^2.$$

Setzt man nun

$$\pi - 2x = y$$

und

(1.) $$\cos y' = \cot\tfrac{1}{2}\beta^2\operatorname{tg}(\delta-\tfrac{1}{4}\pi)$$

so wird

(2.) $$\cos y = \cos y' - \tfrac{1}{4}\operatorname{tg}\tfrac{1}{2}\beta^8\cos y'\sin y^2$$

Es ist zunächst y' zu berechnen:

$$\log \mathrm{tg}(\delta - \tfrac{1}{4}\pi) = 8,4764784$$
$$2 \log \mathrm{tg} \tfrac{1}{2}\beta = 8,9147118$$
$$\log \cos y' = 9,5617666, \qquad y' = 68^\circ 37' 10'',55.$$

Um das letzte Glied der Formel (2.) mit in Rechnung zu ziehen, hat man nach der Vorschrift N. 3. in §. 45

$$y'' = y' + \tfrac{1}{4} \mathrm{tg} \tfrac{1}{2}\beta^8 \cos y' \sin y'.$$

Der Werth des zweiten Gliedes der rechten Seite ist

$$0,00000387 = 0'',8.$$

Daher wird

$$y'' = 68^\circ 37' 11'',35 = \pi - 2x,$$

also

$$x = 55^\circ 41' 24'',325 = 0,9719764.$$

Mit diesen Werthen findet man endlich

$$\log u = \log x + \log K - \log \tfrac{1}{2}\pi$$
$$\log x = 9,9876557$$
$$\log K - \log \tfrac{1}{2}\pi = 0,0685957$$
$$\log u = 0,0562514, \qquad u = 1,1382856.$$

Der genauere Werth ist $u = 1,1382854$,

also nur um eine Einheit in der letzten Stelle kleiner.

§. 49.

Wenn α zwischen $\frac{1}{4}\pi$ und $\frac{1}{2}\pi$ liegt, dann kann man zwar die bis jetzt benutzte Berechnungsart des Integrals u auch noch anwenden, wenn sich α nicht zu weit von $\frac{1}{4}\pi$ entfernt, bedient sich aber doch in diesem Falle vortheilhafter anderer Formeln.

Es ist nämlich nach §. 23

$$(1.) \quad \frac{\sqrt{k}\cos\varphi}{\sqrt{1-k^2\sin\varphi^2}} = \frac{g(x,\nu)}{h(x,\nu)} = \frac{1}{h(ix',\nu')}$$
$$= \frac{1 - 2q'\cos 2ix' + 2q'^4 \cos 4ix' - \cdots}{1 + 2q'\cos 2ix' + 2q'^4 \cos 4ix' + \cdots}.$$

Setzt man hier wieder

$$k = \sin\alpha; \; \sqrt{\sin\alpha} = \cos\beta; \; \sin\alpha \sin\varphi = \sin\gamma; \; \frac{\cos\beta\cos\varphi}{\cos\gamma} = \mathrm{tg}\,\delta,$$

so wird, wenn man q'^4 vernachlässigt, da $q' = \frac{1}{2} \mathrm{tg} \frac{1}{2}\beta^2$ ist,

$$\cos 2ix' = \cot \tfrac{1}{2}\beta^2 \,\mathrm{tg}(\tfrac{1}{4}\pi - \delta)$$

für

$$e^{2x'} = \operatorname{tg}\tfrac{1}{2}\xi,$$

$$\cos 2ix' = \tfrac{1}{2}(e^{2x'} + e^{-2x'}) = \frac{1}{\sin\xi},$$

also

$$\sin\xi = \operatorname{tg}\tfrac{1}{2}\beta^2 \operatorname{tg}(\tfrac{1}{4}\pi + \delta)$$

und

$$2x' = \frac{\log.\operatorname{tg}\tfrac{1}{2}\xi}{\log e}.$$

Nach §. 21 N. 6 ist aber für $x = o$, also auch für $x' = o$

$$\nu\vartheta_3(o,\nu)^4 = \nu'\vartheta_3(o,\nu')^4$$

und daher

$$u = x\vartheta_3(o,\nu)^2 = x'\vartheta_3(o,\nu')^2 = x'(1+2q')^2 = \frac{x'}{\cos\tfrac{1}{2}\beta^4},$$

also

(3.) $$u = \frac{\log\operatorname{tg}\tfrac{1}{2}\xi}{2\log e.\cos\tfrac{1}{2}\beta^4}$$

und

(4.) $$\log u = \log(\log\operatorname{tg}\tfrac{1}{2}\xi) + 0{,}06118570 - 4\log\cos\tfrac{1}{2}\beta.$$

Beispiel.

$$u = \int_0^{70^0} \frac{d\varphi}{\sqrt{1-(\sin 75^0)^2\sin\varphi^2}}.$$

Hier ist

$$\alpha = 75^0,\ \varphi = 70^0$$

$\log.\cos\beta = \frac{1}{2}\log\sin\alpha$	$= 9{,}9924719$	$\beta =$	$10^0 38' 14'',36$
$\log\sin\alpha$	$= 9{,}9849438$	$\frac{1}{2}\beta =$	$5^0 19' 7'',18$
$\log\sin\varphi$	$= 9{,}9729858$		
$\log\sin\gamma$	$= 9{,}9579296,$	$\gamma =$	$65^0 11' 8'',866$
$\log\cos\beta$	$= 9{,}9924719$		
$\log\cos\varphi$	$= 9{,}5340517$		
dec. $\log\cos\gamma$	$= 0{,}3770847$		
$\log\operatorname{tg}\delta$	$= 9{,}9036083$	$\delta =$	$38^0 41' 35'',406$
$\log\operatorname{tg}(\frac{1}{4}\pi+\delta)$	$= 0{,}9565524$		
$2\log\operatorname{tg}\frac{1}{2}\beta$	$= 7{,}9378594$		
$\log\sin\xi$	$= 8{,}8944118,$	$\xi =$	$180^0 - 4^0 29' 51'',286$
$\log\operatorname{tg}\frac{1}{2}\xi$	$= 1{,}4059507$	$\frac{1}{2}\xi =$	$90^0 - 2^0 14' 55'',643$
$\log(\log\operatorname{tg}\frac{1}{2}\xi)$	$= 0{,}1479701$		
dec. $4\log\cos\frac{1}{2}\beta$	$= 0{,}0074952$		
	$0{,}0611857$		
$\log u$	$= 0{,}2166510$	$u =$	$1{,}646838.$

Dieser Werth von u ist nur um eine Einheit in der letzten Stelle zu gross.

Da $\log\operatorname{tg}\frac{1}{2}\xi$ positiv sein musste, weil von dieser Zahl der Logarithmus zu nehmen war, so musste der Winkel ξ im zweiten Quadranten liegen.

Um das vollständige Integral für denselben Modul $k = \sin 75^\circ$ zu finden, hat man $\frac{1}{2}\pi$ statt x, also nach §. 21 $\frac{1}{2}\nu'$ statt x' zu setzen, so dass also nach N. 3

$$K = \frac{\nu'}{2\cos\frac{1}{2}\beta^4}$$

wird. Es ist aber

$$e^{-\nu'} = q' = \tfrac{1}{2}\operatorname{tg}\tfrac{1}{2}\beta^2,$$

also

$$\nu' = l(2) + 2l(\cot\tfrac{1}{2}\beta)$$

und

$$(5.)\qquad K = \frac{0{,}1505150 + \log(\cot\frac{1}{2}\beta)}{\log e.\cos\frac{1}{2}\beta^4}$$

und

$$(6.)\quad \log K = \log(0{,}1505150 + \log\cot\tfrac{1}{2}\beta) + 0{,}36221569 - 4\log\cos\tfrac{1}{2}\beta.$$

In unserm Falle ist

$$\begin{aligned} \log\cot\tfrac{1}{2}\beta &= 1{,}0310703 \\ &\ 0{,}1505150 \\ \hline a &= 1{,}1815853 \\ \log a &= 0{,}0724651 \\ &\ 0{,}3622157 \\ \text{dec. } 4\log\cos\tfrac{1}{2}\beta &= 0{,}0074952 \\ \hline \log K &= 0{,}4421760. \end{aligned}$$

Dieser Werth von $\log K$ ist bis in die letzte Stelle richtig.

§. 50.

Wenn der Winkel α sehr nahe an 90° liegt, so ist es beschwerlich, den Winkel β mit Hülfe der gebräuchlichen Logarithmentafeln zu berechnen. In diesem Falle nimmt man lieber an, es sei

$$k^2 = 1 - \delta,$$

denn fast immer wird die Grösse δ unmittelbar gegeben sein und nicht der Winkel α.

Man sah nun, wenn q'^4 vernachlässigt wird, dass

$$K = \tfrac{1}{2}\pi\,\vartheta_3 o^2 = \tfrac{1}{2}\nu'\,\vartheta_3(o,\nu')^2 = -\tfrac{1}{2}l(q')(1+2q')^2$$

oder

(1.) $$K = -l(q')(0{,}5+2q').$$

Für $\varphi = o$ ist auch $x = o$ und $x' = o$, also

$$\sqrt{k} = \frac{1-2q'}{1+2q'},$$

daher

(2.) $$2q' = \frac{1-\sqrt{k}}{1+\sqrt{k}} = \frac{1-\sqrt[4]{1-\delta}}{1+\sqrt[4]{1-\delta}} = \tfrac{1}{8}\delta + \tfrac{1}{16}\delta^2 + \frac{21\delta^3}{512},$$

wenn man die vierte Potenz von δ vernachlässigt.

Es ist also

(3.) $$\log K = \log(-\log q') + \log(0{,}5+2q') + 0{,}36221570.$$

Beispiel. Es sei $k = \sin 88^0$, so wird

$$\delta = 0{,}001217975.$$

In diesem Falle kann auch δ^3 vernachlässigt werden und man findet sogleich

$$\begin{aligned} 2q' = \tfrac{1}{8}\delta + \tfrac{1}{16}\delta^2 &= 0{,}0001523396 \\ -\log q' &= 4{,}1182171 \\ \log(-\log q') &= 0{,}6147092 \\ \log(0{,}5+2q') &= 9{,}6991023 \\ &\ 0{,}3622157 \\ \hline \log K &= 0{,}6760272 \end{aligned}$$

bis in die letzte Decimale richtig.

Die Berechnung des vollständigen Integrals K braucht übrigens nur so weit direct ausgeführt zu werden, bis der Winkel α des Moduls $k = \sin\alpha$ nicht 45^0 übersteigt, denn es ist, wie sich sogleich in §. 51 zeigen wird,

$$q = e^{-\pi\frac{K'}{K}},$$

wenn K', wie bereits bemerkt wurde, das vollständige Integral für den complementären Modul k' bedeutet. Man hat also

$$K' = \frac{K}{\pi}\,l\left(\frac{1}{q}\right)$$

oder

$$K' = 0{,}73293560 . K . \log\left(\frac{1}{q}\right)$$

und

$$\log K' = \log K + \log\left(\log\frac{1}{q}\right) + 9{,}8650658.$$

Es ist z. B.

$$\begin{aligned}\log K(\alpha = 40^0) &= 0{,}2520684\\ \log\left(\log\frac{1}{q}\right) \quad &= 0{,}1696771\\ &\ 9{,}8650658\\ \hline \log K(\alpha = 50^0) &= 0{,}2868113\end{aligned}$$

bis in die letzte Stelle richtig.

§. 51.

Nachdem wir in den letzten Paragraphen eine Vorstellung davon gegeben haben, in welcher Weise die Thetafunctionen bei der Berechnung eines elliptischen Integrals erster Gattung mit Vortheil benutzt werden können, gehen wir zu neuen Entwickelungen über, in deren Verlauf sich zeigen wird, wie die Kenntniss der Eigenschaften der Thetafunctionen die Natur der elliptischen Integrale aller Gattungen am vollständigsten enthüllt. Diese Integrale, in denen der Modul k und die Amplitude φ in ähnliche Reihen wie sie selbst entwickelt werden können, erscheinen hier fast wie organische Gebilde, in denen die einzelnen Theile eine Bildung erfahren haben, welche der des ganzen Organismus am angemessensten ist. Um in der weitern Entwicklung bequem fortschreiten zu können, stellen wir zunächst die wichtigsten Formeln, welche zugleich am häufigsten bei der Berechnung in Anwendung kommen, übersichtlich zusammen.

Da es nothwendig ist, den Zusammenhang der Formeln und die Art und Weise, wie durch zweckmässige Vertauschung der Argumente die eine in die andere übergeht, vollständig übersehen zu können, so werden wir in dieser Zusammenstellung alle wesentlichen Elemente berücksichtigen, indem wir uns dabei des Zeichens bedienen

$$\sqrt{1 - k^2 \sin\varphi^2} = \sqrt{1 - \frac{g(o,\nu)^4}{h(o,\nu)^4}\sin\varphi^2} = \Delta(\varphi,\nu).$$

So wie in den Kreisfunctionen die Constante π durch das Integral

$$\tfrac{1}{2}\pi = \int_0^{1} \frac{dz}{\sqrt{1 - z^2}}$$

ausgedrückt wird, so sind in den Thetafunctionen die Constanten K und K' durch die beiden Integrale bestimmt:

(1.) $$K=\int_0^1\frac{dz}{\sqrt{(1-z^2)(1-k^2z^2)}}=\int_0^{\frac{1}{2}\pi}\frac{dz}{\Delta(z,\nu)}$$

(2.) $$K'=\int_0^1\frac{dz}{\sqrt{(1-z^2)(1-k'^2z^2)}}=\int_0^{\frac{1}{2}\pi}\frac{dz}{\Delta(z,\nu')},$$

wenn

(3.) $$\nu\nu'=\pi^2$$

(4.) $$k=\frac{go^2}{ho^2}=\frac{1}{h(o,\nu')^2};\quad k'=\frac{1}{ho^2}=\frac{g(o,\nu')^2}{h(o,\nu')^2};\quad k^2+k'^2=1.$$

Es war ferner aus (3.), (5.), (6.) in §. 21

(5.) $$\sqrt{\frac{K'}{K}}=\sqrt[4]{\frac{\nu}{\nu'}}=\sqrt{\frac{x}{x'}}=\frac{\theta(o,\nu')}{\theta_3(o,\nu)}=\frac{\theta_2(o,\nu')}{\theta(o,\nu)}=\frac{\theta_3(o,\nu')}{\theta_3(o,\nu)},$$

(6.) $$\theta o=\sqrt{\frac{2k'K}{\pi}};\quad \theta_2 o=\sqrt{\frac{2kK}{\pi}};\quad \theta_3 o=\sqrt{\frac{2K}{\pi}},$$

(7.) $$K=\tfrac{1}{2}\pi\theta_3(o,\nu)^2=\tfrac{1}{2}\nu'\theta_3(o,\nu')^2;\quad K'=\tfrac{1}{2}\pi\theta_3(o,\nu')^2=\tfrac{1}{2}\nu\theta_3(o,\nu)^2,$$

(8.) $$u=\int_0^{\varphi}\frac{dz}{\Delta(z,\nu)}=x\,\theta_3(o,\nu)^2=\int_0^{\varphi'}\frac{dz}{\Delta(z,\nu')}=x'\theta_3(o,\nu')^2,$$

oder

(9.) $$u=\frac{2K}{\pi}x=\frac{2K'}{\pi}x'.$$

Ferner

(10.) $$\frac{x}{\sqrt{\nu}}=\frac{x'}{\sqrt{\nu'}};\quad \frac{x}{\nu}=\frac{x'}{\pi};\quad \frac{x}{\pi}=\frac{x'}{\nu'},$$

(11.) $$Kx=K'x';\quad K\sqrt{\nu}=K'\sqrt{\nu'},$$

(12.) $$q=e^{-\nu}=e^{-\pi\frac{K'}{K}};\quad q'=e^{-\nu'}=e^{-\pi\frac{K}{K'}},$$

(13.) $$\sin\varphi=\frac{ho}{go}fx=\frac{fx}{f(\frac{1}{2}\pi)}=\frac{1}{\sqrt{k}}fx,$$

(14.) $$\cos\varphi=\frac{gx}{go}=\sqrt{\frac{k'}{k}}gx,$$

(15.) $$\Delta\varphi=\frac{hx}{ho}=\sqrt{k'}\,hx,$$

(16.) $$du=\frac{d\varphi}{\Delta\varphi}=\theta_3 o^2dx;\quad d\varphi=\theta o\,\theta_3 o\,hx\,dx;\quad \Delta\varphi d\varphi=\theta o^2hx^2dx.$$

Wir benutzen den Raum noch, um eine Form der Thetafunctionen mitzutheilen, die zwar aus dem Vorhergehenden sich unmittelbar ergiebt, aber der bequemern Uebersicht wegen doch hiermit aufgeführt werden soll. Man gelangt nämlich von den Formeln (3.) bis (6.) in §. 16 sogleich zu den folgenden:

$$(17.)\qquad \theta x = \Sigma_{-\omega}^{\omega} (-1)^s q^{s^2} e^{2sxi},$$

$$(18.)\qquad \theta_1 x = -i \Sigma_{-\omega}^{\omega} (-1)^s q^{(s+\frac{1}{2})^2} e^{(2s+1)xi},$$

$$(19.)\qquad \theta_2 x = \Sigma_{-\omega}^{\omega} q^{(s+\frac{1}{2})^2} e^{(2s+1)xi},$$

$$(20.)\qquad \theta_3 x = \Sigma_{-\omega}^{\omega} q^{s^2} e^{2sxi}.$$

Manche Transformationen lassen sich mit Hülfe dieser Formeln bequemer ausführen, als mit den früheren.

Für den Modul k und sein Complement k', welche durch die Gleichungen

$$\sqrt{k} = \frac{\theta_2 o}{\theta_3 o} \quad \text{und} \quad \sqrt{k'} = \frac{\theta o}{\theta_3 o}$$

gegeben sind, erhält man noch mit Hülfe der Formeln (5.), (6.), (7.) in §. 25, wenn man diese Ausdrücke mit

$$\frac{\theta o}{\theta o}, \quad \frac{\theta_2 o}{\theta_2 o}, \quad \frac{\theta_3 o}{\theta_3 o}$$

multiplicirt, fast unmittelbar folgende Formeln:

$$(21.)\qquad \sqrt[4]{k} = \frac{\theta_1(\frac{1}{4}\pi, \frac{1}{2}\nu)}{\theta(o, 2\nu)} = \frac{\sqrt{2}\,\theta_3 o}{\theta_2(o, \frac{1}{2}\nu)} = \frac{\theta_3(o, \frac{1}{2}\nu)}{\sqrt{2}\,\theta_3 o},$$

$$(22.)\qquad \sqrt[4]{k'} = \frac{\theta o}{\theta(o, 2\nu)} = \frac{\sqrt{2}\,\theta_1(\frac{1}{4}\pi, \frac{1}{2}\nu)}{\theta_2(o, \frac{1}{2}\nu)} = \frac{\theta(o, 2\nu)}{\theta_3 o}.$$

Es ist also z. B.

$$\sqrt[4]{k'} = \frac{1 - 2q + 2q^4 - 2q^9 + 2q^{16} - \cdots}{1 - 2q^2 + 2q^8 - 2q^{18} + 2q^{32} - \cdots}$$

$$= \frac{1 - 2q^2 + 2q^8 - 2q^{18} + 2q^{32} - \cdots}{1 + 2q + 2q^4 + 2q^9 + 2q^{16} + \cdots}.$$

§. 52.

Andere Methoden der Berechnung. Die Landen'sche Substitution.

Setzt man in den Formeln §. 31 (4.) $x = y = o$, so erhält man:

$$2\theta_3(o, 2\nu)^2 = \theta_3(o, \nu)^2 + \theta(o, \nu)^2 = \theta_3(o, \nu)^2\left(1 + \frac{1}{h(o, \nu)^2}\right)$$

oder

$$(1.)\qquad \vartheta(o,\nu)^2 = \vartheta(o,2\nu)^2 \cdot \frac{2}{1+h(o,\nu)^{-2}}.$$

Ersetzt man hier ν durch 2ν und multiplicirt die neue Formel mit dieser, so wird

$$(2.)\qquad \vartheta(o,\nu)^2 = \vartheta(o,4\nu)^2 \cdot \frac{2}{1+h(o,\nu)^{-2}} \cdot \frac{2}{1+h(o,2\nu)^{-2}}.$$

Schreibt man abermals 2ν statt ν, so entsteht auf dieselbe Weise die Formel:

$$(3.)\quad \vartheta(o,\nu)^2 = \vartheta(o,8\nu)^2 \cdot \frac{2}{1+h(o,\nu)^{-2}} \cdot \frac{2}{1+h(o,2\nu)^{-2}} \cdot \frac{2}{1+h(o,4\nu)^{-2}}.$$

Da aber

$$\vartheta(o,\omega) = 1 + 2e^{-\omega} + 2e^{-4\omega} + 2e^{-9\omega} + \cdots$$

sich mit wachsendem ω der Grenze 1 sehr rasch nähert, so ist für eine unendliche Anzahl Factoren

$$(4.)\qquad \vartheta(o,\nu)^2 = \frac{2}{1+h(o,\nu)^{-2}} \cdot \frac{2}{1+h(o,2\nu)^{-2}} \cdot \frac{2}{1+h(o,4\nu)^{-2}} \cdots$$

Nach §. 31 N. 11 ist

$$h(o,2\nu)^{-2} = \frac{2h(o,\nu)^{-1}}{1+h(o,\nu)^{-2}}.$$

Es war aber

$$h(o,\nu)^{-2} = k' = \cos\alpha.$$

Setzt man also

$$h(o,2\nu)^{-2} = \cos\alpha_1,$$

so wird

$$\cos\alpha_1 = \frac{2\sqrt{\cos\alpha}}{1+\cos\alpha}.$$

und daher

$$\sin\alpha = \frac{1-\cos\alpha}{1+\cos\alpha} = \operatorname{tg}\tfrac{1}{2}\alpha^2.$$

Berechnet man daher durch die Gleichungen

$$\begin{aligned} k' &= \cos\alpha \\ \operatorname{tg}\tfrac{1}{2}\alpha^2 &= \sin\alpha_1 \\ \operatorname{tg}\tfrac{1}{2}\alpha_1^2 &= \sin\alpha_2 \\ \operatorname{tg}\tfrac{1}{2}\alpha_2^2 &= \sin\alpha_3 \\ &\cdots\cdots\cdots \end{aligned}$$

eine Reihe von Winkeln α, α_1, α_2, α_3, ..., so wird

(5.) $$\theta o^2 = (\cos\tfrac{1}{2}\alpha\cos\tfrac{1}{2}\alpha_1\cos\tfrac{1}{2}\alpha_2\cos\tfrac{1}{2}\alpha_3\ldots)^{-2}.$$

§. 53.

Beispiel. Berechnung des Integrals

$$K = \int_0^{\frac{1}{2}\pi}\frac{d\varphi}{\Delta\varphi},$$

wenn der Modul $k = \sin 75^0$ ist.

$$\begin{aligned}
&& \alpha &= 75^0\\
2\log\operatorname{tg}\tfrac{1}{2}\alpha &= 9{,}7699610 = \log\sin\alpha_1 & \alpha_1 &= 36^0 4' 16'',47\\
2\log\operatorname{tg}\tfrac{1}{2}\alpha_1 &= 9{,}0253878 = \log\sin\alpha_2 & \alpha_2 &= 6^0 5'\ 9''\\
2\log\operatorname{tg}\tfrac{1}{2}\alpha_2 &= 7{,}4511918 = \log\sin\alpha_3 & \alpha_3 &= 9' 43''
\end{aligned}$$

$$\begin{aligned}
\log\sec\tfrac{1}{2}\alpha &= 0{,}1005333\\
\log\sec\tfrac{1}{2}\alpha_1 &= 0{,}0218815\\
\log\sec\tfrac{1}{2}\alpha_2 &= 0{,}0006128\\
\log\sec\tfrac{1}{2}\alpha_3 &= 0{,}0000004\\
\hline
& \ 0{,}1230280 = a\\
2a &= 0{,}2460560\\
\log\pi &= 0{,}4971499\\
\log\tfrac{1}{2} &= 9{,}6989700\\
\hline
\log K &= 0{,}4421759
\end{aligned}$$

Legendre findet 0,442175993.

§. 54.

Berechnung des unvollständigen Integrals.

Durch die Gleichung

(1.) $$u = \int_0^{\varphi}\frac{dz}{\sqrt{1-\dfrac{g(o,\nu)^4}{h(o,\nu)^4}\sin z^2}} = x\theta(o,\nu)^2$$

lässt sich φ durch x und ν bestimmen. Nehmen x und ν andere Werthe an, so erhält auch φ einen andern Werth. Verwandelt man z. B. x in $2x$ und ν in 2ν, so gehe dadurch φ in φ_1 über, so dass

(2.) $$u_1 = \int_0^{\varphi_1}\frac{dz}{\sqrt{1-\dfrac{g(o,2\nu)^4}{h(o,2\nu)^4}\sin z^2}} = 2x\theta(o,2\nu)^2.$$

Es ist aber nach §. 31 N. 21 und N. 22:

(3.) $$\frac{g(o,2\nu)^2}{h(o,2\nu)^2} = \frac{h(o,\nu)^2-1}{h(o,\nu)^2+1} = \frac{1-k'}{1+k'}$$

und

(4.) $$2\vartheta_1(o,2\nu)^2 = \vartheta_1(o,\nu)^2\left(1+\frac{1}{h(o,\nu)^2}\right) = \vartheta_1(o,\nu)^2(1+k').$$

Benutzt man (3.) und (4.) für die Gleichung (2.), so ergiebt die Elimination von x aus (1.) und (2.):

(5.) $$\int_0^{\varphi}\frac{dz}{\sqrt{1-k^2\sin z^2}} = \frac{1}{1+k'}\int_0^{\varphi_1}\frac{dz}{\sqrt{1-\left(\frac{1-k'}{1+k'}\right)^2\sin z^2}}$$

oder

(6.) $$u = \int_0^{\varphi}\frac{dz}{\sqrt{1-\sin\alpha^2\sin z^2}} = \frac{1}{2\cos\frac{1}{2}\alpha^2}\int_0^{\varphi_1}\frac{dz}{\sqrt{1-\operatorname{tg}\frac{1}{2}\alpha^4\sin z^2}}.$$

Man kann also das Integral u stets in ein anderes mit kleinerem Modul verwandeln, der aus dem ursprünglichen auf eine einfache Weise abgeleitet werden kann.

Die Amplitude φ_1 lässt sich aus der Amplitude φ durch irgend eine der folgenden Formeln berechnen:

(7.) $$\begin{cases} \sin\varphi_1 = \dfrac{h(o,2\nu)}{g(o,2\nu)}f(2x,2\nu) = \sqrt{\dfrac{ho^2+1}{ho^2-1}}\cdot\dfrac{fx\cdot gx}{hx} = (1+k')\dfrac{\sin\varphi\cos\varphi}{\Delta\varphi} \\ \cos\varphi_1 = \dfrac{g(2x,2\nu)}{g(o,2\nu)} = \dfrac{ho(hx^2-1)}{hx(ho^2-1)} = \dfrac{\Delta\varphi^2-k'}{(1-k')\Delta\varphi} = \dfrac{1-(1+k')\sin\varphi^2}{\Delta\varphi} \\ \Delta\varphi_1 = \dfrac{h(2x,2\nu)}{h(o,2\nu)} = \dfrac{ho(hx^2+1)}{hx(ho^2+1)} = \dfrac{1-(1-k')\sin\varphi^2}{\Delta\varphi}. \end{cases}$$

Jede dieser Formeln ist zur Berechnung des Winkels φ_1 aus dem Winkel φ direct anwendbar, aber sie lehren nicht den einfachsten Zusammenhang zwischen beiden Winkeln kennen, wenn man nicht $\cot\varphi_1$ berechnet. Es ist aber bequemer und zugleich lehrreicher, auf folgende Weise zu verfahren, um den einfachsten Ausdruck zwischen φ_1 und φ zu finden.

Es ist nämlich

$$d\varphi = \theta o\,\vartheta_1 o\,.\,hx\,.\,dx,$$

also

$$d\varphi_1 = \theta(o,2\nu)\vartheta_1(o,2\nu)h(2x,2\nu)\,d\,.\,2x.$$

Aber nach §. 25 N. 6 ist

$$\theta o\,\vartheta_1 o = \theta(o,2\nu)^2$$

und nach §. 31 N. 22

$$2h(o,2\nu)h(2x,2\nu) = hx + \frac{1}{hx},$$

folglich

$$d\varphi_1 = \theta o \vartheta o \left(hx + \frac{1}{hx}\right) dx,$$

also

$$d\varphi_1 - d\varphi = \theta\delta\vartheta o \cdot \frac{dx}{hx}.$$

Wir werden aber später sehen oder könnten auch auf der Stelle verificiren, dass

$$\int \frac{dx}{hx} = \frac{1}{\theta o \vartheta o} \operatorname{arc\,tg}\left(\frac{fx}{ho\,gx}\right).$$

Daher liefert das Integral der letzten Gleichung, da die Integrationsconstante Null ist,

$$\varphi_1 - \varphi = \operatorname{arc\,tg}\left(\frac{fx}{ho\,gx}\right) = \operatorname{arc\,tg}(k' \operatorname{tg} \varphi),$$

oder

(8.) $$\operatorname{tg}(\varphi_1 - \varphi) = k' \operatorname{tg} \varphi = \cos \alpha \operatorname{tg} \varphi.$$

Durch diese einfache Formel lässt sich nun der Winkel φ_1 aus dem Winkel φ sehr leicht berechnen. Drückt man hier $\operatorname{tg}\varphi_1$ durch φ aus, so gelangt man leicht zn der Formel:

(8'.) $$\sin(2\varphi - \varphi_1) = \operatorname{tg} \tfrac{1}{2}\alpha^2 \sin \varphi_1,$$

welche φ durch φ_1 berechnen lehrt.

Bezeichnet man nun das Integral auf der linken Seite der Gleichung (6.) durch $F(\varphi, \alpha)$ und setzt

$$\operatorname{tg} \tfrac{1}{2}\alpha^2 = \sin \alpha_1,$$

so verwandelt sich die Gleichung (6.) in:

(9.) $$F(\varphi, \alpha) = \frac{1}{2\cos\frac{1}{2}\alpha^2} F(\varphi_1, \alpha_1).$$

Sucht man nun durch die Gleichungen:

$$\operatorname{tg} \tfrac{1}{2}\alpha_1^2 = \sin \alpha_2$$

und

$$\operatorname{tg}(\varphi_2 - \varphi_1) = \cos \alpha_1 \operatorname{tg} \varphi_1$$

zwei neue Winkel α_2 und φ_2, so wird

(10.) $$F(\varphi_1, \alpha_1) = \frac{1}{2\cos\frac{1}{2}\alpha_1^2} F(\varphi_2, \alpha_2).$$

Auf diese Weise kann man fortschreiten, neue Winkel α_3, $\alpha_4, \ldots$ und φ_3, $\varphi_4, \ldots$ zu berechnen und sich neue Gleichungen wie (8.) und (9.) verschaffen. Das Product von n auf diese Art gebildeter Gleichungen giebt dann

$$(11.)\quad F(\varphi,\alpha)=\frac{1}{2^n}F(\varphi_n,\alpha_n)(\cos\tfrac{1}{2}\alpha\cos\tfrac{1}{2}\alpha_1\cos\tfrac{1}{2}\alpha_2\cdots\cos\tfrac{1}{2}\alpha_{n-1})^{-2}.$$

Offenbar nähern sich die Winkel α aber sehr schnell der Null und $F(\varphi_\omega, \alpha_\omega)$ verwandelt sich dann in φ_ω, also wird endlich für ein unendlich grosses ω

$$(11.)\qquad F(\varphi,\alpha)=\frac{1}{2^\omega}\varphi_\omega(\cos\tfrac{1}{2}\alpha\cos\tfrac{1}{2}\alpha_1\cos\tfrac{1}{2}\alpha_2\cdots)^{-2}.$$

§. 55.

Numerisches Beispiel.

Es sei zu berechnen

$$u=\int_0^1\frac{dz}{\sqrt{1-\frac{1}{4}\sin z^2}}.$$

Hier ist $k=\frac{1}{2}=\sin 30^0$, also $\alpha=30^0$ und $\varphi=1=\operatorname{arc}57^0 17' 44'',81$

$$\log\sin\alpha_1 = 2\log\operatorname{tg}\tfrac{1}{2}\alpha = 8{,}8561050 \qquad \alpha_1 = 4^0 7' 1'',904$$
$$\log\sin\alpha_2 = 2\log\operatorname{tg}\tfrac{1}{2}\alpha_1 = 7{,}1112716 \qquad \alpha_2 = 4' 26'',5.$$

Der Winkel α_3, welcher keine Zehntel-Secunde mehr beträgt, kommt nicht zur Anwendung.

Für die Auffindung der Amplituden hat man folgende Rechnungen auszuführen.

$$\begin{aligned}\log\cos\alpha &= 9{,}9375306\\ \log\operatorname{tg}\varphi &= 0{,}1924024\\ \hline \log\operatorname{tg}(\varphi_1-\varphi) &= 0{,}1299330\end{aligned}\qquad \begin{aligned}\varphi_1-\varphi &= 53^0 26' 45'',07\\ \varphi &= 57^0 17' 44'',81\\ \hline \varphi_1 &= 110^0 44' 29'',88\end{aligned}$$

$$\begin{aligned}\log\cos\alpha_1 &= 9{,}9988777\\ \log\operatorname{tg}\varphi_1 &= 0{,}4217041\\ \hline \log\operatorname{tg}(\varphi_2-\varphi_1) &= 0{,}4205818\end{aligned}\qquad \begin{aligned}\varphi_2-\varphi_1 &= 110^0 47' 26'',83\\ \hline \varphi_2 &= 221^0 31' 56'',71\\ \tfrac{1}{4}\varphi_2 &= 55^0 22' 59'',18\end{aligned}$$

also ist

$$u = \text{arc}(55^\circ 22' 59'', 18)(\cos\tfrac{1}{2}\alpha \cos\tfrac{1}{2}\alpha_1 \cos\tfrac{1}{2}\alpha_2)^{-2}$$

$$\begin{aligned}
\log\sec\tfrac{1}{2}\alpha &= 0{,}0150562\\
\log\sec\tfrac{1}{2}\alpha_1 &= 0{,}0002804\\
\log\sec\tfrac{1}{2}\alpha_2 &= 0{,}0000001\\
&\quad 0{,}0153367 = a\\
2a &= 0{,}0306734\\
\log\tfrac{1}{4}\varphi_2 &= 9{,}9852547\\
\log u &= 0{,}0159271 \qquad u = 1{,}0373567.
\end{aligned}$$

Dieser Werth von u ist nur in der letzten Decimale unsicher. Die in den letzten vier Paragraphen gelehrte Berechnungsweise eines elliptischen Integrals ist ihrem wesentlichem Inhalte nach von dem englischen Mathematiker John Landen, der sich dazu natürlich anderer Entwickelungsmethoden bedient hat, in den Philosophical Transactions vom Jahre 1771 und 1775 zuerst bekannt gemacht worden, und die Formeln (7.) und (8.), auf denen sie beruht, werden nach ihm die Landen'sche Substitution genannt.

Wir wollen nun noch zeigen, wie man zu diesen wichtigen Rechnungsvorschriften auch ohne die Vermittlung der Thetafunctionen gelangen kann. Bestimmt man nämlich aus den Winkeln α und φ einen Hülfswinkel ψ durch die Gleichung

(1.) $$\sin\alpha\sin\varphi = \sin\psi$$

und vermittelst dieses Winkels einen neuen Winkel φ_1 durch die Gleichung

(2.) $$\operatorname{tg}\tfrac{1}{2}\psi\sin\varphi_1 = \operatorname{tg}\tfrac{1}{2}\psi$$

so ergiebt sich zunächst, wenn man diese Gleichung logarithmisch differenzirt und dann $d\psi$ eliminirt

$$\cot\varphi\, d\varphi = \cos\psi\cot\varphi_1\, d\varphi_1$$

oder

$$\frac{d\varphi}{\Delta(\varphi_1\alpha)} = \operatorname{tg}\varphi\cot\varphi_1\, d\varphi_1$$

führt man nun noch einen Winkel α_1 durch die Gleichung ein

(3.) $$\sin\alpha_1 = \operatorname{tg}\tfrac{1}{2}\alpha^2,$$

so findet man, nach einigen Reductionen

(4.) $$\cot\varphi = \cos\tfrac{1}{2}\alpha^2\cot\varphi_1\sqrt{1-\sin\alpha_1^2\sin\varphi_1^2}$$

und wenn man diesen Werth von $\cot\varphi$ in die Differenzialgleichung einsetzt, so gelangt man zu der Gleichung

$$\cos\tfrac{1}{2}\alpha^2 \frac{d\varphi}{\Delta(\varphi,\alpha)} = \frac{d\varphi_1}{\Delta(\varphi_1,\alpha_1)}.$$

Wenn aber in der Gleichung (1.) der Winkel φ den ganzen Kreis durchläuft, so bewegt sich ψ von 0 bis α, von hieraus zurück über o bis nach $-\alpha$ hin und dann wieder vorwärts bis 0. Durch die Gleichung (2.) hängt nun der Winkel φ_1 so mit dem Winkel φ zusammen, dass beide zugleich die Grössen 0, $\frac{1}{2}\pi$, $\frac{3}{2}\pi$, ... erreichen. Das Integral der letzten Gleichung ist also

$$\int_0^{\varphi_1} \frac{d\lambda}{\Delta(\lambda,\alpha_1)} = \cos\tfrac{1}{2}\alpha \int_0^{\varphi} \frac{d\lambda}{\Delta(\lambda,\alpha)}$$

oder

$$(5.) \qquad F(\varphi_1,\alpha_1) = \cos\tfrac{1}{2}\alpha^2 F(\varphi,\alpha).$$

Nach der Vorschrift (3.) kann man, wie in §. 54, eine Reihe Winkel α_1, α_2, α_3,... berechnen und auch nach Vorschrift (2.) die Winkel φ_1, φ_2, φ_3,... darstellen; da aber die α und ψ schnell sehr klein werden, so würde diese Formel (2.) sehr unsichere Resultate gewähren. Man muss daher (2.) durch (1.) dividiren und sich so die Formel

$$(6.) \qquad \sin\varphi_1 = \left(\frac{\cos\frac{1}{2}\alpha}{\cos\frac{1}{2}\psi}\right)^2 \sin\varphi$$

verschaffen, bei welcher dieser Uebelstand nicht eintritt. Die Berechnung des Integrals geschieht nun ganz ähnlich wie in §. 54 durch die aus (5.) abgeleitete Formel

$$(7.) \qquad F(\varphi,\alpha) = F(\varphi_n,\alpha_n)(\cos\tfrac{1}{2}\alpha \cos\tfrac{1}{2}\alpha_1 \cos\tfrac{1}{2}\alpha_2 \ldots)^{-2}$$

bei deren Anwendung sich φ_n sehr bald einer festen Grenze nähert. Es ist hier φ_ω dasselbe was dort $\frac{\varphi_\omega}{2^\omega}$ war. Berechnet man nach diesen Vorschriften dasselbe Beispiel, so findet man

$\alpha = 30^0$	$\psi = 24^0 52' 51'',73$	$\varphi = 57^0 17' 44'' 81$
$\alpha_1 = 4^0 7' \ 1'',904$	$\psi_1 = 3^0 23' 19'',66$	$\varphi_1 = 55^0 25' \ 3'',77$
$\alpha_2 = 4' 26'',5$	$\psi_2 = 3' 39''$,	$\varphi_2 = 55^0 22' 59'' 18.$

In §. 114 werden wir mit Hülfe einer geometrischen Construction zu demselben Resultate gelangen.

§. 56.

Neue Methoden der Berechnung.

Nach §. 31 N. 8 ist für $x = o$

$$\theta(o,\nu) + \theta_3(o,\nu) = 2\theta_3(o,4\nu)$$

oder

$$\vartheta_3(o,\nu)(1+h(o,\nu)^{-1}) = 2\vartheta_3(o,4\nu).$$

Vertauscht man hier ν nach und nach mit 4ν, 16ν, 64ν,... so erhält man die Formeln

$$\vartheta_3(o,\nu)(1+h(o,\nu)^{-1})(1+h(o,4\nu)^{-1}) = 4\vartheta_3(o,16\nu)$$
$$\vartheta_3(o,\nu)(1+h(o,\nu)^{-1})(1+h(o,4\nu)^{-1})(1+h(o,16\nu)^{-1} = 8\vartheta_3(o,64\nu)$$

u. s. w.

Sobald man nun q^4 oder q^{16} oder q^{64} u. s w. vernachlässigen kann, verwandelt sich $\vartheta_3(o,4\nu)$, $\vartheta_3(o,16\nu)$, $\vartheta_3(o,64\nu)$,... in 1 und man erhält daher für diese verschiedenen Fälle die Formeln:

$$(1.)\qquad \vartheta_3(o) = \frac{2}{1+h(o,\nu)^{-1}}$$

$$(2.)\qquad \vartheta_3(o) = \frac{2}{1+h(o,\nu)^{-1}}\cdot\frac{2}{1+h(o,4\nu)^{-1}}$$

$$(3.)\qquad \vartheta_3(o) = \frac{2}{1+h(o,\nu)^{-1}}\cdot\frac{2}{1+h(o,4\nu)^{-1}}\cdot\frac{2}{1+h(o,16\nu)^{-1}}$$

u. s. w.

Von diesen Formeln genügt zur Berechnung von $\vartheta_3 o$ schon die zweite, selbst in dem ungünstigen Falle wo $k = \sin 87^0 = 0{,}9986$ sein sollte, denn dann wäre $q^{16} = \frac{12}{10^9}$, so dass $\vartheta_3(o,16\nu) = 1{,}000000012$ wird.

Wenn k nicht grösser als $\sin 25^0$ ist, reicht schon die erste zur Berechnung von $\vartheta_3 o$ aus; der dritten wird man sich nur in ausserordentlich seltenen Fällen zu bedienen haben.

Nach §. 31 N. 25 ist

$$\frac{g(o,\,4\nu)}{h(o,\,4\nu)} = \frac{ho-1}{ho+1}$$

und nach §. 26 N. 5

$$ho^4 - go^4 = 1.$$

Es ist also

$$(4.)\qquad h(o,4\nu)^{-1} = \sqrt[4]{1-\left(\frac{1-h(o,\nu)^{-1}}{1+h(o,\nu)^{-1}}\right)^4}.$$

Mit Hülfe dieser Formel kann man sich also $h(o,4\nu)$ aus $h(o,\nu)$ bilden; dann $h(o,16\nu)$ aus $h(o,4\nu)$ u. s. w.

Um nun das vollständige elliptische Integral erster Gattung

$$K = \int_0^{\frac{1}{2}\pi} \frac{d\varphi}{\Delta\varphi} = \tfrac{1}{2}\pi\,\vartheta_3 o^2$$

zu berechnen, bildet man sich folgendes System von Gleichungen:

$$(5.)\quad \begin{cases} k = \sin\alpha\,; & \sqrt{\cos\alpha} = \cos\beta \\ \operatorname{tg}\tfrac{1}{2}\beta^4 = \sin\alpha_1\,; & \sqrt{\cos\alpha_1} = \cos\beta_1 \\ \operatorname{tg}\tfrac{1}{2}\beta_1^4 = \sin\alpha_2\,; & \sqrt{\cos\alpha_2} = \cos\beta_2 \end{cases}$$

dann wird

$$(6.)\quad K = \tfrac{1}{2}\pi(\cos\tfrac{1}{2}\beta\cos\tfrac{1}{2}\beta_1\cos\tfrac{1}{2}\beta_2\ldots)^{-4}.$$

1. Beispiel. Es sei $\alpha = 75^0$, dann wird $\beta = 59^0 25' 11'',60$
$\alpha_1 = 6^0 5' 9'',38 \quad \beta_1 = 4^0 18' 19''$.

Mit diesen Winkeln findet man

$$\log K = 0{,}4421763,$$

während der genauere Werth in der letzten Decimale eine 0 statt einer 3 enthält, ein Fehler, der sich bei Anwendung von Logarithmentafeln nicht vermeiden lässt.

2. Beispiel. $\alpha = 87^0$; $\beta = 76^0 46' 31'',08$.
$\alpha_1 = 23^0 11' 58'',66$; $\beta_1 = 16^0 31' 14'',76$.
$\log K = 0{,}6373551$.

Der genauere Werth enthält in der letzten Stelle eine 0 statt einer 1.

§. 57.

In §. 42 N. 2 ergab sich die Reihenentwickelung:

$$(1.)\ K = \int_0^{\frac{1}{2}\pi} \frac{d\varphi}{\sqrt{1-k^2\sin\varphi^2}} = \tfrac{1}{2}\pi\left\{1+(\tfrac{1}{2})^2k^2+\left(\frac{1\cdot3}{2.4}\right)^2k^4+\left(\frac{1\cdot3\cdot5}{2\cdot4\cdot6}\right)^2k^6+\cdots\right\}$$

oder

$$(2.)\ \vartheta_3(o,\nu)^2 = 1+(\tfrac{1}{2})^2\left(\frac{go}{ho}\right)^4+\left(\frac{1\cdot3}{2\cdot4}\right)^2\left(\frac{go}{ho}\right)^8+\left(\frac{1\cdot3\cdot5}{2\cdot4\cdot6}\right)^2\left(\frac{go}{ho}\right)^{12}+\cdots.$$

Vertauscht man ν mit 2ν, so verwandelt sich nach §. 31 $\left(\frac{go}{ho}\right)^2$ in $\frac{ho^2-1}{ho^2+1}$; und wenn man noch ν mit 4ν vertauscht, so geht $\frac{go}{ho}$ in $\frac{ho-1}{ho+1}$ über; daher wird:

$$(3.)\quad \vartheta_3(o,2\nu)^2 =$$
$$1+(\tfrac{1}{2})^2\left(\frac{ho^2-1}{ho^2+1}\right)^2+\left(\frac{1\cdot3}{2\cdot4}\right)^2\left(\frac{ho^2-1}{ho^2+1}\right)^4+\left(\frac{1\cdot3\cdot5}{2\cdot4\cdot6}\right)^2\left(\frac{ho^2-1}{ho^2+1}\right)^6+\cdots$$

(4.)
$$\vartheta(o,4\nu)^2 =$$
$$1+(\tfrac{1}{2})^2\left(\frac{ho-1}{ho+1}\right)^4+\left(\frac{1\cdot3}{2\cdot4}\right)^2\left(\frac{ho-1}{ho+1}\right)^8+\left(\frac{1\cdot3\cdot5}{2\cdot4\cdot6}\right)^2\left(\frac{ho-1}{ho+1}\right)^{12}+\cdots$$

Da nun
$$\vartheta(o,\nu)^2=\vartheta(o,2\nu)^2\cdot\frac{2}{1+ho^{-2}}$$
und
$$\vartheta(o,\nu)^2=\vartheta(o,4\nu)^2\cdot\left(\frac{2}{1+ho^{-2}}\right)^2,$$
so erhält man für K, ausser der Reihe (1.), aus (3.) und (4.) noch folgende zwei Reihenentwicklungen:
$$(5.)\quad K=\frac{\pi}{1+k'}\left\{1+(\tfrac{1}{2})^2\left(\frac{1-k'}{1+k'}\right)^2+\left(\frac{1\cdot3}{2\cdot4}\right)^2\left(\frac{1-k'}{1+k'}\right)^4+\cdots\right\}$$
$$(6.)\quad K=\frac{2\pi}{(1+\sqrt{k})^2}\left\{1+(\tfrac{1}{2})^2\left(\frac{1-\sqrt{k'}}{1+\sqrt{k'}}\right)^4+\left(\frac{1\cdot3}{2\cdot4}\right)^2\left(\frac{1-\sqrt{k'}}{1+\sqrt{k'}}\right)^8+\cdots\right\}$$
welche bereits in §. 42 N. 1 und §. 46 N. 1 mitgetheilt worden sind.

§. 58.

Berechnung des unvollständigen Integrals.

Verwandelt man in dem Integrale
$$u=\int_0^\varphi\frac{dz}{\sqrt{1-\dfrac{g(o,\nu)^4}{h(o,\nu)^4}\sin z^2}}=x\vartheta(o,\nu)^2$$
x in $2x$ und ν in 4ν, so gehe dadurch φ in φ_1 über und man erhält:
$$u_1=\int_0^{\varphi_1}\frac{dz}{\sqrt{1-\dfrac{g(o,4\nu)^4}{h(o,4\nu)^4}\sin z^2}}=2x\vartheta(o,4\nu)^2.$$

Es ist aber, wenn man den neuen Modul des Integrals mit k_1 bezeichnet,
$$\frac{g(o,4\nu)}{h(o,4\nu)}=\frac{1-\sqrt{k'}}{1+\sqrt{k'}}=\sqrt{k_1}$$
$$2\vartheta(o,4\nu)=\vartheta(o,\nu)(1+\sqrt{k'})$$
also, wenn man x aus den beiden ersten Gleichungen eliminirt:
$$(1.)\qquad\int_0^\varphi\frac{dz}{\sqrt{1-k^2\sin z^2}}=\frac{2}{(1+\sqrt{k'})^2}\int_0^{\varphi_1}\frac{dz}{\sqrt{1-k_1^2\sin z^2}}.$$

Den Zusammenhang zwischen den Winkeln φ und φ_1 findet man durch den Quotienten der Gleichungen N. 21 und N. 22 in §. 31:

$$(2.)\qquad \frac{g(2x,4\nu)}{h(2x,4\nu)}\cdot\frac{h(o,4\nu)}{g(o,4\nu)}=\frac{hx-1}{hx+1}\cdot\frac{ho+1}{ho-1}=\frac{\cos\varphi_1}{\Delta\varphi_1},$$

wenn nämlich $\Delta\varphi_1=\sqrt{1-k_1^2\sin\varphi_1^2}$.

Aus dieser Gleichung lässt sich leicht $\sin\varphi_1$ durch $\Delta\varphi$ berechnen. Um diese Rechnung bequem ausführen zu können, setze man

$$\frac{2ho}{ho^2+1}=a \quad\text{und}\quad \frac{2hx}{hx^2+1}=y.$$

Dann wird aus (2.) leicht gefunden

$$(3.)\qquad \sin\varphi_1^2=\frac{1+a}{1-a}\cdot\frac{y-a}{y+a}.$$

für

$$(4.)\qquad \frac{1}{ho}=\sqrt{k'}=\sqrt{\cos\alpha}=\operatorname{tg}\delta$$

und

$$(5.)\qquad \sin\alpha\sin\varphi=\sin\gamma$$

wird

$$(6.)\qquad hx=ho\,\Delta\varphi=\cot\delta\sqrt{1-\sin\alpha^2\sin\varphi^2}=\cot\delta\cos\gamma=\operatorname{tg}\psi$$

und hieraus

$$a=\sin 2\delta;\quad y=\sin 2\psi.$$

Mit Hülfe dieser Ausdrücke ergiebt sich aus (3.):

$$(7.)\qquad \sin\varphi_1=\operatorname{tg}(\tfrac{1}{4}\pi+\delta)\sqrt{\frac{\operatorname{tg}(\psi-\delta)}{\operatorname{tg}(\psi+\delta)}}.$$

Man kann also vermöge der Gleichung (1.) das vorgelegte Integral u in ein anderes mit kleinerem Modul k_1 und anderer Amplitude φ_1 verwandeln. Unterwirft man das neue Integral derselben Umformung und setzt diese Operation in zweckmässiger Weise fort, so gelangt man ganz wie in §. 54 zu einer neuen Formel für die numerische Berechnung des elliptischen Integrals.

§. 59.

Berechnung mit Hülfe des arithmetisch-geometrischen Mittels.

Die Formel (6.) in §. 54 lässt sich in folgender Weise darstellen:

$$\int_0^{\varphi}\frac{dz}{\sqrt{\cos z^2+\cos\alpha^2\sin z^2}}=\frac{1}{2}\int_0^{\varphi_1}\frac{dz}{\sqrt{\frac{1}{4}(1+\cos\alpha)^2\cos z^2+\cos\alpha\sin z^2}},$$

oder wenn man $\cos\alpha = \frac{n}{m}$ setzt,

$$(1.)\quad u = \int_0^{\varphi} \frac{dz}{\sqrt{m^2\cos z^2 + n^2 \sin z^2}} = \tfrac{1}{2}\int_0^{\varphi_1} \frac{dz}{\sqrt{\frac{1}{4}(m+n)^2\cos z^2 + (\sqrt{mn})^2 \sin z^2}}.$$

Verschafft man sich nun durch die Gleichungen:

$$(2.)\quad \begin{cases} \frac{1}{2}(m+n) = m_1; & \sqrt{mn} = n_1 \\ \frac{1}{2}(m_1+n_1) = m_2; & \sqrt{m_1 n_1} = n_2 \\ \frac{1}{2}(m_2+n_2) = m_3; & \sqrt{m_2 n_2} = n_3 \\ \dots\dots & \end{cases}$$

und durch das nach N. 8 in §. 54 gebildete System:

$$(3.)\quad \begin{cases} \operatorname{tg}(\varphi_1 - \varphi) = \frac{n}{m}\operatorname{tg}\varphi \\ \operatorname{tg}(\varphi_2 - \varphi_1) = \frac{n_1}{m_1}\operatorname{tg}\varphi_1 \\ \operatorname{tg}(\varphi_3 - \varphi_2) = \frac{n_2}{m_2}\operatorname{tg}\varphi_2 \\ \dots\dots \end{cases}$$

aus den Grössen m, n, φ eine neue Reihe von Grössen m_1, n_1, φ_1; m_2, n_2, φ_2; u. s. w., so nähern sich die neuen m und n sehr schnell ein und derselben Grösse μ, so dass sich also die Quadratwurzel unter dem Integralzeichen selbst in diese Grösse verwandelt, und man, wenn diese Operation r mal fortgesetzt worden ist, für u den Ausdruck erhält:

$$u = \frac{\varphi_r}{2^r \mu}.$$

Für $\varphi = \frac{1}{2}\pi$ ist die Reihe der φ offenbar:

$$\varphi_1 = \pi;\quad \varphi_2 = 2\pi;\quad \varphi_3 = 4\pi;\quad \varphi_4 = 8\pi;\ \dots$$

und das vollständige Integral

$$K = \int_0^{\frac{1}{2}\pi} \frac{dz}{\sqrt{\cos z^2 + \cos\alpha^2 \sin z^2}}$$

wird daher

$$K = \frac{\pi}{2\mu}.$$

§. 60.

Beispiel. Es sei $\alpha = 75^0$, also $m = 1$ und $n = \cos 75^0$. Die Rechnung lässt sich dann in folgender Weise anordnen:

	$m = 1$
$\log n = 9,4129962$	$n = 0,25881904$
$\log n_1 = 9,7064981$	$m_1 = 0,62940952$
$\log m_1 = 9,7989333$	$n_1 = 0,50874254$
$\log n_2 = 9,7527157$	$m_2 = 0,56907605$
$\log m_2 = 9,7551704$	$n_2 = 0,56586870$
$\log n_3 = 9,7539430$	$m_3 = 0,56747237$
$\log m_3 = 9,7539447$	$n_3 = 0,56747013$
$\log n_4 = 9,7539439$	$m_4 = 0,56747125$
	$n_4 = 0,56747130$
	$m_5 = 0,56747127 = \mu$

$$\begin{aligned} \text{dec.} \log \mu &= 0,2460561 \\ \log \pi &= 0,4971499 \\ \log 0,5 &= 0,6989700 \\ \hline \log K &= 0,4421760 \end{aligned}$$

wie in §. 53 bereits gefunden wurde.

Diese höchst sinnreiche Berechnungsweise, welche Gauss bereits 1818 in den Denkschriften der Göttinger Societät bekannt gemacht hat, wird auch dadurch bequem, dass man die nöthigen Logarithmen bald sämmtlich auf ein und derselben Seite vereinigt findet.

§. 61.

Als Beispiel für ein unvollständiges Integral wählen wir das aus §. 49:

$$u = \int_0^{70^0} \frac{d\varphi}{\sqrt{1-(\sin 75^0)^2 \sin\varphi^2}}.$$

Hier ist $\alpha = 75^0$ und $\varphi = 70^0$, also $n = \cos 75^0$ und $m = 1$.

$$\begin{aligned} \log n &= 9,4129962 & \varphi &= 70^0 \\ \log \operatorname{tg}\varphi &= 0,4389341 & & \\ \hline \log \operatorname{tg}(\varphi_1 - \varphi) &= 9,8519303 & \varphi_1 - \varphi &= 35^0 24' 59'',80 \\ & & \varphi_1 &= 105^0 24' 59'',80 \end{aligned}$$

$$\begin{aligned} \log n_1 &= 9,7064981 \\ \log \operatorname{tg}\varphi_1 &= 0,5594721 \\ \text{dec.} \log m_1 &= 0,2010667 \\ \hline \log \operatorname{tg}(\varphi_2 - \varphi_1) &= 0,4670369 & \varphi_2 - \varphi_1 &= 108^0 50' 16'',04 \\ & & \varphi_2 &= 214^0 15' 15'',84 \end{aligned}$$

$$\begin{aligned}
\log n_2 &= 9{,}7527157\\
\log\operatorname{tg}\varphi_2 &= 9{,}8331396\\
\text{dec.}\log m_2 &= \underline{0{,}2448297}\\
\log\operatorname{tg}(\varphi_3-\varphi_2) &= 9{,}8306850 \qquad \varphi_3-\varphi_2 = 214^\circ\ 6'14'',04\\
&\qquad\qquad\qquad\qquad\ \ \varphi_3 = 428^\circ 21'29'',88
\end{aligned}$$

$$u = \frac{\varphi_3}{2^3\mu} = \frac{\operatorname{arc}53^\circ 32'41'',23}{\mu} = \frac{192761'',23\pi}{648000\mu}$$

$$\begin{aligned}
\log 192761'',23 &= 5{,}2850197\\
\log\pi &= 0{,}4971499\\
\text{dec.}\log 648000 &= 4{,}1884250\\
\text{dec.}\log\mu &= \underline{0{,}2460562}\\
\log u &= 0{,}2166508 \qquad u = 1{,}646837
\end{aligned}$$

Legendre findet $u = 1{,}646837113.$

§. 62.

Ausser den bisher mitgetheilten Methoden der Berechnung giebt es noch eine andere von Legendre benutzte, welche auf dem Principe der Theilung des elliptischen Integrals beruht und der Vollständigkeit wegen hier mit aufgenommen werden soll, obgleich sie in der Anwendung gewöhnlich unbequem ist. Mit Benutzung der Thetafunctionen lässt sie sich in folgender Weise darstellen.

Wenn man in dem Integrale

$$u = \int_0^\varphi \frac{dz}{\Delta z} = x\vartheta o^2$$

das x in $\frac{1}{2}x$ verwandelt, so möge dadurch φ in φ_1 übergehen, so dass

$$\int_0^{\varphi_1} \frac{dz}{\Delta z} = \tfrac{1}{2}x\vartheta o^2,$$

wird, also

(1.) $$u = \int_0^\varphi \frac{dz}{\Delta z} = 2\int_0^{\varphi_1} \frac{dz}{\Delta z}.$$

Es war aber:

(2.) $$fx = \frac{go}{ho}\sin\varphi;\quad gx = go.\cos\varphi;\quad hx = ho\,\Delta\varphi,$$

also

(3.) $$f\tfrac{1}{2}x = \frac{go}{ho}\sin\varphi_1.$$

Nach N. 8 in §. 30 ist nun

$$f\tfrac{1}{2}x = \sqrt{\frac{go}{ho} \cdot \frac{go - gx}{ho + hx}}.$$

Benutzt man (1.) und (2.) und setzt

$$k \sin\varphi = \sin\gamma,$$

wodurch sich $\varDelta\varphi$ in $\cos\gamma$ verwandelt, so geht (3.) über in:

$$\sin\varphi_1 = \frac{\sin\frac{1}{2}\varphi}{\cos\frac{1}{2}\gamma}.$$

Durch diese Gleichung wird der Winkel φ_1 bequem aus γ und φ bestimmt. Die Amplitude φ_1 des neuen Integrals ist kleiner als die des vorgelegten.

Verschafft man sich nun durch die Formeln:

$$\begin{array}{llcl}
k\sin\varphi &= \sin\gamma & & \sin\varphi_1 = \sin\frac{1}{2}\varphi : \cos\frac{1}{2}\gamma \\
k\sin\varphi_1 &= \sin\gamma_1 & & \sin\varphi_2 = \sin\frac{1}{2}\varphi_1 : \cos\frac{1}{2}\gamma_1 \\
k\sin\varphi_2 &= \sin\gamma_2 & \text{und} & \sin\varphi_3 = \sin\frac{1}{2}\varphi_2 : \cos\frac{1}{2}\gamma_2 \\
\cdots & & & \cdots \\
k\sin\varphi_{n-1} &= \sin\gamma_{n-1} & & \sin\varphi_n = \sin\frac{1}{2}\varphi_{n-1} : \cos\frac{1}{2}\gamma_{n-1}
\end{array}$$

eine Reihe von Winkeln $\varphi_1, \varphi_2, \varphi_3, \ldots \varphi_n$, welche rasch an Grösse abnehmen, so verwandelt sich u in:

$$u = 2^n \int_0^{\varphi_n} \frac{dz}{\varDelta z},$$

wofür man

$$u = 2^n \varphi_n$$

setzen kann, wenn φ_n nur noch ein sehr kleiner Winkel ist.

Legendre hat nach dieser Methode das Beispiel berechnet, wenn $k = \sin 75^0$ und $\operatorname{tg}\varphi = \sqrt{\frac{2}{\sqrt{3}}}$, also $\varphi = 47^0 3' 30'',94$ ist, wobei sich $\gamma = 45^0$ ergiebt und das Integral u gleich dem dritten Theile des vollständigen Integrals

$$K = \int_0^{\frac{1}{2}\pi} \frac{dz}{\varDelta z} = 2{,}768063145,$$

also $= 0{,}922687715$ werden muss, wie sich in §. 63 zeigen wird.

Legendre findet

$$\begin{array}{ll}
 & \varphi = 47^0\ 3'30'',94 \\
\gamma = 45^0 & \varphi_1 = 25^0 36'\ 5'',64 \\
\gamma_1 = 24^0 40' 10'',94 & \varphi_2 = 13^0\ 6'30'',98 \\
\gamma_2 = 12^0 39' 15'',83 & \varphi_3 = 6^0 35' 40'',74 \\
\gamma_3 = 6^0 22'\ 8'',40 & \varphi_4 = 3^0 18'\ 8'',75
\end{array}$$

Hiernach wird

	Differenzen.
$\varphi = 47^0\ 3'30'',94$	
$2\varphi_1 = 51^0 12'11'',28$	$4^0\ 8'40'',34$
$4\varphi_2 = 52^0 26'\ 3'',92$	$1^0 14'52'',64$
$8\varphi_3 = 52^0 45'25'',92$	$19'20'',00$
$16\varphi_4 = 52_0 50'20'',00$	$4'54'',08$

Aus dieser Zusammenstellung ergiebt sich, dass jede folgende Differenz sehr nahe viermal kleiner ist, als die unmittelbar vorhergehende; um also $2^n\varphi_n$ für ein unendlich grosses n zu finden, muss man zu $2^4\varphi_4$ folgende Reihe von Differenzen addiren:

$$4'54'',08\left(\frac{1}{4}+\frac{1}{4^2}+\frac{1}{4^3}+\cdots\right) = 4'58'',08\cdot\tfrac{1}{3} = 1'38'',03,$$

wodurch sich

$$2^n\varphi_n = 52^0 51'58'',03$$

ergiebt. Es ist also

$$u = \mathrm{arc}\, 52^0 51'58'',03 = 0,9226878.$$

Wenn k nahe an 1 und φ nahe an 90^0 liegt, so wird diese Berechnungsweise des Integrals sehr beschwerlich.

§. 63.

Andeutungen über den Nutzen der Theilung der Functionen fx, gx, hx.

Setzt man in den ersten drei Formeln des §. 30 $y = x$, so gelangt man, wenn der Kürze wegen die Functionen fx, gx, hx durch f, g, h bezeichnet werden, zu den Formeln

$$g o h o f(2x) = \frac{2fgh}{1-f^4}$$

$$g o g(2x) = \frac{g^2-f^2h^2}{1-f^4}$$

$$h o h(2x) = \frac{h^2-f^2g^2}{1-f^4}$$

oder wenn man die g und h durch f ausdrückt,

(1.) $$f(2x) = \frac{2f\sqrt{(1-kf^2)\left(1-\frac{f^2}{k}\right)}}{1-f^4}$$

(2.) $$g(2x) = \sqrt{\frac{k}{k'}}\,\frac{1-\frac{2f^2}{k}+f^4}{1-f^4} = \sqrt{\frac{k}{k'}}\,\frac{g^4+2\frac{k'}{k}g^2-1}{1+\frac{2k}{k'}g^2-g^4}$$

$$(3.)\qquad h(2x) = \frac{1}{\sqrt{k'}}\,\frac{1-2kf^2+f^4}{1-f^4} = \frac{1}{\sqrt{k'}}\,\frac{1-2k'h^2+h^4}{-1+\frac{2}{k'}h^2-h^4}.$$

Benutzt man dieselben Formeln abermals, so dass man y durch $2x$ ersetzt, und wendet die eben gefundenen Ausdrücke für $f(2x)$, $g(2x)$, $h(2x)$ an, so erhält man noch:

$$(4.)\qquad f(3x) = \frac{f\left(3-4\left(k+\frac{1}{k}\right)f^2+6f^4-f^8\right)}{1-6f^4+4\left(k+\frac{1}{k}\right)f^6-3f^8}.$$

$$(5.)\qquad g(3x) = \frac{g\left(1-\frac{4}{k}f^2+6f^4-4kf^6+f^8\right)}{1-6f^4+4\left(k+\frac{1}{k}\right)f^6-3f^8}$$

$$= \frac{g\left(3+4\left(\frac{k}{k'}-\frac{k'}{k}\right)g^2-6g^4-g^8\right)}{3g^8+4\left(\frac{k'}{k}-\frac{k}{k'}\right)g^6-6g^4-1}$$

$$(6.)\qquad h(3x) = \frac{h\left(1-4kf^2+6f^4-\frac{4}{k}f^6+f^8\right)}{1-6f^4+4\left(k+\frac{1}{k}\right)f^6-3f^8}$$

$$= \frac{h\left(-3+4\left(k'+\frac{1}{k'}\right)h^2-6h^4+h^8\right)}{1-6h^4+4\left(k'+\frac{1}{k'}\right)h^6-3h^8}$$

In dieser Weise könnte man fortschreiten und sich Gleichungen bilden, welche $f(nx)$, $g(nx)$, $h(nx)$ durch die Functionen f, g, h finden lehren. Die Auflösungen dieser Gleichungen würden dann auch von den Functionen $f(nx)$, $g(nx)$, $h(nx)$ zu den Functionen f, g, h führen, oder aus den Functionen fx, gx, hx liessen sich dann die Grössen $f\left(\frac{x}{n}\right)$, $g\left(\frac{x}{n}\right)$, $h\left(\frac{x}{n}\right)$ ausdrücken. Die Natur dieser Gleichungen ist sorgfältig untersucht worden und diese Untersuchungen haben zu merkwürdigen Resultaten geführt, welche wir jedoch hier übergehen, da sie von unserem mehr practische Zwecke verfolgenden Wege zu weit entfernt liegen.

Für die Intgralrechnung haben diese Gleichungen den Werth, dass man die obere Grenze φ_1 eines Integrals

$$\int_0^{\varphi_1}\frac{dz}{\Delta z}$$

so bestimmen kann, dass es dem $n$ten Theile eines andern Integrals

$$\int_0^{\varphi}\frac{dz}{\Delta z}$$

gleich wird.

Es sei z. B.

$$u=\int_0^{\varphi}\frac{dz}{\Delta z}=x\theta_0^2$$

und es verwandle sich φ in φ_1, wenn x durch $\frac{1}{3}x$ ersetzt wird, so dass also

$$\int_0^{\varphi_1}\frac{dz}{\Delta z}=\tfrac{1}{3}x\theta_0^2=\tfrac{1}{3}\int_0^{\varphi}\frac{dz}{\Delta z}$$

Dann ist bekanntlich:

$$fx=\sqrt{k}\sin\varphi \quad\text{und}\quad gx=\sqrt{\frac{k}{k'}}\cos\varphi$$

$$\text{und}\ f(\tfrac{1}{3}x)=\sqrt{k}\sin\varphi_1;\quad g(\tfrac{1}{3}x)=\sqrt{\frac{k}{k'}}\cos\varphi_1.$$

Setzte man nun in N. 5 $\frac{1}{3}x$ statt x, so könnte man durch Auflösung dieser Gleichung vom 9. Grade in Bezug auf $g(\frac{1}{3}x)$ den $\cos\varphi_1$ aus dem $\cos\varphi$ berechnen, also die Grenze φ_1 aus der bekannten Grenze φ finden.

Wäre $\varphi=\frac{1}{2}\pi$, also $\cos\varphi=0$, so bedürfte man nur der Auflösung einer Gleichung vom 4. Grade, um φ_1 so bestimmen zu können, dass

$$\int_0^{\varphi_1}\frac{dz}{\Delta z}=\tfrac{1}{3}\int_0^{\frac{1}{2}\pi}\frac{dz}{\Delta z}$$

wird; denn man brauchte offenbar nur die Gleichung aufzulösen:

$$g^8+6g^4-4\left(\frac{k}{k'}-\frac{k'}{k}\right)g^2-3=0, \tag{7.}$$

um

$$g = g(\tfrac{1}{3}x) = \sqrt{\frac{k}{k'}}\cos\varphi_1$$

zu finden. Die Auflösung der Gleichung (7.), welche in Bezug auf g^2 vom 4. Grade ist, gelingt nach den gewöhnlichen Methoden; um aber die Zerlegung der linken Seite in Factoren zu bewerkstelligen, ist es für uns bequemer, von der identischen Gleichung auszugehen:

$$(A.)\quad \begin{aligned}&\{x^2+2a+1+2(x\sqrt{a-1}+\sqrt{1+a+a^2})\}\{x^2+2a+1-2(x\sqrt{a-1}\\&+\sqrt{1+a+a^2})\} = x^4+6x^2-8\sqrt{a^3-1}\,.\,x-3,\end{aligned}$$

welche für ix statt x und $-a$ statt a in

$$(B.)\quad \begin{aligned}&\{x^2+2a-1+2(x\sqrt{a+1}-\sqrt{a^2-a+1})\}\{x^2+2a-1-2(x\sqrt{a+1}\\&-\sqrt{a^2-a+1})\} = x^4-6x^2+8\sqrt{a^3+1}\,.\,x-3\end{aligned}$$

übergeht.

Setzt man in $(A.)$ $2\sqrt{a^3-1} = \frac{k}{k'}-\frac{k'}{k}$, also $a = \frac{1}{(2kk')^{\frac{2}{3}}}$, so findet man

$$g^8+6g^4-4\left(\frac{k}{k'}-\frac{k'}{k}\right)g^2-3 = (g^4+2g^2\sqrt{a-1}+2a+1+2\sqrt{1+a+a^2})$$

$$(g^4-2g^2\sqrt{a-1}+2a+1-2\sqrt{1+a+a^2}).$$

Nur der zweite dieser Factoren lässt sich in reelle Factoren zerlegen; er zerfällt nämlich in

$$\left(g^2-\sqrt{a-1}+\sqrt{2\sqrt{1+a+a^2}-a-2}\right)\left(g^2-\sqrt{a-1}-\sqrt{2\sqrt{1+a+a^2}-a-2}\right)$$

Nimmt man nun z. B. an, es sei

$$k = \tfrac{1}{2}\sqrt{2+\sqrt{3}} = \sin 75^\circ,$$

so wird

$$k' = \tfrac{1}{2}\sqrt{2-\sqrt{3}}$$

und $2kk' = \frac{1}{2}$, also $a = \sqrt[3]{4}$ und $go^2 = \frac{k}{k'} = \sqrt{\frac{2+\sqrt{3}}{2-\sqrt{3}}} = 2+\sqrt{3}.$

Daher liefert für diesen Fall der zweite der beiden Factoren, gleich Null gesetzt,

$$g^2 = \frac{k}{k'}\cos\varphi_1^2 = \sqrt{2^{\frac{2}{3}}-1}+\sqrt{2\sqrt{1+2^{\frac{2}{3}}+2^{\frac{4}{3}}}-2-2^{\frac{2}{3}}}.$$

Es ist aber

$$\sqrt{1+2^{\frac{2}{3}}+2^{\frac{4}{3}}} = \sqrt{1+2.2^{\frac{1}{3}}+2^{\frac{4}{3}}} = 1+2^{\frac{1}{3}}$$

also

$$g^2 = \sqrt{2^{\frac{4}{3}}-1}+\sqrt{2.2^{\frac{1}{3}}-2^{\frac{2}{3}}} = \sqrt{2^{\frac{2}{3}}-1}+2^{\frac{1}{3}}\sqrt{2^{\frac{2}{3}}-1}$$
$$= (1+2^{\frac{1}{3}})(2^{\frac{1}{3}}+1)^{\frac{1}{2}}(2^{\frac{1}{3}}-1)^{\frac{1}{2}} = (2^{\frac{1}{3}}-1)^{\frac{1}{2}}(2^{\frac{1}{3}}+1)^{\frac{3}{2}}$$
$$= (2^{\frac{1}{3}}-1)^{\frac{1}{2}}(1+3.2^{\frac{1}{3}}+3.2^{\frac{2}{3}}+2)^{\frac{1}{2}} = \sqrt{3}\sqrt{(2^{\frac{1}{3}}-1)(2^{\frac{2}{3}}+2^{\frac{1}{3}}+1)} = \sqrt{3}.$$

Daher ist $$\cos\varphi_1^2 = \frac{\sqrt{3}}{2+\sqrt{3}} = \sqrt{3}(2-\sqrt{3})$$

und $$\sin\varphi_1^2 = 2(2-\sqrt{3}),\ \text{also}$$

$$\operatorname{tg}\varphi_1 = \sqrt[4]{\tfrac{4}{3}} = \operatorname{tg} 47^\circ 3' 30'',94.$$

Wenn sich also in dem Integrale

$$\int\frac{dz}{\sqrt{1-(\sin 75^\circ \sin z)^2}}$$

das z von 0° bis 47°3′30″,94 erstreckt, so erhält das Integral den dritten Theil des Werthes, den es annimmt, wenn sich z von 0° bis 90° ausdehnt. Dieses Resultat ergab auch die Rechnung in §. 62.

Es mag hier noch bemerkt werden, dass sich auch der Zähler des ersten für $g(3x)$ in N. 5 gefundenen Bruches bequem in Factoren zerlegen lässt; denn es ist

$$x^4-2\beta x^2+\alpha^2 = (x^2-\alpha)^2-4(\tfrac{1}{2}(\beta-\alpha))x^2$$
$$= (x^2-2x\sqrt{\tfrac{1}{2}(\beta-\alpha)}-\alpha)(x^2+2x\sqrt{\tfrac{1}{2}(\beta-\alpha)}-\alpha)$$

oder

$$x^2+\frac{\alpha^2}{x^2}-2\beta = \left(x-\frac{\alpha}{x}-2\sqrt{\tfrac{1}{2}(\beta-\alpha)}\right)\left(x-\frac{\alpha}{x}-2\sqrt{\tfrac{1}{2}(\beta-\alpha)}\right).$$

Daher ist:

$$f^8-4kf^6+6f^4-\frac{4}{k}f^2+1 = -4f^6\left(k+\frac{1}{kf^4}-\frac{1+6f^4+f^8}{4f^6}\right)$$
$$= -4f^6\left(\sqrt{k}-\frac{1}{f^2\sqrt{k}}+\frac{1-f^4}{2f^3}\right)\left(\sqrt{k}-\frac{1}{f^2\sqrt{k}}-\frac{1-f^4}{2f^3}\right)$$
$$= \left(1-\frac{2f}{\sqrt{k}}+2\sqrt{k}f^3-f^4\right)\left(1+\frac{2f}{\sqrt{k}}-2\sqrt{k}f^3-f^4\right).$$

Setzt man hier $\frac{2f}{\sqrt{k}}-1 = y$, so wird

$$f^4-2\sqrt{k}f^3+\frac{2}{\sqrt{k}}f-1 = \frac{16}{k^2}\left(y^4-6y^2+8\left(\frac{2}{k^2}-1\right)y-3\right)$$

und dieses Polynom kann nach der Formel (*B.*) wieder in

$$\left(y^2+2y\sqrt{a+1}+2a-1-2\sqrt{a^2-a+1}\right)\left(y^2-2y\sqrt{a+1}+2a-1+2\sqrt{a^2-a+1}\right)$$

zerlegt werden, wenn

$$\sqrt{a^3+1}=\frac{2}{k^2}-1$$

gesetzt wird. Ebenso lässt sich der andere Factor zerfällen, welcher aus dem ersten für $f=-f$ hervorgeht.

Wenn man bloss das vollständige elliptische Integral erster Gattung in drei gleiche Theile theilen will, so bedient man sich zu diesem Zwecke gleich Anfangs bequemerer Formeln. Es ist nämlich nach N. 14 in §. 29 für $x=2x$ und $y=x$

$$(8.)\quad \frac{f3x\,hx-fx\,h3x}{gx+g3x}=\frac{hx\,fx}{gx}\quad\text{oder}\quad \frac{f3x}{fx}-\frac{g3x}{gx}-\frac{h3x}{hx}=1.$$

Nun ist für $\varphi=\frac{1}{2}\pi$

$$g3x=go\cos\varphi=0;\ f3x=\frac{go}{ho}\sin\varphi=\frac{go}{ho}=\sqrt{x};\ h3x=\frac{1}{ho}=\sqrt{k'},$$

also nach der vorigen Formel:

$$(C.)\qquad \frac{\sqrt{k}}{fx}-\frac{\sqrt{k'}}{hx}=1.$$

Eliminirt man aus dieser Gleichung und aus

$$kfx^2+k'hx^2=1$$

die Function hx, so gelangt man zu der Gleichung:

$$(D.)\qquad fx^4-2\sqrt{k}\,fx^3+\frac{2}{\sqrt{k}}fx-1=0,$$

welche vorher gelöst wurde.

Handelte es sich bloss darum, den Winkel φ_1 zu finden, so führt die Gleichung (*C.*) für $k=\sin\alpha$ und $fx=\sqrt{k}\sin\varphi_1$ sogleich zu der Gleichung:

$$2\sin(\alpha-\varphi_1)=\sin 2\varphi_1,$$

aus welcher sich, durch ein geschicktes Näherungsverfahren, φ_1 weit schneller berechnen lässt, als selbst durch die vorher gefundene directe Zerlegung des Polynoms (*D.*) in seine Factoren.

Diese speciellen Fälle einer allgemeineren Theorie sind hier nur mitgetheilt worden, um auf die wichtigen Untersuchungen, die sich zum Theil bei Legendre und in Abel's Werken finden, aufmerksam zu machen.

§. 64.

Wären Tafeln für die Functionen fx, gx, hx vorhanden, so liessen sich mit Hülfe derselben die Gleichungen vom 4. und 9. Grade, welche die Formeln (1.) bis (6.) in §. 63 zur Bestimmung von f, g, h darbieten, unmittelbar auflösen. Wir wollen zunächst annehmen, es sei die Gleichung (1.) oder

$$(1.)\qquad (1-f^4)^2(f2x)^2 = 4f^2(1-kf^2)\left(1-\frac{f^2}{k}\right)$$

aufzulösen, in welcher k und $f2x$ gegeben sind.

Nach N. 1 in §. 23 ist:

$$f(x+m\pi+n\nu i) = (-1)^m fx,$$

also

$$(2.)\qquad (f(x+m\pi+n\nu i))^2 = (fx)^2.$$

Wäre daher $f2x$ einer gegebenen Grösse A gleich, so könnte man aus der Tafel die Grösse a entnehmen, welche der Gleichung:

$$f(2a) = A$$

genügt. Man hätte dann die Gleichung:

$$(f2x)^2 = (f2a)^2 = (f(2a+m\pi+n\nu i))^2,$$

also

$$(3.)\qquad x = a+\tfrac{1}{2}m\pi+\tfrac{1}{2}n\nu i.$$

Diese Gleichung liefert für x die Werthe:

$$x_1 = a;\ x_2 = a+\tfrac{1}{2}\pi;\ x_3 = a+\tfrac{1}{2}\nu i;\ x_4 = a+\tfrac{1}{2}\pi+\tfrac{1}{2}\nu i.$$

Die Formeln (14.), (17.), (20.) in §. 23 führen dann zu den Ausdrücken:

$$(fx_1)^2 = (fa)^2;\ (fx_2)^2 = \frac{ga^2}{ha^2};\ (fx_3)^2 = \frac{1}{fa^2};\ (fx_4)^2 = \frac{ha^2}{ga^2},$$

welche die vier Wurzeln der Gleichung (1.) darstellen, denn die übrigen Werthe von x, welche sich aus der Gleichung (3.) ergeben, hätten vermöge (2.) stets zu denselben Wurzeln der Gleichung (1.) geführt.

Die Gleichung (1.) ist keine allgemeine Gleichung vierten Grades, sondern nur eine reciproke, wie auch die Form ihrer Wurzeln lehrt.

Um auf dieselbe Weise die Gleichung (2.) in §. 63 zu lösen, gehen wir von der Formel (2.) in §. 23 aus:

$$g(x+m\pi+n\nu i) = (-1)^{m+n} gx.$$

Ist nun wieder gegeben:

$$g(2x) = A = g(2a),$$

so wäre

$$g(2x) = g(2a) = (-1)^{m+n} g(2a + m\pi + n\nu i),$$

also

$$x = a + \tfrac{1}{2}m\pi + \tfrac{1}{2}n\nu i,$$

so lange $m + n$ entweder 0 oder eine gerade Zahl ist. Daher sind die Werthe von x:

$$a;\ a + \pi;\ a + \tfrac{1}{2}\pi - \tfrac{1}{2}\nu i;\ a + \tfrac{1}{2}\pi + \tfrac{1}{2}\nu i,$$

also

$$gx = ga;\quad gx = g(a + \pi) = -ga;\quad gx = g(a + \tfrac{1}{2}\pi - \tfrac{1}{2}\nu i) = \frac{i}{ga};$$

$$gx = g(a + \tfrac{1}{2}\pi + \tfrac{1}{2}\nu i) = -\frac{i}{ga},$$

folglich

$$gx^2 = ga^2 \quad \text{und} \quad gx^2 = -\frac{1}{ga^2}.$$

Um endlich noch die Gleichung (3.) in §. 63 zu lösen, muss man sich der Formel (3.) in §. 23 bedienen:

$$h(x + m\pi + n\nu i) = (-1)^n hx,$$

vermöge welcher

$$h(2x) = A = h(2a) = (-1)^n h(2a + m\pi + n\nu i),$$

also

$$x = a + \tfrac{1}{2}m\pi + \tfrac{1}{2}n\nu i,$$

so lange $n = 0$ oder gerade ist. Man hat daher für x die Werthe:

$$a;\quad a + \tfrac{1}{2}\pi;\quad a + \nu i;\quad a + \tfrac{1}{2}\pi + \nu i$$

und für die Gleichung (3.) die Wurzeln:

$$hx = ha;\quad hx = h(a + \tfrac{1}{2}\pi) = \frac{1}{ha};\quad hx = h(a + \nu i) = -ha;$$

$$hx = h(a + \tfrac{1}{2}\pi + \nu i) = -\frac{1}{ha}.$$

Ganz auf dieselbe Weise liessen sich nun auch die Wurzeln der Gleichungen (4.), (5.), (6.) in §. 63 finden. Um z. B. die Wurzeln der Gleichung (4.) angeben zu können, müsste man von der Gleichung ausgehen:

$$f(3x) = A = f(3a) = (-1)^n f(3a + m\pi + n\nu i),$$

welche

$$x = a + \tfrac{1}{3}m\pi + \tfrac{1}{3}n\nu i$$

liefert, so lange $m = 0$ oder gerade ist. Die neun Werthe von x sind also:

$$a;\ a + \tfrac{2}{3}\pi;\ a - \tfrac{2}{3}\pi;\ a + \tfrac{1}{3}\nu i;\ a - \tfrac{1}{3}\nu i;\ a + \tfrac{2}{3}\pi + \tfrac{1}{3}\nu i;$$
$$a + \tfrac{2}{3}\pi - \tfrac{1}{3}\nu i;\ a - \tfrac{2}{3}\pi + \tfrac{1}{3}\nu i;\ a - \tfrac{2}{3}\pi - \tfrac{1}{3}\nu i$$

und die neun Wurzeln der Gleichung sind die neun Functionen f, deren Argumente diese neun Grössen bilden.

Diese Andeutungen mögen genügen, um eine Vorstellung davon zu geben, wie die Untersuchungen, denen Euler in seiner Einleitung in die Analysis des Unendlichen die Kreisfunctionen unterwirft, auf die Functionen fx, gx, hx ausgedehnt werden können.

Fünfter Abschnitt.

Zweite Entwicklungsmethode der Grundformeln der Thetafunctionen.

§. 65.

Mit Hülfe der Formeln, welche in diesem Paragraphen entwickelt werden sollen, werden wir theils die bereits aufgestellten Relationen zwischen den Thetafunctionen wiederfinden, theils aber auch zu ganz neuen und ausserordentlich wichtigen Eigenschaften dieser Functionen gelangen. Wir geben allen diesen Formeln, der leichteren Uebersicht wegen, nur eine beschränkte Anzahl von Gliedern, da auch an einer geringen Zahl derselben die Allgemeinheit der Methode sogleich erkannt wird.

Durch Zerlegung in Partialbrüche ergiebt sich bekanntlich:

$$\frac{x-a\,.\,x-b}{x-\alpha\,.\,x-\beta\,.\,x-\gamma}$$
$$= \frac{\alpha-a\,.\,\alpha-b}{\alpha-\beta\,.\,\alpha-\gamma}\cdot\frac{1}{x-\alpha} + \frac{\beta-a\,.\,\beta-b}{\beta-\alpha\,.\,\beta-\gamma}\cdot\frac{1}{x-\beta} + \frac{\gamma-a\,.\,\gamma-b}{\gamma-\alpha\,.\,\gamma-\beta}\cdot\frac{1}{x-\gamma}.$$

In dieser Gleichung ersetze man x, a, b, α, β, γ entsprechend durch e^{2xi}, e^{2ai}, ... $e^{2\gamma i}$, so nimmt z. B. $x - a$ die Gestalt an:

$$e^{2xi}-e^{2ai}=2ie^{i(x+a)}\frac{e^{i(x-a)}-e^{-i(x-a)}}{2i}=2ie^{i(x+a)}\sin(x-a).$$

Verwandelt man die übrigen Differenzen in ähnlicher Weise und setzt die gewonnenen Ausdrücke in die obige Gleichung ein, so heben sich die imaginären Factoren fort und man gelangt zu der Formel:

$$\frac{\sin(x-a)\sin(x-b)}{\sin(x-\alpha)\sin(x-\beta)\sin(x-\gamma)}=$$

$$\frac{\sin(\alpha-a)\sin(\alpha-b)}{\sin(\alpha-\beta)\sin(\alpha-\gamma)}\cdot\frac{1}{\sin(x-\alpha)}+\frac{\sin(\beta-a)\sin(\beta-b)}{\sin(\beta-\alpha)\sin(\beta-\gamma)}\cdot\frac{1}{\sin(x-\beta)}$$
$$+\frac{\sin(\gamma-a)\sin(\gamma-b)}{\sin(\gamma-\alpha)\sin(\gamma-\beta)}\cdot\frac{1}{\sin(x-\gamma)}.$$

Bezeichnet man nun

$$\frac{\sin(\lambda_1-x)\sin(\lambda_2-x)\ldots\sin(\lambda_{n-1}-x)}{\sin(\alpha_1-x)\sin(\alpha_2-x)\ldots\sin(\alpha_{n-1}-x)\sin(\alpha_n-x)}=\varphi(x),$$

so ist offenbar ganz allgemein nach einer leicht verständlichen Bezeichnungsweise:

$$\varphi(x)=\frac{(\varphi x\sin(\alpha_1-x))^{x=\alpha_1}}{\sin(\alpha_1-x)}+\frac{(\varphi x\sin(\alpha_2-x))^{x=\alpha_2}}{\sin(\alpha_2-x)}+\cdots$$
$$+\frac{(\varphi x\sin(\alpha_n-x))^{x=\alpha_n}}{\sin(\alpha_n-x)}$$

Diese nützliche Formel, mit deren Hülfe man z. B. sogleich $\int\varphi x\,dx$ bestimmen könnte, und die sich auch für viele andere Zwecke benutzen lässt, kann leicht im Gedächtniss behalten werden, da sie aus der zuerst angeführten Formel entsteht, wenn man statt der einfachen Differenzen ihre Sinus einführt.

Wir werden sie jetzt benutzen, um die Quotienten der Thetafunctionen in Partialbrüche zu zerlegen, eine Zerlegung, mit deren Hülfe sich dann sehr viele neue Eigenschaften dieser Functionen entdecken lassen.

§. 66.

Nach N. 2 in §. 17 ist

$$\frac{\vartheta(\lambda-x)}{\vartheta(\alpha-x)}=\Pi_{-\omega}^{\omega}\frac{\sin(\lambda+s\nu i-x)}{\sin(\alpha+s\nu i-x)}.$$

Bezeichnen wir nun der Kürze wegen

$$\frac{\theta_1(\lambda-x)\theta_1(\mu-x)\theta_1(\nu-x)}{\theta_1(\alpha-x)\theta_1(\beta-x)\theta_1(\gamma-x)}=F(x)$$

und denken uns einstweilen ω als eine endliche Zahl, so lässt sich $F(x)$ nach §. 65 in Partialbrüche zerlegen, wenn man im Zähler einen der Factoren absondert. Dieser Factor kann z. B. sein:

$$\sin(\lambda-x-\omega\nu i).$$

Man darf also setzen:

$$\frac{F(x)}{\sin(\lambda-x-\omega\nu i)} \tag{1.}$$

$$=\Sigma_{-\omega}^{\omega}\frac{A_s}{\sin(\alpha-x+s\nu i)}+\Sigma_{-\omega}^{\omega}\frac{B_s}{\sin(\beta-x+s\nu i)}+\Sigma_{-\omega}^{\omega}\frac{C_s}{\sin(\gamma-x+s\nu i)}$$

und kann die einzelnen Zähler der Partialbrüche leicht bestimmen. Man findet z. B. A_s, wenn man diese Gleichung mit $\sin(\alpha-x+s\nu i)$ multiplicirt und dann $x=\alpha+s\nu i$ setzt.

Es ergiebt sich auf diese Weise:

$$A_s=\frac{\sin(\alpha-x+s\nu i)}{\sin(\lambda-x-\omega\nu i)}F(x),$$

wenn in diesem Ausdrucke $x=\alpha+s\nu i$ gesetzt wird.

Es ist aber nach N. 6 in §. 22:

$$\frac{\theta_1(a-s\nu i)}{\theta_1(b-s\nu i)}=e^{2s(a-b)i}\frac{\theta_1 a}{\theta_1 b},$$

daher wird für

$$\lambda+\mu+\nu-\alpha-\beta-\gamma=\delta,$$

wenn man bedenkt, dass $\frac{\sin z}{\theta_1 z}$ für $z=0$ sich nach der Lagrange'schen Bezeichnungsweise der Differentialquotienten in $\frac{1}{\theta_1'o}$ verwandelt,

$$A_s=\frac{e^{2s\delta i}}{\theta_1'o\sin(\lambda-\alpha-(\omega+s)\nu i)}\cdot\frac{\theta_1(\lambda-\alpha)\theta_1(\mu-\alpha)\theta_1(\nu-\alpha)}{\theta_1(\beta-\alpha)\theta_1(\gamma-\alpha)}$$

Der zweite Factor dieses Ausdrucks lässt sich aber darstellen als:

$$\{\theta_1(\alpha-x)Fx\}^{x=\alpha}.$$

Bedenkt man ferner, dass für ein unendlich grosses ω

$$\frac{\sin(a-\omega\nu i)}{\sin(b-\omega\nu i)}=\frac{e^{ia}-e^{-ia-2\omega\nu}}{e^{ib}-e^{-ib-2\omega\nu}}=e^{i(a-b)},$$

so ist

$$\frac{\sin(\lambda - x - \omega\nu i)}{\sin(\lambda - \alpha - s\nu i - \omega\nu i)} = e^{i(\alpha - x)}\,e^{-s\nu} = q^s\,e^{i(\alpha - x)}$$

Multiplicirt man also (1.) mit $\theta_1' o\, e^{ix} \sin(\lambda - x - \omega\nu i)$ und bestimmt B_s und C_s in ähnlicher Weise wie A_s, so gelangt man zu der Formel:

$$(2.)\qquad \theta_1' o\, e^{xi} Fx = (\theta_1(\alpha - x)Fx)^{x=\alpha} \sum\nolimits_{-\omega}^{\omega} \frac{q^s\, e^{(2s\delta + \alpha)i}}{\sin(\alpha - x + s\nu i)}$$

$$+ (\theta_1(\beta - x)Fx)^{x=\beta} \sum\nolimits_{-\omega}^{\omega} \frac{q^s\, e^{(2s\delta + \beta)i}}{\sin(\beta - x + s\nu i)}$$

$$+ (\theta_1(\gamma - x)Fx)^{x=\gamma} \sum\nolimits_{-\omega}^{\omega} \frac{q^s\, e^{(2s\delta + \gamma)i}}{\sin(\gamma - x + s\nu i)}$$

Diese Formel gilt offenbar auch wenn $F(x)$ eine beliebige Anzahl von Factoren enthält, wofern man nur für δ stets die Summe der Argumente des Zählers weniger der Summe der Argumente des Nenners einführt.

Die Summenausdrücke auf der rechten Seite dieser Gleichung lassen sich auf andere Weise darstellen. Setzt man nämlich $\mu = \beta$ und $\nu = \gamma$, so verschwinden die beiden letzten Glieder der Gleichung, da $\theta_1 o = 0$ ist, und man erhält:

$$\theta_1' o\, e^{xi} \frac{\theta_1(\lambda - x)}{\theta_1(\alpha - x)} = e^{\alpha i}\,\theta_1(\lambda - \alpha) \sum\nolimits_{-\omega}^{\omega} \frac{q^s\, e^{2s(\lambda - \alpha)i}}{\sin(\alpha - x + s\nu i)}.$$

Schreibt man hier y statt $\lambda - \alpha$ und x statt $\alpha - x$, so wird:

$$(3.)\qquad \sum\nolimits_{-\omega}^{\omega} \frac{q^s\, e^{2s y i}}{\sin(x + s\nu i)} = \theta_1' o\, e^{-xi} \frac{\theta_1(x + y)}{\theta_1 x\, \theta_1 y}.$$

Drückt man die beiden andern Summen in ähnlicher Weise aus, so gelangt man zu der Formel:

$$(4.)\qquad \theta_1 \delta Fx = \frac{\theta_1(\alpha - x + \delta)}{\theta_1(\alpha - x)} (\theta_1(\alpha - x)Fx)^{x=\alpha}$$

$$+ \frac{\theta_1(\beta - x + \delta)}{\theta_1(\beta - x)} (\theta_1(\beta - x)Fx)^{x=\beta} + \frac{\theta_1(\gamma - x + \delta)}{\theta_1(\gamma - x)} (\theta_1(\gamma - x)Fx)^{x=\gamma}.$$

Setzt man in ihr $x = o$, so erhält man:

$$(5.)\qquad \frac{\theta_1\lambda\, \theta_1\mu\, \theta_1\nu}{\theta_1\alpha\, \theta_1\beta\, \theta_1\gamma} = \frac{\theta_1(\alpha + \delta)}{\theta_1\delta} \frac{\theta_1(\lambda - \alpha)\theta_1(\mu - \alpha)\theta_1(\nu - \alpha)}{\theta_1\alpha\, \theta_1(\beta - \alpha)\theta_1(\gamma - \alpha)} +$$

$$\frac{\theta_1(\beta + \delta)}{\theta_1\delta} \frac{\theta_1(\lambda - \beta)\theta_1(\mu - \beta)\theta_1(\nu - \beta)}{\theta_1\beta\, \theta_1(\alpha - \beta)\theta_1(\gamma - \beta)} + \frac{\theta_1(\gamma + \delta)}{\theta_1\delta} \frac{\theta_1(\lambda - \gamma)\theta_1(\mu - \gamma)\theta_1(\nu - \gamma)}{\theta_1\gamma\, \theta_1(\alpha - \gamma)\theta_1(\beta - \gamma)}.$$

Man kann von dieser Formel aus leicht zu andern analogen übergehen. Ersetzt man z. B. α, β, γ entsprechend durch $\alpha + \frac{1}{2}\nu i$, $\beta + \frac{1}{2}\nu i$, $\gamma + \frac{1}{2}\nu i$, und benutzt die Formeln (1.) und (2.) in §. 22, so verwandelt sich (5.) in:

$$(6.)\quad \frac{\theta_1\lambda\,\theta_1\mu\,\theta_1\nu}{\theta\alpha\,\theta\beta\,\theta\gamma} = \frac{\theta_1(\alpha+\delta)}{\theta\delta}\,\frac{\theta(\lambda-\alpha)\,\theta(\mu-\alpha)\,\theta(\nu-\alpha)}{\theta\alpha\,\theta_1(\beta-\alpha)\,\theta_1(\gamma-\alpha)}$$
$$+\frac{\theta_1(\beta+\delta)}{\theta\delta}\,\frac{\theta(\lambda-\beta)\theta(\mu-\beta)\theta(\nu-\beta)}{\theta\beta\,\theta_1(\alpha-\beta)\,\theta_1(\gamma-\beta)}+\frac{\theta_1(\gamma+\delta)}{\theta\delta}\,\frac{\theta(\lambda-\gamma)\theta(\mu-\gamma)\theta(\nu-\gamma)}{\theta\gamma\,\theta_1(\alpha-\gamma)\,\theta_1(\beta-\gamma)}.$$

Setzt man in dieser Formel $\alpha = \lambda$, $\beta = \mu$, $\gamma = \nu$, so wird $\delta = o$, und wenn man $fx = \frac{\theta_1 x}{\theta x}$ einführt, und die Nenner fortschafft, so erhält man auf der Stelle die Formel:

$$(7.)\quad f\lambda\, f\mu\, f\nu\, f(\lambda-\mu)\, f(\mu-\nu)\, f(\nu-\lambda)$$
$$+ f\lambda\, f(\mu-\nu) + f\mu\, f(\nu-\lambda) + f\nu\, f(\lambda-\mu) = 0.$$

Wir haben diese Formel, welche sich als specieller Fall der obigen allgemeinen ergab, nur als eine historisch merkwürdige aufgezeichnet, weil Jacobi, der sie anders beweist und in anderer Form darstellt, von ihr sagt: Quae est formula nova, maximi momenti per totam theoriam functionum ellipticarum. G. Crelle's Journal. Band 15. pag. 200. Fast alle Formeln dieser wichtigen Abhandlung Jacobi's sind nur specielle Fälle und einfache Folgerungen aus der allgemeinen Formel N. 4, die übrigens, wie alle Formeln dieses Paragraphen, für eine beliebige Anzahl von Factoren des Productes $F(x)$ gilt.

§. 67.

Von den Formeln des vorigen Paragraphen brauchen wir für unsern nächsten Zweck nur die einfachsten, nämlich die, für welche der Zähler und Nenner des zerlegten Bruches nur aus zwei Factoren besteht; aber da es darauf ankam, die Bildungsweise dieser Formeln kennen zu lehren, so wurden stets drei solcher Factoren benutzt, welche zugleich genügten, um sich von der allgemeinen Gültigkeit dieser Formeln zu überzeugen.

Wir vereinfachen also zunächst die Gleichung (6.) in §. 66 dadurch, dass wir λ durch $\alpha + \frac{1}{2}\nu i$ ersetzen und aus §. 22 die Formeln:

$$\theta(\alpha + \tfrac{1}{2}\nu i) = i e^{-i\alpha + \frac{1}{4}\nu}\, \theta_1\alpha$$
$$\theta_1(\alpha + \tfrac{1}{2}\nu i) = i e^{-i\alpha + \frac{1}{4}\nu}\, \theta\alpha$$

benutzen. Da $\theta(\frac{1}{2}\nu i)$ hiernach gleich Null ist, so verschwindet in (6.) das erste Glied der rechten Seite, und die ganze Formel verwandelt sich, nach sehr einfachen Rechnungen, nachdem wieder λ und α statt ν und γ geschrieben worden ist, in:

$$(1.)\quad \frac{\theta_1\lambda\,\theta_1\mu}{\theta\alpha\,\theta\beta} = \frac{\theta(\alpha+\delta)}{\theta_1\delta}\,\frac{\theta(\lambda-\alpha)\theta(\mu-\alpha)}{\theta\alpha\,\theta_1(\beta-\alpha)} + \frac{\theta(\beta+\delta)}{\theta_1\delta}\,\frac{\theta(\lambda-\beta)\theta(\mu-\beta)}{\theta\beta\,\theta_1(\alpha-\beta)}$$

wo

$$\delta = \lambda + \mu - \alpha - \beta.$$

Aus N. 5 erhält man unmittelbar für $\nu = \gamma$:

$$(2.)\quad \frac{\theta_1\lambda\,\theta_1\mu}{\theta_1\alpha\,\theta_1\beta} = \frac{\theta_1(\alpha+\delta)}{\theta_1\delta}\cdot\frac{\theta_1(\lambda-\alpha)\theta_1(\mu-\alpha)}{\theta_1\alpha\,\theta_1(\beta-\alpha)} + \frac{\theta_1(\beta+\delta)}{\theta_1\delta}\,\frac{\theta_1(\lambda-\beta)\theta_1(\mu-\beta)}{\theta_1\beta\,\theta_1(\alpha-\beta)}$$

Schafft man in beiden Formeln die Nenner fort und setzt

$$\lambda - \alpha = a, \quad \beta = b, \quad \mu - \alpha = c, \quad \lambda + \mu - \beta = d,$$

und dann

$$\tfrac{1}{2}(a+b+c+d) = s \quad \text{und} \quad \tfrac{1}{2}(a+b+c-d) = \sigma,$$

so findet man:

$$(3.)\ \theta a\theta b\theta c\theta d = \theta_1\sigma\theta_1(s-a)\theta_1(s-b)\theta_1(s-c) + \theta s\theta(\sigma-a)\theta(\sigma-b)\theta(\sigma-c)$$

und

$$(4.)\ \theta_1 a\theta_1 b\theta_1 c\theta_1 d = \theta_1\sigma\theta_1(s-a)\theta_1(s-b)\theta_1(s-c) - \theta_1 s\theta_1(\sigma-a)\theta_1(\sigma-b)\theta_1(\sigma-c).$$

Die Differenz dieser zwei Gleichungen bildet die Formel, welche Jacobi in seinen Vorlesungen auf eine eigenthümliche Art bewies und, in etwas veränderter Gestalt, als Ausgangspunkt für seine ganze Darstellung der Theorie der elliptischen Transcendenten benutzte. Hier erscheinen diese Formeln als specielle Fälle einer noch allgemeineren, und jede einzelne dieser Formeln ist bequemer zu benutzen, als ihre Differenz.

§. 68.

Setzt man in N. 3:

$$a = \tfrac{1}{2}\pi - x - y; \quad b = \tfrac{1}{2}\pi - x; \quad c = \tfrac{1}{2}\pi - y; \quad d = \tfrac{1}{2}\pi;$$

so wird

$$s = \pi - x - y \quad \text{und} \quad \sigma = \tfrac{1}{2}\pi,$$

also, da

$$\theta(\tfrac{1}{2}\pi - x) = \theta_3 x \quad \text{und} \quad \theta_1(\tfrac{1}{2}\pi - x) = \theta_2 x$$

ist, so verwandelt sich N. 3 vermöge der Formeln des §. 22 in

$$(A.)\quad \theta_3 o\,\theta_3 x\,\theta_3 y\,\theta_3(x+y) = \theta o\,\theta x\,\theta y\,\theta(x+y) + \theta_2 o\,\theta_2 x\,\theta_2 y\,\theta_2(x+y).$$

Substituirt man nun in dieser Formel für x und y die Werthe

$x+\alpha$ und $y+\beta$ und bestimmt α und β mit Hülfe der Formeln des §. 22 so, dass die Zeiger der beiden mittleren Factoren auf der linken Seite der Gleichung (*A.*)

$$\begin{matrix} 33, & 32, & 31, & 30 \\ 23, & 22, & 21, & 20 \\ 13, & 12, & 13, & 10 \\ 03, & 02, & 01, & 00 \end{matrix}$$

werden, so erhält man im Ganzen 16 Formeln. Diese Substitutionen, welche z. B. $x+\frac{1}{2}\pi$, $y-\frac{1}{2}\pi$, ferner $x+\frac{1}{2}\pi-\frac{1}{2}\nu i$, $y-\frac{1}{2}\pi+\frac{1}{2}\nu i$, dann $x-\frac{1}{2}\nu i$, y u. s. w. sein müssen, ergeben sich sämmtlich unmittelbar durch den blossen Anblick der Formeln (1.) bis (4.) in §. 22. Dividirt man nun noch alle diese Formeln durch

$$\theta o\, \theta x\, \theta y\, \theta(x+y),$$

so gelangt man zu folgenden sechszehn neuen Formeln:

$$\begin{array}{lll}
(1.) & ho\,hx & = hy\,h(x+y)+go\,gx\,fy\,f(x+y) \\
(2.) & ho\,hy & = hx\,h(x+y)+go\,fx\,gy\,f(x+y) \\
(3.) & ho\,gx\,fy & = go\,hx\,f(x+y)-fx\,gy\,h(x+y) \\
(4.) & ho\,gy\,fx & = go\,hy\,f(x+y)-gx\,fy\,h(x+y) \\
(5.) & ho\,h(x+y) & = hx\,hy-go\,fx\,fy\,g(x+y) \\
(6.) & ho\,gx\,f(x+y) & = fx\,hy\,g(x+y)+go\,hx\,fy. \\
(7.) & ho\,gy\,f(x+y) & = hx\,fy\,g(x+y)+go\,fx\,hy \\
(8.) & ho\,fx\,g(x+y) & = gx\,hy\,f(x+y)-go\,fy\,h(x+y) \\
(9.) & ho\,fy\,g(x+y) & = hx\,gy\,f(x+y)-go\,fx\,h(x+y) \\
(10.) & ho\,fx\,hy\,f(x+y) & = go\,gy-gx\,g(x+y) \\
(11.) & ho\,hx\,fy\,f(x+y) & = go\,gx-gy\,g(x+y) \\
(12.) & ho\,gx\,hy\,g(x+y) & = go\,gy\,hx\,h(x+y)-fx\,f(x+y) \\
(13.) & ho\,hx\,gy\,g(x+y) & = go\,gx\,hy\,h(x+y)-fy\,f(x+y) \\
(14.) & ho\,fx\,fy\,h(x+y) & = gx\,gy-go\,g(x+y) \\
(15.) & ho\,gx\,gy\,h(x+y) & = fx\,fy+go\,hx\,hy\,g(x+y) \\
(16.) & ho\,hx\,hy\,h(x+y) & = 1+go\,gx\,gy\,g(x+y)
\end{array}$$

Diese Formeln lassen sich also sämmtlich durch einfache Substitutionen aus der letzten ableiten.

§. 69.

Um eine Anwendung dieser Formeln kennen zu lehren, wollen wir annehmen, es finde zwischen den Winkeln α, β, γ die Gleichung Statt:

$$\int_0^\alpha \frac{dz}{\Delta z} + \int_0^\beta \frac{dz}{\Delta z} = \int_0^\gamma \frac{dz}{\Delta z},$$

wo $\Delta z = \sqrt{1 - k^2 \sin z^2}$; und es sei:

$$\int_0^\alpha \frac{dz}{\Delta z} = x\mathfrak{G}o^2; \quad \int_0^\beta \frac{dz}{\Delta z} = y\mathfrak{G}o^2;$$

dann ist nach §. 51:

$$fx = \sqrt{k} \sin\alpha; \quad fy = \sqrt{k} \sin\beta$$

also

$$\int_0^\gamma \frac{dz}{\Delta z} = (x+y)\mathfrak{G}o^2$$

und daher

$$f(x+y) = \sqrt{k} \sin\gamma.$$

Nach §. 51 ist dann auch:

$$gx = \sqrt{\frac{k}{k'}} \cos\alpha; \quad gy = \sqrt{\frac{k}{k'}} \cos\beta; \quad g(x+y) = \sqrt{\frac{k}{k'}} \cos\gamma$$

$$hx = \frac{1}{\sqrt{k'}} \Delta\alpha; \quad hy = \frac{1}{\sqrt{k'}} \Delta\beta; \quad h(x+y) = \frac{1}{\sqrt{k'}} \Delta\gamma.$$

Setzt man nun diese Werthe für die Functionen f, g, h in die Formeln des §. 68 ein, so kann man sogleich folgende 16 Relationen niederschreiben, welche zwischen den Winkeln α, β, γ Statt finden:

(1.) $$\Delta\alpha \Delta\beta \Delta\gamma = k'^2 + k^2 \cos\alpha \cos\beta \cos\gamma$$

(2.) $$\begin{cases} \cos\alpha = \cos\beta \cos\gamma + \sin\beta \sin\gamma \Delta\alpha \\ \cos\beta = \cos\gamma \cos\alpha + \sin\gamma \sin\alpha \Delta\beta \\ \cos\gamma = \cos\alpha \cos\beta - \sin\alpha \sin\beta \Delta\gamma \end{cases}$$

(3.) $$\begin{cases} \Delta\alpha = \Delta\beta \Delta\gamma + k^2 \sin\beta \sin\gamma \cos\alpha \\ \Delta\beta = \Delta\gamma \Delta\alpha + k^2 \sin\gamma \sin\alpha \cos\beta \\ \Delta\gamma = \Delta\alpha \Delta\beta - k^2 \sin\alpha \sin\beta \cos\gamma \end{cases}$$

(4.) $$\begin{cases} k'^2 \sin\beta \sin\gamma = \cos\alpha \Delta\beta \Delta\gamma - \cos\beta \cos\gamma \Delta\alpha \\ k'^2 \sin\gamma \sin\alpha = \cos\beta \Delta\gamma \Delta\alpha - \cos\gamma \cos\alpha \Delta\beta \\ k'^2 \sin\alpha \sin\beta = -\cos\gamma \Delta\alpha \Delta\beta + \cos\alpha \cos\beta \Delta\gamma \end{cases}$$

(5.) $$\begin{cases} \sin\alpha \cos\beta = \sin\gamma \Delta\beta - \sin\beta \cos\alpha \Delta\gamma \\ \sin\alpha \cos\gamma = -\sin\beta \Delta\gamma + \sin\gamma \cos\alpha \Delta\beta \end{cases}$$

$$(6.)\quad \begin{cases} \sin\beta\cos\alpha = \quad\sin\gamma\,\Delta\alpha - \sin\alpha\cos\beta\,\Delta\gamma \\ \sin\beta\cos\gamma = -\sin\alpha\,\Delta\gamma + \sin\gamma\cos\beta\,\Delta\alpha \end{cases}$$

$$(7.)\quad \begin{cases} \sin\gamma\cos\alpha = \sin\beta\,\Delta\alpha + \sin\alpha\cos\gamma\,\Delta\beta \\ \sin\gamma\cos\beta = \sin\alpha\,\Delta\beta + \sin\beta\cos\gamma\,\Delta\alpha \end{cases}$$

Jacobi hat im 39. Bande des Crelle'schen Journals in seiner berühmten Abhandlung über die Rotation eines festen Körpers, diese Formeln zuerst zusammengestellt; aber seine Ableitungsweise ist weniger einfach und durchsichtig, als die, welche hier gegeben werden konnte.

Die dritte Formel unter N. 2, welche lange Zeit die einzige bekannte unter allen aufgeführten gewesen ist, hat Veranlassung zu der Lagrange'schen Construction gegeben, nach welcher jeder Formel der sphärischen Trigonometrie eine Additionsformel der elliptischen Functionen entspricht. Sind in der That α, β, γ die Seiten eines sphärischen Dreiecks, so sind nach diesen Formeln die Winkel α', β', γ', welche diesen Seiten gegenüberliegen, durch die Gleichungen gegeben:

$$\sin\alpha' = k\sin\alpha;\quad \sin\beta' = k\sin\beta;\quad \sin\gamma' = k\sin\gamma$$
$$\cos\alpha' = \Delta\alpha;\quad \cos\beta' = \Delta\beta;\quad \cos\gamma' = -\Delta\gamma.$$

§. 70.

Mit Hülfe der Formeln des §. 68 oder auch schon durch blosse Benutzung der Formeln des §. 29, erhält man leicht folgendes Formelsystem:

$$(1.)\quad go\,ho\,f(x+y) = \frac{fx\,gy\,hy + fy\,gx\,hx}{1 - fx^2 fy^2} = go^2\frac{fx\,gx\,hy + fy\,gy\,hx}{gx\,gy + fx\,fy\,hx\,hy}$$
$$= go^2 ho^2 \frac{fx^2 - fy^2}{fx\,gy\,hy - fy\,gx\,hx} = \frac{ho}{go}\cdot\frac{fx\,gy\,hx + fy\,gx\,hy}{hx\,hy + fx\,fy\,gx\,gy}$$

$$(2.)\quad go\,g(x+y) = \frac{gx\,gy - fx\,fy\,hx\,hy}{1 - fx^2 fy^2} = \frac{hx^2 hy^2 - 1}{gx\,gy + fx\,fy\,hx\,hy}$$
$$= go^2\frac{fx\,gx\,hy - fy\,gy\,hx}{fx\,gy\,hy - fy\,gx\,hx} = \frac{gx\,gy\,hx\,hy - fx\,fy}{hx\,hy + fx\,fy\,gx\,gy}$$

$$(3.)\quad ho\,h(x+y) = \frac{hx\,hy - fx\,fy\,gx\,gy}{1 - fx^2 fy^2} = \frac{fx\,fy + gx\,gy\,hx\,hy}{gx\,gy + fx\,fy\,hx\,hy}$$
$$= ho^2\frac{fx\,gy\,hx - fy\,gx\,hy}{fx\,gy\,hy - fy\,gx\,hx} = \frac{1 + gx^2 gy^2}{hx\,hy + fx\,fy\,gx\,gy}.$$

Die ersten von jeder Gruppe dieser Formeln sind bereits in §. 30 aufgeführt worden.

Nimmt man aus diesen Formeln die Gleichungen:

$$\frac{ho}{go} f(x+y) = \frac{fx\,gx\,hy + fy\,gy\,hx}{gx\,gy + fx\,fy\,hx\,hy}$$

$$\frac{g(x+y)}{go} = \frac{fx\,gx\,hy - fy\,gy\,hx}{fx\,gy\,hy - fy\,gx\,hx}$$

$$\frac{h(x+y)}{ho} = \frac{fx\,gy\,hx - fy\,gx\,hy}{fx\,gy\,hy - fy\,gx\,hx}$$

addirt beide Seiten zu 1 und zieht sie von 1 ab, dividirt dann mit der Summe in den Rest, so gelangt man, wenn auf beiden Seiten die Quadratwurzel ausgezogen wird, zu den Formeln:

$$(4.)\qquad \sqrt{\frac{go - ho\,f(x+y)}{go + ho\,f(x+y)}} = \frac{gx - hx\,fy}{gy + fx\,hy} = \frac{gy - fx\,hy}{gx + hx\,fy}$$

$$(5.)\qquad \sqrt{\frac{go - g(x+y)}{go + g(x+y)}} = \frac{fx\,hy + hx\,fy}{gy + gx} = \frac{gy - gx}{fx\,hy - hx\,fy}$$

$$(6.)\qquad \sqrt{\frac{ho - h(x+y)}{ho + h(x+y)}} = \frac{fx\,gy + fy\,gx}{hy + hx} = \frac{hy - hx}{fx\,gy - gx\,fy}$$

Die Gleichheit der zwei rechts stehenden Ausdrücke dieser drei Gleichungen lässt sich leicht direct nachweisen.

Drückt man hier die Functionen f, g, h wieder durch die Winkel α, β, γ aus, so nehmen diese Formeln, wenn man

$$\Delta\gamma = \cos\gamma'$$

setzt, die Gestalt an:

$$(7.)\qquad \operatorname{tg}(\tfrac{1}{4}\pi - \tfrac{1}{2}\gamma) = \frac{\cos\alpha - \sin\beta\,\Delta\alpha}{\cos\beta + \sin\alpha\,\Delta\beta} = \frac{\cos\beta - \sin\alpha\,\Delta\beta}{\cos\alpha + \sin\beta\,\Delta\alpha}$$

$$(8.)\qquad \operatorname{tg}\tfrac{1}{2}\gamma = \frac{\sin\alpha\,\Delta\beta + \sin\beta\,\Delta\alpha}{\cos\beta + \cos\alpha} = \frac{\cos\beta - \cos\alpha}{\sin\alpha\,\Delta\beta - \sin\beta\,\Delta\alpha}$$

$$(9.)\qquad \operatorname{tg}\tfrac{1}{2}\gamma' = \frac{\sin(\alpha+\beta)}{\Delta\beta + \Delta\alpha} = \frac{\Delta\beta - \Delta\alpha}{\sin(\alpha+\beta)}.$$

§. 71.

Setzt man in der Formel (3.) des §. 67 für a, b, c, d entsprechend die Werthe o, $-y-z$, $-z-x$, $-x-y$, so erhält man:

$$s = -x-y-z;\quad \sigma = x+y+z$$

also

$$(1.)\qquad \theta o\,\theta(y+z)\,\theta(z+x)\,\theta(x+y) =$$
$$\theta(x+y+z)\,\theta x\,\theta y\,\theta z + \theta_1(x+y+z)\,\theta_1 x\,\theta_1 y\,\theta_1 z.$$

Dividirt man diese Gleichung durch das erste Glied der rechten Seite, so nimmt sie die Gestalt an:

$$(2.)\qquad \frac{\theta o\,\theta(y+z)\,\theta(z+x)\,\theta(x+y)}{\theta x\,\theta y\,\theta z\,\theta(x+y+z)} = 1+fx fy fz f(x+y+z).$$

Vertauscht man hier z mit $+a$, dann mit $-a$ und dividirt die zweite der erhaltenen Gleichungen durch die erste, so wird:

$$(3.)\qquad \frac{\theta(x-a)\,\theta(y-a)\,\theta(x+y+a)}{\theta(x+a)\,\theta(y+a)\,\theta(x+y-a)} = \frac{1-fx fy fa f(x+y-a)}{1+fx fy fa f(x+y+a)}.$$

Aus N. 4 in §. 27 ergiebt sich unmittelbar, wenn man x mit $x-a$ und y mit $y-a$ vertauscht, dann $-a$ statt a schreibt und die beiden so erhaltenen Formeln durch einander dividirt:

$$\frac{\theta(x-a)^2\,\theta(y-a)^2\,\theta(x+y+2a)}{\theta(x+a)^2\,\theta(y+a)^2\,\theta(x+y-2a)} = \frac{1-f(x+a)^2 f(y+a)^2}{1-f(x-a)^2 f(y-a)^2}.$$

Vertauscht man aber x mit $x+y+a$ und y mit a, so gelangt man auf dieselbe Weise zu der Formel:

$$\frac{\theta(x+y+a)^2\,\theta(x+y-2a)}{\theta(x+y-a)^2\,\theta(x+y+2a)} = \frac{1-fa^2 f(x+y-a)^2}{1-fa^2 f(x+y+a)^2}.$$

Zieht man aus dem Producte beider Gleichungen die Quadratwurzel, so erhält man die Formel:

$$(4.)\qquad \frac{\theta(x-a)\,\theta(y-a)\,\theta(x+y+a)}{\theta(x+a)\,\theta(y+a)\,\theta(x+y-a)} =$$

$$\sqrt{\frac{1-f(x+a)^2 f(y+a)^2}{1-f(x-a)^2 f(y-a)^2}\cdot\frac{1-fa^2 f(x+y-a)^2}{1-fa^2 f(x+y+a)^2}},$$

welche als eine nicht unwichtige Transformation der Formel (3.) zu betrachten ist und von Jacobi in seinen Fundamenten pag. 157 mit einem grösseren Aufwande von Rechnung gefunden wird.

Sechster Abschnitt.

Reihenentwicklungen.

§. 72.

In §. 66 ergab sich unter N. 3 folgende Formel:

$$\theta_1' o \frac{\theta_1(x+y)}{\theta_1 x\,\theta_1 y} = \Sigma_{-\omega}^{\omega} \frac{q^s e^{(x+2sy)i}}{\sin(x+s\nu i)}.$$

Ersetzt man hier x durch $x - \frac{1}{2}\nu i$ und y durch $y - \frac{1}{2}\nu i$ und benutzt aus §. 22 die Formeln (1.) und (6.):

$$\vartheta_1(x - \tfrac{1}{2}\nu i) = -ie^{ix+\frac{1}{4}\nu}\vartheta x \quad \text{und} \quad \vartheta_1(x - \nu i) = -e^{2ix+\nu}\vartheta_1 x,$$

so gelangt man von der obigen Formel sogleich zu der unter N. 1 aufgeführten, und wenn man die Formeln des §. 22 in ähnlicher Weise noch weiter anwendet, so bildet man sich leicht folgendes Formelsystem:

$$(1.)\quad \vartheta_1'o\,\frac{\vartheta_1(x+y)}{\vartheta x\,\vartheta y} = \Sigma_{-\omega}^{\omega}\frac{e^{(2s-1)yi}}{\sin(x+(s-\frac{1}{2})\nu i)}$$

$$(2.)\quad \vartheta_1'o\,\frac{\vartheta(x+y)}{\vartheta_1 x\,\vartheta y} = \Sigma_{-\omega}^{\omega}\frac{e^{2syi}}{\sin(x+s\nu i)}$$

$$(3.)\quad \vartheta_1'o\,\frac{\vartheta_1(x+y)}{\vartheta_1 x\,\vartheta y} = \Sigma_{-\omega}^{\omega}\frac{e^{2syi}}{\cos(x+s\nu i)}$$

$$(4.)\quad \vartheta_1'o\,\frac{\vartheta_1(x+y)}{\vartheta_1 x\,\vartheta y} = \Sigma_{-\omega}^{\omega}\frac{e^{(2s-1)yi}}{\cos(x+(s-\frac{1}{2})\nu i)}$$

$$(5.)\quad \vartheta_1'o\,\frac{\vartheta_1(x+y)}{\vartheta_1 x\,\vartheta_1 y} = \Sigma_{-\omega}^{\omega}\frac{(-1)^s e^{2syi}}{\sin(x+s\nu i)}$$

$$(6.)\quad \vartheta_1'o\,\frac{\vartheta(x+y)}{\vartheta_1 x\,\vartheta_1 y} = \Sigma_{-\omega}^{\omega}\frac{(-1)^s e^{2syi}}{\cos(x+s\nu i)}$$

$$(7.)\quad \vartheta_1'o\,\frac{\vartheta_1(x+y)}{\vartheta_1 x\,\vartheta_1 y} = i\Sigma_{-\omega}^{\omega}\frac{(-1)^s e^{(2s-1)yi}}{\cos(x+(s-\frac{1}{2})\nu i)}$$

$$(8.)\quad \vartheta_1'o\,\frac{\vartheta_1(x+y)}{\vartheta_1 x\,\vartheta_1 y} = \Sigma_{-\omega}^{\omega}\frac{q^s e^{(x+2sy)i}}{\sin(x+s\nu i)}$$

$$(9.)\quad \vartheta_1'o\,\frac{\vartheta_1(x+y)}{\vartheta_1 x\,\vartheta_1 y} = \Sigma_{-\omega}^{\omega}\frac{(-1)^s q^s e^{(x+2sy)i}}{\sin(x+s\nu i)}$$

$$(10.)\quad \vartheta_1'o\,\frac{\vartheta_1(x+y)}{\vartheta_1 x\,\vartheta_1 y} = -i\Sigma_{-\omega}^{\omega}\frac{(-1)^s q^s e^{(x+2sy)i}}{\cos(x+s\nu i)}$$

Diese Formeln sind sehr wichtig. Aus ihnen folgt sehr leicht ein grosser Theil der Reihen, welche Jacobi in seiner Abhandlung über die Rotation eines festen Körpers (Crelle, Bd. 39) aufgestellt hat. Man braucht z. B. nur in (1.) bis (4.) y mit $-y$ zu vertauschen und die erhaltenen Formeln zu den ursprünglichen zu addiren oder von ihnen zu subtrahiren und dann die rechten Seiten vom Imaginären zu befreien.

Sie dienen aber überhaupt auch als Ausgangspunkt für die zahlreichen Reihenentwicklungen, welche Jacobi in seinen Fundamenten, grösstentheils auf beschwerlicherem Wege, gefunden hat, und von denen die wichtigsten jetzt mitgetheilt werden sollen.

§. 73.

Anwendungen.
Entwickelung der Functionen f, g, h in Reihen.

Setzt man in (1.) erst $y = o$ und dann $x = o$ und bedenkt, dass $\vartheta' o = \theta o \vartheta o \vartheta o$ ist, so erhält man die beiden Gleichungen:

$$fx = \frac{1}{\vartheta o \vartheta o} \Sigma_{-\omega}^{\omega} \frac{1}{\sin(x + (s - \frac{1}{2})\nu i)}$$

und

$$fx = \frac{1}{\vartheta o \vartheta o} \Sigma_{-\omega}^{\omega} \frac{e^{(2s-1)xi}}{\sin(s - \frac{1}{2})\nu i}$$

wo in der zweiten y wieder durch x ersetzt worden ist. Um diese Ausdrücke von ihren imaginären Theilen zu befreien, bedenke man, dass

$$\frac{1}{\sin(x + yi)} = \frac{2(\sin x \cos yi - \cos x \sin yi)}{\cos 2yi - \cos 2x}$$

Der reelle Theil dieses Bruches ist offenbar:

$$\frac{2 \sin x \cos yi}{\cos 2yi - \cos 2x}$$

Daher ist

$$fx = \frac{2 \sin x}{\vartheta o \vartheta o} \Sigma_{-\omega}^{\omega} \frac{\cos(2s-1)\frac{1}{2}\nu i}{\cos(2s-1)\nu i - \cos 2x}.$$

Aber da

$$\cos(2s-1)\nu i = \tfrac{1}{2}(e^{-(2s-1)\nu} + e^{(2s+1)\nu}) = \tfrac{1}{2}(q^{2s-1} + q^{1-2s}),$$

so wird

$$fx = \frac{4 \sin x}{\vartheta o \vartheta o} \Sigma_{-\omega}^{\omega} \frac{q^{s+\frac{1}{2}}(1 + q^{2s+1})}{1 - 2q^{2s+1} \cos 2x + q^{4s+2}}.$$

Der zweite Ausdruck für fx wird:

$$fx = \frac{2i}{\vartheta o \vartheta o} \Sigma_{0}^{\omega} \frac{\sin(2s+1)x}{\sin(s+\frac{1}{2})\nu i} = \frac{4}{\vartheta o \vartheta o} \Sigma_{0}^{\omega} \frac{q^{s+\frac{1}{2}} \sin(2s+1)x}{1 - q^{2s+1}}.$$

Es war aber nach §. 51:

$$fx = \frac{\vartheta o}{\vartheta o} \sin \varphi; \quad k = \frac{\vartheta o^2}{\vartheta o^2}; \quad K = \tfrac{1}{2}\pi \vartheta o^2,$$

also ist

$$\tfrac{1}{4}\mathfrak{Q}o\,\mathfrak{Q}o\,fx = \frac{kK}{2\pi}\sin\varphi = \frac{q^{\frac{1}{2}}\sin x}{1-q} + \frac{q^{\frac{3}{2}}\sin 3x}{1-q^3} + \frac{q^{\frac{5}{2}}\sin 5x}{1-q^5} + \cdots$$

$$= \sin x\left\{\frac{q^{\frac{1}{2}}(1+q)}{1-2q\cos 2x+q^2} + \frac{q^{\frac{3}{2}}(1+q^3)}{1-2q^3\cos 2x+q^6} + \frac{q^{\frac{5}{2}}(1+q^5)}{1-2q^5\cos 2x+q^{10}} + \cdots\right\}$$

Für $\varphi = \frac{1}{2}\pi$ ist auch $x = \frac{1}{2}\pi$ und daher erhält man aus diesen beiden Reihen:

$$\frac{kK}{2\pi} = \frac{q^{\frac{1}{2}}}{1-q} - \frac{q^{\frac{3}{2}}}{1-q^3} + \frac{q^{\frac{5}{2}}}{1-q^5} - \frac{q^{\frac{7}{2}}}{1-q^7} + \cdots$$

$$= \frac{q^{\frac{1}{2}}}{1+q} + \frac{q^{\frac{3}{2}}}{1+q^3} + \frac{q^{\frac{5}{2}}}{1+q^5} + \frac{q^{\frac{7}{2}}}{1+q^7} + \cdots$$

Die halbe Summe dieser beiden Reihen giebt:

$$\frac{kK}{2\pi} = \frac{q^{\frac{1}{2}}}{1-q^2} + \frac{q^{\frac{5}{2}}}{1-q^{10}} + \frac{q^{\frac{9}{2}}}{1-q^{18}} + \frac{q^{\frac{13}{2}}}{1-q^{26}} + \cdots$$

$$-\left(\frac{q^{\frac{3}{2}}}{1-q^6} + \frac{q^{\frac{7}{2}}}{1-q^{14}} + \frac{q^{\frac{11}{2}}}{1-q^{22}} + \frac{q^{\frac{15}{2}}}{1-q^{30}} + \cdots\right)$$

und die Entwickelung nach Potenzen von $q^{\frac{1}{2}}$ führt zu der Reihe

$$\frac{kK}{2\pi} = q^{\frac{1}{2}} + 2q^{\frac{5}{2}} + q^{\frac{9}{2}} + 2q^{\frac{13}{2}} + 2q^{\frac{17}{2}} + 3q^{\frac{25}{2}} + 2q^{\frac{29}{2}} + 2q^{\frac{37}{2}} + \cdots$$

Ist die halbe Axe der Lemniscate $OA = a$ und ihre Polargleichung $r = \pm a\sqrt{\cos 2\psi}$, so ist die Länge des Quadranten:

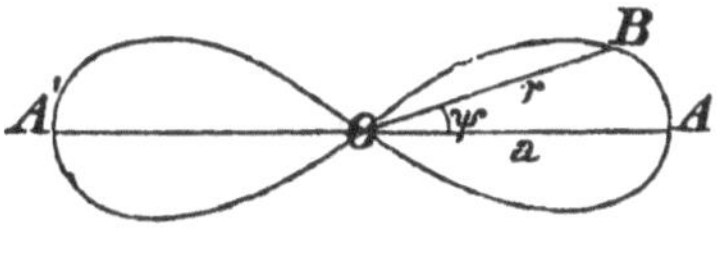

$$OBA = a\int_0^1 \frac{dx}{\sqrt{1-x^4}} = \frac{a}{\sqrt{2}}\int_0^{\frac{1}{2}\pi} \frac{d\varphi}{\sqrt{1-\frac{1}{2}\sin\varphi^2}}.$$

Hier ist $k = \sqrt{\frac{1}{2}}$, also $k' = \sqrt{\frac{1}{2}} = k$, daher auch $K = K'$, also

$$q = e^{\frac{-\pi K'}{K}} = e^{-\pi}$$

und

$$\frac{1}{2}\int_0^{\frac{1}{2}\pi} \frac{d\varphi}{\sqrt{1-\frac{1}{2}\sin\varphi^2}} = kK = 2\pi\left\{\frac{e^{-\frac{1}{2}\pi}}{1+e^{-\pi}} + \frac{e^{-\frac{3}{2}\pi}}{1+e^{-3\pi}} + \frac{e^{-\frac{5}{2}\pi}}{1+e^{-5\pi}} + \cdots\right\}$$

$$= 2\pi\{e^{-\frac{1}{2}\pi} + 2e^{-\frac{5}{2}\pi} + e^{-\frac{9}{2}\pi} + \cdots\}$$

Diese drei ersten Glieder, oder $2\pi e^{-\frac{1}{2}\pi}(1+e^{-2\pi})^2 = 2\pi\sqrt{\operatorname{tg}\alpha}\cos\alpha^{-4}$, wenn $e^{-\pi} = \operatorname{tg}\alpha$, reichen hin, um mit Hülfe von Logarithmen zu finden:

$$\int_0^1 \frac{dx}{\sqrt{1-x^4}} = 1{,}3110285.$$

Der genauere Werth ist 1,311028777.

§. 74.

Aus der Formel (4.) in §. 72 folgt, wenn man $x = o$, und $y = x$ setzt:

$$gx = \frac{1}{\theta o\, \vartheta o} \sum_{-\omega}^{\omega} \frac{e^{(2s-1)xi}}{\cos(s-\frac{1}{2})\nu i}$$

Setzt man aber in (7.) desselben §. $y = o$ und dann $\frac{1}{2}\pi + x$ statt x, so erhält man nach §. 22:

$$gx = -\frac{i}{\theta o\, \vartheta o} \sum_{-\omega}^{\omega} \frac{(-1)^s}{\sin(x+(s-\frac{1}{2})\nu i)}.$$

Sondert man in beiden Formeln die imaginären Theile ab, so wird:

$$\sqrt{\frac{k}{k'}}\cos\varphi = gx = \frac{4}{\theta o\, \vartheta o} \sum_{0}^{\omega} \frac{q^{s+\frac{1}{2}}\cos(2s+1)x}{1+q^{2s+1}}$$

$$= \frac{4\cos x}{\theta o \vartheta o} \sum_{0}^{\omega} \frac{(-1)^s q^{s+\frac{1}{2}}(1-q^{2s+1})}{1-2q^{2s+1}\cos 2x + q^{4s+2}}.$$

§. 75.

Vertauscht man in (3.) §. 72 y mit x und setzt dann $y = o$, so ergiebt sich sogleich:

$$hx = \frac{1}{\theta o\, \vartheta o} \sum_{-\omega}^{\omega} \frac{e^{2sxi}}{\cos s\nu i}.$$

Setzt man aber in derselben Formel $y = \frac{1}{2}\nu i - \frac{1}{2}\pi$ und vertauscht x mit $x + \frac{1}{2}\pi - \frac{1}{2}\nu i$, so erhält man eine neue Reihe für hx, nämlich:

$$hx = \frac{-i}{\theta o\, \vartheta o} \sum_{-\omega}^{\omega} (-1)^s \cot(x+(s-\tfrac{1}{2})\nu i).$$

Bedenkt man ferner, dass

$$\cot(x+yi) = \frac{\sin 2x - \sin 2yi}{\cos 2yi - \cos 2x}$$

ist, so ergiebt sich der reelle Theil von

$$hx = \frac{i}{\theta o\, \vartheta o} \sum_{-\omega}^{\omega} \frac{(-1)^s \sin(2s-1)\nu i}{\cos(2s-1)\nu i - \cos 2x}.$$

Diese Reihe convergirt aber nicht; setzt man indessen in dieser

Gleichung $x = o$ und subtrahirt sie von der erhaltenen Gleichung, so gewinnt man eine convergente Reihe

$$ho - hx = -\frac{2i\sin x^2}{\theta o\,\vartheta o}\sum_{-\omega}^{\omega}\frac{(-1)^s\cot(s-\frac{1}{2})\nu i}{\cos(2s-1)\nu i - \cos 2x}.$$

Sondert man nun in den bisher für fx, gx, hx entwickelten Reihen die imaginären Theile ab, und stellt die gewonnenen Resultate zusammen, so erhält man folgendes Formelsystem:

$$(1.)\qquad \frac{2kK}{\pi}\sin\varphi = \vartheta o\,\vartheta o\,fx = i\sum_{-\omega}^{\omega}\frac{\sin(2s+1)x}{\sin(s+\frac{1}{2})\nu i}$$

$$= 4\sum_{0}^{\omega}\frac{q^{s+\frac{1}{2}}\sin(2s+1)x}{1-q^{2s+1}}$$

$$(2.)\qquad \frac{2kK}{\pi}\cos\varphi = \theta o\,\vartheta o\,gx = \sum_{-\omega}^{\omega}\frac{\cos(2s+1)x}{\cos(s+\frac{1}{2})\nu i}$$

$$= 4\sum_{0}^{\omega}\frac{q^{s+\frac{1}{2}}\cos(2s+1)x}{1+q^{2s+1}}$$

$$(3.)\qquad \frac{2kK}{\pi}\Delta\varphi = \theta o\,\vartheta o\,hx = \sum_{-\omega}^{\omega}\frac{\cos 2sx}{\cos s\nu i} = 1+4\sum_{1}^{\omega}\frac{q^s\cos 2sx}{1+q^{2s}}$$

$$(4.)\qquad \vartheta o\,\vartheta o\,fx = 4\sin x\sum_{0}^{\omega}\frac{q^{s+\frac{1}{2}}(1+q^{2s+1})}{1-2q^{2s+1}\cos 2x+q^{4s+2}}$$

$$(5.)\qquad \theta o\,\vartheta o\,gx = 4\cos x\sum_{0}^{\omega}\frac{(-1)^s q^{s+\frac{1}{2}}(1-q^{2s+1})}{1-2q^{2s+1}\cos 2x+q^{4s+2}}$$

$$(6.)\qquad \theta o\,\vartheta o\,hx = \vartheta o^2 - 8\sin x^2\sum_{0}^{\omega}\frac{(-1)^s q^{2s+1}(1+q^{2s+1})}{(1-q^{2s+1})(1-2q^{2s+1}\cos 2x+q^{4s+2})}$$

Wenn übrigens auch alle diese Formeln für die wirkliche numerische Berechnung in der hier gegebenen Gestalt benutzt werden müssen, so sind doch für algebraische Rechnungen ihre mit dem Imaginären behafteten Formen vorzuziehen.

Setzt man noch in den Formeln (1.), (2.), (3.) $\frac{1}{2}\pi - x$ statt x und benutzt §. 23, so ergeben sich folgende drei Formeln:

$$(7.)\qquad \frac{2kK}{\pi}\,\frac{\cos\varphi}{\Delta\varphi} = \vartheta o\,\vartheta o\,\frac{gx}{hx} = 4\sum_{0}^{\omega}\frac{(-1)^s q^{s+\frac{1}{2}}\cos(2s+1)x}{1-q^{2s+1}}$$

$$(8.)\qquad \frac{2kk'K}{\pi}\,\frac{\sin\varphi}{\Delta\varphi} = \theta o\,\vartheta o\,\frac{fx}{hx} = 4\sum_{0}^{\omega}\frac{(-1)^s q^{s+\frac{1}{2}}\sin(2s+1)x}{1+q^{2s+1}}$$

$$(9.)\qquad \frac{2k'K}{\pi}\cdot\frac{1}{\Delta\varphi} = \theta o\,\vartheta o\,\frac{1}{hx} = 1+4\sum_{0}^{\omega}\frac{(-1)^s q^s\cos 2sx}{1+q^{2s}}.$$

§. 77.

Setzt man in den Formeln (9.), (5.), (2.); (10.), (3.), (6.); (7.), (4.), (3.) stets $y = o$ und in der (3.) $x = o$, und dann $y = \frac{1}{2}\pi + x$, so erhält man sogleich folgendes Formelsystem:

$$(1.)\quad \frac{2K}{\pi}\cot\varphi = \theta o\,\theta_3 o\,\frac{gx}{fx} = e^{xi}\sum_{-\omega}^{\omega}\frac{(-1)^s q^s}{\sin(x+s\nu i)}$$

$$= \cot x + 4\sin 2x \sum_{1}^{\omega}\frac{(-1)^s q^{2s}}{1-2q^{2s}\cos 2x + q^{4s}}$$

$$(2.)\quad \frac{2K}{\pi}\frac{\Delta\varphi}{\sin\varphi} = \theta o\,\theta_2 o\,\frac{hx}{fx} = \sum_{-\omega}^{\omega}\frac{(-1)^s}{\sin(x+s\nu i)}$$

$$= \frac{1}{\sin x} + 4\sin x \sum_{1}^{\omega}\frac{(-1)^s q^s(1+q^{2s})}{1-2q^{2s}\cos 2x + q^{4s}}$$

$$(3.)\quad \frac{2K}{\pi}\frac{1}{\sin\varphi} = \theta_2 o\,\theta_3 o\,\frac{1}{fx} = \sum_{-\omega}^{\omega}\frac{1}{\sin(x+s\nu i)}$$

$$= \frac{1}{\sin x} + 4\sin x \sum_{1}^{\omega}\frac{q^s(1+q^{2s})}{1-2q^{2s}\cos 2x + q^{4s}}$$

$$(4.)\quad \frac{2k'K}{\pi}\operatorname{tg}\varphi = \theta o\,\theta_3 o\,\frac{fx}{gx} = -ie^{xi}\sum_{-\omega}^{\omega}\frac{(-1)^s q^s}{\cos(x+s\nu i)}$$

$$= \operatorname{tg} x + 4\sin 2x \sum_{1}^{\omega}\frac{(-1)^s q^{2s}}{1+q^{2s}\cos 2x + q^{4s}}$$

$$(5.)\quad \frac{2K}{\pi}\frac{\Delta\varphi}{\cos\varphi} = \theta_2 o\,\theta_3 o\,\frac{hx}{gx} = \sum_{-\omega}^{\omega}\frac{1}{\cos(x+s\nu i)}$$

$$= \frac{1}{\cos x} + 4\cos x \sum_{1}^{\omega}\frac{q^s(1+q^{2s})}{1+2q^{2s}\cos 2x + q^{4s}}$$

$$(6.)\quad \frac{2k'K}{\pi}\frac{1}{\cos\varphi} = \theta o\,\theta_2 o\,\frac{1}{gx} = \sum_{-\omega}^{\omega}\frac{(-1)^s}{\cos(x+s\nu i)}$$

$$= \frac{1}{\cos x} + 4\cos x \sum_{1}^{\omega}\frac{(-1)^s q^s(1+q^{2s})}{1+2q^{2s}\cos 2x + q^{4s}}$$

$$(7.)\quad \frac{2kk'K}{\pi}\frac{\sin\varphi}{\Delta\varphi} = \theta o\,\theta_2 o\,\frac{fx}{hx} = i\sum_{-\omega}^{\omega}\frac{(-1)^s}{\cos(x+(s-\frac{1}{2})\nu i)}$$

$$= 4\cos x \sum_{0}^{\omega}\frac{(-1)^s q^{s-\frac{1}{2}}(1+q^{2s-1})}{1+2q^{2s-1}\cos 2x + q^{4s-2}}$$

$$(8.)\quad \frac{2kK}{\pi}\frac{\cos\varphi}{\Delta\varphi} = \theta_2 o\,\theta_3 o\,\frac{gx}{hx} = \sum_{-\omega}^{\omega}\frac{1}{\cos(x+(s-\frac{1}{2})\nu i)}$$

$$= 4\cos x \sum_{0}^{\omega}\frac{q^{s-\frac{1}{2}}(1+q^{2s-1})}{1+2q^{2s-1}\cos 2x + q^{4s-2}}$$

$$(9.)\quad \frac{2k'K}{\pi}\cdot\frac{1}{\Delta\varphi} = \theta o\,\theta_3 o\,\frac{1}{hx} = \Sigma_{-\omega}^{\omega}\frac{(-1)^s\cos 2sx}{\cos svi}$$

$$= 1 + 4\Sigma_1^{\omega}\frac{(-1)^s q^s\cos 2sx}{1+q^{2s}}$$

§. 77.

Der weitere Fortschritt in diesen Reihenentwicklungen wird durch eine Gruppe von Formeln vermittelt, welche zunächst dargestellt werden müssen.

Nach §. 70 N. 1 ist

$$\frac{go\,ho}{f(x+y)} = \frac{fx\,gy\,hy - fy\,gx\,hx}{fx^2 - fy^2} \quad \text{und} \quad \frac{go\,ho}{f(x-y)} = \frac{fx\,gy\,hy + fy\,gx\,hx}{fx^2 - fy^2}.$$

Die Differenz der Quadrate dieser Gleichungen führt zu der Formel:

$$(a.)\qquad \theta_2 o^2\,\theta_3 o^2\left(\frac{1}{f(x-y)^2} - \frac{1}{f(x+y)^2}\right) = \frac{4fx\,f'x\,fy\,f'y}{(fx^2 - fy^2)^2}$$

da

$$4fx\,gx\,hx\,fy\,gy\,hy = 4fx\,f'x\,fy\,f'y.$$

Differenziirt man nun die Gleichung (5.) in §. 27 logarithmisch nach x, so wird:

$$l'\theta_1(x+y) + l'\theta_1(x-y) - 2l'\theta x = \frac{2fx\,f'x}{fx^2 - fy^2}$$

und wenn man diese Gleichung nach y differenziirt, so erhält man

$$(b.)\qquad l''\theta_1(x+y) - l''\theta_1(x-y) = \frac{4fx\,f'x\,fy\,f'y}{(fx^2 - fy^2)^2}.$$

Bildet man also $(a.)-(b.)$ und vertauscht $x+y$ mit x, $x-y$ mit y, so gelangt man zu der Formel:

$$l''\theta_1 x - l''\theta_1 y = \theta_2 o^2\,\theta_3 o^2\left(\frac{1}{fy^2} - \frac{1}{fx^2}\right).$$

Verfährt man nun ganz ebenso mit N. 2 und N. 3 in §. 70, wie hier N. 1 behandelt worden ist, so kann man, wenn (2.) durch N. 1 in §. 22 und N. 17 in §. 23 verwandelt wird, folgendes Formelsystem aufstellen:

$$(1.)\qquad l''\theta x - l''\theta y = \theta_2 o^2\,\theta_3 o^2(fy^2 - fx^2)$$

$$(2.)\qquad l''\theta_1 x - l''\theta_1 y = \theta_2 o^2\,\theta_3 o^2\left(\frac{1}{fy^2} - \frac{1}{fx^2}\right)$$

$$(3.)\qquad l''\theta_2 x - l''\theta_2 y = \theta o^2\,\theta_2 o^2\left(\frac{1}{gy^2} - \frac{1}{gx^2}\right)$$

$$(4.)\qquad l''\theta_3 x - l''\theta_3 y = \theta o^2\,\theta_3 o^2\left(\frac{1}{hx^2} - \frac{1}{hy^2}\right)$$

Für die Formel (1.) ist noch zu beachten, dass

$$\theta_2 o^2 \theta_3 o^2 (fy^2 - fx^2) = \theta o^2 \theta_2 o^2 (gx^2 - gy^2) = \theta o^2 \theta_3 o^2 (hx^2 - hy^2).$$

Führt man in der ersten dieser Formeln $y - \frac{1}{2}\nu i$ statt y ein, so geht nach §. 23 N. 17 fy in $\frac{1}{fy}$ über und nach §. 22 N. 2 verwandelt sich $l\theta y$ in:

$$l(-i\theta_1 y \,.\, e^{iy+\frac{1}{4}\nu}) = l(-i) + iy + \tfrac{1}{4}\nu + l\theta_1 y,$$

also muss $l''\theta y$ durch $l''\theta_1 y$ ersetzt werden.

Vertauscht man aber in (3.) x mit $\frac{1}{2}\pi + x - \frac{1}{2}\nu i$, so wird

$$g(\tfrac{1}{2}\pi + x - \tfrac{1}{2}\nu i) = \frac{i}{gx} \quad \text{und} \quad \theta_2(\tfrac{1}{2}\pi + x - \tfrac{1}{2}\nu i) = i\theta x e^{ix+\frac{1}{4}\nu}.$$

Daher tritt wieder $l''\theta x$ an die Stelle von $l''\theta_2 x$. Wird nun endlich noch in N. 4 $\frac{1}{2}\pi - x$ statt x gesetzt und (1.) in §. 22, so wie (16.) in §. 23 beachtet, so verwandeln sich die erwähnten drei Formeln in:

(5.) $$l''\theta x - l''\theta_1 y = \theta_2 o^2 \theta_3 o^2 \left(\frac{1}{fy^2} - fx^2\right)$$

(6.) $$l''\theta x - l''\theta_1 y = \theta o^2 \theta_2 o^2 \left(\frac{1}{gy^2} + gx^2\right)$$

(7.) $$l''\theta x - l''\theta_1 y = \theta o^2 \theta_3 o^2 \left(hx^2 - \frac{1}{hy^2}\right)$$

Für $y = x$ gewinnt man aus diesen Formeln noch die folgenden drei:

(8.) $$l''fx = \theta_2 o^2 \theta_3 o^2 \left(fx^2 - \frac{1}{fx^2}\right)$$

(9.) $$l''gx = -\theta o^2 \theta_2 o^2 \left(gx^2 + \frac{1}{gx^2}\right)$$

(10.) $$l''hx = \theta o^2 \theta_3 o^2 \left(\frac{1}{hx^2} - hx^2\right)$$

Da nach §. 26 N. 5

$$\theta o^4 + \theta_2 o^4 = \theta_3 o^4,$$

so erhält man aus (9.) und (10.) für $x = o$:

(11.) $$\theta_3 o^4 = -l''go = l''\theta o - l''\theta_2 o$$

(12.) $$\theta_2 o^4 = -l''ho = l''\theta o - l''\theta_3 o$$

(13.) $$\theta o^4 = l''\theta_3 o - l''\theta_2 o.$$

Mit Hülfe dieser Formeln bildet man aus (1.), (6.) und (7.) für $y = o$ die Formeln:

$$(14.)\qquad \theta_2 o^2\,\theta_3 o^2\, fx^2 = l''\theta o - l''\theta x$$

$$(15.)\qquad \theta o^2\,\theta_2 o^2\, gx^2 = l''\theta x - l''\theta_3 o$$

$$(16.)\qquad \theta o^2\,\theta_3 o^2\, hx^2 = l''\theta x - l''\theta_2 o$$

und aus (5.), (6.), (7.) entstehen, wenn man $x = 0$ setzt und dann y mit x vertauscht, die Formeln

$$(17.)\qquad \theta_2 o^2\,\theta_3 o^2 \frac{1}{fx^2} = l''\theta o - l''\theta_1 x$$

$$(18.)\qquad \theta o^2\,\theta_2 o^2 \frac{1}{gx^2} = l''\theta_3 o - l''\theta_2 x$$

$$(19.)\qquad \theta o^2\,\theta_3 o^2 \frac{1}{hx^2} = l''\theta_3 x - l''\theta_2 o.$$

Die sechs letzten Formeln ersetzen nun mit Vortheil die sieben ersten dieses Paragraphen.

Da die Differenzialquotienten $\theta' o$, $\theta_2' o$, $\theta_3' o$ verschwinden, so hat man sogleich noch folgende Formeln

$$(20.)\qquad l''\theta o = \frac{\theta'' o}{\theta o};\qquad l''\theta_2 o = \frac{\theta_2'' o}{\theta_2 o};\qquad l''\theta_3 o = \frac{\theta_3'' o}{\theta_3 o}$$

Vertauscht man in den Formeln (14.), (17.), (15.) und (18.) x mit $\frac{1}{2}\pi - x$ und in (16.) und (19.) mit $x - \frac{1}{2}\nu i$, so erhält man auch die Gleichungen

$$(21.)\qquad \theta_2 o^2\,\theta_3 o^2 \frac{gx^2}{hx^2} = l''\theta o - l''\theta_3 x$$

$$(22.)\qquad \theta_2 o^2\,\theta_3 o^2 \frac{hx^2}{gx^2} = l''\theta o - l''\theta_2 x$$

$$(23.)\qquad \theta o^2\,\theta_3 o^2 \frac{fx^2}{hx^2} = l''\theta_3 x - l'\theta_2 o$$

$$(24.)\qquad \theta o^2\,\theta_2 o^2 \frac{hx^2}{fx^2} = l''\theta_3 o - l''\theta_1 x$$

$$(25.)\qquad \theta o^2\,\theta_3 o^2 \frac{gx^2}{fx^2} = l''\theta_2 o - l''\theta_1 x$$

$$(26.)\qquad \theta o^2\,\theta_3 o^2 \frac{fx^2}{gx^2} = l''\theta_2 o - l''\theta_3 x.$$

§. 78.

Fortsetzung.

Es ist

$$(l'fx)^2 = \left(\frac{f'x}{fx}\right)^2 = \theta o^4 \frac{gx^2\, hx^2}{fx^2} = \frac{\theta o^4}{fx^2}(go^2 - ho^2 fx^2)(ho^2 - go^2 fx^2)$$

$$= \theta_2 o^2\, \theta_3 o^2\left(\frac{1}{fx^2} + fx^2\right) - \theta_2 o^4 - \theta_3 o^4.$$

Die Summe von (14.) und (17.) und von (11.) und (12.) verwandelt diese Gleichung unmittelbar in

$$l''(\theta x\, \theta_1 x) + (l' fx)^2 = l''\, \theta_2 o\, \theta_3 o.$$

Verfährt man ähnlich mit den Ausdrücken $(l'gx)^2$ und $(l'hx)^2$, so gelangt man zu folgendem Formelsystem:

$$(1.) \qquad l''(\theta x\, \theta_1 x) + (l' fx)^2 = l''(\theta_2 o\, \theta_3 o)$$

$$(2.) \qquad l''(\theta x\, \theta_2 x) + (l' gx)^2 = l''(\theta o\, \theta_2 o)$$

$$(3.) \qquad l''(\theta x\, \theta_3 x) + (l' hx)^2 = l''(\theta o\, \theta_3 o).$$

Addirt man (2.) und (3.) und benutzt (14.) in §. 77, so wird

$$l''(\theta_2 x\, \theta_3 x) + (l'hx)^2 + (l'gx)^2 - 2l'gx\, l'hx = l''(\theta_2 o\, \theta_3 o)$$

oder

$$(4.) \qquad l''(\theta_2 x\, \theta_3 x) + \left(l' \frac{\theta_3 x}{\theta_2 x}\right)^2 = l''(\theta_2 o\, \theta_3 o).$$

Diesen Formeln lässt sich mit Hülfe der Gleichungen in §. 25 auch eine andere Gestalt geben.

Vermöge der Gleichungen (3.), (4.), (5.) in §. 32 ist unmittelbar

$$l'fx = \theta o^2 \frac{gx\, hx}{fx}$$

$$l'gx = -\theta_3 o^2 \frac{fx\, hx}{gx}$$

$$l'hx = -\theta_2 o^2 \frac{fx\, gx}{hx}$$

also

$$l'hx - l'gx = \frac{fx}{gx\, hx}(\theta_3 o^2 hx^2 - \theta_2 o^2 gx^2) = \frac{\theta o^2 fx}{gx\, hx}$$

und wenn man die ähnlichen Differenzen bildet, so erlangt man die Formeln

$$(5.)\qquad l'\frac{hx}{gx} = \theta o^2 \frac{fx}{gx\,hx}$$

$$(6.)\qquad l'\frac{hx}{fx} = -\vartheta o^2 \frac{gx}{fx\,hx}$$

$$(7.)\qquad l'\frac{gx}{fx} = -\vartheta o^2 \frac{hx}{fx\,gx}.$$

Das Product dieser Gleichungen mit den entsprechenden der vorhergehenden Gruppe giebt das Formelsystem

$$(8.)\qquad l'fx\,l'\frac{hx}{gx} = \theta o^4$$

$$(9.)\qquad l'gx\,l'\frac{hx}{fx} = \vartheta o^4$$

$$(10.)\qquad l'hx\,l'\frac{gx}{fx} = \vartheta o^4.$$

§. 79.

Fortsetzung.

Aus der Gleichung

$$\theta x = \Sigma_{-\omega}^{\omega}(-1)^s e^{-\nu s^2}\cos 2sx$$

findet man durch zweimaliges Differenziiren nach x

$$\theta'' x = -4\Sigma_{-\omega}^{\omega}(-1)^s s^2 e^{-\nu s^2}\cos 2sx.$$

Differenziirt man aber θx einmal nach ν, so wird

$$\frac{\partial\,\theta x}{\partial\nu} = -\Sigma_{-\omega}^{\omega}(-1)^s s^2 e^{-\nu s^2}\cos 2sx,$$

also ist

$$(1.)\qquad \frac{\partial\theta x}{\partial\nu} = \tfrac{1}{4}\theta'' x.$$

Ganz dieselbe Formel gilt für die übrigen drei Theta. Aber

$$l'\theta x = \frac{\theta' x}{\theta x},$$

also

$$l''\theta x = \frac{\theta'' x}{\theta x} - \left(\frac{\theta' x}{\theta x}\right)^2 = \frac{\theta'' x}{\theta x} - (l'\theta x)^2.$$

Vermöge (1.) ist also

$$(2.)\qquad \frac{4\partial l\theta x}{\partial\nu} = \frac{\theta'' x}{\theta x} = l''\theta x + (l'\theta x)^2$$

und auch diese Formel ist für alle vier Theta gültig.

Da nach der Definition von θx, $\theta_2 x$, $\theta_3 x$

$$\theta' o = o; \quad \theta_2' o = o; \quad \theta_3' o = o$$

so ist nach (2.)

$$\frac{4 \partial l \theta o}{\partial \nu} = l'' \theta o; \quad \frac{4 \partial l \theta_2 o}{\partial \nu} = l'' \theta_2 o; \quad \frac{4 \partial l \theta_3 o}{\partial \nu} = l'' \theta_3 o$$

und auch

$$\frac{4 \partial l (\theta x \, \theta_1 x)}{\partial \nu} = l'' \theta x \, \theta_1 x + (l' \theta x)^2 + (l' \theta_1 x)^2$$

$$\frac{4 \partial l (\theta_2 o \, \theta_3 o)}{\partial \nu} = l'' (\theta_2 o \, \theta_3 o).$$

Daher lassen sich jetzt die vier Formeln (1.) bis (4.) in §. 78 in folgende verwandeln

(3.) $$2 \frac{\partial}{\partial \nu} l \frac{\theta x \, \theta_1 x}{\theta_2 o \, \theta_3 o} = l' \theta x \, l' \theta_1 x$$

(4.) $$2 \frac{\partial}{\partial \nu} l \frac{\theta x \, \theta_2 x}{\theta o \, \theta_2 o} = l' \theta x \, l' \theta_2 x$$

(5.) $$2 \frac{\partial}{\partial \nu} l \frac{\theta x \, \theta_3 x}{\theta o \, \theta_3 o} = l' \theta x \, l' \theta_3 x$$

(6.) $$2 \frac{\partial}{\partial \nu} l \frac{\theta_2 x \, \theta_3 x}{\theta_2 o \, \theta_3 o} = l' \theta_2 x \, l' \theta_3 x.$$

Subtrahirt man (5.) und (4.) von (6.), so erhält man sogleich

(7.) $$2 \frac{\partial}{\partial \nu} l \frac{gx}{go} = l' gx \, l' \theta_3 x \quad \text{oder} \quad 2 \frac{\partial l \cos \varphi}{\partial \nu} = \frac{\partial l \cos \varphi}{\partial x} l' \theta_3 x$$

(8.) $$2 \frac{\partial}{\partial \nu} l \frac{hx}{ho} = l' hx \, l' \theta_2 x \quad \text{oder} \quad 2 \frac{\partial l \Delta \varphi}{\partial \nu} = \frac{\partial l \Delta \varphi}{\partial \nu} l' \theta_2 x.$$

Aus (7.) geht durch Ausführung der angedeuteten Differenziation sogleich die wichtige Formel hervor

$$2 \frac{\partial \varphi}{\partial \nu} = \frac{\partial \varphi}{\partial x} l' \theta_3 x,$$

welche den partiellen Differentialquotienten von φ nach ν durch den partiellen Differentialquotienten von φ nach x ausdrücken lehrt.

§. 80.

Mit Hülfe dieser Gleichung lassen sich jetzt noch einige wichtige Formeln bilden, die in der Folge benutzt werden sollen.

Nach §. 51 N. 15 war

$$\frac{\partial \varphi}{\partial x} = \theta o \mathfrak{h} o h x,$$

also ist nach N. 9 in §. 79

$$2 \frac{\partial \varphi}{\partial \nu} = \theta o \mathfrak{h} o \frac{\mathfrak{h}' x}{\theta x}.$$

Aber

$$l' \mathfrak{h} x = l' h x + l' \theta x,$$

also

$$2 \frac{\partial \varphi}{\partial \nu} = \frac{\partial \varphi}{\partial x} l' \theta x + \theta o \mathfrak{h} o h' x.$$

Ferner ist

$$h' x = -\mathfrak{h} o^2 f x g x = -\frac{\mathfrak{h} o^4}{\theta o \mathfrak{h} o} \cos\varphi \sin\varphi,$$

also

(1.) $$2 \frac{\partial \varphi}{\partial \nu} = \frac{\partial \varphi}{\partial x} l' \theta x - \mathfrak{h} o^4 \cos\varphi \sin\varphi.$$

Multiplicirt man diese Gleichung mit $\cot\varphi$ und dann mit $-\operatorname{tg}\varphi$, so erhält man die beiden ersten Formeln des folgenden Systems, dessen dritte sich leicht aus (8.) in §. 79 ergiebt.

(2.) $$2 \frac{\partial l \sin\varphi}{\partial \nu} = l' \theta x \frac{\partial l \sin\varphi}{\partial x} - \mathfrak{h} o^4 \cos\varphi^2$$

(3.) $$2 \frac{\partial l \cos\varphi}{\partial \nu} = l' \theta x \frac{\partial l \cos\varphi}{\partial x} + \mathfrak{h} o^4 \sin\varphi^2$$

(4.) $$2 \frac{\partial l \Delta\varphi}{\partial \nu} = l' \theta x \frac{\partial l \Delta\varphi}{\partial x} + \mathfrak{h} o^4 \sin\varphi^2.$$

Zieht man (3.) von (2.) ab, so bleibt

(5.) $$2 \frac{\partial l \operatorname{tg}\varphi}{\partial \nu} = l' \theta x \frac{\partial l \operatorname{tg}\varphi}{\partial x} - \mathfrak{h} x^4.$$

Diese vier Formeln gehen fast unmittelbar in folgende über

(6.) $$2 \frac{\partial \sin\varphi}{\partial \nu} = l' \theta x \frac{\partial \sin\varphi}{\partial x} - \mathfrak{h} o^4 \sin\varphi \cos\varphi^2$$

(7.) $$2 \frac{\partial \cos\varphi}{\partial \nu} = l' \theta x \frac{\partial \cos\varphi}{\partial x} + \mathfrak{h} o^4 \cos\varphi \sin\varphi^2$$

(8.) $$2 \frac{\partial \Delta\varphi}{\partial \nu} = l' \theta x \frac{\partial \Delta\varphi}{\partial x} + \mathfrak{h} o^4 \Delta\varphi \sin\varphi^2$$

(9.) $$2 \frac{\partial \operatorname{tg}\varphi}{\partial \nu} = l' \theta x \frac{\partial \operatorname{tg}\varphi}{\partial x} - \mathfrak{h} o^4 \operatorname{tg}\varphi.$$

§. 81.

Fortsetzung der Reihenentwickelungen.

Wenn man die in den letzten vier Paragraphen gebildeten Formeln betrachtet, so zeigt sich sogleich, dass wir, für den weiteren Fortschritt, der Reihen für die Logarithmen der Theta bedürfen. Diese Reihen lassen sich nun leicht auf folgende Weise entwickeln.

Wenn man von der Gleichung (3.) in §. 16 die natürlichen Logarithmen nimmt, so erhält man

$$l\theta x = l(q^2; q^2) + \Sigma_1^\omega l(1 - 2q^{2s-1}\cos 2x + q^{4s-2}).$$

Es ist aber bekanntlich

$$l(1 - 2\alpha\cos x + \alpha^2) = -2\Sigma_1^\omega \frac{\alpha^\sigma}{\sigma}\cos\sigma x,$$

wenn σ der reihende Buchstabe ist. Also ist

$$l\,\theta x = l(q^2; q^2) - 2\Sigma_1^\omega\Sigma_1^\omega \frac{q^{(2s-1)\sigma}}{\sigma}\cos 2\sigma x.$$

Man hat aber die Gleichung

$$\Sigma_1^\omega q^{(2s-1)\sigma} = \frac{q^\sigma}{1-q^{2\sigma}} = \frac{i}{2\sin\sigma\nu i};$$

wenn man also s statt σ schreibt,

$$l\theta x = l(q^2; q^2) - i\Sigma_1^\omega \frac{\cos 2sx}{s\sin s\nu i}.$$

Für $x = 0$ ist hiernach

$$l\theta o = l(q^2; q^2) - i\Sigma_1^\omega \frac{1}{s\sin s\nu i}.$$

Zieht man diese Gleichung von der vorigen ab, so erhält man die unter (1.) aufgeführte Gleichung des folgenden Formelsystems und auf ganz gleiche Weise lassen sich die übrigen bilden.

(1.) $$l\theta x = l\theta o + 2i\,\Sigma_1^\omega \frac{\sin sx^2}{s\sin s\nu i}$$

(2.) $$l\theta_1 x = l(\theta_2 o\sin x) + 2i\Sigma_1^\omega \frac{(-1)^s q^s \sin s(\frac{1}{2}\pi - x)^2}{s\sin s\nu i}$$

(3.) $$l\theta_2 x = l(\theta_3 o\cos x) + 2i\Sigma_1^\omega \frac{(-1)^s q^s \sin sx^2}{s\sin s\nu i}$$

(4.) $$l\theta_3 x = l\theta_3 o + 2i\Sigma_1^\omega \frac{(-1)^s \sin sx^2}{s\sin s\nu i}.$$

Die Reihen für die ersten und zweiten Differentialquotienten der Logarithmen der Thetafunctionen sind hiernach

$$(5.)\qquad l'\theta x = 2i\sum_1^\omega \frac{\sin 2sx}{\sin s\nu i}$$

$$(6.)\qquad l'\theta_1 x = \cot x + 2i\sum_1^\omega \frac{q^s \sin 2sx}{\sin s\nu i}$$

$$(7.)\qquad l'\theta_2 x = -\operatorname{tg} x + 2i\sum_1^\omega \frac{(-1)^s q^s \sin 2sx}{\sin s\nu i}$$

$$(8.)\qquad l'\theta_3 x = 2i\sum_1^\omega \frac{(-1)^s \sin 2sx}{\sin s\nu i}.$$

Ferner

$$(9.)\qquad l''\theta x = 4i\sum_1^\omega \frac{s\cos 2sx}{\sin s\nu i}$$

$$(10.)\qquad l''\theta_1 x = -\frac{1}{\sin x^2} + 4i\sum_1^\omega \frac{sq^s \cos 2sx}{\sin s\nu i}$$

$$(11.)\qquad l''\theta_2 x = -\frac{1}{\cos x^2} + 4i\sum_1^\omega \frac{(-1)^s sq^s \cos 2sx}{\sin s\nu i}$$

$$(12.)\qquad l''\theta_3 x = 4i\sum_1^\omega \frac{(-1)^s s\cos 2sx}{\sin s\nu i}.$$

§. 82.

Reihen für die Logarithmen der Functionen fx, gx, hx.

Diese Reihen ergeben sich unmittelbar aus denen für die Logarithmen der Theta, wenn man die erste derselben von den drei übrigen abzieht. Man erhält auf diese Weise aus (2.) — (1.)

$$lfx = l(go\sin x) + i\sum_1^\omega \frac{1}{s\sin s\nu i}\{(-q)^s - q^s\cos 2x - 1 + \cos 2sx\}.$$

Setzt man hier $x = \frac{1}{2}\pi$ und zieht die erhaltene Gleichung von dieser ab, so bleibt, da $f\frac{1}{2}\pi = \frac{go}{ho}$ ist und

$$\cos 2sx - (-1)^s = (-1)^s(\cos s(\pi - 2x) - 1) = -2(-1)^s \sin(\tfrac{1}{2}\pi - x)^2$$

$$(1.)\qquad l\sin\varphi = l\left(\frac{ho}{go}fx\right) = l\sin x - 4\sum_1^\omega \frac{(-1)^s q^s \sin s(\frac{1}{2}\pi - x)^2}{s(1+q^s)}.$$

Ganz auf dieselbe Weise erhält man aus (3.) — (1.), wenn man in dem Resultate $x = o$ setzt und die erhaltene Gleichung von der ersten abzieht,

$$(2.)\qquad l\cos\varphi = l\left(\frac{gx}{go}\right) = l\cos x - 4\sum_1^\omega \frac{q^s \sin sx^2}{s(1+(-q)^s)}.$$

Endlich liefert die Differenz (4.) — (1.) die Formel

$$(3.)\qquad l\Delta\varphi = l\frac{hx}{ho} = -8\sum_1^{\omega}\frac{q^{2s-1}\sin(2s-1)x^2}{(2s-1)(1-q^{4s-2})}.$$

Man kann der Reihe (1.) auch eine andere Form geben. Es ist nämlich $\frac{fx}{\sin x}$ für $x=0$ gleich $\left(\frac{f'x}{\cos x}\right)_0 = \left(\frac{\theta o^2\, gx\, hx}{\cos x}\right)_0 = \theta_2 o\,\theta_3 o$, also ist aus (1.) für $x=o$

$$l\theta_3 o^2 = \sum_1^{\omega}\frac{q^s(1-(-1)^s)}{s(1+q^s)}.$$

Zieht man diese Gleichung von (1.) ab, so bleibt

$$(4.)\qquad l\frac{fx}{\theta_2 o\,\theta_3 o} = l\frac{\pi\sin\varphi}{2K} = l\sin x - 4\sum_1^{\omega}\frac{q^s\sin sx^2}{s(1+q^s)}.$$

Man kann der Reihe für lfx auch noch eine dritte Form geben, wenn man von der Gleichung in §. 16 ausgeht

$$fx = \frac{\theta_1 x}{\theta x} = 2q^{\frac{1}{4}}\sin x\prod_1^{\omega}\frac{1-2q^{2s}\cos 2x+q^{4s}}{1-2q^{2s-1}\cos 2x+q^{4s-2}}.$$

Nimmt man von dieser Gleichung die Logarithmen und wendet die Formel an

$$l(1-2\alpha\cos x+\alpha^2) = -2\sum_1^{\omega}\frac{\alpha^\sigma}{\sigma}\cos\sigma x,$$

wo σ der reihende Buchstabe ist, so findet man leicht

$$(5.)\qquad l(\sqrt{k}\sin\varphi) = l(fx) = l(2q^{\frac{1}{4}}\sin x) + 2\sum_1^{\omega}\frac{q^s\cos 2sx}{s(1+q^s)}.$$

Von den Gleichungen des §. 16 ausgehend gelangt man auf dieselbe Weise zu den Formeln

$$(6.)\qquad l\left(\sqrt{\frac{k}{k'}}\cos\varphi\right) = l(gx) = l(2q^{\frac{1}{4}}\cos x) + 2\sum_1^{\omega}\frac{q^s\cos 2sx}{s(1+(-q)^s)}$$

$$(7.)\qquad l\left(\frac{\Delta\varphi}{\sqrt{k'}}\right) = l(hx) = 4\sum_1^{\omega}\frac{q^{2s-1}\cos(2s-1)2x}{(2s-1)(1-q^{2s-1})}.$$

Auch für $l(gx)$ und $l(hx)$ kann man anders gestaltete Reihen erhalten. Zieht man nämlich in §. 81 N. 1 von N. 3 ab, so bleibt

$$(8.)\qquad l\cos\varphi = l\frac{gx}{go} = l\cos x + 4\sum_1^{\omega}\frac{q^s\sin sx^2}{s(1+(-q)^s)},$$

und wenn man N. 1 von N. 4 abzieht, so bleibt als Rest die Reihe

$$(9.)\qquad l\Delta\varphi = l\frac{hx}{ho} = -8\sum_1^{\omega}\frac{q^{2s-1}\sin(2s-1)x^2}{(2s-1)(1-q^{4s-2})}$$

oder

$$l\sqrt{1-k^2\sin\varphi^2} = -8\left\{\frac{q\sin x^2}{1-q^2}+\frac{q^3\sin 3x^2}{3(1-q^6)}+\frac{q^5\sin 5x^2}{5(1-q^{10})}+\cdots\right\}.$$

Für $x=\frac{1}{2}\pi$ ist auch $\varphi=\frac{1}{2}\pi$, also

$$(10.)\quad l(k') = -8\left\{\frac{q}{1-q^2}+\frac{q^3}{3(1-q^6)}+\frac{q^5}{5(1-q^{10})}+\cdots\right\}.$$

Aus (4.) wird für $x=\frac{1}{2}\pi$

$$(11.)\quad l\left(\frac{2K}{\pi}\right) = 4\left\{\frac{q}{1+q}+\frac{q^3}{3(1+q^3)}+\frac{q^5}{5(1+q^5)}+\cdots\right\}.$$

Nach §. 17 geht ϑo in θo über, wenn man q mit $-q$ vertauscht, also geht nach §. 51 N. 5′ durch diese Vertauschung auch K in $k'K$ über, demnach ergiebt sich auf diese Weise aus (11.) die Formel

$$(12.)\quad l\left(\frac{2k'K}{\pi}\right) = -4\left\{\frac{q}{1-q}+\frac{q^3}{3(1-q^3)}+\frac{q^5}{5(1-q^5)}+\cdots\right\}.$$

§. 83.

Reihen für die Quadrate der Functionen fx, gx, hx.

Aus den Formeln (14.), (15.), (16.) des §. 77 folgt sogleich, wenn man die Formeln (9.), (11.), (12.) in §. 81 benutzt,

$$(1.)\quad \left(\frac{2kK}{\pi}\right)^2\sin\varphi^2 = \vartheta o^2\vartheta o^2 fx^2 = 8i\sum_1^\omega \frac{s\sin sx^2}{\sin s\nu i} = 16\sum_1^\omega \frac{sq^s\sin sx^2}{1-q^{2s}}$$

$$(2.)\quad \left(\frac{2kK}{\pi}\right)^2\cos\varphi^2 = \theta o^2\vartheta o^2 gx^2 = 4i\sum_1^\omega \frac{s(\cos 2sx-(-1)^s)}{\sin s\nu i}$$

$$= 8\sum_1^\omega \frac{sq^s(\cos 2sx-(-1)^s)}{1-q^{2s}} = -16\sum_1^\omega \frac{(-1)^s sq^s\sin s(\frac{1}{2}\pi-x)^2}{1-q^{2s}}$$

$$(3.)\quad \left(\frac{2K}{\pi}\right)^2\Delta\varphi^2 = \theta o^2\vartheta o^2 hx^2 = 1+8\sum_1^\omega \frac{sq^s(\cos 2sx-(-q)^s)}{1-q^{2s}}.$$

Für $x=0$ und $y=0$ wird aus (2.)

$$(4.)\quad \left(\frac{kK}{2\pi}\right)^2 = \sum_1^\omega \frac{(2s-1)\,q^{2s-1}}{1-q^{4s-2}} = \frac{q}{1-q^2}+\frac{3q^3}{1-q^6}+\frac{5q^5}{1-q^{10}}+\cdots$$

und aus (3.)

$$(5.)\quad \left(\frac{2K}{\pi}\right)^2 = 1+8\sum_1^\omega \frac{sq^s}{1+(-q)^s}$$

$$= 1+8\left\{\frac{q}{1-q}+\frac{2q^2}{1+q^2}+\frac{3q^3}{1-q^3}+\frac{4q^4}{1+q^4}+\cdots\right\}.$$

§. 84.

Reihen für die reciproken Werthe der Functionen f, g, h.

Diese Reihen ergeben sich unmittelbar aus den Formeln (17.), (18.), (19.) des §. 77, wenn man (5.), (6.), (7.) und (10.), (11.), (12.) aus §. 81 benutzt. Man erhält auf diese Weise

$$(1.)\quad \left(\frac{2K}{\pi}\right)^2 \frac{1}{\sin\varphi^2} = \theta_2 o^2 \theta_3 o^2 \frac{1}{fx^2} = \frac{1}{\sin x^2} + 8\sum_1^\omega \frac{sq^s(1-q^s\cos 2sx)}{1-q^{2s}};$$

für $x = \frac{1}{2}\pi$ wird $y = \frac{1}{2}\pi$ und $f\frac{1}{2}\pi = \frac{\theta_2 o}{\theta_3 o}$, also

$$\theta_3 o^4 = 1 + 8\sum_1^\omega \frac{sq^s(1-(-q)^s)}{1-q^{2s}}.$$

Zieht man diese Gleichung von der vorigen ab und wendet die Formel (6.) in §. 26 an, dann erhält man

$$(2.)\left(\frac{2K}{\pi}\right)^2 \cot\varphi^2 = \theta o^2 \theta_3 o^2 \frac{gx^2}{fx^2} = \cot x^2 + 16\sum_1^\omega \frac{(-1)^s sq^{2s} \sin s(\frac{1}{2}\pi - x)^2}{1-q^{2s}},$$

da man nämlich statt $\cos 2sx$ auch $(-1)^s\cos(\pi - 2x)$ schreiben kann. Vertauscht man in dieser Formel x mit $\frac{1}{2}\pi - x$, so geht nach §. 23 $\frac{gx}{fx}$ in $\frac{fx}{gx}$ über, also verwandelt diese Operation die Formel (2.) in

$$(3.)\quad \left(\frac{2k'K}{\pi}\right)^2 \operatorname{tg}\varphi^2 = \theta o^2 \theta_3 o^2 \frac{fx^2}{gx^2} = \operatorname{tg} x^2 + 16\sum_1^\omega \frac{(-1)^s q^{2s} \sin sx^2}{1-q^{2s}}.$$

Ferner wird aus der Formel (18.) in §. 77

$$(4.)\quad \left(\frac{2k'K}{\pi}\right)^2 \frac{1}{\cos\varphi^2} = \theta o^2 \theta_3 o^2 \frac{1}{gx^2}$$

$$= \frac{1}{\cos x^2} + 8\sum_1^\omega \frac{(-1)^s sq^s(1-q^s\cos 2sx)}{1-q^{2s}}$$

und (19.) verwandelt sich in

$$(5.)\quad \left(\frac{2k'K}{\pi}\right)^2 \frac{1}{\Delta\varphi^2} = \theta o^2 \theta_3 o^2 \frac{1}{hx^2} = 1 + 8\sum_1^\omega \frac{(-1)^s sq^s(\cos 2sx - q^s)}{1-q^{2s}}.$$

§. 85.

Aus der Formel (2.) in §. 79, welche für alle Theta gültig ist, lassen sich unmittelbar nach den bisherigen Entwickelungen Reihen für die Quadrate der Differenzialquotienten der Logarithmen der Thetafunctionen ableiten. Diese Reihen sind die folgenden:

$$(1.)\qquad (l'\theta x)^2 = 16\sum_1^\omega \frac{q^s(s-1-(s+1)q^{2s})}{(1-q^{2s})^2}\sin sx^2$$

$$(2.)\qquad (l'\theta_1 x)^2 = \cot x^2 + 16\sum_1^\omega \frac{(-1)^s q^{2s}(4-s+sq^{2s})}{(1-q^{2s})^2}\sin s(\tfrac{1}{2}\pi - x)^2$$

$$(3.)\qquad (l'\theta_2 x)^2 = \operatorname{tg} x^2 + 16\sum_1^\omega \frac{(-1)^s q^{2s}(4-s+sq^{2s})}{(1-q^{2s})^2}\sin sx^2$$

$$(4.)\qquad (l'\theta_3 x)^2 = 16\sum_1^\omega \frac{(-1)^s q^s(s-1-(s+1)q^{2s})}{(1-q^{2s})^2}\sin sx^2.$$

§. 86.

Von den bisher entwickelten Reihen gelangt man durch Differenziiren und Integriren zu einer grossen Zahl anderer, von denen jetzt einige der interessantesten dargestellt werden sollen.

Differenziirt man die Gleichung (4.) in §. 82 nach x, so geht sie über in

$$\frac{f'x}{fx} = \cot x - 2\sum_1^\omega \frac{q^{\frac{1}{2}s}\sin 2sx}{\cos\frac{1}{2}s\nu i}.$$

Es ist aber nach N. 3 in §. 32 und vermöge der Formeln (3.) und (4.) in §. 25

$$(1.)\qquad \frac{f'x}{fx} = \theta o^2 \frac{gx\,hx}{fx} = \theta o^2 \frac{g(x,\frac{1}{2}\nu)}{f(x,\frac{1}{2}\nu)}.$$

Benutzt man nun diese Formel und ersetzt in den vorhergehenden ν durch 2ν, wodurch sich $q = e^{-\nu}$ in $e^{-2\nu} = q^2$ verwandelt und θo^2 in $\theta(o,2\nu)^2 = \theta o\,\theta_3 o$ übergeht, so gelangt man sogleich zu der Formel

$$(2.)\qquad \frac{2K}{\pi}\cot\varphi = \theta o\,\theta_3 o\frac{gx}{fx} = \cot x - 4\sum_1^\omega \frac{q^{2s}\sin 2sx}{1+q^{2s}}$$

$$= \cot x - 2\sum_1^\omega \frac{q^s \sin 2sx}{\cos s\nu i}.$$

Nach N. 16′ in §. 23 ist

$$\frac{g(\frac{1}{2}\pi - x, \nu-\pi i)}{f(\frac{1}{2}\pi - x, \nu - \pi i)} = \frac{fx}{gx}.$$

Ersetzt man also in (2.) x durch $\frac{1}{2}\pi - x$ und ν durch $\nu - \pi i$, wodurch q in $-q$, $\sin 2sx$ in $(-1)^s \sin 2sx$ und, nach §. 18, $\theta o\,\theta_3 o$ in $\theta_3 o\,\theta o$ übergeht, so verwandelt sich (2.) in

$$(3.)\qquad \frac{2k'K}{\pi}\operatorname{tg}\varphi = \theta o\,\theta_3 o\frac{fx}{gx} = \operatorname{tg} x + 4\sum_1^\omega \frac{(-1)^s q^{2s}\sin 2sx}{1+q^{2s}}.$$

§. 87.

Multiplicirt man N. 3 in §. 75 mit der Gleichung

$$\frac{d\varphi}{\Delta\varphi} = \vartheta_0^2\,dx,$$

so ist das Product

$$d\varphi = \Sigma_{-\omega}^{\omega} \frac{\cos 2sx}{\cos s\nu i}\,dx$$

und das Integral dieser Gleichung

$$(1.)\qquad \varphi = \Sigma_{-\omega}^{\omega} \frac{\sin 2sx}{2s\cos s\nu i} = \Sigma_{-\omega}^{\omega} \frac{q^s \sin 2sx}{s(1+q^{2s})},$$

da die Integrationsconstante verschwindet. Da sich die Function unter dem Summenzeichen für $s = 0$ in x verwandelt, so ist also

$$(1'.)\qquad \varphi = x + \frac{2q\sin 2x}{1+q^2} + \frac{2q^2\sin 4x}{2(1+q^4)} + \frac{2q^3\sin 6x}{3(1+q^6)} + \cdots$$

§. 88.

Multiplicirt man ebenso die Formeln (5.) und (2.) in §. 76 mit derselben Gleichung, so gelangt man zu den Gleichungen

$$(1.)\qquad \frac{d\varphi}{\cos\varphi} = \Sigma_{-\omega}^{\omega} \frac{dx}{\cos(x+s\nu i)}$$

$$(2.)\qquad \frac{d\varphi}{\sin\varphi} = \Sigma_{-\omega}^{\omega} \frac{(-1)^s dx}{\sin(x+s\nu i)} = \Sigma_{-\omega}^{\omega} \frac{dx}{\sin(x+s(\nu-\pi i)i)}.$$

Die Integrale dieser Gleichung sind

$$l\,\mathrm{tg}(\tfrac{1}{4}\pi - \tfrac{1}{2}\varphi) = \Sigma_{-\omega}^{\omega}\, l\,\mathrm{tg}(\tfrac{1}{4}\pi - \tfrac{1}{2}x - \tfrac{1}{2}s\nu i) + lA$$

$$l\,\mathrm{tg}\tfrac{1}{2}\varphi = \Sigma_{-\omega}^{\omega}\, l\,\mathrm{tg}(\tfrac{1}{2}x + \tfrac{1}{2}s(\nu - \pi i)i) + lB$$

oder wenn man von den Logarithmen zu den Zahlen übergeht

$$\mathrm{tg}(\tfrac{1}{4}\pi - \tfrac{1}{2}\varphi) = A\,\Pi_{-\omega}^{\omega}\,\mathrm{tg}(\tfrac{1}{4}\pi - \tfrac{1}{2}x + \tfrac{1}{2}s\nu i)$$

$$\mathrm{tg}\tfrac{1}{2}\varphi = B\,\Pi_{-\omega}^{\omega}\,\mathrm{tg}(\tfrac{1}{2}x + \tfrac{1}{2}s(\nu - \pi i)i).$$

Der Quotient der Formeln (2.) durch (3.) in §. 17 giebt aber

$$\frac{\vartheta_1 x}{\vartheta_2 x} = \Pi_{-\omega}^{\omega}\,\mathrm{tg}(x+s\nu i)$$

also ist

$$\mathrm{tg}(\tfrac{1}{4}\pi - \tfrac{1}{2}\varphi) = A\frac{\vartheta_1(\tfrac{1}{4}\pi - \tfrac{1}{2}x, \tfrac{1}{2}\nu)}{\vartheta_2(\tfrac{1}{4}\pi - \tfrac{1}{2}x, \tfrac{1}{2}\nu)}$$

$$\mathrm{tg}\tfrac{1}{2}\varphi = B\frac{\vartheta_1(\tfrac{1}{2}x, \tfrac{1}{2}\nu - \tfrac{1}{2}\pi i)}{\vartheta_2(\tfrac{1}{2}x, \tfrac{1}{2}\nu - \tfrac{1}{2}\pi i)}.$$

Für $x = 0$ ist auch $\varphi = 0$, daher wird die Constante $A = 1$, denn $\vartheta_1 \frac{1}{4}\pi = \vartheta_1 \frac{1}{4}\pi$, da $\vartheta_1 x = \vartheta_1(\frac{1}{2}\pi - x)$. Für $x = \frac{1}{2}\pi$ ist aber auch $\varphi = \frac{1}{2}\pi$, daher wird auch $B = 1$ und man erhält endlich

$$(3.)\qquad \mathrm{tg}(\tfrac{1}{4}\pi - \tfrac{1}{2}\varphi) = \frac{\vartheta_1(\frac{1}{4}\pi - \frac{1}{2}x, \frac{1}{2}\nu)}{\vartheta_1(\frac{1}{4}\pi - \frac{1}{2}x, \frac{1}{2}\nu)} = \frac{f(\frac{1}{4}\pi - \frac{1}{2}x, \frac{1}{2}\nu)}{g(\frac{1}{4}\pi - \frac{1}{2}x, \frac{1}{2}\nu)}$$

$$(4.)\qquad \mathrm{tg}\tfrac{1}{2}\varphi = \frac{\vartheta_1(\frac{1}{2}x, \frac{1}{2}\nu - \frac{1}{2}\pi i)}{\vartheta_1(\frac{1}{2}x, \frac{1}{2}\nu - \frac{1}{2}\pi i)} = \frac{f(\frac{1}{2}x, \frac{1}{2}\nu - \frac{1}{2}\pi i)}{g(\frac{1}{2}x, \frac{1}{2}\nu - \frac{1}{2}\pi i)}.$$

In N. 3 des §. 86 ist aber der Bruch $\frac{fx}{gx}$ in eine Reihe entwickelt worden; wendet man die dort gegebene Formel auf unsre beiden letzten Gleichungen an, so erhält man, wenn noch N. 6 in §. 25 und §. 18 benutzt wird,

$$(5.)\qquad \frac{2K}{\pi}\,\mathrm{tg}\tfrac{1}{2}\varphi = \mathrm{tg}\tfrac{1}{2}x + 4\sum_1^\omega \frac{q^s \sin sx}{1+(-q)^s}$$

$$(6.)\qquad \frac{2k'K}{\pi}\,\mathrm{tg}(\tfrac{1}{4}\pi - \tfrac{1}{2}\varphi) = \mathrm{tg}(\tfrac{1}{4}\pi - \tfrac{1}{2}x) + 4\sum_1^\omega \frac{(-1)^s q^s \sin s(\frac{1}{2}\pi - x)}{1+q^s}.$$

Für $x = \frac{1}{2}\pi$ ist auch $\varphi = \frac{1}{2}\pi$, also nach (5.)

$$(7.)\qquad \vartheta_1 o^2 = \frac{2K}{\pi} = 1 + 4\left(\frac{q}{1-q} - \frac{q^3}{1-q^3} + \frac{q^5}{1-q^5} - \frac{q^7}{1-q^7} + \cdots\right).$$

Für $x = 0$ ist auch $\varphi = 0$, also nach (6.)

$$(8.)\qquad \vartheta o^2 = \frac{2k'K}{\pi} = 1 - 4\left(\frac{q}{1+q} - \frac{q^3}{1+q^3} + \frac{q^5}{1+q^5} - \frac{q^7}{1+q^7} + \cdots\right).$$

Vertauscht man q mit $-q$, so gehen diese Reihen wechselseitig in einander über, was sich übrigens daraus ergiebt, dass nach §. 18 N. 4 $\vartheta(o,\nu) = \vartheta_1(o, \nu - \pi i)$ oder $\vartheta_1(o,\nu) = \vartheta(o, \nu - \pi i)$ und $q = e^{-\nu}$.

Vertauscht man x mit $\pi - x$, so geht (4.) nach §. 23 über in

$$\frac{f(\frac{1}{2}\pi - \frac{1}{2}x, \frac{1}{2}\nu - \frac{1}{2}\pi i)}{g(\frac{1}{2}\pi - \frac{1}{2}x, \frac{1}{2}\nu - \frac{1}{2}\pi i)} = \frac{g(\frac{1}{2}x, \frac{1}{2}\nu - \frac{1}{2}\pi i)}{f(\frac{1}{2}x, \frac{1}{2}\nu - \frac{1}{2}\pi i)} = \frac{1}{\mathrm{tg}\frac{1}{2}\varphi} = \mathrm{tg}(\tfrac{1}{2}\pi - \tfrac{1}{2}\varphi).$$

Wenn man also diese Vertauschung mit x vornimmt, so muss man dieselbe auch mit φ vornehmen, also φ durch $\pi - \varphi$ ersetzen, um wieder eine richtige Gleichung zu erhalten, eine Wahrheit, die sich auch unmittelbar aus der Betrachtung des elliptischen Integrals erster Gattung ergiebt. Durch die angegebene Vertauschung geht also (5.) über in

$$(9.)\qquad \frac{2K}{\pi}\cot\tfrac{1}{2}\varphi = \cot\tfrac{1}{2}x - 4\sum_1^\omega \frac{(-1)^s q^s \sin sx}{1+(-q)^s}.$$

Die Summe von (5.) und (9.) liefert auf der Stelle

$$(10.)\quad \frac{2K}{\pi}\frac{1}{\sin\varphi} = \frac{1}{\sin x} + 4\Sigma_1^\omega \frac{q^{2s-1}\sin(2s-1)x}{1-q^{2s-1}} = \frac{\theta_1 o\,\theta_3 o}{fx}.$$

Benutzt man die Formeln

$$gx = e^{-\frac{1}{4}i\pi} f(\tfrac{1}{2}\pi - x, \nu - \pi i)$$

und

$$\theta_2(o, \nu - \pi i) = e^{\frac{1}{4}i\pi}\theta_3(o,\nu); \qquad \theta_3(o, \nu - \pi i) = \theta(o,\nu),$$

so geht die (10.), wenn man x durch $\frac{1}{2}\pi - x$ und ν durch $\nu - \pi i$ ersetzt, sogleich über in

$$(11.)\quad \frac{2k'K}{\pi}\frac{1}{\cos\varphi} = \frac{\theta o\,\theta_1 o}{gx} = \frac{1}{\cos x} + \Sigma_1^\omega \frac{(-1)^s q^{2s-1}\cos(2s-1)x}{1+q^{2s-1}}.$$

§. 89.

Auch die reciproken Werthe der Thetafunctionen lassen sich in Reihen entwickeln. Für $\theta_1 x$ findet z. B. die Formel Statt:

$$\frac{1}{\theta_1 x} = \frac{1}{\theta_1 o}\Pi_{-\omega}^\omega \frac{\cos s\nu i}{\sin(x+s\nu i)}$$

und man kann hier, wie wir weiter unten zeigen werden, unmittelbar annehmen, es sei

$$\frac{1}{\theta_1 x} = \Sigma_{-\omega}^\omega \frac{A_s}{\sin(x+s\nu i)}.$$

Der Coefficient A_s lässt sich dann durch die Gleichung bestimmen:

$$A_s = \left\{\frac{\sin(x+s\nu i)}{\theta_1 x}\right\}_{x=-s\nu i}$$

Nach §. 22 N. 6 ist aber

$$\theta_1 x = (-1)^s q^{s^2} e^{2sxi}\theta_1(x+s\nu i).$$

Setzt man diesen Werth von $\theta_1 x$ in den Ausdruck für A_s ein, so hat man den Werth des Bruches

$$\frac{\sin(x+s\nu i)}{\theta_1(x+s\nu i)}$$

zu bestimmen, den er für $x = -s\nu i$ annimmt. Da er unter der Form $\frac{o}{o}$ erscheint, so ist sein wahrer Werth

$$\left\{\frac{\cos(x+s\nu i)}{\theta_1'(x+s\nu i)}\right\}_{x=-s\nu i} = \frac{1}{\theta_1' o}.$$

Es wird also

$$A_s = \frac{1}{(-1)^s q^{s^2} e^{2s^2\nu}\theta_1' o} = \frac{(-1)^s q^{s^2}}{\theta_1' o},$$

folglich, wenn man für A_s seinen Werth in die obige Gleichung einführt,

(1.) $$\frac{\theta_1' o}{\theta_1 x} = \Sigma_{-\omega}^{\omega} \frac{(-1)^{s} q^{s^2}}{\sin(x+s\nu i)}.$$

Befreit man nach den Vorschriften, welche in §. 73 gegeben sind, den Summenausdruck von seinem imaginären Theile, so findet man

(2.) $$\frac{\theta_1' o}{\theta_1 x} = \frac{1}{\sin x} + 4\sin x \Sigma_1^{\omega} \frac{(-1)^s q^{s^2+s}(1+q^{2s})}{1-2q^{2s}\cos 2x + q^{4s}}.$$

Da $\theta_1' o = \theta o \theta_2 o \theta_3 o$, so erhält man aus dieser Formel für $x = \frac{1}{2}\pi$, weil nach §. 22 $\theta_1 \frac{1}{2}\pi = \theta_2 o$ ist,

$$\theta o \theta_3 o = \theta(o, 2\nu)^2 = 1 + 4\Sigma_1^{\omega} \frac{(-1)^s q^{s^2+s}}{1+q^{2s}}.$$

Vertauscht man hier ν mit $\frac{1}{2}\nu$, also q mit $q^{\frac{1}{2}}$, so ergiebt sich die Reihe

(3.) $$\theta o^2 = 1 + 4\Sigma_1^{\omega} \frac{(-1)^s q^{\frac{1}{2}(s^2+s)}}{1+q^s}$$
$$= 1 - 4\left(\frac{q}{1+q} - \frac{q^3}{1+q^2} + \frac{q^6}{1+q^3} - \frac{q^{10}}{1+q^4} + \cdots\right).$$

Die Vergleichung dieser Formel mit N. 8 in §. 88 lehrt, dass

$$\frac{q}{1+q} - \frac{q^3}{1+q^3} + \frac{q^5}{1+q^5} - \frac{q^7}{1+q^7} + \cdots$$
$$= \frac{q}{1+q} - \frac{q^3}{1+q^2} + \frac{q^6}{1+q^3} - \frac{q^{10}}{1+q^4} + \cdots$$

Ersetzt man in N. 1 das x durch $x - \frac{1}{2}\nu i$, so findet man mit Benutzung von (1.) in §. 22 und einigen schon oft angewandten Transformationen

(4.) $$\frac{\theta_1' o}{\theta x} = 2\Sigma_0^{\omega} \frac{(-1)^s q^{(s+\frac{1}{2})^2}(1-q^{4s+2})}{1-2q^{2s+1}\cos 2x + q^{4s+2}}.$$

Setzt man auch hier $x = 0$, benutzt N. 7 in §. 25 und schreibt dann 2ν statt ν, so gelangt man zu der Formel

(5.) $$\theta_2 o^2 = 4\Sigma_0^{\omega} (-1)^s \frac{1+q^{4s+2}}{1-q^{4s+2}} q^{\frac{1}{2}(2s+1)^2}.$$

Aus N. 8 in §. 76 ergiebt sich für $x = o$

(6.) $$\theta_2 o^2 = 4\Sigma_0^{\omega} \frac{q^{s+\frac{1}{2}}}{1+q^{2s+1}}.$$

Nach diesen beiden Formeln ist also

$$\frac{q^{\frac{1}{2}}}{1+q}+\frac{q^{\frac{3}{2}}}{1+q^3}+\frac{q^{\frac{5}{2}}}{1+q^5}+\frac{q^{\frac{7}{2}}}{1+q^7}+\cdots$$
$$=q^{\frac{1}{2}}\frac{1+q^2}{1-q^2}-q^{\frac{9}{2}}\frac{1+q^6}{1-q^6}+q^{\frac{25}{2}}\frac{1+q^{10}}{1-q^{10}}-q^{\frac{49}{2}}\frac{1+q^{14}}{1-q^{14}}+\cdots$$

oder

$$\frac{1}{1+q}+\frac{q}{1+q^3}+\frac{q^2}{1+q^5}+\frac{q^3}{1+q^7}+\cdots$$
$$=\frac{1+q^2}{1-q^2}-q^4\frac{1+q^6}{1-q^6}+q^{12}\frac{1+q^{10}}{1-q^{10}}-q^{24}\frac{1+q^{14}}{1-q^{14}}+\cdots$$

Schreibt man in (2.) und (4.) $\frac{1}{2}\pi-x$ statt x, so erhält man noch die beiden Formeln

(7.) $$\frac{\vartheta_1'o}{\vartheta_1 x}=\frac{1}{\cos x}+4\cos x\sum_1^{\omega}\frac{(-1)^s q^{s^2+s}(1+q^{2s})}{1+2q^{2s}\cos 2x+q^{4s}}$$

(8.) $$\frac{\vartheta_1'o}{\vartheta_2 x}=2\sum_0^{\omega}\frac{(-1)^s q^{(s+\frac{1}{2})^2}(1-q^{4s+2})}{1+2q^{2s+1}\cos 2x+q^{4s+2}}.$$

Für $x=0$ und 2ν statt ν erhält man aus (8.) die Formel

(9.) $$\vartheta_1(\tfrac{1}{4}\pi)^2=2\sum_0^{\omega}(-1)^s q^{\frac{1}{2}(2s+1)^2}\frac{1-q^{4s+2}}{1+q^{4s+2}}.$$

Der bessern Uebersicht wegen stellen wir die gewonnenen Formeln hier zusammen:

(4.) $$\frac{\vartheta_1'o}{\vartheta x}=-ie^{ix}\sum_{-\omega}^{\omega}\frac{(-1)^s q^{s^2-\frac{1}{4}}}{\sin(x+(s-\frac{1}{2})\nu i)}=2\sum_0^{\omega}\frac{(-1)^s q^{(s+\frac{1}{2})^2}(1-q^{4s+2})}{1-2q^{2s+1}\cos 2x+q^{4s+2}}$$

(1.) $$\frac{\vartheta_1'o}{\vartheta_1 x}=\sum_{-\omega}^{\omega}\frac{(-1)^s q^{s^2}}{\sin(x+s\nu i)}=\frac{1}{\sin x}+4\sin x\sum_1^{\omega}\frac{(-1)^s q^{s^2+s}(1+q^{2s})}{1-2q^{2s}\cos 2x+q^{4s}}$$

(7.) $$\frac{\vartheta_1'o}{\vartheta_1 x}=\sum_{-\omega}^{\omega}\frac{(-1)^s q^{s^2}}{\cos(x+s\nu i)}=\frac{1}{\cos x}+4\cos x\sum_1^{\omega}\frac{(-1)^s q^{s^2+s}(1+q^{2s})}{1+2q^{2s}\cos 2x+q^{4s}}$$

(8.) $$\frac{\vartheta_1'o}{\vartheta_2 x}=e^{ix}\sum_{-\omega}^{\omega}\frac{(-1)^s q^{s^2-\frac{1}{4}}}{\cos(x+(s-\frac{1}{2})\nu i)}=2\sum_0^{\omega}\frac{(-1)^s q^{(s+\frac{1}{2})^2}(1-q^{4s+2})}{1+2q^{2s+1}\cos 2x+q^{4s+2}}.$$

Ueber die hier benutzte Entwickelungsweise ist zu bemerken, dass sie nicht, wie die in §. 66 angewandte, auf der Formel beruht, welche etwa einen Bruch von der Form

$$\frac{1}{\sin(a-x)\sin(b-x)\sin(c-x)\ldots}$$

in eine Reihe von der Form

$$\frac{A}{\sin(a-x)}+\frac{B}{\sin(b-x)}+\frac{C}{\sin(c-x)}+\cdots$$

auflösen lehrte, sondern dass sie nur deswegen gelingt, weil man nach §. 16 N. 4 setzen kann

$$\frac{\sin x}{\theta_1 x}=\frac{1}{2q^{\frac{1}{4}}(q^2;q^2)}\Pi_1^{\omega}\frac{1}{1-2q^{2s}\cos 2x+q^{4s}}$$

$$=\frac{1}{2q^{\frac{1}{4}}(q^2;q^2)}\Pi_1^{\omega}\frac{q^{-2s}}{2(\cos 2s\nu i-\cos 2x)}=\Sigma_1^{\omega}\frac{A_s}{\cos 2s\nu i-\cos 2x};$$

denn schreibt man y statt $\cos 2x$, so hat man nur einen Bruch von der Form

$$\frac{1}{(a-y)(b-y)(c-y)\ldots}$$

in Partialbrüche aufzulösen.

Man würde also in unserem Falle erhalten

$$A^s=\left\{\frac{\sin x(\cos 2s\nu i-\cos 2x)}{\theta_1 x}\right\}_{x=s\nu i}$$

$$=\left\{\frac{2\sin x\sin(x+s\nu i)\sin(x-s\nu i)}{(-1)^s q^{s^2}e^{-2sxi}\theta_1(x-s\nu i)}\right\}_{x=s\nu i}$$

$$=\frac{2\sin s\nu i\sin 2s\nu i}{(-1)^s q^{s^2}e^{2s^2\nu}\theta_1' o}=\frac{-(-1)^s q^{s^2-3s}(1-q^{2s})(1-q^{4s})}{2\theta_1' o}.$$

Es ergiebt sich auf diese Weise

$$\frac{\theta_1' o\sin x}{\theta_1 x}=-\Sigma_1^{\omega}\frac{(-1)^s q^{s^2-s}(1-q^{2s})(1-q^{4s})}{1-2q^{2s}\cos 2x+q^{4s}}. \tag{10.}$$

Diese Reihe ist aber nichts anderes als die Reihe (1.) in etwas veränderter Gestalt, wie man sogleich bemerken wird, wenn man die (1.) mit $\sin x$ multiplicirt, dann $1-\cos 2x$ statt $2\sin^2 x$ schreibt, und beachtet, dass offenbar

$$1+\Sigma_1^{\omega}(-1)^s q^{s^2-s}(1+q^{2s})=1+\Sigma_1^{\omega}(-1)^s q^{s^2-s}+\Sigma_1^{\omega}(-1)^s q^{s^2+s}=0$$

ist.

§. 90.

Man erhält Reihen, welche nicht ohne practischen Werth sind und neue Vergleichungspunkte darbieten, wenn man aus der Gleichung

$$u=\int_0^{\varphi}\frac{dz}{\sqrt{1-k^2\sin z^2}} \tag{1.}$$

die Amplitude φ in eine nach Potenzen von u geordnete Reihe entwickelt. Um eine solche Entwickelung auszuführen, verfährt man am bequemsten auf folgende Weise:

Man bezeichne das Differenziiren nach u durch Accente, so ist nach Maclaurin

$$\varphi = \varphi_0 + u\varphi'_0 + \frac{u^2}{2!}\varphi''_0 + \frac{u^3}{3!}\varphi'''_0 + \cdots$$

Nun ist

$$(2.)\qquad \left(\frac{d\varphi}{du}\right)^2 = \varphi'^2 = 1 - k^2 \sin\varphi^2.$$

Für $\varphi = o$ ist auch $u = o$ und daher $\varphi'_0 = 1$, wenn bei der Wurzelausziehung das positive Zeichen vor der Wurzel gewählt wird. Das Differential der (2.) ist

$$\varphi'' = -\tfrac{1}{2}k^2 \sin 2\varphi.$$

Setzt man aber lieber $2\varphi = \psi$, um bei dem weiteren Differenziiren zu grosse Zahlencoefficienten zu vermeiden, so wird

$$\frac{1}{k^2}\psi'' = -\sin\psi$$

$$\frac{1}{k^2}\psi''' = -\cos\psi.\psi'$$

$$\frac{1}{k^2}\psi^{\mathrm{IV}} = \sin\psi.\psi'^2 - \cos\psi.\psi''$$

$$\frac{1}{k^2}\psi^{\mathrm{V}} = \sin\psi.3\psi'\psi'' + \cos\psi(\psi'^3 - \psi''')$$

$$\frac{1}{k^2}\psi^{\mathrm{VI}} = \sin\psi(3\psi''^2 + 4\psi'\psi''' - \psi'^4) + \cos\psi(6\psi'^2\psi'' - \psi^{\mathrm{IV}})$$

$$\frac{1}{k^2}\psi^{\mathrm{VII}} = \sin\psi(2\psi''\psi''' + \psi'\psi^{\mathrm{IV}} - 2\psi'^3\psi'')$$
$$+\cos\psi(15\psi'\psi''^2 + 10\psi'^2\psi''' - \psi'^5 - \psi^{\mathrm{V}}).$$

Aus diesen Gleichungen folgert man, wenn man wieder ψ durch φ ersetzt:

$$\begin{array}{ll}
\varphi_0 = 0, & \varphi'_0 = 1 \\
\varphi''_0 = 0, & \varphi'''_0 = -k^2 \\
\varphi_0^{\mathrm{IV}} = 0, & \varphi_0^{\mathrm{V}} = k^2(4+k^2) \\
\varphi_0^{\mathrm{VI}} = 0, & \varphi_0^{\mathrm{VII}} = -k^2(16+44k^2+k^4) \\
\varphi_0^{\mathrm{VIII}} = 0, & \varphi_0^{\mathrm{IX}} = k^2(64+912k^2+408k^4+k^6)
\end{array}$$

. . . .

also

$$(3.)\qquad \varphi = u - k^2\frac{u^3}{3!} + k^2(4+k^2)\frac{u^5}{5!} - k^2(16+44k^2+k^4)\frac{u^7}{7!}$$
$$+ k^2(64+912k^2+408k^4+k^6)\frac{u^9}{9!} - \cdots$$

Aus dieser Reihe schliesst man ferner

$$(4.)\qquad \sin\varphi = u - (1+k^2)\frac{u^3}{3!} + (1+14k^2+k^4)\frac{u^5}{5!}$$
$$-(1+135k^2+135k^4+k^6)\frac{u^7}{7!} + (1+1228k^2+5478k^4+1228k^6+k^8)\frac{u^9}{9!} - \cdots$$

Zu dieser letzten Reihe gelangt man schneller direct auf folgendem Wege. Ersetzt man $\sin\varphi$ durch x, so hat man

$$u = \int_0^x \frac{dz}{\sqrt{(1-z^2)(1-k^2z)}}$$

also

$$\left(\frac{dx}{du}\right)^2 = x'^2 = (1-x^2)(1-k^2x^2) = 1-(1+k^2)x^2+k^2x^4$$

und daher

$$\begin{aligned}
x'' &= 2k^2x^3-(1+k^2)x\\
x''' + (1+k^2)x' &= 6k^2x^2x'\\
x^{IV} + (1+k^2)x'' &= 6k^2(2xx'^2+x^2x'')\\
x^{V} + (1+k^2)x''' &= 6k^2(2x'^3+6xx'x''+x^2x''')\\
x^{VI} + (1+k^2)x^{IV} &= 6k^2(12x'^2x''+6xx''^2+8xx'x''+x^2x^{IV})\\
x^{VII} + (1+k^2)x^{V} &= 6k^2(30x'x''^2+20x'^2x'''+20xx''x'''+10xx'x^{IV}+x^2x^{V})\\
x^{VIII} + (1+k^2)x^{VI} &= 6k^2(30x''^3+120x'x''x'''+30x'^2x^{IV}+20xx'''^2\\
&\quad +30xx''x^{IV}+12xx'x^{V}+x^2x^{VI}).\\
x^{IX} + (1+k^2)x^{VII} &= 6k^2(210x''^2x'''+210x'x''x^{IV}+140x'x'''^2+42x'^2x^{V}\\
&\quad +70xx'''x^{IV}+42xx''x^{V}+14xx'x^{VI}+x^2x^{VII})
\end{aligned}$$

. . . .

Die Bestimmung der Coefficienten der einzelnen Potenzen von u ist hier leichter, da durch das Setzen von $u=o$ etc. weit mehr Glieder verschwinden als bei der vorigen Entwicklung. Man findet so

$$\begin{aligned}
x_0 &= 0, & x'_0 &= 1\\
x''_0 &= 0, & x'''_0 &= -(1+k^2)\\
x^{IV}_0 &= 0, & x^{V}_0 &= 1+14k^2+k^4\\
x^{VI}_0 &= 0, & x^{VII}_0 &= -(1+k^2)(1+134k^2+k^4)\\
x^{VIII}_0 &= 0, & x^{IX}_0 &= 1+1228k^2+5478k^4+1228k^6+k^8
\end{aligned}$$

. . . .

also für x oder $\sin\varphi$ die unter N. 4 angegebene Reihe.

Es ist nicht ohne Interesse, dass man aus der Reihe (3.) für φ sogleich eine andere für $\cos\varphi$ ableiten kann. Ersetzt man nämlich in dem Integrale (1.) k durch $\frac{1}{k}$ und u durch ku, so möge dadurch φ in ψ übergehen, so dass

(5.) $$ku = \int_0^\psi \frac{dz}{\sqrt{1-\frac{1}{k^2}\sin z^2}} \quad \text{oder} \quad u = \int_0^\psi \frac{dz}{\sqrt{k^2 - \sin z^2}}$$

wird. Nach N. 3 ist also

$$\psi = ku - k\frac{u^3}{3!} + k(4k^2+1)\frac{u^5}{5!} - k(16k^4+44k^2+1)\frac{u^7}{7!} + \cdots$$

folglich

(6.) $$\frac{1}{k}\frac{d\psi}{du} = 1 - \frac{u^2}{2!} + (1+4k^2)\frac{u^4}{4!} - (1+44k^2+16k^4)\frac{u^6}{6!} + \cdots$$

Setzt man aber in dem Integrale N. 5

$$\sin z = k \sin y$$

so wird

$$\frac{dz}{\sqrt{k^2-\sin z^2}} = \frac{dy}{\sqrt{1-k^2\sin y^2}}.$$

Für $z = o$ wird $y = o$ und für $z = \psi$ werde $y = \varphi$, so dass die Gleichung stattfindet

(7.) $$\sin\psi = k\sin\varphi$$

und das Integral (5.) sich in

$$u = \int_0^\varphi \frac{dy}{\sqrt{1-k^2\sin y^2}}$$

verwandelt. Nach dieser Gleichung ist nun

$$\left(\frac{d\varphi}{du}\right)^2 = 1 - k^2\sin\varphi^2$$

und nach N. 5 ist, wenn man (6.) benutzt,

$$\left(\frac{d\psi}{du}\right)^2 = k^2 - \sin\psi^2 = k^2 - k^2\sin\varphi^2 = k^2\cos\varphi^2$$

also

(8.) $$\cos\varphi = \frac{1}{k}\frac{d\psi}{du}.$$

Mit Rücksicht auf (6.) ist also

(9.) $$\cos\varphi = 1 - \frac{u^2}{2!} + (1+4k^2)\frac{u^4}{4!} - (1+44k^2+16k^4)\frac{u^6}{6!}$$
$$+ (1+408k^2+912k^4+64k^6)\frac{u^8}{8!} - \cdots$$

Dass die Coefficienten der Reihe für $\sin\varphi$ in N. 4 symmetrisch gebildet sind, ergiebt sich aus dem Integrale (1.) direct, wenn man k mit $\frac{1}{k}$ vertauscht und dann ku statt u setzt, wodurch sich das Integral nicht ändert, wie die soeben geführte Rechnung beweist.

Die Reihe für $\sin\varphi$ kann man jetzt auch so entwickeln, dass man (8.) differenziirt, wodurch sich

$$\sin\varphi = -\frac{1}{k}\frac{d^2\psi}{du^2} : \frac{d\varphi}{du}$$

ergiebt, so dass man also die Reihe welche sich aus (6.) durch Differenziiren nach u ergiebt, nur durch das Differenzial der Reihe (3.) zu dividiren braucht, um die Reihe für $\sin\varphi$ zu erhalten.

Aus (3.) hat man sogleich die Reihe für $\Delta\varphi = \frac{d\varphi}{du}$, nämlich

$$(10).\quad \Delta\varphi = 1 - k^2\frac{u^2}{2!} + k^2(4+k^2)\frac{u^4}{4!} - k^2(16+44k^2+k^4)\frac{u^6}{6!} + \cdots$$

§. 91.

Entwickelt man jetzt die Gleichungen (1.) und (3.) in §. 75 nach Potenzen von x, so erhält man Reihen, deren Coefficienten sich mit den soeben unter N. 4 und N. 10 gefundenen vergleichen lassen. Man findet

$$\vartheta o^2 \sin\varphi = 4\Sigma_0^\omega \frac{q^{s+\frac{1}{2}}}{1-q^{2s+1}}\left\{(2s+1)x - (2s+1)^3\frac{x^3}{3!} + (2s+1)^5\frac{x^5}{5!} - \cdots\right\}$$

$$\vartheta o^2 \Delta\varphi = 4\Sigma_0^\omega \frac{q^s}{1+q^{2s}}\left\{1 - (2s)^2\frac{x^2}{2!} + (2s)^4\frac{x^4}{4!} - (2s)^6\frac{x^6}{6!} + \cdots\right\}$$

und die Vergleichung dieser Reihen mit denen in N. 4 und N. 10 liefert, wenn man u durch seinen Werth $x\vartheta o^2$ ersetzt, unmittelbar die Gleichungen

$$k\left(\frac{2K}{\pi}\right)^2 = 4\Sigma_0^\omega \frac{(2s+1)q^{s+\frac{1}{2}}}{1-q^{2s+1}};\quad k(1+k^2)\left(\frac{2K}{\pi}\right)^4 = 4\Sigma_0^\omega \frac{(2s+1)^3 q^{s+\frac{1}{2}}}{1-q^{2s+1}};$$

$$k(1+14k^2+k^4)\left(\frac{2K}{\pi}\right)^6 = 4\Sigma_0^\omega \frac{(2s+1)^5 q^{s+\frac{1}{2}}}{1-q^{2s+1}};\quad \text{etc.}$$

$$\frac{2K}{\pi} = 4\Sigma_0^\omega \frac{q^s}{1+q^{2s}};\quad k^2\left(\frac{2K}{\pi}\right)^3 = 16\Sigma_0^\omega \frac{s^2 q^s}{1+q^{2s}};$$

$$k^2(4+k^2)\left(\frac{2K}{\pi}\right)^5 = 64\Sigma_0^\omega \frac{s^4 q^s}{1+q^{2s}}\quad \text{etc.}$$

Solcher Reihen liessen sich durch die hier benutzte Methode offenbar noch eine sehr grosse Zahl aufstellen, wenn man auch die übrigen bisher aufgefundenen Reihen nach Potenzen von x entwickelt, was jetzt keine weitere Schwicrigkeiten darbietet.

§. 92.

Man verdankt Herrn C. O. Meyer den sehr schönen Satz, dass, wenn man die Function

$$U = \frac{\sin\varphi^m \cos\varphi^n \varDelta\varphi^r}{(1+a\sin\varphi)^t},$$

in welcher a nur von ν abhängt, in eine Reihe verwandeln kann, die nach den Sinus und Cosinus der Vielfachen von x fortschreitet, sich auch eine solche Reihe für das Product

$$l'\theta x \,.\, U$$

angeben lässt.

Dieser Satz, von dem wir später eine Anwendung machen werden, findet sich im 56sten Bande des Borchardtschen Journals, und lässt sich jetzt mit den bisher entwickelten Formeln sehr leicht beweisen.

Setzt man nämlich

$$1 + a\sin\varphi = u$$

und denkt sich a als Function von ν, so ist

$$\frac{\partial}{\partial\nu} l\left(\frac{1}{u}\right) = -\frac{1}{u}\left(\sin\varphi\frac{\partial a}{\partial\nu} + a\cos\varphi\frac{\partial\varphi}{\partial\nu}\right)$$

$$\frac{\partial}{\partial x} l\left(\frac{1}{u}\right) = -\frac{a}{u}\cos\varphi\frac{\partial\varphi}{\partial x},$$

also, vermöge (1.) in §. 80,

$$l'\theta x\frac{\partial}{\partial x} l\left(\frac{1}{u}\right) - 2\frac{\partial}{\partial\nu} l\left(\frac{1}{u}\right) = \frac{2}{u}\sin\varphi\frac{\partial a}{\partial\nu} - \frac{a}{u}\cos\varphi\left(l'\theta x\frac{\partial\varphi}{\partial x} - 2\frac{\partial\varphi}{\partial\nu}\right)$$

$$= \frac{2}{u}\sin\varphi\frac{\partial a}{\partial\nu} - \frac{a}{u}\,\theta_1 o^4 \cos\varphi^2 \sin\varphi.$$

Multiplicirt man nun diese Gleichung mit t, die (2.), (3.), (4.) in §. 80 entsprechend mit m, n, r und addirt alle vier Producte, so erhält man die Gleichung

$$l'\theta x\frac{\partial l(U)}{\partial x} = 2\frac{\partial l(U)}{\partial\nu} + V$$

oder

$$(1.)\qquad l'\theta x\frac{\partial U}{\partial x} = 2\frac{\partial U}{\partial \nu} + UV,$$

wo

$$V = \mathfrak{q}o^4\left\{m\cos\varphi^2 - (n+r)\sin\varphi^2 - \frac{at}{u}\sin\varphi\cos\varphi^2\right\} + \frac{2t}{u}\sin\varphi\frac{\partial a}{\partial \nu}$$

gesetzt worden ist.

Es ist aber

$$\frac{\partial}{\partial x}(Ul'\theta x) = l'\theta x\frac{\partial U}{\partial x} + Ul''\theta x$$

und nach §. 77 N. 14

$$l''\theta x = l''\theta o - \mathfrak{q}o^2\mathfrak{q}o^2 fx^2 = l''\theta o - \mathfrak{q}o^4\sin\varphi^2,$$

also

$$\frac{\partial}{\partial x}(Ul'\theta x) = l'\theta x\frac{\partial U}{\partial x} + U(l''\theta x - \mathfrak{q}o^4\sin\varphi^2).$$

Die Summe dieser Gleichung und der N. 1 ist

$$\frac{\partial}{\partial x}(Ul'\theta x) = 2\frac{\partial U}{\partial \nu} + U(V + l''\theta o - \mathfrak{q}o^4\sin\varphi^2).$$

Das Integral hiervon ist

$$(2.)\qquad Ul'\theta x = \int\left\{2\frac{\partial U}{\partial \nu} + U(V + l''\theta o - \mathfrak{q}o^4\sin\varphi^2)\right\}dx.$$

In diesem Integrale sind entweder die Functionen von φ durch die Functionen fx, gx, hx zu ersetzen oder ∂x durch seinen Werth $\frac{\partial\varphi}{\mathfrak{q}o^2\Delta\varphi}$.

Beispiel. Es sei $m = n = t = 0$ und $r = 1$, also $U = \Delta\varphi$ und $V = -\mathfrak{q}o^4\sin\varphi^2$. Dann ist also

$$l'\theta x\Delta\varphi = \int\left\{2\frac{\partial\Delta\varphi}{\partial \nu} + \Delta\varphi(l''\theta o - 2\mathfrak{q}o^4\sin\varphi^2)\right\}\partial x.$$

Es war aber nach §. 75 N. 3

$$\Delta\varphi = \frac{1}{\mathfrak{q}o^2}\Sigma_{-\omega}^{\omega}\frac{\cos 2sx}{\cos s\nu i},$$

also

$$\frac{\partial\Delta\varphi}{\partial \nu} = \frac{i}{\mathfrak{q}o^2}\Sigma_{-\omega}^{\omega}\frac{s\sin s\nu i\cos 2sx}{\cos s\nu i^2} - \frac{\mathfrak{q}''o}{2\mathfrak{q}o^3}\Sigma_{-\omega}^{\omega}\frac{\cos 2sx}{\cos s\nu i},$$

daher ist

$$(\text{a.})\qquad 2\int\frac{\partial\Delta\varphi}{\partial \nu}\partial x = \frac{i}{\mathfrak{q}o^2}\Sigma_{-\omega}^{\omega}\frac{\sin s\nu i\sin 2sx}{\cos s\nu i^2} - \frac{\mathfrak{q}''o}{2\mathfrak{q}o^3}\Sigma_{-\omega}^{\omega}\frac{\sin 2sx}{s\cos s\nu i}$$

und

(b.) $$\int \Delta\varphi\,\partial x = \frac{1}{2\vartheta o^2}\Sigma_{-\omega}^{\omega}\frac{\sin 2sx}{s\cos s\nu i}.$$

Setzt man nun (a.) und (b.) und N. 12 aus §. 77

$$\vartheta o^4 = l''\theta o - l''\vartheta o = \frac{\theta''o}{\theta o} - \frac{\vartheta''o}{\vartheta o}$$

in N. 2 ein, so wird, da die Constante der Integration verschwindet,

$$l'\theta x.\Delta\varphi$$
$$= \frac{i}{\vartheta o^2}\Sigma_{-\omega}^{\omega}\frac{\sin s\nu i\sin 2sx}{\cos s\nu i^2} + \frac{\vartheta o^4}{2\vartheta o^2}\Sigma_{-\omega}^{\omega}\frac{\sin 2sx}{s\cos s\nu i} - \frac{\vartheta o^4}{2\vartheta o^2}(2\varphi - \sin 2\varphi).$$

Schafft man dann das Imaginäre fort, so erhält man endlich

$$l'\theta x.\Delta\varphi = \frac{\vartheta o^4}{2\vartheta o^2}(2x - 2\varphi + \sin 2\varphi) + \frac{2\vartheta o^4}{\vartheta o^2}\Sigma_1^{\omega}\frac{q^s\sin 2sx}{s(1+q^{2s})}$$
$$- \frac{2}{\vartheta o^2}\Sigma_1^{\omega} q^s\left(\frac{1-q^s}{1+q^{2s}}\right)^2\sin 2sx.$$

§. 93.

Die Entwickelung der Thetafunctionen nach Potenzen von x.

Vorbereitung.

Multiplicirt man die Formeln (14.), (15.) und (16.) in §. 77 mit ∂x und integrirt dann von $x = 0$ bis $x = \frac{1}{2}\pi$, so ergiebt sich, weil $l'\theta o$ und $l'\theta\frac{1}{2}\pi = l'\vartheta o$ verschwinden:

(1.) $$\begin{cases} \vartheta o^2\,\vartheta o^2.\int_0^{\frac{1}{2}\pi} fx^2\,\partial x = \frac{1}{2}\pi\, l''\theta o, \\ \theta o^2\,\vartheta o^2.\int_0^{\frac{1}{2}\pi} gx^2\,\partial x = -\frac{1}{2}\pi\, l''\vartheta o, \\ \theta o^2\,\vartheta o^2.\int_0^{\frac{1}{2}\pi} hx^2\,\partial x = -\frac{1}{2}\pi\, l''\vartheta o. \end{cases}$$

Ersetzt man hier

$$\partial x,\quad fx,\quad gx,\quad hx$$

durch ihre in §. 51 unter (13.), (14.), (15.), (16.) gegebenen Werthe

$$\frac{\partial\varphi}{\vartheta o^2\Delta\varphi},\quad \frac{go}{ho}\sin\varphi,\quad go\cos\varphi,\quad ho\Delta\varphi,$$

schreibt dann λ statt k^2, also $\frac{\vartheta o^4}{\vartheta o^4} = \lambda$ und $\frac{\theta o^4}{\vartheta o^4} = 1 - \lambda$, dividirt ferner die so verwandelten Gleichungen entsprechend durch θo^2, $\theta_1 o^2$, $\theta_2 o^2$ und differenziirt schliesslich beide Seiten derselben nach λ, so nehmen sie folgende Gestalt an:

$$(4.)\qquad \frac{\partial}{\partial\lambda}\int_0^{\frac{1}{2}\pi}\frac{\lambda\sin\varphi^2\,\partial\varphi}{\sqrt{1-\lambda}.\varDelta\varphi}=\tfrac{1}{2}\pi\cdot\frac{\partial}{\partial\lambda}\Big(\frac{l''\theta o}{\theta o^2}\Big),$$

$$(5.)\qquad \frac{\partial}{\partial\lambda}\int_0^{\frac{1}{2}\pi}\frac{\varDelta\varphi\,\partial\varphi}{\sqrt{\lambda}}=-\tfrac{1}{2}\pi\cdot\frac{\partial}{\partial\lambda}\Big(\frac{l''\theta_2 o}{\theta_2 o^2}\Big),$$

$$(6.)\qquad \frac{\partial}{\partial\lambda}\int_0^{\frac{1}{2}\pi}\frac{\lambda\cos\varphi^2\,\partial\varphi}{\varDelta\varphi}=-\tfrac{1}{2}\pi\cdot\frac{\partial}{\partial\lambda}\Big(\frac{l''\theta_1 o}{\theta_1 o^2}\Big).$$

Die Differenziale auf der linken Seite lassen sich nun ziemlich leicht entwickeln. Es ist nämlich

$$\lambda\sin\varphi^2=1-\varDelta\varphi^2 \quad\text{und}\quad \frac{\partial\varDelta\varphi}{\partial\lambda}=-\frac{\sin\varphi^2}{2\varDelta\varphi},$$

also

$$\frac{\partial}{\partial\lambda}\Big(\frac{\lambda}{\sqrt{1-\lambda}\varDelta\varphi}\Big)=\frac{1}{2k'^3\varDelta\varphi}\cdot\Big(\frac{k'^2}{\varDelta\varphi^2}+1\Big).$$

Daher ist

$$\frac{\partial}{\partial\lambda}\Big(\frac{\lambda\sin\varphi^2\,\partial\varphi}{\sqrt{1-\lambda}\varDelta\varphi}\Big)=\frac{\theta_1 o^2 ho^8}{2go^2}\cdot fx^2\Big(\frac{1}{ho^2hx^2}+1\Big)\partial x.$$

Benutzt man hier die Gleichungen (14.) und (23.) in §. 77, so verwandelt man die rechte Seite dieser Gleichung leicht in

$$\frac{\theta_1 o^8}{2\theta o^6}\Big(1+\frac{l''hx}{\theta_1 o^4}\Big)\partial x.$$

Da aber

$$\int_0^{\frac{1}{2}\pi}l''hx\,\partial x=(l'hx)_0^{\frac{1}{2}\pi}=l'h\tfrac{1}{2}\pi-l'ho=-2l'ho=0,$$

so erhält man aus (4.) die Formel

$$(7.)\qquad \frac{\theta_1 o^8}{2\theta o^6}=\frac{\partial}{\partial\lambda}\Big(\frac{l''\theta o}{\theta o^2}\Big).$$

Ganz auf dieselbe Weise findet man aus den Gleichungen (5.) und (6.) noch die Formeln

$$(8.)\qquad \frac{\theta_1 o^8}{2\theta_1 o^6}=\frac{\partial}{\partial\lambda}\Big(\frac{l''\theta_1 o}{\theta_1 o^2}\Big),$$

$$(9.)\qquad -\tfrac{1}{2}\theta_1 o^2=\frac{\partial}{\partial\lambda}\Big(\frac{l''\theta_1 o}{\theta_1 o^2}\Big).$$

Es ist aber nach §. 79 (2.), welche Formel für alle vier Theta gilt,

$$4\frac{\partial l\theta_2 o}{\partial \nu} = l''\theta_2 o \quad \text{und} \quad 4\frac{\partial l\theta_3 o}{\partial \nu} = l''\theta_3 o;$$

also, wenn man die letztere von der ersteren subtrahirt und (13.) in §. 77 benutzt

$$4\frac{\partial l\sqrt{k}}{\partial \nu} = l''\theta_2 o - l''\theta_3 o = -\theta o^4$$

oder

$$\frac{\partial k}{\partial \nu} = -\frac{k}{2}\theta o^4$$

und

$$\partial \lambda = -\lambda \theta o^4 \partial \nu = -\frac{\theta o^4 \theta_2 o^4}{\theta_3 o^4}\partial \nu.$$

Mit Hülfe dieses Werthes von $\partial\lambda$ verwandelt man die Formeln (7.), (8.), (9.), wenn noch

$$\nu = 4\mu$$

gesetzt wird, in

$$\text{(11.)} \qquad \frac{\partial}{\partial \mu}\left(\frac{l''\theta o}{\theta o^2}\right) = -2\frac{\theta_2 o^4 \theta_3 o^4}{\theta o^2},$$

$$\text{(12.)} \qquad \frac{\partial}{\partial \mu}\left(\frac{l''\theta_2 o}{\theta_2 o^2}\right) = -2\frac{\theta o^4 \theta_3 o^4}{\theta_2 o^2},$$

$$\text{(13.)} \qquad \frac{\partial}{\partial \mu}\left(\frac{l''\theta_3 o}{\theta_3 o^2}\right) = 2\frac{\theta o^4 \theta_2 o^4}{\theta_3 o^2}.$$

Bezeichnet man nun

$$l''\theta o = A, \quad l''\theta_2 o = B, \quad l''\theta_3 o = C,$$

so wird nach §. 79 (11.), welche Formel für alle Theta gilt,

$$\text{(14.)} \qquad \frac{\partial \theta o}{\partial \mu} = A\theta o, \quad \frac{\partial \theta_2 o}{\partial \mu} = B\theta_2 o, \quad \frac{\partial \theta_3 o}{\partial \mu} = C\theta_3 o;$$

und wenn man

$$\text{(15.)} \qquad \begin{cases} 2\theta_2 o^4 \theta_3 o^4 = a, \\ 4(\theta_2 o^4 + \theta_3 o^4) = b \end{cases}$$

setzt, so wird nach (11.)

$$\text{(16.)} \qquad \frac{\partial A}{\partial \mu} = 2A^2 - a.$$

Es ist aber

$$\frac{\partial a}{\partial \mu} = 8\theta_2 o^4 \theta_3 o^4 (B + C),$$

und nach (11.), (12.) und (13.) in §. 77:

(17.) $$\begin{cases} B = A - \vartheta_3 o^4, \\ C = A - \vartheta_2 o^4, \\ B = C - \vartheta o^4; \end{cases}$$

folglich

$$B + C = 2A - \tfrac{1}{4} b,$$

also

(18.) $$\frac{\partial a}{\partial \mu} = 8aA - ab.$$

Ferner ist

$$\frac{\partial b}{\partial \mu} = 16(\vartheta_2 o^4 B + \vartheta_3 o^4 C)$$
$$= 16((\vartheta_2 o^4 + \vartheta_3 o^4)A - 2\vartheta_2 o^4 \vartheta_3 o^4) = 16(\tfrac{1}{4} bA - a);$$

also

(19.) $$\frac{\partial b}{\partial \mu} = 4bA - 16a.$$

Mit Hülfe der drei Formeln (16.), (18.), (19.) kann man nun aus (14.) die nach μ genommenen höheren Ableitungen der Functionen ϑo, $\vartheta_2 o$, $\vartheta_3 o$ sämmtlich entwickeln.

§. 94.

Die Entwickelungen.

Nach diesen Vorbereitungen lassen sich nun die Entwickelungen der Thetafunctionen nach steigenden Potenzen von x ausführen.

Für alle Theta ist

$$\vartheta'' x = \frac{\partial \vartheta x}{\partial \mu}, \qquad \overset{(2n)}{\vartheta x} = \frac{\partial^n \vartheta x}{\partial \mu^n}, \qquad \overset{(2n+1)}{\vartheta x} = \frac{\partial^n \vartheta' x}{\partial \mu^n};$$

also

$$\overset{(2n)}{\vartheta o} = \frac{\partial^n \vartheta o}{\partial \mu^n}, \qquad \overset{(2n+1)}{\vartheta_1 o} = \frac{\partial^n \vartheta_1' o}{\partial \mu^n}, \qquad \overset{(2n)}{\vartheta_2 o} = \frac{\partial^n \vartheta_2 o}{\partial \mu^n}, \qquad \overset{(2n)}{\vartheta_3 o} = \frac{\partial^n \vartheta_3 o}{\partial \mu^n}$$

und

$$\overset{(2n+1)}{\vartheta o} = 0, \qquad \overset{(2n+1)}{\vartheta_2 o} = 0, \qquad \overset{(2n+1)}{\vartheta_3 o} = 0, \qquad \overset{(2n)}{\vartheta_1 o} = 0.$$

Man hat also nach Maclaurin die folgenden vier Reihen:

$$\vartheta x = \vartheta o + \frac{\partial \vartheta o}{\partial \mu} \cdot \frac{x^2}{2!} + \frac{\partial^2 \vartheta o}{\partial \mu^2} \cdot \frac{x^4}{4!} + \cdots,$$
$$\vartheta_1 x = \vartheta_1' o . x + \frac{\partial \vartheta_1' o}{\partial \mu} \cdot \frac{x^3}{3!} + \frac{\partial^2 \vartheta_1' o}{\partial \mu^2} \cdot \frac{x^5}{5!} + \cdots,$$
$$\vartheta_2 x = \vartheta_2 o + \frac{\partial \vartheta_2 o}{\partial \mu} \cdot \frac{x^2}{2!} + \frac{\partial^2 \vartheta_2 o}{\partial \mu^2} \cdot \frac{x^4}{4!} + \cdots,$$
$$\vartheta_3 x = \vartheta_3 o + \frac{\partial \vartheta_3 o}{\partial \mu} \cdot \frac{x^2}{2!} + \frac{\partial^2 \vartheta_3 o}{\partial \mu^2} \cdot \frac{x^4}{4!} + \cdots.$$

Beschäftigen wir uns zunächst mit der ersten dieser Formeln, so würde die ganze Arbeit nur darin bestehen, die höheren nach μ genommenen Ableitungen von θo zu bestimmen, was mit Hülfe der Formeln

$$(1.)\qquad l''\theta o = A,\quad \frac{\partial \theta o}{\partial \mu} = A\theta o,\quad 2\vartheta_2 o^4 \vartheta_3 o^4 = a,\quad 4(\vartheta_2 o^4 + \vartheta_3 o^4) = b$$

und

$$(2.)\qquad \frac{\partial A}{\partial \mu} = 2A^2 - a,\quad \frac{\partial a}{\partial \mu} = 8aA - ab,\quad \frac{\partial b}{\partial \mu} = 4bA - 16a$$

geschehen kann.

Man findet durch sie

$$\frac{\partial^2 \theta o}{\partial \mu^2} = \theta o A^2 + \theta o \frac{\partial A}{\partial \mu} = \theta o\{3A^2 - a\},$$

$$\frac{\partial^3 \theta o}{\partial \mu^3} = \theta o\{3A^3 - aA + 6A(2A^2 - a) - 8aA + ab\} = \theta o\{15A^3 - 15aA + ab\},$$

$$\frac{\partial^4 \theta o}{\partial \mu^4} = \theta o\{105A^4 - 210aA^2 + 28abA - a^2 - ab^2\},$$

$$\frac{\partial^5 \theta o}{\partial \mu^5} = \theta o\{945A^5 - 3150aA^3 + 630abA^2 - 45(a^2 + ab^2)A + 6a^2b + ab^3\}.$$

Das Auffallende bei diesen Formeln ist, dass die Coefficienten der verschiedenen Potenzen von A, abgesehen von den Vorzahlen, dieselben bleiben, nämlich

$$1,\ 0,\ a,\ ab,\ a^2 + ab,\ 6a^2b + ab^3,\ 51a^3 + 15a^2b^2 + ab^4,\ \ldots .$$

Die Nothwendigkeit dieser Erscheinung lässt sich nachweisen, wie Jacobi in einer Abhandlung über diesen Gegenstand im 54. Bande des Borchardtschen Journals gethan hat. Aber wir müssen, aus Mangel an Raum, den Leser auf diese schöne aus dem Nachlass Jacobi's gesammelte Arbeit selbt verweisen.

Auf dieser Erscheinung beruht es nun auch, dass, wenn man die Reihe für θx nach den erwähnten Coefficienten ordnet, sich der Factor $e^{\frac{1}{2}Ax^2}$ absondern lässt, so dass man für θx folgende Reihenentwickelung erhält

$$(3.)\qquad \theta x =$$

$$\theta o\, e^{\frac{1}{2}Ax^2}\left\{1 - \frac{ax^4}{4!} + \frac{abx^6}{6!} - (a^2 + ab^2)\frac{x^8}{8!} + (6a^2b + ab^3)\right\}\frac{x^{10}}{10} - \ldots$$

§. 95.

Nach (12.) und (14.) in §. 93 ist

$$\frac{\partial B}{\partial \mu} = 2B^2 - a,$$

wenn man

(1.) $$2\theta o^4 \vartheta o^4 = a$$

setzt. Es wird dann

$$\frac{\partial a}{\partial \mu} = 8\theta o^4 \vartheta o^4 (A + C) = 4a(2B + \theta o^4 + \vartheta o^4).$$

Setzt man also

(2.) $$-4(\theta o^4 + \vartheta o^4) = b,$$

so erhält man

$$\frac{\partial a}{\partial \mu} = 8aB - ab$$

und

$$\frac{\partial b}{\partial \mu} = -16(\theta o^4 A + \vartheta o^4 C) = -16(\theta o^4 B + \vartheta o^4 B + 2\theta o^4 \vartheta o^4)$$
$$= 4bB - 16a.$$

Die drei für $\frac{\partial B}{\partial \mu}$, $\frac{\partial a}{\partial \mu}$, $\frac{\partial b}{\partial \mu}$ gefundenen Ausdrücke sind aber mit den in §. 94 unter N. 1 und N. 2 erhaltenen identisch, wenn man B mit A vertauscht. Daher gewinnt man aus (3.) in §. 94 sogleich die Entwickelung für ϑx, wenn man nur B statt A schreibt und für a und b die hier unter (1.) und (2.) gegebenen Werthe substituirt.

Ebenso findet man

$$\frac{\partial C}{\partial \mu} = 2C^2 - a,$$

wenn man

(3.) $$2\theta o^4 \vartheta o^4 = a$$

setzt. Und hieraus wird

$$\frac{\partial a}{\partial \mu} = 8\theta o^4 \vartheta o^4 (A + B) = 8\theta o^4 \vartheta o^4 (2C + \vartheta o^4 - \theta o^4).$$

Setzt man nun

(4.) $$4(\vartheta o^4 - \theta o^4) = b,$$

so erhält man

$$\frac{\partial b}{\partial \mu} = 16(\vartheta o^4 B - \theta o^4 A) = 16(\vartheta o^4 C - \theta o^4 C - 2\theta o^4 \vartheta o^4)$$
$$= 4bC - 16a.$$

Auch hier sind die Ausdrücke für $\frac{\partial C}{\partial\mu}$, $\frac{\partial a}{\partial\mu}$, $\frac{\partial b}{\partial\mu}$ ganz dieselben, wie die unter N. 1 und N. 2 in §. 94, wenn man A mit C vertauscht.

Die unter N. 3 aufgeführte Entwickelung für θx gilt also für die drei Functionen θx, $\theta_2 x$, $\theta_3 x$, wenn man nach der Reihe annimmt:

$$A = l''\theta o = \frac{\theta'' o}{\theta o}, \quad a = 2\theta_2 o^4 \theta_3 o^4, \quad b = 4\theta_2 o^4 + 4\theta_3 o^4;$$

$$A = l''\theta_2 o = \frac{\theta_2'' o}{\theta_2 o}, \quad a = 2\theta_3 o^4 \theta o^4, \quad b = -4\theta_3 o^4 - 4\theta o^4;$$

$$A = l''\theta_3 o = \frac{\theta_3'' o}{\theta_3 o}, \quad a = 2\theta o^4 \theta_2 o^4, \quad b = -4\theta o^4 + 4\theta_2 o^4.$$

§. 96.

Um $\theta_1 x$ in der verlangten Weise entwickeln zu können, muss man sich die höheren Ableitungen von $\theta_1' o$ nach μ verschaffen. Es ist aber nach §. 32 N. 1

$$\begin{aligned}\frac{\partial\theta_1' o}{\partial\mu} = \frac{\partial}{\partial\mu}\cdot\theta o\,\theta_2 o\,\theta_3 o &= \theta o\,\theta_2 o\,\theta_3 o(A+B+C)\\ &= \theta_1' o(3A - \theta_2 o^4 - \theta_3 o^4)\\ &= \theta_1' o(3B + \theta_3 o^4 + \theta o^4)\\ &= \theta_1' o(3C - \theta o^4 + \theta_2 o^4).\end{aligned}$$

Setzt man nun

$$\theta_2 o^4 + \theta_3 o^4 = \beta, \quad \theta_3 o^4 + \theta o^4 = -\beta', \quad -\theta o^4 + \theta_2 o^4 = -\beta'';$$

so erhält man drei verschiedene Ausgangspunkte für die Entwickelung von $\frac{\partial^n \theta_1' o}{\partial\mu^n}$, nämlich

$$\frac{\partial\theta_1' o}{\partial\mu} = \theta_1' o(3A - \beta) = \theta_1' o(3B - \beta') = \theta_1' o(3C - \beta'').$$

Benutzt man den ersten, so findet man mit Rücksicht auf die Formeln in §. 94, nach welchen $\beta = \frac{1}{4}b$ ist,

$$\frac{\partial\theta_1' o}{\partial\mu} = \theta_1' o(3A - \beta),$$

$$\frac{\partial^2\theta_1' o}{\partial\mu^2} = \theta_1' o(15A^2 - 10A\beta + a + \beta^2),$$

$$\frac{\partial^3\theta_1' o}{\partial\mu^3} = \theta_1' o(105A^3 - 105\beta A^2 + 21(a+\beta^2)A - 3a\beta - \beta^3),$$

wo a den Werth $2\theta_2 o^4 \theta_3 o^4$ hat, wie in §. 94.

Setzt man diese Werthe in die Reihe für $\theta_1 x$ ein, so lässt sich wieder der Factor $e^{\frac{1}{2}Ax^2}$ absondern, und man findet:

$$\theta_1 x = \theta_1' o\, e^{\frac{1}{2}Ax^2}\left\{x - \frac{\beta x^3}{3!} + (\alpha+\beta^2)\frac{x^5}{5!} - (3\alpha\beta+\beta^3)\frac{x^7}{7!} + \cdots\right\}.$$

Benutzt man die beiden andern Ausgangsformeln für $\dfrac{\partial \theta_1' o}{\partial \mu}$, so gelangt man noch zu zwei andern Entwickelungen, deren Darstellung wir aber dem Leser überlassen müssen.

Siebenter Abschnitt.

Darstellung von $a+bi$ durch die Functionen f, g, h.

§. 97.

Wir kehren zunächst zu §. 34 zurück, wo gezeigt wurde, wie man aus der Gleichung

$$\frac{ho}{go} f(x+yi) = \sin(\varphi+\psi i)$$

durch die Formeln

$$\operatorname{tg}\varphi = \frac{fh'}{gg'} \quad \text{und} \quad \frac{\operatorname{tg}\psi i}{i} = hf'$$

die Winkel φ und ψ aus den Functionen $f(x, \nu)$, $g(x, \nu)$, $h(x, \nu)$ und $f(y', \nu')$, $g(y', \nu')$, $h(y', \nu')$ bestimmen kann.

Einen grösseren Aufwand von Rechnung erfordert die Bestimmung dieser sechs Functionen aus den Winkeln φ und ψ. Wir wollen hier bei der Ausführung dieser Rechnung statt der dort gebrauchten Bezeichnungen uns lieber der folgenden bedienen:

(1.) $$x + yi = s; \quad x - yi = t$$

(2.) $$\varphi + \psi i = \sigma; \quad \varphi - \psi i = \tau$$

also

(3.) $$fs = \sqrt{k}\sin\sigma; \quad gs = \sqrt{\frac{k}{k'}}\cos\sigma; \quad hs = \frac{1}{\sqrt{k'}}\Delta\sigma$$

(4.) $$ft = \sqrt{k}\sin\tau; \quad gt = \sqrt{\frac{k}{k'}}\cos\tau; \quad ht = \frac{1}{\sqrt{k'}}\Delta\tau.$$

Nach §. 26 finden die Formeln statt:

(5.) $k f^2 + k' h^2 = 1$; $f^2 + k' g^2 = k$; $h^2 - k g^2 = k'$

(6.) $k' f'^2 + k h'^2 = 1$; $f'^2 + k g'^2 = k'$; $h'^2 - k' g'^2 = k$.

und nach N. 8 in §. 34 war hiernach

(7.) $$h'^2 (1 - k' h^2) = \frac{k \sin\varphi^2}{\cos\psi i^2}$$

(8.) $$h^2 (1 - k h'^2) = -\frac{k' \sin\psi i^2}{\cos\psi i^2}.$$

Aus diesen Gleichungen ergeben sich h und h' als die Wurzeln einer quadratischen Gleichung. Die Quadratwurzel, welche bei der Auflösung erscheint, lässt sich mit Hülfe der hier gebrauchten Bezeichnung in ein Product zerlegen. Da diese Zerlegung nicht immer beim ersten Versuche gelingt, und es am bequemsten ist h'^2 zu bestimmen und nicht h^2, so wollen wir sie hier ausführen.

Aus den Gleichungen (7.) und (8.) erhält man sogleich

$$k h'^2 - k' h^2 = \frac{1 - k^2 \cos 2\varphi - k'^2 \cos 2\psi i}{2 \cos\psi i^2}$$

$$= \frac{1 - \cos\sigma \cos\tau + (k^2 - k'^2) \sin\sigma \sin\tau}{2 \cos\psi i^2}.$$

Setzt man nun den Werth von $k' h^2$ in (7.) ein, und bezeichnet $2k \cos\psi i^2 h'^2$ durch z, so wird

$$z^2 - 2z(1 + k^2 \sin\sigma \sin\tau) = -k^2 (\sin\sigma + \sin\tau)^2$$

und aus diesen Gleichungen ergiebt sich leicht

(9.) $$h(y', \nu')^2 = \frac{1 + k^2 \sin\sigma \sin\tau + \varDelta\sigma \varDelta\tau}{2k \cos\psi i^2}.$$

Die Gleichung (7.) liefert dann:

(10.) $$f(x, \nu)^2 = \frac{1 + k^2 \sin\sigma \sin\tau - \varDelta\sigma \varDelta\tau}{2k \cos\psi i^2}.$$

Dass das negative Zeichen vor der Wurzelgrösse in der letzten Gleichung gewählt wird, ist deswegen nöthig, damit fx, für $\varphi = 0$, verschwindet.

Der bequemen Uebersicht wegen stellen wir die Werthe, welche sich jetzt sehr leicht für die Functionen f, g, h, f', g', h' ergeben, in Folgendem zusammen, wobei wir uns noch der Bezeichnung

(11.) $$\int_0^{\xi} \frac{d\lambda}{\varDelta(\lambda, k)} = x \theta(o, \nu)^2 \quad \text{und} \quad \int_0^{\eta'} \frac{d\lambda}{\varDelta(\lambda, k')} = y' \theta(o, \nu')^2$$

bedienen wollen.

$$(12.)\quad \begin{cases} f(x,\nu)^2 = k\sin\xi^2 = \dfrac{1+kfsft-k'hsht}{2k\cos\psi i^2} \\ g(x,\nu)^2 = \dfrac{k}{k'}\cos\xi^2 = \dfrac{kgsgt-k'+hsht}{2k\cos\psi i^2} \\ h(x,\nu)^2 = \dfrac{1}{k'}\Delta\xi^2 = \dfrac{gsgt+k'fsft+khsht}{2k\cos\psi i^2} \end{cases}$$

$$(13.)\quad \begin{cases} f(y',\nu')^2 = k'\sin\eta'^2 = \dfrac{gsgt+k'fsft-khsht}{2k\cos\psi i^2} \\ g(y',\nu)^2 = \dfrac{k'}{k}\cos\eta'^2 = \dfrac{kgsgt-k'-hsht}{2k\cos\psi i^2} \\ h(y',\nu')^2 = \dfrac{1}{k}\Delta(\eta',\nu')^2 = \dfrac{1+kfsft+k'hsht}{2k\cos\psi i^2} \end{cases}$$

Ersetzt man hier σ und τ durch ihre Werthe, so kann man also die Functionen f, g, h und f', g', h', durch die Winkel φ und ψ ausdrücken.

§. 98.

Die im letzten Paragraphen geführten Rechnungen lassen sich jetzt auch auf einem bequemeren Wege ausführen.

In §. 34 ergaben sich unter N. 8 die Formeln

$$(1.)\qquad fh' = \frac{\sin\varphi}{\cos\psi i}; \qquad gg' = \frac{\cos\varphi}{\cos\psi i}; \qquad hf' = -i\,\mathrm{tg}\,\psi i.$$

Benutzt man nun die Formeln (5.) und (6.) in §. 97, so lassen sich diese Producte auf folgende Weise auflösen.

$$\begin{aligned} h^2f'^2 = (k'+kg^2)(k'-kg'^2) &= k'^2+kk'g^2-kk'g'^2-k^2g^2g'^2 \\ &= k'^2+k(k-f^2)-k(h'^2-k)-k^2g^2g'^2 \\ &= 1-k(f^2+h'^2)+k^2(1-g^2g'^2). \end{aligned}$$

Es ist also

$$(2.)\qquad k(h'^2+f^2) = 1-h^2f'^2+k^2(1-g^2g'^2).$$

Ganz auf dieselbe Weise, oder durch Vertauschung von ν mit ν' und x mit y' erhält man

$$(3.)\qquad k'(h^2+f'^2) = 1-h'^2f^2+k'^2(1-g^2g'^2).$$

Benutzt man die Formeln (1.) für diese Gleichungen, so findet man

$$k(h'^2+f^2) = \frac{1}{\cos\psi i^2}+k^2\sin\varphi^2-k^2\cos\varphi^2\,\mathrm{tg}\,\psi i^2;$$

und wenn man die Gleichung

$$2kh'f = \frac{2k\sin\varphi}{\cos\psi i}$$

zu dieser Gleichung addirt und sie von ihr abzieht und dann die Quadratwurzel auszieht, so erhält man die beiden Formeln

$$(4.)\qquad \sqrt{k}(h'+f) = \sqrt{\left(\frac{1}{\cos\psi i} + k\sin\varphi\right)^2 - k^2\cos\varphi^2\,\mathrm{tg}\,\psi i^2}$$

$$(5.)\qquad \sqrt{k}(h'-f) = \sqrt{\left(\frac{1}{\cos\psi i} - k\sin\varphi\right)^2 - k^2\cos\varphi^2\,\mathrm{tg}\,\psi i^2}.$$

Aus N. 3 ergiebt sich auf ähnliche Weise

$$(6.)\qquad \sqrt{k'}(h+f') = \frac{1}{\cos\psi i}\sqrt{(k'\cos\psi i - i\sin\psi i)^2 + k^2\cos\varphi^2}$$

$$(7.)\qquad \sqrt{k'}(h-f') = \frac{1}{\cos\psi i}\sqrt{(k'\cos\psi i + i\sin\psi i)^2 + k^2\cos\varphi^2}$$

Die Summen und Differenzen dieser vier Gleichungen liefern die Functionen f, h und f', h' auf eine leichtere Weise als dies vorher geschah, aber es war nicht ganz leicht, ohne die vorangehenden Rechnungen, auf die Gleichungen (2.) und (3.) zu kommen, aus denen die einfacheren Ausdrücke hervorgingen.

§. 99.

Mit Hülfe der letzten Formeln ist es leicht, jede complexe Grösse $a+bi$ durch eine der Functionen f oder g oder h auszudrücken, das heisst z. B. aus der Gleichung

$$(1.)\qquad a+bi = f(x+yi,\ \nu)$$

in welcher das Element ν einen willkürlichen Werth hat, die Grössen x und y durch a und b berechnen zu können. Denn setzt man nach §. 97

$$(2.)\qquad a+bi = \sqrt{k}\sin(\varphi+\psi i)$$

also

$$(3.)\qquad a-bi = \sqrt{k}\sin(\varphi-\psi i)$$

so wird für $\varphi = \frac{1}{2}\pi - \chi$,

$$\sqrt{k}+a+bi = 2\sqrt{k}\cos\tfrac{1}{2}(\chi-\psi i)^2;\quad \sqrt{k}-a-bi = 2\sqrt{k}\sin\tfrac{1}{2}(\chi-\psi i)^2$$

$$\sqrt{k}+a-bi = 2\sqrt{k}\cos\tfrac{1}{2}(\chi+\psi i)^2;\quad \sqrt{k}-a+bi = 2\sqrt{k}\sin\tfrac{1}{2}(\chi+\psi i)^2$$

und aus diesen Gleichungen folgt sogleich

$$\sqrt{(\sqrt{k}+a)^2+b^2} = \sqrt{k}(\sin\varphi + \cos\psi i)$$

$$\sqrt{(\sqrt{k}-a)^2+b^2} = \sqrt{k}(\cos\psi i - \sin\varphi)$$

also

$$(4.)\qquad 2\sqrt{k}\sin\varphi = \sqrt{(\sqrt{k}+a)^2+b^2}-\sqrt{(\sqrt{k}-a)^2+b^2}$$

$$(5.)\qquad 2\sqrt{k}\cos\psi i = \sqrt{(\sqrt{k}+a)^2+b^2}+\sqrt{(\sqrt{k}-a)^2+b^2}.$$

Aus (2.) hat man aber

$$a = \sqrt{k}\sin\varphi\cos\psi i \quad \text{und} \quad bi = \sqrt{k}\cos\varphi\sin\psi i.$$

Setzt man diese Werthe in (4.) und (5.) des §. 98 ein, so erhält man

$$(6.)\qquad \frac{f(x,\nu)}{\sqrt{k}} = \sin\xi = \frac{\sqrt{(k^{-\frac{1}{2}}+a)^2+b^2}-\sqrt{(k^{-\frac{1}{2}}-a)^2+b^2}}{\sqrt{(k^{\frac{1}{2}}+a)^2+b^2}+\sqrt{(k^{\frac{1}{2}}-a)^2+b^2}}$$

$$(7.)\qquad \frac{h(y',\nu')}{\sqrt{k}} = \frac{\Delta(\eta',k')}{k} = \frac{\sqrt{(k^{-\frac{1}{2}}+a)^2+b^2}+\sqrt{(k^{-\frac{1}{2}}-a)^2+b^2}}{\sqrt{(k^{\frac{1}{2}}+a)^2+b^2}+\sqrt{(k^{\frac{1}{2}}-a)^2+b^2}}$$

Diese Formeln liefern also die Winkel ξ und η' durch a, b und das willkürlich angenommene k, aus denen man dann mit Hülfe der Gleichungen

$$(8.)\ \int_0^{\xi}\frac{d\lambda}{\Delta(\lambda,k)} = x\vartheta_3(o,\nu)^2 \quad \text{und} \quad \int_0^{\eta'}\frac{d\lambda}{\Delta(\lambda,k')} = y'\vartheta_3(o,\nu')^2 = y\vartheta_3(o,\nu)^2$$

die Grössen x und y findet.

Wie man, ohne die Integrale (8.) zu benutzen, das x und y berechnen kann, ist im vierten Abschnitt gezeigt worden.

§. 100.

Die so eben gelöste Aufgabe, welche bei der Berechnung der elliptischen Integrale dritter Gattung ihre Anwendung findet, ist von verschiedenen Mathematikern auf verschiedene Weise behandelt worden. Um eine andere Darstellung kennen zu lehren, entlehnen wir das Folgende dem Werke des Herrn Dr. Durège über die Theorie der elliptischen Functionen.

Wenn ein elliptisches Integral dritter Gattung mit imaginärem Parameter zur Berechnung vorgelegt ist, also der Werth von

$$\int_0^{\varphi}\frac{d\varphi}{(1-(\alpha+\beta i)\sin\varphi^2)\Delta\varphi}$$

gefunden werden soll so kann man in folgender Weise verfahren. Man setze

$$(\alpha+\beta i)\sin\varphi^2 = f(a+bi)^2 fx^2 = f(a+bi)^2 k\sin\varphi^2$$

also

$$(1.)\qquad \alpha+\beta i = kf(a+bi)^2 = k^2-kk'g(a+bi)^2 = 1-k'h(a+bi)^2$$

und

$$(2.)\qquad \alpha-\beta i = 1-k'h(a-bi)^2$$

Nimmt man nun an

$$(3.)\ \begin{cases}\sqrt{k}\ \ f(a+bi)=\varrho e^{\lambda i}\\ \sqrt{kk'}\,g(a+bi)=\varrho' e^{\lambda' i}\\ \sqrt{k'}\ \ h(a+bi)=\varrho'' e^{\lambda'' i}\end{cases}\quad \text{also}\quad (4.)\ \begin{cases}\sqrt{k}\ \ f(a-bi)=\varrho e^{-\lambda i}\\ \sqrt{kk'}\,g(a-bi)=\varrho' e^{-\lambda' i}\\ \sqrt{k'}\ \ h(a-bi)=\varrho'' e^{-\lambda'' i}\end{cases}$$

so lassen sich die Grössen ϱ, ϱ', ϱ'', λ, λ', λ'' durch folgende Gleichung aus (1.) und (2.) bestimmen:

$$(5.)\qquad \begin{cases}\alpha+\beta i=\varrho^2 e^{2\lambda i}\\ k^2-\alpha-\beta i=\varrho'^2\, e^{2\lambda' i}\\ 1-\alpha-\beta i=\varrho''^2 e^{2\lambda'' i}.\end{cases}$$

Aus dieser Gleichung ergiebt sich

$$\operatorname{tg}2\lambda=\frac{\beta}{\alpha};\quad \varrho^4=\alpha^2+\beta^2$$

$$\operatorname{tg}2\lambda'=-\frac{\beta}{k-\alpha};\quad \varrho'^4=(k^2-\alpha)^2+\beta^2$$

$$\operatorname{tg}2\lambda''=-\frac{\beta}{1-\alpha};\quad \varrho''^4=(1-\alpha)^2+\beta^2.$$

Wendet man nun die Formeln (1.), (2.), (3.) in §. 30 an, indem man $x=\alpha+\beta i$ und $y=\alpha-\beta i$ annimmt, so erhält man, da $go=\sqrt{\frac{k}{k'}}$ und $ho=\frac{1}{\sqrt{k'}}$ ist

$$(6.)\qquad \begin{cases}f(2a)=2\sqrt{k}\varrho\varrho'\varrho''\dfrac{\cos(\lambda-\lambda'-\lambda'')}{k^2-\varrho^4}\\ g(2a)=\sqrt{\dfrac{k}{k'}}\cdot\dfrac{\varrho'^2-\varrho^2\varrho''^2}{k^2-\varrho^4}\\ h(2a)=\dfrac{1}{\sqrt{k'}}\cdot\dfrac{k^2\varrho''^2-\varrho^2\varrho'^2}{k^2-\varrho^4}\end{cases}$$

$$(7.)\qquad \begin{cases}f(2bi)=2i\dfrac{\sqrt{k}\varrho\varrho'\varrho''\sin(\lambda-\lambda'-\lambda'')}{k^2-\varrho^4}=i\dfrac{f(2b',\nu')}{g(2b',\nu')}\\ g(2bi)=\sqrt{\dfrac{k}{k'}}\cdot\dfrac{\varrho'^2+\varrho^2\varrho''^2}{k^2-\varrho^4}=\dfrac{1}{g(2b',\nu')}\\ h(2bi)=\dfrac{1}{\sqrt{k'}}\cdot\dfrac{k^2\varrho''^2+\varrho^2\varrho'^2}{k^2-\varrho^4}=\dfrac{h(2b',\nu')}{g(2b',\nu')}.\end{cases}$$

Ist nun

(8.) $$\int_0^{\gamma} \frac{d\varphi}{\sqrt{1-k^2\sin\varphi^2}} = 2a\theta_0^2$$

so ist

$$f(2a) = \sqrt{k}\sin\gamma; \quad g(2a) = \sqrt{\frac{k}{k'}}\cos\gamma; \quad h(2a) = \frac{1}{\sqrt{k}}\Delta\gamma,$$

also

(9.) $$\operatorname{tg}\gamma = \frac{2\varrho\varrho'\varrho''}{\varrho'^2 - \varrho^2\varrho''^2}\cos(\lambda-\lambda'-\lambda'').$$

Ist ferner

(10.) $$\int_0^{\gamma'} \frac{d\varphi}{\sqrt{1-k'^2\sin\varphi^2}} = 2b'\theta(o,\nu')^2 = 2b\theta(o,\nu)^2$$

so wird

$$\frac{f(2bi)}{g(2bi)} = 2i\frac{\sqrt{k'}\varrho\varrho'\varrho''}{\varrho'^2+\varrho^2\varrho''^2}\sin(\lambda-\lambda'-\lambda'') = if(2b',\nu') = i\sqrt{k'}\sin\gamma'$$

also

(11.) $$\sin\gamma' = \frac{2\varrho\varrho'\varrho''}{\varrho'^2+\varrho^2\varrho''^2}\sin(\lambda-\lambda'-\lambda'').$$

Setzt man

$$\frac{\varrho\varrho''}{\varrho'} = \operatorname{tg}\delta,$$

so verwandelt man die Formeln (9.) und (11.) leicht in

(12.) $$\operatorname{tg}\gamma = \operatorname{tg}2\delta\cos(\lambda-\lambda'-\lambda''),$$

(13.) $$\sin\gamma' = \sin 2\delta\sin(\lambda-\lambda'-\lambda'').$$

Durch diese Formeln findet man die Winkel γ und γ' und dann aus (8.) und (10.) die Winkel a und b, mit deren Hülfe man nach N. 1 in §. 130 das vorgelegte Integral berechnen kann, indem man dort nur $a+bi$ statt a zu schreiben und die reellen und imaginären Theile zu sondern hat.

§. 101.

Die vorhergehenden Paragraphen haben uns in den Stand gesetzt, wenn in der Differentialgleichung

(1.) $$\frac{d\sigma}{\sqrt{1-k^2\sin\sigma^2}} = \theta_0^2 . ds$$

σ und s complexe Grössen sind, oder

$$\sigma = \varphi + \psi i \quad \text{und} \quad s = x + yi$$

ist, aus den gegebenen φ und ψ die Unbekannten x und y berechnen zu können. Oder was dasselbe ist, wir können die Gleichung

(2.) $$\int_0^{\varphi+\psi i}\frac{d\lambda}{\Delta(\lambda,k)}=(x+yi)\vartheta_3(o,\nu)^2$$

für x und y auflösen.

Benutzen wir die bekannten Bezeichnungen

(3.) $$x\vartheta_3(o,\nu)^2=x'\vartheta_3(o,\nu')^2$$

$$=\int_0^{\xi}\frac{d\lambda}{\Delta(\lambda,k)}=\int_0^{\xi'}\frac{d\lambda}{\Delta(\lambda,k')}=F(\xi,k)=F(\xi',k')$$

(4.) $$y\vartheta_3(o,\nu)^2=y'\vartheta_3(o,\nu')^2$$

$$=\int_0^{\eta}\frac{d\lambda}{\Delta(\lambda,k)}=\int_0^{\eta'}\frac{d\lambda}{\Delta(\lambda,k')}=F(\eta,k)=F(\eta',k'),$$

so ist (2.) nichts anderes als

$$F(\varphi+\psi i,k)=F(\xi,k)+iF(\eta,k)=F(\xi,k)+iF(\eta',k')$$

oder

(5.) $$\int_0^{\varphi+\psi i}\frac{d\lambda}{\Delta(\lambda,k)}=\int_0^{\xi}\frac{d\lambda}{\Delta(\lambda,k)}+i\int_0^{\eta'}\frac{d\lambda}{\Delta(\lambda,k')}$$

und in dieser Gleichung lassen sich also die Grenzen ξ und η' aus φ und ψ durch die Formeln des §. 97 oder §. 98 angeben.

Für $\varphi=0$ ist auch $\xi=0$, also

(6.) $$F(\psi i,k)=iF(\eta',k')\quad\text{oder}\quad\int_0^{\psi i}\frac{d\lambda}{\Delta(\lambda,k)}=i\int_0^{\eta'}\frac{d\lambda}{\Delta(\lambda,k')}.$$

In diesem Falle wird

$$\sigma=i\psi=-\tau,$$

also nach N. 10 und N. 9 in §. 97

$$\sin\xi^2=\frac{1-k^2\sin\sigma^2-\Delta\sigma^2}{2k\cos\psi i^2}=0;\quad\text{daher }\xi=0$$

und

$$\frac{1}{k}\Delta(\eta',k')^2=\frac{1-k^2\sin\sigma^2+\Delta\sigma^2}{2k\cos\psi i^2}=\frac{\Delta\sigma^2}{k\cos\psi i^2}$$

oder

(7.) $$\Delta(\eta',k')=\frac{\Delta(i\psi,k)}{\cos\psi i};\quad\cos\eta'=\frac{1}{\cos\psi i};\quad\sin\eta'=-i\operatorname{tg}\psi i^2.$$

Setzt man

$$e^{\psi} = \operatorname{tg}\gamma,$$

so wird aus der zweiten dieser Gleichungen

$$\cos\eta' = \sin 2\gamma$$

und durch diese Gleichung wird das η' gefunden, welches die Gleichung (6.) befriedigt. In diesem einfachsten Falle, wo $\varphi = 0$ ist, findet man die Formeln (7.) unmittelbar aus N. 8 in §. 34.

Nimmt man als zweites Beispiel $\varphi = \frac{1}{2}\pi$ an, so wird

$$\sin\xi = 1, \quad \text{also} \quad \xi = \tfrac{1}{2}\pi$$

und

$$(8.) \quad \Delta(\eta', k') = \frac{1}{\cos\psi i} \text{ oder auch } \sin\eta' = \frac{-i\operatorname{tg}\psi i}{k'} = -\frac{1}{k'\cos 2\gamma}.$$

Es ist also

$$(9.) \quad \int_0^{\frac{1}{2}\pi+\psi i} \frac{d\lambda}{\Delta(\lambda, k)} = \int_0^{\frac{1}{2}\pi} \frac{d\lambda}{\Delta(\lambda, k)} + i\int_0^{\eta'} \frac{d\lambda}{\Delta(\lambda, k')}$$

oder

$$F(\tfrac{1}{2}\pi + \psi i, k) = F' + iF(\eta', k').$$

Achter Abschnitt.

Ueber die Haupteigenschaften der elliptischen Integrale der drei verschiedenen Gattungen.

§ 102.

Wenn man sich in das Wesen und die Bedeutung eines Integrals eine deutliche Einsicht verschaffen will, so muss man ganz besonders mechanische Probleme studiren, weil bei ihnen die Vorstellungen von Raum und Zeit, Kraft und Geschwindigkeit zugleich zu klaren Begriffen erhoben werden müssen. Eins der einfachsten dieser Probleme, die Bewegungsweise eines mathematischen Pendels zu ermitteln, ist z. B. ganz geschickt, die Natur eines elliptischen Integrals erster Gattung weiter aufzuklären. Wir schicken die Lösung dieser Aufgabe als Einleitung voraus, um später unsere Darstellung an bestimmtere Vorstellungen knüpfen zu können.

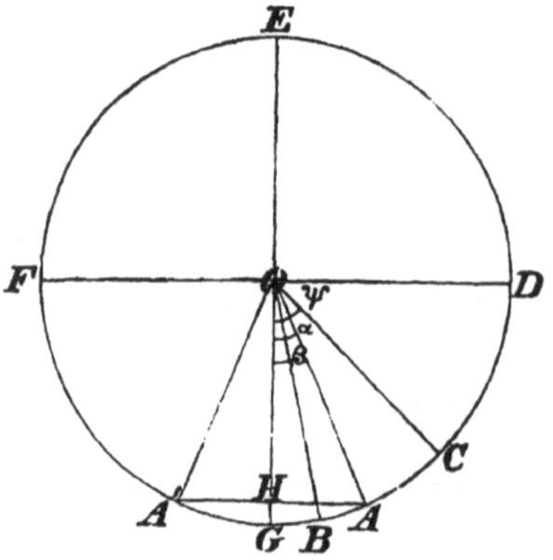

In der Figur sei $GO = l$ der Radius des Kreises, und bezeichne die Richtung der Schwerkraft g, welche auf das Atom C einwirkt, das stets durch den Widerstand eines Fadens oder Stabes OC gehemmt wird, die Kreislinie $GDEF$ zu verlassen. Befindet sich nun das Atom, wenn t Secunden verflossen sind, seitdem man seine Bewegung in dem Kreise beobachtete, in dem Endpunkte C des Bogens $GC = l\psi$, so ist

$$\frac{d^2\psi}{dt^2} = -\frac{g}{l}\sin\psi \tag{1.}$$

die Differentialgleichung, deren Integration die Bewegungsweise des Atoms kennen lehrt.

Ein erstes Integral dieser Gleichung ist:

$$\left(\frac{d\psi}{dt}\right)^2 = \frac{2g}{l}\cos\psi + C. \tag{2.}$$

Es ist $\frac{d\psi}{dt}$ die Winkelgeschwindigkeit des Punktes C zur Zeit t. Bezeichnen wir nun diese Geschwindigkeit, wenn das Atom um den Winkel $GOA = \alpha$ vom tiefsten Punkte G entfernt ist, mit ω, so wird:

$$\omega^2 = \frac{2g}{l}\cos\alpha + C,$$

also

$$\left(\frac{d\psi}{dt}\right)^2 = \omega^2 - \frac{2g}{l}(\cos\alpha - \cos\psi) = \omega^2 + \frac{4g}{l}(\sin\tfrac{1}{2}\alpha^2 - \sin\tfrac{1}{2}\psi^2). \tag{3.}$$

Die absolute Geschwindigkeit des Atoms im Punkte A ist $l\omega$, und wenn man diese Geschwindigkeit durch die zugehörige Fallhöhe h ausdrückt, so ist:

$$l^2\omega^2 = 2gh,$$

also

$$\frac{d\psi}{dt} = 2\sqrt{\frac{g}{l}}\sqrt{\frac{h}{2l} + \sin\tfrac{1}{2}\alpha^2 - \tfrac{1}{2}\psi^2}, \tag{4.}$$

wenn man sich das Vorzeichen in dem Wurzelzeichen mit einbegriffen denkt.

Nach der letzten Gleichung ist nun die Bewegungsweise des Pendels eine ganz verschiedene, je nachdem $\frac{h}{2l}+\sin\frac{1}{2}\alpha^2$ grösser oder kleiner als 1 ist. Denn im ersten Falle, wo

$$\frac{h}{2l}+\sin\tfrac{1}{2}\alpha^2 > 1 \text{ oder } h > 1+l\cos\alpha \text{ oder } h > EH,$$

also die Geschwindigkeit im Punkte A grösser ist als die, welche ein schwerer Punkt erlangt, der von E bis H gefallen ist, in diesem Falle kann die Geschwindigkeit des Pendels für keinen Werth des Winkels ψ zu Null werden, also muss das Atom stets in derselben Richtung im Kreise fortschreiten und ihn unaufhörlich durchlaufen. In diesem Falle kann man nun

$$\frac{h}{2l}+\sin\tfrac{1}{2}\alpha^2=\frac{1}{k^2}$$

setzen, wo $k<1$ ist, und erhält so aus (4.), wenn man noch $\frac{1}{2}\psi$ mit φ vertauscht und

$$\frac{t}{k}\sqrt{\frac{g}{l}}=u$$

setzt,

$$\frac{d\varphi}{du}=\sqrt{1-k^2\sin\varphi^2}=\varDelta\varphi. \tag{5.}$$

Nehmen wir die Wurzel positiv, so drücken wir damit aus, dass das Atom von A nach C hin fortschreitet. Wäre, in einem Grenzfalle, k genau gleich 1, so ergäbe sich aus (5.)

$$u=l\text{tg}(\tfrac{1}{4}\pi+\tfrac{1}{2}\varphi)=l\text{tg}(\tfrac{1}{4}\pi+\tfrac{1}{4}\psi),$$

so dass also u oder t unendlich gross werden müsste, ehe ψ zu π anwachsen oder das Atom den höchsten Punkt E des Kreises erreichen könnte.

Nach §. 35 ist nun jede von den Gleichungen (7.), (8.), (9.), wenn noch eine Integrationsconstante hinzugefügt wird, z. B. die letzte:

$$\sqrt{k}hx=\varDelta\varphi+C, \tag{6.}$$

in welcher

$$x=\frac{\pi u}{2K}=t\frac{\pi}{2kK}\sqrt{\frac{g}{l}}$$

ist, ein Integral der Differentialgleichung (5.). Die Constante ist aber hier gleich Null, da, für $x=0$, $ho=\frac{1}{\sqrt{k'}}$, also auch $\varphi=0$ ist. Es ist also die Winkelgeschwindigkeit

$$\frac{d\psi}{dt}=\frac{2d\varphi}{dt}=\frac{2}{k}\sqrt{\frac{g}{l}}\,\frac{d\varphi}{du}$$

unmittelbar durch die Gleichung gegeben:

$$(7.)\quad \frac{d\psi}{dt} = \frac{2}{k}\sqrt{\frac{k'g}{l}}\,\frac{1+2q\cos 2x+2q^4\cos 4x+2q^9\cos 6x+\cdots}{1-2q\cos 2x+2q^4\cos 4x-2q^9\cos 6x+\cdots}$$
$$= \frac{2}{k}\sqrt{\frac{g}{l}}\sqrt{1-k^2\sin\varphi^2}$$

aus der sich aber auch sogleich der Winkel φ oder $\frac{1}{2}\psi$ durch x oder die Zeit t berechnen lässt, sobald man nur die Grössen q und K kennt. Diese Grössen sind aber durch die Gleichung (6.) in §. 43

$$q = \lambda + 2\lambda^5 + 15\lambda^9 + 150\lambda^{13},$$

in welcher

$$\sqrt{k'} = \cos\beta \quad \text{und} \quad \lambda = \tfrac{1}{2}\operatorname{tg}\tfrac{1}{2}\beta^2$$

ist, und durch die Gleichung

$$K = \tfrac{1}{2}\pi\,\theta o^2 = \tfrac{1}{2}\pi(1+2q+2q^4+2q^9+\cdots)^2$$

bestimmt. Diese letzte Gleichung kann aber auch ganz bequem durch eine der bereits mitgetheilten Rechnungsvorschriften, z. B. die des §. 56, ersetzt werden.

Im zweiten Fall, in welchem die Anfangsgeschwindigkeit des Pendels nur so gross ist, dass

$$\frac{h}{2l} + \sin\tfrac{1}{2}\alpha^2 < 1$$

bleibt, kann man

$$\frac{h}{2l} + \sin\tfrac{1}{2}\alpha^2 = k^2 = \sin\alpha'^2$$

setzen und erhält aus (4.) die Winkelgeschwindigkeit

$$(8.)\quad \frac{d\psi}{dt} = 2\sqrt{\frac{g}{l}}\sqrt{k^2 - \sin\tfrac{1}{2}\psi^2}$$

für

$$(9.)\quad \sin\tfrac{1}{2}\psi = k\sin\varphi$$

ergiebt sich aus dieser Gleichung, da $\varDelta\varphi = \sqrt{1-k^2\sin\varphi^2} = \cos\frac{1}{2}\psi$,

$$(10.)\quad \frac{d\psi}{dt} = 2k\sqrt{\frac{g}{l}}\cos\varphi = \frac{2k.\cos\varphi}{\varDelta\varphi}\cdot\frac{d\varphi}{dt},$$

also

$$(11.)\quad \frac{d\varphi}{du} = \varDelta\varphi,$$

wenn man

$$t\sqrt{\frac{g}{l}} = u = \frac{2Kx}{\pi}$$

setzt. Ganz wie vorher ist nun

$$\sqrt{k'}\,hx = \varDelta\varphi + C$$

oder

$$(12.)\qquad \frac{\cos\frac{1}{2}\psi}{\sqrt{k'}} = \frac{\sqrt{1-k^2\sin^2\varphi}}{\sqrt{k'}}$$

$$= \frac{1+2q\cos 2x+2q^4\cos 4x+2q^9\cos 6x+\cdots}{1-2q\cos 2x+2q^4\cos 4x-2q^9\cos 6x+\cdots}+C$$

das Integral der Gleichung (11.), zu dessen vollständiger Berechnung man ebenfalls noch der Grössen q und K bedarf. Wenn man in (8.) das Zeichen der Wurzel positiv nimmt, so ist damit ausgedrückt, dass der Punkt A eine solche Anfangsgeschwindigkeit erhalten hat, dass er Anfangs in der Bewegung von A nach C begriffen ist. Sobald der Winkel ψ, welcher mit der Grösse α beginnt, so weit gewachsen ist, dass $\sin\frac{1}{2}\psi = k = \sin\alpha'$ geworden ist, wird die Geschwindigkeit des Pendels, vermöge (8.), gleich Null, und das Zeichen der Wurzel muss umgekehrt werden. Die Geschwindigkeit der Schwingung wächst nun wieder nach der entgegengesetzten Seite, denn die Grösse des Winkels ψ, welcher durch die Gleichung (9.) von der Grösse des Winkels φ abhängig gemacht worden ist, nimmt wieder ab, wenn φ bis $\frac{1}{2}\pi$ gewachsen ist und nun ununterbrochen zu wachsen fortfährt. Sobald $\varphi = \pi$ geworden ist, verschwindet ψ, um negativ zu werden und auf der linken Seite der Senkrechten OG wieder bis $2\alpha'$ zu wachsen und so fortschreitend eine unendliche Zahl gleicher Schwingungen zu wiederholen. Wir wollen die hier angedeuteten Rechnungen in zwei ganz bestimmten Fällen durchführen.

§. 103.

Für den ersten Fall, in welchem das Pendel stetig den Kreis durchläuft, wollen wir annehmen, der Radius sei 1 Meter lang und das Atom habe, als es sich im tiefsten Punkte G des Kreises befand, eine horizontale Anfangsgeschwindigkeit von 7 Metern erhalten, vermöge deren es von G über A nach E aufsteigen und seine Bewegung in diesem Sinne fortsetzen wird. Man verlangt nun zu wissen, wo sich das Atom nach Verlauf einer Stunde befindet.

In diesem Falle ist $\alpha = 0$; $g = 9{,}81^{\text{met.}}$, $l = 1^{\text{met.}}$ also wenn man $k = \sin\alpha'$ setzt:

$$k = \sqrt{\frac{2l}{h}} = \frac{2}{v}\sqrt{lg} = \tfrac{2}{7}\sqrt{9{,}81} = \sin 63^{\circ}29'36'',49 = \sin\alpha',$$

$$\log k = 9{,}951\,7665,$$

ferner ist

$$\sqrt{k'} = \sqrt{\cos\alpha'} = \cos\beta, \quad \text{also} \quad \beta = 48^{\circ}4'57'',87$$

und es reichen zwei Glieder der Reihe (6.) in §. 43 hin, um q bis auf 7 Decimalen genau zu erhalten. Man findet:

$$\log q = 8,9979061 \qquad q = 0,0995\,1902$$
$$4\log q = 5,991\,6244 \qquad q^4 = 0,0000\,9808\,99$$

und

$$K = \tfrac{1}{2}\pi(1,19923421)^2 = 2,259059$$
$$\log K = 0,3539277.$$

Man muss nun aus der Formel

$$x = \frac{\pi . t}{2k . K}\sqrt{\frac{g}{l}}$$

durch Einsetzen von $t = 3600''$ den Winkel $2x$ berechnen. Es ergiebt sich

$$2x = 2\pi . 2788,771 = 2788 . 360^0 + 277^0 34'$$

ein Werth der aber noch eine Unsicherheit von zwei bis drei Minuten enthält, da k und K nur bis auf 7 Decimalen berechnet worden sind.

Um nun noch den Winkel φ zu erhalten, braucht man nicht die Gleichung (7.) zu benutzen, sondern kann sich der Gleichung (1.) in §. 87 bedienen, nach welcher 2φ oder

$$\psi = 2x + 4q\sin 2x + 2q^2\sin 4x - \frac{(4q\sin 2x)^3}{12}$$

da offenbar, wegen der Ungenauigkeit des Winkels x, die höheren Potenzen von q in der Reihe keine Bedeutung mehr haben. Man findet durch diese Formel leicht:

$$\psi = 2788 . 360^0 + 252^0\,17'.$$

Das Pendel hat also von G über A hin aufsteigend 2788 ganze Umläufe gemacht und noch $252^0 17'$ zurückgelegt. Seine Geschwindigkeit v in jedem Punkte seiner Bahn ergiebt sich aus der Formel (4.), wenn man die Geschwindigkeit im tiefsten Punkte G durch v' bezeichnet, durch die Gleichung:

$$v = v'\sqrt{1 - k^2 \sin\tfrac{1}{2}\psi^2},$$

wenn man die Geschwindigkeit für einen gegebenen Punkt, oder aus der Formel

$$v = v'\frac{hx}{ho}$$

wenn man sie für einen gegebenen Zeitmoment berechnen will.

§. 104.

Als Beispiel für den zweiten Fall, in welchem das Pendel bloss oscillatorische Bewegungen macht, wählen wir die Berechnung der

Schwingungsweise unseres Pendels, wenn es in die horizontale Lage OD gebracht und dann der Einwirkung der Schwere überlassen worden ist, ohne bereits eine Anfangsgeschwindigkeit erhalten zu haben. Hier ist wieder $l=1$; $h=o$, $\alpha=\frac{1}{2}\pi$, also $k=\sin\frac{1}{4}\pi=\sqrt{\frac{1}{2}}$, daher $\log q = 8{,}6356236$ und nach §. 73, $K=\sqrt{2}.1{,}3110287=1{,}8540745$.

Da das Pendel jetzt von D nach G hin fällt, so ist die Quadratwurzel in (11.) mit negativem Zeichen zu nehmen und man erhält als Integral der Differentialgleichung

$$\frac{d\varphi}{du}=-\Delta\varphi$$

die folgende Gleichung

$$\sqrt{k'}hx = C-\Delta\varphi = C-\cos\tfrac{1}{2}\psi$$

während

$$(1.)\qquad t\sqrt{\frac{g}{l}}=\frac{2K}{\pi}x.$$

Da für $t=o$ auch $x=o$ und $\psi=\frac{1}{2}\pi$, so hat man zur Bestimmung der Constanten, wegen $ho=\frac{1}{\sqrt{k'}}$ und $k=k'=\sqrt{\frac{1}{2}}$,

$$1=C-k'$$

also

$$(2.)\qquad 1+k'-\cos\tfrac{1}{2}\psi=\sqrt{k'}hx=\sqrt{k'}\frac{1+2q\cos 2x+2q^4\cos 4x+\dots}{1-2q\cos 2x+2q^4\cos 4x-\dots}$$

Für $x=\frac{1}{2}\pi$ ist

$$1+k'-\cos\tfrac{1}{2}\psi=\sqrt{k'}h(\tfrac{1}{2}\pi)=\frac{\sqrt{k'}}{ho}=k'$$

also $\psi=o$, daher erhält man aus (1.) für $x=\frac{1}{2}\pi$ die Zeit

$$t=K\sqrt{\frac{l}{g}}=1{,}8540745\sqrt{\frac{l}{g}}=0{,}5919604$$

welche das Pendel gebraucht, um von D bis zum tiefsten Punkte G zu gelangen. Die Zeit einer unendlich kleinen halben Schwingung würde nur

$$t=\tfrac{1}{2}\pi\sqrt{\frac{l}{g}}=1{,}57079\sqrt{\frac{l}{g}}=0{,}5015167$$

Secunden betragen haben.

Will man auch in diesem Falle berechnen, wo sich das Pendel nach einer Stunde befindet, so muss man mit der Zeit einer ganzen Schwingung, welche 1,1839208 Secunden beträgt, in 3600″ dividiren und findet so, dass das Pendel in dieser Zeit 3040 ganze Schwingungen gemacht hat und noch 0,8808 Secunden lang sich bewegen muss, ehe die vorgeschriebene Zeit verflossen ist. Um den in dieser Zeit durchlaufenen Winkel zu berechnen, sucht man zunächst aus (1.)

$$2x = 0{,}8808\frac{\pi}{K}\sqrt{\frac{g}{l}} = 4{,}674493 = 267^\circ 49' 43''.$$

Daher ist $\cos 2x = -\sin 2^\circ 10' 17''$ und da das Glied, welches q^4 enthält, keinen Einfluss mehr ausübt, so findet man aus (2.) sehr schnell

$$\cos\tfrac{1}{2}\psi = 0{,}871699, \quad \text{also} \quad \pm\psi = 58^\circ 41'.$$

Da aber das Pendel in 0,5919 Secunden schon von D bis G gesunken ist, so ist hier für ψ der negative Werth zu nehmen, so dass also das Pendel in Zeit von einer Stunde 3040mal den Halbkreis DGF durchlaufen hat und dann noch von D bis A' gelangt ist, wenn der Winkel GOA' $58^\circ 41'$ beträgt. Auch hier hätte der Werth von K genauer berechnet werden müssen, wenn die einzelnen Minuten in diesem Winkel sicher sein sollten. Hätte man das letzte Problem in der gewöhnlichen Weise behandelt und sich der bekannten Zeichen bedient, so hätte man die Winkelgeschwindigkeit des Pendels, welches sich von der Ruhelage OA aus in die neue Lage OB bewegt, durch die Gleichung

$$\frac{d\psi}{dt} = -2\sqrt{\frac{g}{l}}\sqrt{\sin\tfrac{1}{2}\alpha^2 - \sin\tfrac{1}{2}\psi^2}$$

ausgedrückt erhalten und die Anzahl Secunden welche seit seinem Ausgange von A bis zu seiner Ankunft in B verflossen sind, wäre durch das Integral

$$t = -\tfrac{1}{2}\sqrt{\frac{l}{g}}\int_\alpha^\beta \frac{d\psi}{\sqrt{\sin\frac{1}{2}\alpha^2 - \sin\frac{1}{2}\psi^2}} = \tfrac{1}{2}\sqrt{\frac{l}{g}}\int_\beta^\alpha \frac{d\psi}{\sqrt{\sin\frac{1}{2}\alpha^2 - \sin\frac{1}{2}\psi^2}}$$

bestimmt worden. Deutet man den numerischen Werth dieses Integrals, der Kürze wegen, bloss durch seine Grenzen an, so werden die Zeiträume, welche während der Bewegung des Pendels durch die Bogen $AB, BG, GA'; A'G, GB, BA; AB, BG, GA'; \ldots$ verfliessen, entsprechend durch die Integrale ausgedrückt

$$-\int_\alpha^\beta, \; -\int_\beta^0, \; -\int_0^{-\alpha}; \; +\int_{-\alpha}^0, \; +\int_0^\beta, \; +\int_\beta^\alpha; \; -\int_\alpha^\beta, \; -\int_\beta^0, \; -\int_0^{-\alpha}; \ldots$$

Bei den ersten drei Integralen war das Zeichen der Wurzel negativ, weil ψ abnahm, wenn t wuchs; bei den folgenden drei musste aber das Zeichen der Wurzel umgekehrt werden, damit ψ zugleich mit t zunahm oder die Geschwindigkeit des Punktes eine positive wurde, während sie vorher eine negative Richtung hatte. Bei den folgenden drei Integralen tritt aber wieder das negative Vorzeichen ein, und so muss die Umkehrung des Vorzeichens stets an der zweckmässigen Stelle wiederholt werden. Die Zeiträume also, welche vom Ausgang des Pendels von A bis zu seinen auf einander folgenden Eintreffen in B verflossen sind, geben die Integrale an:

$$\int_\beta^\alpha; \quad 3\int_0^\alpha+\int_0^\beta; \quad 4\int_0^\alpha+\int_\beta^\alpha; \quad 7\int_0^\alpha+\int_0^\beta; \quad \ldots$$

oder wenn man $\int_0^\alpha$ durch A, $\int_0^\beta$ durch B bezeichnet, da $\int_\beta^\alpha = \int_0^\alpha - \int_0^\beta$, die Integrale:

$$A-B; \quad 3A+B; \quad 5A-B; \quad 7A+B; \ldots$$

Dadurch, dass wir die vorgelegten Differentialgleichungen unmittelbar mit Hülfe der Thetafunctionen integriren, werden wir der Untersuchung über die Grenzen der Integrale überhoben, einer Discussion, die besonders dann schwierig erscheint, wenn diese Grenzen complexe Grössen sind.

Die Additionstheoreme.

§. 105.

Das Additionstheorem der elliptischen Integrale erster Gattung.

Dieses Theorem, welches sich bereits in §. 30 findet und seit Euler von vielen bedeutenden Mathematikern auf sehr verschiedene Art bewiesen worden ist, wollen wir zunächst in der Weise mittheilen, in der es Sturm entwickelt hat. Um den leitenden Gedanken klar zu machen, beginnen wir mit einem einfachen Beispiele.

Das Integral der Differentialgleichung

$$(a.) \qquad \frac{dx}{x_1} + \frac{dy}{y_1} = 0,$$

in welcher

$$(b.) \qquad \left\{\begin{array}{l} x^2 + x_1^2 = 1 \\ \text{und} \\ y^2 + y_1^2 = 1, \end{array}\right.$$

erhält man leicht in algebraischer Form, wenn man theilweise integrirt. Denn bringt man (1.) unter die Form:

$$(c.) \qquad y_1\,dx + x_1\,dy = 0,$$

so wird

$$\int y_1\,dx + \int x_1\,dy = \text{const.},$$

aber

$$\int y_1\,dx = xy_1 + \int \frac{xy\,dy}{y_1}$$

$$\int x_1\,dx = yx_1 + \int \frac{xy\,dx}{x_1}.$$

Die Summe dieser Gleichungen liefert

(*d.*) $$\text{const.} = xy_1 + yx_1$$

denn die Summe der Integrale auf der rechten Seite ist vermöge (*c.*) gleich Null.

Integrirt man aber (1.) direct, so wird

(*e.*) $$\int \frac{dx}{x_1} + \int \frac{dy}{y_1} = \text{const.}$$

Setzt man nun

$$\int \frac{dx}{x_1} = \varphi(x),$$

so hat man

$$\varphi(x) + \varphi(y) = \text{const.}$$

und wenn y so bestimmt wird, dass es für $x = 0$ sich in z verwandelt, so ist

$$\varphi(o) + \varphi(z) = \text{const.};$$

also, wenn man diese Gleichung von der vorigen abzieht,

$$\varphi(x) - \varphi(o) + \varphi(y) = \varphi(z).$$

Es ist aber

$$\varphi(x) - \varphi(o) = \int_0^x \frac{dx}{x_1},$$

also wenn man in der vorletzten Gleichung auf beiden Seiten $\varphi(o)$ abzieht, so wird, da bei einem bestimmten Integrale der Integrationsbuchstabe willkürlich gewählt werden kann,

(*f.*) $$\int_0^x \frac{d\lambda}{\lambda_1} + \int_0^y \frac{d\lambda}{\lambda_1} = \int_0^z \frac{d\lambda}{\lambda_1}$$

und in der That ist hier $y = z$ für $x = 0$.

Setzt man aber in (*d.*) $x = 0$, $y = z$, und nimmt x_1 für $x = 0$ als $+1$ an, so wird

$$\text{const.} = z,$$

also

(*g.*) $$z = xy_1 + yx_1.$$

Es ist aber

$$\varphi(x) = \arcsin x,$$

also auch

$$\int_0^x \frac{d\lambda}{\lambda_1} = \arcsin x.$$

Bezeichnet man nun

$$\varphi(x) = \arcsin x = u; \quad \varphi(y) = \arcsin y = v,$$

so ist

$$x = \sin u; \quad x_1 = \cos u; \quad y = \sin v; \quad y_1 = \cos v.$$

Setzt man also das Integral

$$\int_0^x \frac{d\lambda}{\lambda_1} = u,$$

so ist

$$x = \sin u;$$

daher nach (*f.*)

$$u + v = \int_0^z \frac{d\lambda}{\lambda_1},$$

also

$$z = \sin(u+v),$$

folglich nach (*g.*)

(*h.*) $$\sin(u+v) = \sin u \cos v + \cos u \sin v.$$

Zwischen den oberen Grenzen der drei bestimmten Integrale in (*f.*) findet also die algebraische Relation (*g.*) Statt, oder es ist (*g.*) das vollständige Integral der Differentialgleichung (*a.*), da diese Gleichung eine willkürliche Constante z enthält.

In ganz ähnlicher Weise lässt sich nun die allgemeinere Gleichung

(1.) $$\frac{dx}{x_1 x_2} + \frac{dy}{y_1 y_2} = 0$$

integriren, in welcher

(2.) $$\begin{cases} x^2 + x_1^2 = 1; & y^2 + y_1^2 = 1 \\ k^2 x^2 + x_2^2 = 1; & k^2 y^2 + y_2^2 = 1. \end{cases}$$

Denn integrirt man (1.) wieder direct, setzt

$$\int \frac{dx}{x_1 x_2} = \varphi(x)$$

und nimmt an, es sei

$$\varphi(o) = 0,$$

so erhält man als Integral

$$(3.)\qquad \int\limits_0^x \frac{d\lambda}{\lambda_1 \lambda_2} + \int\limits_0^y \frac{d\lambda}{\lambda_1 \lambda_2} = \int\limits_0^z \frac{d\lambda}{\lambda_1 \lambda_2},$$

wo wieder $y = z$ wird, wenn man $x = 0$ setzt.

Bringt man in (1.) die Nenner fort und dividirt durch $1 - k^2 x^2 y^2$, so erhält man als Integral der so verwandelten Gleichung

$$\int \frac{y_1 y_2 \, dx}{1 - k^2 x^2 y^2} + \int \frac{x_1 x_2 \, dy}{1 - k^2 x^2 y^2} = \text{const.}$$

Integrirt man nun den ersten Bruch theilweise, so wird, wenn man

$$\frac{xy\{2k^2(x^2+y^2) - (1+k^2)(1+k^2 x^2 y^2)\}}{(1-k^2 x^2 y^2)^2} = P$$

und

$$\frac{2k^2 x^2 y^2}{(1-k^2 x^2 y^2)^2} = Q$$

setzt,

$$\int \frac{y_1 y_2 \, dx}{1-k^2 x^2 y^2} = \frac{x y_1 y_2}{1-k^2 x^2 y^2} - \int \frac{P \, dy}{y_1 y_2} - \int Q y_1 y_2 \, dx.$$

Das zweite Integral folgt aus diesem, wenn man x mit y vertauscht. Bei diesem Wechsel ändern sich aber P und Q nicht. Die Summe beider Integrale giebt daher die Gleichung

$$\text{const.} = \frac{x y_1 y_2 + y x_1 x_2}{1-k^2 x^2 y^2},$$

weil die Integrale rechts, vermöge der Gleichung (1.), verschwinden. Da nun $y = z$ wird, wenn $x = 0$ ist, so erhält man, wenn sich x_1 und x_2 für $x = 0$ in $+1$ verwandeln,

$$\text{const.} = z,$$

also

$$(4.)\qquad z = \frac{x y_1 y_2 + y x_1 x_2}{1-k^2 x^2 y^2}.$$

Diese Gleichung findet also zwischen den Grenzen der Integrale in N. 3 Statt.

Weil $\varphi(0) = 0$ angenommen ist, so ist

$$\int\limits_0^x \frac{d\lambda}{\lambda_1 \lambda_2} = \varphi(x);$$

bezeichnet man nun den Werth des Integrals mit u, so ist

$$u = \varphi(x).$$

Drückt man vermittelst dieser Gleichung x durch u aus, so möge das Resultat der Operation mit

$$x = \psi(u)$$

bezeichnet werden. Ferner sei noch

$$x_1 = \sqrt{1-x^2} = \sqrt{1-\psi(u)^2} = \psi_1(u)$$

und

$$x_2 = \sqrt{1-k^2x^2} = \sqrt{1-k^2\psi(u)^2} = \psi_2(u).$$

Ist dann ebenso

$$\int_0^y \frac{d\lambda}{\lambda_1\lambda_2} = \varphi(y) = v$$

so wird

$$y = \psi(v), \quad y_1 = \psi_1(v), \quad y_2 = \psi_2(v).$$

Aus der Gleichung (3.) folgt dann:

$$u + v = \int_0^z \frac{d\lambda}{\lambda_1\lambda_2}$$

also

$$z = \psi(u+v).$$

Mit Benutzung dieser Zeichen lässt sich dann die Gleichung (4.) so darstellen:

$$\psi(u+v) = \frac{\psi(u)\psi_1(v)\psi_2(v) + \psi(v)\psi_1(u)\psi_2(u)}{1-k^2\psi(u)^2\psi(v)^2}. \tag{5.}$$

Wenn das elliptische Integral erster Gattung durch trigonometrische Functionen dargestellt worden ist, so setzt Jacobi

$$\int_0^\varphi \frac{d\varphi}{\sqrt{1-k^2\sin\varphi^2}} = u$$

und bezeichnet die Amplitude

$$\varphi = \operatorname{am} u.$$

Es ist dann

$$\int_0^x \frac{dx}{\sqrt{1-x^2}\sqrt{1-k^2x^2}} = u,$$

also

$$x = \sin\varphi = \sin\operatorname{am} u$$

$$x_1 = \sqrt{1-x^2} = \cos\varphi = \cos\operatorname{am} u$$

$$x_2 = \sqrt{1-k^2x^2} = \sqrt{1-k^2\sin\varphi^2} = \Delta\varphi = \Delta\operatorname{am} u.$$

Daher nimmt das Additionstheorem mit diesen Zeichen die Gestalt an

$$\sin\operatorname{am}(u+v) = \frac{\sin\operatorname{am}u\cos\operatorname{am}v\,\Delta\operatorname{am}v + \sin\operatorname{am}v\cos\operatorname{am}u\,\Delta\operatorname{am}u}{1-k^2\sin\operatorname{am}u^2\sin\operatorname{am}v^2}.$$

Man leitet aus dieser Formel die beiden andern ab

$$\cos\operatorname{am}(u+v) = \frac{\cos\operatorname{am}u\cos\operatorname{am}v - \sin\operatorname{am}u\sin\operatorname{am}v\,\Delta\operatorname{am}u\,\Delta\operatorname{am}v}{1-k^2\sin\operatorname{am}u^2\sin\operatorname{am}v^2}.$$

$$\Delta\operatorname{am}(u+v) = \frac{\Delta\operatorname{am}u\,\Delta\operatorname{am}v - k^2\sin\operatorname{am}u\cos\operatorname{am}u\sin\operatorname{am}v\cos\operatorname{am}v}{1-k^2\sin\operatorname{am}u^2\sin\operatorname{am}v^2}.$$

Diese Formeln finden also Statt, wenn

$$\int_0^{\varphi}\frac{d\lambda}{\Delta\lambda} = u; \quad \int_0^{\psi}\frac{d\lambda}{\Delta\lambda} = v; \quad \int_0^{\chi}\frac{d\lambda}{\Delta\lambda} = w$$

und

$$u+v=w$$

ist, also $\operatorname{am}u=\varphi$, $\operatorname{am}v=\psi$, $\operatorname{am}(u+v)=\operatorname{am}w=\chi$ gesetzt wird.

Das Lästige dieser Bezeichnungsweise ist von allen Mathematikern gefühlt worden, und man hat Versuche gemacht, sie zweckmässig abzukürzen. Man schreibt jetzt häufig, nach dem Vorgange Gudermanns,

$$\operatorname{sn}u, \quad \operatorname{cn}u, \quad \operatorname{dn}u$$

statt

$$\sin\operatorname{am}u, \quad \cos\operatorname{am}u, \quad \Delta\operatorname{am}u.$$

Wir sind aller dieser Unbequemlichkeiten enthoben, wenn wir uns nur der Zeichen fx, gx, hx bedienen, vermöge deren nach §. 51

$$\sin\varphi = \sin\operatorname{am}u = \sin\operatorname{am}\left(\frac{2Kx}{\pi}\right) = \frac{1}{\sqrt{k}}f(x) = \frac{1}{\sqrt{k}}f\left(\frac{\pi u}{2K}\right)$$

$$\cos\operatorname{am}u = \sqrt{\frac{k'}{k}}\,g\left(\frac{\pi u}{2K}\right)$$

$$\Delta\operatorname{am}u = \sqrt{k'}\,h\left(\frac{\pi u}{2K}\right).$$

Jacobi bezeichnete auch noch

$$\operatorname{am}(K-u) = \operatorname{coam}u.$$

Da die Bezeichnungsweise Jacobi's sehr allgemein verbreitet ist, so muss man sich mit ihr bekannt gemacht haben, um die in dies Gebiet einschlagenden Schriften studiren zu können.

Z. B. die Formeln (14.), (15.), (16.) in §. 24

$$f(\tfrac{1}{2}\pi - x) = \frac{gx}{hx}; \quad g(\tfrac{1}{2}\pi - x) = \frac{fx}{hx}; \quad h(\tfrac{1}{2}\pi - x) = \frac{1}{hx}$$

drückt Jacobi so aus:

$$\sin\operatorname{coam} u = \frac{\cos\operatorname{am} u}{\Delta\operatorname{am} u}; \quad \cos\operatorname{coam} u = \frac{k'\sin\operatorname{am} u}{\Delta\operatorname{am} u}; \quad \Delta\operatorname{coam} u = \frac{k'}{\Delta\operatorname{am} u}$$

wo man noch $\frac{2Kx}{\pi}$ für u schreiben muss.

§. 106.

Das Additionstheorem der elliptischen Integrale zweiter Gattung.

Aus §. 70, N. 1 ergiebt sich, wenn man y mit $-y$ vertauscht,

$$go\,ho(fx^2 - fy^2) = f(x-y)\{fx\,gy\,hy + fy\,gx\,hx\}$$
$$= \frac{f(x-y)}{\theta o^2}\{fx f'y + fy f'x\}$$

oder vermöge N. 4 in §. 26

$$\theta o^2(hy^2 - hx^2) = \frac{go}{ho} f(x-y)(fx f'y + fy f'x).$$

Vertauscht man hier x mit $x+y$, so wird

$$\theta o^2 hy^2 - \theta o^2 h(x+y)^2 = \frac{go}{ho} fx \frac{d.fy\,f(x+y)}{dy}.$$

Multiplicirt man diese Gleichung mit dy und integrirt dann von $y=0$ bis $y=y$, so wird, wenn man den Integrationsbuchstaben λ wählt,

$$\theta o^2\int_0^y h\lambda^2\,d\lambda - \theta o^2\int_0^y h(x+\lambda)^2\,d\lambda = \frac{go}{ho} fx\,fy\,f(x+y).$$

Ersetzt man im zweiten Integrale $x+\lambda$ durch μ, so werden x und $x+y$ die unteren und oberen Grenzen des Integrals.

Es ist aber

$$\int_x^{x+y} = \int_0^{x+y} - \int_0^x;$$

schreibt man daher wieder λ statt μ, so erhält man die Gleichung

$$\text{(1.)} \qquad \theta o^2\int_0^x h\lambda^2\,d\lambda + \theta o^2\int_0^y h\lambda^2\,d\lambda - \theta o^2\int_0^{x+y} h\lambda^2\,d\lambda = \frac{go}{ho} fx\,fy\,f(x+y).$$

Nach §. 51 N. 16 ist aber

$$\Delta\varphi\,d\varphi = \theta o^2 hx^2\,dx$$

also nach der Legendre'schen Bezeichnung der elliptischen Integrale zweiter Gattung ist

$$\int_0^\varphi \Delta\varphi\,d\varphi = E(\varphi) = \theta o^2\int_0^x hx^2\,dx.$$

Setzt man also

$$fx = \sqrt{k}\sin\alpha;\qquad fy = \sqrt{k}\sin\beta;\qquad f(x+y) = \sqrt{k}\sin\gamma$$

so nimmt (1.) die Gestalt an

$$(2.)\qquad E(\alpha)+E(\beta) = E(\gamma)+k^2\sin\alpha\sin\beta\sin\gamma$$

und der Winkel γ lässt sich durch eine der vielen, bisher entwickelten Formeln berechnen, z. B. durch N. 8 in §. 70

$$(3.)\qquad \operatorname{tg}\tfrac{1}{2}\gamma = \frac{\sin\alpha\,\Delta\beta+\sin\beta\,\Delta\alpha}{\cos\alpha+\cos\beta}.$$

Die Formel (2.) lehrt also, mit Hülfe der Formel (3.) die Summe zweier elliptischen Integrale zweiter Gattung in ein Einziges zusammenziehen, wenn man diesem noch einen Theil hinzufügt, der keine weitere Integration erfordert. In §. 69 und §. 70 sahen wir, dass sich zwei elliptische Integrale erster Gattung in ein Einziges derselben Gattung verwandeln liessen, und die obere Grenze des neuen Integrals durch einfache algebraische Operation angegeben werden konnte. Es braucht wohl kaum erwähnt zu werden, dass man auch die Gleichung

$$E(\alpha)+E(\beta) = E(\gamma)$$

in Bezug auf γ auflösen könnte, aber dann würde γ nicht durch algebraische, sondern nur durch transcendente Operationen gefunden werden können.

§. 107.

Das Additionstheorem der elliptischen Integrale dritter Gattung.

Differenzirt man die Formel (4.) in §. 27 logarithmisch nach y, so erhält man

$$\frac{2fy\,f'y\,fx^2}{1-fx^2fy^2} = 2l'\theta y + l'\theta(x-y) - l'\theta(x+y)$$

und wenn diese Gleichung mit dx multiplicirt und dann von $x=0$ bis $x=x$ integrirt wird, so nimmt das Integral, nachdem man mit 2 dividirt und y mit a vertauscht hat, die Gestalt an

$$(1.)\qquad fa\,f'a\int_0^x\frac{fx^2\,dx}{1-fa^2fx^2} = x\,l'\theta a+\tfrac{1}{2}l\,\frac{\theta(x-a)}{\theta(x+a)}.$$

Führt man die Bezeichnung ein

$$fa\,f'a\int_0^x\frac{f\lambda^2\,d\lambda}{1-fa^2f\lambda^2} = P(x,a),$$

so ist also

$$P(x, a) = x l'\theta a + \tfrac{1}{2} l \frac{\theta(x-a)}{\theta(x+a)}$$

und ebenso

$$P(y, a) = y l'\theta a + \tfrac{1}{2} l \frac{\theta(y-a)}{\theta(y+a)}$$

$$P(x+y, a) = (x+y) l'\theta a + \tfrac{1}{2} l \frac{\theta(x+y-a)}{\theta(x+y+a)},$$

also

$$P(x, a) + P(y, a) - P(x+y, a) = \tfrac{1}{2} l \frac{\theta(x-a)\,\theta(y-a)\,\theta(x+y+a)}{\theta(x+a)\,\theta(y+a)\,\theta(x+y-a)}$$

oder, vermöge (3.) in §. 71,

$$(2.)\qquad P(x, a) + P(y, a) - P(x+y, a) = \tfrac{1}{2} l \frac{1 - fx\,fy\,fa\,f(x+y-a)}{1 + fx\,fy\,fa\,f(x+y+a)}.$$

Bedient man sich der Legendre'schen Bezeichnung

$$\int_0^\varphi \frac{d\lambda}{\varDelta\lambda} = F(\varphi)$$

und nimmt man an, es fänden die Gleichungen Statt:

$$F\xi = x\theta_3 o^2;\quad F\eta = y\theta_3 o^2;\quad F\zeta = (x+y)\theta_3 o^2$$

$$F\alpha = a\theta_3 o^2;\quad F\beta = (x+y-a)\theta_3 o^2;\quad F\gamma = (x+y+a)\theta_3 o^2$$

oder was dasselbe ist

$$F\zeta = F\xi + F\eta;\quad F\beta = F\zeta - F\alpha;\quad F\gamma = F\zeta + F\alpha$$

also auch die Gleichungen

$$fx = \sqrt{k}\sin\xi;\quad fy = \sqrt{k}\sin\eta;\quad f(x+y) = \sqrt{k}\sin\zeta$$

$$fa = \sqrt{k}\sin\alpha;\quad f(x+y-a) = \sqrt{k}\sin\beta;\quad f(x+y+a) = \sqrt{k}\sin\gamma$$

so verwandelt sich der Ausdruck für $P(x, a)$ in

$$P(x, a) = \frac{\varDelta\alpha}{\operatorname{tg}\alpha}\int_0^\xi \frac{k^2 \sin\alpha^2 \sin\lambda^2\, d\lambda}{(1 - k^2\sin\alpha^2\sin\lambda^2)\varDelta\lambda}$$

oder wenn man

$$1 - k^2\sin\alpha^2\sin\lambda^2 = L$$

setzt, in

$$P(x, a) = \frac{\varDelta\alpha}{\operatorname{tg}\alpha}\left\{\int_0^\xi \frac{d\lambda}{L\varDelta\lambda} - F\xi\right\}.$$

Ebenso wird

$$P(y, a) = \frac{\Delta\alpha}{\operatorname{tg}\alpha}\left\{\int_0^\eta \frac{d\lambda}{L\Delta\lambda} - F\eta\right\}$$

$$P(x+y, a) = \frac{\Delta\alpha}{\operatorname{tg}\alpha}\left\{\int_0^\zeta \frac{d\lambda}{L\Delta\lambda} - F\zeta\right\}.$$

Durch Einführung dieser Ausdrücke in (2.) geht diese Gleichung über in

(3.) $$\Pi_1(\xi, -k^2\sin\alpha^2) + \Pi_1(\eta, -k^2\sin\alpha^2) =$$

$$\Pi_1(\zeta, -k^2\sin\alpha^2) + \frac{\operatorname{tg}\alpha}{2\Delta\alpha}\, l\left(\frac{1-k^2\sin\xi\sin\eta\sin\alpha\sin\beta}{1+k^2\sin\xi\sin\eta\sin\alpha\sin\gamma}\right),$$

wenn man dem Zeichen, welches Legendre anwendet, einen Zeiger beifügt, um es von dem zu unterscheiden welches später Jacobi eingeführt hat, also

$$\int_0^\varphi \frac{d\lambda}{(1+n\sin\lambda^2)\Delta\lambda} = \Pi_1(\varphi, n)$$

setzt, und die vorhergehenden Gleichungen gehörig benutzt.

In dieser Formel (3.) sind die Winkel ξ, η, α, als gegeben zu betrachten und die Winkel ζ, β, γ werden z. B. durch die Gleichungen gefunden:

$$\sin\zeta = \frac{\sin\xi\cos\eta\Delta\eta + \sin\eta\cos\xi\Delta\xi}{1-k^2\sin\xi^2\sin\eta^2}$$

$$\sin\beta = \frac{\sin\zeta\cos\alpha\Delta\alpha - \sin\alpha\cos\zeta\Delta\zeta}{1-k^2\sin\alpha^2\sin\zeta^2}$$

$$\sin\gamma = \frac{\sin\zeta\cos\alpha\Delta\alpha + \sin\alpha\cos\zeta\Delta\zeta}{1-k^2\sin\alpha^2\sin\zeta^2}.$$

Die Formel (3.) lehrt nun, dass man statt der Summe zweier elliptischen Integrale dritter Gattung ein einziges solches Integral setzen kann, dem man noch einen logarithmischen Theil zufügen muss und dass die dazu erforderlichen Rechnungen nur algebraische Operationen erfordern.

Nimmt man in (1.) das a imaginär an, so lässt sich das Additionstheorem (3.) der Integrale dritter Gattung auch auf positive Parameter n ausdehnen. Führt man diese Operation aus, so erscheint natürlich der logarithmische Theil unter der Gestalt eines arctg.

§. 108.

Führt man in den elliptischen Integralen statt der trigonometrischen Functionen algebraische Ausdrücke ein, ersetzt also $\sin\varphi$ durch x u. s. w. und bezeichnet

$$\sqrt{1-\lambda^2}=\lambda_1 \quad \text{und} \quad \sqrt{1-k^2\lambda^2}=\lambda_2$$

und entsprechend

$$\sqrt{1-x^2}=x_1\,; \quad \sqrt{1-k^2x^2}=x_2$$

u. s. w., so nehmen die drei Additionstheoreme über die elliptischen Integrale der ersten, zweiten und dritten Gattung folgende Gestalt an:

$$(1.)\qquad \int_0^x \frac{d\lambda}{\lambda_1\lambda_2}+\int_0^y \frac{d\lambda}{\lambda_1\lambda_2}=\int_0^z \frac{d\lambda}{\lambda_1\lambda_2}$$

$$(2.)\qquad \int_0^x \frac{\lambda_1\,d\lambda}{\lambda_2}+\int_0^y \frac{\lambda_1\,d\lambda}{\lambda_2}=\int_0^z \frac{\lambda_1\,d\lambda}{\lambda_2}+k^2xyz$$

$$(3.)\qquad \int_0^x \frac{d\lambda}{(1-k^2a^2\lambda^2)\lambda_1\lambda_2}+\int_0^y \frac{d\lambda}{(1-k^2a^2\lambda^2)\lambda_1\lambda_2}$$

$$=\int_0^z \frac{d\lambda}{(1-k^2a^2\lambda^2)\lambda_1\lambda_2}+\frac{a}{2a_1a_2}\,l\left(\frac{1-k^2axy\delta}{1+k^2axy\sigma}\right)$$

wenn die Grössen z, z_1, z_2, δ, σ durch die Gleichungen bestimmt werden

$$(4.)\quad \begin{cases} z=\dfrac{xy_1y_2+yx_1x_2}{1-k^2x^2y^2}\,; \quad z_1=\dfrac{x_1y_1-xyx_2y_2}{1-k^2x^2y^2}\,; \quad z_2=\dfrac{x_2y_2-k^2xyx_1y_1}{1-k^2x^2y^2} \\[2ex] \delta=\dfrac{za_1a_2-az_1z_2}{1-k^2a^2z^2}\,; \quad \sigma=\dfrac{za_1a_2+az_1z_2}{1-k^2a^2z^2}\,. \end{cases}$$

Alle diese Formeln ergeben sich durch blosse Uebersetzung der bisher entwickelten Gleichungen in ihre entsprechenden algebraischen Ausdrücke.

Ersetzt man a durch die imaginäre Grösse ai, so nimmt (3.) die Gestalt an

$$(5.)\qquad \int_0^x \frac{d\lambda}{(1+k^2a^2\lambda^2)\lambda_1\lambda_2}+\int_0^y \frac{d\lambda}{(1+k^2a^2\lambda^2)\lambda_1\lambda_2}$$

$$=\int_0^z \frac{d\lambda}{(1+k^2a^2\lambda^2)\lambda_1\lambda_2}+\frac{a}{a'_1a'_2}\operatorname{arc\,tg}\frac{k^2xyzaa'_1a'_2}{1+k^2a^2(z^2-xyz_1z_2)}$$

wenn man

$$\sqrt{1+a^2}=a'_1\,, \quad \text{und} \quad \sqrt{1+k^2a^2}=a'_2$$

bezeichnet. Setzt man aber $k^2a^2=n$, so erscheint die (5.) unter der Form

$$(5'.)\quad \int_0^x \frac{d\lambda}{(1+n\lambda^2)\lambda_1\lambda_2}+\int_0^y \frac{d\lambda}{(1+n\lambda^2)\lambda_1\lambda_2}$$

$$=\int_0^z \frac{d\lambda}{(1+n\lambda^2)\lambda_1\lambda_2}+(1+n)^{-\frac{1}{2}}(1+k^2n^{-1})^{-\frac{1}{2}}\operatorname{arctg}\frac{xyz(1+n)^{\frac{1}{2}}(1+k^2n^{-1})^{\frac{1}{2}}}{z^2-xyz_1z_2+n^{-1}}.$$

§. 109.

Neue Ableitungsweise der Additionstheoreme.

Zu den Formeln, welche die Additionstheoreme ausdrücken, kann man auf eine eigenthümliche Weise gelangen, wenn man von der Construction gewisser sehr einfacher symmetrischer Functionen ausgeht.

Offenbar muss man zu einer symmetrischen Function von a, b, c gelangen, wenn man aus der Gleichung

$$(1.)\quad \sqrt{a}+\sqrt{b}=\sqrt{c}$$

die Wurzelgrössen fortschafft. Man erhält auf diese Weise

$$(2.)\quad c^2-2c(a+b)+(a-b)^2=0.$$

Setzt man hier

$$(3.)\quad a-b=x-y,$$

$$(4.)\quad a+b=x+y-2xy,$$

so ist auch noch

$$(5.)\quad c^2-2c(x+y-2xy)+(x-y)^2=0$$

eine symmetrische Function von x, y, c; denn zu der symmetrischen Function (2.) ist nur noch die symmetrische Function $4xyc$ hinzugefügt worden, wenn man sich nämlich in (2.) a und b mit x und y vertauscht denkt. Setzt man jetzt x^2, y^2, z^2 an die Stelle von x, y, c und führt die Grössen x_1, y_1, z_1 durch die Gleichungen ein:

$$(6.)\quad x^2+x_1^2=1;\quad y^2+y_1^2=1;\quad z^2+z_1^2=1,$$

so ergiebt sich aus (3.) und (4.)

$$a=x^2y_1^2 \text{ und } b=y^2x_1^2 \text{ und nach der Annahme } c=z^2.$$

Setzt man nun diese Werthe für a, b, c in (1.) ein, so ergiebt sich die erste der drei Gleichungen

$$(7.)\quad xy_1+yx_1=z;\quad xz_1+zx_1=y;\quad yz_1+zy_1=x,$$

welche aber die beiden andern nach sich zieht, da alle drei auf dieselbe symmetrische Function führen.

Da die Zeichen von x, y, x', y' willkürlich sind und das Zeichen von z durch die erste Gleichung bestimmt wird, so kann nur noch über das Zeichen von z_1 eine Ungewissheit bleiben. Setzt man aber den Werth von z aus der ersten dieser Gleichungen ganz beliebig in die zweite und dritte ein, so erhält man beide Male für z_1 ganz denselben Ausdruck, daher wird das Zeichen von z_1 vollständig durch die Grössen x, y, x_1, y_1 bestimmt. Führt man diese Operation aus, so gelangt man zu der ersten der drei Gleichungen

$$(8.)\qquad xy - x_1 y_1 = z_1; \quad zx - z_1 x_1 = y_1; \quad yz - y_1 z_1 = x_1,$$

aus welcher die übrigen zwei durch gehörige Vertauschung hervorgehen.

Man leitet aus diesen Formeln noch leicht folgende ab:

$$(9.)\qquad \frac{x_1 + y_1}{x + y} = \frac{1 - z_1}{z}; \quad \frac{x_1 - y_1}{y - x} = \frac{1 + z_1}{z}$$

$$(10.)\qquad \frac{xy_1 - yx_1}{x^2 - y^2} = \frac{1}{z}; \quad \frac{xx_1 - yy_1}{y^2 - x^2} = \frac{z_1}{z}$$

und kann überhaupt auch noch zu andern übergehen, welche sämmtlich bekannten Formeln der ebenen Trigonometrie entsprechen.

§. 110.

Aus der ersten der Gleichungen (8.) ist

$$x_1 y_1 = xy - z_1$$

und wenn man beide Seiten dieser Gleichung quadrirt, so erhält man

$$(1.)\qquad z^2 = x^2 + y^2 - 2xyz_1.$$

Mit Hülfe dieser Gleichung kann man nun zu Formeln von weit grösserer Allgemeinheit gelangen. Vertauscht man in ihr nämlich x und y mit $\frac{a_1}{n}$ und $\frac{b_1}{n}$, wo unter a_1 und b_1 verstanden werden sollen $\sqrt{1-a^2}$ und $\sqrt{1-b^2}$ und führt nachher wieder x und y statt a und b ein, so verwandelt sich (1.) in

$$(2.)\qquad n^2 z^2 = x_1^2 + y_1^2 - 2x_1 y_1 z_1.$$

Vermittelst dieser Gleichung lässt sich leicht eine symmetrische Function von x, y, z bilden; denn da $x_1 y_1 z_1$ schon eine solche ist, so braucht nur n^2 so gewählt zu werden, dass $n^2 z^2 - x_1^2 - y_1^2$ eine symmetrische Function wird. Dazu ist aber offenbar nur erforderlich, dass man

$$n^2 = 1 - k^2 x^2 y^2$$

annimmt, denn dadurch geht aus (2.) die symmetrische Function hervor

$$(3.)\qquad 1 - x_1^2 - y_1^2 - z_1^2 + 2x_1 y_1 z_1 - k^2 x^2 y^2 z^2 = 0.$$

Dem Ausdrucke für n^2 könnte freilich auch eine andere Gestalt gegeben werden, aber die gewählte ist die einfachste. Ganz ähnlich ist auch in §. 109 für $a+b$ die einfachste Form gewählt worden.

Da wir nun in (3.) eine symmetrische Function von x, y, z erhalten haben, so führt also die Substitution von

$$\frac{x_1}{n} \text{ statt } x, \quad \text{also } 1-\frac{x_1^2}{n^2}=\frac{n^2-x_1^2}{n^2}=\frac{x^2(1-k^2y^2)}{1-k^2x^2y^2} \text{ Statt } x_1^2$$

und die ähnlichen Einführungen für y und y_1 in die Gleichungen des §. 109 zu neuen Gleichungen, in denen die Buchstaben x, y, z stets unter einander vertauscht werden können.

Bezeichnet man also

$$\sqrt{1-k^2x^2}; \quad \sqrt{1-k^2y^2}; \quad \sqrt{1-k^2z^2}; \quad \sqrt{1-k^2x^2y^2}$$

durch

$$x_2; \quad y_2; \quad z_2; \quad n,$$

so hat man nur in den erwähnten Gleichungen

$$x, \quad y, \quad x_1, \quad y_1$$

mit

$$\frac{x_1}{n}, \quad \frac{y_1}{n}, \quad \frac{xy_2}{n}, \quad \frac{yx_2}{n}$$

zu vertauschen, um neue wichtige Gleichungen zu erhalten, welche sämmtlich auch direct aus (3.), aber erst nach beschwerlichen Rechnungen hervorgehen würden.

Aus der ersten der Gleichungen (4.) in §. 109 erhält man so die erste der drei Gleichungen

$$(4.) \quad \frac{yx_1x_2+xy_1y_2}{1-k^2x^2y^2}=z; \quad \frac{zx_1x_2+xz_1z_2}{1-k^2x^2y^2}=y; \quad \frac{zy_1y_2+yz_1z_2}{1-k^2y^2z^2}=x;$$

und die beiden andern durch cyclische Vertauschung. Aus der letzten in (7.) entstehen auf dieselbe Weise die Gleichungen:

$$(5.) \quad y_1z_1+zyx_2=x_1; \quad x_1z_1+zxy_2=y_1; \quad x_1y_1+xyz_2=z_1.$$

Aus der letzten der Gleichungen (8.) folgen ebenso die sechs Gleichungen:

$$(6.) \begin{cases} x_1z-xy_2z_1=yx_2; & x_1y-xz_2y_1=zx_2; & y_1x-yz_2x_1=zy_2 \\ y_1z-yx_2z_1=xy_2; & z_1y-zx_2y_1=xz_2; & z_1x-zy_2x_1=yz_2. \end{cases}$$

Setzt man nun aus der ersten dieser Gleichungen den Werth von x_1z in die letzte ein, so erhält man, wegen $y_2^2=1-k^2y^2$, auf der Stelle, wenn alle Vertauschungen vorgenommen werden,

$$(7.) \quad k^2xyz_1-x_2y_2=z_2; \quad k^2xzy_1-x_2z_2=y_2; \quad k^2yzx_1-y_2z_2=x_2.$$

Multiplicirt man die erste dieser Gleichungen mit z_2, so wird:

$$k^2(z^2+xyz_1z_2)=1+x_2y_2z_2.$$

Wenn man aber die letzte der Gleichungen (5.) mit z_1 multiplicirt, so wird:

$$z^2+xyz_1z_2=1-x_1y_1z_1.$$

Aus diesen beiden Gleichungen folgt aber sogleich:

(8.) $$k^2(1-x_1y_1z_1)=1+x_2y_2z_2.$$

Diese sehr einfache symmetrische Gleichung von x, y, z ersetzt mit Vortheil die Gleichung (3.).

Aus der ersten der Gleichungen (8.) erhält man durch dieselben Substitutionen:

(9.) $$\frac{x_1y_1-xyx_2y_2}{1-k^2x^2y^2}=z_1;\quad \frac{x_1z_1-xzx_2z_2}{1-k^2x^2z^2}=y_1;\quad \frac{y_1z_1-yzy_2z_2}{1-k^2y^2z^2}=x_1.$$

Setzt man aus der ersten dieser Gleichungen den Werth von z_1 in die letzte der Gleichungen (5.) ein, so erhält man sogleich:

(10.) $$\frac{k^2xyx_1y_1-x_2y_2}{1-k^2x^2y^2}=z_2;\quad \frac{k^2xzx_1z_1-x_2z_2}{1-k^2x^2z^2}=y_2;$$

$$\frac{k^2yzy_1z_1-y_2z_2}{1-k^2y^2z^2}=x_2.$$

§. 111.

Die Gleichungen des vorigen Paragraphen, die sich leicht noch vermehren lassen, können auch auf andere Weise entwickelt werden. Setzt man nämlich in (1.) des §. 110 kz statt z, so geht sie über in:

$$k^2z^2=x^2+y^2-2xyz_2$$

und wenn man hier x und y mit $\frac{x_2}{n}$ und $\frac{y_2}{n}$ vertauscht, so gelangt man zu:

$$k^2z^2n^2=x_2^2+y_2^2-2x_2y_2z_2.$$

Nimmt man hier wieder

$$n^2=1-k^2x^2y^2,$$

so erhält man die Gleichung:

$$1-x_2^2-y_2^2-z_2^2+2x_2y_2z_2-k^4x^2y^2z^2=0,$$

deren linke Seite ebenfalls eine symmetrische Function von x, y, z ist. Es werden also die Gleichungen des §. 109 ebenfalls neue richtige

Gleichungen liefern, wenn man in ihnen kz statt z setzt, also z_1 mit z_2 vertauscht und auch die Grössen:

$$x;\ y;\ x_1;\ y_1$$

mit den Grössen

$$\frac{x_2}{n};\ \frac{y_2}{n};\ \frac{kxy_1}{n};\ \frac{kyx_1}{n}$$

vertauscht.

Man erhält in der That auf diese Weise aus den Gleichungen des §. 109 neue Gleichungen, aber nicht die des §. 110. Um diese zu gewinnen, muss man noch die Zeichen der mit den Zeigern 1 und 2 versehenen Buchstaben in die entgegengesetzten verwandeln, wie ein einfaches Beispiel sogleich lehren wird. Die obige Gleichung gehört also auch in die Reihe der Gleichungen des §. 110, wenn man das Zeichen von $x_2 y_2 z_2$ in das entgegengesetzte verwandelt.

Diese neue richtige Gleichung lautet dann:

$$(a.) \qquad 1-x_2^2-y_2^2-z_2^2-2x_2y_2z_2-k^4x^2y^2z^2=0.$$

Durch diese Beobachtungen wird man darauf aufmerksam gemacht, dass sich die meisten der Gleichungen des §. 110 durch schickliche Substitutionen in einander überführen lassen.

Man findet so leicht, dass, wenn man in diesen Formeln erst die Zeichen der mit den Zeigern versehenen Buchstaben in die entgegengesetzten verwandelt, dann $\frac{1}{k}$ statt k einsetzt und zuletzt x, y, z mit kx, ky, kz vertauscht, diese Gleichungen in einander übergehen. Es giebt aber noch zwei andere Substitutionen, welche dieselben Dienste leisten. Bezeichnet man nämlich auch $\sqrt{1-k^2}$ mit k_1, so erhält man folgende drei Systeme von Substitutionen.

Man vertausche

$$k;\ x,\ y,\ z,\ x_1,\ y_1,\ z_1,\ x_2,\ y_2,\ z_2$$

mit

$$(A.) \qquad \frac{1}{k},\ kx,\ ky,\ kz,\ x_2,\ y_2,\ z_2,\ x_1,\ y_1,\ z_1$$

$$(B.) \qquad k,\ \frac{ix}{x_1},\ \frac{iy}{y_1},\ \frac{iz}{z_1},\ \frac{1}{x_1},\ \frac{1}{y_1},\ \frac{1}{z_1},\ \frac{x_2}{x_1},\ \frac{y_2}{y_1},\ \frac{z_2}{z_1}$$

$$(C.) \qquad \frac{ik}{k_1},\ \frac{-k_1x}{x_2},\ y_1,\ z_1,\ \frac{x_1}{x_2},\ y,\ z,\ \frac{1}{x_2},\ \frac{y_2}{k_1},\ \frac{z_2}{k_1}.$$

In der Substitution ($A.$) müssen vorher auch noch die Zeichen der mit Zeigern versehenen Buchstaben umgekehrt werden. Auf diese Weise lassen sich nun aus der einzigen Gleichung (8.) in §. 110 noch 15 andere Formeln ableiten. Die Substitution ($C.$) liefert aus ihr zunächst die drei Formeln (7.); durch ($B.$) entspringen dann aus der letzten derselben drei Gleichungen, welche hier nicht mit aufgeführt sind; und die Substitution ($A.$) führt von dieser selben Gleichung aus zu den Gleichungen (5.). Wendet man dann noch auf die zweite der Gleichungen (5.) die Substitution ($C.$) an, so gelangt man zu den Gleichungen (7.).

Auf diese Substitutionen hat zuerst Jacobi im 39. Bande des Crelle'schen Journals aufmerksam gemacht. Die wahre Quelle, aus welcher diese Substitutionen fliessen, erkennt man freilich am klarsten aus den Entwicklungen in §. 68, denn die Formel (8.) oder

$$k_1^2 + k^2 x_1 y_1 z_1 + x_2 y_2 z_2 = 0$$

ist, wie sich bald zeigen wird, nichts Anderes, als die Formel (1.) in §. 68, welche ebenfalls durch schickliche Substitutionen zu 15 neuen Formeln führt, die mit den hier gewonnenen übereinstimmen, wenn man noch einen Zeichenwechsel vornimmt.

Durch diese Untersuchungen hat man jetzt den Vortheil gewonnen, aus jeder Formel der ebenen Trigonometrie, — denn das sind die Formeln des §. 109 — eine Formel für die elliptischen Functionen, oder auch, wie §. 69 lehrt, eine Formel der sphärischen Trigonometrie ableiten zu können.

§. 112.

Nach diesen Vorbereitungen kann man nun sehr leicht zu den Additionstheoremen gelangen.

Multiplicirt man die Gleichungen (3.) in §. 110 entsprechend mit den Differenzialen dx_1, dy_1, dz_1, und addirt dann alle drei Gleichungen, so erhält man sogleich:

$$d.x_1 y_1 z_1 + zy x_2 dx_1 + zx y_2 dy_1 + xy z_2 dz_1 = \tfrac{1}{2} d(x_1^2 + y_1^2 + z_1^2).$$

Es ist aber $dx_1 = -\dfrac{x dx}{x_1}$ etc.; daher ist diese Gleichung nichts Anderes als:

$$xyz\left(\frac{x_1 dx}{x_2} + \frac{y_1 dy}{y_2} + \frac{z_1 dz}{z_2}\right) = \tfrac{1}{2} d(2x_1 y_1 z_1 - x_1^2 - y_1^2 - z_1^2).$$

Die rechte Seite dieser Gleichung ist aber nach N. 3 in §. 110

$$k^2 xyz\, d.xyz.$$

Daher wird

$$(1.)\qquad \frac{x_2 dx}{x_1} + \frac{y_2 dy}{y_1} + \frac{z_2 dz}{z_1} = k^2 d.xyz.$$

Durch die Substitution (A.) erhält man aus (1.) auf der Stelle:

$$(1'.)\qquad \frac{x_1 dx}{x_2} + \frac{y_1 dy}{y_2} + \frac{z_1 dz}{z_2} = d.xyz.$$

Multiplicirt man diese Gleichung mit k^2 und zieht sie von (1.) ab, so bleibt, wenn man mit $1-k^2$ dividirt:

$$(2.)\qquad \frac{dx}{x_1 x_2} + \frac{dy}{y_1 y_2} + \frac{dz}{z_1 z_2} = 0.$$

Bezeichnet man diese drei Differentialen der Reihe nach mit X, Y, Z, ferner xyz mit u und $x_1 y_1 z_1$ mit u_1, so kann man (2.) und (1'.) darstellen als:

$$(3.)\qquad X + Y + Z = 0.$$

$$(4.)\qquad x_1^2 X + y_1^2 Y + z_1^2 Z = du.$$

Wenn man (3.) mit $x^2 + y^2 + z^2$ multiplicirt und dann zu (4.) addirt, so wird:

$$(5.)\qquad (y^2+z^2)X + (z^2+x^2)Y + (x^2+y^2)Z = du.$$

Wendet man jetzt die Substitution (B.) auf (4.) an, so gehen dx und X in $\frac{idx}{x_1^3}$ und iX über etc.; daher erhält man aus (4.):

$$\frac{X}{x_1^2} + \frac{Y}{y_1^2} + \frac{Z}{z_1^2} = -d.\frac{u}{u_1} = \frac{udu_1 - u_1 du}{u_1^2}$$

oder

$$y_1^2 z_1^2 X + z_1^2 x_1^2 Y + x_1^2 y_1^2 Z = udu_1 - u_1 du.$$

Die Summe dieser Gleichung und (5.) liefert:

$$(6.)\qquad y^2 z^2 X + z^2 x^2 Y + x^2 y^2 Z = du + udu_1 - u_1 du.$$

Multiplicirt man diese Gleichung mit n^2 und addirt zu dem Producte N. 3, multiplicirt dann (5.) mit n und zieht das erhaltene Product von dieser Summe ab, so bleibt:

$$(1-ny^2)(1-nz^2)X + (1-nz^2)(1-nx^2)Y + (1-nx^2)(1-nz^2)Z$$
$$= n^2 udu_1 - n(1-n+nu_1)du.$$

Für

$$1 - n + nu_1 = v$$

geht die letzte Gleichung über in:

$$(7.)\qquad \frac{X}{1-nx^2}+\frac{Y}{1-ny^2}+\frac{Z}{1-nz^2}=\frac{n(udv-vdu)}{(1-nx^2)(1-ny^2)(1-nz^2)}.$$

Der Nenner der rechten Seite dieser Gleichung lässt sich durch u und u_1 ausdrücken. Es ist nämlich:

$$u_1^2=(1-x^2)(1-y^2)(1-z^2)=1-x^2-y^2-z^2+y^2z^2+z^2x^2+x^2y^2-u^2$$

und nach (3.) in §. 110:

$$(8.)\qquad x^2+y^2+z^2=2-2u_1+k^2u^2.$$

Also erhält man aus der vorhergehenden Gleichung:

$$(9.)\qquad y^2z^2+z^2x^2+x^2y^2=(1-u_1)^2+(1+k^2)u^2.$$

Ferner ist:

$$(10.)\qquad x^2y^2z^2=u^2.$$

Bildet man nun $1-n\,(8.)+n^2\,(9.)-n^3\,(10.)$, so wird:

$$(11.)\quad (1-nx^2)(1-ny^2)(1-nz^2)=v^2-n(1-n)(k^2-n)u^2.$$

Setzt man nun diesen Werth in (7.) ein, so erhält man:

$$\frac{X}{1-nx^2}+\frac{Y}{1-ny^2}+\frac{Z}{1-nz^2}$$
$$=\frac{\sqrt{n}}{2\sqrt{(1-n)(k^2-n)}}\,dl\left(\frac{v-\sqrt{n(1-n)(k^2-n)}\,u}{v+\sqrt{n(1-n)(k^2-n)}\,u}\right)$$

oder, wenn man

$$\sqrt{(1-n)\left(\frac{k^2}{n}-1\right)}=m$$

setzt,

$$(12.)\qquad \frac{dx}{(1-nx^2)x_1x_2}+\frac{dy}{(1-ny^2)y_1y_2}+\frac{dz}{(1-nz^2)z_1z_2}$$
$$=\frac{1}{2m}\,dl\left(\frac{n^{-1}-1+x_1y_1z_1-mxyz}{n^{-1}-1+x_1y_1z_1+mxyz}\right).$$

Die Integrale der drei Gleichungen (1.), (2.) und (12.) stellen nun, wenn man für z_2 das negative Zeichen wählt, die drei Additionstheoreme der elliptischen Integrale erster, zweiter und dritter Gattung dar, wie die Vergleichung dieser Rechnungen mit denen des §. 110 sogleich zeigt, und die übrigen Formeln lehren den Zusammenhang der Grösse z mit den Grössen x und y kennen.

Neunter Abschnitt.

Von den elliptischen Integralen zweiter Gattung.

§. 113.

Methoden der Berechnung.

Ein elliptisches Integral zweiter Gattung

$$E(\varphi)=\int_0^{\varphi}\Delta\varphi\, d\varphi=\int_0^{\varphi}d\varphi\sqrt{1-k^2\sin\varphi^2}$$

wird nach §. 51 N. 16 mit Hülfe der Thetafunctionen unter der Form dargestellt:

$$(1.)\qquad E(\varphi)=\theta o^2\int_0^x h\lambda^2\, d\lambda,$$

wenn zwischen φ und x die uns bekannten Relationen

$$\sin\varphi=\frac{fx}{\sqrt{k}};\quad \cos\varphi=\sqrt{\frac{k'}{k}}gx,\quad \Delta\varphi=\frac{hx}{\sqrt{k'}}$$

Statt finden.

Um gleich Anfangs eine Vorstellung über den Umfang der numerischen Werthe zu erlangen, welche ein solches Integral annimmt, wenn sich φ von o bis $\frac{1}{2}\pi$ erstreckt, stellen wir wieder, in ähnlicher Weise, wie dies für die elliptischen Integrale erster Gattung in §. 36 geschah, folgende Tafel auf, die einen Ueberblick über diese Grössen gestattet.

		φ									
		0°	10°	20°	30°	40°	50°	60°	70°	80°	90°
α	0°	0	0,175	0,349	0,524	0,698	0,873	1,047	1,222	1,396	1,571
	10°	0	0,175	0,349	0,523	0,697	0,870	1,043	1,215	1,387	1,559
	20°	0	0,174	0,348	0,521	0,692	0,861	1,029	1,195	1,360	1,527
	30°	0	0,174	0,347	0,518	0,685	0,848	1,008	1,163	1,316	1,467
	40°	0	0,174	0,346	0,514	0,676	0,832	0,980	1,122	1,259	1,393
	50°	0	0,174	0,345	0,510	0,667	0,813	0,949	1,075	1,193	1,306
	60°	0	0,174	0,344	0,506	0,657	0,795	0,918	1,027	1,122	1,211
	70°	0	0,174	0,343	0,503	0,650	0,780	0,891	0,983	1,056	1,118
	80°	0	0,174	0,342	0,501	0,645	0,770	0,873	0,951	1,005	1,040
	90°	0	0,174	0,342	0,500	0,643	0,766	0,866	0,940	0,985	1,000

Es ist hier wieder die Amplitude mit φ bezeichnet, und der

Modul $k = \sin\alpha$ gesetzt worden. Die Einrichtung der Tafel ist der in §. 36 entsprechend.

Die elliptischen Integrale zweiter Gattung erstrecken sich nur von o bis $\frac{1}{2}\pi = 1.571$, während die der ersten Gattung sich von o bis ins Unendliche ausdehnten, wenn φ von o bis $\frac{1}{2}\pi$ reichte.

Zu ihrer Berechnung könnte man sich nach §. 37 der Reihe bedienen:

$$(2.)\qquad \int_0^{\varphi} d\varphi\sqrt{1-\sin\alpha^2\sin\varphi^2} =$$

$$A_0\varphi + A_1\sin 2\varphi + \tfrac{1}{2}A_2\sin 4\varphi + \tfrac{1}{3}A_3\sin 6\varphi + \tfrac{1}{4}A_4\sin 8\varphi + \cdots$$

wo

$$A_m = \cos\tfrac{1}{2}\alpha^2 \Sigma_0^{\omega} (\tfrac{1}{2})_s (\tfrac{1}{2})_{s+m} \operatorname{tg}\tfrac{1}{2}\alpha^{4s+2m},$$

und für das vollständige Integral hätte man dann die Reihe:

$$(3.)\qquad \int_0^{\frac{1}{2}\pi} d\varphi\sqrt{1-\sin\alpha^2\sin\varphi^2} =$$

$$\tfrac{1}{2}\pi\cos\tfrac{1}{2}\alpha^2\left\{1+(\tfrac{1}{2})^2\operatorname{tg}\tfrac{1}{2}\alpha^4+\left(\frac{1.1}{2.4}\right)^2\operatorname{tg}\tfrac{1}{2}\alpha^8+\left(\frac{1.1.3}{2.4.6}\right)^2\operatorname{tg}\tfrac{1}{2}\alpha^{12}+\cdots\right\}.$$

Wirksamere Mittel zur Berechnung geben auch hier die Thetafunctionen an die Hand.

Multiplicirt man nämlich die Gleichung (16.) in §. 77 mit dx und integrirt von $x = o$ bis $x = x$, so erhält man auf der Stelle die Formel:

$$(4.)\qquad \vartheta_3 o^2 E(\varphi) = l'\vartheta x - x\,l''\vartheta_3 o.$$

Für $x = \frac{1}{2}\pi$ wird $\varphi = \frac{1}{2}\pi$ und $l'\vartheta\frac{1}{2}\pi$ verschwindet, daher ist aus (4.), wenn man (20.) in §. 77 anwendet, das vollständige elliptische Integral zweiter Gattung:

$$(5.)\qquad E(\tfrac{1}{2}\pi) = E' = -\tfrac{1}{2}\pi\frac{l''\vartheta_3 o}{\vartheta_3 o^2} = -\tfrac{1}{2}\pi\frac{\vartheta_3'' o}{\vartheta_3 o\,\vartheta_3 o^2}.$$

Bedient man sich der Legendre'schen Bezeichnung:

$$F(\varphi) = x\,\vartheta_3 o^2 \quad\text{und}\quad F' = \tfrac{1}{2}\pi\,\vartheta_3 o^2,$$

so ist nach (5.):

$$x\,l''\vartheta_3 o = -\frac{2x}{\pi}\vartheta_3 o^2 E' = -\frac{2}{\pi}F\varphi . E'.$$

Daher lässt sich die Formel (4.) auch in folgende, mehr symmetrische Form bringen:

$$(6.)\qquad F'.E\varphi - E'.F\varphi = \tfrac{1}{2}\pi\, l'\theta x.$$

Benutzt man die Reihenausdrücke in §. 81 N. 5 und N. 11, so erhält man aus (4.):

$$(7.)\qquad \mathfrak{g}o^2 E(\varphi) = 4\left(\frac{q\sin 2x}{1-q^2} + \frac{q^2\sin 4x}{1-q^4} + \frac{q^3\sin 6x}{1-q^6} + \cdots\right)$$

$$+x + 8x\left(\frac{q^2}{1-q^2} - \frac{2q^4}{1-q^4} + \frac{3q^6}{1-q^6} - \cdots\right).$$

Diesen Reihen kann man auch eine andere Gestalt geben. Setzt man nämlich:

$$R = \frac{q^2}{1-q^2} - \frac{2q^4}{1-q^4} + \frac{3q^6}{1-q^6} + \cdots$$

und zieht von dieser Gleichung die folgende ab:

$$\frac{q^2}{(1+q^2)^2} = q^2 - 2q^4 + 3q^6 - \cdots$$

so ist der Rest:

$$R - \frac{q^2}{(1+q^2)^2} = \frac{q^4}{1-q^2} - \frac{2q^8}{1-q^4} + \frac{3q^{12}}{1-q^6} - \cdots$$

Wenn von dieser Gleichung wieder

$$\frac{q^4}{(1+q^4)^2} = q^4 - 2q^8 + 3q^{12} - \cdots$$

abgezogen wird, so bleibt:

$$R - \frac{q^2}{(1+q^2)^2} - \frac{q^4}{(1+q^4)^2} = \frac{q^6}{1-q^2} - \frac{2q^{12}}{1-q^4} + \frac{3q^{18}}{1-q^6} - \cdots$$

Auf diese Weise fortschreitend gelangt man zu der neuen Formel:

$$(8.)\qquad R = \frac{q^2}{(1+q^2)^2} + \frac{q^4}{(1+q^4)^2} + \frac{q^6}{(1+q^6)^2} + \frac{q^8}{(1+q^8)^2} + \cdots$$

Offenbar ist nach der vorletzten Gleichung auch:

$$(9.)\qquad R = \frac{q^2}{(1+q^2)^2} + \frac{q^4}{(1+q^4)^2} + \frac{q^6}{1-q^2},$$

wenn man die zwölfte Potenz von q vernachlässigen kann. Auch der ersten Reihe in N. 7 lässt sich eine andere Gestalt geben; denn es ist bekanntlich:

$$(10.)\qquad \frac{q\sin 2x}{1-2q\cos 2x + q^2} = q\sin 2x + q^2\sin 4x + q^3\sin 6x + \cdots$$

Setzt man nun:

(11.) $$S = \frac{q\sin 2x}{1-q^2} + \frac{q^2\sin 4x}{1-q^4} + \frac{q^3\sin 6x}{1-q^6} + \cdots$$

und zieht von dieser Gleichung die vorige ab, so bleibt:

$$S - \frac{q\sin 2x}{1-2q\cos 2x+q^2} = \frac{q^3\sin 2x}{1-q^2} + \frac{q^6\sin 4x}{1-q^4} + \frac{q^9\sin 6x}{1-q^6} + \cdots$$

Der Rest dieser Gleichung und der folgenden:

$$\frac{q^3\sin 2x}{1-2q^3\cos 2x+q^6} = q^3\sin 2x + q^6\sin 4x + q^9\sin 6x + \cdots$$

giebt die Formel:

$$S - \frac{q\sin 2x}{1-2q\cos 2x+q^2} - \frac{q^3\sin 2x}{1-2q^3\cos 2x+q^6} =$$
$$\frac{q^5\sin 2x}{1-q^2} + \frac{q^{10}\sin 2x}{1-q^4} + \frac{q^{15}\sin 2x}{1-q^6} + \cdots$$

Kann man also die zehnte Potenz von q vernachlässigen, so ist für S zu setzen:

(12.) $$S = \sin 2x\left\{\frac{q}{1-2q\cos 2x+q^2} + \frac{q^3}{1-2q^3\cos 2x+q^6} + \frac{q^5}{1-q^2}\right\}.$$

Setzt man diese Operationen weiter fort, so ergiebt sich die Formel:

(13.) $$l'\theta x = 4\sum_1^\omega \frac{q^s\sin 2sx}{1-q^{2s}} = 4\sin 2x \sum_1^\omega \frac{q^{2s-1}}{1-2q^{2s-1}\cos 2x+q^{4s-2}}$$

Wenn schon die vierte Potenz von q keinen Einfluss mehr hat, oder wenn der Winkel α des Moduls $k = \sin\alpha$, nicht 30^0 erreicht, dann erhält man aus (7.) sehr leicht die Formel:

$$E(\varphi) = \frac{\sin\beta^2\cos(\frac{1}{4}\pi-\delta)\sin 2x}{\sqrt{8}\sin\delta} + x(\cos\tfrac{1}{2}\beta^4 + 2\sin\tfrac{1}{2}\beta^4),$$

in welcher, nach den Vorschriften des §. 44, die Winkel β, δ und x aus den Gleichungen:

$$\sqrt{\cos\alpha} = \cos\beta; \quad \sin\alpha\sin\varphi = \sin\gamma; \quad \cos\beta:\cos\gamma = \operatorname{tg}\delta$$

und

$$\cos 2x = \cot\tfrac{1}{2}\beta^2\operatorname{tg}(\tfrac{1}{4}\pi-\delta)$$

zu berechnen sind. Innerhalb der angegebenen Grenzen genügt diese Formel: um $E(\varphi)$ bis auf sieben Decimalen richtig zu erhalten.

§. 114.

Nimmt man den Briggs'schen Logarithmus von der Gleichung (5.), so findet man leicht:

$$(1.)\qquad \log E' = 0{,}196119776 - \delta(\lambda - 3\lambda^2 + \tfrac{4}{3}\lambda^3 - 9\lambda^4 + \cdots)$$

wenn

$$\delta = 4\log e = 1{,}737177927$$
$$\log\delta = 0{,}239844303$$

und wie früher

$$\sqrt{k'} = \sqrt{\cos\alpha} = \cos\beta, \quad \text{und} \quad \lambda = \tfrac{1}{2}\operatorname{tg}\tfrac{1}{2}\beta^2.$$

Dieser Formel, in welcher nur die fünfte Potenz von λ vernachlässigt worden ist, kann man sich zur Berechnung des Logarithmus von E' bedienen, wenn der Modul k nicht viel grösser als $\sin 45^0$ ist. Diese Reihe ist ohngefähr ebenso wirksam als die Reihe (3.) in §. 113. Wendet man die Reihe an, welche für ϑo^2 aus §. 46 N. 1 oder §. 57 entnommen werden kann, und entwickelt auch $\frac{\vartheta'' o}{\vartheta o}$ nach Potenzen von $\lambda = \frac{1}{2}\operatorname{tg}\frac{1}{2}\beta^2$ mit Hülfe der Formel (6.) in §. 43, so erhält man aus N. 5 in §. 113 die wirksamere Formel:

$$(2.)\qquad E' = \tfrac{1}{2}\pi(\cos\tfrac{1}{2}\beta)^4\{1 + 2\operatorname{tg}\tfrac{1}{2}\beta^4 - \tfrac{3}{4}\operatorname{tg}\tfrac{1}{2}\beta^8 + \tfrac{1}{2}\operatorname{tg}\tfrac{1}{2}\beta^{12} - \tfrac{23}{64}\operatorname{tg}\tfrac{1}{2}\beta^{16}$$
$$+ \tfrac{3}{32}\operatorname{tg}\tfrac{1}{2}\beta^{20} - \tfrac{59}{256}\operatorname{tg}\tfrac{1}{2}\beta^{24} + \cdots\}.$$

Nimmt man z. B. $k = \sin 50^0$, so wird $\frac{1}{2}\beta = 18^0 21' 6'',11$ und es reichen die vier ersten Glieder der Reihe hin, um bis in die letzte Decimale richtig zu finden:

$$\log E' = 0{,}1157899.$$

§. 115.

Wenn der Modul k sehr nahe an 1 liegt, so kann man zur numerischen Berechnung die folgende Reihenentwicklung benutzen.

Man bezeichne:

$$\int_0^\varphi d\varphi\sqrt{1 - k^2\sin\varphi^2} = v$$

und deute, der Kürze wegen, das Differenziren nach φ durch Accente an; dann wird

$$1 - k^2\sin\varphi^2 = v'^2$$

und wenn man diese Gleichung weiter differenzirt:

$$\begin{aligned}
-\tfrac{1}{2}k^2\sin 2\varphi &= v'v'' \\
-k^2\cos 2\varphi &= v''^2 + v'v''' \\
2k^2\sin 2\varphi &= 3v''v''' + v'v^{\mathrm{IV}} \\
4k^2\cos 2\varphi &= 3v'''^2 + 4v''v^{\mathrm{IV}} + v'v^{\mathrm{V}} \\
-8k^2\sin 2\varphi &= 10v'''v^{\mathrm{V}} + 5v''v^{\mathrm{V}} + v'v^{\mathrm{VI}}. \\
&\cdots\cdots
\end{aligned}$$

Nach dem Maclaurin'schen Satze ist aber:

$$v = v_0 + \varphi v'_0 + \frac{\varphi^2}{2!}v''_0 + \frac{\varphi^3}{3!}v'''_0 + \cdots,$$

wenn man das Setzen von $\varphi = o$ in $v, v', v'', \ldots$ durch $v_0, v'_0, v''_0, \ldots$ bezeichnet. Man erhält nun aus den entwickelten Gleichungen:

$$\begin{aligned}
v_0 &= o, & v'_0 &= 1 \\
v''_0 &= o, & v'''_0 &= -k^2 \\
v^{\mathrm{IV}}_0 &= o, & v^{\mathrm{V}}_0 &= 4k^2 - 3k^4 \\
v^{\mathrm{VI}}_0 &= o, & v^{\mathrm{VII}}_0 &= -16k^2 + 60k^4 - 45k^6 \\
&\cdots\cdots
\end{aligned}$$

Also wird

$$v = \varphi - k^2\frac{\varphi^3}{3!} + (4k^2 - 3k^4)\frac{\varphi^5}{5!} - (16k^2 - 60k^4 + 45k^6)\frac{\varphi^7}{7!}$$
$$+ (64k^2 - 1008k^4 + 2520k^6 - 1575k^8)\frac{\varphi^9}{9!} - \cdots.$$

Die Coefficienten dieser Reihe müssen sich für $k = 1$ sämmtlich in 1 verwandeln, da für diesen Werth des Moduls, v offenbar gleich $\sin\varphi$ wird.

Zieht man von (1.) die Gleichung

$$\frac{1}{k}\sin k\varphi = \varphi - \frac{k^2\varphi^3}{3!} + \frac{k^4\varphi^5}{5!} - \frac{k^6\varphi^7}{7!} + \cdots$$

ab, so bleibt, wenn man k durch $\sin\alpha$ ersetzt:

(2.) $$v = E(\varphi) = \frac{1}{k}\sin k\varphi + \frac{\varphi^5\sin 2\alpha^2}{120}$$
$$\left\{1 + \frac{(5 - 11\cos\alpha^2)\varphi^2}{42} + \frac{(87 - 276\cos\alpha^2 + 197\cos\alpha^4)\varphi^4}{1512} + \cdots\right\}$$

Wenn φ kleiner als Eins bleibt, so ist diese Reihe zur Berechnung von $E(\varphi)$ für solche k, welche $\frac{1}{2}\pi$ fast erreichen, sehr bequem.

§. 116.

Neue Reihen gewährt eine sehr einfache Entwicklungsmethode, welche auch in andern Fällen benutzt werden kann.

Setzt man nämlich:

$$\operatorname{tg}\varphi = t,$$

so ist:

$$d\varphi = \frac{dt}{1+t^2} \quad \text{und} \quad \sin\varphi^2 = \frac{t^2}{1+t^2},$$

also

$$\sin\varphi^{2s}\, d\varphi = \frac{t^{2s}\, dt}{(1+t^2)^{s+1}}.$$

Multiplicirt man diese Gleichung mit u_s, unter welchem Zeichen eine beliebige Function von s vorgestellt werden soll, und nimmt von beiden Seiten die Summe von $s = o$ bis $s = \omega$, so erhält man:

$$\Sigma_0^\omega u_s \sin\varphi^{2s}\, d\varphi = \Sigma_0^\omega \frac{u_s t^{2s}\, dt}{(1+t^2)^{s+1}}.$$

Die rechte Seite, nach Potenzen von t entwickelt, giebt den Ausdruck:

$$\begin{aligned} & u_0 - u_0 t^2 + u_0 t^4 - u_0 t^6 + \cdots\cdots \\ & + u_1 t^2 - 2u_1 t^4 + 3u_1 t^6 - \cdots\cdots \\ & + u_2 t^4 - 3u_2 t^6 + \cdots\cdots \\ & + u_3 t^6 - \cdots\cdots \\ = {} & u_0 + \Delta u . t^2 + \Delta^2 u . t^4 + \Delta^3 u . t^6 + \cdots\cdots \end{aligned}$$

Also wird

$$\Sigma_0^\omega u_s \sin\varphi^{2s}\, d\varphi = \Sigma_0^\omega u_s \Delta^s u . t^{2s}\, dt.$$

Integrirt man nun diese Gleichung von $\varphi = o$ bis $\varphi = \varphi$, so ergiebt sich:

$$\text{(1.)} \qquad \Sigma_0^\omega \int u_s \sin\varphi^{2s}\, d\varphi = \Sigma_0^\omega \frac{\Delta^s u}{2s+1} \operatorname{tg}\varphi^{2s+1}$$

oder

$$\int d\varphi (u_0 + u_1 \sin\varphi^2 + u_2 \sin\varphi^4 + u_3 \sin\varphi^6 + \cdots\cdots)$$
$$= u_0 \operatorname{tg}\varphi + \tfrac{1}{3}\Delta u \operatorname{tg}\varphi^3 + \tfrac{1}{5}\Delta^2 u \operatorname{tg}\varphi^5 + \tfrac{1}{7}\Delta^3 u \operatorname{tg}\varphi^7 + \cdots\cdots$$

Die Convergenz dieser Reihe, die sowohl von der Grösse des Winkels φ als von den Werthen der Constanten u_0, u_1, $u_2 \ldots$ abhängt, lässt sich nur bestimmen, wenn bestimmte Annahmen über die Werthe der Coefficienten u gemacht werden.

Man kann diese Formel leicht dem Gedächtnisse einprägen; denn es ist:

$$\int\frac{d\varphi}{1-u\sin\varphi^2}=\frac{1}{2\sqrt{u-1}}\,l\left(\frac{1+\sqrt{u-1}\,\mathrm{tg}\,\varphi}{1-\sqrt{u-1}\,\mathrm{tg}\,\varphi}\right).$$

Entwickelt man nun die linke Seite dieser Gleichung nach Potenzen von u und die rechte nach Potenzen von $\sqrt{u-1}$ und ersetzt dann die Potenzen u^0, u', u^2, u^3 .... durch die beliebigen Grössen u_0, u_1, u_2, u_3 ...., so erhält man die Formel (1.).

Man kann auf demselben Wege auch zu anderen Entwicklungen des Integrals $\int d\varphi(u_0+u_1\sin\varphi^2+u_2\sin\varphi^4+\cdots)$ gelangen.

Setzt man z. B.

$$\sin\varphi=t,$$

so wird

$$u_s\sin\varphi^{2s}d\varphi=\frac{u_s t^{2s}dt}{\sqrt{1-t^2}}$$

und wenn man hier ebenfalls nach Potenzen von t entwickelt und überhaupt ganz wie oben verfährt, so erhält man die Formel:

$$(2.)\qquad \int d\varphi(u_0+u_1\sin\varphi^2+u_2\sin\varphi^4+u_3\sin\varphi^6+\cdots)$$
$$=u_0\sin\varphi+(u_1+\tfrac{1}{2}u_0)\tfrac{1}{3}\sin\varphi^3+\left(u_2+\tfrac{1}{2}u_1+\frac{1.3}{2.4}u_0\right)\tfrac{1}{5}\sin\varphi^5$$
$$+\left(u_3+\tfrac{1}{2}u_2+\frac{1.3}{2.4}u_1+\frac{1.3.5}{2.4.6}u_0\right)\tfrac{1}{7}\sin\varphi^7+\cdots$$

deren Fortschreitungsgesetz klar ist.

Dieses bequemen Mittels der Entwicklung wird man sich auch sehr häufig bedienen können, wenn die linke Seite dieser Gleichung auch eine andere Gestalt haben sollte.

§. 117.

Von diesen Formeln lassen sich nun Anwendungen auf die Entwicklung elliptischer Integrale in Reihen machen.

Benutzt man z. B. N. 2, so wird:

$$E(\varphi)=\int_0^\varphi d\varphi\sqrt{1-k^2\sin\varphi^2}$$

$$=\int_0^\varphi d\varphi\left(1-\tfrac{1}{2}k^2\sin\varphi^2-\frac{1.1}{2.4}k^4\sin\varphi^4-\frac{1.1.3}{2.4.6}k^6\sin\varphi^6-\cdots\right)$$

$$=\sin\varphi+\frac{k'^2}{2.3}\sin\varphi^3+\frac{k'^2}{40}(3+k^2)\sin\varphi^5+\frac{k'^2}{112}(5+2k^2+k^4)\sin\varphi^7$$

$$+\frac{k'^2}{1152}(35+15k^2+9k^4+5k^6)\sin\varphi^9+\cdots\cdot\cdot$$

Zieht man von dieser Gleichung die Gleichung

$$\frac{1}{k'}\arcsin(k'\sin\varphi)=\sin\varphi+\frac{k'^2}{2.3}\sin\varphi^3+\frac{1.3.k'^4}{2.4.5}\sin\varphi^5+\cdots$$

ab, so ergiebt sich nach leichten Reductionen, wenn man k und k' durch ihre Werthe $\sin\alpha$ und $\cos\alpha$ ersetzt:

$$\int_0^\varphi d\varphi\sqrt{1-\sin\alpha^2\sin\varphi^2}=\frac{1}{\cos\alpha}\arcsin(\cos\alpha\sin\varphi)+\frac{\sin 2\alpha^2}{40}\sin\varphi^5$$

$$+\frac{\sin 2\alpha^2}{112}(2+\cos\alpha^2)\sin\varphi^7+\frac{\sin 2\alpha^2}{576}(8+2\cos\alpha^2+5\cos\alpha^4)\sin\varphi^9+\cdots$$

Diese Reihe lässt sich zur Berechnung von $E(\varphi)$ bequem benutzen, wenn α nahe an 90° liegt oder φ nicht 45° überschreitet.

§. 118.

Das Additionstheorem für die elliptischen Integrale zweiter Gattung, welches in der Formel (2.) des §. 106

(1.) $$E(a)+E(b)=E(c)+k^2\sin a\sin b\sin c$$

ausgesprochen ist, lässt sich ebenfalls zur Berechnung dieser Functionen benutzen, ganz in derselben Weise, wie das entsprechende Theorem für die elliptischen Functionen erster Gattung in §. 62 zur Berechnung dieser Grössen angewendet worden ist.

Setzt man nämlich wie dort $a=b=\varphi_1$ und $c=\varphi$, so erhält man aus (1.):

(2.) $$E(\varphi)=2E\varphi_1-k^2\sin\varphi\sin\varphi_1^2$$

während, nach §. 62, φ und φ_1 durch die Gleichungen:

(3.) $$k\sin\varphi=\sin\gamma \quad\text{und}\quad \sin\varphi_1=\sin\tfrac{1}{2}\varphi:\cos\tfrac{1}{2}\gamma$$

mit einander zusammenhängen. Verschafft man sich nun eine Reihe von Winkeln $\gamma_1, \gamma_2, \gamma_3, \ldots.$ und $\varphi_2, \varphi_3, \varphi_4, \ldots.$ durch die aus (3.) gebildeten Gleichungen:

$$\begin{array}{lll} k\sin\varphi_1 = \sin\gamma_1 & & \sin\varphi_2 = \sin\frac{1}{2}\varphi_1 : \cos\frac{1}{2}\gamma_1 \\ k\sin\varphi_2 = \sin\gamma_2 & \text{und} & \sin\varphi_3 = \sin\frac{1}{2}\varphi_2 : \cos\frac{1}{2}\gamma_2 \\ \cdots\cdots & & \cdots\cdots \\ k\sin\varphi_{n-1} = \sin\gamma_{n-1} & & \sin\varphi_n = \sin\frac{1}{2}\varphi_{n-1} : \cos\frac{1}{2}\gamma_{n-1} \end{array}$$

so gewinnt man aus (2.) leicht das System von Formeln:

$$\begin{aligned} E\varphi &= 2E\varphi_1 - \sin\varphi\,\sin\gamma^2 \\ 2E\varphi_1 &= 2^2E\varphi_2 - 2\sin\varphi_1\,\sin\gamma_2^2 \\ 2^2E\varphi_2 &= 2^3E\varphi_3 - 2^2\sin\varphi_2\,\sin\gamma_3^2 \\ &\cdots\cdots \\ 2^{n-1}E\varphi_{n-1} &= 2^nE\varphi_n - 2^{n-1}\sin\varphi_{n-1}\sin\gamma_n^2 \end{aligned}$$

deren Summe zu der Gleichung führt:

(4.) $$E\varphi = 2^n E\varphi_n$$
$$-(\sin\varphi\sin\gamma_1^2 + 2\sin\varphi_1\sin\gamma_2^2 + 2^2\sin\varphi_2\sin\gamma_3^2 + \cdots + 2^{n-1}\sin\varphi_{n-1}\sin\gamma_n^2).$$

Da die Winkel $\varphi, \varphi_1, \varphi_2, \ldots.$ stets an Grösse abnehmen, so nähert sich $E(\varphi_n) = \int_0^{\varphi_n} dz\sqrt{1-k^2\sin z^2}$ mit wachsendem n der Grenze φ_n, und das erste Glied der rechten Seite von (4.) verwandelt sich nach §. 62 in $$u = F(\varphi) = 2^n\varphi_n.$$

Die hier beschriebene Berechnungsweise des Integrals $E(\varphi)$ liefert also zugleich auch das Integral $F(\varphi)$ und würde sich deswegen empfehlen, da in den Anwendungen sehr häufig beide Integrale zugleich berechnet werden müssen, wenn nur nicht für grosse k die Annäherung zu langsam fortschritte.

Beispiel. Berechnung von $E(\varphi) = \int_0^{47^\circ} d\varphi\sqrt{1-(\sin 75^\circ)^2\sin\varphi^2}$.

Man findet nach den gegebenen Vorschriften für $k = \sin 75^\circ$ und $\varphi = 47^\circ$

		Differenzen.
$\gamma = 44^\circ 56' 43'',70$	$\varphi = 47^\circ\ 0'\ 0''$	
$\gamma_1 = 24^\circ 38'\ 1'',05$	$2\varphi_1 = 51^\circ\ 7' 40'',28$	$4^\circ\ 7' 40'',28$
$\gamma_2 = 12^\circ 38'\ 5'',61$	$4\varphi_2 = 52^\circ 21' 12'',60$	$1^\circ 13' 32'',32$
$\gamma_3 = 6^\circ 21' 32'',567$	$8\varphi_3 = 52^\circ 40' 29'',12$	$0^\circ 19' 16'',52$
$\gamma_4 = 3^\circ 11'\ 5'',225$	$16\varphi_4 = 52^\circ 45' 21'',79$	$0^\circ\ 4' 52'',67$

Es muss, wie bereits in §. 62 nachgewiesen wurde, zu $16\varphi_4$ noch ein Drittel der letzten Differenz hinzugefügt werden, um $2^n\varphi_n$ zu erhalten. Man findet so:

$$2^n\varphi_n = F(\varphi) = 52^\circ 45' 21'',79 + 1' 37'',56 = 52^\circ 46' 59'',35$$
$$= 0,9212398.$$

Der genauere Werth ist:

$$F(\varphi) = 0,9212421,$$

weicht also bereits in der sechsten Decimale von dem gefundenen ab; aber bei Anwendung der gewöhnlichen Logarithmentafeln lässt sich keine grössere Genauigkeit erreichen, da ein Fehler von einer halben Secunde im Winkel φ_n, welcher die Abweichung verursacht hat, sich nicht vermeiden lässt. Eine genauere Methode der Berechnung wird aber im dreizehnten Abschnitte angegeben werden.

Um nun $E(\varphi)$ zu erhalten, hat man nur mit Hülfe der bereits aufgeschlagenen Logarithmen die folgenden Grössen zu berechnen:

$$\begin{aligned}
\sin\varphi \sin\gamma_1^2 &= 0,1270611 \\
2\sin\varphi_1 \sin\gamma_2^2 &= 0,0412929 \\
4\sin\varphi_2 \sin\gamma_3^2 &= 0,0111121 \\
8\sin\varphi_3 \sin\gamma_4^2 &= 0,0028313 \\
\tfrac{1}{3} \text{ des letzten Gliedes} &= 0,0009438 \\
\hline
&\ 0,1832412 \\
-F\varphi &= -0,9212398 \\
\hline
E(\varphi) &= 0,7379986 \\
\text{Der genauere Werth ist} &= 0,7379960 \\
\hline
\text{also der Unterschied} &= 0,0000026
\end{aligned}$$

§. 119.

Ueber den Zusammenhang der elliptischen Integrale erster Gattung mit denen der zweiten.

Die Summe der Gleichungen N. 1 und N. 2 in §. 26 giebt:

$$2ho\, hx = h(\tfrac{1}{2}x, \tfrac{1}{2}\nu) + \frac{1}{h(\tfrac{1}{2}x, \tfrac{1}{2}\nu)}$$

und das Product dieser Gleichung mit N. 1 führt zu der Formel:

$$(1.) \qquad 2ho^2 hx^2 + 2go\, ho\, gx\, hx = h(\tfrac{1}{2}x, \tfrac{1}{2}\nu)^2 + 1.$$

Es ist aber

$$\theta o^2 gx\, hx = \frac{dfx}{dx}.$$

Setzt man daher in (1.) $2z$ statt x und 2ν statt ν, multiplizirt dann mit dz und integrirt von $z = o$ bis $z = x$ und bedenkt, dass

$$2\int_0^x h(2z, 2\nu)^2 dz = \int_0^{2x} h(z, 2\nu)^2 dz$$

ist, so erhält man:

$$(2.)\qquad h(o,2\nu)^2 \int_0^{2x} h(z,2\nu)^2 dz + \frac{g(o,2\nu)h(o,2\nu)}{\theta(o,2\nu)^2} f(2x,2\nu)$$

$$= \int_0^x hz^2\, dz + x.$$

Setzt man nun, wie gewöhnlich:

$$\frac{h(o,\nu)}{g(o,\nu)} f(x,\nu) = \sin\varphi$$

und nimmt an, es gehe φ in φ_1 über, wenn sich x und ν in $2x$ und 2ν verwandeln, so wird:

$$\frac{h(o,2\nu)}{g(o,2\nu)} f(2x,2\nu) = \sin\varphi_1$$

und da man bezeichnet:

$$\theta(o,\nu)^2 \int_0^x h(z,\nu)^2 dz = E(\varphi)$$

so ist

$$\theta(o,2\nu)^2 \int_0^{2x} h(z,2\nu)^2 dz = E(\varphi_1),$$

also verwandelt sich (2.) in:

$$\frac{\mathfrak{g}(o,2\nu)^2}{\theta(o,2\nu)^4} E(\varphi_1) + \frac{\mathfrak{g}(o,2\nu)^2}{\theta(o,2\nu)^4} \sin\varphi_1 = \frac{1}{\theta o^2} E(\varphi) + x.$$

Nach (6.) in §. 25 ist:

$$\theta(o,2\nu)^2 = \theta o\, \mathfrak{g} o$$

und

$$x\, \mathfrak{g} o^2 = F(\varphi)$$

also

$$\mathfrak{g}(o,2\nu)^2 E(\varphi_1) + \mathfrak{g}(o,2\nu)^2 \sin\varphi_1 = \mathfrak{g} o^2 E(\varphi) + \theta o^2 F(\varphi).$$

Nach N. 3 und N. 4 in §. 31 ist:

$$2\vartheta_2(o,2\nu)^2 = \vartheta_3 o^2 - \vartheta o^2$$
$$2\vartheta_3(o,2\nu)^2 = \vartheta_3 o^2 + \vartheta o^2,$$

also

$$F(\varphi) = \tfrac{1}{2}(ho^2+1)E(\varphi_1) - ho^2 E(\varphi) + \tfrac{1}{2}(ho^2-1)\sin\varphi_1$$

oder

(3.) $$F(\varphi) = \tfrac{1}{2}\left(\frac{1}{k'}+1\right)E(\varphi_1) - \frac{1}{k'}E(\varphi) + \tfrac{1}{2}\left(\frac{1}{k'}-1\right)\sin\varphi_1.$$

Wenn aber durch die Substitution von $2x$ statt x und 2ν statt ν der Winkel φ in φ_1 übergeht, so hängen nach §. 54 N. 8 diese beiden Winkel durch die Gleichung

(4.) $$\operatorname{tg}(\varphi_1 - \varphi) = k' \operatorname{tg}\varphi$$

mit einander zusammen.

Vermöge der Formel (3.) lässt sich also ein elliptisches Integral erster Gattung stets durch 2 elliptische Integrale zweiter Gattung berechnen, deren Amplituden durch die Gleichung (4.) aus einander gefunden werden können.

§. 120.

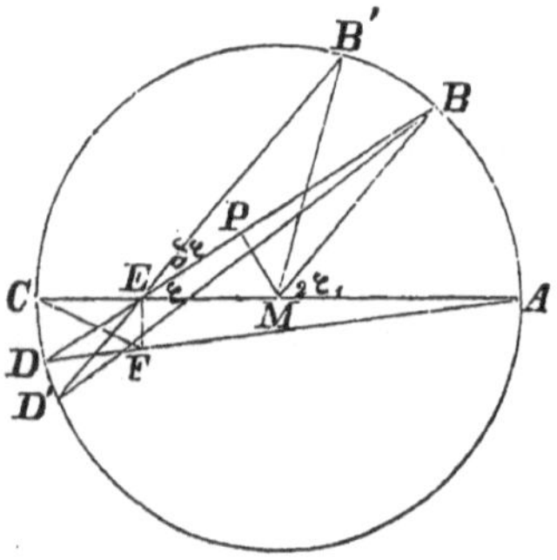

Mit Hülfe einer geometrischen Construction kann man zu diesem Resultate etwas schneller gelangen, auf einem Wege, der zugleich die Formeln der Landen'schen Substitution liefert.

Der Radius MC des Kreises in der nebenstehenden Figur sei gleich 1 und die Strecke $ME = \cos\varepsilon$. Ist dann der Bogen $AB = 2\varphi_1$ und der Winkel BEA, den die Sehne BD mit dem Durchmesser AC bildet, gleich φ, so erhält man die Gleichung:

(1.) $$\sin(2\varphi_1 - \varphi) = \cos\varepsilon \sin\varphi,$$

wenn man den Abstand MP dieser Sehne vom Mittelpunkte durch die beiden Dreiecke MBP und MEP ausdrückt.

Ist nun der Winkel φ um $d\varphi = BEB'$ gewachsen, so ist $BB' = 2d\varphi_1$, also bilden die Sehnen $B'ED'$ und BD' den Winkel $d\varphi$ mit einander und das Dreieck BED' gewährt die Gleichung:

(2.) $$\frac{\sin d\varphi}{BD'} = \frac{\sin d\varphi_1}{BE}$$

Es ist aber $BD' = BD = 2BP = 2\sqrt{1 - \cos\varepsilon^2 \sin\varphi^2}$ und

$$BE = \sqrt{1 + 2\cos\varepsilon\cos 2\varphi_1 + \cos\varepsilon^2} = \sqrt{(1+\cos\varepsilon)^2 - 4\cos\varepsilon\sin\varphi_1^2}$$

$$= 2\cos\tfrac{1}{2}\varepsilon^2 \sqrt{1 - \frac{\cos\varepsilon}{\cos\frac{1}{2}\varepsilon^4}\sin\varphi_1^2}.$$

Setzt man nun

$$\frac{\cos\varepsilon}{\cos\frac{1}{2}\varepsilon^4} = \cos\varepsilon_1^2$$

oder, was ganz dasselbe ist,

$$(3.) \qquad \sin\varepsilon_1 = \operatorname{tg}\tfrac{1}{2}\varepsilon^2$$

und führt diese Ausdrücke in die Gleichung (2.) ein, so erhält man, da $\sin d\varphi = d\varphi$ zu nehmen ist:

$$(4.) \qquad \int_0^{\varphi} \frac{dx}{\sqrt{1 - \cos\varepsilon^2 \sin x^2}} = \frac{1}{\cos\frac{1}{2}\varepsilon^2} \int_0^{\varphi_1} \frac{dx}{\sqrt{1 - \cos\varepsilon_1^2 \sin x^2}}.$$

Man kann also, ganz ähnlich wie dies in §. 54 und 55 geschah, mit Hülfe von (3.) aus dem Winkel ε eine Reihe von Winkeln ε_1, ε_2, ε_3, ... berechnen, welche sich sehr schnell der Null nähern und findet dann aus der Gleichung (1.) eine Reihe von Winkeln φ_1, φ_2, φ_3 .... welche sehr bald einer festen Grenze ausserordentlich nahe kommen.

Die Gleichung (4.) lässt sich kurz als

$$F(\varphi, \varepsilon) = \frac{1}{\cos\frac{1}{2}\varepsilon^2} F(\varphi_1, \varepsilon_1)$$

darstellen und führt zu einer Reihe anderer, ebenso gestalteter, deren Product die Gleichung:

$$F(\varphi, \varepsilon) = F(\varphi_\omega, \varepsilon_\omega)(\cos\tfrac{1}{2}\varepsilon \cos\tfrac{1}{2}\varepsilon_1 \cos\tfrac{1}{2}\varepsilon_2 \ldots)^{-2}$$

liefert, in welcher $\varepsilon_\omega = 0$, also:

$$F(\varphi_\omega, \varepsilon_\omega) = \int_0^{\varphi_\omega} \frac{dx}{\cos x} = l\operatorname{tg}(\tfrac{1}{4}\pi + \tfrac{1}{2}\varphi_\omega)$$

ist. Auf diese Weise lässt sich also das Integral $F(\varphi, \varepsilon)$ berechnen.

Man erhält aber eine zweite Rechnungsvorschrift, welche den in §. 54 gelehrten ganz gleich lautet, wenn man $ME = \operatorname{tg}\frac{1}{2}\alpha^2$ setzt, die Sehne DA zieht und EF senkrecht auf AE errichtet. Der Winkel ADB ist dann φ_1 und auch die Linie CF bildet mit CE denselben Winkel φ_1; denn in der That sind die Dreiecke DEA und CFA einander ähnlich, wie man sogleich bemerkt, wenn man sich die Sehne

DC gezogen denkt, wodurch man zwei rechtwinklige Dreiecke *ACD* und *AEF* erhält, die einander ähnlich sind, also die Proportion gewähren:

$$AC : AF = AD : AE,$$

womit die Aehnlichkeit der Dreiecke *DEA* und *CFA*, also die Gleichheit der Winkel *FDE* und *FCE* bewiesen ist.

Drückt man nun die Linie *EF* durch die beiden Dreiecke *AEF* und *CEF* aus, so erhält man die Gleichung:

$$(1+\operatorname{tg}\tfrac{1}{2}\alpha^2)\operatorname{tg}(\varphi-\varphi_1) = (1-\operatorname{tg}\tfrac{1}{2}\alpha^2)\operatorname{tg}\varphi_1$$

oder

$$\operatorname{tg}(\varphi-\varphi_1) = \cos\alpha\operatorname{tg}\varphi_1.$$

Ferner ist $MP = \operatorname{tg}\frac{1}{2}\alpha^2\sin\varphi$, also

$$BD = 2\sqrt{1-\operatorname{tg}\tfrac{1}{2}\alpha^4\sin\varphi^2}$$

und

$$BE = \sqrt{1+2\operatorname{tg}\tfrac{1}{2}\alpha^2\cos 2\varphi_1+\operatorname{tg}\tfrac{1}{2}\alpha^4} = \sqrt{(1+\operatorname{tg}\tfrac{1}{2}\alpha^2)^2-4\operatorname{tg}\tfrac{1}{2}\alpha^2\sin\varphi_1^2}$$
$$= \frac{1}{\cos\frac{1}{2}\alpha^2}\sqrt{1-\sin\alpha^2\sin\varphi_1^2}.$$

Vertauscht man nun lieber die Bezeichnungen φ und φ_1 mit einander, so erhält man vermöge der Gleichung (2.):

$$(5.)\qquad \int_0^{\varphi}\frac{dx}{\sqrt{1-\sin\alpha^2\sin x^2}} = \frac{1}{2\cos\frac{1}{2}\alpha^2}\int_0^{\varphi_1}\frac{dx}{\sqrt{1-\sin\alpha_1^2\sin x^2}},$$

wenn man aus den Gleichungen:

$$(6.)\qquad \sin\alpha_1 = \operatorname{tg}\tfrac{1}{2}\alpha^2$$

$$(7.)\qquad \operatorname{tg}(\varphi_1-\varphi) = \cos\alpha\operatorname{tg}\varphi$$

die Winkel α_1 und φ_1 berechnet. Diese Formeln geben nun genau die Vorschriften des §. 54 wieder.

Es lässt sich nun an derselben Figur auch nachweisen, dass ein elliptisches Integral erster Gattung stets durch zwei zweiter Gattung ausgedrückt werden kann.

Nach der Figur ist

$$BE.ED = AE.EC = (1+\cos\varepsilon)(1-\cos\varepsilon) = \sin\varepsilon^2$$

oder

$$BE(2BP-BE) = \sin\varepsilon^2$$

also

$$BE = BP + PE = \frac{BE^2 + \sin\varepsilon^2}{2BP} = \frac{BE.BE}{2BP} + \frac{\sin\varepsilon^2}{2BP}$$

$$= BE\frac{d\varphi_1}{d\varphi} + \frac{\sin\varepsilon^2}{2BP}.$$

Wenn man nun mit $d\varphi$ multiplicirt und dann die Gleichung integrirt, so erhält man, da $PE = \cos\varepsilon\cos\varphi$ ist,

$$\int_0^{\varphi} AB.d\varphi + \cos\varepsilon\sin\varphi = \int_0^{\varphi_1} AC.d\varphi_1 + \tfrac{1}{2}\sin\varepsilon^2\int_0^{\varphi}\frac{d\varphi}{AB},$$

welche Gleichung offenbar den ausgesprochenen Satz darstellt.

§. 121.

Beweis des Legendre'schen Satzes: $KE' + K'E - KK' = \frac{1}{2}\pi$.

Nimmt man von beiden Seiten der Gleichung (3.) in §. 21 die Logarithmen und differenzirt dann zweimal nach x und x', so erhält man:

$$-l''\theta(ix,\nu) = \left(\frac{2}{\nu'} + l''\theta(x',\nu')\right)\left(\frac{dx'}{dx}\right)^2.$$

Nach N. 10 in §. 51 ist aber:

$$\frac{x}{\sqrt{\nu}} = \frac{x'}{\sqrt{\nu'}}.$$

Daher wird für $x = 0$

$$\nu l''\theta(o,\nu) + \nu' l''\theta(o,\nu') = -2.$$

Vermöge (11.) in §. 77 geht diese Formel sogleich über in:

(1.) $$\nu l''\theta_3(o,\nu) + \nu' l''\theta_3(o,\nu') + \nu\theta_3(o,\nu)^4 = -2.$$

Diese Formel stellt nun schon den zu beweisenden Satz dar; denn nach (5.) in §. 113 ist:

$$\theta_3 o^2 E(\tfrac{1}{2}\pi) = -\tfrac{1}{2}\pi\, l''\theta_3 o$$

und nach (1.), (2.) und (5.) in §. 51 ist:

$$\tfrac{1}{2}\pi\,\theta_3(o,\nu)^2 = K;\quad \tfrac{1}{2}\pi\,\theta_3(o,\nu')^2 = K'$$

$$\sqrt{\nu}\,\theta_3(o,\nu)^2 = \sqrt{\nu'}\,\theta_3(o,\nu')^2.$$

Bezeichnet man nun das vollständige elliptische Integral zweiter Gattung jetzt nicht, wie Legendre, mit E', sondern mit E und nimmt E' für die Bezeichnung eines solchen Integrals, dessen Modul das Complement zum Modul des ersten ist, so hat man die beiden Formeln:

$$\vartheta(o,\nu)^2 E = -\tfrac{1}{2}\pi l'' \vartheta(o,\nu)$$

und

$$\vartheta(o,\nu')^2 E' = -\tfrac{1}{2}\pi l'' \vartheta(o,\nu')$$

Nach diesen Formeln ist:

(2.) $$EK' = -\tfrac{1}{4}\pi\nu l'' \vartheta(o,\nu)$$

(3.) $$E'K = -\tfrac{1}{4}\pi\nu' l'' \vartheta(o,\nu')$$

(4.) $$KK' = \tfrac{1}{4}\pi\nu \vartheta(o,\nu)^4 = \tfrac{1}{4}\pi\nu' \vartheta(o,\nu')^4,$$

also, wenn man diese Ausdrücke in (1.) einsetzt:

(5.) $$KE' + K'E - KK' = \tfrac{1}{2}\pi.$$

§. 122.

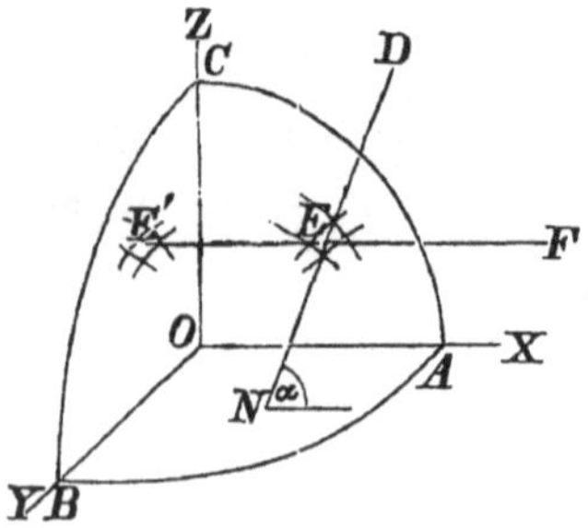

Zu dieser merkwürdigen Formel kann man auch auf einem andern Wege gelangen.

Die krumme Fläche ABC sei auf die rechtwinkligen Coordinaten ξ, η, ζ bezogen und die Normale DEN des Flächenelements E bilde mit der Normale FEE' seiner Projection E' auf die Ebene der $\eta\zeta$ den Winkel α, so dass

$$E = \frac{E'}{\cos\alpha}$$

ist. Führt man aber in der Gleichung einer krummen Fläche statt der Coordinaten ξ, η, ζ neue Veränderliche x und x' ein, welche mit ihnen durch die Gleichungen:

$$\xi = \varphi(x,x'); \quad \eta = \chi(x,x'); \quad \zeta = \psi(x,x')$$

verbunden sind, so ist bekanntlich das unendlich kleine Viereck E' gleich

$$\left(\frac{d\eta}{dx}\frac{d\zeta}{dx'} - \frac{d\zeta}{dx}\frac{d\eta}{dx'}\right) dx\,dx'$$

und

$$s = \Sigma\Sigma \left(\frac{d\eta}{dx}\frac{d\zeta}{dx'} - \frac{d\zeta}{dx}\frac{d\eta}{dx'}\right) \frac{dx\,dx'}{\cos\alpha}$$

stellt einen Theil der krummen Fläche dar, welche durch die Grenzen der Summenzeiger und die Constanten bestimmt wird, die in den Functionen φ, χ, ψ vorkommen.

Wir wollen jetzt annehmen, es stelle ABC den Octanten einer Kugel vor, deren Radius 1 ist; dann ist

$$\xi^2+\eta^2+\zeta^2=1$$

und

$$\cos\alpha=\xi.$$

In §. 34 fanden wir aber die wichtige Formel:

$$f(x,\nu)^2 h(x',\nu')^2+g(x,\nu)^2 g(x',\nu')^2+h(x,\nu)^2 f(x',\nu')^2=1$$

oder kürzer

$$(1.)\qquad f^2h'^2+g^2g'^2+h^2f'^2=1,$$

in welcher x und x' beliebige Grössen, ν und ν' durch die Formel

$$\nu\nu'=\pi^2$$

mit einander verbunden sind. Wir können daher setzen:

$$(2.)\qquad \xi=fh';\quad \eta=gg';\quad \zeta=hf',$$

also

$$\frac{d\eta}{dx}=-\vartheta o^2 fhg';\quad \frac{d\eta}{dx'}=-\vartheta' o^2 gf'h'$$

$$\frac{d\zeta}{dx'}=-\theta' o^2 hg'h';\quad \frac{d\zeta}{dx}=-\vartheta o^2 fgf',$$

wo $\theta(o,\nu')$ und $\vartheta(o,\nu')$ kurz durch $\theta'o$ und $\vartheta'o$ bezeichnet worden sind. Hiernach wird:

$$\frac{d\zeta}{dx}\frac{d\eta}{dx'}-\frac{d\eta}{dx}\frac{d\zeta}{dx'}=\vartheta o^2\,\vartheta' o^2 fh'(g^2f'^2+h^2g'^2),$$

denn es ist $\frac{ho}{go}=h'o$. Wir haben aber:

$$g^2f'^2+h^2g'^2=\frac{h^2-k'}{k}\cdot\frac{1-kh'^2}{k'}+\frac{h^2(h'^2-k)}{k'}=\frac{1}{k}(k'h^2+kh'^2-1)$$

$$=\frac{\vartheta o^2}{\vartheta o^2}\Big(\frac{hx^2}{ho^2}+\frac{h'x'^2}{h'o^2}-1\Big).$$

Daher

$$\frac{1}{\xi}\Big(\frac{d\zeta}{dx}\frac{d\eta}{dx'}-\frac{d\eta}{dx}\frac{d\zeta}{dx'}\Big)=\vartheta o^2\,\vartheta' o^2\Big(\frac{hx^2}{ho^2}+\frac{h'x'^2}{h'o^2}-1\Big),$$

also

$$(3.)\qquad S=\vartheta o^2\vartheta' o^2\iint\Big(\frac{hx^2}{ho^2}+\frac{h'x'^2}{h'o^2}-1\Big)dx\,dx'.$$

Es sei nun, wie gewöhnlich:

$$f = f(x,\nu) = \sqrt{k}\sin\varphi \quad \text{und} \quad f' = f(x',\nu') = \sqrt{k'}\sin\varphi',$$

wo k und k' complementäre Moduln sind. Dann ist:

$$g = \sqrt{\frac{k}{k'}}\cos\varphi; \qquad g' = \sqrt{\frac{k'}{k}}\cos\varphi'$$

$$h = \frac{1}{\sqrt{k'}}\sqrt{1 - k^2\sin\varphi^2}; \quad h' = \frac{1}{\sqrt{k}}\sqrt{1 - k'^2\sin\varphi'^2}$$

also

(4.) $\xi = \sin\varphi\sqrt{1 - k'^2\sin\varphi'^2}$; $\eta = \cos\varphi\cos\varphi'$; $\zeta = \sin\varphi'\sqrt{1 - k^2\sin\varphi^2}$.

und

$$F(\varphi,k) = \int_0^\varphi \frac{d\varphi}{\Delta(\varphi,\nu)} = x\theta_3(o,\nu)^2;$$

$$E(\varphi,k) = \int_0^\varphi \Delta(\varphi,\nu)\,d\varphi = \theta(o,\nu)^2 \int_0^x h(x,\nu)^2\,dx.$$

Nach diesen Bezeichnungen verwandelt sich (3.) in:

$$S = x'\theta_3'o^2 \int_0^x \theta o^2 h x^2 dx + x\theta_3 o^2 \int_0^{x'} \theta' o^2 h' x'^2 dx' - x x' \theta_3 o^2 \theta_3' o^2$$

oder

(5.) $S = F(\varphi',k')E(\varphi,k) + F(\varphi,k)E(\varphi',k') - F(\varphi,k)F(\varphi',k')$.

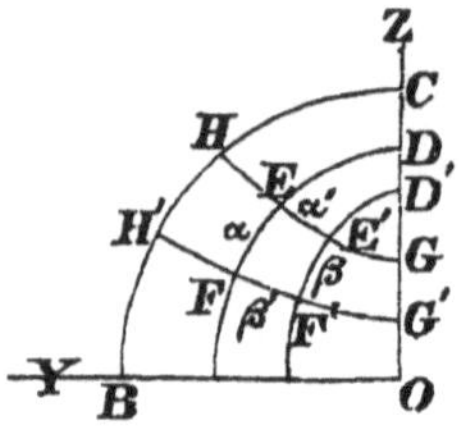

Es stellt nun S einen Theil der Kugeloberfläche dar, welchen man dadurch abgrenzt, dass man dem Modul k einen beliebigen Werth, kleiner als 1, beilegt und auf dem Quadranten BOC jeden Punkt E durch den Durchschnitt einer Ellipse DEF und einer Hyperbel $GE'EH$ bestimmt, deren Gleichungen

$$\frac{\eta^2}{\cos\varphi^2} + \frac{\zeta^2}{1 - k^2\sin\varphi^2} = 1$$

$$\frac{\zeta^2}{k'^2\sin\varphi'^2} - \frac{k^2\eta^2}{k'^2\cos\varphi'^2} = 1$$

sich aus den Werthen von η und ζ durch die Elimination von φ' und φ ergeben. Lässt man z. B. in diesen Gleichungen den Winkel φ alle Werthe von α bis β durchlaufen, während φ' alle Werthe von α' bis β' annimmt, so wird jeder Punkt getroffen, der in dem Raume $EE'FF'$ liegt und die Formel (5.) würde den Theil der Kugeloberfläche darstellen, dessen Projection diese Figur ist, wenn die Integrale nicht von 0 bis φ und 0 bis φ', sondern von $\varphi = \alpha$ bis $\varphi = \beta$ und $\varphi' = \alpha'$ bis $\varphi' = \beta'$ genommen worden wären.

Jetzt giebt S unmittelbar nur den Theil der Kugeloberfläche an, dessen Projection $CD'F'H'$ ist. Erstrecken sich die Integrale beide von 0 bis $\frac{1}{2}\pi$, dann ist S offenbar der achte Theil der Kugeloberfläche, also $= \frac{1}{2}\pi$. Dieser Werth von S lässt sich aber aus der Formel (5.) selbst bestimmen, denn der ganze Octant ist von dem Werthe, welchen man k beilegt oder von der Natur der Curven, durch welche der Quadrant BOC eingetheilt wurde, ganz unabhängig. Man kann daher auch $k = 0$ setzen und erhält dann:

$$F(\tfrac{1}{2}\pi, k) = \tfrac{1}{2}\pi = E(\tfrac{1}{2}\pi, k) \quad \text{und} \quad E(\tfrac{1}{2}\pi, k') = \int_0^{\frac{1}{2}\pi} \cos\varphi\, d\varphi = 1.$$

Nach der Einsetzung dieser Werthe in (5.) hebt sich das erste und letzte Glied fort und das mittelste wird $\frac{1}{2}\pi$; daher ist:

$$(6.)\quad F(\tfrac{1}{2}\pi, k')E(\tfrac{1}{2}\pi, k) + F(\tfrac{1}{2}\pi, k)E(\tfrac{1}{2}\pi, k') - F(\tfrac{1}{2}\pi, k)F(\tfrac{1}{2}\pi, k') = \tfrac{1}{2}\pi$$

und diese Formel stellt N. 5 in §. 121 dar.

Schliesslich mag noch bemerkt werden, dass die Substitutionen unter N. 2 ganz dieselben sind, welche Jacobi in einer Abhandlung „über die verschiedenen Anwendungen einer merkwürdigen analytischen Substitution" benutzt, welche sich im 19. Bande des Crelle'schen Journals findet. Jacobi behandelt dort die geodätische Linie auf einem dreiachsigen Ellipsoide

$$\frac{x^2}{a} + \frac{y^2}{b} + \frac{z^2}{c} = 1$$

und drückt die Coordinaten durch die Winkel φ und ψ in folgender Weise aus:

$$x = \sqrt{\frac{a}{c-a}} \cdot \sin\varphi \sqrt{b\cos\psi^2 + c\sin\psi^2 - a}$$

$$y = \sqrt{b}\cos\varphi\cos\psi$$

$$z = \sqrt{\frac{c}{c-a}} \cdot \cos\psi \sqrt{c - a\cos\varphi^2 - b\sin\varphi^2}$$

Ersetzt man aber hier ψ durch $\frac{1}{2}\pi - \psi$, so nehmen diese Substitutionen die Gestalt an:

$$\frac{x}{\sqrt{a}} = \sin\varphi\sqrt{1-\frac{c-b}{c-a}\sin\psi^2}$$

$$\frac{y}{\sqrt{b}} = \cos\varphi\cos\psi$$

$$\frac{z}{\sqrt{c}} = \sin\psi\sqrt{1-\frac{b-a}{c-a}\sin\varphi^2}$$

und lassen so, da

$$\frac{c-b}{c-a}+\frac{b-a}{c-a}=1$$

ist, also $\frac{c-b}{c-a}=k'^2$ und $\frac{b-a}{c-a}=k^2$ gesetzt werden kann, die Identität dieser Substitution mit der in N. 2 gebrauchten, sogleich erkennen.

§. 123.

Hülfsformeln.

Wir stellen in diesem §. einige Formeln zusammen, welche sehr häufig bei geometrischen Untersuchungen benutzt werden.

Multiplicirt man die Formeln (8.), (9.), (10.) in §. 77 mit dx, integrirt die Producte und benutzt die Formeln:

$$fx = \frac{go}{ho}\sin\varphi; \quad gx = go\cos\varphi; \quad hx = ho\,\Delta\varphi$$

$$fx^2 + k'gx^2 = k; \quad kfx^2 + k'hx^2 = 1; \quad hx^2 - kgx^2 = k',$$

so gelangt man sogleich zu den Formeln:

$$(1.) \quad \theta o^2 \int \frac{dx}{fx^2} = \frac{1}{go^2\theta_3 o^2}(xl''\theta o - l'\theta_1 x) = F\varphi - E\varphi - \cot\varphi\,\Delta\varphi + \text{const.}$$

$$(2.) \quad \frac{\theta_2 o^2}{ho^2}\int_0^x \frac{dx}{gx^2} = \frac{1}{\theta_3 o^2}(xl''\theta_3 o - l'\theta_1 x) = \operatorname{tg}\varphi\,\Delta\varphi + k'^2 F(\varphi) - E(\varphi)$$

$$(3.) \quad \theta o^2 \int_0^x \frac{dx}{hx^2} = \frac{1}{\theta_3 o^2}(l'\theta_3 x - xl''\theta_2 o) = E(\varphi) - \tfrac{1}{2}k^2\frac{\sin 2\varphi}{\Delta\varphi},$$

in denen die Reihen (1.), (4.), (5.) in §. 84 benutzt werden müssen, wenn man die Integrale auf der linken Seite durch eine Reihe darstellen will.

Diese Formeln erhält man auch unmittelbar, wenn man die Brüche

$$\frac{gx\,hx}{fx}, \quad \frac{fx\,hx}{gx}, \quad \frac{fx\,gx}{hx}$$

differenzirt und die gewonnenen Resultate integrirt.

Das zweite dieser Integrale giebt z. B. die Länge des Bogens einer Hyperbel an und erscheint mit dem dritten bei der Bestimmung des Inhalts der Oberfläche eines Ellipsoids. Das erste Integral ist zwischen Grenzen zu nehmen, welche fx nicht zu Null machen.

§. 124.

Das elliptische Integral zweiter Gattung zwischen imaginären Grenzen.

Man bedarf in der Folge auch noch der Kenntniss der Formen, welche elliptische Integrale zweiter Gattung für imaginäre Grenzen oder Amplituden annehmen. Um diesen Zweck zu erreichen, gehen wir von den Formeln (16.) und (22.) in §. 77 aus, deren Summe unmittelbar zu der Gleichung führt:

$$\vartheta o^2 \vartheta_3 o^2 \frac{hx^2}{gx^2} + \theta o^2 \vartheta_3 o^2 hx^2 = -l'' go - l'' gx.$$

Diese Gleichung liefert für $x = 0$ (§. 77, N. 11):

$$l'' go = -\vartheta_3 o^4,$$

so dass man aus der vorigen Gleichung die neue erhält:

$$\vartheta o^2 \frac{hx^2}{gx^2} + \theta o^2 hx^2 = \vartheta_3 o^2 - \frac{l'' gx}{\vartheta_3 o^2}.$$

Ersetzt man hier ν und x durch ν' und x' und beachtet N. 9 in §. 23, so wird:

$$(1.)\quad \vartheta(o,\nu')^2 h(ix,\nu)^2 + \theta(o,\nu')^2 h(x',\nu')^2 = \vartheta_3(o,\nu')^2 - l'' \frac{g(x',\nu')}{\vartheta_3(o,\nu')^2}.$$

Es ist aber nach N. 5 in §. 51:

$$\frac{x}{x'} = \frac{\vartheta(o,\nu')^2}{\theta(o,\nu)^2},$$

also auch

$$\vartheta(o,\nu')^2 = \theta(o,\nu)^2 \frac{dx}{dx'}.$$

Mit Hülfe dieser Formel verwandelt man (1.) sogleich in:

$$\theta(o,\nu)^2 h(ix,\nu)^2 dx + \theta(o,\nu')^2 h(x',\nu')^2 dx' = dx' \vartheta_3(o,\nu')^2 - l'' \frac{g(x',\nu')\, dx'}{\vartheta_3(o,\nu')^2}.$$

Integrirt man diese Gleichung von $x = 0$ bis $x = x$, so entsteht die neue:

$$(2.)\qquad \frac{1}{i}\,\theta(o,\nu)^2\int_0^{ix} h(\lambda,\nu)^2\,d\lambda + \theta(o,\nu')^2\int_0^{x'} h(\lambda,\nu')^2\,d\lambda$$
$$= x'\,\mathfrak{G}(o,\nu')^2 - \frac{l'g(x',\nu')}{\mathfrak{G}(o,\nu')^2}.$$

Es ist aber, vermöge der Formeln des §. 51:

$$l'g(x',\nu') = \frac{g'(x',\nu')}{g(x',\nu')} = -\,\mathfrak{G}(o,\nu')^2\,\frac{f(x',\nu')\,h(x',\nu')}{g(x',\nu')}$$
$$= -\,\mathfrak{G}(o,\nu')^2\,\mathrm{tg}\,\varphi'\,\Delta(\varphi',k').$$

Führt man nun einstweilen für die elliptischen Integrale zweiter Gattung die Bezeichnung ein:

$$\int_0^{\varphi}\Delta(\varphi,k)\,d\varphi = \theta(o,\nu)^2\int_0^{x} h(\lambda,\nu)^2\,d\lambda = H(x,\nu)$$

so lässt sich die Gleichung (2.) so schreiben:

$$(3.)\qquad \frac{1}{i}\,H(xi,\nu) + H(x',\nu') = u + \mathrm{tg}\,\varphi'\,\Delta(\varphi',\nu')$$
$$= x'\,\mathfrak{G}(o,\nu')^2 + f(x',\nu')\,\frac{h(x',\nu')}{g(x',\nu')}.$$

Es ist nothwendig, diese Bezeichnungsweisen genau mit den von Jacobi eingeführten vergleichen zu können.

In §. 10 wurde die von Legendre benutzte Bezeichnung:

$$\int_0^{\varphi}\sqrt{1-k^2\sin\varphi^2}\,d\varphi = \int_0^{\varphi}\Delta(\varphi,k)\,d\varphi = E(\varphi,k)$$

schon angeführt. Jacobi setzt dagegen zuerst in einer Abhandlung im 4. Bande p. 373 des Crelle'schen Journals

$$\int_0^{\varphi}\Delta\varphi\,d\varphi = \int_0^{\varphi}\Delta\varphi^2 . du = \int_1^{u}\Delta\,am(u)^2 . du = E(u),$$

so dass bei ihm $E(u)$ das ist, was Legendre mit $E(\varphi) = E\,\mathrm{am}(\varphi)$ bezeichnen würde. Wenn der Modul k mit angegeben werden soll, so schreibt Jakobi auch $E(u,k)$ statt $E(u)$. Er bezeichnet ferner:

$$\int_0^{\frac{1}{2}\pi}\Delta\varphi\,d\varphi = E \quad\text{und}\quad \int_0^{\frac{1}{2}\pi}\Delta(\varphi,k')\,d\varphi = E',$$

so dass er das Legendre'sche E' durch E ersetzt.

Vergleichen wir unsere hier gebrauchte Bezeichnung mit der von Jacobi, so ist also, wenn man die Formeln des §. 51 gehörig beachtet,

$$H(x, \nu) = H\left(\frac{\pi u}{2k}, \nu\right) = E(u, k) \quad \text{und}$$

$$H(x', \nu') = H\left(\frac{\pi u}{2k'}, \nu'\right) = E(u, k'),$$

so dass also eine Verwandlung des k in k' nicht bloss unser ν in ν' sondern auch unser x in x' verwandelt.

Die N. 3 nimmt daher mit Jacobi'schen Zeichen die Gestalt an:

$$(3'.) \qquad \frac{1}{i} E(iu) = \operatorname{tg am}(u, k') \Delta \operatorname{am}(u, k') + u - E(u, k')$$

und ist gleichbedeutend mit

$$\frac{\theta(o, \nu)^2}{i} \int_0^{ix} h(\lambda, \nu)^2 d\lambda$$

$$= \frac{f(x', \nu') h(x', \nu')}{g(x', \nu')} + x'\theta(o, \nu')^2 - \theta(o, \nu')^2 \int_0^{x'} h(\lambda, \nu')^2 d\lambda.$$

§ 125.

Hülfssätze aus der analytischen Geometrie.

Da bekanntlich geometrische Lehren und Anschauungsweisen rein analytische Speculationen auf das Wirksamste unterstützen und da die ersten Entdeckungen in der Theorie der elliptischen Functionen geometrischen Untersuchungen ihren Ursprung verdanken, deren Resultate wir dem Leser nicht vorenthalten können, so fühlen wir uns veranlasst, für einen Augenblick unsere Entwicklungen abzubrechen und einige Hauptsätze aus der Lehre von den Kegelschnitten auf eine besondere Weise abzuleiten. Wir theilen zu diesem Zwecke zunächst den folgenden allgemeinen Satz mit, dessen wir später bedürfen.

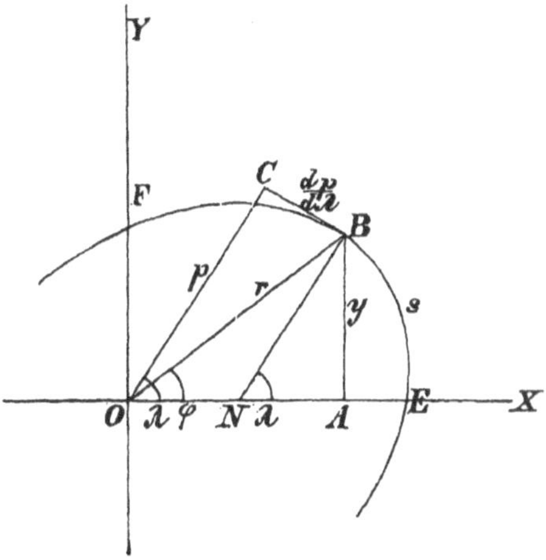

Der Bogen EB der Curve EBF werde mit s bezeichnet; die Coordinaten seines Endpunktes B mögen $OA = x$, und $AB = y$ sein, und der Winkel BNX, welchen die Normale BN mit der Abscissenachse bildet, sei λ. Denselben Winkel schliesst auch die Linie $OC = p$, welche auf der Tangente BC senkrecht steht, mit der Abscissenachse OX ein.

Nach den Annahmen, welche in der Figur gemacht worden sind, ist

(1.) $\partial x = -\partial s \sin\lambda$ und $\partial y = \partial s \cos\lambda$.

Projicirt man x und y auf p, so sieht man, dass

(2.) $p = x\cos\lambda + y\sin\lambda$

also

$$\frac{\partial p}{\partial\lambda} = \frac{\partial x}{\partial\lambda}\cos\lambda + \frac{\partial y}{\partial\lambda}\sin\lambda - x\sin\lambda + y\cos\lambda.$$

Nach (1.) ist aber

$$\frac{\partial x}{\partial\lambda}\cos\lambda + \frac{\partial y}{\partial\lambda}\sin\lambda = 0,$$

also

(3.) $$\frac{\partial p}{\partial\lambda} = y\cos\lambda - x\sin\lambda = y\frac{\partial y}{\partial s} + x\frac{\partial x}{\partial s} = r\frac{\partial r}{\partial s}.$$

Die Summe der Quadrate von (2.) und (3.) giebt

(4.) $$p^2 + \left(\frac{\partial p}{\partial\lambda}\right)^2 = x^2 + y^2 = r^2.$$

Wenn also der Abstand BC der Normale BN vom Anfangspunkte O der Coordinaten q genannt wird, so ist

$$\frac{\partial p}{\partial\lambda} = -q.$$

Differenzirt man (4.) nach λ und beachtet (3.), so wird

$$p\frac{\partial p}{\partial\lambda} + \frac{\partial p}{\partial\lambda}\frac{\partial^2 p}{\partial\lambda^2} = r\frac{\partial r}{\partial\lambda}$$

oder wenn man diese Gleichung durch die Gleichung (3.) dividirt,

(5.) $$p + \frac{\partial^2 p}{\partial\lambda^2} = \frac{\partial s}{\partial\lambda} = r\frac{\partial r}{\partial p} = \varrho$$

wenn ϱ der Krümmungshalbmesser der Curve im Punkte B ist.

Multiplicirt man (5.) mit $d\lambda$ und integrirt, so kommt

$$s = \int p\,d\lambda = \frac{dp}{d\lambda}$$

oder

(6.) $$s + q = \int p\,d\lambda.$$

Steht OE im Anfangspunkte E des Bogens s auf diesem senkrecht, so verschwinden hier sowohl s als q und man hat dann die Gleichung

$$(7.)\qquad s+q=\int_0^\lambda p\,d\lambda.$$

Beiläufig mag noch bemerkt werden, dass man aus (5.) die nützliche Formel für den Krümmungshalbmesser erhält

$$\varrho=r\frac{\partial r}{\partial p}=\frac{r\partial r}{\partial(x\cos\lambda+y\sin\lambda)}=\frac{r\partial r}{\partial\left(\frac{x\partial y-y\partial x}{\partial s}\right)}=\frac{r\partial r}{\partial\left(r^2\frac{\partial\varphi}{\partial s}\right)}.$$

§. 126.

Wir geben nun in den nächstfolgenden Paragraphen eine Vorstellung von der Fruchtbarkeit und Geschmeidigkeit einer Methode, die Eigenschaften der Ellipse und Hyperbel zu erforschen, welche besonders dann wirksam ist, wenn beide Curven gemeinschaftlich der Untersuchung unterworfen werden. Wir müssen uns jedoch dabei nur auf wenige Andeutungen und das für uns zunächst Wichtige beschränken.

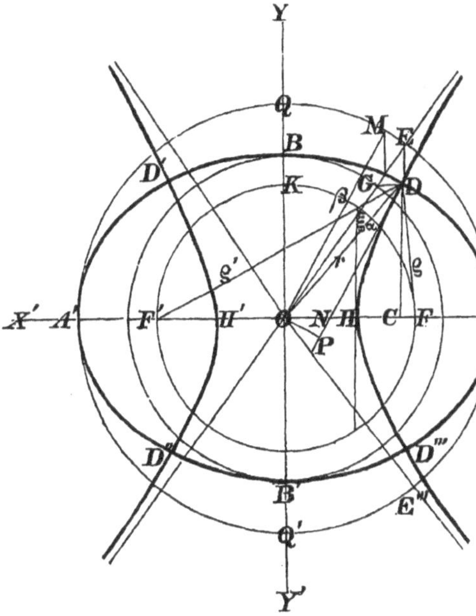

Es mögen XX' und YY' rechtwinklige Coordinatenachsen und $OC=x$, $CD=y$ die positiven Coordinaten des Punktes D sein, als deren Maasseinheit $OF=1$ gewählt worden ist. Jeder Punkt D der Coordinatenebene lässt sich durch die Gleichung

(1.) $$x+iy=\cos(\xi-i\eta)$$

als gegeben betrachten, in welcher i die imaginäre Einheit und ξ und η willkürliche veränderliche Grössen bedeuten. Diese Gleichung hat die andere zur Folge

(2.) $$x-iy=\cos(\xi+i\eta)$$

und liefert auch sogleich

(3.) $$x=\cos\xi\cos i\eta$$

(4.) $$y=\sin\xi\frac{\sin i\eta}{i}$$

wo

$$\cos i\eta=\frac{e^{\eta}+e^{-\eta}}{2} \quad \text{und} \quad \frac{\sin i\eta}{i}=\frac{e^{\eta}-e^{-\eta}}{2}$$

reelle Grössen sind.

Aus (3.) und (4.) folgt

(5.) $$\frac{x^2}{\cos i\eta^2}+\frac{i^2y^2}{\sin i\eta^2}=1$$

(6.) $$\frac{x^2}{\cos\xi^2}-\frac{y^2}{\sin\xi^2}=1.$$

Legt man hier dem ξ und η bestimmte Werthe bei, so erscheint der Punkt D als durch den gegenseitigen Durchschnitt der confocalen Ellipse ADB und Hyperbel DHD''' bestimmt, deren Gleichungen (5.) und (6.) darstellen.

Schlägt man um O mit den Radien $OF=1$, $OB=\frac{\sin i\eta}{i}$, $OA=\cos i\eta$ drei Kreise, macht den Bogen $F\xi=\xi$ und zieht den Strahl $O\xi E$, so wird $OH=\cos\xi$ die grosse Halbachse und $H\xi=\sin\xi$ die kleine Halbachse der Hyperbel DHD''', während ξ ihr halber Asymptotenwinkel ist. Durch die Annahme von $OA=\cos i\eta$ und durch den Winkel ξ ist also der Punkt D bestimmt; denn von diesen Grössen hängen die Ellipse und Hyperbel, deren Durchschnitt den Punkt D giebt, allein ab.

Nimmt man an, dass der Winkel ξ durch die Grösse $\cos i\eta$ bestimmt wird, oder dass ξ eine Function von η ist, so durchläuft der Punkt D bei einem bestimmten Abhängigkeitsgesetze eine bestimmte Curve. Lässt man aber OA oder η constant sein und nur den Winkel ξ sich ändern, so durchläuft in diesem speciellen Falle der Punkt D die Ellipse $ABA'B'$. Würde umgekehrt der Winkel ξ constant angenommen, während die Grösse von $\cos i\eta$ sich ändert, so bewegt sich der Punkt auf der Hyperbel DHD'''.

Die Formeln (3.) und (4.) geben in beiden Fällen die Constructionsweisen der Ellipse und Hyperbel an; denn wenn der Kreis vom Radius $\cos i\eta$ unveränderlich gedacht wird und man zieht den Strahl OE, so ist in dem rechtwinkligen Dreiecke OEC die Kathete $OC = OE \cos\xi = x$, und da $OG = \frac{\sin i\eta}{i}$, so ist $DC = OG \sin\xi = y$, wenn GD senkrecht auf EC steht. Ein anderer Winkel ξ giebt also einen andern Punkt der Ellipse ADB. Denkt man sich aber den Winkel ξ als unveränderlich und legt dem η verschiedene Werthe bei, wodurch $OB = \sqrt{BF^2 - OF^2}$ ebenfalls andere Werthe erhält, so liefert dieselbe Construction offenbar eine beliebige Anzahl von Punkten der Hyperbel DHD'''. — Zieht man beide Seiten der Gleichung (1.) von 1 ab und addirt sie dann zu 1, so erhält man sogleich

$$1 - x - iy = 2\sin\tfrac{1}{2}(\xi - i\eta)^2$$
$$1 + x + iy = 2\cos\tfrac{1}{2}(\xi - i\eta)^2$$

und wenn man i mit $-i$ vertauscht

$$1 - x + iy = 2\sin\tfrac{1}{2}(\xi + i\eta)^2$$
$$1 + x - iy = 2\cos\tfrac{1}{2}(\xi + i\eta)^2.$$

Die Producte der ersten dieser Gleichungen mit der dritten und der zweiten mit der vierten geben die Formeln

$$(1-x)^2 + y^2 = 4\sin\tfrac{1}{2}(\xi - i\eta)^2 \sin\tfrac{1}{2}(\xi + i\eta)^2$$
$$(1+x)^2 + y^2 = 4\cos\tfrac{1}{2}(\xi - i\eta)^2 \cos\tfrac{1}{2}(\xi + i\eta)^2.$$

Bezeichnet man also den Radiusvector FD mit ϱ und den $F'D$ mit ϱ', so stellen die Quadratwurzeln aus diesen Gleichungen diese Vectoren unter der Form dar

(7.) $$\varrho = \cos i\eta - \cos\xi$$

(8.) $$\varrho' = \cos i\eta + \cos\xi.$$

Die Summe und Differenz dieser Gleichungen

(9.) $$\varrho' + \varrho = 2\cos i\eta$$

(10.) $$\varrho' - \varrho = 2\cos\xi$$

führt zu den bekannten Eigenschaften der Vectoren der Ellipse und Hyperbel und lehrt eine neue Bedeutung der Veränderlichen ξ und η kennen.

Das Product der Gleichungen (1.) und (2.) giebt, wenn der Radius $OD = r$ gesetzt wird,

(11.) $$r^2 = \tfrac{1}{2}(\cos 2i\eta + \cos 2\xi) = \cos i\eta^2 - \sin\xi^2$$

und das Product von (7.) und (8.)

(12.) $$\varrho\varrho' = \tfrac{1}{2}(\cos 2i\eta - \cos 2\xi) = \cos i\eta^2 - \cos\xi^2.$$

Lässt man den Bogen $F\xi$ um $\frac{1}{2}\pi$ wachsen und bestimmt durch den Strahl $O\xi'E'$ einen neuen Halbmesser $OD' = r'$ der Ellipse, der in unserer Figur nicht gezeichnet ist, so ist nach N. 11 und N. 12

(13.) $$r'^2 = \cos i\eta^2 - \sin(\tfrac{1}{2}\pi + \xi)^2 = \cos i\eta^2 - \cos\xi^2 = \varrho\varrho'.$$

Die Radien r und r' heissen bekanntlich **conjugirte Halbmesser** der Ellipse. Die Summe und Differenz der Gleichungen (11.) und (12.) führt zu den Formeln

(14.) $$r^2 + \varrho\varrho' = \cos 2i\eta = r^2 + r'^2$$

(15.) $$r^2 - \varrho\varrho' = \cos 2\xi = r^2 - r'^2.$$

Das Differenzial der Gleichungen (1.) und (2.) ist, wenn ξ und η als veränderlich betrachtet werden,

(16.) $$\partial x + i\partial y = -\sin(\xi - i\eta)(\partial\xi - i\partial\eta)$$

(17.) $$\partial x - i\partial y = -\sin(\xi + i\eta)(\partial\xi + i\partial\eta).$$

Das Product dieser Gleichungen giebt

$$dx^2 + dy^2 = \tfrac{1}{2}(\cos 2i\eta - \cos 2\xi)(d\xi^2 + d\eta^2) = r'^2(d\xi^2 + d\eta^2).$$

Wird das Bogenelement der Ellipse mit ds bezeichnet und das Bogenelement der Hyperbel mit $d\sigma$, so ist also, da im ersten Falle η und im zweiten ξ constant ist,

(18.) $$ds = r'd\xi = d\xi\sqrt{\cos i\eta^2 - \cos\xi^2}$$

(19.) $$d\sigma = r'd\eta = d\eta\sqrt{\cos i\eta^2 - \cos\xi^2}.$$

Aus den Gleichungen (16.) und (17.) oder unmittelbar aus (3.) und (4.) ist für die **Ellipse**

(20.) $$\begin{cases} dx = -\sin\xi\cos i\eta\, d\xi \\ dy = \cos\xi\dfrac{\sin i\eta}{i}\, d\xi \end{cases}$$

und für die **Hyperbel**

(21.) $$\begin{cases} dx = \cos\xi\dfrac{\sin i\eta}{i}\, d\eta \\ dy = \sin\xi\cos i\eta\, d\eta. \end{cases}$$

Stellt DN die Tangente an die Hyperbel dar und wird der Winkel DNX durch β bezeichnet, so ist aus (21.)

(22.) $$\operatorname{tg}\beta = \frac{dy}{dx} = i\operatorname{tg}\xi\cot i\eta.$$

Aber die Tangente des Winkels, den die Normale der Ellipse mit der

Abscissenachse bildet, wird aus (20.) durch die Gleichung gefunden

$$-\frac{dx}{dy} = i\,\mathrm{tg}\,\xi \cot i\eta = \mathrm{tg}\,\beta.$$

Daher ist die Tangente der Hyperbel zugleich Normale der Ellipse, beide Curven schneiden sich also rechtwinklig.

Bezeichnet man den Winkel *COD* oder Bogen $F\alpha$ mit α, so giebt der Quotient von (3.) und (4.)

$$\cot.\alpha = i \cot\xi \cot i\eta$$

oder auch

(23.) $$\mathrm{tg}\,\xi = i\,\mathrm{tg}\,\alpha \cot i\eta.$$

Vergleicht man diese Formel mit N. 22, so ergiebt sich, dass wenn man in (23.) ξ mit β vertauscht, dann α in ξ übergeht, oder dass wenn man vom Durchschnittspunkte *L* des Strahles *OE* mit der Ellipse eine Parallele *LM* zu *OY* zieht, der Strahl *OM* der Normale *DN* parallel läuft. Auf diese Weise lässt sich also im Punkte *D* eine Normale oder Tangente an die Ellipse construiren.

Fällt man von *O* ein Loth *OP* auf die Normale *DN*, so wird, wenn man *DP* mit p und *OP* mit q bezeichnet,

$$p = r\cos(\beta - \alpha) \quad \text{und} \quad q = r\sin(\beta - \alpha).$$

Sucht man aus (22.) $\cos\beta$ und dann $\sin\beta$, so findet man sogleich

(24.) $$\begin{cases} r'\cos\beta = \cos\xi \dfrac{\sin i\eta}{i} \\ r'\sin\beta = \sin\xi \cos i\eta. \end{cases}$$

Aber nach (3.) und (4.) ist

(25.) $$\begin{cases} r\cos\alpha = \cos\xi \cos i\eta \\ r\sin\alpha = \sin\xi \dfrac{\sin i\eta}{i}. \end{cases}$$

Daher wird

(26.) $$p = \frac{\sin 2i\eta}{2ir'} \quad \text{und} \quad q = \frac{\sin 2\xi}{2r'}.$$

Eliminirt man aus (24.) und (25.) den Winkel ξ, so erhält man die Formeln

(27.) $$\sqrt{\cos i\eta^2 - \sin\beta^2} = \frac{\sin 2i\eta}{2ir'} = p$$

(28.) $$\sqrt{\cos i\eta^2 - \cos\alpha^2} = \frac{\sin 2i\eta}{2ir}.$$

Die linke Seite von (27.) ist aber offenbar der Radius *OL*, daher ist

$$OL = DP.$$

Nach N. 18 ist der Bogen AD der Ellipse, wenn man der Kürze wegen $\cos i\eta$ oder $OA = a$ setzt,

$$s = \int_0^\xi d\lambda \sqrt{a^2 - \cos\lambda^2}.$$

Wenn λ alle Werthe von 0 bis $\frac{1}{2}\pi$ durchläuft, so bedeutet s den elliptischen Quadranten ADB; nimmt also λ alle Werthe von $\frac{1}{2}\pi$ bis $\frac{1}{2}\pi - \alpha$ an, so stellt das Integral

$$\int_{\frac{1}{2}\pi-\alpha}^{\frac{1}{2}\pi} d\lambda \sqrt{a^2 - \cos\lambda^2}$$

oder, was dasselbe ist,

$$\int_0^\alpha d\lambda \sqrt{a^2 - \sin\lambda^2}$$

den Bogen BD dar, wenn $QE = \alpha$ ist.

Nach dem allgemeinen Satze N. 7 in §. 125 ist

$$s + q = \int_0^\beta d\lambda \sqrt{a^2 - \sin\lambda^2} = s' \tag{29.}$$

wenn man für p seinen Werth aus (27.) einführt.

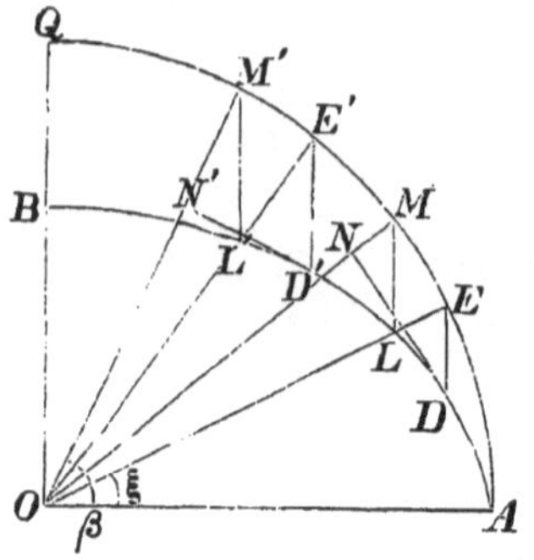

Das Integral drückt nämlich einen Bogen $BD' = s'$ der Ellipse aus, dessen Endpunkt D' so bestimmt worden ist, dass der Winkel $QOE' = AOM$ gemacht und $E'D'$ parallel OQ gezogen worden ist.

Schneidet man also auf dem Kreisquadranten AQ gleiche Bogen AM und QE' ab, zieht ML und $E'D'$ parallel OQ, wodurch sich auf der Ellipse die Punkte L und D' ergeben, zieht dann noch die Radien OE und OE', dann ED und $L'M'$ parallel OQ, so sind die Radien OM und OM' den Normalen der Ellipse in den Punkten D und D' parallel, also die Lothe $DN = q$ und $D'N' = q'$ auf diesen Radien geben die Abstände dieser beiden Normalen von dem Mittelpunkte O der Ellipse an. Nach (29.) ist also der Ellipsen-Bogen $AD = s$ mit der Geraden $DN = q$ zusammengenommen so gross wie der Ellipsen-Bogen $BD' = s'$. Ausserdem ist aber auch

$$ND = N'D';$$

denn nach §. 126 ist

$$q = -\frac{dp}{d\beta},$$

also nach N. 27

$$q = \frac{\sin 2\beta}{2\sqrt{a^2 - \sin\beta^2}} = \frac{\sin 2(\frac{1}{2}\pi - \beta)}{2\sqrt{a^2 - \cos(\frac{1}{2}\pi - \beta)^2}}.$$

Nach N. 26 war aber

$$q = \frac{\sin 2\xi}{2\sqrt{a^2 - \cos\xi^2}}.$$

Vertauscht man also ξ mit $\frac{1}{2}\pi - \beta$, so werden beide Grössen einander gleich, womit die Behauptung $ND = N'D'$ bewiesen ist. Zieht man also von dem Bogen BD' die Strecke $D'N'$ ab, so ist der Rest ebenso gross wie der Bogen AD.

Nimmt der Bogen $AD = s$ einen andern Werth s_1 an, dann verwandeln sich auch q und s' in zwei andere Grössen q_1 und s'_1, welche durch die Gleichung

$$s_1 + q_1 = s'_1$$

mit einander verbunden sind. Die Differenz dieser und der Gleichung (29.) ist

$$s_1 - s + q_1 - q = s'_1 - s'.$$

Sind daher auf der Ellipse irgend zwei Punkte D und D_1 gegeben, so kann man zwei andere D' und D'_1 auf ihr bestimmen, so dass der Unterschied der Bogen D'_1D' und D_1D eine in endlicher Form angebbare Grösse $q_1 - q$ ist.

Dieser Satz ist als die erste Entdeckung in der Theorie der elliptischen Functionen zu betrachten und bereits in der ersten Hälfte des vorigen Jahrhunderts von dem Grafen Fagnano gefunden worden.

Dieser Satz über die elliptischen Bogen ist übrigens nichts als ein specieller Fall der Gleichung (2.) in §. 106

$$E(\alpha) + E(\beta) = E(\gamma) + k^2 \sin\alpha \sin\beta \sin\gamma$$

in welcher γ z. B. durch die Formel

$$\operatorname{tg}(\tfrac{1}{4}\pi - \tfrac{1}{2}\gamma) = \frac{\cos\alpha - \sin\beta\,\Delta\alpha}{\cos\beta + \sin\alpha\,\Delta\beta}$$

bestimmt ist. Denn setzt man $\sin\gamma = \frac{1}{2}\pi$, so wird

$$E(\alpha) = E' - E(\beta) + k^2 \sin\alpha \sin\beta$$

und

$$\sin\beta = \frac{\cos\alpha}{\Delta\alpha}.$$

In dieser Gestalt wird man unsern Satz nach kurzer Ueberlegung leicht wiedererkennen. Aus dem allgemeinen Satze lassen sich übrigens leicht andere Vergleichungen elliptischer Bogen ableiten, die aber hier übergangen werden sollen.

§. 127.

Die Rectification der Ellipse und Hyperbel.

Nach N. 18 in §. 126 ist

$$s = \int_0^{\xi} d\xi \sqrt{a^2 - \cos\xi^2}$$

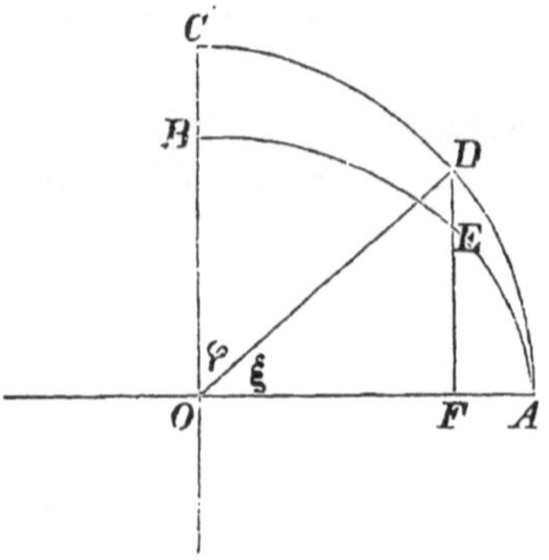

die Länge des Ellipsen-Bogens *AE*, wenn die Excentricität der Ellipse 1, die grosse Halbachse a und der Winkel $AOD = \xi$ ist, während *ADC* einen Kreisquadranten darstellt. Ist aber der Winkel $COD = \varphi$, so stellt

$$s = a \int_0^{\varphi} d\varphi \sqrt{1 - \frac{1}{a^2} \sin\varphi^2}$$

den Ellipsen-Bogen *BE* dar.

Dieser Bogen wird also durch ein elliptisches Integral zweiter Gattung ausgedrückt und wegen dieser geometrischen Eigenschaft der einen Gattung hat die ganze Klasse von Integralen den Namen der elliptischen erhalten. Setzt man die kleine Halbachse der Ellipse $= b$, also $b = \sqrt{a^2 - 1}$, so ist $\frac{1}{a} = k$, also $b = \frac{k'}{k}$ und $k' = \frac{b}{a}$ anzunehmen. Ferner

$$\sin\varphi = \frac{ho}{go} fx = \frac{1}{\sqrt{k}} fx;$$

$$\sqrt{1 - \frac{1}{a^2} \sin\varphi^2} = \sqrt{k'}\, hx; \quad d\varphi = \theta o\, \theta_3 o\, hx\, dx,$$

also

$$s = a\theta o^2 \int_0^x hx^2\, dx.$$

Wenn α und β als grosse und kleine Halbachse der Ellipse gegeben sind, so dass also die Excentricität nicht $= 1$, sondern

$\frac{\sqrt{\alpha^2-\beta^2}}{\alpha} = e$ ist, so hat man $\frac{\alpha}{\alpha e}$ und $\frac{\beta}{\alpha e}$ statt a und b, also auch $\frac{s}{\alpha e}$ statt s zu setzen, damit

$$s = \alpha \int_0^{\varphi} d\varphi \sqrt{1 - e^2 \sin\varphi^2} \tag{1.}$$

den Ellipsen-Bogen darstellt.

Der hyperbolische Bogen $HD = \sigma$ in Fig. 1 wird durch das Integral gegeben:

$$\sigma = \int_0^{\eta} d\eta \sqrt{\cos i\eta - \cos\xi^2} = \int_0^{\eta} d\eta \sqrt{\sin\xi^2 - \sin i\eta^2}.$$

Um den hyperbolischen Bogen HD zu erhalten, dessen Endpunkt D durch den Winkel $HOD = \alpha$ bestimmt ist, hat man zur Berechnung von η nach N. 3 und N. 4 in §. 126 die Gleichung:

$$\operatorname{tg}\alpha = \operatorname{tg}\xi \frac{\operatorname{tg} i\eta}{i} = \operatorname{tg}\xi \frac{e^{2\eta} - 1}{e^{2\eta} + 1} \tag{2.}$$

oder

$$\eta = \tfrac{1}{2}\{l\sin(\xi + \alpha) - l\sin(\xi - \alpha)\}. \tag{3.}$$

Um das Integral

$$\sigma = \int_0^{\eta} d\eta \sqrt{\sin\xi^2 - \sin i\eta^2}$$

in bekannter Form erscheinen zu lassen, könnte man, wenn das erste Glied in der Wurzel grösser als 1 wäre, ganz wie oben bei der Umformung des Ellipsen-Bogens verfahren, hier aber, wo es kleiner als 1 ist, muss man

$$\sin i\eta = \frac{go}{ho} f(ix) \tag{4.}$$

setzen.

Nach §. 23 (7.), (8.), (9.) ist aber

$$f(ix) = \frac{if(x', \nu')}{g(x', \nu')} \quad \text{und} \quad \frac{go}{ho} = \frac{1}{h(o, \nu')},$$

so dass

$$\sin i\eta = \frac{i}{h(o, \nu')} \frac{f(x', \nu')}{g(x', \nu')}$$

würde. Man wird also unmittelbar darauf hingeführt, anzunehmen:

$$\sin i\eta = \frac{i}{ho} \frac{fx}{gx} \tag{5.}$$

und

(6.) $$\sin\xi = \frac{1}{ho^2},$$

denn dann wird:

$$\sqrt{\sin\xi^2 - \sin i\eta^2} = \sqrt{\frac{1}{ho^4} + \frac{fx^2}{ho^2 gx^2}} = \frac{go}{ho^2 gx},$$

ferner

$$\cos i\eta = \sqrt{1 + \frac{fx^2}{ho^2 gx^2}} = \frac{go\,hx}{ho\,gx},$$

und wenn man (5.) differenzirt:

$$\cos i\eta\, d\eta = \frac{\mathfrak{G}o^2}{ho} \cdot \frac{hx}{gx^2}\, dx.$$

Daher ist

$$d\eta = \theta o\, \mathfrak{G}o \frac{dx}{gx},$$

folglich nach N. 2 in §. 123:

$$\sigma = \frac{\mathfrak{G}o^2}{ho^2}\int_0^x \frac{dx}{gx^2} = \operatorname{tg}\varphi\, \Delta\varphi + k'^2 F(\varphi) - E(\varphi).$$

Da nach §. 119 jedes $F(\varphi)$ durch zwei elliptische Integrale zweiter Gattung ausgedrückt werden kann, so lässt sich also die Berechnung des Bogens einer Hyperbel auf die Berechnung zweier Bogen einer Ellipse zurückführen.

Die Annahme (6.) führt auch, in Verbindung mit (3.) und (4.), die Gleichung mit sich:

$$\operatorname{tg}\varphi = \frac{\sin i\eta}{i \sin\xi},$$

ferner

$$\frac{\operatorname{tg} i\eta}{i} = \frac{\sin\varphi \sin\xi}{\sqrt{1 - \cos\xi^2 \sin\varphi^2}}$$

und nach (2.)

$$\operatorname{tg}\alpha = \frac{\sin\xi \operatorname{tg}\xi \sin\varphi}{\sqrt{1 - \cos\xi^2 \sin\varphi^2}}$$

und

$$\operatorname{tg}\varphi = \frac{\cot\xi \sin\alpha}{\sqrt{\sin(\xi+\alpha)\sin(\xi-\alpha)}}.$$

Zehnter Abschnitt.

Von den elliptischen Integralen dritter Gattung.

§. 128.

Die Bezeichnung, welche Jacobi für die elliptischen Integrale dritter Gattung gewählt hat, ist folgende:

$$\int_0^u \frac{k^2 \sin \operatorname{am} A \cos \operatorname{am} A \, \Delta \operatorname{am} A \, . \sin^2 \operatorname{am} u \, du}{1 - k^2 \sin^2 \operatorname{am} A \sin^2 \operatorname{am} u} = \Pi(u, A).$$

Um die Legendre'sche Bezeichnung, welche schon in §. 10 angeführt wurde, von dieser unterscheiden zu können, fügten wir bereits in §. 107, nach dem Vorgange des Herrn Durège, jener einen Zeiger bei und setzten:

$$\int_0^\varphi \frac{d\varphi}{(1 + n \sin \varphi^2) \Delta \varphi} = \Pi_1 (\varphi, n),$$

so dass also, wie man sich leicht überzeugen wird, die Gleichung

$$(1.) \qquad \Pi_1 (\varphi, -k^2 \sin^2 \operatorname{am} A) = u + \frac{\operatorname{tg} \operatorname{am} A}{\Delta \operatorname{am} A} \Pi(u, A)$$

den Zusammenhang des Jacobi'schen Zeichens mit dem von Legendre gebrauchten ausdrückt.

Setzen wir:

$$A = \int_0^\alpha \frac{d\lambda}{\Delta\lambda} = a\vartheta_3 o^2 = \frac{2Ka}{\pi}, \quad \text{so wie} \quad u = \int_0^\varphi \frac{d\lambda}{\Delta\lambda} = x\vartheta_3 o^2 = \frac{2K}{\pi} x,$$

also

$$\operatorname{am} A = \alpha, \quad \text{sowie} \quad \operatorname{am} u = \varphi,$$

so wird

$$(2.) \quad \begin{cases} \Pi(u, A) = \dfrac{\Delta\alpha}{\operatorname{tg}\alpha} \displaystyle\int_0^\varphi \frac{k^2 \sin\alpha^2 \sin\varphi^2 \, d\varphi}{(1 - k^2 \sin\alpha^2 \sin\varphi^2) \Delta\varphi} \\ \qquad = f a f' a \displaystyle\int_0^x \frac{f x^2 \, dx}{1 - f a^2 f x^2} = P(x, a) \end{cases}$$

nach einer Bezeichnung, die wir bereits in §. 107 benutzten. Es war dort gezeigt worden, dass

$$(3.) \qquad \Pi(u,A) = P(x,a) = xl'\theta a + \tfrac{1}{2}l\frac{\theta(a-x)}{\theta(a+x)},$$

und um die am angeführten Orte abgebrochenen Entwicklungen wieder aufzunehmen, wollen wir zunächst einen Satz über die Addition der Parameter beweisen, welcher dem in §. 107 bewiesenen über die Addition der Amplituden entspricht.

Ersetzt man in (3.) erst a durch b und dann durch $a+b$, so erhält man:

$$P(x,b) = xl'\theta a + \tfrac{1}{2}l\frac{\theta(b-x)}{\theta(b+x)}$$

$$P(x,a+b) = xl'\theta(a+b) + \tfrac{1}{2}l\frac{\theta(a+b-x)}{\theta(a+b+x)}.$$

Zieht man von der Summe der beiden ersten Gleichungen die dritte ab, und benutzt (3.) in §. 71, sowie die Formel:

$$(4.) \qquad l'\frac{\theta a\theta b}{\theta(a+b)} = \mathfrak{q}o\,\mathfrak{q}o\,fafbf(a+b),$$

welche sich aus (1.) in §. 106 und (4.) in §. 113 sogleich ergiebt, so gelangt man zu der Gleichung:

$$(5.) \qquad P(x,a)+P(x,b) = P(x,a+b) + \mathfrak{q}o\,\mathfrak{q}o\,fafbf(a+b) + \tfrac{1}{2}l\left(\frac{1-fafbfxf(a+b-x)}{1+fafbfxf(a+b+x)}\right),$$

welche man das Theorem über die Addition der Parameter in den elliptischen Integralen dritter Gattung nennt. Mit Hülfe der Formeln (1.), (2.), (3.) in §. 30 lassen sich hier die Functionen

$$f(a+b);\quad f(a+b-x);\quad f(a+b+x);\quad f'(a+b),$$

welche letztere in $P(x,a+b)$ vorkommt, durch die bekannten Functionen fa, fb, fx und die ihnen entsprechenden g und h, ausdrücken.

§. 129.

Die elliptischen Integrale dritter Gattung müssen je nach dem Werthe des Parameters n durch verschiedene Formeln berechnet werden, namentlich wenn man sich der älteren Bezeichnungsweisen bedient. Da aber eine Kenntniss dieser Bezeichnungsweisen und der in ihr ausgedrückten Formeln unerlässlich ist, so wollen wir in Folgendem bei einigen Hauptsätzen beide Darstellungsweisen neben einander durchführen.

Wenn Jacobi den Parameter n durch $-k^2\sin^2\mathrm{am}\,A$ ersetzt, so würde diese Darstellungsweise nur so lange zulässig sein, als n zwischen 0 und $-k^2$ liegt. Sobald jedoch der Werth von n zwischen andere Grenzen fällt, so muss A imaginäre Werthe annehmen, wenn diese Bezeichnungsweise noch anwendbar sein soll. Denn wenn man setzt

$$A = \frac{2K}{\pi} a,$$

so wird

$$Ai + K = \frac{2K}{\pi}(ai + \tfrac{1}{2}\pi) \quad \text{und} \quad A + K'i = \frac{2K}{\pi}(a + \tfrac{1}{2}\nu i),$$

da $\nu = \pi \frac{K'}{K}$ ist. Geht also in den Jacobi'schen Formeln A in $Ai + K$ über, so verwandelt sich in den unsrigen a in $ai + \frac{1}{2}\pi$ und wenn A in $A + K'i$ übergeht, so muss a mit $a + \frac{1}{2}\nu i$ vertauscht werden. Nun ist nach dem Früheren:

$$(1.) \qquad A = \int_0^\alpha \frac{d\lambda}{\Delta(\lambda, k)} = \int_0^{\alpha'} \frac{d\lambda}{\Delta(\lambda, k')} = \frac{2K}{\pi} a = \frac{2K'}{\pi} a'$$

$$(2.) \qquad \sin\operatorname{am} A = \sin\operatorname{am} \frac{2K}{\pi} a = \frac{fa}{\sqrt{k}} = \sin\alpha,$$

also

$$(3.) \quad \sin\operatorname{am}(Ai + K) = \frac{f(ai + \frac{1}{2}\pi)}{\sqrt{k}} = \frac{gai}{\sqrt{k}\,hai} = \frac{1}{\sqrt{k}h(a', \nu')} = \frac{1}{\Delta(\alpha', k')}$$

und

$$(4.) \qquad \sin\operatorname{am}(A + K'i) = \frac{f(a + \frac{1}{2}\nu i)}{\sqrt{k}} = \frac{1}{\sqrt{k}fa} = \frac{1}{k\sin\alpha}$$

$$(5.) \qquad \sin\operatorname{am} Ai = \sin\operatorname{am} \frac{2K}{\pi} ai = \frac{fai}{\sqrt{k}} = \frac{if(a', \nu')}{\sqrt{k}g(a', \nu')} = i\operatorname{tg}\alpha'.$$

Nach N. 1 in §. 126 ersetzt Jacobi das Legendre'sche n durch $-k^2\sin^2\operatorname{am} A$; geht also A über in:

$$Ai; \quad Ai + K; \quad A + iK',$$

so verwandelt sich entsprechend n oder $-k^2\sin\alpha^2$ in:

$$k^2\operatorname{tg}\alpha'^2; \quad -\frac{k^2}{\Delta(\alpha', k')^2}; \quad -\frac{1}{\sin\alpha^2}.$$

Reicht also n

I) von $-\infty$ bis -1, so wird $n = -k^2 \sin^2 \operatorname{am}(A+K'i) = -\dfrac{1}{\sin\alpha^2}$

II) von -1 bis $-k^2$, so wird $n = -k^2 \sin^2 \operatorname{am}(Ai+K) = -\dfrac{k^2}{\Delta(\alpha',k')^2}$

III) von $-k^2$ bis 0, so wird $n = -k^2 \sin^2 \operatorname{am} A = -k^2 \sin\alpha^2$

IV) von 0 bis ∞, so wird $n = -k^2 \sin^2 \operatorname{am} Ai = k^2 \operatorname{tg}\alpha'^2$.

Man hat nun vermöge (3.) in §. 128 die Formeln:

$$(6.) \qquad \Pi(u, A+K'i) = xl'\theta(a+\tfrac{1}{2}\nu i) + \tfrac{1}{2} l \frac{\theta(a+\frac{1}{2}\nu i - x)}{\theta(a+\frac{1}{2}\nu i + x)}$$

$$(7.) \qquad \Pi(u, Ai+K) = xl'\theta(ai+\tfrac{1}{2}\pi) + \tfrac{1}{2} l \frac{\theta(ai+\frac{1}{2}\pi - x)}{\theta(ai+\frac{1}{2}\pi + x)}.$$

Wendet man also zur Transformation dieser Ausdrücke die Formeln des §. 21 und §. 22 an, so gelingt es sehr leicht, sie in folgende zu verwandeln:

$$(8.) \quad \Pi(u, A+K'i) = \Pi(u, A) + u \cot \operatorname{am} A \, \Delta \operatorname{am} A + \tfrac{1}{2} l \left(\frac{\sin \operatorname{am}(A-u)}{\sin \operatorname{am}(A+u)}\right)$$

$$(9.) \qquad i\Pi(u, Ai+K) = i\Pi(u, Ai) + uk^2 \frac{\operatorname{tg} \operatorname{am}(A,k')}{\Delta \operatorname{am}(A,k')}$$
$$- \operatorname{arctg}\left(\frac{k^2 \sin \operatorname{am} u \cos \operatorname{am} u}{\cot \operatorname{am}(A,k') \, \Delta \operatorname{am}(A,k') \, \Delta \operatorname{am} u}\right).$$

Um z. B. aus (6.) die Formel (8.) abzuleiten, entnimmt man aus §. 22 N. 2 die Formeln:

$$\theta(a+\tfrac{1}{2}\nu i) = i\theta_1 a e^{-ia+\frac{1}{4}\nu}$$
$$\theta(x-a-\tfrac{1}{2}\nu i) = i\theta_1(a-x) e^{i(x-a)+\frac{1}{4}\nu},$$

so wie

$$\theta(x+a+\tfrac{1}{2}\nu i) = i\theta_1(a+x) e^{-i(x+a)+\frac{1}{4}\nu}.$$

Daher ist

$$l'\theta(a+\tfrac{1}{2}\nu i) = l'\theta_1 a - i$$

und

$$l\frac{\theta(a+\frac{1}{2}\nu i - x)}{\theta(a+\frac{1}{2}\nu i + x)} = l\frac{\theta_1(a-x)}{\theta_1(a+x)} + ix.$$

Mit Benutzung dieser Formeln verwandelt man leicht N. 6 in:

$$\Pi(u, A+K'i) = xl'\theta_1 a + \tfrac{1}{2} l \frac{\theta_1(a-x)}{\theta_1(a+x)}.$$

Zieht man nun von dieser Gleichung die folgende ab:

$$\Pi(u,A) = xl'\theta a + \tfrac{1}{2}l\frac{\theta(a-x)}{\theta(a+x)},$$

so ist der Rest:

$$\Pi(u,A+K'i) - \Pi(u,A) = xl'fa + \tfrac{1}{2}l\frac{f(a-x)}{f(a+x)}.$$

Es ist aber

$$l'fa = \frac{f'a}{fa} = \theta o^2 \frac{gaha}{fa},$$

ferner

$$fa = \sqrt{k}\sin\operatorname{am} A; \quad ga = \sqrt{\frac{k}{k'}}\cos\operatorname{am} A;$$

$$ha = \frac{1}{\sqrt{k'}}\Delta\operatorname{am} A\, f(a \pm x) = \sqrt{k}\sin\operatorname{am}(A \pm u),$$

und endlich

$$\frac{x\theta o^2}{k'} = x\theta_3 o^2 = u,$$

und somit ist die Gleichheit von N. 6 und N. 8 nachgewiesen.

Man ersieht aus N. 9, dass in dem zweiten und vierten der vier aufgezählten Fälle, welche bei dem Werthe von n unterschieden werden müssen, das Imaginäre in den Formeln sich nicht vermeiden lässt.

§. 130.

Für den weiteren Fortgang der Entwicklungen bedürfen wir zunächst einer Reihe von Formeln, welche ähnlich wie die Formel (3.) in §. 128 aus den Formeln (5.), (6.), (7.) in §. 27 gebildet sind.

Behandelt man diese drei Formeln in gleicher Weise, wie die N. 4 des §. 27 in §. 107 benutzt wurde, so gewinnt man sehr leicht folgende vier Gleichungen:

$$faf'a\int_0^x \frac{fx^2\,dx}{1-fa^2fx^2} = xl'\theta a + \tfrac{1}{2}l\frac{\theta(a-x)}{\theta(a+x)}$$

$$faf'a\int_0^x \frac{dx}{fx^2-fa^2} = xl'\theta a + \tfrac{1}{2}l\frac{\theta_1(a-x)}{\theta_1(a+x)}$$

$$-hah'a\int_0^x \frac{hx^2\,dx}{ha^2hx^2-1} = xl'\theta a + \tfrac{1}{2}l\frac{\theta_2(a-x)}{\theta_2(a+x)}$$

$$-gag'a\int_0^x \frac{gx\,dx}{ga^2gx^2+1} = xl'\theta a + \tfrac{1}{2}l\frac{\theta_3(a-x)}{\theta_3(a+x)}.$$

Mit Hülfe der Formeln:

$$l'\theta a = l'\theta_1 a - l'fa = l'\theta_2 a - l'ga = l'\theta_3 a - l'ha$$

verwandelt man diese vier Formeln ohne Mühe in vier andere, von denen z. B. die erste so gewonnen wird, dass man $x l'\theta a$ durch $x l'\theta_1 a - l'fa \int_0^x dx$ ersetzt. Man erhält auf diese Weise:

$$l'fa \int_0^x \frac{dx}{1 - fa^2 fx^2} = x l'\theta_1 a + \tfrac{1}{2} l \frac{\theta(a-x)}{\theta(a+x)}.$$

Benutzt man noch die Formeln:

$$fa f'a = -\frac{ga g'a}{ho^2} = -\frac{ha h'a}{go^2}$$

und die so häufig angewendeten aus §. 26, so erhält man im Ganzen noch 12 Gleichungen, wenn man $l'\theta a$ nach und nach durch $l'\theta_1 a$, $l'\theta_2 a$, $l'\theta_3 a$ ersetzt.

Die sechszehn Formeln, welche man auf diese Weise gewinnt, lassen sich, wenn

$$x l'\theta a = A \quad \text{und} \quad \tfrac{1}{2} l \frac{\theta(a-x)}{\theta(a+x)} = B$$

gesetzt und die sechs ähnlichen Ausdrücke, welche sich von diesen nur durch die Zeiger der Theta unterscheiden, durch dieselben Zeiger an A und B angedeutet werden, sehr übersichtlich darstellen, wenn man folgende Abkürzungen anwendet:

$$\frac{fa^2 fx^2 - 1}{fa f'a} = \frac{fa^2 gx^2 + ha^2}{ga g'a} = \frac{fa^2 hx^2 + ga^2}{ha h'a} = P.$$

$$\frac{fx^2 - fa^2}{fa f'a} = \frac{gx^2 - ga^2}{ga g'a} = \frac{hx^2 - ha^2}{ha h'a} = Q.$$

$$\frac{ga^2 - ha^2 fx^2}{fa f'a} = \frac{fa^2 - ha^2 gx^2}{ga g'a} = \frac{1 - ha^2 hx^2}{ha h'a} = R.$$

$$\frac{ga^2 fx^2 - ha^2}{fa f'a} = \frac{ga^2 gx^2 + 1}{ga g'a} = \frac{ga^2 hx^2 + fa^2}{ha h'a} = S.$$

Wenn die untere Grenze der Integrale 0 und die obere x ist, so nehmen mit Hülfe dieser Bezeichnungen unsere sechszehn Integrale folgende Formen an:

$$(1.)\quad -\int\frac{dx}{fa^2P} = A_1 + B \qquad \int\frac{dx}{ha^2R} = A_3 + B_2 \quad (9.)$$

$$(2.)\quad -\int\frac{fx^2\,dx}{P} = A + B \qquad \int\frac{fx^2\,dx}{ga^2R} = A_2 + B_2 \quad (10.)$$

$$(3.)\quad \int\frac{gx^2\,dx}{ha^2P} = A_3 + B \qquad \int\frac{gx^2\,dx}{fa^2R} = A_1 + B_2 \quad (11.)$$

$$(4.)\quad \int\frac{hx^2\,dx}{ga^2P} = A_2 + B \qquad \int\frac{hx^2\,dx}{R} = A + B_2 \quad (12.)$$

$$(5.)\quad \int\frac{dx}{Q} = A + B_1 \qquad \int\frac{dx}{ga^2S} = A_2 + B_3 \quad (13.)$$

$$(6.)\quad \int\frac{fx^2\,dx}{fa^2Q} = A_1 + B_1 \qquad \int\frac{fx^2\,dx}{ha^2S} = A_3 + B_3 \quad (14.)$$

$$(7.)\quad \int\frac{gx^2\,dx}{ga^2Q} = A_2 + B_1 \qquad -\int\frac{gx^2\,dx}{S} = A + B_3 \quad (15.)$$

$$(8.)\quad \int\frac{hx^2\,dx}{ha^2Q} = A_3 + B_1 \qquad -\int\frac{hx^2\,dx}{fa^2S} = A_1 + B_3 \quad (16.)$$

Durchläuft in diesen Integralen die Veränderliche x reelle Werthe, so muss in denen, bei welchen im Nenner Q, R und S vorkommt, die Grösse a imaginär oder complex gedacht werden, damit dieser Nenner nicht verschwinden kann.

§. 131.

Reduction der elliptischen Integrale dritter Gattung mit verschiedenen Parametern.

Um diese Reductionen, die schon in §. 129 begonnen wurden, auf die zweckmässigste Weise auszuführen, ziehen wir von der N. 2 des §. 130 die Formeln (6.), (10.) und (14.) ab, nachdem wir für P, Q, R, S die Ausdrücke eingeführt haben, in denen fx erscheint. Wir erhalten auf diese Weise:

$$(1.)\quad l'fa\int\frac{fa^2fx^2\,dx}{1-fa^2fx^2} + l'fa\int\frac{fx^2\,dx}{fa^2-fx^2} = \tfrac{1}{2}l\frac{f(a+x)}{f(a-x)} - xl'fa$$

$$(2.)\quad l'fa\int\frac{fa^2fx^2\,dx}{1-fa^2fx^2} + \frac{l'ga}{ho^2}\int\frac{fx^2\,dx}{ga^2-ha^2fx^2} = \tfrac{1}{2}l\frac{g(a+x)}{g(a-x)} - xl'ga$$

$$(3.)\quad l'fa\int\frac{fa^2fx^2\,dx}{1-fa^2fx^2} - \frac{l'ha}{go^2}\int\frac{fx^2\,dx}{ha^2-ga^2fx^2} = \tfrac{1}{2}l\frac{h(a+x)}{h(a-x)} - xl'ha.$$

Diesen Formeln kann man leicht durch Anwendung der bereits in §. 130 benutzten Mittel die Gestalt geben:

$$(4.)\quad \int_0^x \frac{d\lambda}{1-fa^2 f\lambda^2} + fa^2 \int_0^x \frac{d\lambda}{fa^2 - f\lambda^2} = \frac{1}{2l'fa}\, l\frac{f(a+x)}{f(a-x)} + x$$

$$(5.)\quad \int_0^x \frac{d\lambda}{1-fa^2 f\lambda^2} - fa^2 \int_0^x \frac{d\lambda}{ga^2 - ha^2 f\lambda^2} = \frac{1}{2l'fa}\, l\frac{g(a+x)}{g(a-x)} + x\frac{ho^2}{ha^2}$$

$$(6.)\quad \int_0^x \frac{d\lambda}{1-fa^2 f\lambda^2} - \frac{fa^2}{ga^2} \int_0^x \frac{d\lambda}{ha^2 - ga^2 f\lambda^2} = \frac{1}{2l'fa}\, l\frac{h(a+x)}{h(a-x)} + x\frac{go^2}{ga^2}$$

Aus diesen Formeln leitet man noch zwei andere ab, wenn man sich zunächst aus den ersten 3 Gleichungen auf Seite 107 die folgenden gebildet hat:

$$(7.)\quad \frac{l'fx + l'fy}{l'fy - l'fx} = \frac{f(x+y)}{f(x-y)},$$

$$(8.)\quad \frac{l'gx + l'gy}{l'gx - l'gy} = \frac{f(x+y)}{f(x-y)} \cdot \frac{h(x-y)}{h(x+y)}$$

$$(9.)\quad \frac{l'hx + l'hy}{l'hx - l'hy} = \frac{f(x+y)}{f(x-y)} \cdot \frac{g(x-y)}{g(x+y)}$$

und dann (5.) und (6.) von (4.) abzieht. Man erhält auf diese Weise, wenn man die erste der so gewonnenen Gleichungen durch $\frac{fa^2}{ha^2}$ und die zweite durch $\frac{fa^2}{ga^2}$ dividirt, die Formeln:

$$(10.)\quad fa^2 \int_0^x \frac{d\lambda}{fa^2 - f\lambda^2} + \int_0^x \frac{d\lambda}{1-fa^2 f\lambda^2} = \frac{1}{2l'fa}\, l\left(\frac{l'fa + l'fx}{l'fx - l'fa}\right) + x$$

$$(11.)\quad ga^2 \int_0^x \frac{d\lambda}{fa^2 - f\lambda^2} + \int_0^x \frac{d\lambda}{ha^2 - ga^2 f\lambda^2} = \frac{ho^2}{2l'ga}\, l\left(\frac{l'ga - l'gx}{l'ga + l'gx}\right) - xho^2$$

$$(12.)\quad ha^2 \int_0^x \frac{d\lambda}{fa^2 - f\lambda^2} + \int_0^x \frac{d\lambda}{ga^2 - ha^2 f\lambda^2} = \frac{go^2}{2l'ha}\, l\left(\frac{l'ha - l'hx}{l'ha + l'hx}\right) + xgo^2,$$

von denen die (10.) der (4.) gleich ist und nur wegen der Symmetrie mit den übrigen durch Benutzung der N. 7 eine etwas andere Form erhalten hat.

Wir wollen nun in den drei Formeln (4.), (5.), (6.) die bekannten Substitutionen einführen:

$$fa = \sqrt{k}\sin\alpha; \quad ga = \sqrt{\frac{k}{k'}}\cos\alpha; \quad ha = \frac{\Delta\alpha}{\sqrt{k'}}$$

$$fx = \sqrt{k}\sin\xi; \quad gx = \sqrt{\frac{k}{k'}}\cos\xi; \quad hx = \frac{\Delta\xi}{\sqrt{k'}}$$

und aus §. 30 die Formeln benutzen:

$$\frac{f(a+x)}{f(a-x)} = \frac{fa\,gx\,hx + fx\,ga\,ha}{fa\,gx\,hx - fx\,ga\,ha} = \frac{\cot\xi\,\Delta\xi + \cot\alpha\,\Delta\alpha}{\cot\xi\,\Delta\xi - \cot\alpha\,\Delta\alpha}$$

$$\frac{g(a+x)}{g(a-x)} = \frac{ga\,gx - fa\,ha\,fx\,hx}{ga\,gx + fa\,ha\,fx\,hx} = \frac{1 - \operatorname{tg}\alpha\,\Delta\alpha\operatorname{tg}\xi\,\Delta\xi}{1 + \operatorname{tg}\alpha\,\Delta\alpha\operatorname{tg}\xi\,\Delta\xi}$$

$$\frac{h(a+x)}{h(a-x)} = \frac{ha\,hx - fa\,ga\,fx\,gx}{ha\,hx + fa\,ga\,fx\,gx} = \frac{\Delta\alpha\,\Delta\xi - k^2\sin\alpha\cos\alpha\sin\xi\cos\xi}{\Delta\alpha\,\Delta\xi + k^2\sin\alpha\cos\alpha\sin\xi\cos\xi}.$$

Setzt man hier noch:

$$(13.) \quad \frac{\Delta\alpha\operatorname{tg}\xi}{\operatorname{tg}\alpha\,\Delta\xi} = \operatorname{tg}\beta; \quad \frac{\Delta\alpha\,\Delta\xi}{\cot\alpha\cot\xi} = \operatorname{tg}\gamma; \quad \frac{k^2\sin\alpha\cos\alpha\sin\xi\cos\xi}{\Delta\alpha\,\Delta\xi} = \operatorname{tg}\delta$$

und wendet die N. 16 in §. 51 an, so verwandelt man die Formeln (4.), (5.), (6.) leicht in die folgenden:

$$(14.) \quad \int_0^\xi \frac{d\lambda}{(1-k^2\sin\alpha^2\sin\lambda^2)\,\Delta\lambda} + \int_0^\xi \frac{d\lambda}{\left(1 - \frac{\sin\lambda^2}{\sin\alpha^2}\right)\Delta\lambda}$$

$$= \frac{\operatorname{tg}\alpha}{2\Delta\alpha}\, l\operatorname{tg}(\tfrac{1}{4}\pi + \beta) + \int_0^\xi \frac{d\lambda}{\Delta\lambda}$$

$$(15.) \quad \int_0^\xi \frac{d\lambda}{(1-k^2\sin\alpha^2\sin\lambda^2)\,\Delta\lambda} - k'\operatorname{tg}\alpha^2 \int_0^\xi \frac{d\lambda}{\left(1 - \frac{\Delta\alpha^2}{\cos\alpha^2}\sin\lambda^2\right)\Delta\lambda}$$

$$= \frac{\operatorname{tg}\alpha}{2\Delta\alpha}\, l\operatorname{tg}(\tfrac{1}{4}\pi - \gamma) + \frac{1}{\Delta\alpha^2}\int_0^\xi \frac{d\lambda}{\Delta\lambda}$$

$$(16.) \quad \int_0^\xi \frac{d\lambda}{(1-k^2\sin\alpha^2\sin\lambda^2)\,\Delta\lambda} - k'^2\frac{\operatorname{tg}\alpha^2}{\Delta\alpha^2} \int_0^\xi \frac{d\lambda}{\left(1 - \frac{k^2\cos\alpha^2}{\Delta\alpha^2}\sin\lambda^2\right)\Delta\lambda}$$

$$= \frac{\operatorname{tg}\alpha}{2\Delta\alpha}\, l\operatorname{tg}(\tfrac{1}{4}\pi - \delta) + \frac{1}{\cos\alpha^2}\int_0^\xi \frac{d\lambda}{\Delta\lambda}.$$

§. 132.

Führt man in den drei Formeln (4.), (5.), (6.) statt des reellen Arguments a das imaginäre ai ein, und benutzt die Formeln aus §. 23:

$$fai = \frac{if(a',\nu')}{g(a',\nu')}; \quad gai = \frac{1}{g(a',\nu')}; \quad hai = \frac{h(a',\nu')}{g(a',\nu')};$$

indem man noch, der Kürze wegen, $f(a',\nu')$; $g(a',\nu')$; $h(a',\nu')$ durch f', g', h' ersetzt, so nehmen diese Formeln für

$$(1.) \quad \frac{h'fx}{f'g'.gxhx} = \operatorname{tg}\beta; \quad \frac{f'h'fxhx}{g'.gx} = \operatorname{tg}\gamma; \quad \frac{f'.fxgx}{g'h'.hx} = \operatorname{tg}\delta,$$

die folgende Form an:

$$(2.) \quad \int_0^x \frac{d\lambda}{1+\frac{f'^2}{g'^2}f\lambda^2} + \int_0^x \frac{d\lambda}{1+\frac{g'^2}{f'^2}f\lambda^2} = x + \frac{f'g'}{\Theta o^2 h'}\beta.$$

$$(3.) \quad \int_0^x \frac{d\lambda}{1+\frac{f'^2}{g'^2}f\lambda^2} + \left(\frac{f'g'}{h'}\right)^2 \int_0^x \frac{d\lambda}{1-h'^2 f\lambda^2} = x\left(\frac{hog'}{h'}\right)^2 + \frac{f'g'}{\Theta o^2 h'}\gamma.$$

$$(4.) \quad \int_0^x \frac{d\lambda}{1+\frac{f'^2}{g'^2}f\lambda^2} + \left(\frac{f'g'}{h'}\right)^2 \int_0^x \frac{d\lambda}{1-\frac{1}{h'^2}f\lambda^2} = x(gog')^2 + \frac{f'g'}{\Theta o^2 h'}\delta.$$

Macht man hier die Substitutionen:

$$f' = \sqrt{k'}\sin\alpha'; \quad g' = \sqrt{\frac{k'}{k}}\cos\alpha'; \quad h' = \frac{\Delta(\alpha',k')}{\sqrt{k}}$$

so führt man diese Gleichungen leicht auf solche zurück, in denen die Integrale die gewöhnliche Form der elliptischen dritter Gattung angenommen haben, in ähnlicher Weise, wie dies in den Formeln (14.), (15.) und (16.) des §. 131 der Fall war.

Aus N. 2 ergiebt sich dann, dass ein Integral, dessen Parameter n grösser als der Modul k ist, stets in ein anderes verwandelt werden kann, dessen Parameter kleiner als k ist.

Die Formeln (3.) und (4.) liefern ausserdem, in Verbindung mit (14.), (15.) und (16.) die Mittel zu den in §. 129 als erforderlich nachgewiesenen Reductionen.

§. 133.

Die wichtigsten der in den beiden letzten Paragraphen gewonnenen Resultate lassen sich auch auf eine andere Weise ableiten. Bestimmt man nämlich eine veränderliche Grösse y durch die Gleichung:

$$xy = \sqrt{x(1-x)(1-cx)} = \psi(x),$$

so wird:

$$y^2 + \alpha = \frac{1}{x}(1 + (\alpha - 1 - c)x + cx^2),$$

und wenn man annimmt, es sei

$$\alpha = 1 + a + b + ab = (1+a)(1+b)$$

und

$$c = ab,$$

so wird

$$y^2 + \alpha = \frac{1}{x}(1 + (a+b)x + abx^2) = \frac{1}{x}(1+ax)(1+bx).$$

Differenzirt man diese Gleichung logarithmisch, so erhält man:

$$\frac{2y\,dy}{y^2+\alpha} = \left(\frac{a}{1+ax} + \frac{b}{1+bx} - \frac{1}{x}\right)dx = \left(1 - \frac{1}{1+ax} - \frac{1}{1+bx}\right)\frac{dx}{x},$$

und wenn man diese Gleichung wieder durch $y = \frac{1}{x}\psi(x)$ dividirt und dann integrirt, so gelangt man zu der Formel:

$$\int\frac{dx}{(1+ax)\psi x} + \int\frac{dx}{(1+bx)\psi x} = \int\frac{dx}{\psi x} - 2\int\frac{dy}{y^2 + (1+a)(1+b)},$$

in welcher

$$\psi(x) = \sqrt{x(1-x)(1-abx)}.$$

Setzt man $a = mk$ und $b = \frac{k}{m}$, so ist stets:

(1.)
$$\int\frac{dx}{(1+mkx)\psi x} + \int\frac{dx}{\left(1+\frac{kx}{m}\right)\psi x}$$
$$= \int\frac{dx}{\psi x} - 2\int\frac{dy}{y^2 + (1+mk)\left(1+\frac{k}{m}\right)},$$

wenn

$$\psi(x) = \sqrt{x(1-x)(1-k^2x)}$$

und

$$y = \frac{1}{x}\psi(x).$$

Diese Gleichung (1.) stellt die N. 1 in §. 131 dar. Da man auf demselben Wege auch zu N. 2 gelangen kann, so wollen wir die dazu erforderliche Rechnung hier mittheilen.

Man bestimme y durch die Gleichung

$$y(1-cx) = \sqrt{x(1-x)(1-cx)} = \psi x.$$

Dann wird

$$y^2 + \alpha = \frac{\alpha + (1-c\alpha)x - x^2}{1-cx},$$

und wenn man annimmt, es sei

$$\alpha = -\frac{1}{ab} \quad \text{und} \quad c = a + b - ab,$$

so wird

$$1 - aby^2 = \frac{(1-ax)(1-bx)}{1-cx}.$$

Differenzirt man diese Gleichung logarithmisch, so erhält man

$$\frac{2aby\,dy}{1-aby^2} = \left(\frac{a}{1-ax} + \frac{b}{1-bx} - \frac{c}{1-cx}\right)dx$$
$$= \left(\frac{a-c}{1-ax} + \frac{b-c}{1-bx} + c\right)\frac{dx}{1-cx}$$

und wenn man diese Gleichung wieder durch $y = \frac{\psi x}{1-cx}$ dividirt und dann integrirt, so gelangt man zu der Formel

$$(2.)\qquad b(a-1)\int\frac{dx}{(1-ax)\psi x} + a(b-1)\int\frac{dx}{(1-bx)\psi x}$$
$$= 2ab\int\frac{dy}{1-aby^2} - c\int\frac{dx}{\psi x}$$

in welcher

$$c = a + b - ab \quad \text{und} \quad y = \sqrt{\frac{x(1-x)}{1-cx}}$$

und die N. 2 in etwas veränderter Gestalt darstellt.

§. 134.

Vertauschung der Parameter mit den Amplituden.

Wenn zwischen x und ξ, a und α die beiden Gleichungen Statt finden:

(1.) $$F\xi = x\,\mathfrak{q}o^2;\qquad F\alpha = a\,\mathfrak{q}o^2$$

und man benutzt die Bezeichnung, welche in §. 107 eingeführt wurde,

$$P(x,a) = fa f'a \int_0^x \frac{f\lambda^2\,d\lambda}{1-fa^2 f\lambda^2} = \frac{\varDelta\alpha}{\operatorname{tg}\alpha}\int_0^\xi \frac{k^2\sin\alpha^2\sin\lambda^2\,d\lambda}{(1-k^2\sin\alpha^2\sin\lambda^2)\varDelta\lambda}$$

$$= \frac{\varDelta\alpha}{\operatorname{tg}\alpha}\int_0^\xi \frac{d\lambda}{(1-k^2\sin\alpha^2\sin\lambda^2)\varDelta\lambda} - \frac{\varDelta\alpha}{\operatorname{tg}\alpha}\int_0^\xi \frac{d\lambda}{\varDelta\lambda}$$

$$= \frac{\varDelta\alpha}{\operatorname{tg}\alpha}\Pi_1(\xi, -k^2\sin\alpha^2) - \frac{\varDelta\alpha}{\operatorname{tg}\alpha}F\xi,$$

so ist

(2.) $$P(x,a) = x\,l'\theta a + \tfrac{1}{2}l\frac{\theta(a-x)}{\theta(a+x)}$$

also, wenn man x mit a vertauscht und berücksichtigt, dass $\theta(-z) = \theta z$ ist,

(3.) $$P(a,x) = a\,l'\theta x + \tfrac{1}{2}l\frac{\theta(a-x)}{\theta(a+x)}.$$

Nach §. 113 N. 4 hat man aber, wenn φ mit ξ vertauscht wird, die Formel

(4.) $$\mathfrak{q}o^2 E(\xi) = l'\theta x - x\,l''\mathfrak{q}o.$$

Multiplicirt man also (4.) mit a und vertauscht nachher a mit x und α mit ξ, so erhält man die beiden Gleichungen:

$$F\alpha.E\xi = a l'\theta x - a x l''\mathfrak{q}o$$
$$F\xi.E\alpha = x l'\theta a - a x l''\mathfrak{q}o.$$

Die Differenz dieser beiden Gleichungen ist aber der von N. 1 und N. 2 gleich, so dass man also zu der Gleichung gelangt

$$P(x,a) - P(a,x) = F\xi.E\alpha - F\alpha.E\xi = x l'\theta a - a l'\theta x$$

oder

(5.) $$\frac{\varDelta\alpha}{\operatorname{tg}\alpha}\int_0^\xi \frac{k^2\sin\alpha^2\sin\lambda^2\,d\lambda}{(1-k^2\sin\alpha^2\sin\lambda^2)\varDelta\lambda} - \frac{\varDelta\xi}{\operatorname{tg}\xi}\int_0^\alpha \frac{k^2\sin\xi^2\sin\lambda^2\,d\lambda}{(1-k^2\sin\xi^2\sin\lambda^2)\varDelta\lambda}$$
$$= F\xi.E\alpha - F\alpha.E\xi$$

oder auch

(6.) $$\frac{\varDelta\alpha}{\operatorname{tg}\alpha}\int_0^\xi \frac{d\lambda}{(1-k^2\sin\alpha^2\sin\lambda^2)\varDelta\lambda} - \frac{\varDelta\xi}{\operatorname{tg}\xi}\int_0^\alpha \frac{d\lambda}{(1-k^2\sin\xi^2\sin\lambda^2)\varDelta\lambda}$$
$$= F\xi\left(E\alpha + \frac{\varDelta\alpha}{\operatorname{tg}\alpha}\right) - F\alpha\left(E\xi + \frac{\varDelta\xi}{\operatorname{tg}\xi}\right).$$

Diese Formel lehrt ein elliptisches Integral dritter Gattung in ein anderes derselben Gattung zu verwandeln, in welchem die Parameter und die Amplituden mit einander vertauscht worden sind.

§. 135.

Die beiden folgenden Paragraphen werden uns noch zwei ähnliche Sätze kennen lehren.

Es ist nach N. 7 in §. 130

$$(1.)\qquad \theta o^2 \frac{fa\,ha}{ga}\int_0^x \frac{g\lambda^2\,d\lambda}{f\lambda^2 - fa^2} = x\,l'\vartheta_3 a + \tfrac{1}{2}\,l\frac{\vartheta_1(a-x)}{\vartheta_1(a+x)}.$$

Man setze, wie gewöhnlich,

$$F(\alpha, k) = F(\alpha', k') = a\,\vartheta_3(o, \nu)^2 = a'\vartheta_3(o, \nu')^2$$
$$F(\beta, k) = F(\beta', k') = b\,\vartheta_3(o, \nu)^2 = b'\vartheta_3(o, \nu')^2.$$

Vertauscht man in (1.) a mit ai und x mit b, so erhält man nach der Division mit i

$$(2.)\qquad \frac{\varDelta(\alpha', k')}{\operatorname{tg}\alpha'}\int_0^\beta \frac{\cos\lambda^2\,d\lambda}{(1+\cot\alpha'^2\sin\lambda^2)\varDelta(\lambda, k)}$$
$$= -b\frac{dl\vartheta_3(ai, \nu)}{da} - \tfrac{1}{2}i\,l\frac{\vartheta_1(ai-b, \nu)}{\vartheta_1(b+ai, \nu)}.$$

Vertauscht man hier zunächst a mit b, also α mit β und dann ν mit ν', also k, a, b, α, β entsprechend mit k', a', b', α', β', so ergiebt sich die Gleichung

$$(3.)\qquad \frac{\varDelta(\beta, k)}{\operatorname{tg}\beta}\int_0^{\alpha'} \frac{\cos\lambda^2\,d\lambda}{(1+\cot\beta^2\sin\lambda^2)\varDelta(\lambda, k')}$$
$$= -a'\frac{dl\vartheta_3(b'i, \nu')}{db'} - \tfrac{1}{2}i\,l\frac{\vartheta_1(b'i-a', \nu')}{\vartheta_1(a'+b'i, \nu')}.$$

Nun ist

$$\vartheta_1(ai-b, \nu) = \vartheta_1(i(a+bi), \nu) = -i\sqrt{\frac{\nu'}{\pi}}\,e^{\frac{(a'+b'i)^2}{\nu'}}\vartheta_1(a'+b'i, \nu')$$

$$\vartheta_1(b+ai, \nu) = \vartheta_1(i(a-bi), \nu) = i\sqrt{\frac{\nu'}{\pi}}\,e^{\frac{(a'-b'i)^2}{\nu'}}\vartheta_1(b'i-a', \nu')$$

also

$$l\frac{\vartheta_1(ai-b, \nu)}{\vartheta_1(b+ai, \nu)} = l(-1) + \frac{4a'b'i}{\nu'} - l\frac{\vartheta_1(b'i-a', \nu')}{\vartheta_1(a'+b'i, \nu')}$$

oder da

$$l(-1) = \pi i$$

ist,

$$(4.)\qquad \frac{1}{i}\, l\frac{\vartheta_1(ai-b,\nu)}{\vartheta_1(b+ai,\nu)}\cdot\frac{\vartheta_1(b'i-a',\nu')}{\vartheta_1(a'+b'i,\nu')} = \pi + \frac{4ab}{\nu} = \pi + \frac{4a'b'}{\nu'}.$$

Die Summe von (2.) und (3.) führt daher zu der Formel

$$(5.)\qquad \frac{\Delta(\alpha',k')}{\operatorname{tg}\alpha'}\int_0^\beta \frac{\cos\lambda^2 d\lambda}{(1+\cot\alpha'^2\sin\lambda^2)\Delta(\lambda,k)} + \frac{\Delta(\beta,k)}{\operatorname{tg}\beta}\int_0^{\alpha'} \frac{\cos\lambda^2 d\lambda}{(1+\cot\beta^2\sin\lambda^2)\Delta(\lambda,k')}$$

$$= \tfrac{1}{2}\pi + \frac{2ab}{\nu} - b\frac{dl\vartheta_1(ai,\nu)}{da} - a'\frac{dl\vartheta_1(b'i,\nu')}{db'}.$$

Die rechte Seite dieser Gleichung lässt sich umformen, denn es ist nach §. 21

$$\vartheta_1(ai,\nu) = \sqrt{\frac{\nu'}{\pi}}e^{\frac{a'^2}{\nu'}}\theta(a',\nu')$$

$$\vartheta_1(b'i,\nu') = \sqrt{\frac{\nu}{\pi}}e^{\frac{b^2}{\nu}}\theta(b,\nu).$$

Da aber $da':da = \nu:\pi = db':db$, so führt die Ableitung dieser Gleichungen nach a und b zu

$$(6.)\qquad \begin{cases} \dfrac{dl\theta(a',\nu')}{da'} = \sqrt{\dfrac{\nu}{\nu'}}\,\dfrac{dl\vartheta_1(ai,\nu)}{da} - \dfrac{2a}{\pi} \\[2ex] \dfrac{dl\theta(b,\nu)}{db} = \sqrt{\dfrac{\nu'}{\nu}}\,\dfrac{dl\vartheta_1(b'i,\nu')}{db'} - \dfrac{2b'}{\pi}. \end{cases}$$

Nun ist nach §. 113 N. 4, wenn man diese beiden Formeln anwendet

$$\vartheta_1(o,\nu)^2\, E(\beta,k) = \sqrt{\frac{\nu'}{\nu}}\frac{dl\vartheta_1(b'i,\nu')}{db'} - \frac{2b'}{\pi} - bl''\vartheta_1(o,\nu)$$

$$\vartheta_1(o,\nu')^2 E(\alpha',k') = \sqrt{\frac{\nu}{\nu'}}\frac{dl\vartheta_1(ai,\nu)}{da} - \frac{2a}{\pi} - a'l''\vartheta_1(o,\nu').$$

Mit Hülfe dieser Gleichungen und der N. 1 in §. 120 gelangt man, wenn die Gleichung

$$\frac{a'b\nu}{\pi}\vartheta_1(o,\nu)^4 = a'b\vartheta_1(o,\nu)^2\,\vartheta_1(o,\nu')^2 = F(\alpha',k')F(\beta,k)$$

berücksichtigt wird, zu der Formel

$$(7.)\qquad b\frac{dl\,\mathfrak{q}(ai,\nu)}{da}+a'\frac{dl\,\mathfrak{q}(b'i,\nu')}{db'}-\frac{2ab}{\nu}$$

$$=F(\beta,k)F(\alpha',k')-F(\beta,k)E(\alpha',k')-F(\alpha',k')E(\beta,k),$$

also endlich

$$(8.)\ \frac{\Delta(\alpha',k')}{\operatorname{tg}\alpha'}\int_0^\beta\frac{\cos\lambda^2 d\lambda}{(1+\cot\alpha'^2\sin\lambda^2)\Delta(\lambda,k)}+\frac{\Delta(\beta,k)}{\operatorname{tg}\beta}\int_0^{\alpha'}\frac{\cos\lambda^2 d\lambda}{(1+\cot\beta^2\sin\lambda^2)\Delta(\lambda,k')}$$

$$=\tfrac{1}{2}\pi+F(\alpha',k')F(\beta,k)-F(\alpha',k')E(\beta,k)-F(\beta,k)E(\alpha',k').$$

In dieser Formel kann natürlich α' auch mit einem anderen Buchstaben, z. B. α, vertauscht werden, aber α' ist der Symmetrie wegen beibehalten worden. Aus dieser Formel leitet man auch noch leicht die folgende ab:

$$(9.)\ \frac{\Delta(\alpha',k')}{\sin 2\alpha'}\int_0^\beta\frac{d\lambda}{(1+\cot\alpha'^2\sin\lambda^2)\Delta(\lambda,k)}+\frac{\Delta(\beta,k)}{\sin 2\beta}\int_0^{\alpha'}\frac{d\lambda}{(1+\cot\beta^2\sin\lambda^2)\Delta(\lambda,k')}$$

$$=\tfrac{1}{4}\pi+F(\alpha',k')F(\beta,k)+F(\alpha',k')\left\{\frac{\Delta(\beta,k)}{\cot\beta}-E(\beta,k)\right\}$$

$$+F(\beta,k)\left\{\frac{\Delta(\alpha',k')}{\cot\alpha}-E(\alpha',k')\right\}.$$

§. 136.

Nach N. 4 in §. 130 hat man die Formel

$$(1.)\qquad \theta o^2\frac{faha}{ga}\int_0^x\frac{h\lambda^2 d\lambda}{fa^2 f\lambda^2-1}=x\,l'\mathfrak{q}a+\tfrac{1}{2}l\frac{\theta(a-x)}{\theta(a+x)}.$$

Man ersetze hier zunächst x durch b und a durch ai, dann verwandelt sich diese Gleichung in

$$\tfrac{1}{2}\sin 2\alpha'\Delta(\alpha',k')\int_0^\beta\frac{\Delta(\lambda,k)\,d\lambda}{\cos\alpha'^2+k^2\sin\alpha'^2\sin\lambda^2}=b\frac{dl\,\mathfrak{q}(ai)}{da}+\tfrac{1}{2}il\frac{\theta(b-ai)}{\theta(b+ai)}.$$

Vertauscht man hier b mit a, also α mit β, dann ν mit ν', also k, a, b, α, β mit k', a', b', α', β', so erhält man hieraus

$$(2.)\ \operatorname{tg}\beta\Delta(\beta,k)\int_0^{\alpha'}\frac{\Delta(\lambda,k')\,d\lambda}{1+k'^2\operatorname{tg}\beta^2\sin\lambda^2}=a'\frac{dl\,\mathfrak{q}(b'i,\nu')}{db'}+\tfrac{1}{2}il\frac{\theta(a'-b'i,\nu')}{\theta(a'+b'i,\nu')}.$$

Ferner ist nach §. 130 N. 10

$$(3.)\qquad \theta o^2 \frac{fa\,ha}{ga}\int_0^x \frac{f\lambda^2 d\lambda}{ga^2 - ha^2 fx^2} = x\,l'\mathfrak{H}a + \tfrac{1}{2}l\frac{\mathfrak{H}(x-a)}{\mathfrak{H}(x+a)}.$$

Vertauscht man hier x mit b und a mit ai, so kommt

$$(4.)\qquad \sin\alpha'\cos\alpha'\,\Delta(\alpha',k')\int_0^\beta \frac{k'^2 \sin\lambda^2 d\lambda}{(1-\Delta(\alpha',k')^2\sin\lambda^2)\Delta(\lambda,k)}$$

$$= b\frac{dl\mathfrak{H}(ai,\nu)}{da} + \tfrac{1}{2}il\frac{\mathfrak{H}(b-ai,\nu)}{\mathfrak{H}(b+ai,\nu)}.$$

Es ist aber

$$\mathfrak{H}(b-ai,\nu) = \mathfrak{H}(i(-a-bi),\nu) = \sqrt{\frac{\nu'}{\pi}}\,\theta(a'+b'i,\nu')\,e^{\frac{(a'+b'i)^2}{\nu'}}$$

$$\mathfrak{H}(b+ai,\nu) = \mathfrak{H}(i(a-bi),\nu) \quad = \sqrt{\frac{\nu'}{\pi}}\,\theta(a'-b'i,\nu')\,e^{\frac{(a'-b'i)^2}{\nu'}}$$

also

$$(5.)\qquad \frac{1}{i}\,l\frac{\theta(a'-b'i,\nu')\mathfrak{H}(b-ai,\nu)}{\theta(a'+b'i,\nu')\mathfrak{H}(b+ai,\nu)} = \frac{4a'b'}{\nu'} = \frac{4ab}{\nu}.$$

Die Summe von (2.) und (4.) giebt daher mit Rücksicht auf (7.) im vorigen Paragraphen

$$(6.)\qquad \frac{\sin 2\alpha'}{2}\Delta(\alpha',k')\int_0^\beta \frac{k'^2\sin\lambda^2 d\lambda}{(1-\Delta(\alpha',k')^2\sin\lambda^2)\Delta(\lambda,k)} + \int_0^{\alpha'} \frac{\Delta(\lambda,k')^2 d\lambda}{1+k'^2\operatorname{tg}\beta^2\sin\lambda^2}$$

$$= F(\alpha',k')F(\beta,k) - F(\alpha',k')E(\beta,k) - F(\beta,k)E(\alpha',k').$$

Aus dieser Formel leitet man auch leicht die folgende ab:

$$(7.)\qquad \frac{k'^2\sin 2\alpha'}{2\Delta(\alpha',k')}\int_0^\beta \frac{d\lambda}{(1-\Delta(\alpha',k')^2\sin\lambda^2)\Delta\lambda} + \frac{2\Delta(\beta,k)}{\sin 2\beta}\int_0^{\alpha'} \frac{d\lambda}{\left(1+k'^2\frac{\sin\lambda^2}{\cot\beta^2}\right)\Delta(\lambda,k')}$$

$$= F(\alpha',k')F(\beta,k) + F(\alpha',k')\left\{\frac{\Delta(\beta,k)}{\operatorname{tg}\beta} - E(\beta,k)\right\}$$

$$+ F(\beta,k)\left\{\frac{k'^2\sin\alpha'\cos\alpha'}{\Delta(\alpha',k')} - E(\alpha',k')\right\}.$$

§. 137.

Die Gleichung (6.) in §. 134 führt, wenn $\xi = \frac{1}{2}\pi$ gesetzt wird, zu der Formel

$$(1.)\quad \int_0^{\frac{1}{2}\pi} \frac{d\lambda}{(1 - k^2 \sin\alpha^2 \sin\lambda^2)\Delta\lambda} = F + \frac{\operatorname{tg}\alpha}{\Delta\alpha}(F.E\alpha - E.F\alpha)$$

in welcher wir E und F statt der von Legendre gebrauchten E' und F' gesetzt haben, um mit diesem letzteren Zeichen lieber die Integrale $E(\frac{1}{2}\pi, k')$ und $F(\frac{1}{2}\pi, k')$ andeuten zu können

Die N. 8 in §. 135 liefert für $\beta = \frac{1}{2}\pi$ die Formel

$$(2.)\quad \frac{\Delta(\alpha', k')}{\operatorname{tg}\alpha'} \int_0^{\frac{1}{2}\pi} \frac{\cos\lambda^2 d\lambda}{(1 + \cot\alpha'^2 \sin\lambda^2)\Delta\lambda} = \tfrac{1}{2}\pi + (F - E)F(\alpha', k') - F.E(\alpha', k').$$

Diese Formel lässt sich auch, wenn man den Zähler des Bruches unter dem Integralzeichen durch

$$\frac{1}{\cos\alpha'^2} - \operatorname{tg}\alpha'^2(1 + \cot\alpha'^2 \sin\lambda^2)$$

ersetzt, so darstellen:

$$(3.)\quad \frac{\Delta(\alpha', k')}{\cos\alpha' \sin\alpha'} \int_0^{\frac{1}{2}\pi} \frac{d\lambda}{(1 + \cot\alpha'^2 \sin\lambda^2)\Delta\lambda}$$

$$= \tfrac{1}{2}\pi + (F - E)F(\alpha', k') - F.E(\alpha', k') + \frac{\Delta(\alpha', k')}{\cot\alpha'} F.$$

In §. 136 erscheint das zweite Integral der N. 6 unbestimmt, wenn $\beta = \frac{1}{2}\pi$ gesetzt wird. Es ist aber dann auch $b = \frac{1}{2}\pi$ und daher $b' = \frac{1}{2}\nu$, also

$$\frac{dl\vartheta_1(b'i, \nu')}{db'} = \frac{2b}{\pi} + \frac{\vartheta_1(o, \nu')^2}{\vartheta_1(o, \nu)^2} \frac{dl\theta(b, \nu)}{db} = 1$$

ferner

$$\theta(a' - b'i, \nu') = \theta(a' - \tfrac{1}{2}\nu' i, \nu') = -i\theta(a', \nu')e^{ia' + \frac{1}{4}\nu'}$$

$$\theta(a' + b'i, \nu') = i\theta(a', \nu')e^{-ia' + \frac{1}{4}\nu'}$$

also

$$l\frac{\theta(a' - b'i, \nu')}{\theta(a' + b'i, \nu')} = l(-1) + 2ia' = \pi i + 2ia'.$$

Daher wird das zweite Integral in N. 6 für $b = \frac{1}{2}\pi$ gleich $a' - \frac{1}{2}\pi - a' = -\frac{1}{2}\pi$. Es verwandelt sich folglich N. 6 in die Formel

(4.) $$\sin\alpha'\cos\alpha'\Delta(\alpha',k')\int_0^{\frac{1}{2}\pi}\frac{k'^2\sin\lambda^2\,d\lambda}{(1-\Delta(\alpha',k')^2\sin\lambda^2)\Delta\lambda}$$
$$=\tfrac{1}{2}\pi+(F-E)F(\alpha',k')-F.E(\alpha',k').$$

Aus dieser ergiebt sich auch sehr leicht die folgende Formel:

(5.) $$\frac{k'^2\sin\alpha'\cos\alpha'}{\Delta(\alpha',k')}\int_0^{\frac{1}{2}\pi}\frac{d\lambda}{(1-\Delta(\alpha',k')^2\sin\lambda^2)\Delta\lambda}$$
$$=\tfrac{1}{2}\pi+(F-E)F(\alpha',k')-F.E(\alpha',k')+\frac{k'^2\sin\alpha'\cos\alpha'}{\Delta(\alpha',k')}F.$$

Vermöge der Formeln dieses Paragraphen kann also jedes vollständige elliptische Integral dritter Gattung auf die Berechnung elliptischer Integrale erster und zweiter Gattung zurückgeführt werden.

§. 138.

Man kann zu diesen Sätzen auch auf anderen Wegen gelangen, von denen zwei hier kurz angedeutet werden sollen.

Man setze
$$n=1-c(1-\alpha)(1-\beta)$$
und
$$m=\sqrt{\frac{\alpha(1-\alpha)(n-\beta)}{1-\beta}}.$$

Sieht man nun m und n als Functionen von α an, so ist:
$$\frac{dn}{d\alpha}=\frac{1-n}{1-\alpha}$$
und
$$(1-\beta)\frac{d}{d\alpha}\left(\frac{m}{n}\right)^2=\frac{d}{d\alpha}\cdot\frac{(\alpha-\alpha^2)(n-\beta)}{n^2}$$
$$=\frac{(1-2\alpha)(n-\beta)+\alpha(1-n)}{n^2}-\frac{2\alpha(1-n)(n-\beta)}{n^3}$$
$$=\frac{1-\alpha}{n}-\frac{\alpha+\beta}{n^2}+\frac{2\alpha\beta}{n^3}.$$

Da nun n eine symmetrische Function von α und β ist, so ist auch die linke Seite der Gleichung:
$$1-\alpha-2(1-\beta)m\frac{d}{d\alpha}\left(\frac{m}{n}\right)=\frac{\alpha+\beta}{n}-\frac{2\alpha\beta}{n^2}$$
eine symmetrische Function von α und β, weil die rechte eine

solche ist. Vertauscht man aber α und β mit $1-x^2$ und $1-y^2$, so wird für $c=k^2$

$$n = 1-k^2x^2y^2$$

und

$$m = xx_1x_2,$$

wenn man setzt:

$$x^2+x_1^2 = 1 \quad \text{und} \quad k^2x^2+x_2^2 = 1.$$

Hiernach ist also, da

$$\frac{d}{d\alpha}\left(\frac{m}{n}\right) = -\frac{1}{2x}\frac{d}{dx}\left(\frac{xx_1x_2}{1-k^2x^2y^2}\right)$$

wird,

$$x^2+y^2x_1x_2\frac{d}{dx}\left(\frac{xx_1x_2}{1-k^2x^2y^2}\right) = y^2+x^2y_1y_2\frac{d}{dy}\left(\frac{yy_1y_2}{1-k^2x^2y^2}\right),$$

denn die linke Seite dieser Gleichung wird nicht geändert, wenn man x mit y vertauscht.

Es ist aber

$$y^2-x^2 = \frac{x_2^2-y_2^2}{k^2},$$

also, wenn man die vorige Gleichung mit $\dfrac{k^2}{x_1x_2y_1y_2}$ multiplicirt:

$$\frac{k^2y^2}{y_1y_2}\frac{d}{dx}\left(\frac{xx_1x_2}{n}\right) - \frac{k^2x^2}{x_1x_2}\frac{d}{dy}\left(\frac{yy_1y_2}{n}\right) = \frac{x_2}{x_1y_1y_2} - \frac{y_2}{y_1x_1x_2}.$$

Integrirt man hier zunächst von $x=0$ bis $x=x$, dann von $y=0$ bis $y=y$, so erhält man, wenn der Integrationsbuchstabe λ genannt wird:

$$k^2xx_1x_2\int_0^y\frac{\lambda^2 d\lambda}{(1-k^2x^2\lambda^2)\lambda_1\lambda_2} - k^2yy_1y_2\int_0^x\frac{\lambda^2 d\lambda}{(1-k^2y^2\lambda^2)\lambda_1\lambda_2}$$

$$= \int_0^y\frac{d\lambda}{\lambda_1\lambda_2}\int_0^x\frac{\lambda_2 d\lambda}{\lambda_1} - \int_0^y\frac{\lambda_2 d\lambda}{\lambda_1}\int_0^x\frac{d\lambda}{\lambda_1\lambda_2}.$$

§. 139.

Auch die allgemeine Reductionsformel in §. 5 gewährt uns ein Mittel, diese Formel abzuleiten. Setzt man nämlich in ihr:

$$\lambda = 1$$

und

$$\varphi x = x(1-x)(1-k^2x),$$

so wird:

$$\varphi' a = 2\sqrt{\varphi a}\frac{d\sqrt{\varphi a}}{da} \quad \text{und} \quad \varphi''' a = 6k^2,$$

ferner

$$\frac{d}{da}\left(\frac{1}{A}\right) = -\frac{1}{A^2}.$$

Bei diesen Annahmen enthält die Formel nur drei Glieder:

$$\frac{2\sqrt{\varphi x}}{A} = -2\varphi a \frac{d}{da}\int_0^x \frac{dx}{A\sqrt{\varphi x}} - 2\sqrt{\varphi a}\frac{d\sqrt{\varphi a}}{da}\int_0^x \frac{dx}{A\sqrt{\varphi x}} + k^2\int_0^x \frac{A\,dx}{\sqrt{\varphi x}}$$

$$= -2\sqrt{\varphi a}\frac{d}{da}\left\{\sqrt{\varphi a}\int_0^x \frac{dx}{A\sqrt{\varphi x}}\right\} + k^2\int_0^x \frac{A\,dx}{\sqrt{\varphi x}}.$$

Multiplicirt man diese Gleichung mit $\frac{da}{k^2\sqrt{\varphi a}}$ und integrirt von $a = 0$ bis $a = a$, so wird:

$$\frac{2\sqrt{\varphi x}}{k^2}\int_0^a \frac{da}{(a-x)\sqrt{\varphi a}} + \frac{2\sqrt{\varphi a}}{k^2}\int_0^x \frac{dx}{(a-x)\sqrt{\varphi x}}$$

$$= \int_0^a \frac{a\,da}{\sqrt{\varphi a}}\int_0^x \frac{dx}{\sqrt{\varphi x}} - \int_0^a \frac{da}{\sqrt{\varphi a}}\int_0^x \frac{x\,dx}{\sqrt{\varphi x}}.$$

Diese Gleichung und die letzte in §. 138 sind aber nichts Anderes als die Gleichung (5.) in §. 134.

§. 140.

Reihenentwicklungen für die elliptischen Integrale dritter Gattung.

Zu diesen Reihenentwicklungen führen unmittelbar die Formeln des sechsten Abschnitts. Man gelangt z. B., wenn §. 81 benutzt wird, fast ohne Rechnung zu den beiden Formeln:

$$(1.) \qquad \frac{f'a}{fa}\int_0^x \frac{d\lambda}{1 - fa^2 f\lambda^2} = x\frac{dl\theta_1 a}{da} + \tfrac{1}{2}l\frac{\theta(a-x)}{\theta(a+x)}$$

$$= x\cot\alpha + 4x\sum_1^\omega q^{2s}\frac{\sin 2s\alpha}{1-q^{2s}} - 4\sum_1^\omega \frac{q^s \sin 2s\alpha \sin 2sx}{s(1-q^{2s})}$$

$$(2.)\qquad \frac{f'a}{fa}\int_0^x \frac{d\lambda}{\frac{f\lambda^2}{fa^2}-1} = x\frac{dl\theta a}{da}+\tfrac{1}{2}\,\frac{\theta_1(a-x)}{\theta_1(a+x)}$$

$$= \tfrac{1}{2} l\,\frac{\sin(a-x)}{\sin(a+x)} + 4x\sum_1^\omega \frac{q^s\sin 2sa}{1-q^{2s}} - 2\sum_1^\omega \frac{q^{2s}\sin 2sa\sin 2sx}{s(1-q^{2s})}$$

In diesen Formeln kann a mit ai vertauscht werden. Um die Rechnungen ausführen zu können, welche diese Substitution nach sich zieht, müssen wir von den Annahmen ausgehen:

$$F(\alpha,k) = a\theta_1(o,\nu)^2 = F(\alpha',k') = a'\theta_1(o,\nu')^2$$
$$F(\xi,k) = x\theta_1(o,\nu)^2 = F(\xi',k') = x'\theta_1(o,\nu')^2$$

und die Formeln (7.) bis (13.) in §. 23 benutzen, nach denen:

$$\frac{f'ai}{fai} = \theta o^2\frac{gai\,hai}{fai} = -\frac{i\theta o^2 h(a',\nu')}{f(a',\nu')g(a',\nu')} = -\frac{i\theta o^2}{k'}\,\frac{\varDelta(\alpha',\nu')}{\sin\alpha'\cos\alpha'}$$

$$fai^2 = -k\,\mathrm{tg}\,\alpha'^2;\quad fx^2 = k\sin\xi^2;\quad dx = \frac{d\xi}{\theta_1 o^2\varDelta\xi}.$$

Das Integral in (1.) verwandelt sich dann in:

$$-\frac{i\varDelta(\alpha',k')}{\sin\alpha'\cos\alpha'}\int_0^\xi \frac{d\lambda}{(1+k^2\,\mathrm{tg}\,\alpha'^2\sin\lambda^2)\varDelta\lambda}.$$

Auf der rechten Seite der Gleichung erhält man nach N. 6 in §. 81:

$$l'\theta_1 ai = \cot ai + 2i\sum_1^\omega \frac{q^s\sin 2sai}{\sin s\nu i}$$

$$= -i\left(1+\frac{2}{e^{2a}-1}\right) + 2i\sum_1^\omega \frac{q^{2s}(e^{2sa}-e^{-2sa})}{1-q^{2s}}$$

und nach N. 1 in §. 81

$$l\,\frac{\theta(ai-x)}{\theta(ai+x)} = -2i\sum_1^\omega \frac{q^s(e^{2sa}-e^{2sa})}{s(1-q^{2s})}\sin 2sx.$$

Wenn man noch $(e^{2a}-1)^{-1}$ in $\sum_1^\omega e^{-2sa}$ verwandelt und

$$\frac{2a}{\nu} = c,\quad\text{also}\quad e^{2a} = q^{-c}$$

setzt, so erhält man endlich:

$$(3.)\qquad \int_0^\xi \frac{d\lambda}{(1+k^2\,\mathrm{tg}\,\alpha'^2\sin\lambda^2)\varDelta\lambda}$$

$$= \frac{\sin 2\alpha'}{2\varDelta(\alpha',k')}\left\{x + 2x\sum_1^\omega \frac{1-q^{2s(1-c)}}{1-q^{2s}}\,q^{2sc} + \sum_1^\omega \frac{1-q^{2sc}}{1-q^{2s}}\cdot\frac{q^{s(1-c)}}{s}\sin 2sx\right\}.$$

Da nach §. 51:

$$K' = \int_0^{\frac{1}{2}\pi} \frac{d\lambda}{\Delta(\lambda, k')} = \tfrac{1}{2}\nu\, \vartheta(o, \nu)^2,$$

so ist a stets kleiner als $\frac{1}{2}\nu$, da α' stets kleiner als $\frac{1}{2}\pi$ ist, und daher ist c stets kleiner als 1, und die Reihen in (3.) convergiren immer.

Die Formel (2.) führt durch Vertauschung von a mit ai nicht zu wesentlich anderen Resultaten.

Wie ein Integral mit complexem Parameter zu behandeln wäre, ist in §. 100 angedeutet worden.

§. 141.

So wie in §. 118 das Additionstheorem der elliptischen Integrale zweiter Gattung zu ihrer Berechnung verwandt wurde, ebenso lässt sich das Additionstheorem der elliptischen Integrale dritter Gattung für die Berechnung dieser Functionen benutzen.

Aus den letzten der Gleichungen (5.) in §. 110 ergiebt sich, wenn man sie mit z_1 multiplicirt:

$$x_1 y_1 z_1 + xyz_1 z_2 = z_1^2 = 1 - z^2,$$

also

$$z^2 + xyz_1 z_2 = 1 - x_1 y_1 z_1.$$

Und wenn man hier, wie zu Ende des §. 112 bemerkt wurde, für z_2 das negative Zeichen wählt, so ist diese Formel:

$$z^2 - xyz_1 z_2 = 1 - x_1 y_1 z_1$$

direct für das Additionstheorem in §. 108 zu benutzen. Es ist also, wenn man in (5'.) jenes Paragraphen

$$\sqrt{(1+n)\left(1+\frac{k^2}{n}\right)} = \mu$$

setzt,

$$\int \frac{dx}{(1+nx^2)x_1 x_2} + \int \frac{dy}{(1+ny^2)y_1 y_2}$$

$$= \int \frac{dz}{(1+nz^2)z_1 z_2} + \frac{1}{\mu} \operatorname{arc\,tg} \frac{\mu xyz}{1+n^{-1} - x_1 y_1 z_1}.$$

Nimmt man hier $y = x = \sin\varphi_1$ und $z = \sin\varphi$, so erhält man die Formel:

$$(1.)\quad 2\int_0^{\varphi_1}\frac{d\lambda}{(1+n\sin\lambda^2)\Delta\lambda}$$

$$=\int_0^{\varphi}\frac{d\lambda}{(1+n\sin\lambda^2)\Delta\lambda}+\frac{1}{\mu}\operatorname{arctg}\frac{\mu\sin\varphi\sin\varphi_1^2}{1+n^{-1}-\cos\varphi\cos\varphi_1^2}$$

und es finden, wie schon in §. 118 bemerkt wurde, zwischen φ und φ_1 die Gleichungen Statt:

$$k\sin\varphi=\sin\gamma \quad\text{und}\quad \sin\varphi_1=\sin\tfrac{1}{2}\varphi:\cos\tfrac{1}{2}\gamma.$$

Setzt man:

$$\frac{1}{\mu}\operatorname{arctg}\frac{\mu\sin\varphi\sin\varphi_1^2}{1+n^{-1}-\cos\varphi\cos\varphi_1^2}=T(\varphi),$$

so lässt sich (1.) so darstellen:

$$\Pi_1(\varphi,n)=2\Pi_1(\varphi_1,n)-T(\varphi).$$

Verfährt man nun mit dieser Gleichung ganz so, wie die Gleichung

$$E\varphi=2E\varphi_1-\sin\varphi\sin\gamma^2$$

in §. 118 behandelt wurde, so erhält man die Formel:

$$(2.)\quad \Pi_1(\varphi,n)=F(\varphi)-\{T(\varphi)+2T(\varphi_1)+2^2T(\varphi_2)+2^3T(\varphi_3)+\cdots\}$$

bei der freilich die Reihe, welche von dem elliptischen Integrale erster Gattung abgezogen werden muss, um das entsprechende dritter Gattung zu erhalten, weit beschwerlicher zu berechnen ist, als die entsprechende in §. 118 für die Integrale zweiter Gattung. Wenn der Parameter n negativ ist, so besteht bekanntlich der subtractive Theil in N. 2 aus einer Reihe natürlicher Logarithmen und wird dann additiv. Im dreizehnten Abschnitte werden wir eine Methode kennen lernen, wie die für unsern Zweck erforderlichen Rechnungen auf eine zweckmässige Weise geführt werden können.

§. 142.

Nimmt man die Formeln (1.) oder (2.) in §. 116 zu Hülfe, so kann ein elliptisches Integral dritter Gattung auch in Reihen entwickelt werden, die, unter gewissen Bedingungen, ziemlich stark convergiren. Wählt man z. B. (2.) und setzt $\frac{1}{2}\left(k+\frac{1}{k}\right)=m$, so erhält man die Entwicklung:

$$\int_0^{\varphi} \frac{d\varphi}{(1+n\sin\varphi^2)\sqrt{1-k^2\sin\varphi^2}}$$

$$\sin\varphi + \tfrac{1}{3}(mk-n)\sin\varphi^3 + \tfrac{1}{5}(\tfrac{1}{2}(3m^2-1)k^2 - mkn + n^2)\sin\varphi^5$$
$$+ \tfrac{1}{7}(\tfrac{1}{2}m(5m^2-3)k^3 - \tfrac{1}{2}(3m^2-1)k^2n + mkn^2 - n^3)\sin\varphi^7 + \cdots$$

Da die numerische Berechnung eines elliptischen Integrals dritter Gattung fast immer mit Schwierigkeiten verbunden ist, so haben wir auch diese Reihe mit anführen wollen, selbst wenn sie nur in einzelnen Fällen zu benutzen wäre.

Elfter Abschnitt.

Reduction einiger speciellen Integrale auf elliptische.

§. 143.

Unterwirft man den Bogen φ der Bedingung, dass

(1.) $$\operatorname{tg}\varphi = \frac{1}{c}\frac{fx}{gx},$$

wo c eine willkürliche Constante sein soll, so findet man:

$$\frac{hx^2}{ho^2} = \frac{1-(1-c^2ho^{-2})\sin\varphi^2}{1-(1-c^2ho^2)\sin\varphi^2}.$$

Bestimmt man nun c so, dass

$$1-c^2ho^{-2} = a^2 \quad \text{und} \quad 1-c^2ho^2 = b^2$$

und setzt

$$1-a^2 = a'^2; \quad 1-b^2 = b'^2,$$

so wird

(2.) $$c = \sqrt{a'b'} \quad \text{nnd} \quad ho = \sqrt{\frac{b'}{a'}}.$$

Mit diesen Werthen für c und ho erhält man sogleich:

(3.) $$\frac{ho^2}{go^2}fx^2 = \frac{b'^2\sin\varphi^2}{1-b^2\sin\varphi^2}; \quad \frac{gx^2}{go^2} = \frac{\cos\varphi^2}{1-b^2\sin\varphi^2}; \quad \frac{hx^2}{ho^2} = \frac{1-a^2\sin\varphi^2}{1-b^2\sin\varphi^2},$$

und hieraus

$$(4.)\qquad 1+\left(\frac{bho}{b'go}\right)^2 fx^2 = \frac{1}{1-b^2\sin\varphi^2}.$$

Die Ableitung der Gleichung (1.) nach φ und x giebt:

$$(5.)\qquad \frac{d\varphi}{\cos\varphi^2} = \frac{\vartheta o^2 hx\,dx}{cgx^2}.$$

Nimmt man hier den Werth von hx und gx aus N. 3, so erhält man:

$$(6.)\qquad \frac{d\varphi}{\sqrt{1-a^2\sin\varphi^2}\sqrt{1-b^2\sin\varphi^2}} = \frac{\vartheta o^2\,dx}{b'}$$

und wenn man diese Gleichung mit (4.) multiplicirt, so wird:

$$(7.)\qquad d\varphi\sqrt{\frac{1-b^2\sin\varphi^2}{1-a^2\sin\varphi^2}} = \frac{\vartheta o^2\,dx}{b'\left(1+\left(\frac{bho}{b'go}\right)^2 fx^2\right)}.$$

Aus (1.) ergiebt sich, dass φ und x beide zugleich die Werthe 0 und $\frac{1}{2}\pi$ erreichen, denn es ist $fo = 0$ und $g\frac{1}{2}\pi = 0$, daher ist das Integral von (6.):

$$(8.)\qquad \int_0^{\varphi}\frac{d\varphi}{\sqrt{1-a^2\sin\varphi^2}\sqrt{1-b^2\sin\varphi^2}} = \frac{x\vartheta o^2}{b'}.$$

Da sich aus (2.)

$$go = \sqrt[4]{ho^4-1} = \frac{\sqrt[4]{a^2-b^2}}{\sqrt{a'}}$$

ergiebt, so muss a grösser als b angenommen werden, während beide kleiner als 1 sind.

Setzt man, wie immer $k' = \frac{1}{ho^2} = \frac{a'}{b'}$, so wird zunächst nach §. 43 die Grösse q berechnet, indem man sich aus der Gleichung:

$$\cos\beta = \sqrt{k'} = \frac{1}{ho} = \sqrt[4]{\frac{1-a^2}{1-b^2}}$$

den Winkel β verschafft, und dann findet man aus der letzten der Gleichungen (3.) durch $\sin\varphi$ die Function hx, also, nach §. 44, das Argument x. Es ist also die Berechnung des Integrals (8.) auf die Berechnung eines elliptischen Integrals erster Gattung zurückgeführt.

Das Integral der rechten Seite von (7.) ist ein elliptisches Integral dritter Gattung. Wenn man aber dieses Integral mit N. 1 in §. 130

$$\frac{f'a}{fa}\int\frac{dx}{1-fa^2fx^2} = xl'\theta_1 a + \tfrac{1}{2}l\frac{\theta(a-x)}{\theta(a+x)}$$

vergleichen will, so muss man a imaginär nehmen, also etwa zi statt a schreiben. Man erhält so, wenn man der Kürze wegen $f(z',\nu')$, $g(z',\nu')$, $h(z',\nu')$ durch f', g', h' bezeichnet und die Formeln (7.), (8.), (9.) in §. 23 anwendet:

$$(9.)\qquad \frac{\theta o^2 h'}{if'g'}\int_0^x\frac{d\lambda}{1+\frac{f'^2}{g'^2}f\lambda^2} = xl'\theta_1(zi)+\tfrac{1}{2}l\frac{\theta(zi-x)}{\theta(zi+x)}.$$

Setzt man also in (7.)

$$\frac{bho}{b'go} = \frac{f'}{g'} = \frac{f(z',\nu')}{g(z',\nu')}$$

und benutzt die Formeln unter N. 5 in §. 97

$$k'f'^2+kh'^2 = 1;\quad f'^2+kg'^2 = k';\quad h'^2-k'g'^2 = k,$$

so erhält man:

$$(10.)\qquad f(z',\nu') = \frac{b}{a}\sqrt{\frac{a'}{b'}};\quad g(z',\nu') = \frac{\sqrt{a'}}{a}\sqrt[4]{a^2-b^2};$$

$$h(z',\nu') = \frac{\sqrt[4]{a^2-b^2}}{a\sqrt{b'}}.$$

Aus der letzten dieser Formeln findet man auf bekannte Weise z' und dann z durch die Gleichung:

$$z\theta_1(o,\nu)^2 = z'\theta_1(o,\nu')^2.$$

Mit Benutzung aller dieser Werthe wird das Integral der Gleichung (7.):

$$(11.)\qquad \int_0^\varphi d\varphi\sqrt{\frac{1-b^2\sin\varphi^2}{1-a^2\sin\varphi^2}} = i\frac{b}{a}\sqrt{\frac{a'}{b'}}\left\{xl'\theta_1(zi)+\tfrac{1}{2}l\frac{\theta(zi-x)}{\theta(zi+x)}\right\}.$$

Wie die rechte Seite dieser Gleichung in Reihen aufzulösen ist, kann aus §. 140 entnommen werden.

§. 144.

Nach §. 26 finden folgende Gleichungen Statt:

$$k'gx^2 = k-fx^2 = \sqrt{k}fx\left(\frac{\sqrt{k}}{fx}-\frac{fx}{\sqrt{k}}\right)$$

$$k'hx^2 = 1-kfx^2 = \sqrt{k}fx\left(\frac{1}{\sqrt{k}fx}-\sqrt{k}fx\right).$$

Das Product dieser Gleichungen, durch kfx^2 dividirt, giebt:

$$\frac{k'^2 gx^2 hx^2}{kfx^2} = \frac{1}{fx^2} - \frac{1}{k} - k + fx^2 = \left(\frac{1}{fx} + fx\right)^2 - \left(\frac{1}{\sqrt{k}} + \sqrt{k}\right)^2$$
$$= \left(\frac{1}{fx} + fx + \frac{1}{\sqrt{k}} + \sqrt{k}\right)\left(\frac{1}{fx} + fx - \frac{1}{\sqrt{k}} - \sqrt{k}\right).$$

Es ist also

$$(1.)\qquad \frac{k'^2 gx^2 hx^2}{kfx^2}$$
$$= \left\{\left(\frac{1}{\sqrt{fx}} + \sqrt{fx}\right)^2 + \left(\frac{1}{\sqrt[4]{k}} - \sqrt[4]{k}\right)^2\right\}\left\{\left(\frac{1}{\sqrt{fx}} + \sqrt{fx}\right)^2 - \left(\frac{1}{\sqrt[4]{k}} + \sqrt[4]{k}\right)^2\right\}$$

oder

$$(2.)\qquad \frac{k' gx^2 hx^2}{kfx^2}$$
$$= \left\{\left(\frac{1}{\sqrt{fx}} - \sqrt{fx}\right)^2 + \left(\frac{1}{\sqrt[4]{k}} + \sqrt[4]{k}\right)^2\right\}\left\{\left(\frac{1}{\sqrt{fx}} - \sqrt{fx}\right)^2 - \left(\frac{1}{\sqrt[4]{k}} - \sqrt[4]{k}\right)^2\right\}.$$

Bezeichnet man aber $f(x', \nu')$, $g(x', \nu')$, $h(x', \nu')$ durch f', g', h', so ist

$$(3.)\qquad h(o, \nu')^2 f'^2 = g(o, \nu')^2 - g'^2 \quad \text{und} \quad h(o, \nu')^2 h'^2 = 1 + g(o, \nu')^2 g'^2.$$

Nimmt man also an, es wäre

$$(4.)\qquad \frac{1}{\sqrt{fx}} + \sqrt{fx} = \frac{\alpha}{g(x', \nu')} = \frac{\alpha}{g'},$$

wo α eine noch zu bestimmende Constante ist, so wird die rechte Seite von (1.)

$$\left\{\frac{\alpha^2}{g'^2} + \left(\frac{1}{\sqrt[4]{k}} - \sqrt[4]{k}\right)^2\right\}\left\{\frac{\alpha^2}{g'^2} - \left(\frac{1}{\sqrt[4]{k}} + \sqrt[4]{k}\right)^2\right\}$$
$$= \frac{\alpha^2(1+\sqrt{k})^2}{\sqrt{k}\, g'^4}\left\{1 + \left(\frac{1-\sqrt{k}}{\alpha\sqrt[4]{k}}\right)^2 g'^2\right\}\left\{\left(\frac{\alpha\sqrt[4]{k}}{1+\sqrt{k}}\right)^2 - g'^2\right\}.$$

Wird nun

$$\frac{\alpha\sqrt[4]{k}}{1+\sqrt{k}} = g(o, \nu') = \frac{1-\sqrt{k}}{\alpha\sqrt[4]{k}}$$

angenommen, so dass also

$$(5.)\qquad \alpha = \frac{\sqrt{1-k}}{\sqrt[4]{k}};\quad g(o, \nu') = \sqrt{\frac{1-\sqrt{k}}{1+\sqrt{k}}};\quad h(o, \nu')^2 = \sqrt{\frac{2(1+k)}{1+\sqrt{k}}}$$

wird, so führt die Quadratwurzel aus (1.) vermöge (3.) zu der Gleichung

(6.) $$\frac{gx\,hx}{\sqrt{2}fx} = \frac{f'h'}{g'^2}.$$

Um N. 2 zu transformiren, setze man, ähnlich wie vorher,

(7.) $$\frac{1}{\sqrt{fx}} - \sqrt{fx} = \frac{\beta}{g''}$$

wo wieder β eine zu bestimmende Constante und f'', g'', h'' kurz für $f(x'', \nu'')$, $g(x'', \nu'')$, $h(x'', \nu'')$ geschrieben werden soll. Man findet dann

(8.) $$\beta = \frac{\sqrt{1-k}}{\sqrt[4]{k}} = \alpha$$

und

(9.) $$g(o, \nu'') = \sqrt{\frac{1+\sqrt{k}}{1-\sqrt{k}}} = \frac{1}{g(o, \nu')}; \quad h(o, \nu'')^2 = \frac{\sqrt{2(1+k)}}{1-\sqrt{k}}$$

und erhält ähnlich, wie oben,

(10.) $$\frac{gx\,hx}{\sqrt{2}fx} = \frac{f''h''}{g''^2}.$$

Nach (6.) und (10.) ist also

(11.) $$\frac{1}{\sqrt{2}\,\theta o^2}\frac{dfx}{fx\,dx} = \frac{1}{\mathfrak{G}(o, \nu')^2}\frac{d}{dx'}\left(\frac{1}{g(x', \nu')}\right) = \frac{1}{\mathfrak{G}(o, \nu'')^2}\frac{d}{dx''}\left(\frac{1}{g(x'', \nu'')}\right).$$

Die Ableitungen von (4.) und (7.) nach x, x' und x'' sind

$$-\tfrac{1}{2}\frac{dfx}{fx}\left(\frac{1}{\sqrt{fx}} - \sqrt{fx}\right) = \alpha\frac{d}{dx'}\left(\frac{1}{g(x', \nu')}\right)dx'$$

$$-\tfrac{1}{2}\frac{dfx}{fx}\left(\frac{1}{\sqrt{fx}} + \sqrt{fx}\right) = \alpha\frac{d}{dx''}\left(\frac{1}{g(x'', \nu'')}\right)dx''.$$

Der Quotient dieser Gleichungen durch N. 11 führt zu den Gleichungen:

(12.) $$\frac{\theta o^2}{\sqrt{2}}\left(\frac{1}{\sqrt{fx}} - \sqrt{fx}\right)dx = -\alpha\,\mathfrak{G}(o, \nu')^2\,dx'$$

(13.) $$\frac{\theta o^2}{\sqrt{2}}\left(\frac{1}{\sqrt{fx}} + \sqrt{fx}\right)dx = -\alpha\,\mathfrak{G}(o, \nu'')^2\,dx''.$$

Die Integrale der Summe und Differenz dieser Gleichungen sind:

(14.) $$\frac{\sqrt{2}\,\theta o^2}{\alpha}\int\frac{dx}{\sqrt{fx}} = A - \mathfrak{G}(o, \nu')^2 x' - \mathfrak{G}(o, \nu'')^2 x''$$

(15.) $$\frac{\sqrt{2}\,\theta o^2}{\alpha}\int\sqrt{fx}\,dx = B + \mathfrak{G}(o, \nu')^2 x' - \mathfrak{G}(o, \nu'')^2 x''.$$

Die Constanten A und B sind dadurch bestimmt, dass für $x = o$ die Variabeln x' und x'' gleich $\frac{1}{2}\pi$ werden, und für $x = \frac{1}{2}\pi$ beide verschwinden. Die Grössen ν' und ν'' werden aus den letzten der Gleichungen (5.) und (9.) bestimmt und x' und x'' aus (4.) und (7.).

§. 145.

Multiplicirt man (12.) und (13.) entsprechend mit den Quadraten von (4.) und (7.), so erhält man:

$$\frac{\theta o^2}{\sqrt{2}}\left(\frac{1}{fx\sqrt{fx}} - fx\sqrt{fx} + \frac{1}{\sqrt{fx}} - \sqrt{fx}\right)dx = \alpha^3 \vartheta(o, \nu')^2 \frac{dx'}{g(x', \nu')^2}$$

und

$$\frac{\theta o^2}{\sqrt{2}}\left(\frac{1}{fx\sqrt{fx}} + fx\sqrt{fx} - \frac{1}{\sqrt{fx}} - \sqrt{fx}\right)dx = \alpha^3 \vartheta(o, \nu'')^2 \frac{dx''}{g(x'', \nu'')^2}$$

oder, wenn man von diesen Gleichungen (12.) und (13.) abzieht:

$$\frac{\theta o^2}{\sqrt{2}}\left(\frac{1}{fx\sqrt{fx}} - fx\sqrt{fx}\right)dx = \alpha \vartheta(o, \nu')^2 \left(1 + \frac{\alpha^2}{g(x', \nu')^2}\right)dx'$$

$$\frac{\theta o^2}{\sqrt{2}}\left(\frac{1}{fx\sqrt{fx}} + fx\sqrt{fx}\right)dx = \alpha \vartheta(o, \nu'')^2 \left(\frac{\alpha^2}{g(x'', \nu'')^2} - 1\right)dx''.$$

Das Integral der Summe und Differenz dieser Gleichungen giebt

(1.)
$$\frac{\sqrt{2}\,\theta o^2}{\alpha}\int\frac{dx}{fx\sqrt{fx}} = \vartheta(o, \nu')^2 x' - \vartheta(o, \nu'')^2 x''$$
$$+ \alpha^2 \vartheta(o, \nu')^2 \int\frac{dx'}{g(x', \nu')^2} + \alpha^2 \vartheta(o, \nu'')^2 \int\frac{dx''}{g(x'', \nu'')^2}$$

(2.)
$$\frac{\sqrt{2}\,\theta o^2}{\alpha}\int fx\sqrt{fx}\,dx = -\vartheta(o, \nu')^2 x' - \vartheta(o, \nu'')^2 x''$$
$$- \alpha^2 \vartheta(o, \nu')^2 \int\frac{dx'}{g(x', \nu')^2} + \alpha^2 \vartheta(o, \nu'')^2 \int\frac{dx''}{g(x'', \nu'')^2}.$$

Integrale von der Form $\int\frac{dx}{gx^2}$ lassen sich aber nach §. 122 auf elliptische Integrale erster und zweiter Gattung zurückführen.

Mit Hülfe dieser beiden Formeln und der N. 14 und N. 15 in §. 144 lassen sich auch Integrale von der Form

$$\int\frac{gx^2\,dx}{\sqrt{fx}} \quad \text{und} \quad \int\frac{hx^2\,dx}{\sqrt{fx}}$$

durch elliptische Integrale erster und zweiter Gattung berechnen, wenn man gx^2 und hx^2 durch die Ausdrücke

$$gx^2 = go^2 - ho^2 fx^2 \quad \text{und} \quad hx^2 = ho^2 - go^2 fx^2$$

ersetzt.

§. 146.

Es ist

$$go^2 gx^2 = ho^2 hx^2 - 1 = ho^2 hx^2\left(1 - \frac{1}{ho^2 hx^2}\right)$$

und

$$go^2 fx^2 = ho^2 - hx^2.$$

Das Product dieser Gleichungen, durch $ho^2 hx^2$ dividirt, liefert

$$(1.) \qquad \frac{go^4 fx^2 gx^2}{ho^2 hx^2} = ho^2 - \frac{1}{hx^2} - hx^2 + \frac{1}{ho^2} = \frac{1}{k'} + k' - \frac{1}{hx^2} - hx^2$$

$$= \left\{\left(\frac{1}{\sqrt[4]{k'}} - \sqrt[4]{k'}\right)^2 + \left(\sqrt{hx} + \frac{1}{\sqrt[4]{hx}}\right)^2\right\}\left\{\left(\frac{1}{\sqrt[4]{k'}} + \sqrt[4]{k'}\right)^2 - \left(\sqrt{hx} + \frac{1}{\sqrt{hx}}\right)^2\right\}.$$

Ganz wie in §. 144 die Formeln (1.) und (2.) zu der Substitution (4.) führten, so veranlasst diese Formel zu setzen

$$(2.) \qquad \sqrt{hx} + \frac{1}{\sqrt{hx}} = \alpha g(x', \nu')$$

$$(3.) \qquad \sqrt{hx} + \frac{1}{\sqrt{hx}} = \alpha g(x'', \nu'').$$

Man findet dann

$$(4.) \qquad \alpha = \frac{\sqrt{1-k'}}{\sqrt[4]{k'}}; \quad g(o, \nu') = \sqrt{\frac{1+\sqrt{k'}}{1-\sqrt{k'}}}; \quad h(o, \nu')^2 = \frac{\sqrt{2(1+k')}}{1-\sqrt{k'}}$$

$$(5.) \qquad g(o, \nu'') = \sqrt{\frac{1-\sqrt{k'}}{1+\sqrt{k'}}} = \frac{1}{g(o, \nu')}.$$

Die Quadratwurzel aus (1.) führt zu der Gleichung

$$(6.) \qquad \frac{fx\, gx}{\sqrt{2hx}} = f(x', \nu')h(x', \nu') = f(x'', \nu'')h(x'', \nu'')$$

oder

$$(6'.) \qquad \frac{1}{2\vartheta o^2} \cdot \frac{dhx}{dx\, hx} = \frac{1}{\vartheta(o, \nu')^2} \cdot \frac{dg(x', \nu')}{dx'} = \frac{1}{\vartheta(o, \nu'')^2} \cdot \frac{dg(x'', \nu'')}{dx''}.$$

Die Ableitungen von (2.) und (3.) geben

$$\tfrac{1}{2}\frac{dhx}{hx}\left(\sqrt{hx} - \frac{1}{\sqrt{hx}}\right) = \alpha\, dg(x', \nu')$$

$$\tfrac{1}{2}\frac{dhx}{hx}\left(\sqrt{hx} + \frac{1}{\sqrt{hx}}\right) = \alpha\, dg(x'', \nu'').$$

Dividirt man diese Gleichungen durch N. 6′, so wird:

$$(7.)\qquad \frac{\vartheta o^2}{\sqrt{2}}\left(\sqrt{hx}-\frac{1}{\sqrt{hx}}\right)dx=\alpha\vartheta(o,\nu')^2\,dx'$$

$$(8.)\qquad \frac{\vartheta o^2}{\sqrt{2}}\left(\sqrt{hx}+\frac{1}{\sqrt{hx}}\right)dx=\alpha\vartheta(o,\nu'')^2\,dx''.$$

Die Integrale der Summe und Differenz dieser Gleichungen sind dann:

$$(9.)\qquad \frac{\sqrt{2}\,\vartheta o^2}{\alpha}\int_0^x\sqrt{hx}\,dx=x'\vartheta(o,\nu')^2+x''\vartheta(o,\nu'')^2$$

$$(10.)\qquad \frac{\sqrt{2}\,\vartheta o^2}{\alpha}\int_0^x\frac{dx}{\sqrt{hx}}=x''\vartheta(o,\nu'')^2-x'\vartheta(o,\nu')^2.$$

Die Integrationsconstanten verschwinden, da nach N. 1 für $x=0$ auch x' und x'' gleich Null werden müssen.

§. 147.

Verfährt man jetzt ganz ähnlich wie in §. 145 und multiplicirt (7.) und (8.) des vorigen Paragraphen entsprechend mit den Quadraten von (2.) und (3.), so erhält man die Gleichungen:

$$\frac{\vartheta o^2}{\sqrt{2}}\left(hx\sqrt{hx}-\frac{1}{hx\sqrt{hx}}+\sqrt{hx}-\frac{1}{\sqrt{hx}}\right)dx=\alpha^3\vartheta(o,\nu')^2\,g(x',\nu')^2\,dx'$$

$$\frac{\vartheta o^2}{\sqrt{2}}\left(hx\sqrt{hx}+\frac{1}{hx\sqrt{hx}}-\sqrt{hx}-\frac{1}{\sqrt{hx}}\right)dx=\alpha^3\vartheta(o,\nu'')^2\,g(x'',\nu'')^2\,dx''.$$

Benutzt man hier die N. 7 und N. 8, so gelangt man von hier aus sogleich zu den Formeln:

$$(1.)\quad \frac{\vartheta o^2}{\sqrt{2}}\left(hx\sqrt{hx}-\frac{1}{hx\sqrt{hx}}\right)dx=\alpha\vartheta(o,\nu')^2(\alpha^2g(x',\nu')^2-1)\,dx'$$

$$(2.)\quad \frac{\vartheta o^2}{\sqrt{2}}\left(hx\sqrt{hx}+\frac{1}{hx\sqrt{hx}}\right)dx=\alpha\vartheta(o,\nu'')^2(\alpha^2g(x'',\nu'')^2+1)\,dx''.$$

Das Integral der Summe und Differenz dieser Gleichungen giebt:

$$(3.)\qquad \frac{\sqrt{2}\,\vartheta o^2}{\alpha}\int hx\sqrt{hx}\,dx=x''\vartheta(o,\nu'')^2-x'\vartheta(o,\nu')^2$$

$$+\alpha^2\vartheta(o,\nu'')^2\int g(x''\,\nu'')^2\,dx''+\alpha^2\vartheta(o,\nu')^2\int g(x',\nu')^2\,dx'$$

$$(4.)\qquad \frac{\sqrt{2}\,\mathfrak{g}o^2}{\alpha}\int\frac{dx}{hx\sqrt{hx}} = x''\mathfrak{g}(o,\nu'')^2 + x'\mathfrak{g}(o,\nu')^2$$
$$+\alpha^2\mathfrak{g}(o,\nu'')^2\int g(x'',\nu'')^2\,dx'' - \alpha^2\mathfrak{g}(o,\nu')^2\int g(x',\nu')^2\,dx'.$$

Durch Anwendung der Formel
$$ho^2hx^2 - go^2gx^2 = 1$$
führt man aber Integrale von der Form
$$\int gx^2\,dx$$
unmittelbar auf elliptische Integrale erster und zweiter Gattung zurück.

Mit Hülfe der beiden letzten Paragraphen können nun auch die Integrale:
$$\int\frac{fx^2\,dx}{\sqrt{hx}}\quad\text{und}\quad\int\frac{gx^2\,dx}{\sqrt{hx}}$$
durch elliptische Integrale ausgedrückt werden.

§. 148.

Da
$$fx = \frac{\mathfrak{g}x}{\theta x} = \frac{\mathfrak{g}(\frac{1}{2}\pi - x)}{\mathfrak{g}(\frac{1}{2}\pi - x)} = \frac{h(\frac{1}{4}\pi - \frac{1}{2}x, \frac{1}{4}\nu) - 1}{h(\frac{1}{4}\pi - \frac{1}{2}x, \frac{1}{4}\nu) + 1},$$
so wird, für $\frac{1}{4}\pi - \frac{1}{2}x = z$,
$$\int\frac{dx}{\sqrt{fx}} = -2\int dz\sqrt{\frac{hz+1}{hz-1}} = -2\int\frac{dz(hz+1)}{\sqrt{hz^2-1}}$$
und
$$\int\sqrt{fx\,dx} = -2\int\frac{dz(hz-1)}{\sqrt{hz^2-1}}.$$

Wendet man also die Formeln (14.) und (15.) in §. 144 an, so lassen sich auch die Integrale:
$$\int\frac{hx\,dx}{\sqrt{hx^2-1}}\quad\text{und}\quad\int\frac{dx}{\sqrt{hx^2-1}}$$
auf elliptische Integrale zurückführen.

Das erste dieser Integrale ist aber unmittelbar auf ein elliptisches Integral erster Gattung zurückzuführen, da nach §. 51 N. 16
$$\theta o\,\mathfrak{g}o\,hx\,dx = d\varphi\quad\text{und}\quad hx^2 = \frac{1}{k'}(1 - k^2\sin\varphi^2),$$

und das zweite ist unter den in §. 143 behandelten einbegriffen. Dieses zweite Integral lässt sich aber auch direct auf folgende Weise reduciren.

Man setze:

$$(1.)\qquad \frac{h(x',\nu')}{h(o,\nu')} = \frac{ho}{go}\,\frac{gx}{hx}.$$

Dann folgt aus dieser Annahme:

$$(2.)\qquad \frac{g(o,\nu')}{h(o,\nu')}\,f(x',\nu') = \frac{fx}{go\,hx}$$

und wenn man (1.) differenzirt,

$$\frac{\theta_3(o,\nu')^2}{h(o,\nu')}\,f(x',\nu')\,g(x',\nu')\,dx' = \frac{ho}{go}\,\theta o^2\,\frac{fx\,dx}{hx^2}.$$

Der Quotient dieser Gleichung durch (2.) giebt:

$$(3.)\qquad \frac{\theta_3(o,\nu')^2}{g(o,\nu')}\,g(x',\nu')\,dx' = \theta o\,\theta_3 o\,\frac{dx}{hx}.$$

Berechnet man nun $g(x',\nu')$ nach diesen Annahmen, so findet man:

$$(4.)\qquad g(o,\nu')^2 g(x',\nu')^2 = h(o,\nu')^2 h(x',\nu')^2 - 1$$
$$= (h(o,\nu')^4 ho^4 - go^4)hx^2 - h(o,\nu')^4 ho^2.$$

Setzt man hier:

$$h(o,\nu')^4 ho^4 - go^4 = h(o,\nu')^4 ho^2,$$

also

$$(5.)\qquad h(o,\nu')^4 = 1 + \frac{1}{ho^2} \quad \text{oder} \quad g(o,\nu')^2 = \frac{1}{ho},$$

so ergiebt sich aus (4.) sogleich:

$$\frac{g(x,\nu')}{g(o,\nu')} = h(o,\nu')^2\,\frac{ho^2}{go^2}\,\frac{\sqrt{hx^2-1}}{hx}.$$

Wenn N. 3 durch diese Gleichung dividirt und N. 5 beachtet wird, so nimmt der Quotient die Gestalt an:

$$\theta_3(o,\nu')^2\,dx' = \frac{\theta_3 o^2\,dx}{\sqrt{hx^2-1}}.$$

Daher ist:

$$(6.)\qquad \int_0^x \frac{dx}{\sqrt{hx^2-1}} = x'\,\frac{\theta_3(o,\nu')^2}{\theta_3 o^2}.$$

Aus (5.) findet man zunächst ν' oder q', aus q und dann x' aus x durch die Gleichung (1.).

Die Integrale, welche wir in diesem Abschnitte auf elliptische zurückgeführt haben, sind die folgenden:

$$\int\frac{dx}{\sqrt{fx}},\qquad \int\sqrt{fx}\,dx;\qquad \int\frac{dx}{fx\sqrt{fx}},\qquad \int fx\sqrt{fx}\,dx;$$

$$\int\frac{dx}{\sqrt{hx}},\qquad \int\sqrt{hx}\,dx;\qquad \int\frac{dx}{hx\sqrt{hx}},\qquad \int hx\sqrt{hx}\,dx;$$

$$\int\frac{gx^2\,dx}{\sqrt{fx}},\qquad \int\frac{hx^2\,dx}{\sqrt{fx}};\qquad \int\frac{fx^2\,dx}{\sqrt{hx}},\qquad \int\frac{gx^2\,dx}{\sqrt{hx}}.$$

In trigonometrischer Form ausgedrückt sind dies die Integrale:

$$\int\frac{d\varphi}{\Delta\varphi\sqrt{\sin\varphi}},\qquad \int\frac{\sqrt{\sin\varphi}\,d\varphi}{\Delta\varphi},\qquad \int\frac{d\varphi}{\Delta\varphi\sin\varphi^{\frac{3}{2}}},\qquad \int\frac{\sin\varphi^{\frac{3}{2}}\,d\varphi}{\Delta\varphi},$$

$$\int\frac{d\varphi}{\Delta\varphi^{\frac{3}{2}}},\qquad \int\frac{d\varphi}{\sqrt{\Delta\varphi}},\qquad \int\frac{d\varphi}{\Delta\varphi^{\frac{5}{2}}},\qquad \int\sqrt{\Delta\varphi}\,d\varphi,$$

$$\int\frac{\Delta\varphi\,d\varphi}{\sqrt{\sin\varphi}},\qquad \int\frac{\cos\varphi^2\,\Delta\varphi\,d\varphi}{\sqrt{\sin\varphi}},\qquad \int\frac{\sin\varphi^2\,d\varphi}{\Delta\varphi^{\frac{3}{2}}},\qquad \int\frac{\cos\varphi^2\,d\varphi}{\Delta\varphi^{\frac{3}{2}}}.$$

Die Integrale, in denen $\sqrt{gx}$ erscheint, lassen sich nicht auf elliptische zurückführen.

Zwölfter Abschnitt.

Zurückführung einiger Integrale von scheinbar allgemeineren Formen auf elliptische.

§. 149.

Die Behandlung gewisser analytischer Probleme führt zuweilen auf Integrale, welche ihrer äusseren Form nach einer höheren Gattung von Transcendenten anzugehören scheinen, sich aber dennoch durch geeignete Transformationen auf elliptische zurückführen lassen. Diese Reduction werden wir mit einigen der wichtigsten, welche Legendre in seinem Traité des fonctions elliptiques behandelt hat, in diesem Abschnitte vornehmen.

Ein Integral, welches ein Polynom von einem höheren als dem vierten Grade unter der Quadratwurzel enthält, ist im Allgemeinen nicht auf elliptische Integrale zurückführbar; es giebt aber besondere Fälle, wo die Reduction stets gelingt. Von diesen führen wir folgende an.

1) Das Polynom unter der Quadratwurzel sei eine reciproke Function vom sechsten Grade in Bezug auf die unabhängige Veränderliche x; also wenn wir

$$R = a + bx + cx^2 + dx^3 + cx^4 + bx^5 + ax^6$$

setzen, so sei das Integral

$$\int \frac{F.dx}{\sqrt{R}} \tag{1.}$$

zu reduciren, in welchem F eine rationale Function von x ist.

Es ist aber

$$\sqrt{R} = x^{\frac{3}{2}} \sqrt{a\left(x^3 + \frac{1}{x^3}\right) + b\left(x^2 + \frac{1}{x^2}\right) + c\left(x + \frac{1}{x}\right)};$$

also, wenn wir durch die Gleichung

$$x + \frac{1}{x} = z$$

oder

$$x = \tfrac{1}{2}(z \pm \sqrt{z^2 - 4})$$

eine neue Variable z einführen, so erhält F die Form:

$$F = P + Q\sqrt{z^2 - 4},$$

wo P und Q rationale Functionen von z sind. Ferner wird:

$$\sqrt{R} = x^{\frac{3}{2}} \sqrt{a(z^3 - 3z) + b(z^2 - 2) + cz} = x^{\frac{3}{2}} \sqrt{Z}$$

und durch Subtraction der Gleichungen:

$$\sqrt{x} + \frac{1}{\sqrt{x}} = \sqrt{z+2} \quad \text{und} \quad \sqrt{x} - \frac{1}{\sqrt{x}} = \sqrt{z-2},$$

die sich leicht aus der angewandten Substitution ergeben, wenn x stets grösser als 1 bleibt, folgt:

$$\frac{2}{\sqrt{x}} = \sqrt{z+2} - \sqrt{z-2}$$

also

$$\frac{dx}{x^{\frac{3}{2}}} = \frac{dz}{2\sqrt{z-2}} - \frac{dz}{2\sqrt{z+2}}.$$

Durch Substitution dieser Ausdrücke geht unser Integral in die beiden folgenden über:

$$\int \frac{P\,dz}{\sqrt{(z\pm 2)Z}} \quad \text{und} \quad \int \frac{Q\sqrt{z\pm 2}\,dz}{\sqrt{Z}},$$

von denen das zweite sogleich auf das erste zurückgeführt werden kann, und die Wurzel nur ein Polynom in z vom vierten Grade enthält, also das Integral die bekannte Form der elliptischen angenommen hat.

2) In ähnlicher Weise kann man die Integration der Differentialformel:

$$(2.) \qquad \frac{F.dx}{\sqrt{a+bx^2+cx^4+bx^6+ax^8}}$$

auf elliptische Integrale zurückführen. Schreibt man nämlich die rationale Function $F = P + Qx$, wo P und Q gerade Functionen von x sind, so zerfällt die Differentialformel, wenn man den Ausdruck unter der Wurzel durch R bezeichnet, in die beiden Theile:

$$(2'.) \qquad \frac{P\,dx}{\sqrt{R}} + \frac{Qx\,dx}{\sqrt{R}},$$

von denen der erste durch die Substitution $x^2 = z$ auf den Fall (1.) zurückführt, wenn man dort $a = 0$ setzt, der letztere aber unmittelbar durch dieselbe Substitution auf ein elliptisches Differential reducirt wird.

3) Als ein besonderer Fall der Formel (2.) lässt sich leicht das Differential:

$$(3.) \qquad \frac{F.dx}{\sqrt{a+bx^4+cx^8}}$$

erkennen, worin a und c von demselben Zeichen sein sollen. Setzt man nämlich:

$$c = a\mu^8 \quad \text{und} \quad \mu x = z,$$

so nimmt die Wurzelgrösse die Form an:

$$a + \beta z^4 + a z^8,$$

bietet also nur einen speciellen Fall der vorigen Aufgabe dar.

4) Die Differentialformel

$$(4.) \qquad \frac{F.dx}{\sqrt{\alpha+\beta x^2+\gamma x^4+\delta x^6}}$$

wird am einfachsten auf elliptische zurückgeführt, indem man F auf die Form $P+Qx$ bringt, wo P und Q gerade Functionen von x sind und alsdann $x^2=z$ setzt, welche Substitution aus der gegebenen Formel (4.) sofort die beiden andern elliptischen Differentiale:

$$(4'.)\qquad \frac{P.dz}{2\sqrt{z+\beta z^2+\gamma z^3+\delta z^4}}+\frac{Q.dz}{2\sqrt{\alpha+\beta z+\gamma z^2+\delta z^3}}$$

liefert.

5) Hat man ferner das Integral:

$$(5.)\qquad Z=\int\frac{d\varphi}{\sqrt{a+b\cos\varphi+c\sin\varphi+d\cos\varphi^2+e\cos\varphi\sin\varphi+f\sin\varphi^2}},$$

so setzt man

$$\operatorname{tg}\tfrac{1}{2}\varphi=x,$$

woraus sich ergiebt:

$$\cos\varphi=\frac{1-x^2}{1+x^2},\quad \sin\varphi=\frac{2x}{1+x^2},\quad d\varphi=\frac{2dx}{1+x^2}$$

Führt man diese Werthe ein, so geht das gegebene Integral (5.) über in:

$$(5'.)\qquad Z=2\int\frac{dx}{\sqrt{\alpha+\beta x+\gamma x^2+\delta x^3+\varepsilon x^4}}$$

worin wir zur Abkürzung gesetzt haben:

$$\begin{aligned}\alpha&=a+b+d\\ \beta&=2(c+e)\\ \gamma&=2(2f-d)\\ \delta&=2(c+e)\\ \varepsilon&=d-b.\end{aligned}$$

Dieselbe Substitution wendet man an, wenn die gegebene Differentialfunction noch mit einer rationalen Function F von $\sin\varphi$ und $\cos\varphi$ multiplicirt ist.

Man kann das gegebene Integral (5.) auch sogleich auf die Legendre'sche Normalform bringen, wenn man, nach Jacobi's Vorschrift,

$$\operatorname{tg}\tfrac{1}{2}\varphi=\frac{m+n\operatorname{tg}\frac{1}{2}\psi}{1+p\operatorname{tg}\frac{1}{2}\psi},$$

setzt, wodurch man erhält:

$$(5''.)\qquad Z=A\int\frac{d\psi}{\sqrt{1-k^2\sin\psi^2}},$$

wo A und k^2 aus den Constanten m, n, p in einfacher Weise zusammengesetzt sind.

6) Hat man das Integral:

(6.) $$\int \frac{F.d\varphi}{\sqrt{\alpha + \beta \sin\varphi^2 + \gamma \sin\varphi^4}},$$

wo F eine rationale Function von $\sin\varphi$ und $\cos\varphi$ bedeutet, so setzt man $\sin\varphi = x$, wodurch das gegebene Integral übergeht in:

$$\int \frac{F.dx}{\sqrt{(1-x^2)(a+bx^2)(c+dx^2)}},$$

in welchem die Coefficienten a, b, c, d sich aus der Zerlegung von $\alpha + \beta x^2 + \gamma x^4$ in die beiden Factoren $(a+bx^2)$ $(c+dx^2)$ ergeben, und F von der Form $F_1 + F_2 \sqrt{1-x^2}$ ist, wo F_1 und F_2 rationale Functionen von x bedeuten. Demnach erhalten wir für das gegebene Integral (6.) die beiden Theile:

$$\int \frac{F_1 dx}{\sqrt{(1-x^2)(a+bx^2)(c+dx^2)}} + \int \frac{F_2 dx}{\sqrt{(a+bx^2)(c+dx^2)}},$$

von denen der erstere nach (4.), der letztere nach den schon bekannten Methoden auf die Normalformen der elliptischen Integrale reducirt wird.

§. 150.

Wir haben im vorigen Paragraphen gezeigt, wie sich Functionen, in denen ein Polynom von einem höheren als dem vierten Grade unter der Quadratwurzel steht, auf elliptische zurückführen lassen; jetzt soll noch an einigen Beispielen die elliptische Natur gewisser Functionen, welche dritte und vierte Wurzeln aus einem Polynom der unabhängigen Veränderlichen enthalten, nachgewiesen werden.

1) Das Integral

(1.) $$\int \frac{F.dx}{\sqrt[3]{a' + b'x + c'x^2 + d'x^3}},$$

in welchem F eine rationale Function von x bedeutet, lässt sich auf mehrfache Weise auf ein elliptisches zurückführen.

Man substituire:

$$x = \lambda + y \quad \text{oder} \quad x = \lambda + \frac{1}{y}$$

und bestimme λ als eine reelle Wurzel der Gleichung:

$$a + b\lambda + c\lambda^2 + d\lambda^3 = o.$$

Setzt man nun:

$$\alpha = b + 2c\lambda + 3d\lambda^3$$
$$\beta = c + 3d\lambda$$
$$\gamma = d,$$

so geht durch die erste Substitution unser Integral über in folgendes:

$$\int \frac{F_1 dy}{\sqrt[3]{\alpha y + \beta y^2 + \gamma y^3}},$$

welches sich durch die Substitution:

$$\sqrt[3]{\alpha y + \beta y^2 + \gamma y^3} = yz, \quad y = -\frac{\beta \pm \sqrt{\beta^2 - 4\alpha\gamma + 4\alpha z^3}}{2\gamma - 2z^3}$$

leicht verwandeln lässt in ein Integral von der Form:

$$(1'.) \qquad \int \frac{F_2 dz}{\sqrt{\beta^2 - 4\alpha\gamma + 4\alpha z^3}}.$$

Durch die zweite Substitution:

$$x = \lambda + \frac{1}{y}$$

wird

$$\sqrt[3]{a' + b'x + c'x^2 + d'x^3} = \frac{1}{y}\sqrt[3]{\alpha y^2 + \beta y + \gamma}$$

und es führt jetzt die Substitution:

$$\sqrt[3]{\alpha y^2 + \beta y + \gamma} = z, \quad y = \pm\frac{\beta \pm \sqrt{\beta^2 - 4\alpha\gamma + 4z^3}}{2\alpha}$$

zu der Form (1'.).

Man gelangt unmittelbar aus (1.) zu derselben Form durch eine der beiden Substitutionen:

$$\sqrt[3]{a' + b'x + c'x^2 + d'x^3} = x\sqrt[3]{d'} + y$$
$$\sqrt[3]{a' + b'x + c'x^2 + d'x^3} = \sqrt[3]{a'} + xy.$$

Dieselben Methoden lassen sich anwenden für das Integral:

$$\int F.dx \sqrt[3]{a' + b'x + c'x^2 + d'x^3}.$$

2) Die Integration der Differentialfunction:

$$(2.) \qquad \frac{F.dx}{\sqrt[4]{a + bx^2 + cx^4}},$$

in welcher F irgend eine rationale Function von x bezeichnet, lässt sich ebenfalls auf elliptische Functionen zurückführen.

Stellt man zunächst F unter der Form $P+Qx$ dar, wo P und Q rationale Functionen von x^2 sind, so zerfällt die gegebene Differentialformel in die beiden Theile:

$$\frac{P.dx}{\sqrt[4]{a+bx^2+cx^4}}+\frac{Q.x.dx}{\sqrt[4]{a+bx^2+cx^4}}.$$

Um den ersteren Theil auf ein elliptisches Differential zurückzu führen. setzen wir die Grösse unter der Wurzel:

$$a+bx^2+cx^4=x^4z_1^4,$$

woraus sich sofort ergiebt:

$$x^2=-\frac{b\pm\sqrt{b^2-4ac+4az_1^4}}{2(c-z_1^4)}$$

Mithin erhält man, da P rationale Function von x^2 und

$$\frac{dx}{\sqrt[4]{a+bx^2+cx^4}}=\frac{2x^2z_1^2dz_1}{\sqrt{b^2-4ac+4az^2}}$$

ist, für den ersteren Theil unseres Differentials:

$$\frac{P.dx}{\sqrt[4]{a+bx^2+cx^4}}=F_1dz_1+\frac{F'_1dz_1}{\sqrt{b^2-4ac+4az_1^4}},$$

wo F_1 und F'_1 rationale Functionen von z_1 sind.

Zur Reduction des zweiten Theils:

$$\frac{Q.xdx}{\sqrt[4]{a+bx^2+cx^4}}$$

setzt man:

$$a+bx^2+cx^4=z_2^4,$$

also

$$x^2=-\frac{b\pm\sqrt{b^2-4ac+4cz_2^4}}{2c}.$$

Da nun Q eine rationale Function von x^2 ist, so geht Q nach der Substitution in eine Function über, welche rational aus z_2^4 und $\sqrt{b^2-4ac+4cz_2^4}$ zusammengesetzt ist. Da ferner auch xdx eine rationale Function von z_2^3 und $\sqrt{b^2-4ac+4cz_2^4}$ ist, so geht der zweite Theil unserer Differentialfunction über in:

$$F_2.dz_2+\frac{F'_2dz_2}{\sqrt{b^2-4ac+4cz_2^4}}.$$

Folglich ist das gegebene Differential:

$$(2'.)\quad \frac{F\,dx}{\sqrt[4]{a+bx^2+cx^4}} = F_1(z_1).dz_1 + F_2(z_2)dz_2$$
$$+\frac{F'_1(z_1)dz_1}{\sqrt{b^2-4ac+4az_1^4}} + \frac{F'_2(z_2)dz_2}{\sqrt{b^2-4ac+4cz_2^4}},$$

worin die Veränderlichen z_1 und z_2 durch die Gleichungen:

$$z_1 = \frac{1}{x}\sqrt[4]{a+bx+cx^4}$$

$$z_2 = \sqrt[4]{a+bx^2+cx^4}$$

aus x bestimmt werden, wobei vorher festgesetzt werden muss, welche von den vier vierten Wurzeln des Polynoms man für z_1 und z_2 zu wählen hat.

Genau in derselben Weise würde man verfahren, wenn in der Differentialformel (2.) die vierte Wurzel nicht im Nenner, sondern im Zähler stände; man erhält alsdann ein der Formel (2'.) ganz analog gestaltetes Resultat.

Ebenso erkennt man leicht, dass die Zurückführung der Formeln

$$\int F(x)(a+bx+cx^2)^{\pm\frac{1}{4}}\,dx,$$

wo statt x^2 und x^4 bloss x und x^2 unter dem Wurzelzeichen stehen, in der behandelten mit inbegriffen ist.

Dreizehnter Abschnitt.

Neue Methode, ein elliptisches Differential auf die kanonische Form zu bringen.

§. 151.

Das Differential

$$\frac{dx}{\sqrt{R(x)}},$$

in welchem $R(x)$ eine ganze Function 4. oder 3. Grades von x bedeutet, lässt sich durch verschiedene Substitutionen auf die Form:

$$\frac{d\varphi}{\sqrt{1-k^2\sin\varphi^2}}$$

bringen. Die dazu dienenden Formeln sind von Legendre, Jacobi, Gudermann, Richelot u. A. in grosser Vollständigkeit entwickelt worden. Die folgende Ableitung und übersichtliche Zusammenstellung derselben ist von Herrn Weierstrass in einer Vorlesung über elliptische Functionen gegeben, und mit dessen Zustimmung hier abgedruckt worden.

Es sei zunächst $R(x)$ vom 4. Grade; a, b, c, d seien die Werthe von x, für welche $R(x)$ verschwindet, und A der Coefficient von x^4. Denken wir uns nun unter t eine rationale Function ersten Grades von x, so können die drei Constanten, die sie enthält, so bestimmt werden, dass den Werthen a, b, c, d von x, in irgend einer Folge genommen, die Werthe:

$$+1, \quad -1, \quad +\frac{1}{k}, \quad -\frac{1}{k}$$

von t entsprechen, wo k eine noch zu bestimmende Grösse bedeutet. Setzen wir z. B. fest, es solle für

$$x = a,\ b,\ c,\ d$$

$$t = -\frac{1}{k},\ -1,\ +1,\ +\frac{1}{k}$$

sein, so können wir setzen:

$$x-b = f\cdot\frac{1+t}{1-nt},\quad x-c = f'\cdot\frac{1-t}{1-nt},\quad x-a = f''\cdot\frac{1+kt}{1-nt},$$

$$x-d = f'''\cdot\frac{1-kt}{1-nt};$$

und die Constanten $f\ f'$ u. s. w. bestimmen, indem wir in der ersten Gleichung $x = c$, $t = 1$, in der zweiten $x = b$, $t = -1$, in der dritten $x = d$, $t = \frac{1}{k}$, in der vierten $x = a$, $t = -\frac{1}{k}$ setzen, wodurch sich

$$(1.)\quad \begin{cases} \dfrac{x-b}{c-b} = \dfrac{1-n}{2}\cdot\dfrac{1+t}{1-nt}, & \dfrac{x-c}{b-c} = \dfrac{1+n}{2}\cdot\dfrac{1-t}{1-nt}, \\[2ex] \dfrac{x-a}{d-a} = \dfrac{k-n}{2k}\cdot\dfrac{1+kt}{1-nt}, & \dfrac{x-d}{a-d} = \dfrac{k+n}{2k}\cdot\dfrac{1-kt}{1-nt} \end{cases}$$

ergiebt. Dividiren wir dann die erste Gleichung durch die zweite und setzen $x = d$, $t = \frac{1}{k}$, so wie auch $x = a$, $t = -\frac{1}{k}$, so kommt:

$$\frac{1-n}{1+n}\cdot\frac{1+k}{1-k}=\frac{d-b}{d-c}, \qquad \frac{1-n}{1+n}\cdot\frac{1-k}{1+k}=\frac{b-a}{c-a},$$

woraus

$$(2.)\quad \begin{cases} \left(\dfrac{1-k}{1+k}\right)^2=\dfrac{(b-a)(d-c)}{(c-a)(d-b)}, & \dfrac{1-n}{1+n}=\dfrac{d-b}{d-c}\cdot\dfrac{1-k}{1+k} \\ \left(\dfrac{1-n}{1+n}\right)^2=\dfrac{(b-a)(d-b)}{(d-c)(c-a)}, & \dfrac{1-k}{1+k}=\dfrac{d-c}{d-b}\cdot\dfrac{1-n}{1+n} \end{cases}$$

folgt.

Hiernach kann also, sobald die Folge feststeht, in welcher die Werthe $+1$, -1, $+\frac{1}{k}$, $-\frac{1}{k}$ von t den Werthen a, b, c, d von x entsprechen sollen, x noch auf doppelte Weise so durch t ausgedrückt werden, dass den Bedingungen der Aufgabe genügt wird. Vertauscht man a, b, c, d auf alle möglichen Weisen, so scheinen sich demnach 48 verschiedene Ausdrücke von x zu ergeben; bemerkt man aber, dass durch Vertauschung von a und d nur k in $-k$ übergeht, n aber und x unverändert bleiben, so sieht man, dass die Anzahl dieser Ausdrücke nur 24 beträgt.

Subtrahirt man die zweite der Gleichungen (1.) von der ersten, so erhält man:

$$(3.)\qquad x=\tfrac{1}{2}(b+c)+\tfrac{1}{2}(c-b)\cdot\frac{t-n}{1-nt}.$$

Aus den Gleichungen (1.) ergiebt sich nun:

$$\begin{aligned} R(x) &= A(x-a)(x-b)(x-c)(x-d) \\ &= \tfrac{1}{4}(1-n^2)\cdot\frac{k^2-n^2}{4k}A.(c-b)^2(d-a)^2.\frac{(1-t^2)(1-k^2t^2)}{(1-nt)^4}, \end{aligned}$$

ferner, wenn man die erste und die dritte dieser Gleichungen differentiirt:

$$\frac{dx}{dt}=\tfrac{1}{2}(c-b)\cdot\frac{1-n^2}{(1-nt)^2}; \qquad \frac{dx}{dt}=\frac{d-a}{2k}\,\frac{k^2-n^2}{(1+nt)^2}.$$

Daher

$$R(x)=m^2(1-t^2)(1-k^2t^2)\left(\frac{dx}{dt}\right)^2,$$

wo

$$(4.)\qquad m=\sqrt{\left(\frac{A(c-b)(d-a)}{4k}\right)},$$

woraus

$$(5.)\qquad \frac{dx}{\sqrt{R(x)}} = \frac{1}{m}\cdot\frac{dt}{\sqrt{(1-t^2)(1-k^2t^2)}}$$

folgt. Da

$$(6.)\qquad \frac{\sqrt{R(x)}}{\sqrt{(1-t^2)(1-k^2t^2)}} = \frac{mdx}{dt} = \tfrac{1}{2}m(c-b)\cdot\frac{1-n^2}{(1-nt)^2}$$

ist, so ist zugleich das Zeichen von $\sqrt{(1-t^2)(1-k^2t^2)}$ für jeden Werth von t völlig bestimmt, sobald das Zeichen von $\sqrt{R(x)}$ für den entsprechenden Werth von x festgesetzt ist. Deshalb ist es auch gleichgültig, welches Zeichen man der Wurzelgrösse m giebt.

Setzt man:

$$(7.)\qquad \begin{gathered} g = A(c-a)(d-b),\quad g_1 = A(c-b)(d-a),\\ g_2 = A(b-a)(d-c),\\ h = (c-a)(d-c),\quad h_1 = (b-a)(d-b),\end{gathered}$$

wo dann

$$(8.)\qquad g = g_1 + g_2$$

ist, so erhält man aus (2.):

$$(9.)\qquad k = \frac{\sqrt{g}-\sqrt{g_2}}{\sqrt{g}+\sqrt{g_2}};\qquad n = \frac{\sqrt{h}-\sqrt{h_1}}{\sqrt{h}+\sqrt{h_1}}.$$

Hierbei können die Zeichen dreier der Wurzeln $\sqrt{g}$, $\sqrt{g_2}$, $\sqrt{h}$, $\sqrt{h_1}$ willkürlich angenommen werden; das der vierten ist dann bestimmt durch die Relation:

$$\frac{1-n}{1+n}\cdot\frac{1+k}{1-k} = \frac{d-b}{d-c}$$

oder

$$\frac{\sqrt{h_1}}{\sqrt{h}}\cdot\frac{\sqrt{g}}{\sqrt{g_2}} = \frac{d-b}{d-c}.$$

Diese Relation besteht aber, wenn man

$$(10.)\qquad \begin{aligned} \sqrt{g} &= \sqrt{A}.\sqrt{c-a}\sqrt{d-b} & \sqrt{h} &= \sqrt{c-a}\sqrt{d-c}\\ \sqrt{g_2} &= \sqrt{A}.\sqrt{b-a}\sqrt{d-c} & \sqrt{h} &= \sqrt{b-a}\sqrt{d-b}\end{aligned}$$

setzt und dabei jeder Wurzelgrösse von den beiden Werthen, die sie haben kann, einen beliebigen, aber überall denselben beilegt.

Ferner ist:

$$m^2 = \tfrac{1}{4}g_1\cdot\frac{\sqrt{g}+\sqrt{g_2}}{\sqrt{g}-\sqrt{g_2}} = \tfrac{1}{4}(g-g_2)\cdot\frac{\sqrt{g}+\sqrt{g_2}}{\sqrt{g}-\sqrt{g_2}} = \tfrac{1}{4}(\sqrt{g}+\sqrt{g_2})^2.$$

Man kann also, da das Zeichen von m willkürlich bestimmt werden darf,

(11.) $$m = \tfrac{1}{2}(\sqrt{g} + \sqrt{g_2})$$

nehmen. Setzt man ferner

(12.) $$m_1 = \tfrac{1}{2}(\sqrt{g} - \sqrt{g_2}),$$

so kann man die Gleichung (5.) auch schreiben in der Form:

(13.) $$\frac{dx}{\sqrt{R(x)}} = \frac{dt}{\sqrt{(1-t^2)(m^2 - m_1^2 t^2)}}.$$

§. 152.

Wir wollen jetzt annehmen, die Coefficienten von $R(x)$ seien sämmtlich reell, und die Veränderliche x erhalte nur solche Werthe, bei denen $\sqrt{R(x)}$ beständig reell bleibt. Dann sind drei Fälle zu unterscheiden:

I. Die Grössen a, b, c, d sind sämmtlich reell, wobei wir

$$a < b < c < d$$

voraussetzen wollen. Dann muss, damit $\sqrt{R(x)}$ beständig reell sei, x zwischen b und c oder ausserhalb des Intervalls $a \ldots d$ liegen, wenn A positiv ist; dagegen zwischen a und b oder zwischen c und d, wenn A negativ. In jedem dieser Fälle giebt es nun unter den 24 aufgestellten Transformationen von $\frac{dx}{\sqrt{R(x)}}$ eine, wobei sich für k, n, m reelle Werthe ergeben, k positiv und kleiner als 1 wird, t beständig zwischen -1 und $+1$ enthalten ist, und überdies x und t gleichzeitig zu- und abnehmen, so dass, wenn m positiv angenommen wird, das Zeichen von $\sqrt{(1-t^2)(1-k^2t^2)}$ mit dem von $\sqrt{R(x)}$ übereinstimmt. Setzt man dann:

$$t = \sin\varphi,$$

so erhält man:

$$\frac{dx}{\sqrt{R(x)}} = \frac{1}{m}\,\frac{d\varphi}{\sqrt{1-k^2\sin^2\varphi}},$$

wobei φ zwischen $-\frac{1}{2}\pi$ und $\frac{1}{2}\pi$ angenommen werden kann und $\sqrt{1-k^2\sin^2\varphi}$ positiv ist, wenn $\sqrt{R(x)}$ es ist. Folgende Zusammenstellung, in der allen Wurzelgrössen ihr positiver Werth beizulegen ist, giebt dies näher an.

α) x liegt zwischen b und c, und A ist positiv.

$$k = \frac{\sqrt{A(c-a)(d-b)} - \sqrt{A(b-a)(d-c)}}{\sqrt{A(c-a)(d-b)} + \sqrt{A(b-a)(d-c)}}$$

$$n = \frac{\sqrt{(c-a)(d-c)} - \sqrt{(b-a)(d-b)}}{\sqrt{(c-a)(d-c)} + \sqrt{(b-a)(d-b)}}$$

$$m = \tfrac{1}{2}\sqrt{A(c-a)(d-b)} + \tfrac{1}{2}\sqrt{A(b-a)(d-c)}$$

$$\frac{x-b}{c-x}\sqrt{\frac{c-a}{d-b}\cdot\frac{d-c}{d-b}} = \frac{1+\sin\varphi}{1-\sin\varphi},$$

$$x = \tfrac{1}{2}(b+c) + \tfrac{1}{2}(c-b)\cdot\frac{\sin\varphi - n}{1-n\sin\varphi}$$

$$\frac{dx}{\sqrt{R(x)}} = \frac{1}{m}\cdot\frac{d\varphi}{\sqrt{1-k^2\sin\varphi^2}}$$

β) x liegt ausserhalb des Intervalls $a \ldots d$, und A ist positiv.

$$k = \frac{\sqrt{A(c-a)(d-b)} - \sqrt{A(b-a)(d-c)}}{\sqrt{A(c-a)(d-b)} + \sqrt{A(b-a)(d-c)}}$$

$$n = \frac{\sqrt{(c-a)(b-a)} + \sqrt{(d-c)(d-b)}}{\sqrt{(c-a)(b-a)} - \sqrt{(d-c)(d-b)}}$$

$$m = \tfrac{1}{2}\sqrt{A(c-a)(d-b)} + \tfrac{1}{2}\sqrt{A(b-a)(d-c)}$$

$$\frac{x-d}{x-a}\sqrt{\frac{c-a}{d-c}\cdot\frac{b-a}{d-b}} = \frac{1+\sin\varphi}{1-\sin\varphi}$$

$$x = \tfrac{1}{2}(d+a) + \tfrac{1}{2}(d-a)\cdot\frac{n-\sin\varphi}{1-n\sin\varphi}$$

$$\frac{dx}{\sqrt{R(x)}} = \frac{1}{m}\cdot\frac{d\varphi}{\sqrt{1-k^2\sin\varphi^2}}.$$

Diese Formeln erhält man aus den in §. 151 aufgestellten, wenn man c, d, a, b an die Stelle von a, b, c, d treten lässt.

γ) x liegt zwischen a und b, und A ist negativ:

$$k = \frac{\sqrt{-A(c-a)(d-b)} - \sqrt{-A(c-b)(d-a)}}{\sqrt{-A(c-a)(d-b)} + \sqrt{-A(c-b)(d-a)}}$$

$$n = \frac{\sqrt{(d-b)(c-b)} - \sqrt{(d-a)(c-a)}}{\sqrt{(d-b)(c-b)} + \sqrt{(d-a)(c-a)}}$$

$$m = \tfrac{1}{2}\sqrt{-A(c-a)(d-b)} + \tfrac{1}{2}\sqrt{-A(c-b)(d-a)}$$

$$\frac{x-a}{b-x}\sqrt{\frac{d-b}{d-a}\cdot\frac{c-b}{c-a}}=\frac{1+\sin\varphi}{1-\sin\varphi}$$

$$x=\tfrac{1}{2}(a+b)+\tfrac{1}{2}(b-a)\cdot\frac{\sin\varphi-n}{1-n\sin\varphi}$$

$$\frac{dx}{\sqrt{R(x)}}=\frac{1}{m}\cdot\frac{d\varphi}{\sqrt{1-k^2\sin\varphi^2}}$$

Diese Formeln erhält man aus den ursprünglichen, indem man d, a, b, c für a, b, c, d setzt.

δ) x liegt zwischen c und d und A ist negativ.

$$k=\frac{\sqrt{-A(c-a)(d-b)}-\sqrt{-A(c-b)(d-a)}}{\sqrt{-A(c-a)(d-b)}+\sqrt{-A(c-b)(d-a)}}$$

$$n=\frac{\sqrt{(d-b)(d-a)}-\sqrt{(c-b)(c-a)}}{\sqrt{(d-b)(d-a)}+\sqrt{(c-b)(c-a)}}$$

$$m=\tfrac{1}{2}\sqrt{-A(c-a)(d-b)}+\tfrac{1}{2}\sqrt{-A(c-b)(d-a)}$$

$$\frac{x-c}{d-x}\sqrt{\frac{d-b}{c-b}\cdot\frac{d-a}{c-a}}=\frac{1+\sin\varphi}{1-\sin\varphi}$$

$$x=\tfrac{1}{2}(d+c)+\tfrac{1}{2}(d-c)\cdot\frac{\sin\varphi-n}{1-n\sin\varphi}$$

$$\frac{dx}{\sqrt{R(x)}}=\frac{1}{m}\cdot\frac{d\varphi}{\sqrt{1-k^2\sin^2\varphi}}.$$

Diese Formeln ergeben sich aus den ursprünglichen, wenn man b, c, d, a für a, b, c, d setzt.

II. Es seien a, d reell ($d > a$) und b, c imaginär, wobei wir annehmen wollen, dass der reelle Theil von $\frac{c}{i}$ positiv sei. Dann sind zwei Fälle zu unterscheiden.

α) A ist negativ und x zwischen a und d enthalten.

Man setze in den Formeln von §. 151 b, a, d, c für a, b, c, d, so wird:

$$\sqrt{g}=\sqrt{A}.\sqrt{d-b}\sqrt{c-a}\quad \sqrt{h}=\sqrt{c-d}\sqrt{d-b}$$
$$\sqrt{g_1}=\sqrt{A}.\sqrt{a-b}\sqrt{c-d}\quad \sqrt{h_1}=\sqrt{a-b}\sqrt{c-a}.$$

Nimmt man nun:

$$\sqrt{A}=i\sqrt{-A}\quad \sqrt{c-a}=i\sqrt{a-c}\quad \sqrt{c-d}=i\sqrt{d-c}$$

und setzt fest, dass der reelle Theil jeder Quadratwurzel positiv sein soll, so erhält man:

$$\sqrt{g} = \sqrt{-A}.\sqrt{d-b}\sqrt{a-c} \quad \sqrt{h} = -i\sqrt{d-b}\sqrt{d-c}$$

$$\sqrt{g_2} = \sqrt{-A}.\sqrt{a-b}\sqrt{d-c} \quad \sqrt{h_1} = -i\sqrt{a-b}\sqrt{a-c}$$

$$n = \frac{\sqrt{d-b}.\sqrt{d-c} - \sqrt{a-b}.\sqrt{a-c}}{\sqrt{d-b}\cdot\sqrt{d-c} + \sqrt{a-b}.\sqrt{a-c}} = \frac{\sqrt{(d-b)(d-c)} - \sqrt{(a-b)(a-c)}}{\sqrt{(d-b)(d-c)} + \sqrt{(a-b)(a-c)}}.$$

Hiernach ist n reell und dem absoluten Betrage nach kleiner als 1, und es gehören nach den Gleichungen:

$$\frac{1+n}{1-n}\cdot\frac{x-a}{d-x} = \frac{1+t}{1-t}, \quad x = \tfrac{1}{2}(a+d) + \tfrac{1}{2}(d-a)\cdot\frac{t-n}{1-nt}$$

zu reellen Werthen von x auch reelle Werthe von t. Und da

$$\frac{dx}{dt} = \tfrac{1}{2}(d-a)\cdot\frac{1-n^2}{(1-nt)^2},$$

so geht t stetig wachsend von -1 zu $+1$ über, wenn x das Intervall $a \ldots d$ stetig wachsend durchläuft. Setzt man daher:

$$t = -\cos\varphi$$

also:

$$\sqrt{\frac{(d-b)(d-c)}{(a-b)(a-c)}}\cdot\frac{x-a}{d-x} = \frac{1-\cos\varphi}{1+\cos\varphi},$$

$$x = \tfrac{1}{2}(a+d) - \tfrac{1}{2}(d-a)\cdot\frac{\cos\varphi + n}{1+n\cos\varphi}$$

so ergiebt sich:

$$\frac{dx}{\sqrt{R(x)}} = \frac{d\varphi}{\sqrt{m^2 - m_1^2\cos^2\varphi}} = \frac{d\varphi}{\sqrt{m^2 - m_1^2 + m_1^2\sin^2\varphi}}.$$

Es ist aber

$$m^2 = \tfrac{1}{4}(g + g_2 + 2\sqrt{g}\sqrt{g_2}) \quad m_1^2 = \tfrac{1}{4}(g + g_2 - 2\sqrt{g}\sqrt{g_2})$$

und daher, da g und g_2 einander conjugirte imaginäre Werthe haben,

$$m^2 - m_1^2 = \sqrt{g}\sqrt{g_2} = -A\sqrt{(a-b)(a-c)(d-b)(d-c)} \text{ positiv,}$$

$$m_1^2 = \tfrac{1}{4}(\sqrt{g_1} - \sqrt{g_2})^2 \text{ negativ.}$$

Setzt man also

$$k^2 = \frac{-m_1^2}{m^2 - m_1^2}, \text{ oder}$$

$$k = \frac{\sqrt{d-b}\sqrt{a-c} - \sqrt{a-b}\sqrt{d-c}}{2i\sqrt[4]{(a-b)(a-c)(d-b)(d-c)}},$$

$$\mu = \sqrt{-A}\,.\sqrt[4]{(a-b)(a-c)(d-b)(d-c)},$$

so ist k^2 positiv und kleiner als 1, und es wird durch die angegebene Substitution

$$\frac{dx}{\sqrt{R(x)}} = \frac{1}{\mu}\cdot\frac{d\varphi}{\sqrt{1-k^2\sin\varphi^2}},$$

wo φ alle Werthe von 0 bis π annehmen muss, damit x das Intervall $a \dots d$ durchlaufe.

β) Es sei A positiv, und x liege ausserhalb des Intervalls $a \dots d$.

Man kann in diesem Falle dieselben Formeln wie im vorhergehenden anwenden, wenn man nur die Zeichen der Wurzelgrössen so bestimmt, dass der absolute Betrag von n grösser als 1 wird. Denn es muss, da

$$\frac{1+n}{1-n}\cdot\frac{x-a}{d-x} = \frac{1+t}{1-t}$$

ist, $\frac{1+n}{1-n}$ negativ sein, wenn x für alle zwischen -1 und $+1$ enthaltene Werthe von t ausserhalb des Intervalls $a \dots d$ liegen soll. Zu dem Ende setze man in den ursprünglichen Ausdrücken von $\sqrt{g}$ u. s. w. $i\sqrt{d-c}$ für $\sqrt{c-d}$ und $-i\sqrt{b-a}$ für $\sqrt{a-b}$, so ergiebt sich:

$$n = \frac{\sqrt{d-b}\sqrt{d-c}+\sqrt{b-a}\sqrt{c-a}}{\sqrt{d-b}\sqrt{d-c}-\sqrt{b-a}\sqrt{c-a}} = \frac{\sqrt{(d-b)(d-c)}+\sqrt{(b-a)(c-a)}}{\sqrt{(d-b)(d-c)}-\sqrt{(b-a)(c-a)}}$$

wo wieder die reellen Theile aller Wurzeln positiv sein müssen. Ferner sind

$$m = \tfrac{1}{2}\sqrt{A}\sqrt{d-b}\sqrt{c-a} + \tfrac{1}{2}\sqrt{A}\sqrt{d-c}\sqrt{b-a}$$

$$\frac{m_1}{i} = \frac{1}{2i}\sqrt{A}\sqrt{d-b}\sqrt{c-a} - \frac{1}{2i}\sqrt{A}\sqrt{d-c}\sqrt{b-a} \text{ reell,}$$

und man erhält, wenn man

$$k^2 = \frac{-m_1^2}{m^2-m_1^2},\quad \mu = m^2 - m_1^2$$

oder

$$k = \frac{\sqrt{d-b}\sqrt{c-a}-\sqrt{d-c}\sqrt{b-a}}{2i\sqrt[4]{(a-b)(a-c)(d-b)(d-c)}},\quad \mu = \sqrt{A}\sqrt[4]{(a-b)(a-c)(d-b)(d-c)}$$

$$\sqrt{\frac{(d-b)(d-c)}{(a-b)(a-c)}}\cdot\frac{x-a}{x-d} = \frac{1+\cos\varphi}{1-\cos\varphi},$$

setzt:

$$x = \tfrac{1}{2}(a+d) + \tfrac{1}{2}(d-a) \cdot \frac{\cos\varphi - n}{1 - n\cos\varphi}$$

$$\frac{dx}{\sqrt{R(x)}} = \frac{1}{\mu} \cdot \frac{d\varphi}{\sqrt{1-k^2\sin^2\varphi}}.$$

Dabei geht, wenn φ das Intervall $0\ldots\pi$ stetig wachsend durchläuft, x von d zu $+\infty$ und dann von $-\infty$ zu a über. Es ist daher $\sqrt{1-k^2\sin^2\varphi}$ ebenso wie im vorhergehenden Falle positiv, wenn $\sqrt{R(x)}$ es ist.

Anm. Setzt man

$$\frac{a-b}{d-b} = \varrho(\cos\vartheta + i\sin\vartheta),$$

unter ϱ eine positive, und unter ϑ eine zwischen 0 und 2π liegende Grösse verstanden, so hat man

$$\text{im Falle } \alpha)\ n = \frac{1-\varrho}{1+\varrho},\quad k = \sin\tfrac{1}{2}\vartheta$$

$$\text{und im Falle } \beta)\ n = \frac{1+\varrho}{1-\varrho},\quad k = \cos\tfrac{1}{2}\vartheta.$$

III. Es seien a, b, c, d sämmtlich imaginär, wo dann A positiv sein muss, damit $\sqrt{R(x)}$ für reelle Werthe von x reell sei.

Man wende die Formeln von §. 151 an, indem man a und d, so wie auch b und c als einander conjugirt annimmt, und die reellen Theile von $\frac{c}{i}$ und $\frac{d}{i}$ als positiv voraussetzt. Dann sind, wenn man

$$i\sqrt{b-d} \text{ für } \sqrt{d-b} \text{ und } i\sqrt{c-d} \text{ für } \sqrt{d-c}$$

nimmt und über die Zeichen der Wurzeln dieselbe Bestimmung wie oben macht,

$$\frac{\sqrt{g}}{i} = \sqrt{A}\sqrt{c-a}\sqrt{b-d} = \sqrt{A}\sqrt{(c-a)(b-d)}$$

$$\frac{\sqrt{g_2}}{i} = \sqrt{A}\sqrt{b-a}\sqrt{c-d} = \sqrt{A}\sqrt{(b-a)(c-d)}$$

$$\frac{n}{i} = \frac{\sqrt{c-a}\sqrt{c-d} - \sqrt{b-a}\sqrt{b-d}}{\sqrt{c-a}\sqrt{c-d} + \sqrt{b-a}\sqrt{b-d}}$$

säumtlich reell. Setzt man nun $\frac{t}{i}$ für t, und

$$n' = \frac{1}{i} \cdot \frac{\sqrt{c-a}\sqrt{c-d} - \sqrt{b-a}\sqrt{b-d}}{\sqrt{c-a}\sqrt{c-d} + \sqrt{b-a}\sqrt{b-d}}$$

$$k_1 = \frac{\sqrt{(c-a)(b-d)} - \sqrt{(b-a)(c-d)}}{\sqrt{(c-a)(b-d)} + \sqrt{(b-a)(c-d)}}$$

$$\mu = \tfrac{1}{2}\sqrt{A}\,\{\sqrt{(c-a)(b-d)} + \sqrt{(b-a)(c-d)}\},$$

so geht durch die Substitution

$$x = \tfrac{1}{2}(b+c) + \frac{1}{2i}(c-b) \cdot \frac{t+n'}{1+n't}$$

$$\frac{dx}{\sqrt{R(x)}} \text{ über in } \frac{dt}{\sqrt{(1+t^2)(1+k_1^2 t^2)}}.$$

Daraus folgt, wenn man:

$$t = \operatorname{tg}\varphi, \quad k = \sqrt{1-k_1^2} = \frac{2\sqrt[4]{(c-a)(b-d)(b-a)(c-d)}}{\sqrt{(c-a)(b-d)} + \sqrt{(b-a)(c-d)}}$$

setzt, dass durch die Substitution

$$x = \tfrac{1}{2}(b+c) + \frac{c-b}{2i}\,\frac{\operatorname{tg}\varphi + n'}{1+n'\operatorname{tg}\varphi}$$

$$\frac{dx}{\sqrt{R(x)}} = \frac{1}{\mu}\,\frac{d\varphi}{\sqrt{1-k^2\sin^2\varphi}}$$

wird. Dabei durchläuft x stetig wachsend alle reellen Werthe von $-\infty$ bis $+\infty$, wenn man φ von $-\frac{1}{2}\pi$ zu $+\frac{1}{2}\pi$ übergehen lässt. $\sqrt{1-k^2\sin^2\varphi}$ ist wieder positiv, wenn $\sqrt{R(x)}$ es ist.

Anm. Setzt man

$$\frac{d-b}{d-c} = \varrho(\cos\vartheta + i\sin\vartheta),$$

so wird:

$$k_1 = \frac{1-\varrho}{1+\varrho}, \quad k = \frac{2\sqrt{\varrho}}{1+\varrho}, \quad n' = \operatorname{tg}\tfrac{1}{2}\vartheta.$$

§. 153.

Das Differential $\frac{dx}{\sqrt{R(x)}}$ lässt sich auch auf die Form $\frac{d\varphi}{\sqrt{1-k^2\sin^2\varphi}}$ bringen, indem man für x eine rationale Function zweiten Grades von $\sin\varphi$ substituirt. Die einfachsten hierzu dienenden Formeln sind die folgenden.

Setzt man:

$$\frac{c-a}{c-b} \cdot \frac{x-b}{x-a} = s.$$

so wird $x = b$ für $s = o$ und $x = c$ für $s = 1$ und $x = a$ für $s = \infty$; ferner hat man:

$$\frac{b-a}{c-b} \cdot \frac{c-x}{x-a} = 1 - s$$

$$\frac{b-a}{d-b} \cdot \frac{d-x}{x-a} = 1 - \frac{c-b}{c-a} \cdot \frac{d-a}{d-b} \cdot s,$$

und daher:

$$R(x) = \frac{A.(d-b)(c-b)^2}{(c-a)(b-a)^2} (x-a^4) s.(1-s)(1-k^2 s),$$

wo

$$k^2 = \frac{(c-b)(d-a)}{(c-a)(d-b)}$$

oder, weil

$$\frac{dx}{ds} = \frac{c-b}{(b-a)(c-a)} \cdot (x-a)^2$$

ist,

$$R(x) = A(c-a)(d-b) s (1-s)(1-k^2 s) \left(\frac{dx}{ds}\right)^2$$

Also:

$$\frac{dx}{\sqrt{R(x)}} = \frac{1}{\sqrt{A(c-a)(d-b)}} \cdot \frac{ds}{\sqrt{s(1-s)(1-k^2 s)}}.$$

Diese Transformation gilt ganz allgemein; wenn man aber für k^2 einen reellen positiven Werth, der kleiner als 1 ist, erhalten will, und zugleich zu reellen Werthen von x auch reelle Werthe von s gehören sollen, so kann man sie nur in dem Falle anwenden, dass a, b, c, d sämmtlich reell sind. Unter dieser Voraussetzung habeu wir wieder 4 Fälle zu unterscheiden, wobei wir wieder

$$a < b < c < d$$

annehmen.

α) A ist positiv und x zwischen b und c enthalten.

In Folge der vorstehenden Formeln durchläuft s, wenn x stetig wachsend von b zu c übergeht, ebenfalls stetig wachsend alle Werthe von 0 bis 1. Man kann also setzen:

$$\frac{c-a}{c-b} \cdot \frac{x-b}{x-a} = \sin^2 \varphi, \text{ wo } \varphi \text{ zwischen 0 und } \tfrac{1}{2}\pi \text{ liegt,}$$

$$\frac{b-a}{c-b}\cdot\frac{c-x}{x-a}=\cos^2\varphi$$

$$x=\frac{b(c-a)-a(c-b)\sin^2\varphi}{c-a-(c-b)\sin^2\varphi}$$

und hat dann:

$$\frac{dx}{\sqrt{R(x)}}=\frac{2}{\sqrt{A(c-a)(d-b)}}\cdot\frac{d\varphi}{\sqrt{1-k^2\sin^2\varphi}},$$

wo $$k^2=\frac{(c-b)(d-a)}{(c-a)(d-b)},\quad 1-k^2=\frac{(b-a)(d-c)}{(c-a)(d-b)}.$$

Nimmt man $\sqrt{A(c-a)(d-b)}$ positiv, so ist $\sqrt{1-k^2\sin^2\varphi}$ positiv, wenn $\sqrt{R(x)}$ es ist.

β) A ist positiv und x liegt ausserhalb des Intervalles $a\ldots d$. Man setze c, d, a, b für a, b, c, d und:

$$\frac{c-a}{d-a}\cdot\frac{x-d}{x-c}=\sin^2\varphi,\quad \frac{d-c}{d-a}\cdot\frac{x-a}{x-c}=\cos^2\varphi,$$

so durchläuft, während φ von 0 zu $\frac{1}{2}\pi$ übergeht, x stetig wachsend alle Werthe von d bis $+\infty$ und von $-\infty$ bis a, und man hat:

$$x=\frac{d(a-c)-c(a-d)\sin^2\varphi}{a-c-(a-d)\sin^2\varphi}$$

$$\frac{dx}{\sqrt{R(x)}}=\frac{2}{\sqrt{A(c-a)(d-b)}}\cdot\frac{d\varphi}{\sqrt{1-k^2\sin^2\varphi}},$$

wo wieder

$$k^2=\frac{(c-b)(d-a)}{(c-a)(d-b)},\quad 1-k^2=\frac{(b-a)(d-c)}{(c-a)(d-b)}.$$

γ) A ist negativ und x zwischen a und b enthalten. Man substituire d, a, b, c für a, b, c, d und setze demgemäss

$$\frac{d-b}{b-a}\cdot\frac{x-a}{d-x}=\sin^2\varphi,\quad \frac{d-a}{b-a}\cdot\frac{b-x}{d-x}=\cos^2\varphi$$

$$x=\frac{a(b-d)-d(b-a)\sin^2\varphi}{b-d-(b-a)\sin^2\varphi},$$

so durchläuft x stetig wachsend das Intervall $a\ldots b$, wenn φ stetig wachsend von 0 bis zu $\frac{1}{2}\pi$ übergeht; und es ist

$$\frac{dx}{\sqrt{R(x)}}=\frac{2}{\sqrt{-A(c-a)(d-b)}}\cdot\frac{d\varphi}{\sqrt{1-k^2\sin^2\varphi}},$$

wo jetzt $k^2 = \frac{(b-a)(d-c)}{(c-a)(d-b)}, \quad 1-k^2 = \frac{(c-b)(d-a)}{(c-a)(d-b)}.$

δ) A ist negativ, und x zwischen c und d enthalten. Man setze b, c, d, a für a, b, c, d und

$$\frac{d-b}{d-c}\cdot\frac{x-c}{x-b} = \sin^2\varphi, \quad \frac{c-b}{d-c}\cdot\frac{d-x}{x-b} = \cos^2\varphi$$

$$x = \frac{c(d-b)-b(d-c)\sin^2\varphi}{d-b-(d-c)\sin^2\varphi},$$

so durchläuft x stetig wachsend das Intervall $c \ldots d$, wenn φ stetig wachsend von 0 zu $\frac{1}{2}\pi$ übergeht; und man hat

$$\frac{dx}{\sqrt{R(x)}} = \frac{1}{\sqrt{-A(c-a)(d-b)}}\cdot\frac{d\varphi}{\sqrt{1-k^2\sin^2\varphi}},$$

wo wieder

$$k^2 = \frac{(b-a)(d-c)}{(c-a)(d-b)}, \quad 1-k^2 = \frac{(c-b)(d-a)}{(c-a)(d-b)}.$$

Hinsichtlich der Zeichen der Wurzelgrössen ist bei (β, γ, δ) dasselbe zu bemerken, wie bei (α).

§. 154.

In dem Falle, wo $R(x)$ nur vom dritten Grade ist, kann man ebenfalls die im Vorstehenden entwickelten Formeln anwenden, indem man überall $\frac{A}{d}$ für A, und dann $d = \infty$ setzt; denn dadurch geht $R(x)$ in

$$A(a-x)(b-x)(c-x)$$

über. Es ist aber zweckmässig, auch für diesen Fall die fertigen Formeln zusammenzustellen.

1) Transformationen ersten Grades.

I Es ist $R(x) = A(a-x)(b-x)(c-x)$, und a, b, c sind alle drei reell ($a < b < c$).

α) A ist positiv und x liegt zwischen b und c.

$$k = \frac{\sqrt{c-a}-\sqrt{b-a}}{\sqrt{c-a}+\sqrt{b-a}}, \quad n = k, \quad m = \tfrac{1}{2}\sqrt{A}(\sqrt{c-a}+\sqrt{b-a})$$

$$\sqrt{\frac{c-a}{b-a}}\cdot\frac{x-b}{c-x} = \frac{1+\sin\varphi}{1-\sin\varphi}$$

$$x = \tfrac{1}{2}(b+c)+\tfrac{1}{2}(c-b)\cdot\frac{\sin\varphi-k}{1+k\sin\varphi}$$

$$\frac{dx}{\sqrt{R(x)}} = \frac{1}{m} \cdot \frac{d\varphi}{\sqrt{1-k^2 \sin^2\varphi}}, \qquad \left\{\begin{matrix} \varphi = -\tfrac{1}{2}\pi \text{ für } x = b \\ \varphi = +\tfrac{1}{2}\pi \text{ für } x = c \end{matrix}\right\}$$

β) A ist positiv, und x zwischen $-\infty$ und a enthalten.

$$k = \frac{\sqrt{c-a}-\sqrt{b-a}}{\sqrt{c-a}+\sqrt{b-a}}, \quad m = \tfrac{1}{2}\sqrt{A}\left(\sqrt{c-a}+\sqrt{b-a}\right)$$

$$x = a - \sqrt{(c-a)(b-a)} \cdot \frac{1-\sin\varphi}{1+\sin\varphi}$$

$$\frac{dx}{\sqrt{R(x)}} = \frac{1}{m} \cdot \frac{d\varphi}{\sqrt{1-k^2 \sin^2\varphi}} \qquad \left\{\begin{matrix} \varphi = -\tfrac{1}{2}\pi \text{ für } x = -\infty \\ \varphi = +\tfrac{1}{2}\pi \text{ für } x = a \end{matrix}\right\}$$

γ) A ist negativ, und x zwischen a und b enthalten.

$$k = \frac{\sqrt{c-a}-\sqrt{c-b}}{\sqrt{c-a}+\sqrt{c-b}}, \quad n = -k, \quad m = \tfrac{1}{2}\sqrt{-A}\left(\sqrt{c-a}+\sqrt{c-b}\right)$$

$$\sqrt{\frac{c-b}{c-a} \cdot \frac{x-a}{b-x}} = \frac{1+\sin\varphi}{1-\sin\varphi},$$

$$x = \tfrac{1}{2}(a+b) + \tfrac{1}{2}(b-a) \cdot \frac{\sin\varphi + k}{1 + k\sin\varphi}$$

$$\frac{dx}{\sqrt{R(x)}} = \frac{1}{m} \cdot \frac{d\varphi}{\sqrt{1-k^2 \sin^2\varphi}} \qquad \left\{\begin{matrix} \varphi = \tfrac{1}{2}\pi \text{ für } x = a \\ \varphi = \tfrac{1}{2}\pi \text{ für } x = b \end{matrix}\right\}$$

δ) A ist negativ, und x liegt zwischen c und $+\infty$.

$$k = \frac{\sqrt{c-a}-\sqrt{c-b}}{\sqrt{c-a}+\sqrt{c-b}}, \quad m = \tfrac{1}{2}\sqrt{-A}\left(\sqrt{c-a}+\sqrt{c-b}\right)$$

$$x = c + \sqrt{(c-a)(c-b)} \cdot \frac{1+\sin\varphi}{1-\sin\varphi}$$

$$\frac{dx}{\sqrt{R(x)}} = \frac{1}{m} \cdot \frac{d\varphi}{\sqrt{1-k^2 \sin^2\varphi}} \qquad \left\{\begin{matrix} \varphi = -\tfrac{1}{2}\pi \text{ für } x = c \\ \varphi = +\tfrac{1}{2}\pi \text{ für } x = +\infty \end{matrix}\right\}$$

II. a ist reell und b, c imaginär.

α) A ist negativ und x zwischen a und $+\infty$ enthalten.

$$k = \frac{\sqrt{a-c}-\sqrt{a-b}}{2i\sqrt[4]{(a-b)(a-c)}}, \quad \mu = \sqrt{-A} \cdot \sqrt[4]{(a-b)(a-c)}$$

$$x = a + \sqrt{(a-b(a-c)} \cdot \frac{1-\cos\varphi}{1+\cos\varphi}$$

$$\frac{dx}{\sqrt{R(x)}} = \frac{1}{\mu} \cdot \frac{d\varphi}{\sqrt{1-k^2 \sin^2\varphi}} \qquad \left\{\begin{matrix} \varphi = o \text{ für } x = a \\ \varphi = \pi \text{ für } x = +\infty \end{matrix}\right\}$$

β) A ist positiv und x zwischen $-\infty$ und a enthalten.

$$k = \frac{\sqrt{c-a} - \sqrt{b-a}}{2i\sqrt[4]{(c-a)(b-a)}}; \quad \mu = \sqrt{A} \cdot \sqrt[4]{(c-a)(b-a)}$$

$$x = a - \sqrt{(c-a)(b-a)} \cdot \frac{1+\cos\varphi}{1-\cos\varphi}$$

$$\frac{dx}{\sqrt{R(x)}} = \frac{1}{\mu} \cdot \frac{d\varphi}{\sqrt{1-k^2\sin^2\varphi}} \qquad \begin{Bmatrix} \varphi = o \text{ für } x = -\infty \\ \varphi = \pi \text{ für } x = a \end{Bmatrix}$$

2) Transformationen zweiten Grades für den Fall, dass

$$R = A(a-x)(b-x)(c-x)$$

und a, b, c reell sind ($a < b < c$).

α) A ist positiv und x zwischen b und c enthalten.

$$k^2 = \frac{c-b}{c-a}, \quad \frac{c-a}{c-b} \cdot \frac{x-b}{x-a} = \sin^2\varphi, \quad \frac{b-a}{c-b} \cdot \frac{c-x}{x-a} = \cos^2\varphi$$

$$1-k^2 = \frac{b-a}{c-a}, \quad x = \frac{b(c-a) - a(c-b)\sin^2\varphi}{c-a-(c-b)\sin^2\varphi}$$

$$\frac{dx}{\sqrt{R(x)}} = \frac{2}{\sqrt{A(c-a)}} \frac{d\varphi}{\sqrt{1-k^2\sin^2\varphi}} \qquad \begin{Bmatrix} \varphi = o \text{ für } x = b \\ \varphi = \tfrac{1}{2}\pi \text{ für } x = c \end{Bmatrix}$$

β) A ist positiv und x zwischen $-\infty$ und a enthalten.

$$k^2 = \frac{c-b}{c-a}, \quad \frac{c-a}{c-x} = \sin^2\varphi, \quad \frac{a-x}{c-x} = \cos^2\varphi$$

$$1-k^2 = \frac{b-a}{c-a}, \quad x = c - \frac{c-a}{\sin^2\varphi}$$

$$\frac{dx}{\sqrt{R(x)}} = \frac{2}{\sqrt{A(c-a)}} \frac{d\varphi}{\sqrt{1-k^2\sin^2\varphi}} \qquad \begin{Bmatrix} \varphi = o \text{ für } x = -\infty \\ \varphi = \tfrac{1}{2}\pi \text{ für } x = a \end{Bmatrix}$$

γ) A ist negativ und x zwischen a nnd b enthalten.

$$k^2 = \frac{b-a}{c-a}, \quad \frac{x-a}{b-a} = \sin^2\varphi, \quad \frac{b-x}{b-a} = \cos^2\varphi$$

$$1-k^2 = \frac{c-b}{c-a}, \quad x = a + (b-a)\sin^2\varphi$$

$$\frac{dx}{\sqrt{R(x)}} = \frac{1}{\sqrt{-A(c-a)}} \cdot \frac{d\varphi}{\sqrt{1-k^2\sin^2\varphi}} \qquad \begin{Bmatrix} \varphi = o \text{ für } x = a \\ \varphi = \tfrac{1}{2}\pi \text{ für } x = b \end{Bmatrix}$$

δ) A ist negativ und x zwischen c und $+\infty$ enthalten.

$$k^2 = \frac{b-a}{c-a}, \quad \frac{x-c}{x-b} = \sin^2\varphi, \quad \frac{c-b}{x-b} = \cos^2\varphi$$

$$1-k^2=\frac{c-b}{c-a},\quad x=\frac{c-b\sin^2\varphi}{1-\sin^2\varphi}$$

$$\frac{dx}{\sqrt{R(x)}}=\frac{1}{\sqrt{-A(c-a)}}\cdot\frac{d\varphi}{\sqrt{1-k^2\sin^2\varphi}}\qquad\begin{cases}\varphi=0 \text{ für } x=c\\ \varphi=\tfrac{1}{2}\pi \text{ für } x=+\infty\end{cases}$$

§. 155.

Wenn nun das Differential

$$\frac{F(x)\,dx}{\sqrt{R(x)}},$$

in welchem $F(x)$ eine beliebige rationale Function von x bedeutet, zu integriren ist und zwar zwischen zwei reellen Grenzen, die so gewählt sind, dass $\sqrt{R(x)}$ für alle innerhalb derselben liegenden Werthe von x reell ist; so kann man dasselbe vermittelst der entwickelten Formeln, indem man für x eine rationale Function ersten oder zweiten Grades einer neuen Veränderlichen t substituirt, zunächst auf die Form:

$$\frac{f(t)\,dt}{\sqrt{\varphi(t)}}$$

bringen, wo $f(t)$ eine rationale Function von t bedeutet, und $\varphi(t)$ eine der drei folgenden Formen hat:

$$(1-t^2)(1-k^2t^2),\quad (1-t^2)(k_1^2+k^2t^2),\quad (1+t^2)(1+k_1^2t^2).$$

Nach dem im ersten Abschnitt angegebenen Verfahren lässt sich nun das Integral

$$\int\frac{f(t)\,dt}{\sqrt{\varphi(t)}}$$

nach Absonderung eines algebraisch-logarithmischen Theiles aus anderen zusammensetzen, welche die Formen

$$\int\frac{dt}{\sqrt{\varphi(t)}},\quad \int\frac{t^2\,dt}{\sqrt{\varphi(t)}},\quad \int\frac{dt}{(l-t^2)\sqrt{\varphi(t)}}$$

haben, wo unter l eine Constante verstanden. Setzt man nun

im ersten Falle $t=\sin\varphi$

im zweiten $t=-\cos\varphi$

im dritten $t=\operatorname{tg}\varphi$,

so werden die vorstehenden Integrale auf die von Legendre eingeführten Formen

$$\int_0\frac{d\varphi}{1-k^2\sin^2\varphi},\quad \int_0\sqrt{1-k^2\sin^2\varphi}\,.\,d\varphi,\quad \int_0\frac{d\varphi}{(1+n\sin^2\varphi)\sqrt{1-k^2\sin^2\varphi}}$$

reducirt. Dabei ist zu beachten, dass das dritte Integral durch die beiden andern ausgedrückt werden kann, wenn n einen der Werthe $1, -1, k, -k$, hat.

Anm. Man hat, wenn α eine beliebige Constante bedeutet und

$$\tfrac{1}{6}R'''(\alpha) = A_1, \quad \tfrac{1}{2}R''(\alpha) = A_2, \quad R'(\alpha) = A_3, \quad R(x) = A_4$$

gesetzt wird:

$$d.(x-\alpha)^{m-1}\sqrt{R(x)}$$

$$= \frac{(m+1)A(x-\alpha)^{m+4}\,dx}{\sqrt{R(x)}} + \frac{(m+\frac{1}{2})A_1(x-\alpha)^{m+1}\,dx}{\sqrt{R(x)}}$$

$$+ \frac{mA_2(x-\alpha)^m dx}{\sqrt{R(x)}} + \frac{(m-\frac{1}{2})A_3(x-\alpha)^{m-1}dx}{\sqrt{R(x)}} + \frac{(m-1)A_4(x-\alpha)^{m-2}dx}{\sqrt{R(x)}}.$$

Vermittelst dieser Formel kann man, wenn α_1, α_2 u. s. w. die verschiedenen Werthe von x sind, für welche $F(x) = \infty$, aber nicht $R(x) = o$ wird, $\dfrac{F(x)\,dx}{\sqrt{R(x)}}$ auf die Form:

$$\left(\frac{\beta_1}{x-\alpha_1} + \frac{\beta_2}{x-\alpha_2} + \cdots + \gamma + \delta x + \varepsilon x^2\right)\frac{dx}{\sqrt{R(x)}} + d.G(x)\sqrt{R(x)}$$

bringen, wo $G(x)$ eine rationale Function, und $\beta_1, \beta_2 \ldots \gamma, \delta, \varepsilon$ Constanten sind. Dabei ergiebt sich $\varepsilon = o$, wenn $R(x)$ vom dritten Grade, also $A = o$ ist. Auf diese Weise wird der algebraische Theil von $\int \dfrac{F(x)\,dx}{\sqrt{R(x)}}$ abgesondert, bevor man eine der angegebenen Transformationen macht; was in manchen Fällen vortheilhaft ist.

Vierzehnter Abschnitt.

Die Stirling'sche Interpolations-Reihe.

§. 156.

Unserem Versprechen gemäss geben wir in diesem Abschnitte, so weit es der Raum gestattet, eine Vorstellung von den Anwendungen, welche Stirling von den algebraischen Gebilden gemacht hat, aus denen wir die Thetafunctionen abgeleitet haben. Wir wollen diese eigenthümlichen Producte nach dem Vorgange von andern Mathematikern mit dem Namen der geometrischen Factoriellen belegen und uns für das Folgende einer etwas andern Bezeichnung als in §. 12 bedienen, die sich für den Druck besser eignet. Wir bezeichnen nämlich das Product von n Factoren, oder die geometrische Factorielle

$$1-xr.1-xr^2.1-xr^3.\ldots.1-xr^n$$

durch

$$r^{x;n}$$

so dass z. B.

$$1-r.1-r^2.1-r^3\ldots.1-r^n=r^{1;n}$$

sein würde und entwickeln zunächst einige Formeln, welche später benutzt werden müssen.

Denkt man sich in der Formel (2.) des §. 13 das r kleiner als 1 und n unendlich gross, und setzt ausserdem rx statt x, so nimmt sie die Gestalt an:

$$1-xr.1-xr^2.1-xr^3.1-xr^4\ldots.$$

$$=1-\frac{rx}{1-r}+\frac{r^3x^2}{1-r.1-r^2}-\frac{r^6x^3}{1-r.1-r^2.1-r^3}+\ldots.$$

oder in unsern Zeichen:

$$(1.)\quad r^{x;\omega}=1-\frac{rx}{r^{1;1}}+\frac{r^3x^2}{r^{1;2}}-\frac{r^6x^3}{r^{1;3}}+\cdots=\Sigma_1^{\omega}(-1)^s\frac{r^{\frac{1}{2}(s^2+s)}x^s}{r^{1;s}}.$$

Setzt man $r=\frac{1}{\varrho}$, nimmt also ϱ grösser als 1 an, dann wird:

$$1-\frac{x}{\varrho}\cdot1-\frac{x}{\varrho^2}\cdot1-\frac{x}{\varrho^3}+\ldots.$$

$$=1+\frac{x}{1-\varrho}+\frac{x^2}{1-\varrho.1-\varrho^2}+\frac{x^3}{1-\varrho.1-\varrho^2.1-\varrho^3}+\ldots.$$

oder, wenn man lieber wieder r statt ϱ schreibt, und sich jetzt r grösser als 1 denkt,

$$(2.)\qquad \left(\frac{1}{r}\right)^{x;\omega}=\Sigma_0^{\omega}\frac{x^s}{r^{1;s}}$$

oder

$$1-\frac{x}{r}.1-\frac{x}{r^2}\cdot1-\frac{x}{r^3}\ldots.=1+\frac{x}{r^{1;1}}+\frac{x^2}{r^{1;2}}+\frac{x^3}{r^{1;3}}+\ldots.$$

Nimmt man hier $x=r^n$ an, wo n eine positive ganze Zahl sein soll, so verschwindet das unendliche Product und es findet dann die Gleichung Statt:

$$(3.)\qquad \Sigma_0^{\omega}\frac{r^{ns}}{r^{1;s}}=0$$

oder

$$1+\frac{r^n}{1-r}+\frac{r^{2n}}{1-r.1-r^2}+\frac{r^{3n}}{1-r.1-r^2.1-r^3}+\cdots=0.$$

Wir wollen jetzt versuchen, den reciproken Werth einer solchen geometrischen Factorielle mit unendlich grossem Exponenten in eine Reihe von folgender Gestalt zu entwickeln:

$$\frac{1}{1-xr.1-xr^2.1-xr^3\ldots.}$$
$$=a_0+\frac{a_1 x}{1-xr}+\frac{a_2 x^2}{1-xr.1-xr^2}+\frac{a_3 x^3}{1-xr.1-xr^2.1-xr^3}+\cdots$$

also in der Gleichung:

$$\text{(4.)}\qquad \frac{1}{r^{x;\omega}}=\sum_0^\omega\frac{a_s x^s}{r^{x;s}}$$

die Coefficienten a zu bestimmen. Dies gelingt am leichtesten auf folgende Weise.

Es ist offenbar:

$$r^{x;s}(1-xr^{s+1})=r^{x;s+1},$$

also, wenn man mit $r^{x;s}.r^{x;s+1}$ dividirt,

$$\frac{1}{r^{x;s+1}}=\frac{1}{r^{x;s}}+\frac{xr^{s+1}}{r^{x;s+1}}$$

oder

$$\frac{1}{r^{xr;s}}=(1-xr)\Big(\frac{1}{r^{x;s}}+\frac{xr^{s+1}}{r^{x;s+1}}\Big).$$

Setzt man nun in (4.) xr statt x, so erhält man, wenn diese Gleichung benutzt wird,

$$\frac{1}{r^{xr;\omega}}=\sum_0^\omega\frac{a_s x^s r^s}{r^{xr;s}}=(1-xr)\sum_0^\omega\Big(\frac{a_s x^s r^s}{r^{x;s}}+\frac{a_s x^{s+1}r^{2s+1}}{r^{x;s+1}}\Big).$$

Dividirt man die linke und rechte Seite dieser Gleichung mit $1-xr$, so gelangt man zu der Formel:

$$\frac{1}{r^{x;\omega}}=\sum_0^\omega\frac{a_s x^s}{r^{x;s}}=\sum_0^\omega\frac{a_s x^s r^s}{r^{x;s}}+\sum_0^\omega\frac{a_s x^{s+1}r^{2s+1}}{r^{x;s+1}}$$

oder

$$\sum_0^\omega\frac{a_s(1-r^s)x^s}{r^{x;s}}=\sum_0^\omega\frac{a_s x^{s+1}r^{2s+1}}{r^{x;s+1}}$$

oder, wenn man die ganze Gleichung mit x dividirt,

$$\frac{a_1(1-r)}{r^{x;1}}+\frac{a_2(1-r^2)x}{r^{x;2}}+\frac{a_3(1-r^3)x^2}{r^{x;3}}+\cdots$$
$$=\frac{a_0 r}{r^{x;1}}+\frac{a_1 r^3 x}{r^{x;2}}+\frac{a_2 r^5 x^2}{r^{x;3}}+\cdots.$$

Aus (4.) ergiebt sich $a_0 = 1$, für $x = 0$ und wenn man hier $x = 0$ setzt, so wird:

$$a_1 = \frac{r}{1-r}.$$

Lässt man also auf beiden Seiten die ersten Glieder fort, dividirt dann mit x und setzt wieder $x = 0$, so wird

$$a_2 = \frac{a_1 r^3}{1-r^2} = \frac{r^4}{1-r.1-r^2}.$$

So fortschreitend gelangt man leicht zu dem allgemeinen Gliede der Reihe:

$$a_s = \frac{r^{s^2}}{r^{1;s}}.$$

Es ist somit:

(5.) $$\frac{1}{r^{x;\omega}} = \Sigma_0^\omega \frac{r^{s^2} x^s}{r^{1;s} r^{x;s}}$$

oder

$$\frac{1}{1-xr.1-xr^2.1-xr^3\ldots}$$

$$= 1 + \frac{rx}{1-r.1-rx} + \frac{r^4x^2}{1-r.1-r^2.1-xr.1-xr^2} + \ldots.$$

$$= 1 + \frac{rx}{r^{1;1} r^{x;1}} + \frac{r^4x^2}{r^{1;2} r^{x;2}} + \frac{r^9x^3}{r^{1;3} r^{x;3}} + \ldots.$$

für $x = 1$ erhält man hieraus:

$$\frac{1}{1-r.1-r^2.1-r^3\ldots.}$$

$$= 1 + \frac{r}{(1-r)^2} + \frac{r^4}{(1-r.1-r^2)^2} + \frac{r^9}{(1-r.1-r^2.1-r^3)^2} + \ldots.$$

oder

$$\frac{1}{r^{1;\omega}} = \Sigma_0^\omega \frac{r^{s^2}}{(r^{1;s})^2}.$$

Setzt man in dieser Formel, in welcher r ein echter Bruch sein muss, $\frac{1}{r}$ statt r, so dass also jetzt r grösser als 1 zu denken ist, so erhält man:

$$\frac{1}{1-\frac{1}{r}\cdot 1-\frac{1}{r^2}\cdot 1-\frac{1}{r^3}\cdots}$$

$$= 1+\frac{r}{(1-r)^2}+\frac{r^2}{(1-r.1-r^2)^2}+\frac{r^3}{(1-r.1-r^2.1-r^3)^2}+\cdots$$

oder

(6.) $$\frac{1}{\left(\frac{1}{r}\right)^{1;\omega}} = \Sigma_0^\omega \frac{r^s}{(r^{1;s})^2}.$$

Aus (2.) ergiebt sich aber, für $x = 1$,

$$1-\frac{1}{r}\cdot 1-\frac{1}{r^2}\cdot 1-\frac{1}{r^3}\cdots$$

$$= 1+\frac{1}{1-r}+\frac{1}{1-r.1-r^2}+\frac{1}{1-r.1-r^2.1-r^3}+\cdots$$

oder

(7.) $$\left(\frac{1}{r}\right)^{1;\omega} = \Sigma_0^\omega \frac{1}{r^{1;s}}.$$

Aus (1.) erhält man, für $x = 1$,

$$1-r.1-r^2.1-r^3\ldots.$$

$$= 1-\frac{r}{1-r}+\frac{r^3}{1-r.1-r^2}-\frac{r^6}{1-r.1-r^2.1-r^3}+\cdots$$

oder

(8.) $$r^{1;\omega} = \Sigma_0^\omega (-1)^s \frac{r^{\frac{1}{2}(s^2+s)}}{r^{1;s}}.$$

Diese Reihenausdrücke, welche nachher benutzt werden sollen, gestatten auch vielfache andere Anwendungen. Wir wollen nur noch erwähnen, dass man z. B. den Coefficienten $(q^2;\, q^2)$, welcher in §. 16 bei den Thetafunctionen erscheint, durch stark convergirende Reihen berechnen kann, wenn man zunächst seinen reciproken Werth durch die Formel (6.) bestimmt. Nach dieser Formel ist z. B.:

$$\frac{1}{(q^2;q^2)} = \frac{1}{1-q^2.1-q^4.1-q^6\ldots.}$$

$$= 1+\frac{q^2}{(1-q^2)^2}+\frac{q^8}{(1-q^2.1-q^4)^2}+\frac{q^{18}}{(1-q^2.1-q^4.1-q^6)^2}$$

und nach (8.) würde man erhalten:

$$(q^2;q^2) = 1-q^2.1-q^4.1-q^6\ldots.$$

$$= 1 - \frac{q^2}{1-q^2} + \frac{q^6}{1-q^2.1-q^4} - \frac{q^{12}}{1-q^2.1-q^4.1-q^6} + \ldots.$$

§. 157.

Nach diesen Vorbereitungen gehen wir nun zur Lösung der Aufgabe über, welche Stirling in seiner Methodus differentialis behandelt. Er sucht dort eine Function von x, welche wir mit u_x bezeichnen wollen, in eine Reihe von der Form:

(1.) $$u_x = A_0 + A_1 r^x + A_2 r^{2x} + A_3 r^{3x} + \ldots.$$

zu entwickeln, wo vorläufig das noch näher zu bestimmende r grösser als 1 angenommen werden soll, und die Werthe von $u_0, u_1, u_2, u_3, \ldots.$ als bekannt vorausgesetzt werden. Stirling bestimmt aber von dieser Reihe nur das erste Glied, welches, wie sich sogleich zeigen wird, hauptsächlich practischen Werth hat. Um das allgemeine Glied dieser Reihe zu erhalten, setzen wir nach und nach in (1.)

$$x = 0,\ 1,\ 2,\ 3\ldots.$$

und gewinnen so die Gleichungen:

(2.) $$\left\{\begin{array}{l} u_0 = A_0 + A_1 + A_2 + A_3 + \ldots. \\ u_1 = A_0 + A_1 r + A_2 r^2 + A_3 r^3 + \ldots. \\ u_2 = A_0 + A_1 r^2 + A_2 r^4 + A_3 r^6 + \ldots. \\ u_3 = A_0 + A_1 r^3 + A_2 r^6 + A_3 r^9 . + \ldots. \\ \ldots\ldots\ldots\ldots\ldots \end{array}\right.$$

aus denen die A bestimmt werden sollen.

Wir bezeichnen zu dem Zwecke durch die Zeichen $D, D^2, D^3, \ldots.$ eine Reihe von Operationen. welche nach der Vorschrift:

(3.) $$D^{n+1} u_k = D^n u_{k+1} - r^n D^n u_k$$

ausgeführt werden müssen, so dass wir also hiernach aus (2.) folgendes System von Gleichungen erhalten:

(4.) $$\left\{\begin{array}{l} u_1 - u = Du \\ u_2 - u_1 = Du_1 \\ u_3 - u_2 = Du_2 \\ u_4 - u_3 = Du_3 \end{array}\right. \quad \begin{array}{l} Du - rDu = D^2u \\ Du_2 - rDu_1 = D^2u_1 \\ Du_3 - rDu_2 = D^2u_2 \end{array} \quad \begin{array}{l} D^2u_1 - r^2D^2u = D^3u \\ D^2u_2 - r^2D^2u_1 = D^3u_1 \end{array} \quad D^3u_1 - r^3D^3u = D^4u.$$

Multiplicirt man nun die Gleichungen (2.) der Reihe nach mit 1, $\frac{1}{r^{1;1}}, \frac{1}{r^{1;2}}, \frac{1}{r^{1;3}}, \ldots$ und addirt die Producte, so erhält man:

$$\sum_0^\omega \frac{u_s}{r^{1;s}} = A_0 \sum_0^\omega \frac{1}{r^{1;s}} + A_1 \sum_0^\omega \frac{r^s}{r^{1;s}} + A_2 \sum_0^\omega \frac{r^{2s}}{r^{1;s}} + \ldots$$

Die Coefficienten von $A_1, A_2, \ldots$ verschwinden aber sämmtlich vermöge der Gleichung (3.) in §. 156, und es bleibt nur, wenn wir, der Kürze wegen,

$$(5.)\qquad 1 : \sum_0^\omega \frac{1}{r^{1;s}} = \frac{1}{\left(\frac{1}{r}\right)^{1;\omega}} = \sum_0^\omega \frac{r^s}{(r^{1;s})^2} = R$$

oder

$$R = 1 + \frac{r}{(1-r)^2} + \frac{r^2}{(1-r.1-r^2)^2} + \frac{r^3}{(1-r.1-r^2.1-r^3)^2} + \ldots$$

bezeichnen,

$$A_0 = R \sum_0^\omega \frac{u_s}{r^{1;s}}$$

oder

$$(6.)\quad A_0 = \left\{1 + \frac{r}{(r^{1;1})^2} + \frac{r^2}{(r^{1;2})^2} + \ldots\right\}\left\{u_0 + \frac{u_1}{r^{1;1}} + \frac{u_2}{r^{1;2}} + \frac{u_3}{r^{1;3}} + \ldots\right\}.$$

Um die übrigen Coefficienten zu bestimmen, dividire man die Differenzen der Gleichungen (2.) der Reihe nach durch $1, r, r^2, r^3, \ldots$ so wird:

$$(7.)\quad \begin{cases} -Du = A_1 r^{1;1} + A_2 r^{2;1} + A_3 r^{3;1} + \ldots \\ -\frac{Du_1}{r} = A_1 r^{1;1} + A_2 r r^{2;1} + A_3 r^2 r^{3;1} + \ldots \\ -\frac{Du_2}{r^2} = A_1 r^{1;1} + A_2 r^2 r^{2;1} + A_3 r^4 r^{3;1} + \ldots \\ \ldots\ldots\ldots\ldots \end{cases}$$

Die Summe dieser Gleichungen liefert wieder, nachdem sie mit 1, $\frac{1}{r^{1;1}}, \frac{1}{r^{1;2}}, \frac{1}{r^{1;3}}, \ldots$ multiplicirt worden sind:

$$-\sum_0^\omega \frac{Du_s}{r^s r^{1;s}} = r^{1;1} A_1 \sum_0^\omega \frac{1}{r^{1;s}},$$

also

$$A_1 = -\frac{R}{r^{1;1}} \sum_0^\omega \frac{Du_s}{r^s r^{1;s}}.$$

Aus (7.) bilde man weiter das folgende System von Gleichungen:

$$(8.)\quad \begin{cases} \frac{1}{r}(Du_1 - rDu) = \frac{1}{r}D^2u = A_2 r^{1;2} + A_3 r^{2;2} + A_4 r^{3;2} + \cdots \\ \frac{1}{r^3}(Du_2 - rDu_1) = \frac{1}{r^3}D^2u_1 = A_2 r^{1;2} + A_3 r r^{2;2} + A_4 r^2 r^{3;2} + \cdots \\ \frac{1}{r^5}(Du_3 - rDu_2) = \frac{1}{r^5}D^2u_2 = A_2 r^{1;2} + A_3 r^2 r^{2;2} + A_4 r^4 r^{3;2} + \cdots \\ \cdots\cdots\cdots\cdots\cdots\cdots \end{cases}$$

Die Befolgung der bereits gegebenen Vorschrift zur Behandlung dieser Gleichungssysteme, führt zu dem Werthe von

$$A_2 = \frac{R}{r r^{1;2}} \Sigma_0^\omega \frac{D^2 u_s}{r^{2s} r^{1;s}}.$$

Um den Coefficienten A_3 zu erhalten, verschafft man sich wieder aus (8.) die Gleichungen:

$$-\frac{1}{r^3}(D^2u_1 - r^2D^2u) = -\frac{1}{r^3}D^3u = A_3 r^{1;3} + A_4 r^{2;3} + A_5 r^{3;3} + \cdots$$

$$-\frac{1}{r^6}(D^2u_2 - r^2D^2u_1) = -\frac{1}{r^6}D^3u_1 = A_3 r^{1;3} + A_4 r r^{2;3} + A_5 r^2 r^{3;3} + \cdots$$

$$-\frac{1}{r^9}(D^2u_3 - r^2D^2u_2) = -\frac{1}{r^9}D^3u_2 = A_3 r^{1;3} + A_4 r^2 r^{2;3} + A_5 r^4 r^{3;3} + \cdots$$

$$\cdots\cdots\cdots\cdots\cdots\cdots$$

durch welche sich

$$A_3 = -\frac{R}{r^3 r^{1;3}} \Sigma_0^\omega \frac{D^3 u_s}{r^{3s} r^{1;s}}$$

ergiebt.

So fortschreitend findet man, dass allgemein

$$A_n = \frac{(-1)^n R}{r^{\frac{1}{2}(n^2-n)} r^{1;n}} \Sigma_0^\omega \frac{D^n u_s}{r^{ns} r^{1;s}}$$

ist. Es lässt sich also jetzt für die Function u_x folgende Reihenentwicklung angeben.:

$$(9.)\qquad u_x =$$

$$R\Sigma_0^\omega \frac{1}{r^{1;s}} \left\{ u_s - \frac{r^x Du_s}{r^s r^{1;1}} + \frac{r^{2x} D^2u_s}{r^{2s+1} r^{1;2}} - \frac{r^{3x} D^3u_s}{r^{3s+3} r^{1;3}} + \frac{r^{4x} D^4u_s}{r^{4s+6} r^{1;4}} - \frac{r^{5x} D^5u_s}{r^{5s+10} r^{1;5}} + \cdots \right\}.$$

§. 158.

Man kann den Coefficienten dieser Reihe auch eine andere Gestalt geben.

Zu diesem Zwecke bilden wir zunächst folgende symbolische Formel. Wenn man die Exponenten der u durch Zeiger ersetzt und das durch die Gleichung (3.) in §. 157 characterisirte Operationszeichen D benutzt, so finden folgende Gleichungen statt:

$$Du = u^1 - u^0; \quad Du_1 = u^2 - u^1 = u^1(u-1);$$
$$Du_2 = u^3 - u^2 = u^2(u-1); \; \ldots.$$

Ferner ist

$$D^2u = Du_1 - rDu = u^1(u-1) - r(u-1) = (u-1)(u-r)$$
$$D^2u_1 = Du_2 = rDu_1 = u^2(u-1) - ru(u-1) = u(u-1)(u-r)$$

folglich

$$D^3u = D^2u_1 - r^2D^2u = u(u-1)(u-r) - r^2(u-1)(u-r)$$
$$= (u-1)(u-r)(u-r^2).$$

So fortschreitend gelangt man zu der Einsicht, dass allgemein

$$(1.) \qquad D^nu = (u-1)(u-r)(u-r^2)\ldots(u-r^{n+1})$$

gesetzt werden kann, wenn man das Product entwickelt und statt der Exponenten der u Zeiger einführt, also u^m durch u_m ersetzt und im letzten Gliede der Entwicklung auch statt des Coefficienten 1 die Grösse $u^0 = u_0$ setzt.

Wollte man sich des Zeichens für die geometrische Factorielle bedienen, so könnte man das Product in (1.) auch so darstellen:

$$u^n\left(1-\frac{1}{u}\right)\left(1-\frac{r}{u}\right)\left(1-\frac{r^2}{u}\right)\ldots\left(1-\frac{r^{n-1}}{u}\right) = u^n r^{\frac{1}{ur};n} = D^nu.$$

Eine solche Factorielle lässt sich aber auf folgende Weise in eine Reihe auflösen. Es ist z. B.

$$(u-1)(u-r)(u-r^2) = u^3 - (1+r+r^2)u^2 + r(1+r+r^2)u' - r^3u^0$$
$$= u^3 - \frac{1-r^3}{1-r}u^2 + r\frac{1-r^3}{1-r}u^1 - r^3$$
$$= u_3 - \frac{(r^3)^{1;1}}{r^{1;1}}u_2 + \frac{r(r^2)^{1;2}}{r^{1;2}}u_1 - r^3\frac{r^{1;3}}{r^{1;3}}u_0.$$

Multiplicirt man diese Gleichung mit $u - r^3$, so findet man leicht, dass

$$(u-1)(u-r)(u-r^2)(u-r^3) = u_4 - \frac{(r^4)^{1;1}}{r^{1;1}}u_3 + \frac{r(r^3)^{1;2}}{r^{1;2}}u_2$$
$$-\frac{r^3(r^2)^{1;3}}{r^{1;3}}u_1 + \frac{r^6 r^{1;4}}{r^{1;4}}u_0.$$

Wird diese Gleichung wieder mit $u-r^4$ multiplicirt, die so gebildete mit $u-r^5$ u. s. w., so überzeugt man sich, dass folgende allgemeine symbolisch zu verstehende Formel stattfindet:

(2.) $$D^n u = (u-1)(u-r)(u-r^2)\dots(u-r^{n-1})$$
$$= \Sigma_0^n\,(-1)^s \frac{r^{\frac{1}{2}(s^2-s)}(r^{n+1-s})^{1;s}}{r^{1;s}}u_{n-s}.$$

Ein solches Product wird aber zu Null, so oft u einen der Werthe $1, r, r^2, \dots, r^{n-1}$ annimmt. Setzt man z. B. $u=1$, so gelangt man zu der Gleichung:

(3.) $$\Sigma_0^n\,(-1)^s \frac{r^{\frac{1}{2}(s^2-s)}(r^{n+1-s})^{1;s}}{r^{1;s}} = 0$$

oder

$$1-\frac{(r^n)^{1;1}}{r^{1;1}} + r\frac{(r^{n-1})^{1;2}}{r^{1;2}} - \frac{r^3(r^{n-2})^{1;3}}{r^{1;3}} + \dots \pm r^{\frac{1}{2}(n^2-n)} = 0$$

oder

$$1-\frac{1-r^n}{1-r} + r\frac{1-r^n.1-r^{n-1}}{1-r.1-r^2} - r^3\frac{1-r^n.1-r^{n-1}.1-r^{n-2}}{1-r.1-r^2.1-r^3}$$
$$+\dots \pm r^{\frac{1}{2}(n^2-n)} = 0,$$

welche man aber auch leicht aus der Formel (1.) in §. 12 ableiten könnte.

Nach diesen Vorbereitungen kann man nun die Function u_x in anderer Weise in eine Reihe entwickeln. — Man bildet sich zunächst aus den Gleichungen (2.) in §. 157 folgendes System von Gleichungen:

$$\frac{Du}{r^{1;1}} = -A_1 - A_2\frac{(r^2)^{1;1}}{r^{1;1}} - A_3\frac{(r^3)^{1;1}}{r^{1;1}} - \dots$$
$$\frac{Du_1}{r^{1;1}} = -A_1 r - A_2\frac{r^2(r^2)^{1;1}}{r^{1;1}} - A_3\frac{r^3(r^3)^{1;1}}{r^{1;1}} - \dots$$
$$\frac{Du_2}{r^{1;1}} = -A_1 r^2 - A_2\frac{r^4(r^2)^{1;1}}{r^{1;1}} - A_3\frac{r^6(r^3)^{1;1}}{r^{1;1}} - \dots$$

. . . .

Eliminirt man hier wieder aus je zwei auf einander folgenden Gleichungen den Coefficienten A_1, so erhält man ein System von

Gleichungen, die nur die Coefficienten A_2, A_3, ... enthalten, aus dem dann weiter eine Gruppe von Gleichungen mit den Coefficienten A_3, A_4 ... entwickelt werden kann. Schreitet man so fort und wählt aus diesen Gruppen von Gleichungen immer die erste, so kann man folgendes Gleichungssystem aufstellen:

$$\begin{aligned}
u_0 &= A_0 + A_1 + A_2 + A_3 + \cdots \\
\frac{Du}{r^{1;1}} &= -A_1 \frac{r^{1;1}}{r^{1;1}} - A_2 \frac{(r^2)^{1;1}}{r^{1;1}} - A_3 \frac{(r^3)^{1;1}}{r^{1;1}} - \cdots \\
\frac{D^2u}{r^{1;2}} &= + A_2 r \frac{r^{1;2}}{r^{1;2}} + A_3 r \frac{(r^2)^{1;2}}{r^{1;2}} + \cdots \\
\frac{D^3u}{r^{1;3}} &= - A_3 r^3 \frac{r^{1;3}}{r^{1;3}} - \cdots \\
&\ldots\ldots\ldots\ldots
\end{aligned}$$

Die Summe dieser Gleichungen giebt, da vermöge (3.) die Coefficienten von A_1; A_2; A_3; ... verschwinden:

$$A_0 = \Sigma_0^{\omega} \frac{D^s u}{r^{1;s}} = u_0 + \frac{Du}{r^{1;1}} + \frac{D^2u}{r^{1;2}} + \frac{D^3u}{r^{1;3}} + \cdots \tag{4.}$$

oder

$$A_0 = u_0 + \frac{u-1}{1-r} + \frac{(u-1)(u-r)}{1-r.1-r^2} + \frac{(u-1)(u-r)(u-r^2)}{1-r.1-r^2.1-r^3} + \cdots$$

wenn man nämlich in der letzten Formel die Zähler der einzelnen Glieder auflöst, und die Potenzen u^0, u', u^2, u^3, ... durch die Grössen u_0, u_1, u_2, u_3, ... ersetzt.

Um die übrigen Coefficienten zu erhalten, muss man in ähnlicher Weise verfahren. Man findet dann, dass das allgemeine Glied der Reihe

$$A_n = \frac{(-1)^n}{r^{\frac{1}{2}(n^2-n)} r^{1;n}} \Sigma_0^{\omega} \frac{D^{n+s}u}{r^{ns} r^{1;s}} \tag{5.}$$

ist; die neue Entwicklung von u_x ist also:

$$u_x = \Sigma_0^{\omega} \frac{1}{r^{1;s}} \left\{ D^s u - \frac{r^x D^{1+s}u}{r^s r^{1;1}} + \frac{r^{2x} D^{2+s}u}{r^{2s+1} r^{1;2}} - \frac{r^{3x} D^{3+s}u}{r^{3s+3} r^{1;3}} + \cdots \right\}. \tag{6.}$$

Die Reihe (9.) in §. 157 kennt Stirling nicht und von dieser Reihe entwickelt er nur das erste Glied, welches aber auch hauptsächlich practischen Werth hat.

§. 159.

Der Reihen (9.) in §. 157 und (6.) in §. 158 kann man sich zur Berechnung von u_x bedienen, wenn r grösser als 1 ist. Für sehr grosse negative x ist dann annähernd:

$$u_{-x+1} = A_0 + A_1 r^{-x+1} \qquad u_{-x+1} - u_x = A_1 r^{-x}(r-1)$$
$$u_{-x} = A_0 + A_1 r^{-x} \qquad u_{-x} - u_{-x-} = A_1 r^{-x-1}(r-1)$$
$$u_{-x-1} = A_0 + A_1 r^{-x-1}$$

also, wenn man die vorletzte Gleichung durch die letzte dividirt, so ergiebt sich der Werth von

$$r = Du_{-x} : Du_{-x-1}.$$

Für ein unendlich grosses negatives $x = -\omega$ erhält man aus der Formel (6.) in §. 158:

$$(1.) \qquad u_{-\omega} = \sum_0^\omega \frac{D^s u}{r^{1;s}} = u + \frac{Du}{r^{1;1}} + \frac{D^2 u}{r^{1;2}} + \frac{D^3 u}{r^{1;3}} + \cdots$$

Dieser Formel bedient sich Stirling, um aus der Fläche des regelmässigen Vierecks und der folgenden Vielecke von doppelter Seitenzahl, welche einem Kreise vom Radius 1 eingeschrieben sind, die Fläche dieses Kreises selbst zu berechnen.

Es ist die Fläche des dem Kreise eingeschriebenen

$$\begin{array}{lll} 128 \text{ Ecks} & = u_0 & = 3{,}14033115695475 \\ 64 & = u_1 & = 3{,}13654849054594 \\ 32 & = u_2 & = 3{,}12144515225805 \\ 16 & = u_3 & = 3{,}06146745892072 \\ 8 & = u_4 & = 2{,}82842712474619 \\ 4 & = u_5 & = 2. \end{array}$$

$$\begin{array}{ll} Du & = -0{,}00378266640881 \\ Du_1 & = -0{,}01510333828789 \\ Du_2 & = -0{,}05997769333733 \\ Du_3 & = -0{,}23304033417453 \end{array}$$

Es ist also jede folgende Differenz nahe viermal grösser, als die vorhergehende; daher ist für r der Werth 4 anzunehmen, wenn die Reihe stark convergiren soll.

Man erhält dann:

$$\left\{\begin{array}{llll} D^2 u & = Du_1 & - 4Du & = 0{,}00002732734735 \\ D^2 u_1 & = Du_2 & - 4Du_1 & = 0{,}00043565981423 \\ D^2 u_2 & = Du_3 & - 4Du_2 & = 0{,}00687043917479 \end{array}\right.$$

$$\left\{\begin{array}{lll} D^3 u & = D^2 u_1 - 16 D^2 u & = -0{,}00000157774337 \\ D^3 u_1 & = D^2 u_2 - 16 D^2 u_1 & = -0{,}000100117 \end{array}\right.$$

$$D^4 u = D^3 u_1 - 64 D^3 u = 0{,}00000085772279.$$

In diesem Falle ist also:

$$u_{-\omega} = u_0 - \frac{Du}{3} + \frac{D^2u}{45} - \frac{D^3u}{2835} + \frac{D^4u}{722925} - \cdots$$

$$\begin{array}{r} u_0 = 3{,}14033115695475 \\ 126088880294 \\ 60727439 \\ 55652 \\ 119 \\ \hline u_{-\omega} = \pi = 3{,}14159265358979 \end{array}$$
bis in die letzte Stelle richtig.

Wollte man sich der Formel (9.) in §. 157 bedienen, so erhielte man:

$$u_{-\omega} = R\sum_0^\omega \frac{u_s}{r^{1;s}}$$

$$= \left\{1 + \frac{r}{r^{(1;1)^2}} + \frac{r^2}{r^{(1;2)^2}} + \cdots\right\}\left\{u_0 + \frac{u_1}{r^{1;1}} + \frac{u_2}{r^{1;2}} + \frac{u_3}{r^{1;3}} + \cdots\right\}.$$

Der Coefficient nimmt in dem Falle, wo $x = 4$ ist, folgenden Werth an:

$$R = \frac{4}{3}\cdot\frac{16}{15}\cdot\frac{64}{63}\cdot\frac{256}{255} + \cdots = 1 + \frac{4}{3^2} + \frac{4^2}{(3.15)^2} + \frac{4^3}{(3.15.63)^2} + \cdots$$

und es genügen 4 Glieder, um bis auf 14 Decimalen genau

$$R = 1{,}45235364244962$$

$$\log R = 0{,}1620723$$

zu erhalten. Der Factor von R wird in diesem Falle

$$(2.)\quad \sum_0^\omega \frac{u_s}{r^{1;s}} = u_0 - \frac{u_1}{3} + \frac{u_2}{45} - \frac{u_3}{2835} + \frac{u_4}{722925} - \frac{u_5}{739552275} + \cdots$$

Setzt man hier für die u ihre Werthe, so findet man:

$$\sum_0^\omega \frac{u_s}{r^{1;s}} = 2{,}163104468338.$$

Das Product dieser Zahl mit R liefert:

$$\pi = 3{,}141592653593,$$

enthält also einen Fehler von drei Einheiten in der zwölften Decimalstelle. Diese Methode der Berechnung ist also in diesem Falle weniger bequem und weniger sicher als die erste, kann aber als Controlle der Rechnung dienen, und giebt eine deutlichere Vorstellung vom Grade der Annäherung, welche man erreicht hat.

Als zweites Beispiel für die Benutzung der zweiten Formel wählen wir die Berechnung von $\log\pi$ aus den Logarithmen der Flächeninhalte der eingeschriebenen regelmässigen Vielecke. Bezeichnen wir den Inhalt des eingeschriebenen n-Ecks durch J_n, so ist

$$\begin{array}{lll} \log J_{64} = u_0 = 0{,}4964520 & & \\ & Du = -0{,}0020963 & \\ \log J_{32} = u_1 = 0{,}4943557 & & D^2u = -0{,}0000415. \\ & Du_1 = -0{,}0084257 & \\ \log J_{16} = u_2 = 0{,}4859244 & & \end{array}$$

Es ist also

$$\log\pi = u_0 - \tfrac{1}{3}Du + \tfrac{1}{45}D^2u - \cdots = 0{,}4971499$$

bis in die letzte Decimale richtig.

Endlich sei noch J_{256} aus $J_{16} \ldots . J_{128}$ zu berechnen. Man hat hierbei:

$$\begin{array}{ll} J_{128} = u_0 = 3{,}14033116 & \\ & Du = -0{,}00378267 \\ J_{64} = u_1 = 3{,}13654849 & \\ & Du_1 = -0{,}01510334 \\ J_{32} = u_2 = 3{,}12144515 & \\ & Du_2 = -0{,}05997769 \\ J_{16} = u_3 = 3{,}06146746 & \end{array}$$

$$\begin{array}{ll} D^2u = 0{,}00002733 & \\ & D^3u = 0{,}00000158 \\ D^2u_1 = 0{,}00043566 & \end{array}$$

Der Inhalt des Zweihundertsechsundfünfzig-Ecks muss jetzt als u_{-1} bezeichnet werden; man findet dann aus N. 6 §. 158, da das erste Glied der Reihe $u_{-\omega} = \pi$ ist,

$$J_{256} = u_{-1} = \pi - \sum_0^\omega \frac{D^{1+s}u}{2^{s+1}\,2^{1;1}\,2^{1;s}} + \sum_0^\omega \frac{D^{2+s}u}{2^{2s+3}\,2^{1;2}\,2^{1;s}} - \cdots$$

$$= \pi + \frac{Du}{12} - \frac{D^2u}{144} + \frac{D^3u}{64.9.15} - \cdots$$

$$\begin{array}{r} = 3{,}14159265 \\ -0{,}00311522 \\ -0{,}00000019 \\ \hline J_{256} = 3{,}14127724. \end{array}$$

Dieses Resultat ist nur um eine Einheit in der letzten Stelle zu gross. Man brauchte also zur Berechnung die zweite Reihe gar nicht und von der ersten nur zwei Glieder.

§. 160.

Mit demselben Erfolge gelingt auch die Berechnung der elliptischen Integrale erster und zweiter Gattung, wenn man die Methoden des §. 118 benutzt.

Es war dort $\varphi = 47^0 = 169200''$ angenommen und gefunden worden

$$\varphi_1 = 92030'',14$$
$$\varphi_2 = 47118'',15$$
$$\varphi_3 = 23703'',64$$
$$\varphi_4 = 11870'',112.$$

Setzt man $\varphi = u_4$; $2\varphi_1 = u_3$; $4\varphi_2 = u_2$; $8\varphi_3 = u_1$; $16\varphi_4 = u_0$, so wird

$$F(\varphi) = 2^\omega \varphi_\omega = u_{-\omega}$$

und es ist auch hier $r = 4$ anzunehmen, da, wie a. a. O. bemerkt wurde, jede Differenz ebenfalls viermal kleiner ist, als die vorhergehende.

Wollte man sich der Reihe (2.) in §. 159 bedienen, und etwa $\varphi = u_5$ setzen, so lehrt dieselbe, dass, wenn φ selbst $90^0 = 324000''$ betrüge, das Glied, welches u_5 enthält, doch noch keine tausendtel Secunde ausmachen, also stets verschwinden würde. Man erreicht daher für logarithmische Berechnung in allen Fällen einen genügenden Grade von Genauigkeit, wenn man die Reihe mit $16\varphi_4$ beginnt, so dass also

$$u_{-\omega} = 16R\left(\varphi_4 - \frac{\varphi_3}{6} + \frac{\varphi_2}{180} - \frac{\varphi_1}{22680} + \frac{\varphi}{11566800}\right)$$

ist, wobei

$$\log 16R = 1,3661923$$

genommen werden muss.

Werden die Winkel φ in Secunden ausgedrückt, so muss der Werth von $u_{-\omega}$ noch durch 206264,8 nämlich die Anzahl Secunden, welche der Längeneinheit entsprechen, dividirt werden, um sogleich $u_{-\omega}$ als Bogen eines Kreises zu erhalten, dessen Radius 1 ist. Der Logarithmus dieser Zahl ist aber 5,3144251. Diese Zahl von $\log 16R$ abgezogen, giebt den Rest

$$0,0517672 - 4$$

und diesen Logarithmus hat man nur zum Logarithmus der Reihe

$$\varphi_4 - \frac{\varphi_3}{6} + \frac{\varphi_2}{180} - \frac{\varphi_1}{22680} + \frac{\varphi}{11566800}$$

zu addiren, um sogleich den $\log F(\varphi)$ zu erhalten. Die fünf Glieder dieser Reihe liefern:

$$\begin{array}{rr}
11870{,}112 & \\
261{,}768 & -3950{,}607 \\
0{,}015 & -4{,}058 \\
\hline
12131{,}895 & -3954{,}665 \\
-\ 3954{,}665 & \\
\hline
\log\ 8177{,}230 & =3{,}9126062 \\
 & 0{,}0517672-4 \\
\hline
\end{array}$$

$$\log u_{-\omega} = 9{,}9643734 \qquad u_{-\omega} = 0{,}9212413$$

Der Logarithmus des genaueren Werthes von $F(\varphi)$ enthält in der letzten Stelle eine 8 statt einer 4, und dieser Fehler hätte sich nur vermeiden lassen, wenn in §. 118 die Winkel φ bis auf Tausendtel der Secunden genau geführt worden wären.

Um $E(\varphi)$ zu finden, muss man noch die Reihe

$$\sin\varphi \sin\gamma_1^2 + 2\sin\varphi_1 \sin\gamma_2^2 + 4\sin\varphi_2 \sin\gamma_3^2 + 8\sin\varphi_3 \sin\gamma_4^2 + \cdots,$$

in welcher man die Logarithmen der einzelnen Glieder bereits kennt, mit Hülfe der Stirling'schen Interpolationsformel berechnen. Die Summe der vier hier niedergeschriebenen Glieder ist nach pag. 192 gleich 0,1822974 und mit u_0 zu bezeichnen, so dass man hat

$$u_0 = 0{,}1822974$$

$$\begin{array}{lll}
Du = -0{,}0028313 & & \\
 & D^2u = 0{,}0002131 & \\
Du_1 = -0{,}0111121 & & D^3u = -0{,}0002541 \\
 & D^2u_1 = 0{,}0031555 & \\
Du_2 = -0{,}0412929 & &
\end{array}$$

Es ist also nach N. 6 in §. 158:

$$\begin{array}{r}
0{,}1822974 \\
9438 \\
47 \\
1 \\
\hline
0{,}1832460 = F(\varphi) - E(\varphi).
\end{array}$$

Diese Differenz ist nur um eine Einheit in der letzten Stelle zu klein. Es war aber gefunden:

$$F(\varphi) = 0{,}9212413$$

also ist

$$E(\varphi) = 0{,}7379957$$

Der genauere Werth von $E(\varphi) = 0{,}7379960.$

Wollte man die Reihe (1.) in §. 159 anwenden,

$$u_{-\omega} = u_0 - \frac{Du}{3} + \frac{D^2u}{45} + \frac{D^3u}{2835} + \cdots$$

so hätte man folgende Rechnung durchzuführen:

$$\begin{array}{lllll}
16\varphi_1 = u_0 = 189921{,}792 & & & & \\
 & Du = -\ 292{,}67 & & & \\
8\varphi_3 = u_1 = 189629{,}12 & & D^2u = \ 14{,}16 & & \\
 & Du_1 = -1156{,}52 & & D^3u = -12{,}80 & \\
4\varphi_2 = u_2 = 188472{,}60 & & D^2u_1 = 213{,}76 & & \\
 & Du_2 = -4412{,}32 & & & \\
2\varphi_1 = u_3 = 184060{,}28 & & & &
\end{array}$$

$$\begin{aligned}
u &= 189921{,}792 \\
-\tfrac{1}{3}Du &= \quad 97{,}557 \\
\tfrac{1}{45}D^2u &= \quad\ \ 0{,}335 \\
\tfrac{1}{2835}D^3u &= \quad\ \ 0{,}004 \\
\hline
\log.190019{,}688 &= 5{,}2787986 \\
 & \quad\ 5{,}3144251 \\
\hline
\log u_{-\omega} &= 9{,}9643735
\end{aligned}$$

Es war hier $u_{-\omega}$ in Secunden ausgedrückt worden und um diese in Theile des Radius zu verwandeln, musste vom $\log u_{-\omega}$ der Logarithmus von 206264,8 abgezogen werden.

Weil die andern Methoden der Berechnung von $E(\varphi)$, wenn der Modul k der Einheit ziemlich nahe liegt, immer noch beschwerlich erscheinen, und die hier mitgetheilte, wenn zugleich auch $F(\varphi)$ verlangt wird, vor den übrigen den Vorzug verdient, besonders wenn etwa diese Functionen auf mehr als sieben Decimalen berechnet werden müssen, so wollen wir noch die Berechnung eines zweiten Beispiels vollständig durchführen.

Es mögen also die beiden Integrale

$$\int_0^{70^0} \frac{d\varphi}{\sqrt{1-(\sin 80^0)^2 \sin\varphi^2}} \quad \text{und} \quad \int_0^{70^0} d\varphi \sqrt{1-(\sin 80^0)^2 \sin\varphi^2}$$

zur Berechnung vorgelegt werden.

Statt des in §. 118 benutzten Formelsystems könnte man offenbar auch das folgende anwenden:

$$\begin{aligned}
\sin\gamma\ \ &= k\sin\varphi \\
\sin\gamma_1 &= \sin\tfrac{1}{2}\gamma\ : \cos\tfrac{1}{2}\varphi\ = k\sin\varphi_1 \\
\sin\gamma_2 &= \sin\tfrac{1}{2}\gamma_1 : \cos\tfrac{1}{2}\varphi_1 = k\sin\varphi_2 \\
\sin\gamma_3 &= \sin\tfrac{1}{2}\gamma_2 : \cos\tfrac{1}{2}\varphi_2 = k\sin\varphi_3 \\
&\ldots\ldots\ldots\ldots
\end{aligned}$$

Hier ist $k = \sin 80^0$ und $\varphi = 70^0$. Wenn die Rechnung bis auf Tausendtel der Secunden geführt wird, so ergiebt sich nach diesen Formeln folgende Reihe von Winkeln:

$$\begin{aligned}
\gamma\ &= 67^0 43' 52'',558 & \varphi\ &= 70^0 & &= 252000'' \\
\gamma_1 &= 42^0 51' 54'',009 & \varphi_1 &= 43^0 41' 27'',220 & &= 157287'',220 \\
\gamma_2 &= 23^0 10' 59'',939 & \varphi_2 &= 23^0 33' 44'',564 & &= 84824'',564 \\
\gamma_3 &= 11^0 50' 40'',827 & \varphi_3 &= 12^0\ 1' 48'',391 & &= 43308'',391 \\
\gamma_4 &= 5^0 57' 18'',970 & \varphi_4 &= 6^0\ 2' 50'',820 & &= 21770'',820
\end{aligned}$$

$$\begin{aligned}
\varphi_4 &= 21770'',820 \\
\varphi_2 : 180 &= \quad 471'',248 & \varphi_3 : 6 &= 7218,065 \\
\varphi : 11566800 &= \quad\ \ 0'',022 & \varphi_1 : 22680 &= \quad 6,935 \\
&\overline{\quad 22242'',090} & &\overline{\ 7225,000} \\
&\ \ -\ 7225,\ 000 \\
\log 15017,\ 090 &= 4,1765858 \\
&\quad\ 0,0517672 - 4 \\
&\overline{\quad\ 0,2283530} = \log F(\varphi). \\
F(\varphi) &= 1,6918157
\end{aligned}$$

Der genauere Werth ist 1,6918149

und der Logarithmus dieser Zahl ist nur um zwei Einheiten kleiner als der der hier gefundenen. Die Formel (1.) in §. 159, welche Stirling zu seinen Zwecken benutzt, wird hier, wo der Modul schon ziemlich gross ist, weniger bequem gewesen sein.

Wollte man die Hundertel und Tausendtel der Secunden ganz sicher berechnen, so müsste man sich für die Winkel φ_3 und φ_4 anderer Formeln bedienen.

Es ist nämlich

(1.) $$\sin\gamma = k\sin\varphi$$

und

$$\sin\varphi_1\cos\tfrac{1}{2}\varphi = \frac{1}{k}\sin\tfrac{1}{2}\gamma,$$

so wie auch

$$\sin\varphi_1 = \frac{\sin\frac{1}{2}\varphi}{\cos\frac{1}{2}\gamma}, \quad \text{also} \quad \cos\varphi_1 = \frac{\sqrt{\cos\frac{1}{2}(\varphi+\gamma)\cos\frac{1}{2}(\varphi-\gamma)}}{\cos\frac{1}{2}\gamma}.$$

Setzt man also:

(2.) $$\cos\delta = \frac{1}{\cos\frac{1}{2}\varphi}\sqrt{\cos\frac{1}{2}(\varphi+\gamma)\cos\frac{1}{2}(\varphi-\gamma)},$$

so wird hiernach

(3.) $$\sin(\varphi_1 - \tfrac{1}{2}\varphi) = \frac{2}{k}\sin\tfrac{1}{2}\gamma\sin\tfrac{1}{2}\delta^2.$$

Berechnet man sich daher den Winkel $\frac{1}{2}\gamma$ durch die Formel (1.), in welcher φ_2 statt φ geschrieben werden muss, und δ aus (2.), wo ebenfalls φ und γ mit φ_2 und γ_2 zu vertauschen sind, so findet man die kleine Differenz $\varphi_3 - \frac{1}{2}\varphi_2$ mit sehr grosser Genauigkeit aus der Formel (3.), in welcher wieder φ_3, φ_2 und γ_2 an die Stelle von φ_1, φ und γ getreten sind.

Um nun noch $E(\varphi)$ zu finden, muss man den Werth der Reihe

$$\sin\varphi\sin\gamma_1^2 + 2\sin\varphi_1\sin\gamma_2^2 + 4\sin\varphi_2\sin\gamma_3^2 + \cdots$$

oder, was dasselbe ist, der Reihe

$$2\,\mathrm{tg}\tfrac{1}{2}\varphi\sin\tfrac{1}{2}\gamma^2 + 4\,\mathrm{tg}\tfrac{1}{2}\varphi_1\sin\tfrac{1}{2}\gamma_1^2 + 8\,\mathrm{tg}\tfrac{1}{2}\varphi_2\sin\tfrac{1}{2}\gamma_2^2 + \cdots$$

berechnen, wozu man nur bereits bekannte Logarithmen benutzt. Von dieser Reihe bedarf man aber in unserm Falle fünf Glieder. Diese sind:

$$\begin{aligned}
Du &= 0{,}00456120 \qquad D^2u = 0{,}00029663\\
Du_1 &= 0{,}01794871\\
Du_2 &= 0{,}06736757\\
Du_3 &= 0{,}21410966\\
Du_4 &= 0{,}43486333\\
\hline
u_0 &= 0{,}73884993\\
Du:\ 3 &= 0{,}00152040\\
D^2u:45 &= 0{,}00000659\\
\hline
&\ 0{,}74037692 = F(\varphi) - E(\varphi)\\
F\varphi &= 1{,}6918157\\
\hline
E\varphi &= 0{,}9514388
\end{aligned}$$

Der genauere Werth von $E\varphi$ ist in der letzten Stelle um 3 Einheiten kleiner.

Wenn der Modul k fast gleich 1 ist und die Amplitude φ sehr nahe an 90^0 liegt, dann wird die Differenz zwischen $F(\varphi)$ und $E(\varphi)$ sehr gross und man müsste von der Reihe, aus welcher diese Differenz gefunden wird, noch mehr Glieder benutzen, wenn ihr Werth bis auf sieben Ziffern genau gefunden werden sollte. In diesen extremen Fällen wendet man aber lieber andere Methoden an, die wir früher kennen gelernt haben.

Dieselben Vorschriften, welche wir hier für die Berechnung der elliptischen Integrale zweiter Gattung gegeben haben, müssen auch für die dritter Gattung benutzt werden, wenn diese Functionen mit Hülfe der Formel (2.) in §. 141 berechnet werden sollen.

Schliesslich bemerken wir noch, dass, wenn die Grösse von r in der Stirling'schen Interpolationsreihe, welche nicht mit der nach ihm benannten Summationsformel verwechselt werden darf, gehörig bestimmt wird, ihre Convergenz gesteigert werden kann, und dass diese Reihe, welche bisher der Aufmerksamkeit der Mathematiker entgangen zu sein scheint, überhaupt von ausserordentlich hohem practischem Werthe ist.

Zweite Abtheilung.

Die Anwendungen.

Erster Abschnitt.

Die Oberfläche des Ellipsoids.

§. 161.

Der Inhalt J eines Theils der Oberfläche eines Körpers, dessen Normale im Punkte x, y, z mit der Axe der z den Winkel γ bildet, wird bekanntlich durch das Doppel-Integral

$$J = \iint \frac{dx\,dy}{\cos\gamma}$$

ausgedrückt, wenn die Coordinaten rechtwinklig sind und die Grenzen der Integrale den gegebenen Bedingungen gemäss gewählt werden.

Um die Schwierigkeiten der Integration zu vermindern, sucht man gewöhnlich durch Einführung zwei neuer Variablen u und v statt x und y die Grenze der beiden Integrale von einander unabhängig zu machen. Es liegt aber nahe, für die eine dieser Variabeln den Winkel γ zu wählen, da dann $\cos\gamma$ unverändert beibehalten werden kann.

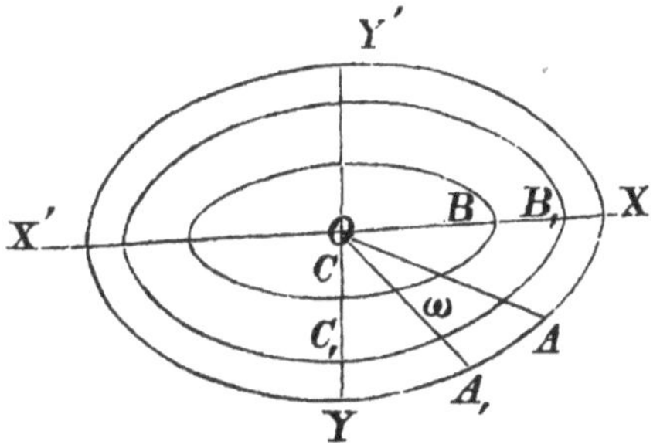

Zieht man nun in der Ebene der xy durch den Anfangspunkt der Coordinaten gerade Linien OA, OA_1, ..., welche durch die Gleichungen dargestellt werden, die aus

$$(1.)\qquad y = ux$$

entspringen, wenn man dem u eine bestimmte stetige Reihe von Werthen beilegt, und durchschneiden diese Linien ein System von Curven BC, B_1C_1, ..., deren Gleichungen aus

(2.) $$y = \varphi(x,\gamma)$$

hervorgehen, wenn γ eine stetige Reihe von Werthen durchläuft, so wird durch beide Systeme von Linien die Ebene der xy in Elementartheile getheilt, deren Grösse ω bekanntlich durch das Produkt

$$du\,d\gamma\left(\frac{dx}{d\gamma}\frac{dy}{du}-\frac{dx}{du}\frac{dy}{d\gamma}\right)$$

ausgedrückt wird. Es ist aber aus (1.):

$$\frac{dy}{du} = x + \frac{u\,dx}{du};\quad \frac{dy}{d\gamma} = u\frac{dx}{d\gamma},$$

also wird

$$\omega = du\,d\gamma\cdot\frac{x\,dx}{d\gamma}$$

und daher

(3.) $$F = \iint\frac{du\,d\gamma}{\cos\gamma}\cdot\frac{x\,dx}{d\gamma}.$$

Ist nun die Oberfläche des Ellipsoids

$$ax^2 + by^2 + cz^2 = 1$$

zu bestimmen, so ist die Gleichung seiner Berührungsebene im Punkte x, y, z, wenn ξ, η, ζ die laufenden Coordinaten sind,

(4.) $$ax\xi + by\eta + cz\zeta = 1$$

oder, wenn man diese Gleichung mit einer willkürlichen Grösse p multiplicirt

$$pax\xi + pby\eta + pcz\zeta = p$$

oder auch

(5.) $$\alpha\xi + \beta\eta + \gamma\zeta = p,$$

wenn man

(6.) $$\alpha = pax;\quad \beta = pby;\quad \gamma = pcz$$

setzt. Die α, β, γ stellen also die Cosinus der Winkel α, β, γ dar, welche die Normale p der Berührungsebene mit den Coordinatenaxen bildet, denn bekanntlich ist (5.) die Gleichung einer Ebene, welche um p vom Anfangspunkt der Coordinaten absteht, wenn dieses p mit den Coordinatenaxen die Winkel α, β, γ bildet, deren Cosinus selbst der Kürze wegen α, β, γ genannt worden sind; eine Bezeichnungsweise, die niemals zu Verwechselungen Veranlassung geben kann, so lange im ganzen Verlauf der Rechnung nirgends die blossen Bogen α, β, γ erscheinen.

Multiplicirt man (4.) mit p^2, und beachtet N. 6, so erhält man:

$$(7.)\qquad p^2 = \frac{\alpha^2}{a} + \frac{\beta^2}{b} + \frac{\gamma^2}{c}$$

für das Quadrat des Abstands der Berührungsebene vom Anfangpunkte der Coordinaten. Es ist beiläufig noch zu bemerken, dass die Summe der Quadrate der Gleichungen N. 6 zu der Gleichung führt:

$$(7'.)\qquad \frac{1}{p^2} = a^2x^2 + b^2y^2 + c^2z^2.$$

Aus (6.) findet man:

$$(8.)\qquad x^2 = \frac{bc\alpha^2}{a(bc\alpha^2 + ca\beta^2 + ab\gamma^2)}.$$

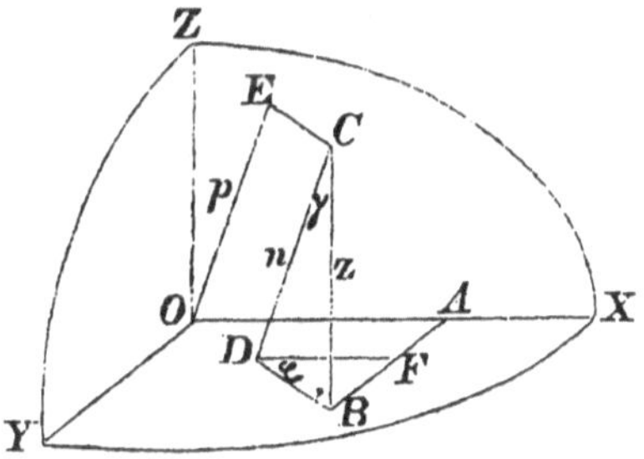

Sind in der Figur $OA = x$, $AB = y$, $BC = z$ die Coordinaten des Punktes C der Oberfläche des Ellipsoids und ist $CD = n$ die Normale, so wie $OE = p$ die Entfernung der Berührungsebene im Punkte C von O, so ist, wenn BD mit OX oder DF den Winkel φ bildet,

$$DB = n\sin\gamma;\quad DF = n\sin\gamma\cos\varphi;\quad BF = n\sin\gamma\cos\varphi;$$

und daher

$$(9.)\qquad \alpha = \frac{DF}{n} = \sin\gamma\cos\varphi \quad \text{und} \quad \beta = \frac{BF}{n} = \sin\gamma\sin\varphi.$$

Durch diese Ausdrücke verwandelt sich (8.) in:

$$(10.)\qquad x^2 = \frac{bc\cos\varphi^2}{a(bc\cos\varphi^2 + ca\sin\varphi^2 + ab\cot\gamma^2)}.$$

Aus dieser Gleichung ergiebt sich durch Differenziren:

$$(11.)\qquad \frac{xdx}{\cos\gamma\, d\gamma} = \frac{b^2c\cos\varphi^2\sin\gamma}{(bc\cos\varphi^2\sin\gamma^2 + ca\sin\varphi^2\sin\gamma^2 + ab\cos\gamma^2)^2}.$$

Es ist aber aus (6.) und (9.):

$$(12.)\qquad y = \frac{a\beta}{b\alpha}x = \frac{a}{b}\operatorname{tg}\varphi . x.$$

Vergleicht man diese Gleichung mit (1.), so ersieht man, dass

$$(13.)\qquad u=\frac{a}{b}\operatorname{tg}\varphi$$

gesetzt werden muss, also

$$du=\frac{a}{b}\frac{du}{\cos\varphi^2}.$$

Durch Einführung dieser Ausdrücke in N. 3 erhält man endlich:

$$(14.)\qquad J=abc\iint\frac{\sin\gamma\, d\gamma\, d\varphi}{(bc\cos\varphi^2\sin\gamma^2+ca\sin\varphi^2\sin\gamma^2+ab\cos\gamma^2)^{\frac{3}{2}}}.$$

§. 162.

Wenn man die Oberfläche des Octanten xyz des Ellipsoids verlangt, so müssen sich offenbar beide Integrale in J von 0 bis $\frac{1}{2}\pi$ erstrecken. Wird die ganze Oberfläche des Ellipsoids mit O bezeichnet, so ist also

$$(1.)\qquad O=8abc\int_0^{\frac{1}{2}\pi}\int_0^{\frac{1}{2}\pi}\frac{\sin\gamma\, d\gamma\, d\varphi}{(bc\cos\varphi^2\sin\gamma^2+ca\sin\varphi^2\sin\gamma^2+ab\cos\gamma^2)^{\frac{3}{2}}}.$$

Die Integration nach φ lässt sich nun am bequemsten auf folgende Weise ausführen.

Die Oberfläche der Ellipse

$$\alpha x^2+\beta y^2=1$$

ist bekannlich $\frac{\pi}{\sqrt{\alpha\beta}}$. Ein Halbmesser r dieser Ellipse, welcher mit der Abscissenaxe den Winkel φ bildet, ist aber durch die Gleichung gegeben:

$$r^2=\frac{1}{\alpha\cos\varphi^2+\beta\sin\varphi^2},$$

folglich ist die Hälfte des Flächeninhalts der Ellipse:

$$(2.)\qquad \int_0^{\frac{1}{2}\pi}r^2 d\varphi=\int_0^{\frac{1}{2}\pi}\frac{d\varphi}{\alpha\cos\varphi^2+\beta\sin\varphi^2}=\frac{\pi}{2\sqrt{\alpha\beta}}.$$

Setzt man nun in dieser Formel:

$$\alpha=t+m,\quad \beta=t-m,$$

wodurch sich die rechte Seite in

$$\tfrac{1}{2}\pi(t^2-m^2)^{-\frac{1}{2}}$$

verwandelt, und differenzirt beide Seiten nach t, so ergiebt sich sogleich, wenn man die Grössen α und β wieder einführt,

$$(3.)\quad \int_0^{\frac{1}{2}\pi}\frac{d\varphi}{(\alpha\cos\varphi^2+\beta\sin\varphi^2)^2}=\tfrac{1}{4}\pi\cdot\frac{\alpha+\beta}{(\alpha\beta)^{\frac{3}{2}}}=\tfrac{1}{4}\pi\left(\frac{1}{\alpha^{\frac{1}{2}}\beta^{\frac{3}{2}}}+\frac{1}{\alpha^{\frac{3}{2}}\beta^{\frac{1}{2}}}\right).$$

Wenn man dieses Integral mit dem unter N. 1 vergleicht und

$$ab\cos\gamma^2\cos\varphi^2+ab\cos\gamma^2\sin\varphi^2$$

statt $ab\cos\gamma^2$ setzt, so sieht man, dass

$$\alpha=b(a\cos\gamma^2+c\sin\gamma^2)=bc\left(1-\frac{c-a}{c}\cos\gamma^2\right)$$

und

$$\beta=a(b\cos\gamma^2+c\sin\gamma^2)=ac\left(1-\frac{c-b}{c}\cos\gamma^2\right)$$

genommen werden muss, wenn beide übereinstimmen sollen.

Es ist daher, wenn man

$$\sqrt{\frac{a}{c}}=\cos\tau\quad\text{und}\quad\sqrt{\frac{b}{c}}=\cos\varrho.$$

setzt,

$$(5.)\quad \frac{cO}{2\pi}=\sqrt{\frac{b}{a}}\int_0^{\frac{1}{2}\pi}\frac{\sin\gamma\,d\gamma}{(1-\sin\tau^2\cos\gamma^2)^{\frac{1}{2}}(1-\sin\varrho^2\cos\gamma^2)^{\frac{3}{2}}}$$
$$+\sqrt{\frac{a}{b}}\int_0^{\frac{1}{2}\pi}\frac{\sin\gamma\,d\gamma}{(1-\sin\tau^2\cos\gamma^2)^{\frac{3}{2}}(1-\sin\varrho^2\cos\gamma^2)^{\frac{1}{2}}}.$$

Um diese Integrale durch die Functionen f, g, h auszudrücken, wollen wir, wie gewöhnlich, den Modul mit k bezeichnen und

$$(6.)\quad \sin\tau\cos\gamma=\frac{fx}{\sqrt{k}};\quad \sin\varrho\cos\gamma=\sqrt{k}fx$$

setzen, also

$$(7.)\quad k=\frac{\sin\varrho}{\sin\tau}=\sqrt{\frac{c-b}{c-a}};\quad k'=\sqrt{\frac{b-a}{c-a}},$$

wobei wir annehmen müssen, dass ϱ kleiner als τ ist. Es wird dann

$$1-\sin\tau^2\cos\gamma^2=\frac{k-fx^2}{k}=\frac{k'gx^2}{k}$$
$$1-\sin\varrho^2\cos\gamma^2=1-kfx^2=k'hx^2$$

und, wenn man die erste der Gleichungen (6.) differenzirt,

$$\sin\tau\sin\gamma\,d\gamma=-\frac{\theta o^2gxhx}{\sqrt{k}}dx.$$

Durch Einführung dieser Grössen verwandelt sich N. 5, wenn man die Grenzen und das Zeichen vor den Integralen umkehrt und mit einem constanten Factor multiplicirt, in:

$$(8.)\qquad \frac{\sqrt{abc}\,(b-a)}{2\pi\sqrt{c-a}}O = b\theta o^2\int_0^x\frac{d\lambda}{h\lambda^2}+a\theta o^2 k\int_0^x\frac{d\lambda}{g\lambda^2},$$

denn für $\gamma = 0$ wird, nach N. 6, $\sin\tau = \frac{fx}{\sqrt{k}}$ und für $\gamma = \frac{1}{2}\pi$ verschwindet x. Die obere Grenze x dieser Integrale ist also durch eine der Formeln bestimmt:

$$(9.)\qquad fx = \sqrt{x}\sin\tau;\quad gx = \sqrt{\frac{k}{k'}}\cos\tau;\quad hx = \frac{\cos\varrho}{\sqrt{k'}}$$

oder durch das Integral:

$$\int_0^\tau\frac{d\lambda}{\varDelta\lambda} = x\theta o^2.$$

Nach den Formeln (2.) und (3.) in §. 123 ist aber

$$\theta o^2\int_0^x\frac{d\lambda}{g\lambda^2} = \frac{1}{k}\{\operatorname{tg}\tau\,\varDelta\tau + k'^2F(\tau) - E(\tau)\}$$

$$\theta o^2\int_0^x\frac{d\lambda}{h\lambda^2} = E(\tau) - \frac{k^2\sin\tau\cos\tau}{\varDelta\tau}.$$

Benutzt man diese Ausdrücke für die Formel (8.) und beachtet (4.), so findet man, nach leichten Reductionen, wenn man jetzt lieber die Halbaxen des Ellipsoids, wie gewöhnlich, mit a, b, c bezeichnet, also a^2, b^2, c^2 statt $\frac{1}{a}$, $\frac{1}{b}$, $\frac{1}{c}$ schreibt, die ganze Oberfläche des Körpers

$$(10.)\qquad O = 2\pi\{c^2 + bc(\operatorname{tg}\tau E\tau + \cot\tau F\tau)\},$$

wenn

$$\cos\tau = \frac{c}{b};\quad \cos\varrho = \frac{c}{b};\quad k = \frac{\sin\varrho}{\sin\tau} = \frac{a}{b}\sqrt{\frac{b^2-c^2}{a^2-c^2}},$$

gesetzt wird.

Wendet man aber für die Integrale in (8.) die Formeln aus §. 123 an, welche durch Thetafunctionen ausgedrückt sind, so erhält man:

$$\frac{\vartheta o^2 \sqrt{abc}(b-a)}{2\pi\sqrt{c-a}} O = b(l'\vartheta x - xl''\vartheta o) + a(xl''\vartheta o - l'\vartheta x)$$

$$= (b-a)l'\vartheta x + al'\frac{hx}{gx} + x(b\vartheta o^4 - a\vartheta o^4 - (b-a)l''\theta o).$$

Benutzt man hier die Gleichungen (4.) und (9.), so findet man:

$$O = 2\pi\sqrt{\frac{c-a}{abc}}\left\{\frac{l'\vartheta x}{\vartheta o^2} + \sqrt{\frac{ac}{b(c-a)}} + x\left(\frac{c\vartheta o^2}{c-a} - \frac{\theta'' o}{\theta o\, \vartheta o^2}\right)\right\}.$$

oder, wenn, wie vorher, die Halbaxen wieder a, b, c genannt werden,

$$(11.)\qquad O = 2\pi b\sqrt{a^2-c^2}\left\{\frac{l'\vartheta x}{\vartheta o^2} + \frac{xa^2\vartheta o^2}{a^2-c^2} - \frac{x\theta'' o}{\theta o\,\vartheta o^2} + \frac{b}{\sqrt{a^2-c^2}}\right\}.$$

§. 163.

Beispiel:

Es sei $a = 3$, $b = 2$, $c = 1$. Dann wird

$$\cos\tau = \tfrac{1}{3},\quad \cos\varrho = \tfrac{1}{2},\quad k = \sqrt{\tfrac{27}{32}} = \sin 66^\circ 42' 58'',77$$

$$k' = \sqrt{\tfrac{5}{32}};\quad hx = \sqrt[4]{0,4};$$

$$\tau = 70^\circ 31' 43'',61,$$

und die Formeln (10.) und (11.) nehmen die Gestalt an:

$$(12.)\qquad O = \pi(2 + \sqrt{2}F\tau + \sqrt{128}E\tau)$$

$$(13.)\qquad O = \pi\sqrt{128}\left\{\frac{l'\vartheta x}{\vartheta o^2} + \tfrac{9}{8}x\vartheta o^2 - \frac{x\theta'' o}{\theta o\,\vartheta o^2} + \sqrt{0,5}\right\}.$$

Wenn man die letzte Formel zur Berechnung anwenden will, so muss zunächst der Werth von q durch die Formel (6.) in §. 43 berechnet werden. Es war nach dieser Formel:

$$\cos\beta = \sqrt{k'} = \sqrt[4]{\tfrac{5}{32}},\ \text{also}\ \beta = 51^\circ 2' 40'',17\ \text{und}\ \lambda = \tfrac{1}{2}\operatorname{tg}\tfrac{1}{2}\beta^2$$

und zwei Glieder reichen hin, um völlig genau

$$q = 0,1140188$$

zu geben. Da die neunte Potenz dieser Grösse auf die siebente Decimalstelle keinen Einfluss mehr hat, so wird:

$$\log \vartheta o^2 = \log(1 + 2q + 2q^4)^2 = 0,1786674$$

und

$$\log\frac{\theta'' o}{\theta o\,\vartheta o^2} = \log\frac{8(q - 4q^4)}{(1 - 2q + 2q^4)\vartheta o^2} = 9,8910353.$$

Ferner ist bei diesem Grade der Annäherung:

$$l'\vartheta x = -\frac{4(q\sin 2x + 2q^4 \sin 4x)}{1 + 2q\cos 2x + 2q^4 \cos 4x}.$$

Berechnet man nun $\cos 2x$ mit Hülfe der Formel (4.) in §. 44, so findet man den Werth von $x = 60^0 = \frac{1}{3}\pi$. Es wird also

$$l'\vartheta x = -\frac{\sqrt{12}(q - 2q^4)}{(1 - q - q^4)}$$

und

$$\frac{l'\vartheta x}{\vartheta o^2} = -0{,}2946278.$$

Mit Hülfe dieser Zahlenwerthe ergiebt sich aus der N. 13 die Oberfläche des Ellipsoids, dessen Halbaxen 1', 2' und 3' betragen.

$$O = 48{,}88212 \text{ Quadratfuss.}$$

Die Berechnung des Gliedes $l'\vartheta x$ wäre freilich beschwerlicher gewesen, wenn das x nicht einen so einfachen Werth angenommen hätte.

In der Formel (12.) erscheinen die elliptischen Integrale der ersten und zweiten Gattung beide zugleich, es lässt sich daher die in §. 160 gelehrte Methode der Berechnung ebenfalls, besonders ihrer grossen Gleichförmigkeit wegen, vortheilhaft anwenden. Vertauschen wir die dort gebrauchte Bezeichnung φ mit dem Buchstaben τ, so erhalten wir sogleich:

$$k = \sqrt{\tfrac{27}{32}}; \quad \cos\tau = \tfrac{1}{3}, \quad \sin\tau = \sqrt{\tfrac{8}{9}},$$

also

$$\sin\gamma = \sqrt{\tfrac{3}{4}}; \quad \cos\gamma = \tfrac{1}{2}.$$

ferner

$$\sin\gamma_1 = \sqrt{\tfrac{3}{8}}; \quad \cos\gamma_1 = \sqrt{\tfrac{5}{8}}$$

und hieraus

$$\sin\tau_1 = \tfrac{2}{3}; \quad \cos\tau_1 = \sqrt{\tfrac{5}{9}}.$$

Es bleiben also nur noch die Winkel γ_2, γ_3, γ_4 und τ_2, τ_3, τ_4 zu berechnen übrig. Diese Berechnungen lassen sich ohne Benutzung der Sinustafeln ausführen und man überzeugt sich bald, dass die beiden Integrale $F(\tau)$ und $E(\tau)$ eben so leicht bis auf 14 Decimalen genau gefunden werden können, als früher der Werth von π in §. 159 bis zu diesem Grade der Annäherung bestimmt wurde.

Die weitere Durchführung der sehr einfachen Rechnung liefert folgende Werthe:

Die weitere Durchführung der sehr einfachen Rechnung liefert folgende Werthe:

$$\begin{array}{ll}
\gamma\ = 60^0 & \varphi\ = 70^0 31' 43'',61 \\
\gamma_1 = 37^0 45' 40'',478 & \varphi_1 = 41^0 48' 37'',119 \\
\gamma_2 = 20^0 16'\ 2'',228 & \varphi_2 = 22^0\ 9' 17'',814 \\
\gamma_3 = 10^0 19' 41'',246 & \varphi_3 = 11^0 15' 19'',057 \\
\gamma_4 = \ 5^0 11' 20'',901 & \varphi_4 = \ 5^0 39'\ 2'',364
\end{array}$$

$$\begin{array}{rrrr}
\varphi_4 = & 20342'',364 & & \\
\varphi_2 : 180 = & 443'',099 & \varphi_3 : 6 = & 6753'',176 \\
\varphi : 11566800 = & 0'',022 & \varphi_5 : 22680 = & 6'',637 \\
\hline
& 20785'',485 & & 6759'',813 \\
& 6759'',813 & & \\
\hline
& 14025'',672 & \text{also } F(\tau) = 1,5801229. &
\end{array}$$

$$\begin{array}{rl}
\sin\tau\ \sin\gamma_1^2 = & 0,3535534 \\
2\sin\tau_1 \sin\gamma_2^2 = & 0,1599907 \\
4\sin\tau_2 \sin\gamma_3^2 = & 0,0484864 \\
8\sin\tau_3 \sin\gamma_4^2 = & 0,0127728 \\
\hline
& 0,5748033
\end{array}
\qquad
\begin{array}{rr}
u_0 = & 0,5748033 \\
Du : 3 = & 42576 \\
D^2u : 45 = & 579 \\
D^3u : 2835 = & 27 \\
D^4u : 722915 = & 3 \\
\hline
& 0,5791218 \\
F(\tau) = & 1,5801229 \\
\hline
E(\tau) = & 1,0010011
\end{array}$$

Mit diesen Werthen findet man:

$$O = 48,88211.$$

§. 164.

Die bemerkenswerthe Formel:

$$f(x,\nu)^2 h(x',\nu')^2 + g(x,\nu)^2 g(x',\nu')^2 + h(x,\nu)^2 f(x',\nu')^2 = 1$$

oder

$$(1.)\qquad f^2h'^2 + g^2g'^2 + h^2f'^2 = 1,$$

in welcher x und x' von einander unabhängige Grössen und ν und ν' durch die Gleichung $\nu\nu' = \pi^2$ mit einander verbunden sind, wurde bereits in §. 34 gefunden und schon in §. 122 zu geometrischen Untersuchungen benutzt. Sie lässt sich unmittelbar für die Berechnung der Oberfläche eines Ellipsoids anwenden.

Denn wenn, wie in §. 122,

$$\frac{\xi^2}{a^2}+\frac{\eta^2}{b^2}+\frac{\zeta^2}{c^2}=1$$

die Gleichung des Ellipsoids ist und

$$(2.)\qquad S=\iint\left(\frac{d\zeta}{dx}\frac{d\eta}{dx'}-\frac{d\eta}{dx}\frac{d\zeta}{dx'}\right)\frac{dx\,dx'}{\cos\alpha}$$

einen Theil der Oberfläche dieses Körpers darstellt, dessen Begrenzungen, so wie es in §. 122 geschah, bestimmt werden müssen, so kann man, vermöge der Gleichung (1.), die Substitutionen machen

$$(3.)\qquad \xi=afh';\quad \eta=bgg';\quad \zeta=chf',$$

aus denen sich

$$\frac{d\eta}{dx}=-b\theta_{\!o}o^2fhg';\quad \frac{d\eta}{dx'}=-b\theta_{\!o}'o^2gf'h'$$

$$\frac{d\zeta}{dx'}=c\theta'o^2hg'h';\quad \frac{d\zeta}{dx}=-c\theta_{\!o}o^2fgf'$$

ergeben und das Flächenelement ähnlich, wie in §. 122, die Gestalt annimmt:

$$(4.)\qquad \left(\frac{d\zeta}{dx}\frac{d\eta}{dx'}-\frac{d\eta}{dx}\frac{d\zeta}{dx'}\right)dx\,dx'=bc\theta_{\!o}o^2\theta_{\!o}'o^2fh'\left(\frac{h^2}{ho^2}+\frac{h'^2}{h'o^2}-1\right).$$

Nach §. 157 N. 6 und N. 7' ist aber:

$$(5.)\qquad \frac{1}{\cos\alpha}=\frac{a^2}{p\xi}=\frac{a}{pfh'}=\frac{a}{fh'}\sqrt{\frac{f^2h'^2}{a^2}+\frac{g^2g'^2}{b^2}+\frac{h^2f'^2}{c^2}}$$

Diese Ausdrücke müssen in (2.) eingesetzt werden, um S durch die Functionen f, g, h, f', g', h' ausgedrückt zu erhalten.

Eliminirt man aber aus den beiden letzten Gleichungen in N. 3 erst g' und f' und dann g und h, so erhält man, wenn noch, wie pag. 200

$$(6.)\qquad \begin{aligned} f\ &=\sqrt{k}\sin\varphi;\quad g=\sqrt{\frac{k}{k'}}\cos\varphi;\quad h=\frac{\Delta(\varphi,k)}{\sqrt{k'}}\\ f'&=\sqrt{k'}\sin\varphi';\quad g'=\sqrt{\frac{k'}{k}}\cos\varphi';\quad h'=\frac{\Delta(\varphi',k')}{\sqrt{k}}\end{aligned}$$

gesetzt wird, die beiden Gleichungen:

$$\frac{\zeta^2}{c^2(1-k^2\sin\varphi^2)}+\frac{\eta^2}{b^2\cos\varphi^2}=1$$

$$\frac{\zeta^2}{c^2k'^2\sin\varphi'^2}-\frac{k^2\eta^2}{b^2k'^2\cos\varphi'^2}=1,$$

welche den ähnlichen auf der angeführten Seite entsprechen und die dort angegebene Bedeutung haben, mit welcher sich der Leser vertraut machen muss. Die Substitutionen (3.) nehmen vermöge (6.) die Gestalt an:

$$(7.)\qquad \xi = a\sin\varphi\sqrt{1-k'^2\sin\varphi'^2};\quad \eta = b\cos\varphi\cos\varphi';$$
$$\zeta = c\sin\varphi'\sqrt{1-k^2\sin\varphi^2}.$$

Die Constanten k und k' sind willkürliche und nur durch die Gleichung:

$$k^2+k'^2=1$$

mit einander verbunden. Diese Constanten lassen sich aber so bestimmen, dass der Ausdruck unter der Wurzel in N. 5 in ein Product zerfällt. Nach §. 26 ist nämlich:

$$h^2 = \frac{g^2+k'f^2}{k} \quad\text{und}\quad h'^2 = \frac{g'^2+kf'^2}{k'},$$

also wird

$$\frac{f^2h'^2}{a^2}+\frac{g^2g'^2}{b^2}+\frac{h^2f'^2}{c^2} = \frac{g^2g'^2}{b^2}+\frac{f^2g'^2}{k'a^2}+\frac{f'^2g^2}{kc^2}+\frac{f^2f'^2(k^2c^2+k'^2a^2)}{kk'a^2c^2}$$
$$=\left(\frac{g^2}{b}+\frac{bf^2}{k'a^2}\right)\frac{g'^2}{b}+\frac{bf'^2}{kc^2}\left(\frac{g^2}{b}+\frac{f^2}{k'a^2}\cdot\frac{k^2c^2+k'^2a^2}{b}\right).$$

Wird nun k so gewählt, dass

$$(8.)\qquad k^2c^2+k'^2a^2=b^2,$$

so erhält man die Zerlegung:

$$(9.)\qquad \frac{f^2h'^2}{a^2}+\frac{g^2g'^2}{b^2}+\frac{h^2f'^2}{c^2} = \left(\frac{g^2}{b}+\frac{bf^2}{k'a^2}\right)\left(\frac{g'^2}{b}+\frac{bf'^2}{kc^2}\right).$$

Das Integral S nimmt also, wenn man die Gleichungen anwendet

$$k'h^2 = 1-kf^2;\quad kh'^2 = 1-k'f'^2;$$

folgende Gestalt an:

$$(10.)\quad S = \frac{\mathfrak{g}o^2\mathfrak{g}'o^2}{\sqrt{kk'}}\iint dx\,dx'(1-kf^2-k'f'^2)\sqrt{k'a^2g^2+b^2f^2}\sqrt{kc^2g'^2+b^2f'^2}$$

in welcher die Veränderlichen x und x' gesondert erscheinen, und die Constanten k und k' sich nach N. 8 durch die Gleichungen

$$k^2 = \frac{a^2-b^2}{a^2-c^2};\quad k'^2 = \frac{b^2-c^2}{a^2-c^2}$$

ergeben. Führt man in (10.) durch die Formeln (6.) die Winkel φ und φ' statt der Veränderlichen x und x' ein, und bezeichnet:

$$\lambda^2 = \frac{a^2 - b^2}{a^2}; \quad \mu^2 = \frac{b^2 - c^2}{b^2};$$

ferner

$$(11.) \left\{ \begin{array}{ll} a\int d\varphi \Delta(\varphi,k) \Delta(\varphi.\lambda) = P; & b\int d\varphi' \Delta(\varphi',k') \Delta(\tfrac{1}{2}\pi - \varphi',\mu) = P' \\ a\int d\varphi \dfrac{\Delta(\varphi,\lambda)}{\Delta(\varphi,k)} = Q; & b\int d\varphi' \dfrac{\Delta(\frac{1}{2}\pi - \varphi',\mu)}{\Delta(\varphi',k')} = Q'. \end{array} \right.$$

so wird

$$(12.) \qquad S = PQ' + QP' - QQ'.$$

Die vier Integrale unter N. 11 lassen sich nach §. 143 durch elliptische Integrale dritter Gattung darstellen, welche nach §. 137 auf solche der ersten und zweiten Gattung zurückgeführt werden können, wenn die Grenzen sich von 0 bis $\frac{1}{2}\pi$ erstrecken. Wenn die Grenzen von φ und φ' unbestimmt bleiben, so hat man, wie bereits bemerkt wurde, aus §. 122 zu ersehen, welchen Theil der Oberfläche des Ellipsoids der Ausdruck S darstellt. Eine weitere Vereinfachung dieses Ausdrucks, die allerdings ziemlich umständlich ist, soll hier aber nicht vorgenommen werden, da der schwierigste Theil der Operationen bereits ausgeführt worden ist.

§. 165.

Von den mannigfaltigen Methoden, welche die Mathematiker ersonnen haben, um die Schwierigkeiten der Integration bei der Bestimmung der Oberfläche des Ellipsoids zu überwinden, soll jetzt zunächst noch eine hauptsächlich deswegen mitgetheilt werden, weil sie sich einer Reihe sehr wichtiger Formeln bedient, welche bei vielen analytischen Untersuchungen benutzt werden müssen. Diese Hülfsformeln wollen wir nun zunächst entwickeln.

Es sei

$$\varphi(x) = x - a . x - b . x - c \ldots$$

ein Polynom vom $(n+1)$sten Grade in Bezug auf x. Ist nun $m < n+1$, so erhält man durch Zerlegen in Partialbrüche, wenn die Ableitung von $\varphi(x)$ durch $\varphi'(x)$ bezeichnet wird,

$$(1.) \qquad \frac{x^m}{\varphi x} = \frac{a^m}{(x-a)\varphi' a} + \frac{b^m}{(x-b)\varphi' b} + \frac{c^m}{(x-c)\varphi' c} + \cdots$$

Es ist aber, wenn $x < a$ gedacht wird,

$$\frac{1}{x-a} = -\frac{1}{a\left(1-\frac{x}{a}\right)} = -\frac{1}{a}\left(1+\frac{x}{a}+\frac{x^2}{a^2}+\frac{x^3}{a^3}+\cdots\right),$$

also kann man statt (1.) schreiben:

$$(2.)\quad \frac{(-1)^n x^m}{abc\ldots}\left(1+\frac{x}{a}+\frac{x^2}{a^2}+\cdots\right)\left(1+\frac{x}{b}+\frac{x^2}{b^2}+\cdots\right)\left(1+\frac{x}{c}+\frac{x^2}{c^2}+\cdots\right)\cdots$$

$$= \frac{a^{m-1}}{\varphi' a}\left(1+\frac{x}{a}+\frac{x^3}{a^2}+\cdots\right)+\frac{b^{m-1}}{\varphi' b}\left(1+\frac{x}{b}+\frac{x^2}{b^2}+\cdots\right)$$

$$+\frac{c^{m-1}}{\varphi' c}\left(1+\frac{x}{c}+\frac{x^2}{c^2}+\cdots\right)+\cdots$$

Ordnet man beide Seiten dieser Gleichung nach Potenzen von x und setzt die Coefficienten gleich hoher Potenzen einander gleich, so erhält man das folgende System von Formeln, wenn man zunächst rechts nur bis zur Potenz x^{m-1} fortschreitet,

$$\frac{a^{m-1}}{\varphi' a}+\frac{b^{m-1}}{\varphi' b}+\frac{c^{m-1}}{\varphi' c}+\cdots = 0$$

$$\frac{a^{m-2}}{\varphi' a}+\frac{b^{m-2}}{\varphi' b}+\frac{c^{m-2}}{\varphi' c}+\cdots = 0.$$

. . . .

Diese Formeln können sämmtlich durch den Summenausdruck

$$(3.)\qquad \Sigma \frac{a^m}{\varphi' a} = 0$$

angedeutet werden, in welchem $\varphi' a$ n Factoren enthält und m irgend eine der Zahlen 0, 1, 2, ..., $n-1$ sein kann. Besteht $\varphi' a$ z. B. aus zwei Factoren, so finden also die identischen Gleichungen Statt:

$$(4.)\qquad \frac{1}{a-b\,.\,a-c}+\frac{1}{b-a\,.\,b-c}+\frac{1}{c-a\,.\,c-b} = 0$$

$$(5.)\qquad \frac{a}{a-b\,.\,a-c}+\frac{b}{b-a\,.\,b-c}+\frac{c}{c-a\,.\,c-b} = 0.$$

Schreitet man in der Vergleichung der Coefficienten gleich hoher Potenzen von x in der Formel (2.) weiter, so erhält man noch folgende identische Gleichungen:

$$(6.)\begin{cases}\dfrac{(-1)^n}{abc\ldots}=\dfrac{1}{a\varphi' a}+\dfrac{1}{b\varphi' b}+\dfrac{1}{c\varphi' c}+\cdots\\ \dfrac{(-1)^n}{abc\ldots}\left(\dfrac{1}{a}+\dfrac{1}{b}+\dfrac{1}{c}+\cdots\right)=\dfrac{1}{a^2\varphi' a}+\dfrac{1}{b^2\varphi' b}+\dfrac{1}{c^2\varphi' c}+\cdots\\ \dfrac{(-1)^n}{abc\ldots}\left(\dfrac{1}{a^2}+\dfrac{1}{b^2}+\dfrac{1}{c^2}+\dfrac{1}{ab}+\dfrac{1}{ac}+\dfrac{1}{bc}+\cdots\right)\\ \qquad=\dfrac{1}{a^3\varphi' a}+\dfrac{1}{b^3\varphi' b}+\dfrac{1}{c^3\varphi' c}+\cdots\end{cases}$$

Vertauscht man hier $a, b, c, \ldots$ mit $\frac{1}{a}, \frac{1}{b}, \frac{1}{c}, \ldots,$ so verwandeln sich diese Formeln in die folgenden:

$$(7.)\begin{cases}\dfrac{a^n}{\varphi' a}+\dfrac{b^n}{\varphi' b}+\dfrac{c^n}{\varphi' c}+\cdots=1\\ \dfrac{a^{n+1}}{\varphi' a}+\dfrac{b^{n+1}}{\varphi' b}+\dfrac{c^{n+1}}{\varphi' c}+\cdots=a+b+c+\cdots\\ \dfrac{a^{n+2}}{\varphi' a}+\dfrac{b^{n+2}}{\varphi' b}+\dfrac{c^{n+2}}{\varphi' c}+\cdots=a^2+b^2+c^2+ab+ac+bc+\cdots\\ \ldots\ldots\ldots\ldots\ldots\ldots\ldots\ldots\end{cases}$$

in denen $\varphi' a$ ebenfalls ein Product von n Factoren darstellt. Für $n=2$ erhält man also die Gleichungen:

$$(8.)\qquad \frac{a^2}{a-b.a-c}+\frac{b^2}{b-a.b-c}+\frac{c^2}{c-a.c-b}=1$$

$$(9.)\qquad \frac{a^3}{a-b.a-c}+\frac{b^3}{b-a.b-c}+\frac{c^3}{c-a.c-b}=a+b+c$$

und aus der ersten der Gruppe (6.)

$$(10.)\qquad \frac{1}{a.a-b.a-c}+\frac{1}{b.b-a.b-c}+\frac{1}{c.c-a.c-b}=\frac{1}{abc}.$$

Die fünf Gleichungen (4.), (5.), (8.), (9.), (10.) sind es hauptsächlich, was wir für das Folgende benutzen werden.

§. 166.

Nach diesen Vorbereitungen behandeln wir zunächst die Aufgabe, jeden Punkt x, y, z der Oberfläche eines Ellipsoids

$$(1.)\qquad \frac{x^2}{a}+\frac{y^2}{b}+\frac{z^2}{c}=1$$

durch die Axen des Centralschnitts auszudrücken, dessen Ebene der

Berührungsebene im Punkte x, y, z parallel läuft. Die Berührungsebene des Ellipsoids im Punkte x, y, z ist

$$\frac{\xi x}{a}+\frac{\eta y}{b}+\frac{\zeta z}{c}=1,$$

wenn ξ, η, ζ die laufenden Coordinaten sind. Also ist

$$(2.)\qquad \frac{\xi x}{a}+\frac{\eta y}{b}+\frac{\zeta z}{c}=0$$

die Ebene, welche durch den Mittelpunkt des Ellipsoids geht und der Berührungsebene parallel ist. Das Quadrat des Radius des elliptischen Centralschnitts, welcher vom Mittelpunkte nach irgend einem Punkte $\xi\eta\zeta$ der Peripherie desselben gezogen ist, sei u, dann hat man die Gleichung:

$$(3.)\qquad \xi^2+\eta^2+\zeta^2=u$$

und weil $\xi\eta\zeta$ auf dem Ellipsoid liegt, auch

$$(4.)\qquad \frac{\xi^2}{a}+\frac{\eta^2}{b}+\frac{\zeta^2}{c}=1.$$

Betrachtet man die Gleichung (3.) als die Gleichung einer Kugel und zieht von ihr die (4.) ab, nachdem man ihre beiden Seiten mit u multiplicirt hat, so erhält man:

$$(5.)\qquad \frac{\xi^2}{a}(a-u)+\frac{\eta^2}{b}(b-u)+\frac{\zeta^2}{c}(c-u)=0.$$

Diese Gleichung ist offenbar die Gleichung einer Kegelfläche, deren Spitze im Mittelpunkte des Ellipsoids liegt und deren Mantel durch den Durchschnitt des Ellipsoids und der Kugel geht. Wenn der willkürlich gewählte Punkt $\xi\eta\zeta$ nicht zufällig im Scheitel der grossen oder kleinen Axe des Centralschnitts liegt, so giebt es vier Punkte in der Peripherie dieses Schnittes, welche gleiche Entfernung vom Mittelpunkte des Ellipsoids haben, so dass also die Kegelfläche (5.) von der Centralebene (2.) in zwei geraden Linien geschnitten wird, welche mit den Axen der Ellipse gleiche Winkel bilden. Ist aber der Punkt $\xi\eta\zeta$ ein Scheitel der grossen oder kleinen Axe des elliptischen Centralschnitts, dann fallen diese beiden Linien in eine einzige zusammen, welche entweder die grosse oder die kleine Axe dieser Ellipse ist und die Centralebene wird in diesen beiden Fällen die Kegelfläche (5.) nicht schneiden, sondern nur berühren. Die Gleichung der Berührungsebene an diese Kegelfläche (5.) im Punkte $\xi\eta\zeta$ ist aber

$$(6.)\qquad \xi'\xi\cdot\frac{a-u}{a}+\eta'\eta\cdot\frac{b-u}{b}+\zeta'\zeta\cdot\frac{c-u}{c}=0.$$

wenn ξ', η', ζ' die laufenden Coordinaten sind.

Diese Ebene und die Ebene (2.) müssen also identisch sein. Da die laufenden Coordinaten in (2.) ξ, η, ζ und in (6.) ξ', η', ζ' genannt wurden, so hat man also

$$(7.)\qquad x=\xi(a-u);\quad y=\eta(b-u);\quad z=\zeta(c-u).$$

Führt man die aus diesen Gleichungen entspringenden Werthe von ξ, η, ζ in die Gleichung (2.) ein, so erhält man die Gleichung:

$$(8.)\qquad \frac{x^2}{a(a-u)}+\frac{y^2}{b(b-u)}+\frac{z^2}{c(c-u)}=0,$$

aus welcher u als die Quadrate der beiden Halbaxen der Ellipse gefunden wird, in welcher eine Ebene das Ellipsoid schneidet, die der Berührungsebene im Punkte xyz parallel läuft.

Die quadratische Gleichung (8.) hat aber zwei Wurzeln, die mit u und v bezeichnet werden mögen, so dass also $\sqrt{u}$ und $\sqrt{v}$ die beiden gesuchten Halbaxen sind. Es findet ausser (8.) daher noch die zweite Gleichung Statt:

$$(9.)\qquad \frac{x^2}{a(a-v)}+\frac{y^2}{b(b-v)}+\frac{z^2}{c(c-v)}=0.$$

Aus den Gleichungen (1.), (8.), (9.) können aber jetzt auch die Coordinaten x, y, z durch die Grössen a, b, c, u, v ausgedrückt werden, oder wenn man das Ellipsoid durch eine Ebene schneidet, welche durch seinen Mittelpunkt gelegt ist und in dem elliptischen Durchschnitte die beiden Axen bestimmt, so lassen sich aus diesen Grössen und den Axen des Ellipsoids die Coordinaten x, y, z des Punktes berechnen, in welchem das Ellipsoid von einer Ebene berührt wird, die der Ebene des Centralschnitts parallel läuft. Es giebt aber offenbar, wegen der symmetrischen Gestalt des Körpers, im Ellipsoid vier Centralschnitte, deren Axen dieselbe Grösse haben und da jedem dieser Centralschnitte zwei Berührungsebenen parallel laufen, werden acht Punkte x, y, z auf dem Ellipsoide durch dieselben Grössen a, b, c, u, v bestimmt, was auch daraus folgt, dass aus den erwähnten Gleichungen nur die Quadrate von x^2, y^2, z^2 gefunden werden können. Beiläufig mag noch bemerkt werden, dass die Durchschnitte der beiden Kegel (8.) und (9.) mit dem Ellipsoide (1.) die Krümmungslinien desselben bilden, welche durch die acht erwähnten Punkte gehen.

Um aus den Gleichungen (1.), (8.), (9.) die Grössen $\frac{x^2}{a}$, $\frac{y^2}{b}$, $\frac{z^2}{c}$ zu finden, bedarf es keiner weiteren Rechnung, denn setzt man in diese Gleichungen die Werthe ein:

$$(10.)\qquad \frac{x^2}{a}=\frac{a-u.a-v}{a-b.a-c};\quad \frac{y^2}{b}=\frac{b-u.b-v}{b-a.b-c};\quad \frac{z^2}{c}=\frac{c-u.c-v}{c-a.c-b},$$

so werden diese Gleichungen sämmtlich befriedigt.

Die (1.) verwandelt sich nämlich durch diese Substitution in:

$$\frac{a^2-a(u+v)+uv}{a-b.a-c}+\frac{b^2-b(u+v)+uv}{b-a.b-c}+\frac{c^2-c(u+v)+uv}{c-a.c-b}=1,$$

eine identische Gleichung, welche offenbar durch die Formeln (4.), (5.) und (8.) in §. 165 bestätigt wird.

Die (8.) geht durch dieselbe Substitution in:

$$\frac{a-v}{a-b.b-c}+\frac{b-v}{b-a.b-c}+\frac{c-v}{c-a.c-b}=0.$$

über, und auch diese Identität findet ihre Bestätigung durch die Formeln (4.) und (5.) in §. 165. Ebenso wird dann auch die Gleichung (9.) in eine identische verwandelt. Die Gleichungen (10.) bieten also wirklich die gesuchte Auflösung dar.

Bezeichnet man, der Kürze wegen, die Nenner der Brüche in (10.) in folgender Weise:

$$a-b.a-c=A;\quad b-a.b-c=B;\quad c-a.c-b=C,$$

so findet man aus diesen Gleichungen, wenn man sie logarithmisch differenzirt, auf der Stelle:

$$(11.)\quad \begin{cases} 2dx=-\sqrt{\frac{a}{A}}\left\{du\sqrt{\frac{a-v}{a-u}}+dv\sqrt{\frac{a-u}{a-v}}\right\} \\ 2dy=-\sqrt{\frac{b}{B}}\left\{du\sqrt{\frac{b-v}{b-u}}+dv\sqrt{\frac{b-u}{b-v}}\right\} \\ 2dz=-\sqrt{\frac{c}{C}}\left\{du\sqrt{\frac{c-v}{c-u}}+dv\sqrt{\frac{c-u}{c-v}}\right\}. \end{cases}$$

Führen wir die Bezeichnung ein:

$$X=\frac{dy}{du}\frac{dz}{dv}-\frac{dz}{du}\frac{dy}{dv}$$

$$Y=\frac{dz}{du}\frac{dx}{dv}-\frac{dx}{du}\frac{dz}{dv}$$

$$Z=\frac{dx}{du}\frac{dy}{dv}-\frac{dy}{du}\frac{dx}{dv},$$

so ist bekanntlich das Flächenelement

$$dS = du\,dv\sqrt{X^2+Y^2+Z^2}.$$

Aus den Gleichungen (11.), welche wir später benutzen werden, entnimmt man aber die Werthe von

$$\frac{dx}{du} = -\tfrac{1}{2}\sqrt{\frac{a}{A}}\sqrt{\frac{a-v}{a-u}};\quad \frac{dx}{dv} = -\tfrac{1}{2}\sqrt{\frac{a}{A}}\sqrt{\frac{a-u}{a-v}}$$

unmittelbar, wenn man in ihnen erst v und dann u als constant betrachtet. Ebenso findet man die entsprechenden Werthe von

$$\frac{dy}{du},\ \frac{dy}{dv};\quad \frac{dz}{du},\ \frac{dz}{dv}.$$

Wir machen diese Bemerkung übrigens nur, um die Aufzeichnung einiger Formeln zu ersparen.

Mit diesen Ausdrücken findet man, wenn

$$a-u.b-u.c-u = U$$

und

$$a-v.b-v.c-v = V$$

gesetzt wird und man, der Kürze wegen, $\frac{(v-u)^2}{16\,UV}$ durch w bezeichnet,

$$\frac{X^2}{w} = -\frac{bc.a-u.a-v}{A};\quad \frac{Y^2}{w} = -\frac{ca.b-u.b-v}{B};$$

$$\frac{Z^2}{w} = -\frac{ab.c-u.c-b}{C}.$$

Betrachtet man nun wieder die Gleichungen (4.), (5.) und (10.) in §. 165, so ergiebt sich das Flächenelement

$$(12.)\qquad dS = \tfrac{1}{4}\,du.dv(v-u)\sqrt{-\frac{uv}{UV}}.$$

Lässt man in den Kegeln (8.) und (9.) die Grössen u und v sich entsprechend von u_0 bis u, und von v_0 bis v, stetig ändern, so bestimmt der Durchschnitt dieser Flächen und des Ellipsoids (1.) eine stetige Folge von Punkten, welche auf dem Octanten XYZ des Ellipsoids zwischen zwei Paaren von Krümmungslinien liegen, die von den bezeichneten vier Kegelflächen begrenzt werden. Ist nun $a > b > c$ und erstrecken sich die Werthe des u von b bis a und die der Veränderlichen V von c bis b, so giebt das Integral der Gleichung (12.) die Fläche des ganzen Octanten.

Die Oberfläche des ganzen Ellipsoids ist also:

$$O = \int_c^b \frac{2v\sqrt{v}\,dv}{\sqrt{a-v\,.\,b-v\,.\,v-c}} \cdot \int_b^a \frac{\sqrt{u}\,du}{\sqrt{a-u\,.\,u-b\,.\,u-c}}$$

$$- \int_c^b \frac{2\sqrt{v}\,dv}{\sqrt{a-v\,.\,b-v\,.\,v-c}} \cdot \int_b^a \frac{u\sqrt{u}\,du}{\sqrt{a-u\,.\,u-b\,.\,u-c}}.$$

Die Zurückführung dieses symmetrischen Ausdrucks auf die einfachen Formeln des §. 162 lässt sich zwar mit Hülfe der Formeln des dreizehnten Abschnitts in der ersten Abtheilung bewerkstelligen, erfordert aber doch immer noch ziemlich umständliche Rechnungen.

§. 167.

Ueber die Bewegung eines Punktes auf der Oberfläche eines Ellipsoids.

Obgleich die beiden Probleme, welche wir jetzt behandeln werden, nicht auf elliptische, sondern auf Abel'sche Integrale führen, bei welchen das Polynom unter der Quadratwurzel den vierten Grad übersteigt, so glauben wir dennoch ihre Behandlung hier einschalten zu dürfen, da sie uns Gelegenheit geben werden, den Nutzen der im vorigen Paragraphen eingeführten Coordinaten nachzuweisen und ausserdem auch dem Leser einen Einblick in ein anderes, höher liegendes Gebiet der Analysis eröffnen.

Aufgabe.

Die Bewegung eines Punktes auf der Oberfläche eines Ellipsoids zu bestimmen, welcher von einer Kraft k nach dem Mittelpunkte desselben gezogen wird, die proportional der Entfernung wirkt.

Auflösung.

Die Gleichung des Ellipsoids sei wie in §. 165:

$$\frac{x^2}{a} + \frac{y^2}{b} + \frac{z^2}{c} = 1 \tag{1.}$$

und der Widerstand desselben normal gegen seine Oberfläche werde durch λ bezeichnet. Die Bewegungsgleichungen sind dann, wenn die Ableitungen nach der Zeit t durch Accente ausgedrückt werden,

$$x'' = \frac{\lambda x}{a} + kx;\quad y'' = \frac{\lambda y}{b} + ky;\quad z'' = \frac{\lambda z}{c} + kz. \tag{2.}$$

Multiplicirt man diese drei Gleichungen entsprechend mit $\frac{x}{a}, \frac{y}{b}, \frac{z}{c}$ und addirt die Producte, so erhält man mit Rücksicht auf (1.):

(3.) $$\frac{xx''}{a}+\frac{yy''}{b}+\frac{zz''}{c}=\lambda\left(\frac{x^2}{a^2}+\frac{y^2}{b^2}+\frac{z^2}{c^2}\right)+k.$$

Differenzirt man aber (1.) zweimal nach einander nach t, so verschafft man sich die Gleichungen:

(4.) $$\frac{xx'}{a}+\frac{yy'}{b}+\frac{zz'}{c}=0,$$

(5.) $$\frac{xx''}{a}+\frac{yy''}{b}+\frac{zz''}{c}+\frac{x'^2}{a}+\frac{y'^2}{b}+\frac{z'^2}{c}=0.$$

Bezeichnet man nun:

$$\frac{x^2}{a^2}+\frac{y^2}{b^2}+\frac{z^2}{c^2}=p$$

$$\frac{x'^2}{a}+\frac{y'^2}{b}+\frac{z'^2}{c}=q,$$

so lässt sich (3.) darstellen als

(6.) $$-q=\lambda p+k.$$

Multiplicirt man jetzt die Gleichungen (2.) entsprechend mit $2\frac{x'}{a}$, $2\frac{y'}{b}$, $2\frac{z'}{c}$, so liefert die Summe dieser drei Producte mit Rücksicht auf (4.),

$$2\left(\frac{x'x''}{a}+\frac{y'y''}{b}+\frac{z'z''}{c}\right)=2\lambda\left(\frac{xx'}{a^2}+\frac{yy'}{b^2}+\frac{zz'}{c^2}\right)$$

und diese Gleichung ist nichts Anderes als

(7.) $$q'=\lambda p'.$$

Eliminirt man λ aus (6.) und (7.), so gelangt man zu der Gleichung

$$\frac{p'}{p}+\frac{q'}{q+k}=0,$$

deren Integral

$$l(p)+l(q+k)=lA$$

oder, wenn man von den Logarithmen zu den Zahlen übergeht,

(8.) $$p(q+k)=A.$$

Multiplicirt man endlich noch die Gleichungen (2.) entsprechend mit x', y', z' und beachtet (4.), so erhält man als Summe dieser drei Producte die Gleichung:

$$x'x''+y'y''+z'z''=k(xx'+yy'+zz'),$$

deren Integral

$$(9.)\qquad x'^2+y'^2+z'^2=k(x^2+y^2+z^2)+B$$

ist.

Um die Lösung unseres Problems zu beenden, müssen wir jetzt zu den Gleichungen (11.) im vorigen Paragraphen zurückkehren und die Summe der Quadrate dieser drei Gleichungen bilden. Um aber das einfache Resultat dieser Operation sogleich voraussehen zu können, muss man sich der identischen Gleichungen erinnern:

$$\frac{a}{A}+\frac{b}{B}+\frac{c}{C}=0$$

$$\frac{a}{A(a-u)}+\frac{b}{B(b-u)}+\frac{c}{C(c-u)}=\frac{u}{U}$$

$$\frac{a^2}{A(a-u)}+\frac{b^2}{B(b-u)}+\frac{c^2}{C(c-u)}=\frac{u^2}{U},$$

von denen die erste die N. 5 in §. 165 ist und die zweite und dritte die Gleichung

$$\Sigma\frac{a^m}{\varphi' a}=0$$

für $m=1$ und $m=2$ darstellt, wenn der Nenner $\varphi' a$ aus drei Factoren besteht, denn nach der Bezeichnung im vorhergehenden Paragraphen ist

$$U=-(u-a)(u-b)(u-c).$$

Vertauscht man nun in diesen beiden letzten Gleichungen noch u mit v, so sieht man auf der Stelle, dass

$$4(dx^2+dy^2+dz^2)=du^2\left(\frac{u^2-uv}{U}\right)+dv^2\left(\frac{v^2-uv}{V}\right)$$

ist, oder, wenn man das Bogenelement mit ds bezeichnet,

$$(10.)\qquad ds^2=\tfrac{1}{4}(u-v)\left(\frac{udu^2}{U}-\frac{vdv^2}{V}\right).$$

Dividirt man aber die Gleichungen (11.) der Reihe nach durch $\sqrt{a}$, $\sqrt{b}$, $\sqrt{c}$ und bildet dann die Summen ihrer Quadrate, so erhält man die Gleichung:

$$(11.)\qquad \frac{dx^2}{a}+\frac{dy^2}{b}+\frac{dz^2}{c}=\tfrac{1}{4}(u-v)\left(\frac{du^2}{U}-\frac{dv^2}{V}\right);$$

wenn man noch die Formeln

$$\frac{1}{A}+\frac{1}{B}+\frac{1}{C}=0$$

und

$$\frac{1}{A(a-u)}+\frac{1}{B(b-u)}+\frac{1}{C(c-u)}=\frac{1}{U}$$

und die aus diesen durch Vertauschung von $u-v$ abgeleiteten, berücksichtigt. Aus den Gleichungen (10.) in §. 166 bildet man sehr leicht noch die beiden Formeln:

(12.) $$\frac{x^2}{a^2}+\frac{y^2}{b^2}+\frac{z^2}{c^2}=\frac{uv}{abc}$$

und

(13.) $$x^2+y^2+z^2=a+b+c-u-v,$$

wenn man die Gleichungen (9.) und (10.) in §. 165 zu Hülfe nimmt.

Nach diesen Vorbereitungen lässt sich der Gleichung (9.) jetzt die Gestalt geben:

(14.) $$\tfrac{1}{4}(u-v)\left(\frac{uu'^2}{U}-\frac{vv'^2}{V}\right)=C-k(u+v),$$

wenn man die Constanten $k(a+b+c)+B$ durch C bezeichnet.

Nach (11.) und (12.) ist

(15.) $$q=\tfrac{1}{4}(u-v)\left(\frac{u'^2}{U}-\frac{v'^2}{V}\right)$$

(16.) $$p=\frac{uv}{abc}.$$

Führt man diese Werthe in (8.) ein, und bezeichnet die Constante $abcA$ mit D, so nimmt diese Gleichung die Gestalt an:

(17.) $$\tfrac{1}{4}(u-v)\left(\frac{u'^2}{U}-\frac{v'^2}{V}\right)=\frac{D}{uv}-k.$$

Aus dieser Gleichung und der N. 14 lässt sich durch blosse Division dt eliminiren und so die Differentialgleichung der Bahn des bewegten Punktes in der Gestalt:

$$\left(\frac{D}{uv}-k\right)\left(\frac{udu^2}{U}-\frac{vdv^2}{V}\right)=(C-k(u+v))\left(\frac{du^2}{U}-\frac{dv^2}{V}\right)$$

herstellen. In dieser Gleichung, welche auch so dargestellt werden kann:

(18.) $$\frac{\sqrt{u}\,du}{\sqrt{U(D-Cu+ku^2)}}=\pm\frac{\sqrt{v}\,dv}{\sqrt{V(D-Cv+kv^2)}}$$

erscheinen die Veränderlichen gesondert. Vertauscht man noch u mit $\frac{1}{r}$ und v mit $\frac{1}{n}$, so nimmt diese Gleichung die Gestalt an:

$$(19.)\quad \frac{dr}{\sqrt{(ar-1)(br-1)(cr-1)(Dr^2-Cr+k)}}$$
$$= \pm \frac{dn}{\sqrt{(an-1)(bn-1)(cn-1)(Dn^2-Cn+k)}}.$$

Wenn nun aus dieser Gleichung, in welcher die veränderlichen Grössen unter dem Wurzelzeichen auf den fünften Grad steigen, v als Function von u bestimmt ist, so lässt sich dann auch aus der Gleichung (15.) t als Function von u oder v darstellen. Eine weitere Verfolgung des Problems ist aber mit den Mitteln, welche uns hier zu Gebote stehen, unmöglich.

§. 168.

Aufgabe.

Die Bewegung eines Punktes auf der Oberfläche eines Ellipsoids in einem widerstehenden Mittel zu bestimmen.

Der Widerstand habe die Form

$$\alpha v + \beta v^2$$

wo v die Geschwindigkeit des Punktes und α constant oder eine Function der Zeit sein kann, ebenso wie β als eine Constante oder als Function des durchlaufenen Bogens s betrachtet werden darf.

Die Bewegungsgleichungen sind dann, wenn die Bezeichnungen aus dem vorigen Paragraphen benutzt werden,

$$x'' = \frac{\lambda x}{a} + (\alpha v + \beta v^2)\frac{dx}{ds} = \frac{\lambda x}{a} + (\alpha + \beta v)x',$$

oder, wenn man der Kürze wegen

$$\alpha + \beta v = k$$

setzt, und die ähnlichen für die beiden anderen Ordinaten bildet,

$$(1.)\quad x'' = \frac{\lambda x}{a} + kx'; \quad y'' = \frac{\lambda y}{b} + ky'; \quad z'' = \frac{\lambda z}{c} + kz'.$$

Verfährt man nun mit diesen Gleichungen ganz so, wie bei der Behandlung der vorigen Aufgabe, so erhält man:

$$2\left(\frac{x'x''}{a} + \frac{y'y''}{b} + \frac{z'z''}{c}\right) = 2\lambda\left(\frac{xx'}{a^2} + \frac{yy'}{b^2} + \frac{zz'}{c^2}\right) + 2k\left(\frac{x'^2}{a} + \frac{y'^2}{b} + \frac{z'^2}{c}\right)$$

oder

(2.) $$q' = \lambda p' + 2kq,$$

ferner mit Rücksicht auf (4.) im vorhergehenden Paragraphen,

$$\frac{xx''}{a} + \frac{yy''}{b} + \frac{zz''}{c} = \lambda\left(\frac{x^2}{a^2} + \frac{y^2}{b^2} + \frac{z^2}{c^2}\right)$$

oder

(3.) $$-q = \lambda p.$$

Die Elimination von λ aus diesen beiden Gleichungen giebt di Gleichung:

$$\frac{p'}{p} + \frac{q'}{q} = 2k$$

oder

(4.) $$\frac{dp}{p} + \frac{dq}{q} = 2kdt = 2(\alpha dt + \beta v\, dt) = 2(\alpha dt + \beta ds).$$

Bezeichnet man

$$2\int \alpha dt = T \quad \text{und} \quad 2\int \beta ds = S$$

und nennt die Integrationsconstante A, so erhält das Integral von (4.) die Gestalt:

(5.) $$pq = Ae^{T+S}$$

Aus den Gleichungen (1.) bildet man sich noch leicht die folgenden:

$$x'x'' + y'y'' + z'z'' = k(x'^2 + y'^2 + z'^2)$$

oder

$$s's'' = ks'^2$$

oder

(6.) $$\frac{ds'}{s'} = kdt = \alpha dt + \beta ds,$$

deren Integral

(7.) $$s' = Be^{\frac{1}{2}(T+S)}$$

darstellt. Das Quadrat dieser Gleichung ist

$$\frac{s'^2}{B^2} = e^{T+S} = \frac{pq}{A}$$

oder nach (10.), (15.) und (16.) im vorigen Paragraphen

$$\frac{A}{B^2} \cdot \tfrac{1}{4}(u-v)\left(\frac{uu'^2}{U} - \frac{vv'^2}{V}\right) = \frac{uv}{abc} \cdot \tfrac{1}{4}(u-v)\left(\frac{u'^2}{U} - \frac{v'^2}{V}\right).$$

Aus dieser Gleichung hebt sich dt^2 fort und für $\frac{abcA}{B^2} = C$ führt sie sogleich zur Differentialgleichung der Bahn der Curve:

$$(8.)\qquad \frac{\sqrt{u}\,du}{\sqrt{U(u-C)}} = \pm\frac{\sqrt{v}\,dv}{\sqrt{V(v-C)}}.$$

Diese Curve, welche der Punkt durchläuft, ist offenbar zugleich die kürzeste Linie auf dem dreiachsigen Ellipsoide und die Construction dieser Linie lässt sich also nicht mehr durch elliptische Integrale bewerkstelligen, sondern fordert die Kenntniss der Abel'schen Transcendenten. Viel weiter eingehende Untersuchungen dieser Aufgabe hat Herr Weierstrass der Berliner Akademie mitgetheilt und einen Auszug davon in den Monatsberichten vom Jahre 1862 p. 986 veröffentlicht.

§. 169.

In gewissen Fällen lassen sich Integrale, welche in die Klasse der Abel'schen zu gehören scheinen, doch auf elliptische zurückführen und wir wollen diesen Paragraphen dazu benutzen, um eine Substitution mitzutheilen, durch welche eine solche Reduction gelingt. Obgleich sie uns nicht dazu führen wird, einen weiteren Schritt zur Lösung der beiden behandelten Aufgaben zu thun, so kann sie doch in vielen Fällen nützliche Dienste leisten.

Sind a und b zwei Constanten und unterwirft man die Veränderlichen x, y, z den Bedingungen, dass

$$(1.)\qquad x\,\mathrm{tg}\,a^2 = \mathrm{tg}\,y^2 \quad\text{und}\quad x\,\mathrm{tg}\,b^2 = \mathrm{tg}\,z^2,$$

so folgt, wenn die Wurzel positiv genommen wird,

$$x\,\mathrm{tg}\,a\,\mathrm{tg}\,b = \mathrm{tg}\,y\,\mathrm{tg}\,z$$

und es kann

$$(2.)\qquad \frac{\cos y\sin z}{\cos a\sin b} = \frac{\sin y\cos z}{\sin a\cos b} = \sin\varphi$$

gesetzt werden, wenn die Veränderlichen y und z gehörig eingeschränkte Werthe erhalten.

Aus (2.) folgt sogleich:

$$(3.)\qquad \sin\varphi^2 = \frac{\sin 2y\sin 2z}{\sin 2a\sin 2b}$$

und

$$(4.)\quad \sin(a-b)\sin\varphi = \sin(y-z),\quad \sin(a+b)\sin\varphi = \sin(y+z).$$

Eliminirt man aus den beiden Gleichungen (2.) den Winkel b, so wird

$$\sin\varphi^2 = \cos y^2\,\frac{\sin z^2}{\cos a^2} + \cos z^2\,\frac{\sin y^2}{\sin a^2}$$

oder

$$\cos\varphi^2 = 1 - \frac{\sin y^2}{\sin a^2} + \frac{\sin y^2}{\sin a^2}\cdot\frac{\sin z^2}{\cos a^2}\cos a^2 - \frac{\sin z^2}{\cos a^2} + \frac{\sin z^2}{\cos a^2}\cdot\frac{\sin y^2}{\sin a^2}\sin a^2$$

oder

(5.) $$\cos\varphi^2 = \left(1 - \frac{\sin y^2}{\sin a^2}\right)\left(1 - \frac{\sin z^2}{\cos a^2}\right).$$

Differenzirt man die Gleichungen (1.) und (3.) logarithmisch, so findet man:

(6.) $$\frac{dx}{4x} = \frac{dy}{\sin 2y} = \frac{dz}{\sin 2z}.$$

$$\cot\varphi\, d\varphi = \cot 2y\, dy + \cot 2z\, dz = (\cos 2y + \cos 2z)\frac{dx}{4x}$$

oder

(7.) $$\cot\varphi\, d\varphi = \cos(y - z)\cos(y + z)\frac{dx}{2x}.$$

Drückt man mit Hülfe von (4.) den $\cos(y-z)$ durch φ aus, so wird hiernach:

(8.) $$\frac{d\varphi}{\sqrt{1 - \sin(a-b)^2 \sin\varphi^2}} = \cos(y+z)\operatorname{tg}\varphi \frac{dx}{2x}.$$

Aus den Gleichungen (1.) findet man aber:

$$\cos y = \frac{1}{\sqrt{1 + x\operatorname{tg} a^2}}; \quad \cos z = \frac{1}{\sqrt{1 + x\operatorname{tg} b^2}}$$

$$\sin y = \frac{\sqrt{x\operatorname{tg} a}}{\sqrt{1 + x\operatorname{tg} a^2}}; \quad \sin z = \frac{\sqrt{x\operatorname{tg} b}}{\sqrt{1 + x\operatorname{tg} b^2}}$$

und mit diesen Werthen

$$1 - \frac{\sin y^2}{\sin a^2} = \frac{1 - x}{1 + x\operatorname{tg} a^2}; \quad 1 - \frac{\sin z^2}{\cos a^2} = \frac{1 - x\operatorname{tg} a^2 \operatorname{tg} b^2}{1 + x\operatorname{tg} b^2},$$

also nach N. 5

(9.) $$\cos\varphi = \sqrt{\frac{(1-x)(1 - x\operatorname{tg} a^2 \operatorname{tg} b^2)}{(1 + x\operatorname{tg} a^2)(1 + x\operatorname{tg} b^2)}}$$

und aus (2.):

(10.) $$\sin\varphi = \frac{\sqrt{x}}{\cos a \cos b \sqrt{1 + x\operatorname{tg} a^2}\sqrt{1 + x\operatorname{tg} b^2}},$$

ferner

$$\cos(y+z)\sin\varphi = \frac{\sqrt{x}(1 - x\operatorname{tg} a \operatorname{tg} b)}{\cos a \cos b (1 + x\operatorname{tg} a^2)(1 + x\operatorname{tg} b^2)}.$$

Hiernach verwandelt sich (8.) in

(11.) $$\frac{d\varphi}{\sqrt{1 - \sin(a-b)^2 \sin\varphi^2}}$$

$$= \frac{(1 - x\operatorname{tg} a \operatorname{tg} b)\,dx}{2\cos a \cos b \sqrt{x(1-x)(1 + x\operatorname{tg} a^2)(1 + x\operatorname{tg} b^2)(1 - x\operatorname{tg} a^2 \operatorname{tg} b^2)}}.$$

Vertauscht man b mit $-b$, so entsteht aus dieser Formel die folgende:

$$(12.)\quad \frac{d\varphi}{\sqrt{1-\sin(a+b)^2\sin\varphi^2}}$$
$$=\frac{(1+x\,\mathrm{tg}\,a\,\mathrm{tg}\,b)\,dx}{2\cos a\cos b\sqrt{x(1-x)(1+x\,\mathrm{tg}\,a^2)(1+x\,\mathrm{tg}\,b^2)(1-x\,\mathrm{tg}\,a^2\,\mathrm{tg}\,b^2)}}.$$

Die Summe und Differenz dieser Gleichungen liefert, wenn man von $x=0$ bis $x=x$, also von $\varphi=0$ bis $\varphi=\varphi$ integrirt, die Formeln:

$$(13.)\quad \int_0^x \frac{dx}{\sqrt{x(1-x)(1+x\,\mathrm{tg}\,a^2)(1+x\,\mathrm{tg}\,b^2)(1-x\,\mathrm{tg}\,a^2\,\mathrm{tg}\,b^2)}}$$
$$=\cos a\cos b\left\{\int_0^\varphi \frac{d\varphi}{\sqrt{1-\sin(a+b)^2\sin\varphi^2}}+\int_0^\varphi \frac{d\varphi}{\sqrt{1-\sin(a-b)^2\sin\varphi^2}}\right\}$$

$$(14.)\quad \int_0^x \frac{\sqrt{x}\,dx}{\sqrt{(1-x)(1+x\,\mathrm{tg}\,a^2)(1+x\,\mathrm{tg}\,b^2)(1-x\,\mathrm{tg}\,a^2\,\mathrm{tg}\,b^2)}}$$
$$=\frac{\cos a\cos b}{\mathrm{tg}\,a\,\mathrm{tg}\,b}\left\{\int_0^\varphi \frac{d\varphi}{\sqrt{1-\sin(a+b)^2\sin\varphi^2}}-\int_0^\varphi \frac{d\varphi}{\sqrt{1-\sin(a-b)^2\sin\varphi^2}}\right\}.$$

Wenn man in diesen Formeln $b=\frac{1}{4}\pi$ setzt, so nehmen sie folgende Gestalt an:

$$(15.)\quad \int_0^x \frac{dx}{\sqrt{x(1-x^2)(1-x^2\,\mathrm{tg}\,a^4)}}$$
$$=\frac{\cos a}{\sqrt{2}}\int_0^\varphi \frac{d\varphi}{\sqrt{1-\sin(\frac{1}{4}\pi+a)^2\sin\varphi^2}}+\frac{\cos a}{\sqrt{2}}\int_0^\varphi \frac{d\varphi}{\sqrt{1-\sin(\frac{1}{4}\pi-a)^2\sin\varphi^2}}$$

$$(16.)\quad \int_0^x \frac{\sqrt{x}\,dx}{\sqrt{(1-x^2)(1-x^2\,\mathrm{tg}\,a^4)}}$$
$$=\frac{\cos a}{\sqrt{2}\,\mathrm{tg}\,a}\int_0^\varphi \frac{d\varphi}{\sqrt{1-\sin(\frac{1}{4}\pi+a)^2\sin\varphi^2}}-\frac{\cos a}{\sqrt{2}\,\mathrm{tg}\,a}\int_0^\varphi \frac{d\varphi}{\sqrt{1-\sin(\frac{1}{4}\pi-a)^2\sin\varphi^2}},$$

während die Veränderlichen x und φ durch die Gleichungen:

$$\cos\varphi=\sqrt{\frac{1-x}{1+x}\cdot\frac{1-x\,\mathrm{tg}\,a^2}{1+x\,\mathrm{tg}\,a^2}} \quad \text{und} \quad \sin\varphi=\frac{\sqrt{2x}}{\cos a\sqrt{1+x}\sqrt{1+x\,\mathrm{tg}\,a^2}}$$

mit einander zusammenhängen.

Diese Substitutionen, durch welche die Zurückführung von Integralen, welche scheinbar der Klasse der Abel'schen angehören, auf elliptische Integrale gelingt, sind zuerst von Legendre mit grossem Scharfsinn ersonnen und im dritten Bande seiner Theorie veröffentlicht worden.

Später haben sie von Jacobi eine Verallgemeinerung erfahren, welche er gelegentlich bei einer Anzeige erwähnt, die er von dem Legendre'schen Werke im achten Bande des Crelle'schen Journals macht. Sie erscheinen bei uns in anderer Form, welche vielleicht durchsichtiger ist und sich der Rechnung leichter unterwerfen lässt.

Es kann hier noch bemerkt werden, dass, wenn man in den Formeln (13.) und (14.) $\operatorname{tg} b^2$ durch $-\operatorname{tg} b^2$ ersetzt, also b imaginär und ausserdem auch kleiner als $\frac{1}{4}\pi$ annimmt, dann der Winkel φ reelle Werthe durchläuft, während sich x von 0 bis 1 erstreckt. In diesem Falle werden aber die Moduln der elliptischen Integrale erster Gattung imaginär und vermöge der Gleichungen (11.) oder (12.) lässt sich also ein Integral von der Form

$$\int_0^{\varphi} \frac{d\varphi}{\sqrt{1-(\alpha+i\beta)\sin\varphi^2}}$$

sogleich in einen reellen und einen imaginären Theil zerlegen.

Zweiter Abschnitt.

Die Oberfläche des schiefen Kegels.

§. 170.

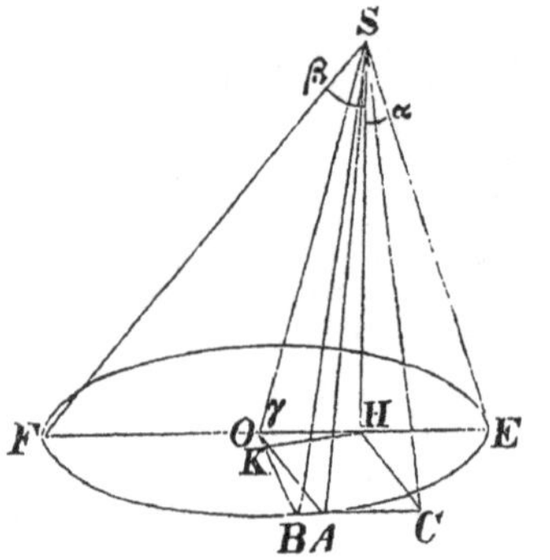

In der Figur stelle SEF einen Axenschnitt des Kreiskegels dar, welcher senkrecht gegen die Basis EAF geführt ist. Die Höhe $SH = c$ des Kegels treffe den Radius $OE = a$ der Basis in der Entfernung $OH = b$ vom Mittelpunkte des Kreises und die Axe OS sei gegen den Radius OE unter den Winkel $EOS = \gamma$ geneigt. Bildet der bewegliche Radius OA mit dem festen OE den Winkel $EOA = \varphi$, so kann $AB = ad\varphi$ als Grundlinie des elementaren Dreiecks ABS betrachtet werden, dessen Höhe SC ein Loth von der Spitze S auf die verlängerte Tangente BA darstellt. Da HC senkrecht auf AC steht, so ist $AK = HC$, wenn HK parallel AC gezogen ist. Aber es ist:

$$HC = AK = OA - OK = a - b\cos\varphi,$$

also

$$\triangle ABC = \tfrac{1}{2} a d\varphi \sqrt{c^2 + (a - b\cos\varphi)^2}.$$

Der Theil des Mantels des Kegels, welcher zwischen den Kanten *SE* und *SA* liegt und mit *J* bezeichnet werden soll, wird daher durch das Integral bestimmt:

$$J = \tfrac{1}{2} a \int_0^{\varphi} d\varphi \sqrt{c^2 + (a - b\cos\varphi)^2}.$$

Um dieses Integral weiter behandeln zu können, setze man zunächst:

(1.) $$a - b\cos\varphi = c\,\mathrm{tg}\,\psi$$

(2.) $$\frac{a-b}{c} = \mathrm{tg}\,\alpha; \quad \frac{a+b}{c} = \mathrm{tg}\,\beta; \quad \frac{c}{b} = \mathrm{tg}\,\gamma.$$

Man erhält dann sogleich:

(3.) $$J = \tfrac{1}{2} ac \int_\alpha^\psi \frac{d\psi}{\cos\psi^2} \sqrt{\frac{\cos\alpha\cos\beta}{\sin(\psi - \alpha)\sin(\beta - \psi)}}.$$

Dies Integral lässt sich am bequemsten durch Thetafunctionen ausdrücken, wenn man die Substitution macht:

(4.) $$\frac{go}{ho} fx = \sin(\psi - \lambda),$$

wo λ der Werth ist, den ψ erhält, wenn x verschwindet.

Nach dieser Annahme ist, vermöge §. 26:

(5.) $$\frac{hx}{ho} = \cos(\psi - \lambda) \quad \text{und} \quad gx = \frac{ho^2}{go} \sqrt{\frac{go^4}{ho^4} - \sin(\psi - \lambda)^2}$$

Setzt man nun, wie gewöhnlich,

(6.) $$\frac{go^2}{ho^2} = \sin\mu, \quad \text{also} \quad \frac{1}{ho^2} = \cos\mu,$$

so wird

$$gx^2 = \frac{\sin(\psi - \lambda + \mu)\sin(\lambda + \mu - \psi)}{\sin\mu\cos\mu}.$$

Wenn also die Constanten λ und μ so bestimmt werden, dass

(7.) $\lambda - \mu = \alpha$ und $\lambda + \mu = \beta$, folglich $\lambda = \tfrac{1}{2}(\alpha + \beta)$ und $\mu = \tfrac{1}{2}(\beta - \alpha)$, so erhält man:

(8.) $$gx^2 = \frac{2\sin(\psi - \alpha)\sin(\beta - \psi)}{\sin(\beta - \alpha)}.$$

Die Ableitung nach x von (4.) liefert sogleich, wenn man (5.) benutzt,

(9.) $$d\psi = \theta o\, \mathfrak{g} o\, gx\, dx.$$

Um also das Integral J vollständig durch Thetafunctionen darstellen zu können, ist nur noch erforderlich, $\cos\psi$ durch diese Functionen auszudrücken. Nehmen wir nun an, dass sich x in z verwandelt, wenn ψ den Werth $\frac{1}{2}\pi$ annimmt, so gehen die Formeln (4.) und (5.) über in

$$(10.)\qquad \frac{go}{ho}fz = \cos\lambda \quad \text{und} \quad \frac{hz}{ho} = \sin\lambda$$

und es wird daher

$$(11.)\qquad \cos\psi = \frac{go}{ho^2}(fz\,hx - hz\,fx).$$

Setzen wir noch der Kürze wegen $\operatorname{tg}\gamma = t^2$, so ist nach N. 2:

$$\operatorname{tg}\gamma = \frac{c}{b} = \frac{2\cos\alpha\cos\beta}{\sin(\beta-\alpha)} = t^2.$$

Für $\psi = \frac{1}{2}\pi$ erhält man aber aus (8.):

$$gz^2 = -\frac{2\cos\alpha\cos\beta}{\sin(\beta-\alpha)} = -t^2$$

oder

$$gz = it,$$

so dass also gz imaginär wird, obgleich fa und ha sich als reell darstellen.

Mit diesen Annahmen erhält man auch:

$$fz^2 = \frac{\sin(\mu+\gamma)}{\cos\gamma};\quad gz^2 = -\operatorname{tg}\gamma;\quad hz^2 = \frac{\cos(\mu+\gamma)}{\cos\gamma}.$$

Mit Hülfe dieser wenigen Substitutionen nimmt unser Integral nach leichten Transformationen die symmetrische Gestalt an:

$$(12.)\qquad J = -\frac{a^2t^3\theta_0^4}{2g'z}\int_{-\frac{1}{2}\pi}^{x}\frac{dx}{(fz\,hx - hz\,fx)^2}$$

Dass die untere Grenze des Integrals $-\frac{1}{2}\pi$ ist, ergiebt sich aus N. 4 und N. 7, nach welchen Formeln sich x von $-\frac{1}{2}\pi$ bis $+\frac{1}{2}\pi$ ausdehnen muss, während sich ψ von α bis β erstreckt; denn es ist bekanntlich:

$$f(\pm\tfrac{1}{2}\pi) = \pm\frac{go}{ho}.$$

Den Werthen von ψ

$$\alpha;\quad \tfrac{1}{2}(\alpha+\beta);\quad \beta$$

entsprechen also die Werthe von x:

$$-\tfrac{1}{2}\pi;\quad 0;\quad +\tfrac{1}{2}\pi.$$

Das Integral

$$A = \int \frac{dx}{(fz\,hx - hz\,fx)^2}$$

lässt sich nun leicht in seine einfachen Bestandtheile auflösen. Nach §. 26 ist nämlich:

$$fz^2 hx^2 - hz^2 fx^2 = gx^2 - gz^2,$$

also

$$A = \int \frac{(fz\,hx + hz\,fx)^2}{(gx^2 - gz^2)^2}\, dx.$$

Nach einigen Verwandlungen findet man:

$$(fz\,hx + hz\,fx)^2 = \frac{1}{\mathfrak{g}o^4}\left\{2g'z^2 + 2g'z\,g'x + \frac{g''z}{gz}(gx^2 - gz^2)\right\}.$$

Setzt man nun:

$$gx^2 - gz^2 = gx^2 + t^2 = G,$$

so wird

$$A = \frac{2g'z}{\mathfrak{g}o^4}\int \frac{g'z + g'x}{G^2}\, dx + \frac{g''z}{gz\,\mathfrak{g}o^4}\int \frac{dx}{G}.$$

Also

$$J = -\tfrac{1}{2}a^2 t^3 \left\{2\int \frac{g'z + g'x}{G^2}\, dx + \frac{g''z}{gz\,g'z}\int \frac{dx}{G}\right\}.$$

Bei dem einen dieser Integrale lässt sich die Integration unmittelbar ausführen, denn setzt man:

$$\operatorname{tg}\chi = \frac{gx}{t} = \sqrt{\frac{\sin(\psi - \alpha)\sin(\beta - \psi)}{\cos\alpha\cos\beta}},$$

so wird

$$(13.) \qquad \int_{-\frac{1}{2}\pi}^{x} \frac{dgx}{G^2} = \frac{1}{t^3}\int_{0}^{x} \cos\chi^2\, d\chi = \frac{1}{2t^3}(\chi + \tfrac{1}{2}\sin 2\chi).$$

Der Theil von J, welcher aus diesem Integrale entspringt, ist also

$$-a^2(\chi + \tfrac{1}{2}\sin 2\chi).$$

Es bleiben nun noch die beiden Integrale:

$$\int \frac{dx}{G} \quad \text{und} \quad \int \frac{dx}{G^2}$$

zu bestimmen übrig, von denen das erste ein elliptisches Integral dritter Gattung ist, und das zweite sich mit Hülfe der Reductionsformel in §. 5 auf Integrale erster, zweiter und dritter Gattung zurückführen liesse. Es ist aber zweckmässiger, für diese Reduction folgenden bequemeren Weg einzuschlagen. Man differenzirt den Logarithmus von N. 5 in §. 27, nachdem g durch z und $fx^2 - fz^2$ durch $\frac{gz^2 - gx^2}{ho^2} = -\frac{G}{ho^2}$ ersetzt worden ist, zweimal nach x und zweimal nach z. Man erhält dann

$$\frac{d^2 l(G)}{dx^2} = l''\theta_1(x+z) + l''\theta_1(x-z) - 2l''\theta x$$

$$\frac{d^2 l(G)}{dz^2} = l''\theta_1(x+z) + l''\theta_1(x-z) - 2l''\theta z.$$

Die Differenz dieser Gleichungen liefert:

$$(14.) \qquad \frac{d^2 l(G)}{dx^2} - \frac{d^2 l(G)}{dz^2} = 2l''\theta z - 2l''\theta x.$$

Es ist aber

$$\frac{dl(G)}{dz} = -\frac{2gz\,g'z}{G}$$

$$\frac{d^2 l(G)}{dz^2} = -\frac{4gz^2 g'z^2}{G^2} - \frac{2(gz\,g'z)'}{G}$$

und wenn man diese Gleichung zu N. 14 addirt, mit dx multiplicirt und dann integrirt, so wird:

$$\frac{gx\,g'x}{G} = xl''\theta z - l'\theta x - 2(gz\,g'z)^2 \int\frac{dx}{G^2} - (gz\,g'z)' \int\frac{dx}{G}.$$

Diese Formel liefert also die gewünschte Reduction.

Der Coefficient des zweiten Integrals ist

$$g'z^2 + gz\,g''z.$$

Daher wird

$$2g'z\int\frac{dx}{G^2} + \frac{g''z}{gz\,g'z}\int\frac{dx}{G} = \frac{xl''\theta z - l'\theta x}{gz^2 g'z} - \frac{g'z}{gz^2}\int\frac{dx}{G} - \frac{gx\,g'x}{gz^2 g'z\,G}$$

und da $t^2 = -gz^2$, so erhält man für J den Ausdruck:

$$(15.) \quad J = \tfrac{1}{2}a^2 t\left\{\frac{xl''\theta z - l'\theta x}{g'z} - g'z\int\frac{dx}{G}\right\}_{-\frac{1}{2}\pi}^{x} + \tfrac{1}{2}a^2\left(\frac{t.gx\,g'x}{g'zG} - \chi - \tfrac{1}{2}\sin 2\chi\right).$$

Nach N. 5 in §. 130 ist aber:

$$gz\,g'z\int\frac{dx}{G} = xl'\theta z + \tfrac{1}{2}l\,\frac{\theta_1(z-x)}{\theta_1(z+x)} + \text{const},$$

und diesen Werth kann man für das Integral in (15.) einsetzen, wenn Alles durch Thetafunctionen ausgedrückt werden soll.

Um den vollständigen Kegelmantel zu erhalten, muss man dann $x = \frac{1}{2}\pi$ einführen und das Resultat verdoppeln. Dadurch verschwindet aber die zweite Klammer in (15.), sowie das Glied $l'\theta x$ und es wird

$$\frac{1}{2} l \frac{\theta_1(z-x)}{\theta_1(z+x)} = \frac{1}{2} l \frac{\theta_1(z-\frac{1}{2}\pi)}{\theta_1(z+\frac{1}{2}\pi)} - \frac{1}{2} l \frac{\theta_1(z+\frac{1}{2}\pi)}{\theta_1(z-\frac{1}{2}\pi)} = l(-1) = \pm \pi i,$$

da nämlich $\theta_1(z-\frac{1}{2}\pi) = -\theta_1(\frac{1}{2}\pi - z) = -\theta_1(\frac{1}{2}\pi + z)$ ist. Um zu entscheiden, welches der beiden Zeichen von π zu wählen ist, bedenke man, dass, wenn die Höhe c des Kegels zu Null wird, der Mantel desselben zur Basis, also seine Fläche $J = \pi a^2$ werden muss. Die Winkel α und β verwandeln sich dann in rechte, also verschwindet t, so wie der Winkel μ und mit ihm der Modul k, also auch die Grösse q.

Führt man den Werth von $q = 0$ in die Thetafunctionen ein, so überzeugt man sich, dass das negative Zeichen von π gewählt werden muss, und man erhält dann, wenn die Grösse des vollständigen Kegelmantels mit J' bezeichnet wird,

$$(16.) \qquad J' = \pi a^2 t \left\{\frac{l''\theta z}{g'z} - \frac{l'\theta z - i}{gz}\right\} = \pi a^2 \left\{\frac{t l''\theta z}{g'z} - \frac{l'\theta z}{i} + 1\right\}.$$

§. 171.

Für die Ausführung der durch N. 16 angedeuteten Rechnungen bedarf man der Grösse z, welche aus der Gleichung

$$(1.) \qquad hz = \frac{\sin\lambda}{\sqrt{\cos\mu}} = \frac{1 + 2q\cos 2z + 2q^4\cos 4z + \cdots}{1 - 2q\cos 2z + 2q^4\cos 4z - \cdots}$$

nach der in §. 44 oder §. 49 angegebenen Methode gefunden werden kann. Da man den Modul k durch die Gleichung:

$$k = \sin\mu = \sin\tfrac{1}{2}(\beta - \alpha)$$

bereits kennt, so ergiebt sich der Werth von q mit Hülfe der Gleichung (6.) in §. 43. Aus (1.) findet man für $\cos 2z$ eine negative Grösse, welche grösser als 1 ist und mit $-n$ bezeichnet werden mag, so dass man die Gleichung hat:

$$\cos 2z = -n.$$

Setzt man nun

$$2z = \pi - yi,$$

so wird

$$\cos 2z = -\cos yi = -\tfrac{1}{2}(e^y + e^{-y}) = -n.$$

Für

$$e^y = \operatorname{tg}\tfrac{1}{2}\varrho$$

ist also

(2.) $\sin\varrho = \frac{1}{n}$ und $\sin 2z = \sin(\pi - yi) = \sin yi = \frac{e^{-y}-e^{y}}{2i} = \frac{\cot\varrho}{i}$.

Daher

(3.) $$\begin{cases} \cos 2z = -\frac{1}{\sin\varrho}; & \sin 2z = \frac{\cot\varrho}{i} \\ \cos 4z = \frac{2}{\sin\varrho^2} - 1; & \sin 4z = -\frac{2\cot\varrho}{i\sin\varrho}. \end{cases}$$

Kann man nun q^9 vernachlässigen, so findet man aus (1.):

$$\frac{1+hz}{1-hz} = \frac{1+2q^4\cos 4z}{2q\cos 2z} = \frac{(1-2q^4)\sin\varrho^2 + 4q^4}{2q\sin\varrho}.$$

Für

$$hz = \frac{\sin\lambda}{\sqrt{\cos\mu}} = \cos\delta$$

ist also $\sin\varrho$ aus der Gleichung:

(4.) $$\sin\varrho^2 - \frac{2q\sin\varrho\cot\frac{1}{2}\delta^2}{1-2q^4} + \frac{4q^4}{1-2q^4} = 0$$

zu suchen. Wenn man auch q^4 vernachlässigen kann, so wird hieraus

(5.) $$\sin\varrho = 2q\cot\tfrac{1}{2}\delta^2.$$

Wenn aber q^5 keinen Einfluss mehr hat, so giebt die Entwicklung der Wurzel der Gleichung (4.) nach Potenzen von q:

(6.) $$\sin\varrho = 2q\cot\tfrac{1}{2}\delta^2 - 2q^3\operatorname{tg}\tfrac{1}{2}\delta^2.$$

Da auf diese Weise ϱ bestimmt ist, so lassen sich nun die Werthe von

$$l'\theta z = \frac{\theta' z}{\theta z} \quad \text{und} \quad l''\theta z = \frac{\theta'' z}{\theta z} - \left(\frac{\theta' z}{\theta z}\right)^2$$

leicht berechnen, denn es ist

$$\begin{aligned} \theta z &= 1 - 2q\cos 2z + 2q^4\cos 4z - \cdots \\ \theta' z &= \quad 4q\sin 2z - 8q^4\sin 4z + \cdots \\ \theta'' z &= \quad 8q\cos 2z - 32q^4\cos 4z + \cdots \end{aligned}$$

(7.) $$gz = it; \quad g'z = -\mathfrak{g}o^2 fz.hz = -\frac{\mathfrak{g}o^2\sin 2\lambda}{\sqrt{2\sin 2\mu}}.$$

Drückt man nun z mit Hülfe der Gleichungen (3.) durch ϱ aus und benutzt die Gleichung (4.), so findet man:

$$(8.)\quad \begin{cases} \theta z = \dfrac{2q}{\sin\varrho \sin\frac{1}{2}\delta^2}; \quad i\theta' z = 4q\cot\varrho + 8q^4 \dfrac{\cot\varrho}{\sin\varrho} \\ \theta'' z = -\dfrac{8q}{\sin\varrho} - 32q^4\left(\dfrac{2}{\sin\varrho^2} - 1\right), \end{cases}$$

also

$$(9.)\quad \frac{l'\theta z}{i} = -2\cos\varrho\sin\tfrac{1}{2}\delta^2 - 4q^3\cot\varrho\sin\tfrac{1}{2}\delta^2$$

$$(10.)\quad \frac{\theta'' z}{\theta z} = -4\sin\tfrac{1}{2}\delta^2 - \frac{32q^4\sin\frac{1}{2}\delta^2}{\sin\varrho}\left(1 - \tfrac{1}{2}\sin\varrho^2\right).$$

Es sind somit alle Ausdrücke, welche die Formel (16.) in §. 170 enthält, für eine bequeme numerische Berechnung umgeformt.

Wenn q so klein ist, dass bei dem gewünschten Grade von Genauigkeit die zweiten Glieder in (6.) und (9.) vernachlässigt werden können, dann bedarf man zur Berechnung des Mantels des schiefen Kegels nur folgender Formeln:

$$\cos\varepsilon = \sqrt{\cos\tfrac{1}{2}(\beta - \alpha)}; \quad \cos\delta = \frac{\sin\frac{1}{2}(\beta + \alpha)}{\cos\varepsilon}; \quad \sin\varrho = \operatorname{tg}\tfrac{1}{2}\varepsilon^2\cot\tfrac{1}{2}\delta^2;$$

$$g'z = -\frac{\sin(\beta + \alpha)}{\cos\frac{1}{2}\varepsilon^4\sqrt{2\sin(\beta - \alpha)}}; \quad \frac{l'\theta z}{i} = -2\cos\varrho\sin\tfrac{1}{2}\delta^2;$$

$$\frac{\theta'' z}{\theta z} = -4\sin\tfrac{1}{2}\delta^2; \quad l''\theta z = \frac{\theta'' z}{\theta z} - (l'\theta z)^2.$$

Beispiel.

Es sei $a = 2;\ b = 1;\ c = 3.$

Dann ist:

$$\operatorname{tg}\alpha = \tfrac{1}{3}; \quad \operatorname{tg}\beta = 1; \quad \operatorname{tg}\gamma = 3 = t^2,$$

also

$$\alpha = 18^\circ 26'\ 5'',8; \qquad \beta = 45^\circ$$

$$\tfrac{1}{2}(\beta + \alpha) = 31^\circ 43'\ 2'',9; \quad \tfrac{1}{2}(\beta - \alpha) = 13^\circ 16' 57'',1.$$

Mit diesen Werthen findet man:

$$\varepsilon = 9^\circ 24' 48''$$

$$\delta = 57^\circ 47' 52''$$

$$\varrho = 180^\circ - 1^\circ 16' 29'',02.$$

Es muss nämlich ϱ einen stumpfen Winkel bedeuten, damit $\operatorname{tg}\frac{1}{2}\varrho$ grösser als 1 wird, also sich y aus der Gleichung:

$$e^y = \operatorname{tg}\tfrac{1}{2}\varrho$$

als positive Grösse ergiebt. Ferner findet man, wenn die Rechnung bis auf fünf Decimalen geführt wird,

$$\log g'z = \quad 9{,}98164$$

$$\frac{l'\theta z}{i} = \quad 0{,}46697$$

$$\frac{\theta''z}{\theta z} = -0{,}93418$$

$$l''\theta z = -0{,}71612$$

$$\frac{tl''\theta z}{g'z} = \quad 1{,}29391.$$

Also ist

$$J' = 4\pi . 1{,}82693 = 22{,}958.$$

§. 172.

Wir wollen jetzt dieselbe Aufgabe auch noch dadurch lösen, dass wir das vorgelegte Integral auf elliptische Integrale zurückführen. Benutzen wir die Bezeichnungen aus §. 170, nach denen

$$fz = \frac{\cos\lambda}{\sqrt{k}}; \qquad hz = \frac{\sin\lambda}{\sqrt{k'}}$$

war, und führen noch die folgenden ein:

$$fx = \sqrt{k}\sin\varphi; \quad hx = \frac{\Delta\varphi}{\sqrt{k'}},$$

so verwandeln wir das Integral (12.) in §. 170 nach einigen Reductionen, welche eine sorgfältige Beachtung der bisher so oft benutzten Formeln erfordern, ziemlich leicht in das folgende:

$$(1.) \qquad J = \tfrac{1}{2}\, ac \sqrt{\cos\alpha\cos\beta} \int_{-\frac{1}{2}\pi}^{\varphi} \frac{d\varphi}{(\cos\lambda\,\Delta\varphi - k\sin\lambda\sin\varphi)^2\,\Delta\varphi}.$$

Erweitert man den Bruch unter dem Integralzeichen mit

$$(\cos\lambda\,\Delta\varphi + k\sin\lambda\sin\varphi)^2$$

$$= \tfrac{1}{2}\sin 2\lambda^2 + \cos 2\lambda(\cos\lambda^2 - k^2\sin\varphi^2) + k\sin 2\lambda\sin\varphi\,\Delta\varphi,$$

so verwandelt sich der Nenner in L^2, wenn

$$\cos\lambda^2 - k^2\sin\varphi^2 = L$$

gesetzt wird. Das Integral nimmt also die Gestalt an:

$$J = \tfrac{1}{2}\, ac \sqrt{\cos\alpha\cos\beta} \int_{-\frac{1}{2}\pi}^{\varphi} (\tfrac{1}{2}\sin 2\lambda^2 + \cos 2\lambda . L + k\sin 2\lambda\sin\varphi\,\Delta\varphi)\, \frac{d\varphi}{L^2\Delta\varphi}.$$

Der letzte Theil dieses Integrals

$$\tfrac{1}{2} ack \sin 2\lambda \sqrt{\cos\alpha\cos\beta} \int_{-\frac{1}{2}\pi}^{\varphi} \frac{\sin\varphi\, d\varphi}{(\cos\lambda^2 - k^2 \sin\varphi^2)^2}$$

lässt sich durch die Mittel, welche in §. 170 N. 13 angegeben wurden, endlich integriren und soll mit Φ bezeichnet werden. Es bleiben dann nur noch die beiden Integrale zu bestimmen übrig:

$$\tfrac{1}{2} \sin 2\lambda^2 \int \frac{d\varphi}{L^2 \varDelta\varphi} + \cos 2\lambda \int \frac{d\varphi}{L \varDelta\varphi}.$$

Es ist aber

$$\frac{d}{d\lambda} \int \frac{d\varphi}{L\varDelta\varphi} = \sin 2\lambda \int \frac{d\varphi}{L^2 \varDelta\varphi};$$

also lassen sich beide Integrale in folgenden Ausdruck zusammenziehen:

$$\tfrac{1}{2} \frac{d}{d\lambda} \left\{ \sin 2\lambda \int_{-\frac{1}{2}\pi}^{\varphi} \frac{d\varphi}{L\varDelta\varphi} \right\}$$

und ein beliebiger Theil des Mantels eines schiefen Kegels, welcher durch zwei Seitenkanten und den zwischen ihnen liegenden Kreisbogen der Basis begrenzt wird, lässt sich also durch die Formel berechnen:

$$J = \tfrac{1}{2} ac \sqrt{\cos\alpha\cos\beta} \frac{d}{d\lambda} \left\{ \sin 2\lambda \int_{-\frac{1}{2}\pi}^{\varphi} \frac{d\varphi}{L\varDelta\varphi} \right\} + \Phi. \tag{2.}$$

Die ganze Oberfläche des Kegels wird, da Φ in diesem Falle verschwindet, durch das Integral gefunden:

$$J' = \tfrac{1}{2} ac \sqrt{\cos\alpha\cos\beta} \frac{d}{d\lambda} \left\{ \sin 2\lambda \int_{-\frac{1}{2}\pi}^{\frac{1}{2}\pi} \frac{d\varphi}{L\varDelta\varphi} \right\}$$

oder, wenn man die Grenzen des Integrals sich bloss von 0 bis $\frac{1}{2}\pi$ erstrecken lässt und das Resultat verdoppelt,

$$J' = 2ac \sqrt{\cos\alpha\cos\beta} \frac{d}{d\lambda} \left\{ \operatorname{tg}\lambda \int_0^{\frac{1}{2}\pi} \frac{d\varphi}{\left(1 - \frac{k^2 \sin\varphi^2}{\cos\lambda^2}\right) \sqrt{1 - k^2 \sin\varphi^2}} \right\}. \tag{3.}$$

Das unbestimmte elliptische Integral dritter Gattung in (2.), dessen Berechnung für einen beliebigen Theil der Kegelfläche erforderlich war, hat sich also in ein vollständiges verwandelt, welches nach §. 137 durch Integrale der ersten und zweiten Gattung ausgedrückt werden kann. Um die in (3.) angedeutete Differenzirung ausführen zu können, wenden wir zunächst die Formel (5.) in §. 137 an:

$$\frac{k'^2 \sin 2\mu}{2\Delta(\mu,k')} \int_0^{\frac{1}{2}\pi} \frac{d\varphi}{(1-\Delta(\mu,k')^2 \sin\varphi^2)\Delta\varphi}$$

$$= \tfrac{1}{2}\pi + (F-E)F(\mu,k') - F.E(\mu,k') + \frac{k'^2 \sin 2\mu}{2\Delta(\mu,k')} F,$$

in welcher wir

$$(4.)\qquad \Delta(\mu,k') = \frac{k}{\cos\lambda},\ \text{also}\ \cos\mu = \frac{k}{k'}\operatorname{tg}\lambda$$

$$\text{und}\ \sin\mu = \frac{1}{k'\cos\lambda}\sqrt{k'^2 - \sin\lambda^2}$$

substituiren und damit die Formel erhalten:

$$(5.)\qquad \operatorname{tg}\lambda \int_0^{\frac{1}{2}\pi} \frac{d\varphi}{\left(1-\frac{k^2}{\cos\lambda^2}\sin\varphi^2\right)\Delta\varphi}$$

$$= \operatorname{tg}\lambda . F + \frac{1}{\sqrt{k'^2 - \sin\lambda^2}} \left\{ \tfrac{1}{2}\pi + (F-E)\int_0^{\mu} \frac{d\varphi}{\Delta(\varphi,k')} - F\int_0^{\mu} d\varphi\,\Delta(\varphi,k') \right\}.$$

Differenzirt man die zweite der Formeln (4.), so findet man

$$\frac{d\mu}{d\lambda} = -\frac{k}{\cos\lambda\sqrt{k'^2 - \sin\lambda^2}}$$

und wenn man die Formel:

$$\frac{d}{d\lambda}\int_0^{\mu} F(x)\,dx = F(\mu)\frac{d\mu}{d\lambda}$$

berücksichtigt, so wird man bei einiger Aufmerksamkeit sehr bald finden, dass die Ableitung der rechten Seite von (5.) nach λ zu dem Ausdrucke führt

$$\frac{\sin\lambda\cos\lambda}{(k'^2 - \sin\lambda^2)^{\frac{3}{2}}} \left\{ \tfrac{1}{2}\pi + (F-E)\int_0^{\mu} \frac{d\varphi}{\Delta(\varphi,k')} - F\int_0^{\mu} d\varphi\,\Delta(\varphi,k') \right\} + \frac{E}{k'^2 - \sin\lambda^2}.$$

Benutzt man nun aus §. 170 die Formeln:

$$k = \sin\tfrac{1}{2}(\beta-\alpha);\quad k' = \cos\tfrac{1}{2}(\beta-\alpha);\quad \lambda = \tfrac{1}{2}(\beta+\alpha),$$

so ergiebt sich, nach leichten Reductionen,

$$(6.)\qquad J' = \frac{ac\sin(\alpha+\beta)}{\cos\alpha\cos\beta} \left\{ \tfrac{1}{2}\pi + (F-E)\int_0^{\mu} \frac{d\varphi}{\Delta(\varphi,k')} - F\int_0^{\mu} d\varphi\,\Delta(\varphi,k') \right\}$$

$$+ \frac{2acE}{\sqrt{\cos\alpha\cos\beta}},$$

wobei μ durch die Gleichung bestimmt werden muss

$$\cos\mu = \operatorname{tg}\tfrac{1}{2}(\beta-\alpha)\operatorname{tg}\tfrac{1}{2}(\beta+\alpha),$$

welche sich leicht aus N. 4 ableiten lässt.

Um die Formel (6.) einer Probe zu unterwerfen, nehme man $\beta = \alpha$ an; dadurch erhält μ den Werth $\frac{1}{2}\pi$ und der Ausdruck in der ersten Klammer der rechten Seite verschwindet vermöge der Legendre'schen Formel in §. 121:

$$FE' + EF' - FF' = \tfrac{1}{2}\pi.$$

Weil jetzt der Modul $k = 0$ ist, so wird $E = \frac{1}{2}\pi$ und das letzte Glied nimmt den Werth $\dfrac{\pi ac}{\cos\alpha}$ an, wie es sein muss. Dieses letzte Glied wird also überhaupt, wenn α und β nicht sehr von einander verschieden sind, den quantitativ bedeutendsten Theil der Formel enthalten.

Der unter N. 2 für J gefundene Ausdruck lässt sich übrigens auch unmittelbar mit Hülfe der Formel (15.) in §. 170 auf elliptische Integrale der drei verschiedenen Gattungen zurückführen; denn multiplicirt man die Formel

$$l''\theta z - l''\theta x = \theta o^2 \theta_3 o^2 (hz^2 - hx^2),$$

welche sich aus N. 1 in §. 77 nach der Bemerkung auf Seite 116 sogleich ergiebt, mit dx und integrirt dann, so wird

$$xl''\theta z - l'\theta x = \theta o^2 \theta_3 o^2 \left(xhz^2 - \int hx^2\,dx\right).$$

Substituirt man diesen Ausdruck in (15.) §. 170, so nimmt diese Formel die Gestalt an:

$$(7.)\quad J = \tfrac{1}{2}a^2 t\left\{\frac{\theta o^2 \theta_3 o^2}{g'z}\left((x+\tfrac{1}{2}\pi)hz^2 - \int\limits_{-\frac{1}{2}\pi}^{x} hx^2\,dx\right) - g'z\int\limits_{-\frac{1}{2}\pi}^{x}\frac{dx}{G}\right\} + \Phi$$

und die Berechnung der Oberfläche des schiefen Kegels erfordert also hiernach in der That die Kenntniss dreier Integrale, welche den drei verschiedenen Gattungen der elliptischen angehören. Denn es ist bekanntlich:

$$x\theta_3 o^2 = F(\varphi);\quad \theta o^2\int\limits_{-\frac{1}{2}\pi}^{x} hx^2\,dx = \theta o^2\int\limits_{0}^{\frac{1}{2}\pi} h\lambda^2\,d\lambda + \theta o^2\int\limits_{0}^{x} h\lambda^2\,d\lambda = E + E(\varphi)$$

und das letzte Integral in N. 7 ist unter den elliptischen der dritten Gattung begriffen.

Die vollständige Reduction dieser Integrale auf die kanonischen Formen, welche jetzt keine Schwierigkeit mehr hat, überlassen wir dem Leser zur Uebung.

Der Vergleichung wegen wollen wir jetzt auch die Formel (6.) der Berechnung des in §. 171 gegebenen Beispiels zu Grunde legen. Es war dort angenommen worden

$$a=2;\quad b=1;\quad c=3;$$

$$\alpha = 18^\circ 26'\ 5'',8;\quad \beta = 45^\circ;\quad k = \sin\tfrac{1}{2}(\beta-\alpha) = \sin 13^\circ 16' 57'',1.$$

Mit diesen Werthen findet man durch die Formeln (6.) in §. 56 und (2.) in §. 114, wenn

$$\sqrt{\cos\tfrac{1}{2}(\beta-\alpha)} = \cos\delta$$

gesetzt wird, und k nicht grösser als $\sin 25^\circ$ ist,

$$(8.)\qquad F = \frac{\pi}{2\cos\frac{1}{2}\delta^4} \quad \text{und} \quad E = \tfrac{1}{2}\pi\cos\tfrac{1}{2}\delta^4 + \pi\sin\tfrac{1}{2}\delta^4.$$

Wir wollen noch beiläufig bemerken, dass, wenn der Modul k grösser ist, sich F durch die Formel (6.) in §. 56 schneller berechnen lässt, als E aus (2.) in §. 114 und dass man dann die Formel (5.) in §. 113 anwenden muss

$$EF = -\tfrac{1}{4}\pi^2\frac{\vartheta''o}{\vartheta o} = \tfrac{1}{4}\pi^2\cdot\frac{1+9q^2+25q^6+49q^{12}+81q^{20}+\cdots}{1+q^2+q^6+q^{12}+q^{20}+\cdots}$$

mit deren Hülfe sich $\log E$ sehr leicht aus $\log F$ ergiebt. Die Formeln (8.) liefern:

$$F = 1{,}5921646;\quad E = 1{,}5498571$$

und vermittelst der Stirling'schen Interpolations-Reihe wurden die Integrale

$$F(\mu,k') = 2{,}2799016;\quad E(\mu,k') = 1{,}0274773$$

gefunden. Das letzte Glied der Formel (6.) wird dann

22,70750

und der erste Theil 0,25074

also $J' = 22{,}95824$.

Dritter Abschnitt.

Die geodätische Linie.

§. 173.

Auf einer krummen Fläche, deren Gleichung zwischen rechtwinkligen Coordinaten x, y, z

$$u(x,y,z) = 0$$

oder kurz

$$u = 0$$

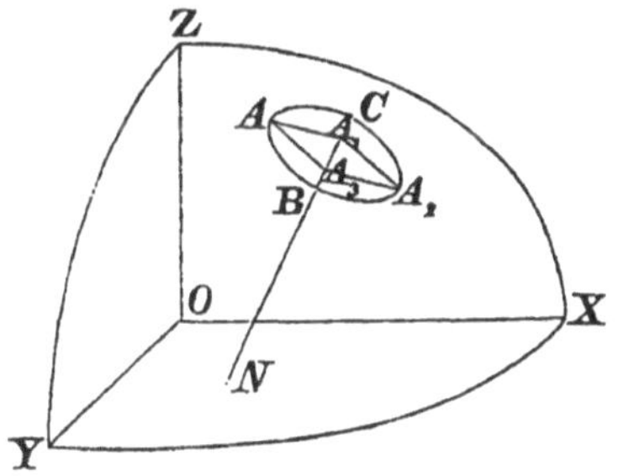

sein mag, sind zwei Punkte $A = xyz$ und $A_1 = x_1 y_1 z_1$ willkührlich gewählt. Um den Punkt A_1 ist mit dem Radius $A_1 A$ eine Kugel beschrieben, welche die Fläche in der Curve ABA_2C schneidet. Verbindet man jetzt einen beliebigen Punkt $A_2 = x_2 y_2 z_2$ dieser Curve mit dem Mittelpunkte A_1 der Kugel und construirt in der Ebene des Dreiecks AA_1A_2 den Rhombus $AA_1A_2A_3$, so kann man die Frage aufwerfen: wo muss der Punkt A_2 liegen, damit die Diagonale A_1A_3 dieses Rhombus, welche mit D bezeichnet werden soll, möglichst klein sei.

Da $AA_3 = A_1A_2$, so sind die Coordinaten des Punktes A_3

$$x_3 = x + (x_2 - x_1); \quad y_3 = y + (y_2 - y_1); \quad z_3 = z + (z_2 - z_1).$$

Es ist also

$$x_3 - x_1 = x_2 - 2x_1 + x = \Delta^2 x$$

und ebenso

$$y_3 - y_1 = \Delta^2 y; \quad z_3 - z_1 = \Delta^2 z.$$

Daher ist

$$D^2 = \Delta^2 x^2 + \Delta^2 y^2 + \Delta^2 z^2.$$

Es muss also D^2 zu einem Minimum gemacht werden, während folgende zwei Bedingungsgleichungen Statt finden:

$$u(x_2, y_2, z_2) = 0$$

und

$$\Delta x_1^2 + \Delta y_1^2 + \Delta z_1^2 - (\Delta x^2 + \Delta y^2 + \Delta z^2) = 0,$$

oder auch

$$v(x_2, y_2, z_2) = 0,$$

wenn v ein Functionszeichen vorstellt.

Nach der bekannten Methode, die vorgelegte Aufgabe zu lösen, multipliciren wir die Functionen u und v mit den Constanten $2A$ und $2B$ und setzen die Differentialquotienten des Ausdrucks

$$D^2 + 2Au + 2Bv,$$

nach x_2, y_2, z_2 genommen, gleich Null.

Wir erhalten auf diese Weise:

$$(1.)\quad \left\{\begin{aligned} D\Delta^2 x + A\frac{du}{dx_2} + B\Delta x_1 &= 0 \\ D\Delta^2 y + A\frac{du}{dy_2} + B\Delta y_1 &= 0 \\ D\Delta^2 z + A\frac{du}{dz_2} + B\Delta z_1 &= 0, \end{aligned}\right.$$

da

$$\frac{d\Delta^2 x}{dx_2} = \frac{d\Delta^2 y}{dy_2} = \frac{d\Delta^2 z}{dz_2} = 1$$

ist.

Aus diesen drei Gleichungen in Verbindung mit den Gleichungen

$$u(x_2, y_2, z_2) = 0 \quad \text{und} \quad v(x_2, y_2, z_2) = 0$$

lassen sich die fünf Grössen A, B, x_2, y_2, z_2 bestimmen, wenn man vorher zwei der Coordinaten x_1, y_1, z_1 und zwei der Coordinaten x, y, z willkürlich angenommen und die beiden übrigen durch die Gleichungen

$$u(x, y, z) = 0 \quad \text{und} \quad u(x_1, y_1, z_1) = 0$$

gefunden hat.

Denkt man sich, man wäre von A nach A_1 fortgegangen, so würde man also jetzt den Weg $A_1 A_2$ einschlagen können, dessen Richtung am wenigsten von der Richtung AA_1 abweicht und zu einem Punkte A_2 auf der Fläche $u = 0$ führt, der ebenso weit von A_1 entfernt ist, als dieser Punkt von A.

§. 174.

Nimmt man AA_1 und A_1A_2 als Elemente einer auf der krummen Fläche verzeichneten Curve, so würde der Contingenzwinkel, den die beiden Tangenten AA_1 und A_1A_2 mit einander bilden, kleiner sein als jeder andere, den ein zweites Element einer andern auf der Fläche gezeichneten Curve mit dem Elemente AA_1 bildet, wenn nämlich beide Curven dieses Element AA_1 mit einander gemein hätten. Schritte man von A_2 aus in gleicher Weise zu neuen Punkten auf der Fläche fort, so gelangte man offenbar auf einem Wege, der in jedem seiner Punkte sich möglichst wenig von der zuletzt verfolgten Richtung entfernen würde, zu einem vorgesteckten Ziele. Man hätte also den kürzesten Weg von A aus zu diesem Endziele auf der Fläche eingeschlagen.

Die Gleichungen (1.) in §. 173 nehmen eine einfachere Gestalt an, wenn die drei Punkte A, A_1, A_2 unendlich nahe an einander liegen. Man hat dann für $\Delta^2 x$, $\frac{du}{dx_2}$, Δx_1 zu setzen: d^2x, $\frac{du}{dx}$, $dx+d^2x$, und die ähnlichen Ausdrücke in den anderen beiden Gleichungen einzuführen. Da aber das Bogenelement ds als constant angenommen wurde, so führt die Differentiation der Formel

$$dx^2+dy^2+dz^2=ds^2$$

zu der Gleichung:

$$(1.)\qquad dx\,d^2x+dy\,d^2y+dz\,d^2z=0.$$

Ferner ist auch das Differenzial der Gleichung $u=0$ gleich

$$(2.)\qquad \frac{du}{dx}dx+\frac{du}{dy}dy+\frac{du}{dz}dz=0.$$

Multiplicirt man daher die drei Gleichungen (1.) in §. 173 der Reihe nach mit dx, dy, dz und addirt die Producte, so wird die Summe, vermöge der Gleichungen (1.) und (2.):

$$B\,(dx^2+dy^2+dz^2)=0.$$

Also ist die Constante $B=0$ und an Stelle der Gleichungen (1.) in §. 173 treten die folgenden:

$$D\,\frac{d^2x}{ds^2}+A\frac{du}{dx}=0$$

$$D\,\frac{d^2y}{ds^2}+A\frac{du}{dy}=0$$

$$D\,\frac{d^2z}{ds^2}+A\frac{du}{dz}=0.$$

Eliminirt man aus diesen Gleichungen den Quotienten $D:A$, so ergeben sich die Gleichungen:

$$(3.)\qquad \frac{d^2x}{ds^2} : \frac{du}{dx} = \frac{d^2y}{ds^2} : \frac{du}{dy} = \frac{d^2z}{ds^2} : \frac{du}{dz}.$$

Diese Gleichungen müssen befriedigt werden, wenn die Coordinaten x, y, z einer kürzesten Linie angehören, welche auf der Fläche $u = 0$ gezeichnet ist.

Die Diagonale $A_1 A_3$ des Rhombus $A A_1 A_2 A_3$ ist offenbar eine Normale der Fläche u im Punkte x_1, y_1, z_1 oder, was dasselbe ist, im Punkte x, y, z. Denn sind ξ, η, ζ die laufenden Coordinaten einer Linie, welche durch die Punkte x_1, y_1, z_1 und x_3, y_3, z_3 geht, so ist deren Gleichung:

$$\frac{\xi - x_1}{x_3 - x_1} = \frac{\eta - y_1}{y_3 - y_1} = \frac{\zeta - z_1}{z_3 - z_1}$$

oder nach §. 173

$$\frac{\xi - x_1}{\Delta^2 x} = \frac{\eta - y_1}{\Delta^2 y} = \frac{\zeta - z_1}{\Delta^2 z}.$$

Diese Gleichung verwandelt sich aber, wenn man lieber xyz statt $x_1 y_1 z_1$ schreibt, in die bekannte Gleichung der Normale:

$$\frac{\xi - x}{\frac{du}{dx}} = \frac{\eta - y}{\frac{du}{dy}} = \frac{\zeta - z}{\frac{du}{dz}}$$

der Fläche $u = o$ im Punkte xyz. Folglich steht die Schmiegungsebene der kürzesten Linie $A A_1 A_2$ stets senkrecht auf der Fläche, auf welcher sie construirt ist. Die geometrischen Betrachtungen, durch welche wir zu der Gleichung unter N. 3 gelangt sind, lassen sich auch durch andere ersetzen, welche wir als dem Leser bekannt voraussetzen dürfen. — Weit schneller gelangt man indessen zu diesen Differentialgleichungen für die kürzeste Linie auf einer krummen Oberfläche durch die einfache Ueberlegung, dass ein beweglicher Punkt, welcher durch den Widerstand der Fläche auf ihr zu bleiben gezwungen ist, eine solche kürzeste Linie auf ihr beschreiben muss, wenn er bloss eine Anfangsgeschwindigkeit erhalten hat und von keiner andern Kraft ergriffen wird. Denn wenn wieder

$$u = 0$$

die Gleichung der Fläche ist, auf welcher sich der Punkt bewegt, so sind

$$\frac{du}{dx} : R; \qquad \frac{du}{dy} : R; \qquad \frac{du}{dz} : R$$

die Cosinus der Winkel, welche die Normale der Fläche mit den Axen der x, y, z bildet, wenn

$$R = \sqrt{\left(\frac{du}{dx}\right)^2 + \left(\frac{du}{dy}\right)^2 + \left(\frac{du}{dz}\right)^2}$$

ist. Wird der Widerstand, den die Fläche leistet, mit NR bezeichnet, so sind

$$\frac{d^2x}{dt^2} = N\frac{du}{dx}$$

$$\frac{d^2y}{dt^2} = N\frac{du}{dy}$$

$$\frac{d^2z}{dt^2} = N\frac{du}{dz}$$

die Bewegungsgleichungen des Punktes.

Multiplicirt man diese Gleichungen der Reihe nach mit dx, dy, dz und addirt die erhaltenen Producte, so wird, vermöge (2.)

$$dx\frac{d^2x}{dt^2} + dy\frac{d^2y}{dt^2} + dz\frac{d^2z}{dt^2} = 0$$

also, wenn man integrirt

$$dx^2 + dy^2 + dz^2 = Adt^2$$

oder

$$ds^2 = Adt^2.$$

Die Elimination von N aus den vorigen drei Gleichungen führt also zu den Gleichungen N. 3:

$$\frac{d^2x}{ds^2}:\frac{du}{dx} = \frac{d^2y}{ds^2}:\frac{du}{dy} = \frac{d^2z}{ds^2}:\frac{du}{dz} = \frac{N}{A}$$

§. 175.

Ist die Fläche, auf welcher die kürzeste Linie gezeichnet ist, eine Umdrehungsfläche, deren Gleichung

$$u = z - \varphi(r) = 0$$

sein mag, wenn

$$x^2 + y^2 = r^2$$

ist, so erhält man

$$\frac{du}{dx} = -\frac{d\varphi r}{dx} = -\frac{d\varphi r}{dr}\frac{dr}{dx} = -\frac{x}{r}\varphi' r$$

$$\frac{du}{dy} = -\frac{y}{r}\varphi' r \quad \text{und} \quad \frac{du}{dz} = 1.$$

Die erste der Gleichungen (3.) in §. 174 verwandelt sich auf diese Weise in die Gleichung:

(1.) $$\frac{xd^2y}{ds^2} - \frac{yd^2x}{ds^2} = 0,$$

deren Integral

(2.) $$\frac{xdy}{ds} - \frac{ydx}{ds} = c$$

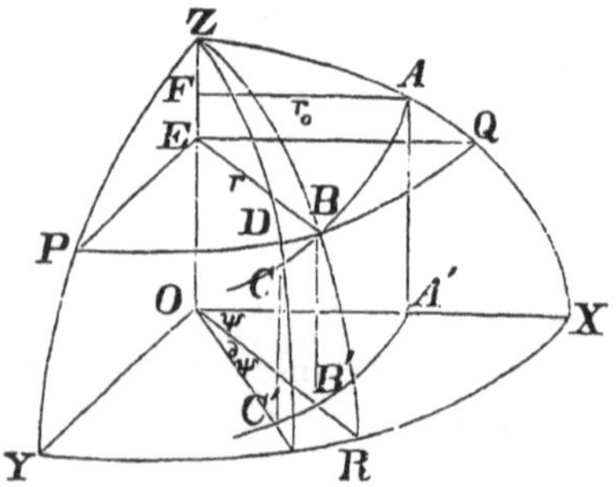

ist. In der nebenstehenden Figur sei OZ die Umdrehungsaxe der krummen Fläche XYZ; ABC die auf ihr verzeichnete kürzeste Linie und $A'B'C'$ die Projection derselben auf die Ebene der xy, mit welcher die Ebene $QBPE$ parallel läuft. Die Coordinaten des Punktes B sind xyz und $BE = B'O = r$ ist seine Entfernung von der Umdrehungsaxe. Die Bogen ZBR und ZC stellen Meridiane der krummen Fläche vor, welche mit dem Meridiane ZQX die Winkel ψ und $\psi + d\psi$ bilden. Nach diesen Bezeichnungen ist also

$$x = r\cos\psi; \quad y = r\sin\psi$$

und die N. 2 geht über in

(3.) $$r^2 d\psi = cds.$$

Das Integral dieser Gleichung:

(4.) $$\int_0^\psi r^2 d\psi = cs$$

giebt den Satz:

In der Projection $A'B'$ der kürzesten Linie $AB = s$ ist der Sector $A'OB'$ der Länge s proportional.

Trifft die kürzeste Linie ABC den Parallelkreis QBP, dessen Radius $EB = r$ ist, unter dem Winkel $CBR = \xi$, so ist für $BC = ds$, $BD = rd\psi$ also

$$\sin\xi = \frac{rd\psi}{ds}$$

und

(5.) $$r\sin\xi = \frac{r^2 d\psi}{ds} = c.$$

Berührt also die Linie AB den Parallelkreis, dessen Radius ϱ ist, so wird $\xi = \frac{1}{2}\pi$, daher $\varrho = c$, so dass die Constante c jetzt eine sehr einfache Bedeutung erhalten hat.

Es ist ferner

$$dz = \frac{d\varphi r}{dr}\,dr = \varphi' r\,dr$$

also

$$ds^2 = dx^2 + dy^2 + dz^2 = dr^2 + r^2 d\psi^2 + (\varphi' r)^2 dr^2$$
$$= (1 + \varphi' r^2)\,dr^2 + r^2 d\psi^2.$$

Aus (3.) ergiebt sich daher

$$r^4 d\psi^2 = c^2(1 + \varphi' r^2)\,dr^2 + c^2 r^2 d\psi^2$$

oder

$$(6.) \qquad d\psi = c \cdot \frac{dr}{r}\sqrt{\frac{1 + \varphi' r^2}{r^2 - c^2}}.$$

Die Gleichung (5.) giebt auch, wenn man nach (3.) ψ durch ds ausdrückt,

$$(7.) \qquad ds = r\,dr\sqrt{\frac{1 + \varphi' r^2}{r^2 - c^2}}.$$

Integrirt man (6.) und (7.) von $r = r_0$ bis $r = r$, so wird:

$$(8.) \qquad \psi = c\int_{r_0}^{r} \frac{dx}{x}\sqrt{\frac{1 + \varphi' x^2}{x^2 - c^2}}$$

$$(9.) \qquad s = \int_{r_0}^{r} x\,dx\sqrt{\frac{1 + \varphi' x^2}{x^2 - c^2}}.$$

Aus der Gleichung (8.), in welcher ψ, r_0, r als gegeben betrachtet werden sollen, und die im Allgemeinen in Bezug auf c eine transcendente ist, müssen die verschiedenen Wurzelwerthe, welche c haben kann, berechnet und dann zur Bestimmung der diesen Werthen entsprechenden Längen s in die Gleichung (9.) eingesetzt werden.

§. 176.

Da die Untersuchungen über die kürzesten Linien auf krummen Flächen ziemlich schwierig sind und zu wichtigen Bemerkungen Veranlassung geben, so werden wir zunächst eins der einfacheren Beispiele behandeln, nämlich die kürzeste Linie auf einem geraden Kegel mit kreisförmiger Basis zu bestimmen suchen.

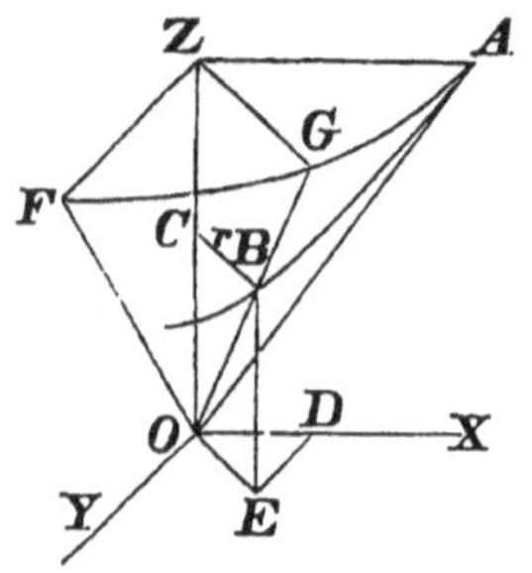

Die Spitze O des Kegels liege im Anfangspunkte der Coordinaten, und die Seite OBG bilde mit der Axe OZ desselben, welche zugleich die Axe der z ist, den Winkel α. Ist $BC = r$ die Entfernung des Punktes B von der Axe, und bildet die Ebene OGZ mit der Ebene der xz den Winkel ψ, so ist die Gleichung des Kegels

$$z = r \cot \alpha$$

also

$$\varphi(r) = r \cot \alpha \quad \text{und} \quad \varphi' r = \cot \alpha.$$

Die Gleichungen (6.) und (7.) geben dann:

(1.) $$d\psi^2 = \frac{c^2 dr^2}{\sin \alpha^2 . r^2 (r^2 - c^2)}$$

und

(2.) $$ds^2 = \frac{r^2 dr^2}{\sin \alpha^2 (r^2 - c^2)}.$$

In der Figur nehmen wir die Richtung der kürzesten Linie AB als positiv an und denken uns die r abnehmend, während der Winkel ψ und der Bogen s wachsen. Es ist daher

(3.) $$\sin \alpha \, d\psi = - \frac{c \, dr}{r \sqrt{r^2 - c^2}}$$

und

$$ds \sin \alpha = - \frac{r \, dr}{\sqrt{r^2 - c^2}}.$$

Die Integrale dieser Gleichungen sind:

$$\psi \sin \alpha = - \arccos \frac{c}{r} + A$$

und

$$s \sin \alpha = - \sqrt{r^2 - c^2} + B.$$

Um die Constante A zu bestimmen, nehmen wir für $\psi = 0$ und $s = 0$ an, es sei $r = r_0$; dann wird:

(5.) $$\psi \sin \alpha = \arccos \frac{c}{r_0} - \arccos \frac{c}{r}$$

und

(6.) $$s \sin \alpha = \sqrt{r_0^2 - c^2} - \sqrt{r^2 - c^2}.$$

Wickelt man den Kegelmantel auf eine Ebene ab, so muss sich offenbar eine auf ihm verzeichnete kürzeste Linie in eine gerade verwandeln. Ist AOG der auf die Ebene abgewickelte Theil der Kegelfläche, welcher in der vorigen Figur als AOG erscheint, sind ferner GOG_1, G_1OG_2, ... die mehrmals abgewickelten vollständigen Mäntel des Kegels und stellt ABB_2 die abgewickelte kürzeste Linie zwischen A und B dar, so übersieht man aus der Figur leicht, wie ein Punkt, der die kürzeste Linie AB durchläuft, wenn er seinen Weg fortsetzt, den ganzen Kegel umkreist, während er sich durch BB_1 bewegt und in B_1 wieder in die Seite OG, in der auch B lag, eintritt. Bei dieser Bewegung hat sich der Punkt stets der Spitze O genähert. Würde er aber den Kegelmantel noch einmal durchlaufen, also die Strecke B_1B_2 zurücklegen, so hat er sich, wenn er den Punkt B_2 trifft, bereits wieder von O entfernt. Wenn also ein Punkt A sich mit gleichförmiger Geschwindigkeit in der kürzesten Zeit auf der Oberfläche des Kegels von A nach b bewegen und den Kegel noch ausserdem zweimal umkreisen soll, so muss er den Weg ABB_1B_2 durchlaufen, wenn $Ob = OB_2$ ist. Wenn die Fortsetzung B_2C der Linie AB_2 die nächste der Kanten OG_3 des zum dritten Male abgewickelten Kegels nicht mehr schneidet, dann wird sie einer bestimmten Kante OS parallel laufen, sich also auf dem Kegel in's Unendliche erstrecken uud diese Kante zur Asymptote haben. In meinen „Mathematischen Lehrstunden, Aufgaben aus der Lehre vom Grössten und Kleinsten", wo p. 126 diese Aufgabe elementar gelöst ist, findet man noch weiter eingehende Betrachtungen. Zur Erläuterung unserer Rechnungen genügt das hier Mitgetheilte.

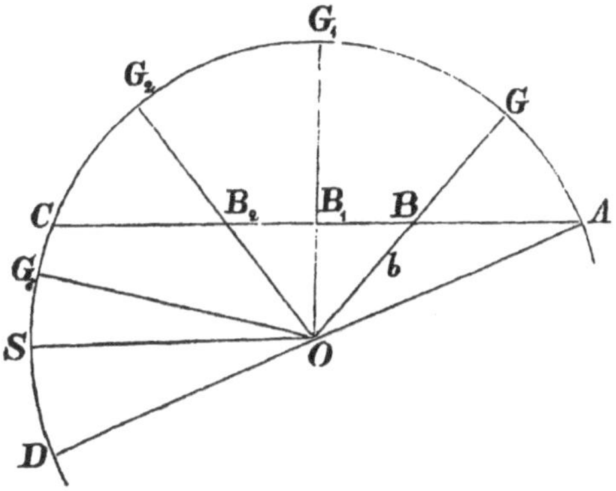

Wir kehren jetzt zu den Gleichungen (5.) und (6.) zurück. Offenbar kann der Winkel ψ aus einem Winkel $\beta = DOE$ in Fig. 1, der kleiner als π ist und einem Vielfachen von 2π zusammengesetzt gedacht werden, so dass wir der Allgemeinheit wegen annehmen können:

$$\psi = \beta + 2n\pi.$$

Es ist aber nach der bekannten goniometrischen Formel:

$$\arccos\alpha - \arccos\beta = \arccos(\alpha\beta + \sqrt{(1-\alpha^2)(1-\beta^2)}).$$

Also erhält man aus (5.):

$$\cos(\psi\sin\alpha) = \frac{c^2}{rr_0} + \sqrt{\left(1-\frac{c^2}{r^2}\right)\left(1-\frac{c^2}{r_0^2}\right)},$$

folglich

$$(7.)\qquad c = \frac{rr_0\sin(\psi\sin\alpha)}{\sqrt{r^2+r_0^2-2rr_0\cos(\psi\sin\alpha)}}.$$

Wenn c positiv bleiben soll, so darf nach dieser Formel $\psi\sin\alpha$ nicht π überschreiten. Man sieht die Nothwendigkeit dieser Forderung auch aus der zweiten Figur ein; denn wird die Kante OA des Kegels mit k bezeichnet, so ist der Halbkreis $AGD = \pi k$. Die Bogen $GG_1 = G_1G_2 = G_2G_3 = \ldots.$ sind aber sämmtlich gleich $2\pi r_0$ und AG ist gleich $r_0\beta$. Soll nun die Gerade AB den Punkt b, der auf einer der Kanten $OG, OG_1, OG_2, \ldots.$ anzunehmen ist, noch treffen, so muss offenbar, wenn sich der Kegel $n$mal in dem Winkel GOD abwickeln lässt,

$$r_0\beta + 2n\pi r_0 < \pi k$$

sein. Es ist aber $r_0 = k\sin\alpha$, also ist die Forderung:

$$(\beta + 2n\pi)\sin\alpha < \pi$$

oder

$$n < \frac{1}{2\sin\alpha} - \frac{\beta}{2\pi}.$$

Also mehr als $n$mal kann der Punkt, welcher auf dem kürzesten Wege b treffen soll, den Kegel nicht umkreisen. Forderte die Aufgabe eine öftere Umkreisung des Punktes, so müsste er sich in gerader Linie von A nach der Spitze O bewegen, dort die Spitze so oft, als verlangt wird, umkreisen und dann von O nach b hinabsteigen.

Wir haben also jetzt die Einsicht gewonnen, dass die Constante c eine begrenzte Anzahl von Werthen hat, welche aus (7.) erhalten werden, wenn man für ψ einsetzt:

$$\beta,\quad \beta+2\pi,\quad \beta+4\pi,\quad \ldots.,\quad \beta+2n\pi.$$

Die Bedeutung von c ergiebt sich am klarsten aus der zweiten Figur, wenn wir von O auf ABB_2 ein Loth fällen, welches OB_1 vorstellen mag. Es ist dann:

$$s = AB = \sqrt{\overline{AO}^2 - \overline{OB}_1^2} - \sqrt{\overline{OB}^2 - \overline{OB}_1^2}.$$

Die Entfernungen der Punkte A und B von der Axe des Kegels seien r_0 und r, und die des der Axe nächsten Punktes B_1 soll mit c bezeichnet werden; dann ist:

$$OA = \frac{r_0}{\sin\alpha}; \quad OB = \frac{r}{\sin\alpha}; \quad OB_1 = \frac{c}{\sin\alpha};$$

also

$$s = \frac{1}{\sin\alpha}\left(\sqrt{r_0^2 - c^2} - \sqrt{r^2 - c^2}\right)$$

übereinstimmend mit N. 6, so dass also c die kürzeste Entfernung der Linie s von der Axe des Kegels ausdrückt. Diese Formel wird gelten, wenn auch die Linie s den Kegel mehrmals umschlungen hat, sobald sie nur nicht der Spitze am nächsten gekommen ist und sich wieder von ihr entfernt hat; denn in diesem Falle wird offenbar:

$$s = \frac{1}{\sin\alpha}\left(\sqrt{r_0^2 - c^2} + \sqrt{r^2 - c^2}\right).$$

Dieser Werth ergiebt sich aus der Formel (2.) auf folgende Weise. So lange r abnimmt, wenn s wächst, folgt aus (2.) die (4.); wenn aber r mit s wächst, so hat man statt (4.) die Formel:

$$\sin\alpha\, ds = \frac{r\,dr}{\sqrt{r^2 - c^2}}.$$

Das Integral dieser Gleichung ist

$$s\sin\alpha = \sqrt{r^2 - c^2} + C.$$

Diese Formel gilt also, so lange r von c an zu wachsen beginnt, während (6.) angewandt werden muss, so lange r bis c hin abnimmt. Um die Constante C zu bestimmen, muss man $r = c$ setzen, wodurch man aus (6.) erhält:

$$\sqrt{r_0^2 - c^2} = C,$$

also

$$(8.) \qquad s\sin\alpha = \sqrt{r_0^2 - c^2} + \sqrt{r^2 - c^2}.$$

§. 177.

Da bei der Integration von Differentialgleichungen ähnliche Betrachtungen, wie im vorigen Paragraphen, sehr oft angestellt werden müssen und sich nicht immer unmittelbar darbieten, so halten wir es für ganz zweckmässig, hier ein ähnliches Beispiel aus einem andern Gebiete einzuschalten.

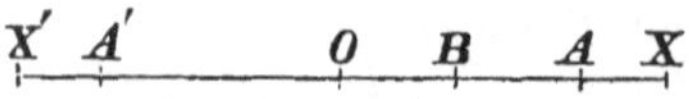

Der Massenpunkt B werde vom Punkte O mit einer Kraft angezogen, welche umgekehrt proportional dem Kubus der Entfernung wirkt. Man soll den Ort des Punktes B zur Zeit t bestimmen, wenn seine Anfangsgeschwindigkeit nach O gerichtet war. Die Differenzialgleichung seiner Bewegung ist:

$$\frac{d^2x}{dt^2} = -\frac{1}{x^3},$$

wenn die positiven Abscissen $OB = x$ von O nach X hin gerechnet werden, und die Kraft in der Einheit der Entfernung gleich 1 angenommen wird.

Ein erstes Integral dieser Gleichung ist:

$$(1.)\qquad \left(\frac{dx}{dt}\right)^2 = \frac{1}{x^2} - \frac{1}{a^2} \quad \text{oder} \quad dt^2 = \frac{a^2x^2\,dx^2}{a^2 - x^2},$$

wenn der Punkt, als er um die Strecke $OA = a$ von O entfernt war, sich in Ruhe befand.

Die Vorstellung, welche man sich von der Bewegungsweise des Punktes B zu bilden hat, ist offenbar die, dass er um den Punkt O in dem Intervalle $AOA' = 2OA$ unaufhörlich oscilliren wird, da rechts und links von O die Bedingungen zu seiner Bewegung stets dieselben sind. Der Punkt muss sich aber auch absolut in der Geraden AO bewegen, wenn diese Vorstellung eine richtige sein soll, denn eine unendlich kleine seitliche Anfangsgeschwindigkeit, deren Richtung sich von der geraden Linie AO nicht unterscheiden liesse, würde z. B. den Punkt eine Ellipse mit unendlich kleiner Axe um O beschreiben lassen, deren Brennpunkte A und O wären, wenn die Kraft umgekehrt proportional dem Quadrate der Entfernung auf ihn einwirkte.

Die Zeit wird unaufhörlich wachsend gedacht, also ist dt stets positiv. Wenn der Punkt aber von B nach O hin fortschreitet, so ist x positiv, dx negativ, also hat man aus (1.) für diesen Theil seines Weges

$$(2.)\qquad dt = -\frac{ax\,dx}{\sqrt{a^2 - x^2}},$$

und

$$t = a\sqrt{a^2 - x^2} + A.$$

Für $x = a$ war $t = 0$, also ist $A = 0$, und

$$t = a\sqrt{a^2 - x^2}.$$

Daher kommt B zur Zeit $t = a^2$ in O an. Von jetzt an gilt aber die Formel:

$$(3.)\qquad dt = \frac{ax\,dx}{\sqrt{a^2 - x^2}},$$

denn x und dx sind beide bei der Bewegung von O nach A' hin negativ. Man erhält nun:

$$t = -a\sqrt{a^2 - x^2} + B,$$

und da, für $x = 0$, $t = a^2$ war, so wird $B = 2a^2$, also

$$t = 2a^2 - a\sqrt{a^2 - x^2}.$$

Die Geschwindigkeit in A' ist Null, also kehrt der Punkt von A' nach O zurück. Jetzt ist x negativ, aber dx positiv; daher gilt jetzt die Gleichung (2.), und es wird:

$$t = a\sqrt{a^2 - x^2} + C.$$

Für $x = a$ war aus der letzten Gleichung $t = 2a^2$, also ist $C = 2a^2$, und

$$t = 2a^2 + a\sqrt{a^2 - x^2}.$$

Im vierten Theile der Bewegung des Punktes werden x und dx beide positiv, daher tritt jetzt die Gleichung (3.) ein, und es wird:

$$t = -a\sqrt{a^2 - x^2} + D.$$

Für $x = 0$ ergiebt sich aus der letzten Gleichung $t = 3a^2$, also $D = 4a^2$, und

$$t = 4a^2 - a\sqrt{a^2 - x^2}.$$

In dieser Weise fortschliessend überzeugt man sich, dass, wenn $a\sqrt{a^2 - x^2}$ mit T bezeichnet wird, man die Zeit t in den verschiedenen Intervallen durch folgende verschiedene Formeln berechnen muss:

$$t = T;\ 2a^2 - T;\ 2a^2 + T;\ 4a^2 - T;\ 4a^2 + T;\ \ldots.$$

Diese Betrachtungen haben wir hier eingeschaltet, um den Anfänger bei der Behandlung ähnlicher Aufgaben vorsichtig zu machen.

§. 178.

Wir wenden uns jetzt zu unserer Hauptaufgabe, die kürzeste Linie auf einem Umdrehungs-Ellipsoide zu bestimmen. Diese Linie, welche in der Geodäsie den Ausgangspunkt der Untersuchungen bildet, ist deswegen auch die geodätische Linie genannt worden.

Die Gleichung des Ellipsoids sei:

$$\frac{x^2+y^2}{a^2}+\frac{z^2}{b^2}=1.$$

Setzt man

$$z=bv,$$

so wird die Gleichung des Ellipsoids

$$(1.)\qquad r^2=a^2(1-v^2)$$

und nach §. 175 hat man die Gleichungen:

$$(2.)\qquad r^2d\psi=cds \quad \text{und} \quad ds^2=dr^2+r^2d\psi^2+dz^2.$$

Führt man die Bezeichnungen ein:

$$(3.)\qquad c^2=a^2(1-w^2) \quad \text{und} \quad e^2=\frac{a^2-b^2}{b^2},$$

so gelangt man aus N. 2 sogleich zu den beiden Differenzialgleichungen der geodätischen Linie:

$$(4.)\qquad ds=-bdv\sqrt{\frac{1+e^2v^2}{w^2-v^2}}$$

$$(5.)\qquad d\psi=-\frac{b\sqrt{1-w^2}\sqrt{1+e^2v^2}}{a(1-v^2)\sqrt{w^2-v^2}}dv,$$

in denen die negativen Zeichen auf der rechten Seite gewählt worden sind, weil wir nach der Figur in §. 175 annehmen wollen, dass z abnimmt, wenn s und ψ wachsen.

Wenn man sich der Formeln aus §. 26 erinnert:

$$1+go^2gx^2=ho^2hx^2$$

und

$$go^2-gx^2=ho^2fx^2,$$

so liegt der Gedanke nahe, die beiden Wurzelgrössen $\sqrt{1+e^2v^2}$ und $\sqrt{w^2-v^2}$ mit Hülfe der Functionen fx, gx, hx rational ausdrücken zu wollen. Man erreicht diesen Zweck, wenn man

$$(6.)\qquad v=\frac{gx}{g\lambda}; \quad w=\frac{go}{g\lambda}; \quad e=go\,g\lambda$$

setzt, aber es wird dann c^2 negativ, da es unter der Form erscheint

$$(7.)\qquad c^2 = a^2\left(1 - \frac{go^2}{g\lambda^2}\right) = -a^2 ho.^2 \frac{f\lambda^2}{g\lambda^2}.$$

Man muss sich daher unter λ eine imaginäre Grösse vorstellen, also etwa μi statt λ setzen. Der bequemern Rechnung wegen, nimmt man aber diese Substitution lieber erst später vor.

Es wird nun nach den obigen Annahmen:

$$(8.)\quad \begin{cases} ew = go^2;\ \sqrt{1+e^2v^2} = hohx;\ \sqrt{w^2-v^2} = \dfrac{hofx}{g\lambda};\ \sqrt{1-w^2} = \dfrac{ihof\lambda}{g\lambda}; \\ 1-v^2 = \dfrac{g\lambda^2-gx^2}{g\lambda^2} = ho^2\dfrac{(h\lambda^2-hx^2)}{go^2 g\lambda^2};\ dv = \dfrac{g'xdx}{g\lambda} = -\mathfrak{q}o^2\dfrac{fxhx\,dx}{g\lambda}. \end{cases}$$

Mit diesen Werthen verwandeln sich die Gleichungen (4.) und (5.) sogleich in:

$$(9.)\qquad ds = b\,\mathfrak{q}o^2 hx^2 dx$$

$$(10.)\qquad d\psi = -\frac{l'h\lambda . hx^2 dx}{hx^2 - h\lambda^2}.$$

Es ist also jetzt die Veränderliche v durch x ersetzt worden, und an die Stelle der Constanten a und c sind λ und ν oder q getreten, welche letztere Grösse bekanntlich in den Functionen fx, gx, hx erscheint und aus der Gleichung:

$$go^2 = ew = e\sqrt{1 - \frac{c^2}{a^2}}$$

berechnet werden kann, wenn c bekannt ist.

§. 179.

Mit Hülfe der bis jetzt entwickelten Formeln können wir nun zur Lösung einer der Hauptaufgaben der Geodäsie schreiten. Aus der Länge s eines geodätischen Bogens, der geographischen Breite β seines Anfangspunktes und seinem Azimuthe α die Breite η und das Azimuth ξ seines Endpunktes, so wie den Längenunterschied ψ beider Punkte zu bestimmen.

Wenn wir die Erde als ein Umdrehungsellipsoid betrachten und unsern Formeln die bereits in §. 175 beschriebene Figur zu Grunde legen, so ist die Gleichung irgend eines Meridians wie ZBR:

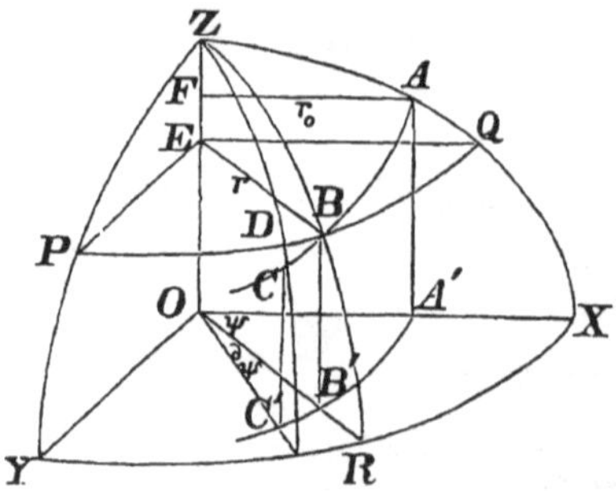

(1.) $$\frac{r^2}{a^2}+\frac{z^2}{b^2}=1,$$

und wenn die Normale im Punkte A mit der Axe OX den Winkel η bildet, so ist

(2.) $$\operatorname{tg}\eta=\frac{a^2z}{b^2r}.$$

Setzt man nun:

(3.) $$e\cos\eta=\operatorname{tg}\xi$$

und ausserdem

$$a=nb,\ \text{sowie}\ e=\frac{1}{b}\sqrt{a^2-b^2};\ \text{also}\ n^2=1+e^2,$$

so ergiebt sich aus (1.) mit Rücksicht auf §. 178:

(4.) $$r=\frac{na}{e}\sin\zeta;\quad z=b\sin\eta\cos\zeta=bv.$$

In §. 175 war die Constante c als das Product des Sinus des Azimuths ξ eines Punktes der geodätischen Linie in die Entfernungen desselben von der Erdaxe bestimmt worden. Wenn also im Anfangspunkte A der geodätischen Linie die geographische Breite η den Werth β annimmt, und ξ dadurch in γ übergeht und ausserdem für diesen Punkt das Azimuth α ist, so wird:

(5.) $$c=na\sin\alpha\cos\beta\cos\gamma=na\sin\xi\cos\eta\cos\zeta$$

oder

(5′.) $$c=\frac{na}{e}\sin\alpha\sin\gamma=\frac{na}{e}\sin\xi\sin\zeta$$

und nach (3.) in §. 178:

(6.) $$w^2=1-\frac{c^2}{a^2}=1-n^2\sin\alpha^2\cos\beta^2\cos\gamma^2=\cos\alpha^2+\sin\alpha^2\sin\beta^2\cos\gamma^2.$$

Nach (7′.) in §. 178 war aber

$$ew=go^2$$

also wird

(7.) $$go=\sqrt{e}\sqrt[4]{\frac{n^2\cos\alpha^2+\operatorname{tg}\beta^2}{n^2+\operatorname{tg}\beta^2}}=\sqrt{e}\sqrt[4]{\cos\alpha^2+\sin\alpha^2\sin\beta^2\cos\gamma^2}$$

$$ho=\sqrt{n}\sqrt[4]{\frac{n^2\cos\alpha^2+\operatorname{tg}\beta^2+\sin\alpha^2}{n^2+\operatorname{tg}\beta^2}}=\sqrt{n}\sqrt[4]{1-\sin\alpha^2\sin\gamma^2}.$$

Aus (6.) in §. 178 ist ferner $go\, g\lambda = e$ und hiermit gewinnt man vermöge der Formeln (3.) und (4.) in §. 26 die Gleichungen:

$$(9.)\qquad f\lambda = in\frac{\sin\alpha\sin\gamma}{go\,ho};\quad g\lambda = \frac{e}{go};\quad h\lambda = \frac{n}{ho}.$$

Ferner war in §. 178 bereits gefunden:

$$(10.)\qquad fx = \frac{go}{ho}\sqrt{1-\frac{e^2v^2}{go^4}};\quad gx = \frac{ev}{go};\quad hx = \frac{1}{ho}\sqrt{1+e^2v^2},$$

wobei nach N. 4

$$v = \sin\eta\cos\zeta = \frac{\sin\eta}{\sqrt{1+e^2\cos\eta^2}} = \frac{1}{e}\sqrt{n^2\cos\zeta^2-1}$$

zu setzen ist, also die Functionen fx, gx, hx auch so ausgedrückt werden können:

$$(11.)\quad fx = \frac{ho}{go}\sqrt{1-\frac{n^2\cos\zeta^2}{ho^4}};\quad gx = \frac{1}{go}\sqrt{n^2\cos\zeta^2-1};\quad hx = \frac{n\cos\zeta}{ho}.$$

Im Anfangspunkte A der geodätischen Linie verwandelt sich nach den oben gemachten Annahmen der Winkel ζ in γ; bezeichnet man also den Anfangswerth von x mit x_0, so hat man die Gleichungen:

$$(12.)\qquad fx_0 = \frac{ho}{go}\sqrt{1-\frac{n^2\cos\gamma^2}{ho^4}};\ gx_0 = \frac{1}{go}\sqrt{n^2\cos\gamma^2-1};\ hx_0 = \frac{n\cos\gamma}{ho}$$

Das q der Thetafunctionen wird nach §. 43 durch die Gleichung:

$$(13.)\qquad q = \tfrac{1}{2}\,\frac{ho-1}{ho+1}$$

gefunden, sobald man die fünfte Potenz dieses Ausdrucks vernachlässigen kann, was bei geodätischen Rechnungen immer der Fall ist.

Nach N. 9 in §. 178 wird, wenn man N. 16 in §. 77 berücksichtigt,

$$ds = b\vartheta o^2 hx^2 dx = \frac{b}{\theta o^2}(l''\theta x - l''\vartheta o)\,dx.$$

Integrirt man diese Gleichung von $s = 0$ bis $s = s$, bezüglich von $x = x_0$ bis $x = x$, so erhält man:

$$(14.)\qquad \frac{s\theta o^2}{b} = l'\theta x - l'\theta x_0 - (x-x_0)\,l''\vartheta o.$$

In §. 81 findet sich aber unter N. 5 die Reihenentwicklung:

$$l'\theta x = 2i\sum_1^\omega \frac{\sin 2sx}{\sin svi} = \frac{4q\sin 2x}{1-q^2} + \frac{4q^2\sin 4x}{1-q^4} + \frac{4q^3\sin 6x}{1-q^6} + \cdots$$

und unter N. 11 die folgende:

$$l''\vartheta_1 x = -\frac{1}{\cos x^2} + 4i\sum_1^{\omega}(-1)^s \frac{sq^s \cos 2sx}{\sin s\nu i}$$

$$= -\frac{1}{\cos x^2} - \frac{8q^2\cos 2x}{1-q^2} + \frac{16q^4\cos 4x}{1-q^4} - \frac{24q^6\cos 6x}{1-q^6} + \cdots$$

also, für $x = 0$,

$$l''\vartheta_1 o = -1 - \frac{8q^2}{1-q^2} + \frac{16q^4}{1-q^4} - \frac{24q^6}{1-q^6} + \cdots$$

Kann man wegen der geringen Grösse von q schon seine dritte Potenz vernachlässigen, so erhält man aus (14.), wenn man beide Seiten mit $1+8q^2$ dividirt, die folgende Gleichung:

$$(15.)\ x = x_0 + \frac{s}{b}(1-4q-4q^2) - 8q\sin(x-x_0)\cos(x+x_0)$$
$$- 8q^2\sin 2(x-x_0)\cos 2(x+x_0).$$

Die Auflösung dieser transcendenten Gleichung liefert den Werth von x, sobald man die Constante x_0 aus der dritten der Gleichungen (12.):

$$(16.)\qquad \frac{n\cos\gamma}{ho} = \frac{1+2q\cos 2x_0 + \cdots}{1-2q\cos 2x_0 + \cdots}$$

gefunden hat.

Um den Werth von x aus der Gleichung (15.) zu finden, vernachlässigt man zunächst die beiden letzten Glieder der rechten Seite und setzt als ersteren Näherungswerth:

$$x = x_0 + \frac{s}{b}(1-4q-4q^2).$$

Das so erhaltene x setzt man dann in den vernachlässigten Theil ein, und berechnet mit dieser Vervollständigung einen zweiten Werth von x, den man abermals auf dieselbe Weise benutzen könnte, wenn eine noch grössere Genauigkeit erforderlich sein sollte.

Sucht man nun noch aus der dritten der Gleichungen unter N. 9:

$$(17.)\qquad h\lambda = \frac{n}{ho} = \frac{1+2q\cos 2\lambda + 2q^4\cos 4\lambda + \cdots}{1-2q\cos 2\lambda + 2q^4\cos 4\lambda + \cdots}$$

den Werth von $\cos 2\lambda$, so ergiebt sich diese Grösse, ganz ähnlich, wie in §. 171 $\cos 2z$ gefunden wurde, zwar positiv, aber doch grösser als 1, so dass man, wie oben bemerkt, λ durch μi ersetzen muss.

Sobald nun die reelle Grösse μ auf diese Weise bestimmt ist, so kann man das Integral der Gleichung (10.) in §. 178 berechnen; denn, wendet man die Formel (8.) aus §. 130 an und integrirt die Differenzialgleichung (10.) von $\psi = 0$ bis $\psi = \psi$, bezüglich von $x = x_0$ bis $x = x$, so erhält man:

$$(18.)\ \psi = -l'h\lambda \int_{x_0}^{x} \frac{hx^2\,dx}{hx^2 - h\lambda^2} = -l'h\lambda \left\{(x - x_0)\,l'\theta_3\lambda + \tfrac{1}{2}\,l\frac{\theta_1(\lambda - x)}{\theta_1(\lambda + x)} \cdot \frac{\theta_1(\lambda + x_0)}{\theta_1(\lambda - x'_0)}\right\},$$

wo rechts μi statt λ eingeführt werden muss, während alle Grössen bereits bestimmt sind. Es kann also jetzt die Längendifferenz ψ mit Hülfe dieser Formel berechnet werden. Aus dem bekannten Werthe von x lässt sich nun auch durch die Gleichung unter N. 11:

$$(19.)\qquad \cos\zeta = \frac{ho\,hx}{n}$$

der Winkel ζ und damit aus N. 3:

$$(20.)\qquad \cos\eta = \frac{1}{e}\operatorname{tg}\zeta,$$

die Breite η des Endpunktes der geodätischen Linie berechnen.

Endlich ergiebt sich aus (5.) das Azimuth ξ dieses Punktes durch die Gleichung:

$$(21.)\qquad \sin\xi = \frac{\sin\alpha\sin\gamma}{\sin\zeta}.$$

Da man die Grössen q, λ, x und x_0 jetzt als bekannt voraussetzen kann, so lässt sich der Ausdruck für ψ allerdings berechnen, sobald nur für die Thetafunctionen ihre Reihen aus §. 16 eingesetzt werden; aber bequemer ist es, die Reihen aus §. 81 anzuwenden.

Unter N. 2 findet sich dort die Formel:

$$l\theta_1 x = l(\theta_1 o \sin x) - \frac{4q^2\cos x^2}{1-q^2} + \frac{4q^4\sin 2x^2}{2(1-q^4)} - \frac{4q^6\cos 3x^2}{3(1-q^6)} + \cdots$$

Aus ihr ergiebt sich sogleich:

$$l\frac{\theta_1(\lambda - x)}{\theta_1(\lambda + x)}$$

$$= l\frac{\sin(\lambda - x)}{\sin(\lambda + x)} - \frac{4q^2\sin 2\lambda\sin 2x}{1-q^2} - \frac{4q^4\sin 4\lambda\sin 4x}{2(1-q^4)} - \frac{4q^6\sin 6\lambda\sin 6x}{3(1-q^6)} - \cdots,$$

und nach N. 5 und N. 8 hat man:

$$l'\theta\lambda = \frac{4q\sin 2\lambda}{1-q^2} + \frac{4q^2\sin 4\lambda}{1-q^4} + \frac{4q^3\sin 6\lambda}{1-q^6} + \cdots$$

$$l'\theta_1\lambda = -\frac{4q\sin 2\lambda}{1-q^2} + \frac{4q^2\sin 4\lambda}{1-q^4} - \frac{4q^3\sin 6\lambda}{1-q^6} + \cdots$$

also

$$l'h\lambda = -\frac{8q\sin 2\lambda}{1-q^2} + \frac{8q^3\sin 6\lambda}{1-q^6} - \frac{8q^5\sin 10\lambda}{1-q^{10}} - \cdots$$

Kann man die dritte Potenz von q vernachlässigen, so wird:

$$l\frac{\theta_1(\lambda-x)}{\theta_1(\lambda+x)} \cdot \frac{\theta_1(\lambda+x_0)}{\theta_1(\lambda-x_0)}$$

$$= l\frac{\sin(\lambda-x)\sin(\lambda+x_0)}{\sin(\lambda+x)\sin(\lambda-x_0)} - 8q^2\sin 2\lambda\sin(x-x_0)\cos(x+x_0)$$

und

$$l'\theta_1\lambda = -4q\sin 2\lambda;\quad l'h\lambda = -8q\sin 2\lambda,$$

also

$$(22.)\quad \psi = 4q\sin 2\lambda\left\{l\frac{\sin(\lambda-x)\sin(\lambda+x_0)}{\sin(\lambda+x)\sin(\lambda-x_0)} - 8q\sin 2\lambda(x-x_0)\right.$$

$$\left. - 8q^2\sin 2\lambda\sin(x-x_0)\cos(x+x_0)\right\}$$

Führt man μi statt λ ein, so wird für

$$(23.)\quad e^{2\mu} = \operatorname{tg}\varrho$$

$$\cos 2\mu i = \frac{1}{\sin 2\varrho} \quad \text{und} \quad \sin 2\mu i = -i\cot 2\varrho,$$

und wenn man

$$(24.)\quad \frac{\cos 2\varrho\sin(x-x_0)}{\sin 2\varrho\cos(x+x_0) - \cos(x-x_0)} = \operatorname{tg}\tau$$

setzt, so wird

$$\psi = 8q\tau\cot 2\varrho - 32q^2\cot 2\varrho^2(x-x_0) - 32q^3\cot 2\varrho^2\sin(x-x_0)\cos(x+x_0).$$

§. 180.

Wenn auch mit Hülfe der bisher entwickelten Formeln sich alle Rechnungen, welche die Lösung unserer Aufgabe erfordert, vollständig und übersichtlich durchführen lassen, so würde doch eine weiter eingehende Untersuchung sowohl für die bequemere Ausführung der Rechnung als auch für die nähere Kenntniss der Eigenschaften der geodätischen Linie unerlässlich sein. Die zweckmässigsten Formeln für die numerische Rechnung finden sich von Jacobi in einer kurzen Uebersicht zusammengestellt im 53. Bande pag. 335 bis pag. 341 des Borchardt'schen Journals, und Herr Professor Luther in Königsberg hat die Ableitung dieser Formeln in einem darauf folgenden schätzbaren Aufsatze pag. 342 bis 365 geliefert. Die wenigen Seiten, welche wir diesem Probleme widmen konnten, sind aber vollkommen ausreichend, um den Leser in den Stand zu setzen, diese practisch wichtigen Arbeiten mit Leichtigkeit studiren und die etwas zerstreut liegenden Resultate in einen sehr kleinen Raum übersichtlich vereinigen zu können.

Indem wir also für weitere Belehrung auf diese Arbeiten verweisen, wollen wir hier nur noch die Grösse des Krümmungs-Halbmessers eines Normalschnitts des Ellipsoids im Punkte xyz oder C der Figur auf Seite 299 bestimmen, welcher mit dem Meridiane dieses Punktes einen gegebenen Winkel bildet. Die Kenntniss dieser Grösse wird uns zugleich über die Bedeutung einiger der bis jetzt gebrauchten Bezeichnungen einen nicht unwichtigen Aufschluss gewähren. Die Formeln, welche wir deswegen aus der Theorie der krummen Flächen benutzen müssen, sind die folgenden.

Ist die Gleichung der Fläche zwischen rechtwinkligen Coordinaten x, y, z

(1.) $$u = o,$$

dann ist ihre Ableitung

$$\frac{du}{dx}dx + \frac{du}{dy}dy + \frac{du}{dz}dz = 0,$$

welcher auch die Form gegeben werden kann:

(2.) $$\lambda x' + \mu y' + \nu z' = 0,$$

wenn die Ableitungen nach dem Bogen s eines Normalschnitts im Punkte xyz durch die accentuirten Buchstaben bezeichnet werden und

(3.) $$\lambda = \frac{du}{dx} : R; \mu = \frac{du}{dy} : R; \nu = \frac{du}{dz} : R$$

die Cosinus der Winkel darstellen, welche die Normale der Fläche im Punkte x, y, z mit den Coordinatenaxen bildet, während

$$\sqrt{\left(\frac{du}{dx}\right)^2 + \left(\frac{du}{dy}\right)^2 + \left(\frac{du}{dz}\right)^2} = R$$

gesetzt worden ist.

Nimmt man von (2) die Ableitung nach s, so erhält man die Gleichung

$$\lambda' x' + \mu' y' + \nu' z' = -(\lambda x'' + \mu y'' + \nu z''),$$

und wenn der Krümmungs-Halbmesser des Normalschnitts im Punkte C mit ϱ bezeichnet wird, so findet man die Krümmung in dem angegebenen Punkte durch die Formel

$$(4.)\qquad \frac{1}{\varrho} = \lambda' x' + \mu' y' + \nu' z' = -(\lambda x'' + \mu y'' + \nu z''),$$

welche also den Krümmungs-Halbmesser des Normalschnitts berechnen lehrt, dessen Tangente im Punkte C mit den Coordinatenaxen die Winkel α, β, γ bildet, deren Cosinus x', y', z' sind. Von diesen Winkeln kann einer insoweit willkürlich gewählt werden, als er mit den beiden übrigen den Bedingungen

$$(2.)\qquad \lambda x' + \mu y' + \nu z' = 0$$

und

$$(5.)\qquad x'^2 + y'^2 + z'^2 = 1$$

genügt.

Aus den Gleichungen (3) entwickelt man die Werthe von λ', μ', ν' in folgender Gestalt:

$$\lambda' = \frac{d}{ds}\left(\frac{du}{dx} : R\right) = \left(\frac{d^2u}{dx\,dx}x' + \frac{d^2u}{dy\,dx}y' + \frac{d^2u}{dz\,dx}z'\right) : R - \frac{\lambda R'}{R},$$

$$\mu' = \frac{d}{ds}\left(\frac{du}{dy} : R\right) = \left(\frac{d^2u}{dx\,dy}x' + \frac{d^2u}{dy\,dy}y' + \frac{d^2u}{dz\,dy}z'\right) : R - \frac{\mu R'}{R},$$

$$\nu' = \frac{d}{ds}\left(\frac{du}{dz} : R\right) = \left(\frac{d^2u}{dx\,dz}x' + \frac{d^2u}{dy\,dz}y' + \frac{d^2u}{dz\,dz}z'\right) : R - \frac{\nu R'}{R},$$

und daher ist die aus (4) hervorgehende Formel für die Krümmung

$$(6.)\qquad \frac{1}{\varrho} = \frac{1}{R}\left\{\frac{d^2u}{dx^2}x'^2 + \frac{d^2u}{dy^2}y'^2 + \frac{d^2u}{dz}z'^2 + \frac{2d^2u}{dydz}y'z' + \frac{2d^2u}{dz\,dx}z'x' + \frac{2d^2u}{dx\,dy}x'y'\right\}$$

Der grösste und kleinste Krümmungs-Halbmesser der Normalschnitte im Punkte C ergiebt sich nun aus diesen Formeln durch die einfachen Gleichungen

$$(7.)\qquad \frac{1}{\varrho} = \frac{\lambda'}{x'} = \frac{\mu'}{y'} = \frac{\nu'}{z'},$$

aus denen nur noch die Cosinus x', y', z' eliminirt werden müssen, nachdem

$$\lambda' = \frac{d\lambda}{dx}x' + \frac{d\lambda}{dy}y' + \frac{d\lambda}{dz}z'$$

gesetzt ist und die ähnlichen Ausdrücke für μ' und ν' eingeführt worden sind.

Sind die Ausdrücke für λ, μ, ν in N. 3 so gebildet, dass man aus der Gleichung $\mu = o$ den Werth von z durch x und y ausgedrückt und in diese Formeln eingesetzt hat, so erscheinen λ' und μ' bloss als Functionen von x und y in der Gestalt

$$\lambda' = \frac{d\lambda}{dx} x' + \frac{d\lambda}{dy} y' \text{ und } \mu' = \frac{d\mu}{dx} x' + \frac{d\mu}{dy} y'$$

und aus (6) erhält man

$$(8.) \qquad \left(\frac{d\lambda}{dx} - \frac{1}{\varrho}\right) x' + \frac{d\lambda}{dy} y' = 0,$$

$$(9.) \qquad \left(\frac{d\mu}{dy} - \frac{1}{\varrho}\right) y' + \frac{d\mu}{dx} x' = 0,$$

also, wenn man x' und y' eliminirt

$$(10.) \qquad \frac{1}{\varrho^2} - \frac{1}{\varrho}\left(\frac{d\lambda}{dx} + \frac{d\mu}{dy}\right) + \frac{d\lambda}{dx}\frac{d\mu}{dy} - \frac{d\lambda}{dy}\frac{d\mu}{dx} = 0.$$

Die beiden Wurzeln ϱ_1 und ϱ_2 dieser quadratischen Gleichung liefern den grössten und kleinsten Krümmungs-Halbmesser der Normalschnitte im Punkte xyz. Bestimmt man dann aus (8) oder (9) das Verhältniss von $y' : x'$ und setzt dessen Werth in die Gleichungen (2) und (5) ein, so findet man auch die Grössen x', y', z' und kann also die Cosinus der Winkel α, β, γ berechnen, welche die Tangenten der beiden Normalschnitte, die im Punkte P unter allen die stärkste und schwächste Krümmung haben, mit den Coordinatenaxen bilden. Diese Winkel fallen natürlich verschieden aus, je nachdem für ϱ der Werth ϱ_1 oder ϱ_2 eingesetzt wird.

Sind nun ϱ_1 und ϱ_2 und die Richtungen ihrer zugehörigen Normalschnitte, welche auf einander senkrecht stehen, gefunden, so lässt sich auch durch die bekannte Formel

$$(11.) \qquad \frac{1}{\varrho} = \frac{\sin\alpha^2}{\varrho_1} + \frac{\cos\alpha^2}{\varrho_2}$$

die Grösse der Krümmung des Normalschnitts berechnen, dessen Ebene mit der Ebene des Schnitts, welchem die schwächste Krümmung zukommt, den Winkel α bildet.

§. 181.

Wenn wir diese Formeln zur Berechnung der beiden Hauptkrümmungs-Halbmesser in einem Punkte C des Ellipsoids

$$u = \tfrac{1}{2}(ax^2 + by^2 + cz^2 - 1) = 0$$

benutzen wollen und aus §. 161 N. 7' den Ausdruck

$$\frac{1}{p^2} = a^2x^2 + b^2y^2 + c^2z^2 = a(a-c)x^2 + b(b-c)y^2 + c$$

für den reciproken Werth des Quadrats des Abstandes p der Berührungsebene in C vom Mittelpunkte O einführen, so erhalten wir zunächst

$$\frac{du}{dx} = ax; \frac{du}{dy} = by; \frac{du}{dz} = cz,$$

also

$$R = \frac{1}{p}$$

und

$$\lambda = \frac{du}{dx} : R = apx; \mu = \frac{du}{dy} : R = bpy;$$

$$\frac{d\lambda}{dx} = ap + ax\frac{dp}{dx}; \frac{d\lambda}{dy} = ax\frac{dp}{dy};$$

$$\frac{d\mu}{dy} = bp + by\frac{dp}{dy}; \frac{d\mu}{dx} = by\frac{dp}{dx};$$

$$\frac{dp}{dx} = -a(a-c)xp^3; \frac{dp}{dy} = -b(b-c)yp^3.$$

Hiernach nimmt, für $x^2 + y^2 + z^2 = q^2$, die Gleichung (10) folgende Gestalt an:

$$\frac{1}{\varrho^2} - \frac{abcp^3}{\varrho}\left(\frac{1}{a} + \frac{1}{b} + \frac{1}{c} - q^2\right) + abcp^4 = 0,$$

oder, wenn, wie gewöhnlich, die Halbaxen wieder mit a, b, c bezeichnet werden,

(1.) $$\frac{a^2b^2c^2}{\varrho^2} - \frac{p^3}{\varrho}(a^2 + b^2 + c^2 - q^2) + p^4 = 0.$$

Für das Umdrehungsellipsoid, bei welchem $b = a$ und $c = b$ gesetzt worden war, ist nach §. 179 N. 3 und N. 4

(2.) $$a = nb; n^2 = 1 + e^2; e\cos\eta = tg\zeta; r = \frac{na}{e}\sin\zeta;$$

(3.) $$x = r\cos\psi; y = r\sin\psi; z = b\sin\eta\cos\zeta;$$

also

$$(4.)\qquad p = \frac{b}{\cos\zeta}; q^2 = x^2 + y^2 + z^2 = b^2 + a^2\cos\zeta^2.$$

Mit Hülfe dieser Werthe findet man für den grössten und kleinsten Krümmungs-Halbmesser der Normalschnitte im Punkte C die einfachen Ausdrücke

$$(5.)\qquad \varrho_1 = \frac{a^2}{b}\cos\zeta = an\cos\zeta;\ \varrho_2 = \frac{a^2}{b}\cos\zeta^3 = an\cos\zeta^3.$$

Es wird dann ferner:

$$\frac{d\mu}{dx} = \frac{1}{\varrho_1}\cos\psi\sin\psi\, tg\,\zeta^2;\ \frac{d\mu}{dy} = \frac{1}{\varrho_1}(1 + tg\,\zeta^2\sin\psi^2).$$

Mit diesen Werthen geht N. 9 in §. 180, wenn man ϱ gleich dem grössten Krümmungs-Halbmesser ϱ_1 setzt, in

$$y'\,tg\,\psi = x'$$

über. Liegt der Punkt in der Ebene der xz, so ist $\psi = 0$, also $x' = \cos\alpha = 0$, folglich steht die Tangente des Normalschnitts, welcher die schwächste Krümmung hat, auf der Ebene der xz senkrecht, und die stärkste Krümmung fällt also immer in den Meridian; denn da die Erde eine Umdrehungsfläche ist, so sind die Krümmungen in allen Parallelkreisen gleich.

Um den Krümmungs-Halbmesser eines Normalschnitts zu bestimmen, welcher mit dem Meridiane das Azimuth α bildet, hat man nun die Werthe von ϱ_1 und ϱ_2 aus (5.) in N. 11 des §. 180 einzusetzen und erhält dann die Grösse dieses Krümmungs-Halbmessers durch die Formel:

$$(6.)\qquad \varrho = \frac{an\cos\zeta^3}{1-\sin\alpha^2\sin\zeta^2}.$$

In §. 179 war angenommen worden, dass, wenn die Breite η den Werth β annimmt, sich dann ζ in γ verwandelt; führt man auch hier diese Bezeichnung ein, so erlangen vermöge N. 8 und N. 12 in §. 179 die Grössen ho und hx_0 die folgenden Bedeutungen:

$$(7.)\qquad ho = n\sqrt[4]{\frac{b\cos\gamma^3}{\varrho}};\ hx_0 = \sqrt[4]{\frac{\varrho\cos\gamma}{b}}.$$

Wenn auch die Zwecke dieses Buches ebensowenig als der Raum uns gestatten, eine vollständige numerische Rechnung durchzuführen, so wollen wir doch wenigstens an einem Beispiele nachweisen, wie die Kenntniss der Grösse des Krümmungs-Halbmessers des Normal schnitts, welcher im Anfangspunkte der geodätischen Linie mit dieser eine gemeinschaftliche Tangente hat, für die Ausführung einer geodätischen Rechnung von Wichtigkeit ist. In seinen „Untersuchungen über Gegenstände der höheren Geodäsie“ behandelt Gauss pag. 33 der zweiten Abhandlung das Beispiel, aus der Breite des Brockens $= 51^\circ 48' 1'', 9294$, dem Azimuth $\alpha = 5^\circ 42' 21'', 7699$ und der bekannten Länge der geodätischen Linie $s = 54374{,}20$ Toisen, die Breite η des Inselbergs, sein Azimuth ξ und die Längendifferenz ψ zu berechnen. Die Rechnung ergab:

$$\eta = 50^\circ 51' 8'', 9444$$
$$\xi = 5^\circ 35' 21'', 1815$$
$$\psi = 0^\circ 8' 58'', 7002.$$

Jacobi, welcher a. a. O. seine Formeln an demselben Beispiele prüfen liess, erhielt für η einen Werth, der in der vierten Decimalstelle der Secunden um sieben Einheiten kleiner ist, während der Werth von ξ genau übereinstimmt und der Werth von ψ nur um eine Einheit in der letzten Stelle abweicht. Allen diesen Rechnungen liegen die Dimensionen des Erdkörpers zu Grunde, so wie sie Bessel in Schumacher's Astronomischen Nachrichten N. 438 bestimmt hat. Nach ihm ist, wenn die Toise du Pérou bei 13° R als Einheit angenommen wird,

$$\log a = 6{,}5148235337$$
$$\log b = 6{,}5133693539.$$

Berechnet man nach diesen Angaben durch die Formel N. 6:

$$\varrho = \frac{an \cos\gamma^3}{1 - \sin\alpha^2 \sin\gamma^2},$$

in welcher $n = a : b$ und $tg\gamma = \sqrt{n^2 - 1}\cos\beta$ gesetzt worden war, den Krümmungs-Halbmesser ϱ des Normalschnitts, welcher mit der geodätischen Linie dieselbe Tangente hat, so findet man

$$\log\varrho = 6{,}5146179.$$

Nach der Angabe von Gauss ist aber

$$\log s = 4{,}7353929$$

und auf einer Kugel vom Radius ϱ würde der Bogen eines grössten Kreises von der Länge s einem Centriwinkel von $57' 9'', 2575 = c$ entsprechen. Construirt man nun ein sphärisches Dreieck aus den Seiten c und $\frac{\pi}{2} - \beta$ und dem von ihnen eingeschlossenen Winkel $\pi - \alpha$, so findet man die Winkel ψ' und ξ', welche diesen Seiten gegenüberliegen, sowie das Complement η' der dritten Seite von der Grösse

$$\eta' = 50^\circ 51' 9'',560$$
$$\xi' = 5^\circ 35' 20'',271$$
$$\psi' = 0^\circ 9' 0'',151,$$

so dass folgende Differenzen bleiben:

$$\eta' - \eta = 0'',616; \xi' - \xi = -0'',910; \psi' - \psi = 1'',451.$$

Hat man sich also die Kenntniss des erwähnten sphärischen Dreiecks verschafft, so besitzt man bereits sehr angenäherte Werthe der drei Grössen η, ξ, ψ, welche gesucht werden sollten und die ganze übrige Rechnung besteht nur in einer geschickten Benutzung der bisher entwickelten Formeln zu wirksamen Näherungsmethoden.

§. 182.

Wenn die Aufgabe gelöst werden soll, die kürzeste Entfernung zweier Punkte auf der Erdoberfläche zu finden, deren geographische Länge und Breite gegeben ist, so muss zunächst der Werth der Constante c aus der Gleichung (5.) in §. 178 berechnet werden. Führt man dort zunächst statt v und w die Grössen r und c aus N. 1 und N. 3 ein, so erhält man

$$(1.) \qquad d\psi = \frac{dr}{r}\sqrt{\frac{1 - \frac{e^2 r^2}{n^2 a^2}}{\left(1 - \frac{r^2}{a^2}\right)\left(\frac{r^2}{c^2} - 1\right)}}.$$

Die Substitutionen

$$(2.) \qquad \varrho = \sqrt{\frac{a^2}{r^2} - 1}\,; \lambda = \frac{a^2}{c^2} - 1\,; \varepsilon = \frac{e^2}{n^2};$$

verwandeln diese Gleichung in

$$(3.) \qquad d\psi = -\frac{d\varrho}{\sqrt{\lambda - \varrho^2}}\sqrt{1 - \frac{\varepsilon}{1 + \varrho^2}}$$

Wenn, wie die Figur in §. 175 andeutet, r grösser ist als der Anfangswerth r_0 und

$$(4.) \qquad \varrho_0 = \sqrt{\frac{a^2}{r_0^{\,2}} - 1}$$

gesetzt wird, so ist ϱ_0 grösser als ϱ, und dann ergiebt sich aus (3.)

$$(5.)\qquad \psi = \int_{\varrho}^{\varrho_0} \frac{d\varrho}{\sqrt{\lambda-\varrho^2}} \sqrt{1-\frac{\varepsilon}{1+\varrho^2}},$$

wenn man von $\psi = 0$ bis $\psi = \psi$ und von $\varrho = \varrho_0$ bis $\varrho = \varrho$ integrirt. Die Constante λ nimmt vermöge der Formeln (5.) und (5′) in §. 179 die Gestalt an:

$$(6.)\qquad \lambda = \frac{1}{\sin\alpha^2}\left(1+\frac{tg\beta^2}{n^2}\right) - 1,$$

und ein erster angenäherter Werth derselben ergiebt sich aus (5.), wenn man $\varepsilon = 0$ setzt. Der noch bleibende Fehler δ lässt sich auf die Weise ermitteln, dass man

$$\lambda = \mu + \delta$$

setzt, wenn μ die erste Annäherung bedeutet, und bei den Entwicklungen nach Potenzen von δ nur die erste Potenz beibehält. Man findet dann

$$(7.)\quad \psi = \int_{\varrho}^{\varrho_0} \frac{d\varrho}{(\mu-\varrho^2)^{\frac{1}{2}}}\left(1-\frac{\varepsilon}{1+\varrho^2}\right)^{\frac{1}{2}} - \frac{\delta}{2}\int_{\varrho}^{\varrho_0} \frac{d\varrho}{(\mu-\varrho^2)^{\frac{3}{2}}}\left(1-\frac{\varepsilon}{1+\varrho^2}\right)^{\frac{1}{2}}.$$

Wird nun

$$(8.)\qquad \varrho = \sqrt{\mu}\sin\varphi;\quad \varrho_0 = \sqrt{\mu}\sin\varphi_0$$

gesetzt, so nehmen diese beiden Integrale die Gestalt an:

$$(9.)\quad \int_{\varphi}^{\varphi_0} d\varphi \sqrt{1-\frac{\varepsilon}{1+\mu\sin\varphi^2}};\ \text{und}\ \frac{1}{2\mu}\int_{\varphi}^{\varphi_0}\frac{d\varphi}{\cos\varphi^2}\sqrt{1-\frac{\varepsilon}{1+\mu\sin\varphi^2}}$$

Für das Erdsphäroid ist ε so klein, dass die dritte Potenz vernachlässigt werden kann. Entwickelt man dann im ersten Integrale die Wurzelzeichen nach Potenzen von ε und setzt

$$(10.)\qquad tg\chi = \frac{\cot\varphi}{\sqrt{1+\mu}};\ tg\chi_0 = \frac{\cot\varphi_0}{\sqrt{1+\mu}}$$

so erhält man

$$\int \frac{d\varphi}{1+\mu\sin\varphi^2} = -\frac{\chi}{(1+\mu)}$$

$$\int \frac{d\varphi}{(1+\mu\sin\varphi^2)^2} = -\frac{2+\mu}{2(1+\mu)^{\frac{3}{2}}}\chi - \frac{\mu}{4(1+\mu)^{\frac{3}{2}}}\sin 2\chi.$$

Wenn man jetzt aus der Gleichung (7.) den Fehler δ berechnen will, so braucht offenbar von der Entwicklung des zweiten Integrals nach

Potenzen von ε, welches in der Formel für δ als Divisor erscheint, nur das erste Glied

$$\frac{1}{2\mu}\int_{\varphi}^{\varphi_0}\frac{d\varphi}{\cos\varphi^2}=\frac{1}{2\mu}(\operatorname{tg}\varphi_0-\operatorname{tg}\varphi)=\frac{\sin(\varphi_0-\varphi)}{2\mu\cos\varphi_0\cos\varphi}$$

beibehalten zu werden, da schon das zweite Glied ziemlich klein ist. Man findet also jetzt den Fehler δ durch die Formel

$$(11.)\qquad \delta=\frac{2\mu\cos\varphi_0\cos\varphi}{\sin(\varphi_0-\varphi)}$$

$$\left\{\varphi_0-\varphi-\frac{\varepsilon(\chi-\chi^0)}{2(1+\mu)^{\frac{1}{2}}}-\frac{(2+\mu)\varepsilon^2}{16(1+\mu)^{\frac{3}{2}}}\left(\chi-\chi_0+\frac{\mu}{2+\mu}\sin(\chi-\chi_0)\cos(\chi+\chi_0)\right)-\psi\right\}$$

Den ersten angenäherten Werth von λ erhält man, wie bereits bemerkt wurde, aus (5.) durch die Formel

$$\psi=\varphi_0-\varphi,$$

wenn man ε vernachlässigt und die Substitutionen (8.) anwendet. Um aus dieser Gleichung die Grösse μ zu entwickeln, braucht man nur in einen Kreis, dessen Durchmesser gleich 1 ist, ein Dreieck mit den Winkeln φ und ψ zu construiren, dessen dritter Winkel also $\pi-\varphi_0$ ist. Die Seiten, welche den Winkeln φ, ψ, $\pi-\varphi_0$ gegenüber liegen, sind dann $\sin\varphi$, $\sin\psi$, $\sin\varphi_0$; es ist daher

$$\sin\psi^2=\sin\varphi^2+\sin\varphi^2{}_0-2\sin\varphi\sin\varphi_0\cos\psi,$$

folglich, vermöge (8.)

$$(12.)\qquad \mu=\frac{\varrho^2+\varrho_0{}^2-2\varrho\varrho_0\cos\psi}{\sin\psi^2},$$

wenn

$$\varrho_0=\sqrt{\frac{a^2}{r_0{}^2}-1}\ \text{und}\ \varrho=\sqrt{\frac{a^2}{r^2}-1}.$$

Nach N. 6 ist also der erste angenäherte Werth des Azimuths α der kürzesten Linie in dem Punkte, dessen geographische Breite β ist, durch die Formel gegeben

$$(13.)\qquad \sin\alpha^2=\frac{1+n^{-2}\operatorname{tg}\beta^2}{1+\mu}.$$

Hätte man auf andere Weise sich eine Kenntniss dieses Azimuths verschafft, so könnte diese Formel auch dazu dienen, die Constante μ zu berechnen.

Ist die Grösse des Azimuths α, also der Constante λ oder c ermittelt, so lässt sich durch die Formel (8.) in §. 179 die Constante ho berechnen, also der Werth des Moduls k oder der Grösse q angeben, dessen man bedarf, um aus der Gleichung (9.) in §. 179 die Länge s der kürzesten Linie durch die Formel (14.) berechnen zu können.

§. 183.

Eine andere Methode, den Werth der Constante λ aus der transcendenten Gleichung

$$\psi = \int_{\varrho}^{\varrho_0} \frac{d\varrho}{\sqrt{\lambda - \varrho^2}} \left(1 - \frac{\varepsilon}{1+\varrho^2}\right)^{\frac{1}{2}}$$

zu berechnen, in welcher ψ, ϱ, ϱ_0, ε gegebene Grössen sind, ist die folgende. Da ε eine kleine Grösse ist, von der λ ebenfalls abhängt, so nehme man für diese Grösse eine Reihe von folgender Form an:

(1.) $$\lambda = \mu + \alpha\varepsilon + \beta\varepsilon^2 + \gamma\varepsilon^2 + \cdots,$$

in welcher die Coefficienten μ, α, β, γ, ... zu bestimmen sind. Man erhält dann

$$\psi = \int_{\varrho}^{\varrho_0} d\varrho (\mu + \alpha\varepsilon + \beta\varepsilon^2 + \cdots - \varrho^2)^{-\frac{1}{2}} \left(1 - \frac{\varepsilon}{1+\varrho^2}\right)^{\frac{1}{2}},$$

oder, wenn man die Substitutionen

$$\varrho = \sqrt{\mu} \sin\varphi \text{ und } \varrho_0 = \sqrt{\mu}\sin\varphi_0,$$

wie in N. 8. §. 182 macht,

$$\psi = \int_{\varphi}^{\varphi_0} d\varphi \left(1 + \frac{\alpha\varepsilon}{\mu\cos\varphi^2} + \frac{\beta\varepsilon^2}{\mu\cos\varphi^2} + \cdots\right)^{-\frac{1}{2}} \left(1 - \frac{\varepsilon}{1+\mu\sin\varphi^2}\right).$$

Entwickelt man beide Wurzeln nach Potenzen von ε und setzt der Kürze wegen

$$1 + \mu\sin\varphi^2 = M,$$

so wird

$$\psi = \int_{\varphi}^{\varphi_0} d\varphi \left(1 - \frac{\alpha\varepsilon}{2\mu\cos\varphi^2} + \left(\frac{3\alpha^2}{8\mu^2\cos\varphi^4} - \frac{\beta}{2\mu\cos\varphi^2}\right)\varepsilon^2 - \cdots\right)\left(1 - \frac{\varepsilon}{2M} + \frac{\varepsilon^2}{8M^2} - \cdots\right)$$

oder

$$\psi = \varphi_0 - \varphi - \frac{\varepsilon}{2} \int_{\varphi}^{\varphi_0} \left(\frac{\alpha}{\mu\cos\varphi^2} + \frac{1}{M}\right) d\varphi$$

$$+ \frac{\varepsilon^2}{8} \cdot \int_{\varphi}^{\varphi_0} \left(\frac{3\alpha^2}{\mu^2\cos\varphi^4} - \frac{4\beta}{\mu\cos\varphi^2} + \frac{2\alpha}{\mu M\cos\varphi^2} + \frac{1}{M^2}\right) d\varphi + \cdots$$

Setzt man nun die Coefficienten der Potenzen von ε sämmtlich gleich Null, so erhält man die Gleichungen:

$$(2.)\qquad \varphi_0 - \varphi = \psi,$$

$$(3.)\qquad \int_{\varphi}^{\varphi_0} \left(\frac{\alpha}{\mu \cos\varphi^2} + \frac{1}{M}\right) d\varphi = 0,$$

$$(4.)\qquad \int_{\varphi}^{\varphi_0} \left\{\frac{3\alpha^2}{\mu^2 \cos\varphi^4} - \frac{4\beta}{\mu\cos\varphi^2} + \frac{2\alpha}{\mu M \cos\varphi^2} + \frac{1}{M^2}\right\} d\varphi = 0,$$

. . . . ,

aus denen die Coefficienten μ, α, β, $\cdot\cdot$ in der Entwickelung (1.) von λ gefunden werden können.

Nachdem aus (2.) der Coefficient μ auf die in §. 182 angegebene Weise gefunden worden ist, ergiebt sich aus (3) der Coefficient α in der Gestalt

$$\alpha = -\frac{\mu(\chi - \chi_0)\sin\chi\sin\chi_0}{(1+\mu)\sin(\chi - \chi_0)},$$

wenn die Substitutionen (10.) in §. 182 benutzt werden.

Aus (4.) findet man dann β ebenfalls durch einen Ausdruck in endlicher Form, der aber schon etwas zusammengesetzt erscheint. Die Coefficienten der höheren Potenzen von ε würden aber eine ziemlich verwickelte Gestalt annehmen.

§. 184.

Da in den Anwendungen sehr häufig der Werth von Constanten bestimmt werden muss, die unter dem Integralzeichen vorkommen und die bekannten Lehrbücher diesen Punkt nur selten berühren, so will ich noch eine Behandlungsweise dieser Aufgabe, welche von Jacobi herrührt, hier mittheilen. Es war die Aufgabe vorgelegt, aus der Gleichung

$$(1.)\qquad \frac{\pi}{2} = a\int_0^1 \frac{(1-nx)\,dx}{\sqrt{1 - a^2x^2(1-nx)^2}}$$

in welcher n den Werth 0,000294 hatte, die Constante a zu bestimmen.

Für $bx = y$ und $ab = n$ wird

$$(2)\qquad \frac{\pi}{2} = \int_0^a \frac{(1-by)\,dy}{\sqrt{1-y^2(1-by)^2}}$$

Setzt man

(3.) $$y - by^2 = z$$

und entwickelt y nach Potenzen von b, so erhält man

$$y = z + bz^2 + 2b^2z^3$$
$$dy = (1 + 2bz + 6b^2z^2)\,dz$$

und

$$(1 - by)\,dy = (1 + bz + 3b^2z^2)\,dz,$$

also

$$\frac{(1-by)\,dy}{\sqrt{1-y^2(1-by)^2}} = (1 + bz + 3b^2z^2)\frac{dz}{\sqrt{1-z^2}}$$

Vertauscht man nun noch z mit $\cos\varphi$ und nimmt an, dass sich φ in α verwandelt, wenn y in a übergeht, so erhält man statt (2.) die Gleichung

(4.) $$\tfrac{1}{2}\pi = \int_\alpha^{\frac{1}{2}\pi}(1 + b\cos\varphi + 3b^2\cos\varphi^2)\,d\varphi = \tfrac{1}{2}\pi - \alpha + b(1-\sin\alpha) + \tfrac{3}{2}b^2(\tfrac{1}{2}\pi - \alpha + \tfrac{1}{2}\sin 2\alpha),$$

also, wenn man in der Entwickelung von α bis zur zweiten Potenz von b fortgeht:

$$\alpha = b(1-\sin\alpha) + \tfrac{3}{4}\pi b^2 = b + (\tfrac{3}{4}\pi - 1)b_2 = \frac{n}{a} + (\tfrac{3}{4}\pi - 1)\,\frac{n^2}{a^2}.$$

Es ist aber

$$a - ba^2 = \cos\alpha,$$

oder

$$a = \frac{\cos\alpha}{1-n} = \frac{1-\frac{1}{2}\alpha^2}{1-n} = \frac{1}{1-n} - \frac{n^2}{2a^2(1-n)}\Big(1 + \frac{n}{a}\,(\tfrac{3}{2}\pi - 2)\Big)$$
$$= 1 + n + \tfrac{1}{2}n^2 + n^3 - \tfrac{3}{2}n^3(\tfrac{1}{2}\pi - 1) = 1 + n + \tfrac{1}{2}n^2 + \tfrac{1}{4}(10 - 3\pi)n^3,$$

also

(5.) $$a = 1 + n + \tfrac{1}{2}n^2 + 0{,}1439n^3.$$

Da n nur mit drei genauen Ziffern gegeben war, so hat schon n^3 keine Bedeutung mehr und man erhält

$$a = 1{,}000294.$$

Vierter Abschnitt.

Das sphärische Pendel.

§. 185.

Die Herleitung der Differenzialgleichungen für die Bewegung eines Punktes auf der Oberfläche einer Kugel und ihre Integration lassen sich zwar ohne grössere Schwierigkeit nach den gewöhnlichen Methoden bewerkstelligen; da wir aber die Kenntniss derselben beim Leser voraussetzen und unsere Mittel zu ihrer Integration in mancher Beziehung Vorzüge vor den üblichen zu besitzen scheinen, so wollen wir uns derselben hier bedienen und ihre Zweckmässigkeit an einigen elementaren Beispielen erläutern.

Haben die drei Differenzialgleichungen der Bewegung eines Punktes die Form

$$\frac{d^2s}{dt^2}+sP+Q=0, \tag{1.}$$

wo t die Zeit und s irgend eine der Coordinaten x, y, z bedeutet, während P und Q Functionen dieser Grössen sind, so lässt sich zunächst, wenn s und t als Functionen einer anderen Grösse φ betrachtet werden, $\frac{d^2s}{dt^2}$ in folgender Weise ausdrücken:

$$\frac{d^2s}{dt^2}=\frac{d}{dt}\left(\frac{ds}{dt}\right)=\frac{d}{dt}\left(\frac{s'}{t'}\right)=\frac{1}{t'}\left(\frac{s'}{t'}\right)'=\frac{s''}{t'^2}-\frac{s't''}{t'^3}$$

wenn die Ableitungen nach φ durch Accente bezeichnet werden. Die Gleichung (1.) nimmt durch Substitution dieses Ausdrucks für $\frac{d^2s}{dt^2}$ die Gestalt an:

$$s''-\frac{s't''}{t'}+sPt'^2+Qt'^2=0. \tag{2.}$$

Man hat aber offenbar folgende identische Gleichung:

$$s''+2s'\frac{u'}{u}+s\left(\frac{u''}{u}+1\right)-\frac{(su)''+su}{u}=0, \tag{3.}$$

wenn u als eine Function von φ betrachtet wird.

Die Vergleichung dieser beiden Ausdrücke liefert unmittelbar folgende drei Gleichungen:

$$\frac{2u'}{u}=-\frac{t''}{t'} \tag{4.}$$

(5.) $$\frac{u''}{u}+1=Pt'^2$$

(6.) $$\frac{(su)''+su}{u}=-Qt'^2$$

weiche in den meisten Fällen auf die schnellste Weise zur Integration der vorgedachten Bewegungsgleichnngen führen.

§. 186.

Wir behandeln zunächst als Beispiel den allgemeineren Fall der Planetenbewegung, in welchem ein festes Atom A ein bewegliches B mit der Kraft R anzieht, welche eine beliebige Function der Entfernung r beider Punkte von einander ist, und in einzelnen Fällen zugleich auch von dem Winkel φ abhängen kann, welchen der Radius vector r mit einer festen geraden Linie bildet. Liegt A im Anfangspunkte der rechtwinkligen Coordinaten x, y des Punktes B, und bildet die Gerade $AB=r$ mit der Axe der x den Winkel φ, so sind die Bewegungsgleichungen des Punktes B bekanntlich

(1.) $$\frac{d^2x}{dt^2}+\frac{x}{r}R=0,$$

(2.) $$\frac{d^2y}{dt^2}+\frac{y}{r}R=0.$$

Bezeichnen wir nun

$$\frac{1}{r}=u,$$

so dass also

(3.) $$xu=\cos\varphi \text{ und } yu=\sin\varphi$$

wird, so hat man

$$(xu)''+xu=0 \text{ und auch } (yu)''+yu=0$$

und die Gleichung (6.) in §. 185 wird von selbst befriedigt, wenn man x oder y für s setzt, da die Function Q gleich Null ist, wie sich aus der Vergleichung von N. 1 in §. 185 mit den hier aufgestellten Bewegungsgleichungen ergiebt. Die dort mit P bezeichnete Function ist hier durch $\frac{1}{r}R$ oder uR ersetzt, so dass nur noch die beiden Gleichungen

(4.) $$\frac{2u'}{u}=-\frac{t''}{t'}$$

und

(5.) $$u'' + u = u^2 R t'^2$$

zu integriren übrig bleiben.

Das Integral von (4.) ist aber, wenn man die Integrationsconstante mit $l(a)$ bezeichnet und von den Logarithmen zu den Zahlen übergeht,

(6.) $$t' = \frac{a}{u^2}.$$

Mit Hülfe dieses Werthes von t' verwandelt sich (5.) in die Gleichung

(7.) $$u'' + u = \frac{a^2 R}{u^2},$$

deren Integral

(8.) $$u'^2 + u^2 = 2a^2 \int \frac{R}{u^2} du + c$$

ist und als Gleichung zwischen u und φ die Bahn des Punktes B darstellt.

Im einfachsten Falle der Planetenbewegung ist $R = ku^2$, wobei k eine Constante ist. Man erhält aus (8.) bei dieser Annahme

$$d\varphi = \pm \frac{du}{\sqrt{c + 2a^2 u - u^2}},$$

eine Gleichung, die sich durch bekannte Methoden integriren lässt. Wäre aber die Kraft, mit welcher A auf B einwirkt, der vierten Potenz der Entfernung umgekehrt proportional, also $R = ku^4$, so würde die Differenzialgleichung der Bahncurve

$$d\varphi = \pm \frac{du}{\sqrt{c - u^2 + \frac{2}{3} a^2 u^3}}$$

und ihre Integration erforderte die Kenntniss der Theorie der elliptischen Functionen.

Es ist nicht unsere Absicht, auf die Resultate der Integration dieser Gleichungen näher einzugehen; wir bemerken nur noch, dass sich (7.) auch integriren lässt, wenn R die allgemeinere Form hat:

(9.) $$a^2 R = u^3 A + u^2 \Phi,$$

wo A eine Constante und Φ eine Function des Winkels φ bedeutet. Man erhält dann aus (7.) die lineare Gleichung

(10.) $$u'' + (1 - A) u = \Phi,$$

deren Integral für $1 - A = \alpha_i^2$ die Form hat:

(11.) $$\alpha u = \frac{\alpha}{r} = \sin\alpha\varphi\int\Phi\cos\alpha\varphi d\varphi - \cos\alpha\varphi\int\Phi\sin\alpha\varphi d\varphi + \beta\cos(\gamma+\alpha\varphi),$$

in welcher β und γ die Integrationsconstanten sind. Für ein imaginäres α nimmt dieses Integral bekanntlich eine andere Form an.

Verwandelt sich Φ bloss in eine Constante B, ist also

(12) $$a^2R = u^3A + u^2B,$$

so erhält man aus (11.)

(13.) $$\frac{\alpha}{r} = B + \beta\cos(\gamma + \alpha\varphi).$$

In dem einfacheren Falle, wenn $A = 0$, also $\alpha = 1$, und

$$a^2R = u^2B,$$

wird

(14.) $$\frac{1}{r} = B + \beta\cos(\gamma + \varphi).$$

Die Bahncurve ist dann ein Kegelschnitt, dessen Brennpunkt der feste anziehende Punkt bildet.

Nimmt man endlich noch an, es sei

(15.) $$a^2R = Au^3 + \frac{B}{u},$$

so führt (7.) zu der Differenzialgleichung

(16.) $$u^3u'' + (1 - A)u^4 = B,$$

die für $1 - A = \alpha^2$ das Integral giebt

(17.) $$\alpha^2u^2 = \frac{\alpha^2}{r^2} = \beta + \sqrt{\beta^2 - B\alpha^2}\cos 2(\gamma + \alpha\varphi)$$

mit den Integrationsconstanten β und γ. Für ein imaginäres α nimmt auch dieses Integral eine andere Gestalt an.

Für $A = 0$, also $\alpha = 1$, geht die Bahncurve (17.), wenn B positiv ist, in eine Ellipse über, deren Mittelpunkt der anziehende Punkt einnimmt, denn man erhält dann aus (17.) die Gleichung

(18.) $$\frac{1}{r^2} = \beta + \sqrt{\beta^2 - B}\cos 2(\gamma + \varphi),$$

oder, wenn man $r\cos(\gamma + \varphi) = \xi$ und $r\sin(\gamma + \varphi) = \eta$ setzt,

(19.) $$(\beta + \sqrt{\beta^2 - B})\,\xi^2 + (\beta - \sqrt{\beta^2 - B})\,\eta^2 = 1.$$

Das hier benutzte Mittel, die Differenzialgleichungen (1.) und (2.) zu integriren, gestattet offenbar weit leichter, der Function R eine allgemeinere Bedeutung unterzulegen, als dies bei den gewöhnlich angewandten Methoden der Integration geschehen konnte.

§. 187.

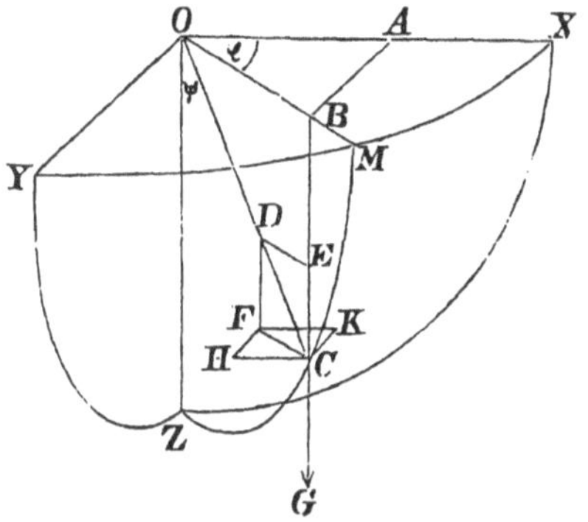

Ganz auf dieselbe Weise lassen sich nun auch die Differenzialgleichungen integriren, durch welche die Bewegung eines Punktes auf der Oberfläche einer Kugel ausgedrückt wird. In der Figur stellen OX, OY, OZ drei auf einander senkrechte Radien der Kugel vor, auf welcher der bewegliche Punkt C durch den Widerstand N ihrer Oberfläche zu bleiben gezwungen ist. Die drei erwähnten Radien fallen in die Richtung der Coordinatenaxen, so dass $OA = x$, $AB = y$, $BC = z$ die Coordinaten des Punktes C darstellen. Der Radius OZ sei der Richtung der Schwere $CG = G$ parallel und drücke zugleich die Längeneinheit aus. Der Widerstand $CD = N$ der Kugeloberfläche ist in der Richtung von C nach dem Mittelpunkte O hin als wirksam zu denken und muss in die beiden auf einander senkrechten Componenten CE und CF zerlegt werden, von denen CF wieder in die beiden den Axen der x und y parallelen Componenten CH und CK zerfällt. Bildet nun die Ebene MCZ mit der Ebene der xz den Winkel φ, und die Richtung CO mit OZ den Winkel ψ, so ist

(1) $$x = \sin\psi\cos\varphi;\ y = \sin\psi\sin\varphi;\ z = \cos\psi.$$

$CE = N\cos\psi;\ CF = N\sin\psi;\ CH = N\sin\psi\cos\varphi;\ CK = N\sin\psi\sin\varphi$, und die Differenzialgleichungen der Bewegung für den Punkt C sind daher

(2.) $$\frac{d^2x}{dt^2} + Nx = 0;\ \frac{d^2y}{dt^2} + Ny = 0;\ \frac{d^2z}{dt^2} + Nz - G = 0.$$

Setzen wir nun $\sin\psi = \frac{1}{u}$, so lassen sich die Gleichungen (1.) auch so darstellen:

(3.) $$xu = \cos\varphi;\ yu = \sin\varphi;\ zu = \cot\psi.$$

Ersetzt man in der N. 3 des §. 185 nacheinander s durch x, y, z, so erhält man, da $(xu)'' + xu = 0$ und $(yu)'' + yu = 0$ ist, die drei identischen Gleichungen

$$x'' + 2x'\frac{u'}{u} + x\left(\frac{u''}{u} + 1\right) = 0.$$

$$y'' + 2y'\frac{u'}{u} + y\left(\frac{u''}{u} + 1\right) = 0.$$

$$z'' + 2z'\frac{u'}{u} + z\left(\frac{u''}{u} + 1\right) - \frac{(zu)'' + zu}{u} = 0.$$

Die Gleichungen (2.) lassen sich aber nach N. 2 in §. 185 so darstellen:

$$x'' - x'\frac{t''}{t'} + xNt'^2 = 0.$$

$$y'' - y'\frac{t''}{t'} + yNt'^2 = 0.$$

$$z'' - z'\frac{t''}{t'} + zNt'^2 - Gt'^2 = 0.$$

Vergleicht man nun die letzten drei Gleichungen mit den drei vorangehenden, so ergeben sich unmittelbar die folgenden drei Gleichungen:

(4.) $$\frac{2u'}{u} = -\frac{t''}{t'},$$

(5.) $$\frac{u''}{u} + 1 = Nt'^2,$$

(6.) $$\frac{(zu)'' + zu}{u} = Gt'^2.$$

Es war offenbar nicht erforderlich, die obigen zwei Gruppen von Gleichungen noch besonders niederzuschreiben, aber wir haben der grösseren Deutlichkeit wegen die etwas grössere Weitläufigkeit nicht umgehen wollen, wenn auch die letzten drei Gleichungen sich ohne Weiteres aus den Gleichungen (4.), (5.), (6.) in §. 185 bilden liessen.

Das Integral der Gleichung (4.) ist, wie bereits bemerkt,

(7.) $$t' = \frac{A}{u^2}$$

und wenn dieser Werth von t' in (6.) eingesetzt und r statt zu geschrieben wird, so erhält man die Gleichung

$$r'' + r = \frac{GA^2}{u^3}.$$

Es ist nun $u = \frac{1}{\sin\psi}$ und $zu = \cot\psi = r$,

also $u^2 = \frac{1}{\sin\psi^2} = 1 + \cot\psi^2 = 1 + r^2,$

daher ist
$$r'' + r = \frac{GA^2}{(1+r^2)^{\frac{3}{2}}}.$$

Multiplicirt man diese Gleichung mit $2r'$ und integrirt, so erhält man

(8.)
$$r'^2 + r^2 = \frac{2GA^2 r}{\sqrt{1+r^2}} + B - 1,$$

wenn $B-1$ die Integrationsconstante bedeutet. Setzt man hier für r seinen Werth, so ergiebt sich auf der Stelle

(9.)
$$d\varphi = \pm \frac{d\psi}{\sin\psi \sqrt{(B+2GA^2\cos\psi)\sin\psi^2 - 1}}$$

und aus (7.)

(10.)
$$dt = \frac{A d\varphi}{u^2} = \pm \frac{A \sin\psi\, d\psi}{\sqrt{(B+2GA^2\cos\psi)\sin\psi^2 - 1}}.$$

Aus dem Integrale dieser Gleichung lässt sich also der Winkel ψ durch die Zeit t erhalten, und da das Integral von (9.) auch φ als Function von ψ bestimmt, so sind die Coordinaten x, y, z des bewegten Punktes C als Functionen der Zeit ausdrückbar und ein wesentlicher Theil unserer Aufgabe erscheint jetzt als gelöst.

Führt man statt des Winkels ψ die Ordinate $z = \cos\psi$ ein, so lassen sich die Differenziale dt und $d\varphi$ auch so ausdrücken:

(11.)
$$dt = \pm \frac{A dz}{\sqrt{(B+2GA^2 z)(1-z^2) - 1}}$$

(12.)
$$d\varphi = \pm \frac{dz}{(1-z^2)\sqrt{(B+2GA^2 z)(1-z^2) - 1}}.$$

§. 188.

So leicht und schnell auch die benutzte Integrationsmethode zum Ziele geführt hat, so darf man doch niemals bei der Behandlung dieser und ähnlicher Probleme versäumen, die Bewegungsgleichungen auch in folgender Form aufzustellen. Man betrachte nämlich alle Grössen als Functionen des Bogens s der Curve, welche der bewegliche Punkt durchläuft, und drücke die Ableitungen nach s durch Accente aus; dann erhält man, da die Geschwindigkeit $v = \frac{ds}{dt} = \frac{1}{t'}$ ist,

$$\frac{d^2x}{dt^2} = \frac{d}{dt}\left(\frac{dx}{dt}\right) = \frac{d}{dt}\left(\frac{x'}{t'}\right) = \frac{d}{dt}(vx') = v(vx')' = v^2 x'' + x'vv'.$$

Die Bewegungsgleichungen (2.) in §. 187 nehmen daher folgende Gestalt an:

(1.) $$x''v^2 + x'vv' + xN = 0$$

(2.) $$y''v^2 + y'vv' + yN = 0$$

(3.) $$z''v^2 + z'vv' + zN - G = 0,$$

während nach dieser Bezeichnung noch die Gleichungen Statt finden:

(4.) $$x^2 + y^2 + z^2 = 1, \text{ also } xx' + yy' + zz' = 0,$$

(5.) $$x'^2 + y'^2 + z'^2 = 1, \text{ also } x'x'' + y'y'' + z'z'' = 0,$$

und wenn man noch die zweite Gleichung unter N. 4 differenzirt,

(6.) $$xx'' + yy'' + zz'' = -1.$$

Bildet man jetzt $x'(1) + y'(2) + z'(3)$, so erhält man, mit Rücksicht auf die Gleichungen (4.) und (5.)

$$vv' = Gz'$$

oder

$$vdv = Gdz,$$

also

$$v^2 = 2Gz + c.$$

Um die Constante c zu bestimmen, sei $z = \zeta$ für $v = \omega$, dann wird

(7.) $$v^2 = \omega^2 + 2G(z - \zeta).$$

Bildet man ferner $x(1.) + y(2.) + z(3.)$, so erhält man vermöge (4.) und (6.)

(8.) $$N = v^2 + Gz$$

oder auch, wenn man (7.) benutzt,

(9.) $$N = \omega^2 + G(3z - 2\zeta).$$

Diese Ausdrücke für die Geschwindigkeit v des Punktes C in seiner Bahn und für den Widerstand N, den die Oberfläche der Kugel zu leisten hat, lassen sich zwar aus den Gleichungen des §. 187 auch entwickeln, erfordern dann aber zu ihrer Darstellung weit umständlichere Rechnungen.

§. 189.

Es müssen nun zunächst die Constanten A und B in den Gleichungen (7.) und (8.) des §. 187 bestimmt werden. Bedeuten in der Figur $OA = x$, $AC = y$, $Cc = z$ die Coordinaten des schwingenden Punktes c und $gcdh$ die Curve, welche er auf der Kugelfläche durch-

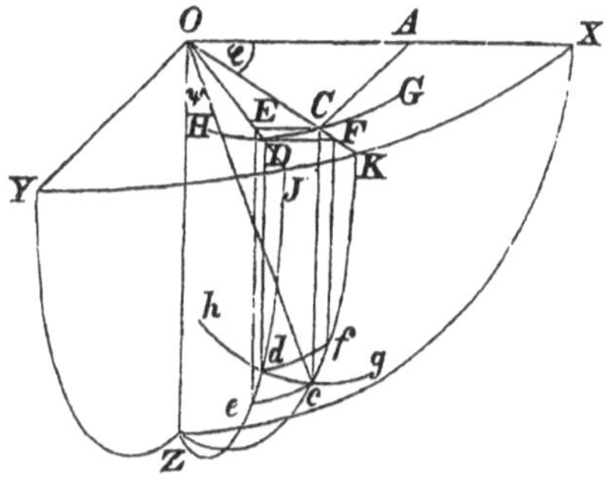

läuft, so wie $GCDH$ ihre Projection auf die Ebene der xy; sind ferner ZcK und ZdJ zwei Meridiane durch zwei nächste Punkte c und d der Bahn und haben φ und ψ dieselbe Bedeutung wie in der ersten Figur, so muss der Bogen KJ als $d\varphi$ betrachtet werden. Sind nun ce und df Bogen kleiner Kreise, welche dem horizontalen Kreise XKY parallel laufen, so erscheinen cf und de als $d\psi$. Ist ferner v die Geschwindigkeit des Punktes c, so ist $cd = v dt$, der in der Zeit dt durchlaufene Weg und wenn das Azimuth fcd der Bahnlinie mit χ bezeichnet wird, so ist $ce = CE = OC\, d\varphi = \sin\psi d\varphi$ oder, da das Dreieck ced bei e rechtwinklig ist, $ce = v dt \sin\chi$. Es ist also

(1.)
$$\sin\psi \frac{d\varphi}{dt} = v \sin\chi$$

und ferner

(2.)
$$v dt \cos\chi = d\psi.$$

Aus dem Producte dieser Gleichungen folgt noch

(3.)
$$\frac{d\psi}{\sin\psi d\varphi} = \cot\chi.$$

Nach N. 7 des §. 187 war aber

(3'.)
$$\frac{1}{A} = \frac{1}{u^2 t'} = \sin\psi^2 \frac{d\varphi}{dt} = v \sin\psi \sin\chi.$$

Ist nun, zur Zeit $t = 0$ das Azimuth χ des Pendels gleich α und die Elevation $\psi = \beta$, so wie vorher $v = \omega$, so wird

(4.)
$$\frac{1}{A} = \omega \sin\alpha \sin\beta,$$

womit also der Werth der Constante A gefunden ist.

Um nun auch B zu erhalten, schreiben wir die Gleichung (9.) in §. 187 in folgender Weise:

$$\frac{d\psi^2}{\sin\psi^2 d\varphi^2} = (B + 2GA^2 \cos\psi)\sin\psi^2 - 1 = \cot\chi^2.$$

Hieraus folgt:

$$B = \frac{1}{\sin\chi^2 \sin\psi^2} - 2GA^2\cos\psi.$$

Zur Zeit $t = 0$ ist also

$$(5.)\quad B = \frac{1}{\sin\alpha^2\sin\beta^2} - \frac{2G\cos\beta}{\omega^2\sin\alpha^2\sin\beta^2} = \frac{\omega^2 - 2G\cos\beta}{\omega^2\sin\alpha^2\sin\beta^2} = A^2(\omega^2 - 2G\cos\beta).$$

Es ist aber $\cos\beta$ der Werth von der Ordinate z im Anfang der Bewegung. Wird dieser Werth, wie bereits vorher geschah, mit ζ bezeichnet und zur Abkürzung noch

$$(6.)\quad \omega^2 = 2G(\eta + \zeta)$$

gesetzt, wo $y + \zeta$ die zur Geschwindigkeit w gehörige Fallhöhe bezeichnet, so wird nach (7.) in §. 188

$$(7.)\quad v^2 = 2G(\eta + z)$$

und

$$\frac{1}{A^2} = 2G(\eta + \zeta)(1 - \zeta^2)\sin\alpha^2;\; B = 2G\eta A^2.$$

Durch Einführung dieser Werthe verwandeln sich die Gleichungen (11.) und (12.) in §. 187 in

$$(8.)\quad dt = \pm\frac{dz}{\sqrt{2G}\sqrt{(\eta + z)(1 - z^2) - (\eta + \zeta)(1 - \zeta^2)\sin\alpha^2}}$$

$$(9.)\quad d\varphi = \pm\frac{\sin\alpha\sqrt{(\eta + \zeta)(1 - \zeta^2)}\,dz}{(1 - z^2)\sqrt{(\eta + z)(1 - z^2) - (\eta + \zeta)(1 - \zeta^2)\sin\alpha^2}}.$$

Vermöge der Formel (3′.) und (4.) findet auch noch die Relation Statt:

$$\frac{v}{\omega} = \frac{\sin\alpha\sin\beta}{\sin\chi\sin\psi} \quad\text{oder}\quad \frac{\sin\chi}{\sin\alpha} = \frac{\sin\beta}{\sin\psi}\sqrt{\frac{\eta + \cos\beta}{\eta + \cos\psi}},$$

durch welche der Winkel χ bestimmt ist, welchen die Bahn des Pendels mit dem Meridian bildet.

§. 190.

Die Untersuchung des Ausdruckes unter der Wurzel, den wir durch

$$R = (\eta + z)(1 - z^2) - (\eta + \zeta)(1 - \zeta^2)\sin\alpha^2$$

$$= \frac{1}{2G}\left\{v^2(1 - z^2) - \omega^2(1 - \zeta^2)\sin\alpha^2\right\} = \frac{1}{2G}(v^2\sin\psi^2 - \omega^2\sin\beta^2\sin\alpha^2)$$

bezeichnen wollen, giebt nun schon Aufschluss über wesentliche Punkte der Bewegung des Pendels. Der Fall, in welchem das Azimuth $\alpha = 0$ ist, braucht nicht in Betracht gezogen zu werden, denn dann wäre der anfängliche Stoss, den der Punkt C erfahren hat, so erfolgt, dass seine der Kugeloberfläche tangentiale Componente in die Richtung eines Meridians fiele, also das Pendel nur in einem vertikalen Kreise schwingen könnte. Schliesst man diesen Fall aus, so kann die Geschwindigkeit des Pendels in keinem Punkte seiner Bahn zu Null herabsinken, denn für $v^2 = 0$ würde R negativ, also die Wurzel imaginär, da die Ordinate ζ stets kleiner als 1 ist und die Anfangsgeschwindigkeit ω nicht Null werden kann, wenn das Pendel nicht bloss in einem vertikalen Kreise schwingen soll. Aus demselben Grunde kann auch z nicht gleich 1 werden, also das Pendel nie den höchsten oder tiefsten Punkt der Kugel erreichen.

Um in dieser Untersuchung weiter vorschreiten zu können, müssen zunächst die Wurzeln der Gleichung

$$R = 0$$

aufgesucht werden. Es ist aber für die Werthe von

$$z = -\infty, \ -1, \ \zeta, \ +1$$

das Zeichen von

$$R = +, \ -, \ +, \ -,$$

also hat die Gleichung $R = 0$ drei reelle Wurzeln, da R drei Zeichenwechsel darbietet.

Bildet man die Ableitungen

$$\frac{dR}{dz} = 1 - 2\eta z - 3z^2 \text{ und } \frac{d^2R}{dz^2} = -2\eta - 6z,$$

so überzeugt man sich, dass R für

$$z = \tfrac{1}{3}\sqrt{\eta^2 + 3} - \tfrac{1}{3}\eta$$

einen grössten und für

$$z = -\tfrac{1}{3}\sqrt{\eta^2 + 3} - \tfrac{1}{3}\eta$$

einen kleinsten Werth annimmt.

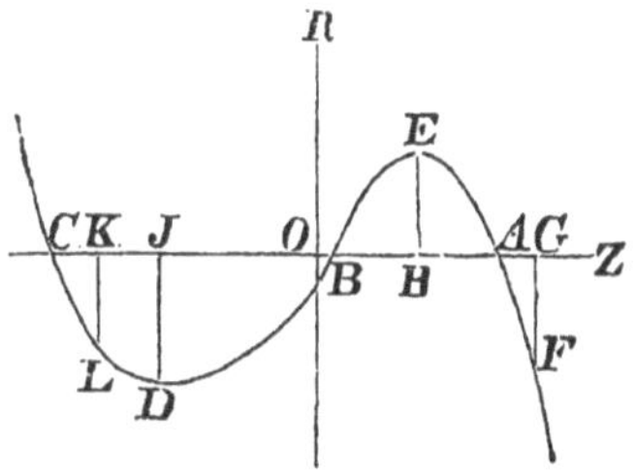

Die Curve, welche durch die Gleichung $R = F(z)$ dargestellt wird, hat also die in der nebenstehenden Figur angedeutete Gestalt, denn wenn die positive Abscisse $OG = 1$ wäre, so würde R einen negativen Werth GF annehmen, aber für eine positive Abscisse $OH = \frac{1}{3}\sqrt{\eta^2 + 3} - \frac{1}{3}\eta$ ein

Maximum *HE* erreichen, und für eine negative

$$OJ = -\tfrac{1}{3}\sqrt{\eta^2+3} - \tfrac{1}{3}\eta$$

zu einem Minimum *JD* herabsinken. Die negative Abscisse $OK = 1$ giebt dem *R* einen negativen Werth *KL* und erst jenseits in *C* erhebt sich die Curve wieder über die Abscissenaxe. Bezeichnet man also die drei Wurzeln der Gleichung mit

$$OA = a,\ OB = b,\ Oc = -c,$$

so ist offenbar *a* positiv und kleiner als 1, *b* liegt zwischen den Werthen von *OH* und *OJ*, kann also sowohl positiv als negativ sein, hat aber bestimmt einen numerischen Werth, der kleiner als *OK* sein muss, denn diese Wurzel liegt nach dem Obigen zwischen -1 und ζ. Die Ordinate ζ kann aber sowohl positiv als negativ sein, ist aber numerisch stets kleiner als 1; daher kann der Zweig *DBE* sowohl rechts als links von *O* in die Abscissenaxe einschneiden. Die dritte Wurzel $OC = -c$ ist negativ und ihr numerischer Werth grösser als 1. Hiernach zerfällt nun *R* in das Product folgender drei Factoren:

$$R = (a - z)(z - b)(c + z).$$

Wäre aber die mittlere Wurzel negativ, so hätte man folgende Zerlegung:

$$R = (a - z)(z + b)(c + z).$$

Im ersten Falle kann also die Ordinate *z* nur Werthe annehmen, welche zwischen den beiden positiven Grössen *a* und *b* liegen, da *R* nicht negativ werden darf. Durchschneidet man also die Kugel unterhalb des Horizonts in den Entfernungen *a* und *b* vom Mittelpunkte durch zwei horizontale Ebenen, so liegt die Curve, welche das Pendel auf der Kugel beschreibt, ganz innerhalb der Zone, welche diese Ebenen abgrenzen.

Im zweiten Falle, wo *b* negativ ist, kann sich *z* von $-b$ bis *a* erstrecken. Das Pendel tritt also dann auch in die obere Hemisphäre ein und seine Bahn wird ganz von der Zone eingeschlossen, welche durch zwei horizontale Ebenen begrenzt wird, die den Entfernungen *a* und *b* entsprechend, unter und über dem Horizonte liegen. Das Pendel wird also unter gewissen Bedingungen immer unter dem Horizonte verweilen, muss aber stets, auch wenn es Anfangs über dem Horizonte lag, unter diese Ebene herabsinken. Wenn im ersten Falle $a = b$ wird, so verwandelt sich die Zone, deren Höhe $a - b$ war, in einen Kreis, der dann auch unaufhörlich vom Pendel durchlaufen wird, da *z* nur den constanten Werth *a* behaupten kann. Dieser Werth macht *R* zu Null, und nach N. 10 in §. 187 wird dann auch

$$\frac{d\psi}{dt} = 0, \text{ also nach N. 2 in §. 188 } v\cos\chi = 0.$$

Da aber v, wie bemerkt wurde, nicht verschwinden kann, so muss $\cos\chi = 0$ sein, oder das Azimuth der Bahn mit dem Meridian einen rechten Winkel bilden. In diesem Falle, wo die Gleichung $R = 0$ zwei gleiche Wurzeln hat, muss auch die Gleichung

$$\frac{dR}{dz} = 1 - 2\eta z - 3z^2 = 0$$

befriedigt werden, also

$$\eta + z = \frac{1 - z^2}{2z} = \tfrac{1}{2}\sin\psi\,\mathrm{tg}\,\psi,$$

oder, nach N. 7 in §. 189

$$v^2 = G\sin\psi\,\mathrm{tg}\,\psi$$

sein. Diese Geschwindigkeit, die während der ganzen Bewegung constant bleibt, muss also der bewegliche Punkt senkrecht gegen den Meridian erhalten haben, wenn er unaufhörlich einen kleinen horizontalen Kreis auf der Kugel durchlaufen soll, der aber, weil z positiv bleiben muss, stets in der untern Hemisphäre liegen wird, und nur bei einer unendlich grossen Anfangsgeschwindigkeit in den Horizont selbst fallen kann.

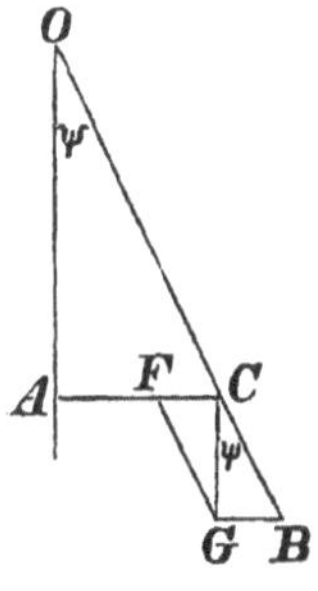

Die Richtigkeit dieser Formel lässt sich auch durch eine einfache Construction nachweisen; denn wenn in der nebenstehenden Figur OA die Axe vorstellt, um welche sich das Atom C mit der Geschwindigkeit v im Kreise drehen soll, dessen Radius $AC = \sin\psi$ ist, und es bedeutet $CG = G$ die Beschleunigung der Schwere, so muss die Componente $FC = G\,\mathrm{tg}\,\psi$ derselben die Kraft liefern, welche den Punkt C im Kreise erhält. Diese Componente muss also der Schwungkraft

$$\frac{v^2}{AC} = \frac{v^2}{\sin\psi}$$

gleich sein, wie die Bezeichnung der Figur lehrt. Die Gleichsetzung beider Werthe führt daher zu der Formel

$$v^2 = G\,\mathrm{tg}\,\psi\sin\psi.$$

Wenn das Pendel anfangs in der untern Hemisphäre lag und dann sich über den Horizont erheben soll, so muss z negativ werden können, also R für $z=0$ noch einen positiven Werth behalten. Es muss also

$$\eta-(\eta+\zeta)(1-\zeta^2)\sin\alpha^2>0$$

sein, oder

$$(\eta+\zeta)(1-\sin\alpha^2\sin\beta^2)>\zeta,$$

oder vermöge (6.) in §. 188

$$\omega^2>\frac{2G\cos\beta}{1-\sin\alpha^2\sin\beta^2}.$$

Sobald also die zur Anfangsgeschwindigkeit gehörige Fallhöhe den Werth

$$\frac{\cos\beta}{1-\sin\alpha^2\sin\beta^2}\quad\text{oder}\quad\frac{\zeta}{\cos\alpha^2+\zeta^2\sin\alpha^2}$$

überschreitet, so steigt das Pendel über den Horizont empor.

§. 191.

Führt man jetzt in den Formeln (8.) und (9.) des §. 188 den Werth von R ein, so erhält man, wenn

$$(\eta+\zeta)(1-\zeta^2)\sin\alpha^2=\delta^2$$

gesetzt wird,

(1.) $$dt=-\frac{1}{\sqrt{2G}}\cdot\frac{dz}{\sqrt{(a-z)(z-b)(c+z)}}$$

(2.) $$d\varphi=-\frac{\delta.\,dz}{(1-z^2)\sqrt{(a-z)(z-b)(c+z)}},$$

wo das negative Zeichen vor der Wurzel gewählt worden ist, weil wir uns denken wollen, dass im Anfange der Bewegung die Ordinate z im Abnehmen begriffen ist.

Um diese Integrale durch Thetafunctionen auszudrücken, setzen wir

(3.) $$a-z=mfx^2;\ z-b=ngx^2;\ c+z=rhx^2,$$

wo m, n, r zu bestimmende Coefficienten sind.

Die Summe der ersten dieser Gleichungen mit der zweiten und dritten liefert

$$\frac{a-b}{n}=\frac{m}{n}fx^2+gx^2\quad\text{und}\quad\frac{a+c}{r}=\frac{m}{r}fx^2+hx^2.$$

Es ist aber

$$go^2=ho^2fx^2+gx^2\quad\text{und}\quad ho^2=go^2fx^2+hx^2,$$

so dass man also annehmen kann:

$$(4.)\quad \begin{cases} \dfrac{a-b}{n} = go^2; \ \dfrac{m}{n} = ho^2; \\ \dfrac{a+c}{r} = ho^2; \ \dfrac{m}{r} = go^2. \end{cases}$$

Aus diesen Gleichungen findet man, wenn man die Formel

$$ho^4 = 1 + go^4$$

benutzt,

$$b+c = \frac{nr}{m};\ a+c = \frac{mr}{n};\ a-b = \frac{nm}{r},$$

oder

$$(5.)\quad m = \sqrt{(a-b)(a+c)};\ n = \sqrt{(a-b)(b+c)};\ r = \sqrt{(a+c)(b+c)}.$$

Vermöge der in (3.) gemachten Annahmen ist

$$(6.)\quad \sqrt{(a-z)(z-b)(c+z)} = \sqrt{(a-b)(a+c)(b+c)}\, fx\, gx\, hx,$$

und wenn man die erste der Gleichungen (3.) differenzirt, so wird

$$-dz = 2m\, fx\, f'x\, dx = 2\,\theta o^2 m fx\, gx\, hx\, dx,$$

also

$$\frac{-dz}{\sqrt{(a-z)(z-b)(c+z)}} = \frac{2\theta o^2}{\sqrt{b+c}}\, dx.$$

Nach N. 4 und N. 5 ist aber:

$$ho^2 = \sqrt{\frac{a+c}{b+c}},$$

daher ist diese Gleichung auch:

$$\frac{-dz}{\sqrt{R}} = \frac{2\,\theta o^2}{\sqrt{a+c}}\, dx.$$

Die Gleichung (1.) führt also zu der Formel:

$$(7.)\quad dt = \frac{\theta o^2\, dx}{\sqrt{\frac{1}{2}(a+c)\, G}}.$$

Nimmt man nun an, dass die Zeit von dem Augenblicke an gezählt wird, wo z seinen grössten Werth a erreicht, oder das Pendel sich am tiefsten unter dem Horizonte befindet, so ist für $t = 0$ auch $x = 0$, da fx nach der ersten Gleichung unter N. 3 für $z = a$ verschwindet. Das Integral von (7.) wird also:

$$(8.)\quad x = \frac{t}{\theta o^2} \sqrt{\tfrac{1}{2}(a+c)\, G}$$

Es ist aber nach (3.)

$$z = a - mf(x)^2$$

und nach (1.) in §. 23 für jedes ganze s:

$$f(x) = (-1)^s f(x + s\pi).$$

Also nimmt z wieder denselben Werth an, so oft x um π wächst, oder so oft t um

(9.) $$T = \frac{\pi \theta o^2}{\sqrt{\frac{1}{2}(a+c)G}}$$

zunimmt.

Der Modul k der elliptischen Integrale wird aus den Formeln (4.) gefunden. Sie liefern

(10.) $$k = \frac{go^2}{ho^2} = \frac{a-b}{m} = \sqrt{\frac{a-b}{a+c}},$$

(11.) $$k' = \frac{1}{ho^2} = \frac{r}{a+c} = \sqrt{\frac{b+c}{a+c}}$$

und damit auch die Grösse q vermöge der Formel (6.) in §. 43. Nach der zu Anfang des Paragraphen eingeführten Abkürzung ist

$$(\eta + z)(1 - z^2) - \delta^2 = (a - z)(z - b)(c + z),$$

also wenn man erst $z = 1$ und dann $z = -1$ setzt, so wird

(12.) $$\begin{cases} \delta^2 = (1-a)(1-b)(c+1), \\ \delta^2 = (1+a)(1+b)(c-1), \end{cases}$$

und hieraus oder aus der Vergleichung der Coefficienten der gleichen Potenzen von z ergiebt sich:

(12'.) $$c = \frac{1+ab}{a+b} \quad \text{und} \quad \eta = c - a - b.$$

Benutzt man nun diese Ausdrücke, um die N. 2 zu transformiren, so erhält man

$$d\varphi = \frac{\delta}{1-z^2} \frac{2\theta o^2 dx}{\sqrt{b+c}} = \frac{\theta o^2 \delta}{\sqrt{b+c}} \left\{ \frac{dx}{1-z} + \frac{dx}{1+z} \right\}.$$

Führt man also für z den ersten der drei unter N. 3 angenommenen Ausdrücke ein,

$$z = a - mfx^2,$$

so nimmt $d\varphi$ die Gestalt an:

(13.) $$d\varphi = \frac{\delta \theta o^2}{\sqrt{b+c}} \left\{ \frac{dx}{1 - a + mfx^2} + \frac{dx}{1 + a - mfx^2} \right\}$$

Nach N. 1 und N. 13 in §. 130 hat man aber die Formeln

$$(14.) \qquad \theta o^2 \frac{ga\,ha}{fa}\int_0^x \frac{dx}{1-fa^2 fx^2} = xl'\,\theta_3 a + \tfrac{1}{2}l\,\frac{\theta(a-x)}{\theta(a+x)},$$

$$(15.) \qquad \theta o^2 \frac{fa\,ha}{ga}\int_0^x \frac{dx}{ga^2 fx^2 - ha^2} = xl'\,\theta_3 a + \tfrac{1}{2}l\,\frac{\theta_3(a-x)}{\theta_3(a+x)}.$$

Mit Hülfe dieser Formeln lässt sich nun (13.) integriren; denn bestimmt man zunächst eine Grösse λ durch die Gleichung

$$f\lambda^2 = -\frac{m}{1-a},$$

so erhält man

$$g\lambda^2 = go^2 - ho^2 f\lambda^2 = \frac{m}{r} + \frac{m}{1-a}\cdot\frac{a+c}{r} = \frac{m}{r}\cdot\frac{1+c}{1-a}$$

$$h\lambda^2 = ho^2 - go^2 f\lambda^2 = \frac{m}{n} + \frac{m}{1-a}\cdot\frac{a-b}{n} = \frac{m}{n}\cdot\frac{1-b}{1-a},$$

also:

$$(16.) \qquad f\lambda^2 = -\frac{m}{1-a}; \quad g\lambda^2 = \frac{m}{r}\cdot\frac{1+c}{1-a}; \quad h\lambda^2 = \frac{m}{n}\cdot\frac{1-b}{1-a},$$

und aus diesen Gleichungen folgt

$$\frac{g\lambda h\lambda}{f\lambda} = \frac{\delta}{i(1-a)\sqrt{b+c}},$$

so dass das erste der Differenziale in N. 13 durch diese Substitution in

$$\frac{i\theta o^2 g\lambda h\lambda}{f\lambda}\cdot\frac{dx}{1-f\lambda^2 fx^2}$$

übergeht.

Bestimmt man ferner eine zweite Grösse μ durch die Gleichung

$$\frac{g\mu^2}{h\mu^2} = \frac{m}{1+a},$$

so erhält man auf dieselbe Weise wie N. 16 gefunden wurde:

$$(17.) \qquad f\mu^2 = -\frac{n}{r}\cdot\frac{c-1}{1+b}; \quad g\mu^2 = \frac{n}{1+b}; \quad h\mu^2 = \frac{n}{m}\cdot\frac{1+a}{1+b},$$

und hieraus, wenn man die beiden Formeln (12.) beachtet,

$$\frac{f\mu h\mu}{g\mu} = \frac{i\delta}{(1+b)\sqrt{a+c}} = \frac{i\delta}{(1+a)\sqrt{b+c}\,h\mu^2}.$$

Hiernach verwandelt sich das zweite Differenzial unter N. 13 in

$$i\vartheta o^2 \frac{f\mu h\mu}{g\mu} \cdot \frac{dx}{g\lambda^2 fx^2 - h\lambda^2}$$

und das Integral der Differenzialgleichung (13.) nimmt vermöge (14.) und (15.) die Gestalt an:

$$(18.)\quad \varphi = ix\{l'\vartheta\lambda + l'\vartheta_1\mu\} + \tfrac{1}{2}i\left\{l\frac{\vartheta(\lambda-x)}{\vartheta(\lambda+x)} + l\frac{\vartheta_1(\mu-x)}{\vartheta_1(\mu+x)}\right\},$$

während λ und μ durch die Gleichungen gefunden werden müssen:

$$(19.)\quad h\lambda = \sqrt{\frac{1-b}{(1-a)k'}} = \frac{1+2q\cos 2\lambda + 2q^4\cos 4\lambda + \dots\dots}{1-2q\cos 2\lambda + 2q^4\cos 4\lambda - \dots\dots}$$

$$(20.)\quad h\mu = \sqrt{\frac{(1+a)k'}{1+b}} = \frac{1+2q\cos 2\mu + 2q^4\cos 4\mu + \dots\dots}{1-2q\cos 2\mu + 2q^4\cos 4\mu - \dots\dots}$$

und x, sowie der Modul der Thetafunctionen durch die Formeln gegeben sind:

$$x = \frac{t}{\vartheta_1 o^2}\sqrt{\tfrac{1}{2}(a+c)G} = \frac{\pi t}{T}$$

$$k = \sqrt{\frac{a-b}{a+c}};\quad k' = \sqrt{\frac{b+c}{a+c}}.$$

Zur Berechnung von z ist von den Formeln unter N. 3 die letzte am bequemsten:

$$(21.)\quad z = -c + \sqrt{(a+c)(b+c)}\left(\frac{1+2q\cos 2x + 2q^4\cos 4x + \dots}{1-2q\cos 2x + 2q^4\cos 4x - \dots}\right)^2.$$

Die Formeln (16.) und (17.) zeigen, dass die Grössen λ und μ imaginär sind, und zwar die Gestalt annehmen müssen:

$$\lambda = ui \quad \text{und} \quad \mu = wi;$$

aber es ist vortheilhaft, ihre imaginären Werthe erst dann in die Formeln einzuführen, wenn man der Grössen u und w zur Ausführung der Rechnung bedarf.

§. 192.

Nachdem man die Wurzeln a, b, c der Gleichung $R = 0$ gefunden und aus dem Werthe von k in N. 10 die Grösse q nach der Vorschrift N. 6 in §. 43 berechnet hat, kann die Grösse der Ordinate z, oder, was dasselbe ist, der Winkel ψ aus N. 22 sehr leicht ermittelt werden, da man x durch die Zeit t nach N. 8 ausdrücken kann. Um aber den Winkel φ angeben zu können, bedarf man der Grössen λ und μ, welche aus N. 19 und N. 20 gefunden werden müssen.

Wenn man die Ungleichheiten

$$\frac{1-b}{(1-a)k'} \gtrless 1 \quad \text{und} \quad \frac{(1+a)}{1+b}k' \gtrless 1$$

auflöst, so überzeugt man sich bald, dass $h\lambda$ und $h\mu$ grösser als 1 sind, sobald

$$1+\frac{1}{ab}-a-b>0 \quad \text{und} \quad 1+\frac{1}{ab}+a+b>0$$

oder auch

$$(c-ab)\left(\frac{1}{a}+\frac{1}{b}\right)>0 \quad \text{und} \quad (c+ab)\left(\frac{1}{a}+\frac{1}{b}\right)>0.$$

Da aber $c>1$ ist, so fallen beide Bedingungen in die eine zusammen:

$$\frac{1}{a}+\frac{1}{b}>0.$$

Also nur wenn b positiv ist, sind $h\lambda$ und $h\mu$ beide grösser als 1, im entgegengesetzten Falle aber sind sie beide kleiner als 1, da der numerische Werth von b kleiner als der von a ist. Auf dieselbe Weise überzeugt man sich auch, dass $h\lambda$ stets grösser als $h\mu$ ist. Um aus (19.) $\cos 2\lambda$ auf eine bequeme Weise berechnen zu können, suchen wir aus der Gleichung

$$\text{(1.)} \qquad \operatorname{tg}\gamma = \sqrt{\frac{(1-a)k'}{1-b}} = \frac{1}{h\lambda}$$

einen Winkel γ, welcher kleiner als $\frac{1}{4}\pi$ sein wird. Vernachlässigt man q^{16} und die höheren Potenzen von q, so erhält man aus (19.), wenn ganz so wie in §. 44 verfahren wird,

$$\text{(2.)} \qquad \operatorname{tg}(\tfrac{1}{4}\pi-\gamma) = \frac{2q(\cos 2\lambda + q^8\cos 6\lambda)}{1+2q^4\cos 4\lambda}.$$

Setzt man dann

$$2\cos 2\lambda = y,$$

wo also y grösser als 2 ist, so ergeben sich folgende Gleichungen:

$$\text{(3.)} \quad \begin{cases} 2\cos\lambda = \sqrt{y+2} & 2\sin\lambda = i\sqrt{y-2} \\ 2\cos 2\lambda = y & 2\sin 2\lambda = i\sqrt{y^2-4} \\ 2\cos 3\lambda = (y-1)\sqrt{y+2} & 2\sin 3\lambda = i(y+1)\sqrt{y-2} \\ 2\cos 4\lambda = y^2-2 & 2\sin 4\lambda = iy\sqrt{y^2-4} \end{cases}$$

$$\begin{cases} 2\cos 5\lambda = (y^2-y-1)\sqrt{y+2} & 2\sin 5\lambda = i(y^2+y-1)\sqrt{y-2} \\ 2\cos 6\lambda = y^3-3y & 2\sin 6\lambda = i(y^2-1)\sqrt{y^2-4} \\ \ldots\ldots\ldots & \ldots\ldots\ldots \end{cases}$$

Aus (2.) erhält man dann zur Bestimmung von y die Gleichung:

$$(4.) \qquad y = \frac{1}{q}\operatorname{tg}(\tfrac{1}{4}\pi-\gamma).\frac{1-2q^4+q^4y^2}{1-3q^8+q^8y^2}.$$

Hat man aus derselben durch die Formel

$$y_1 = \frac{1}{q}\operatorname{tg}(\tfrac{1}{4}\pi-\gamma)$$

den ersten Näherungswerth y_1 von y entnommen, und setzt ihn dann wieder in die rechte Seite derselben Gleichung ein, in welcher man jetzt die Grössen q^4 und q^8 beibehält, so findet man einen genaueren Werth y_2 von y. In den meisten Fällen wird diese zweite Operation die Grösse y schon so genau liefern, als siebenstellige Logarithmen gestatten. Im entgegengesetzten Falle muss dieselbe Operation wiederholt werden. Wenn man statt γ einen Winkel γ' in N. 4 einführt, welcher durch die Gleichung

$$(5.) \qquad \operatorname{tg}\gamma' = \sqrt{\frac{1+b}{(1+a)k'}} = \frac{1}{h\mu}$$

gefunden worden ist, und grösser als γ sein wird, wenn man ferner

$$(6.) \qquad y' = 2\cos 2\mu$$

setzt, und in N. 4 y' statt y schreibt, so dient diese Formel dann auch zur Berechnung von y'. Benutzt man dann die Reihen (3.), (4.), (5.), (6.) in §. 16 für die Entwickelung der Thetafunctionen, und führt die Bezeichnungen ein:

$$(7.) \qquad L(y) = \sqrt{\frac{y+2}{y-2}}.\frac{1-3q^2(y-1)+5q^6(y^2-y-1)-\ldots}{1-q^2(y+1)+q^6(y^2+y-1)-\ldots}$$

$$(8.) \operatorname{tg}.N(y,x) = \frac{\sqrt{y^2-1}\,(q\sin 2x - q^4 y\sin 4x + q^9(y^2-2)\sin 6x - \ldots)}{1-qy\cos 2x+q^4(y^2-2)\cos 4x - q^9(y^3-3y)\cos 6x+\ldots}.$$

so lässt sich φ in folgender Weise darstellen:

$$(9.) \qquad \varphi = x\{L(y)+L(-y')\}+N(y,x)+N(-y',x).$$

Die ganze Arbeit, welche erforderlich ist, um zu diesem Ausdrucke zu gelangen, besteht bloss darin, die imaginären Theile der Thetafunctionen von den reellen, mit Hülfe der bekannten Exponentialausdrücke gehörig zu sondern.

Würde man zu den Reihen im Zähler und Nenner der Ausdrücke unter N. 7 und N. 8 nur noch ein Glied hinzufügen, so wären nur Glieder vernachlässigt, welche im ersten q^{20} und im zweiten q^{25} und die höheren Potenzen von q enthielten. Es würden dann diese Formeln für eine numerische Rechnung noch brauchbar sein, selbst wenn der Modul k sehr nahe an 1 liegen sollte, obgleich man sich allerdings in diesen extremen Fällen lieber der Reihen bedient, welche nach Potenzen von q' fortschreiten und aus den Formeln (3.) bis (6.) in §. 20 entnommen werden müssen, welche sich auch, da $q' = e^{-\nu'}$ ist, in folgender Weise darstellen lassen:

$$\theta x = \sqrt{\frac{\pi}{\nu}} \sum_{-\omega}^{\omega} q'^{\left(s+\frac{1}{2}-\frac{x}{\pi}\right)^2}$$

$$\theta_1 x = \sqrt{\frac{\pi}{\nu}} \sum_{-\omega}^{\omega} (-1)^s q'^{\left(s+\frac{1}{2}-\frac{x}{\pi}\right)^2}$$

$$\theta_2 x = \sqrt{\frac{\pi}{\nu}} \sum_{-\omega}^{\omega} (-1)^s q'^{\left(s-\frac{x}{\pi}\right)^2}$$

$$\theta_3 x = \sqrt{\frac{\pi}{\nu}} \sum_{-\omega}^{\omega} q'^{\left(s-\frac{x}{\pi}\right)^2}$$

In diesen Formeln kann aus §. 51 die Formel N. 7

$$\sqrt{\frac{\pi}{\nu}} = \frac{\theta_3(0,\nu)}{\theta_3(0,\nu')} = \sqrt{\frac{K'}{K}}$$

benutzt werden.

Man hat hierbei zu beachten, dass wenn in den Reihen, welche nach Potenzen von q fortschreiten, nur noch die Glieder, welche mit q^9 behaftet sind, einen Einfluss auf das Resultat ausüben, in den nach Potenzen von q' geordneten Reihen nur noch die Glieder, die q'^2 enthalten, einen Beitrag liefern, wenn sieben genaue Ziffern verlangt werden. Führt man in den für φ und z gefundenen Ausdrücken (10.) und (3.) in §. 191 für x seinen Werth $\frac{\pi t}{T}$ ein, so überzeugt man sich, dass φ aus zwei Theilen

$$\frac{\pi t}{T}\{L(y)+L(-y')\} \text{ und } N\left(y, \frac{\pi t}{T}\right)+N\left(-y', \frac{\pi t}{T}\right)$$

besteht, von denen der erste stets um die Grösse

$$(10.)\qquad \tfrac{1}{2}\pi\{L(y)+L(-y')\} = \Phi$$

wächst, so oft t um $\frac{1}{2}T$ zunimmt. Der zweite Theil ist eine periodische Function von t, welche für

$$t = 0, \tfrac{1}{2}T, \tfrac{2}{2}T, \tfrac{3}{2}T, \ldots\ldots$$

verschwindet und positiv ist, während t von 0 bis $\frac{1}{2}T$ wächst, dann in's Negative übergeht, während t von $\frac{1}{2}T$ bis T zunimmt und überhaupt dieselben Schwankungen zeigt, sobald t dieselben Intervalle durchläuft. Denkt man sich also einen Meridian, in welchem sich das Pendel zur Zeit Null, also im tiefsten Punkte seiner Bahn, befindet, mit der gleichförmigen Geschwindigkeit

$$\frac{2\Phi}{T} = \frac{\pi}{T}\{L(y) + L(-y')\},$$

um die Axe der z rotirend, so wird es, sich erhebend, Anfangs diesem Meridiane voreilen, dann seine Geschwindigkeit vermindern, zur Zeit $\frac{1}{2}T$, wo es seinen höchsten Punkt erreicht hat, wieder in ihn eintreten und nun sinkend, hinter ihm zurückbleiben, bis es seine Geschwindigkeit wieder beschleunigt, um endlich, nach Verlauf von T Secunden, ihn abermals im tiefsten Punkte seiner Bahn zu erreichen.

Die höchsten und tiefsten Punkte der Curve, welche das Pendel auf der Kugel beschreibt, liegen, wie bereits in §. 191 bemerkt wurde, auf zwei kleinen, mit dem Horizonte parallelen Kreisen, und rücken, im Sinne seiner Bewegung, auf diesen immer weiter fort. Die Fig. 1

Fig. 1.

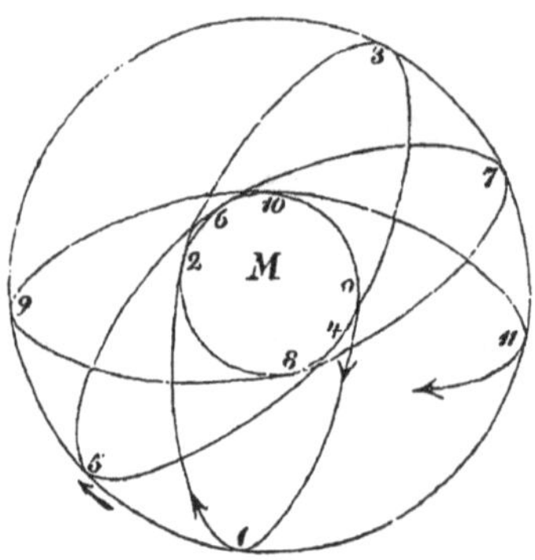

Fig. 2.

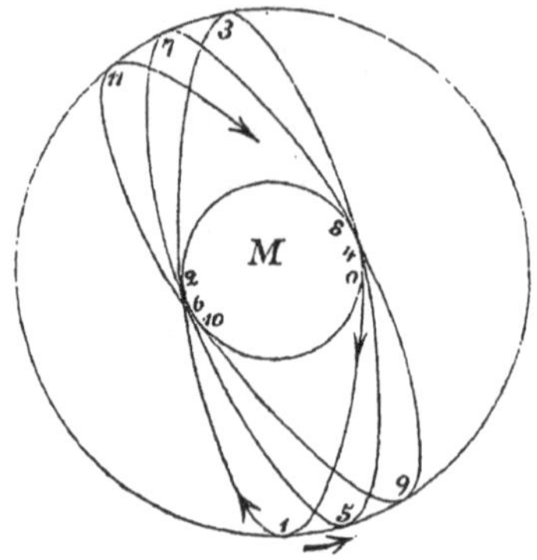

stellt die Projection der Bahn des Pendels auf den Horizont dar. Der Mittelpunkt der Kugel ist M, und die beiden Kreise bedeuten die kleinen Kugelkreise, welche das Pendel bei seinen Oscillationen berührt. Das Pendel hat seinen Weg vom tiefsten Punkte 0 begonnen, ist bis 1 aufgestiegen, dann bis 2 gesunken, hat sich wieder bis 3 erhoben und eine vollständige Schwingung vollendet, wenn es wieder bis 4 eben so tief unter den Horizont gefallen ist, als sein Ausgangspunkt 0 unter dieser Ebene lag. Es beginnt jetzt von 4 aus eine neue Schwingung. Aber dieser tiefste Punkt, so wie der höchste 5, den es zunächst erreicht, sind beide gegen die Punkte 0 und 1 im Sinne der Bewegung fortgerückt. Die Richtung dieses Fortschreitens der höchsten und tiefsten Ausschlagspunkte 1, 5, 9... und 0, 4, 8... ist in der Figur durch Pfeilspitzen angedeutet, und hängt von der Grösse der Winkel $0M1 = 1M2 = 2M3 = \ldots$ ab, welche vorher mit Φ bezeichnet wurden. Diese Winkel sind nämlich stets grösser als $\frac{1}{2}\pi$ und sinken, wie nachher bewiesen werden soll, nur dann zu diesem Werthe herab, wenn das Pendel durch den tiefsten Punkt der Kugel schwingt, also überhaupt keine sphärischen Oscillationen mehr macht, sondern nur in einem grössten Kreise schwingt. Wären diese Winkel kleiner als $\frac{1}{2}\pi$, so würden die Ausschlagspunkte 1, 5, 9... und 0, 4, 8... offenbar im entgegengesetzten Sinne der Bewegung des Pendels fortschreiten, wie dies die Fig. 2 darstellt. Die Figuren nehmen freilich eine verwickeltere Gestalt an, wenn das Pendel zwischen zwei kleinen Kreisen oscilliren sollte, von denen der eine in der unteren, der andere in der oberen Hemisphäre läge.

Nach diesen Auseinandersetzungen ist einleuchtend, dass ein spärisches Pendel nicht etwa in der Weise schwingen kann, dass die Projection seiner Bahn auf den Horizont eine einzige, einer Ellipse ähnliche Curve bildete, sondern sobald das Pendel nicht mehr absolut kreisförmige Schwingungen vollführt, so müssen seine höchsten Ausschlagpunkte im Sinne seiner Bewegung fortrücken und die sogenannte Drehung der Pendelebene bei dem bekannten Foucault'schen Versuche muss also beschleunigt oder verzögert werden, je nach der Richtung einer zufälligen seitlichen Anfangsgeschwindigkeit, welche nicht in der Ebene liegt, die durch die Verticale und das Pendel bestimmt wird.

§. 193.

Um den nicht periodischen Theil von x in der Formel des §. 191 bequem untersuchen zu können und um überhaupt die verschiedenen Formen näher kennen zu lernen, welche die Thetafunctionen anzunehmen vermögen, wollen wir diesen Theil

$$il'\mathfrak{Q}\lambda + il'\mathfrak{Q}\mu = \frac{2}{\pi}\Phi$$

einer Transformation unterwerfen. Nimmt man von beiden Seiten der Gleichung (2.) in §. 71 die Logarithmen, differenzirt dann nach z und setzt $z=0$, so entsteht die Formel

(1.) $$l'\theta x + l'\theta y = l'\theta(x+y) + \theta_2 o\, \theta_3 o\, fx\, fy\, f(x+y).$$

Setzt man hier

$$x = \lambda - \tfrac{1}{2}\nu i \quad \text{und} \quad y = \mu + \tfrac{1}{2}\pi - \tfrac{1}{2}\nu i,$$

so wird vermöge (2.) und (3.) in §. 22

$$\theta x = -ie^{i\lambda + \frac{1}{4}\nu}\theta_1\lambda \quad \text{und} \quad \theta y = e^{i\mu + \frac{1}{4}\nu}\theta_2\mu,$$

$$\theta(x+y) = e^{\nu + 2i(\lambda+\mu)}\theta_3(\lambda+\mu),$$

also

$$l'\theta x + l'\theta y - l'\theta(x+y) = l'\theta_1\lambda + l'\theta_2\mu - l'\theta_3(\lambda+\mu).$$

Die Formeln (17.), (20.), (18.) und (19.) in §. 23 liefern ferner die Gleichungen:

$$fx = \frac{1}{f\lambda}; \quad fy = \frac{h\mu}{g\mu}; \quad f(x+y) = \frac{g(\lambda+\mu)}{h(\lambda+\mu)}.$$

Mit Benutzung dieser Ausdrücke verwandelt man dann (1.) in die Formel:

(2.) $$l'\theta_1\lambda + l'\theta_2\mu = l'\theta_3(\lambda+\mu) + \frac{\theta_2 o\, \theta_3 o\, h\mu\, g(\lambda+\mu)}{f\lambda\, g\mu\, h(\lambda+\mu)}.$$

Mit Hülfe der Additionstheoreme (1.), (2.), (3.) in §. 30 kann man jetzt $f(\lambda+\mu)$, $g(\lambda+\mu)$, $h(\lambda+\mu)$ durch die Grössen a, b, c ausdrücken. Bezeichnet man

$$\lambda + \mu = (u+w)i = si,$$

so findet sich, wenn man die Formeln (16.) und (17.) in §. 191 benutzt,

(3.) $$f(si) = \frac{i(1+ab)}{b}\sqrt{\frac{k}{1-a^2}}; \; g(si) = \frac{1}{b}\sqrt{\frac{a^2-b^2}{1-a^2}\cdot\frac{k'}{k}}; \; h(si) = \frac{a}{b}\sqrt{\frac{1-b^2}{1-a^2}k'}.$$

Man kann aber der N. 2 auch noch eine andere Gestalt geben. Es ist nämlich

$$l'\theta_3 x - l'\theta_1 x = l'\frac{hx}{gx} = \frac{\theta o^2\, fx}{gx\, hx},$$

also

$$l'\theta_3(\lambda+\mu) = l'\theta_1(\lambda+\mu) + \frac{\theta o^2 f(\lambda+\mu)}{g(\lambda+\mu)\, h(\lambda+\mu)}.$$

Führt man diesen Ausdruck in N. 2 ein und wendet die Formeln (3.), so wie (16.) und (17.) in §. 191 an, so erhält man

$$(4.)\qquad l'\vartheta\lambda + l'\vartheta\mu = l'\vartheta(\lambda+\mu) + \frac{\theta o^2}{i}\sqrt{\frac{(1-a^2)(1-b^2)}{(a+b)(b+c)}}.$$

Die rechte Seite dieser Gleichung lässt sich aber auch noch einfacher darstellen.

Ehe wir indessen diese Vereinfachung vornehmen, wollen wir zunächst das System unserer Formeln noch weiter vervollständigen. Es war bereits oben bemerkt worden, dass λ und μ unter der Gestalt ui und wi erscheinen. Bestimmen wir nun, ähnlich wie in N. 8 des §. 51, durch die Gleichungen:

$$(5.)\qquad u\vartheta(o,\nu)^2 = u'\vartheta(o,\nu')^2 = \int_0^{\xi}\frac{dz}{\Delta(z,k)} = \int_0^{\xi'}\frac{dz}{\Delta(z',k')},$$

$$(6.)\qquad w\vartheta(o,\nu)^2 = w'\vartheta(o,\nu')^2 = \int_0^{\eta}\frac{dz}{\Delta(z,k)} = \int_0^{\eta'}\frac{dz}{\Delta(z,k')}$$

neue Veränderliche u', ξ, ξ' und w', η, η', welche mit den früher gebrauchten ξ und η nicht verwechselt werden dürfen, so können wir zunächst nach N. 9 in §. 23 die Functionen $f(u', \nu')$, $g(u' \nu')$, $h(u', \nu')$ berechnen. Man findet z. B.

$$\frac{1-b}{1-a}\cdot\frac{1}{k'} = h(ui)^2 = \frac{1+g(o,\nu')^2 g(u',\nu')^2}{h(o,\nu')^2 g(u',\nu')^2} = \frac{k}{g(u',\nu')^2} + k',$$

also

$$g(u',\nu')^2 = \frac{k'}{k}\cdot\frac{1-a}{1+c}.$$

Auf diese Weise ergiebt sich folgendes System von Gleichungen:

$$(7.)\qquad \begin{cases} \dfrac{1}{k'}f(u',\nu')^2 = \sin\xi'^2 = \dfrac{a+c}{1+c} \\ \dfrac{k}{k'}g(u',\nu')^2 = \cos\xi'^2 = \dfrac{1-a}{1+c} \\ kh(u',\nu')^2 = \Delta(\xi',k')^2 = \dfrac{1-b}{1+c} \end{cases}$$

und

$$(8.)\qquad \begin{cases} \dfrac{1}{k'}f(w',\nu')^2 = \sin\eta'^2 = \dfrac{c-1}{b+c} \\ \dfrac{k}{k'}g(w',\nu')^2 = \cos\eta'^2 = \dfrac{1+b}{b+c} \\ kh(w',\nu')^2 = \Delta(\eta',k')^2 = \dfrac{1+a}{a+c}. \end{cases}$$

Setzt man noch

$$(9.)\qquad u'+w'=s'=(u+w)\sqrt{\frac{\nu'}{\nu}}=s\sqrt{\frac{\nu'}{\nu}},$$

oder auch nach N. 5 und N. 6

$$(10.)\qquad \int_0^{\xi'}\frac{dz}{\varDelta(z,k')}+\int_0^{\eta'}\frac{dz}{\varDelta(z,k')}=\int_0^{\sigma'}\frac{dz}{\varDelta(z,k')},$$

so erhält man, vermöge der Additionstheoreme in §. 30 oder in §. 105

$$\frac{h(o,\nu')}{g(o,\nu')}f(s',\nu')=\sin\sigma'=c\sqrt{\frac{a+b}{c+b}}=\frac{1+ab}{\sqrt{1+2ab+b^2}}$$

$$(11.)\qquad \frac{g(s',\nu')}{g(o,\nu')}=\cos\sigma'=b\sqrt{\frac{c-a}{c+b}}=\frac{b\sqrt{1-a^2}}{\sqrt{1+2ab+b^2}}$$

$$\frac{h(s',\nu')}{h(o,\nu')}=\varDelta(\sigma',k')=a\sqrt{\frac{c-b}{c+a}}=\frac{a\sqrt{1-b^2}}{\sqrt{1+2ab+a^2}}.$$

Wenn übrigens diese verschiedenen Veränderlichen und die Formeln, welche ihren Zusammenhang angeben, für unser Problem auch nicht sämmtlich benutzt werden müssen, so haben wir sie hier doch übersichtlich zusammenstellen wollen, um dem Leser ihre Bildungsweise wieder in's Gedächtniss zu rufen und um zugleich die Bedeutung der einzelnen Bestandtheile der Formeln kennen zu lernen.

Mit Hülfe der zweiten Formel unter N. 11 nimmt jetzt der Winkel Φ nach N. 4 die folgende Gestalt an:

$$(12.)\qquad \Phi=\frac{\pi\, dl\theta_1(si)}{2ds}+\frac{\pi\,\theta o\theta_1 o}{2bg(si)}\sqrt{1-b^2}.$$

Nach N. 5 in §. 21 ist aber

$$\theta_1(si,\nu)=\sqrt{\frac{\nu'}{\pi}}e^{\frac{s'^2}{\nu'}}\theta(s',\nu'),$$

also

$$\frac{dl\theta_1(si,\nu)}{ds}=\frac{2s'ds'}{\nu'ds}+\frac{dl\theta(s',\nu')}{ds'}\frac{ds'}{ds}.$$

Beachtet man die Relationen (9.), welche zwischen s und s' Statt finden, so ergiebt sich

$$\frac{ds'}{ds}=\sqrt{\frac{\nu'}{\nu}},$$

also kann man, nach bekannten Formeln, der N. 12 auch die Gestalt geben:

$$(13.)\qquad \Phi = \tfrac{1}{2}\nu' l' \theta(s',\nu') + s' + \tfrac{1}{2}\nu' \theta(o,\nu')\, \theta_1(o,\nu')\, g(s',\nu') \sqrt{\frac{1}{b^2} - 1},$$

wo in dem letzten Gliede auch noch die Formel (5.) in §. 25 angewendet werden könnte.

Es lässt sich jetzt Φ auch durch elliptische Integrale ausdrücken; denn nach N. 6 in §. 113 ist, wenn man

$$F(\tfrac{1}{2}\pi, k) = F \quad \text{und} \quad F(\tfrac{1}{2}\pi, k') = F',$$

so wie

$$E(\tfrac{1}{2}\pi, k) = E \quad \text{und} \quad E(\tfrac{1}{2}\pi, k') = E'$$

setzt,

$$\tfrac{1}{2}\pi l' \theta(x,\nu) = F.E(\xi,k) - E.F.(\xi,k),$$

also

$$\tfrac{1}{2}\pi l' \theta(s',\nu') = F'.E(\sigma',k') - E'.F(\sigma',k').$$

Nun ist

$$s' = \frac{\pi F(\sigma',k')}{2F'};\quad \frac{\nu'}{\pi} = \frac{F}{F'};\quad \frac{\pi \theta o^2}{2} = k' F$$

und nach §. 121

$$FE' + EF' - FF' = \tfrac{1}{2}\pi.$$

Mit Hülfe dieser Ausdrücke verwandelt man nun (13.) leicht in

$$(14.)\qquad \Phi = F.E(\sigma',k') - (F-E)F(\sigma',k') + k' F \cos\sigma' \sqrt{\frac{1}{b^2} - 1}.$$

§. 194.

Wenn a den Werth 1 annimmt, also das Pendel durch den tiefsten Punkt der Kugel schwingt, so wird nach der zweiten Formel in N. 11 §. 193 der Winkel $\sigma' = \frac{1}{2}\pi$, also auch $s' = \frac{1}{2}\pi$ und $l'\theta(s',\nu') = o$ und daher erlangt für diesen Fall der Winkel Φ den Werth $\frac{1}{2}\pi$, wie man aus N. 13 ersieht.

Wenn aber der tiefste Puukt, zu dem das Pendel herabsinkt, sich mehr und mehr dem höchsten nähert, den es zu erreichen vermag, oder wenn a bis b abnimmt, so ist der Winkel Φ in stetem Wachsen begriffen.

Um sich hiervon zu überzeugen, braucht man nur die Ableitung von Φ nach a zu bilden, während man b als constant betrachtet, aber ν' als eine Function von a, und s' als Function von ν' und a

ansieht. Wenn dann $\frac{d\Phi}{da}$ einen negativen Werth annimmt, so ist die Behauptung bewiesen, denn Φ wird dann wachsen, während a abnimmt.

Die zu diesem Zwecke dienlichen Ableitungen ergeben sich aber nicht unmittelbar, sondern erfordern zu ihrer Darstellung einige Aufmerksamkeit, und da die hierher gehörigen Formeln oft benutzt werden müssen, so wollen wir sie etwas vollständiger mittheilen, als unser nächster Zweck erfordert.

Wenn in der Gleichung

$$(1.) \qquad x = \frac{1}{\theta_3 o^2} \int_0^\xi \frac{d\lambda}{\Delta\lambda} = \int_0^\xi \frac{d\lambda}{\sqrt{\theta_3 o^4 - \theta_2 o^4 \sin\lambda^2}}$$

die Grösse ξ als eine Function von x und ν betrachtet und untersucht werden soll, in welchem Verhältnisse die Zuwachse dx und $d\nu$ stehen müssen, damit ξ ungeändert bleibt, so braucht man nur mit Hülfe der Formel (1.) in §. 79 durch unmittelbares Differenziren der Gleichung (1.) nach ν das Verhältniss $\frac{dx}{d\nu}$ zu suchen. Man erhält aber das verlangte Resultat unmittelbar, wenn man in der Differenzialgleichung

$$d\xi = \frac{d\xi}{d\nu} d\nu + \frac{d\xi}{dx} dx$$

das ξ als constant betrachtet, also $d\xi = 0$ annimmt, wodurch sich

$$(2.) \qquad \frac{dx}{d\nu} = -\frac{d\xi}{d\nu} : \frac{d\xi}{dx} = -\tfrac{1}{2} l' \theta_3 x$$

ergiebt, wie aus der am Ende des §. 79 aufgeführten Formel sogleich folgt, wenn das dort gebrauchte φ mit dem gleichbedeutenden ξ vertauscht wird.

Die Formel (2.) liefert also die Ableitung von x nach ν, wenn x als Function von ν, und ξ als constant betrachtet wird. Mit Hülfe von (2.) lassen sich jetzt die Ableitungen der Functionen

$$l'\theta x;\; l'\theta_1 x;\; l'\theta_2 x;\; l'\theta_3 x$$

nach ν sehr leicht angeben.

Es ist nämlich

$$\frac{dl'\theta x}{d\nu} = \left(\frac{dl'\theta x}{d\nu}\right) + \frac{dl'\theta x}{dx}\frac{dx}{d\nu},$$

wo die Klammer andeutet, dass die Ableitung nur nach dem unmittelbar in der Function ausgedrückten ν und nicht auch nach x genommen werden soll. Vertauscht man in dieser eingeklammerten Grösse die Ordnung des Differenzirens, was auf der linken Seite dieser Gleichung offenbar nicht auch geschehen darf, so erhält man nach N. 2 in §. 79,

$$\frac{dl'\,\theta x}{d\nu} = \frac{d}{dx}\left(\frac{dl\,\theta x}{d\nu}\right) - \tfrac{1}{2}\,l'\,\theta_3 x\, l''\,\theta x$$

$$= \tfrac{1}{4}\,\frac{d}{d\lambda}\left(l''\,\theta x + (l'\,\theta x)^2\right) - \tfrac{1}{2}\,l'\,\theta_3 x\, l''\,\theta x$$

$$= \tfrac{1}{4}\,l'''\,\theta x + \tfrac{1}{2}\,l'\,\theta x\, l''\,\theta x - \tfrac{1}{2}\,l'\,\theta_3 x\, l''\,\theta x$$

$$= \tfrac{1}{4}\,l'''\,\theta x - \tfrac{1}{2}\,l''\,\theta x\, l'\,hx.$$

Nach (16.) in §. 77 ist aber

$$l''\,\theta x = l''\,\theta_2 o + \theta o^2\,\theta_3 o^2\,hx^2,$$

also

$$l'''\,\theta x = 2\,\theta o^2\,\theta_3 o^2\,hx^2\,l'\,hx$$

und daher

$$\frac{dl'\,\theta x}{d\nu} = \tfrac{1}{2}\,l'\,hx\left(\theta o^2\,\theta_3 o^2\,hx^2 - l''\,\theta x\right) = -\tfrac{1}{2}\,l''\,\theta_2 o\, l'\,hx$$

oder

$$\frac{dl'\,\theta x}{d\nu} = \tfrac{1}{2}\,\theta_2 o\,\theta_2'' o\,\frac{fx\,gx}{hx}.$$

Wenn man in derselben Weise die Formeln des §. 77 und §. 79 gehörig benutzt, so gelangt man bald auch zu den Ableitungen der übrigen vorgelegten Functionen, welche hier übersichtlich aufgeführt werden sollen:

(3.) $$\frac{dl'\,\theta x}{d\nu} = \tfrac{1}{2}\,\theta_2 o\,\theta_2'' o\,\frac{fx\,gx}{hx} = -\tfrac{1}{2}\,l''\,\theta_2 o\, l'\,hx$$

(4.) $$\frac{dl'\,\theta_1 x}{d\nu} = \tfrac{1}{2}\,\theta_3 o\,\theta_3'' o\,\frac{gx}{fx\,hx} = -\tfrac{1}{2}\,\frac{l''\,\theta_3 o}{l'\,gx}$$

(5.) $$\frac{dl'\,\theta_2 x}{d\nu} = -\tfrac{1}{2}\,\theta o\,\theta'' o\,\frac{fx}{gx\,hx} = -\tfrac{1}{2}\,\frac{l''\,\theta o}{l'\,fx}$$

(6.) $$\frac{dl'\,\theta_3 x}{d\nu} = \tfrac{1}{2}\,\theta_1' o^2\,\frac{fx\,gx}{hx} = \tfrac{1}{4}\,l'''\,\theta_3 x.$$

Während also die Formeln des §. 79 die Ableitungen der Thetafunctionen und ihrer Combinationen nach ν lieferten, wenn x als constant betrachtet wird, so geben die letzten vier Formeln die Ableitungen dieser Functionen, wenn x auch als Function von ν angesehen wird. Zieht man (3.), (4.) und (5.) von (6.) ab, so erhält man leicht die Formeln:

$$(7.)\qquad \frac{dl'fx}{d\nu} = \tfrac{1}{2}\, l'fx\, l''\theta_3 x$$

$$(8.)\qquad \frac{dl'gx}{d\nu} = \tfrac{1}{2}\, l'gx\, l''\theta_3 x$$

$$(9.)\qquad \frac{dl'hx}{d\nu} = l'hx\,(l''\theta_2 o - \tfrac{1}{2}\, l''\theta_3 x).$$

§. 195.

Man kann zu den Formeln des vorigen Paragraphen auch auf die Weise gelangen, dass man die Gleichungen

$$(1.)\qquad F(\xi) = \int_0^{\xi} \frac{d\lambda}{\sqrt{1-k^2\sin\lambda^2}};\quad E(\xi) = \int_0^{\xi} d\lambda\sqrt{1-k^2\sin\lambda^2}$$

$$(2.)\qquad \tfrac{1}{2}\pi\, l'\theta x = F.E(\xi) - E.F(\xi)$$

(§. 113 N. 6) nach ν differenzirt, während man ξ als constant betrachtet.

Die Formeln, welche sich aus diesen Operationen sehr bald ergeben, und sämmtlich oft benutzt werden müssen, wollen wir, mit anderen hierher gehörigen bekannten, jetzt zusammenstellen:

$$(3.)\qquad F(\xi) = x\,\theta_3 o^2;\quad F = \tfrac{1}{2}\pi\,\theta_3 o^2$$

$$(4.)\qquad E(\xi) = \frac{1}{\theta_3 o^2}(l'\theta x - x\,l''\theta_2 o);\quad E = -\tfrac{1}{2}\pi\,\frac{l''\theta_2 o}{\theta_3 o^2}$$

$$(5.)\qquad F - E = \tfrac{1}{2}\pi\,\frac{l''\theta o}{\theta_3 o^2}$$

$$(6.)\qquad \frac{dk}{d\nu} = -\frac{2kk'^2F^2}{\pi^2} = -\tfrac{1}{2}k\,\theta o^4$$

$$(7.)\qquad \frac{dF(\xi)}{d\nu} = \frac{2F^2}{\pi^2}\left\{k'^2F(\xi) - E(\xi) + \frac{k^2\sin 2\xi}{2\Delta\xi}\right\} = \tfrac{1}{2}\theta_3 o^2(x\,l''\theta_3 o - l'\theta_3 x)$$

$$(8.)\qquad \frac{dE(\xi)}{d\nu} = \frac{2k'^2F^2}{\pi^2}\{F(\xi) - E(\xi)\} = \frac{\theta o^4}{2\theta_3 o^2}\{x\,l''\theta o - l'\theta x\}$$

$$(9.)\qquad \frac{dF}{d\nu} = \frac{2F^2}{\pi^2}\{k'^2F - E\} = \tfrac{1}{4}\pi\,\theta_3 o\,\theta_3'' o$$

$$(10.)\qquad \frac{dE}{d\nu} = \frac{2k'^2F^2}{\pi^2}\{F - E\} = \tfrac{1}{4}\pi\,\frac{\theta o^3\,\theta'' o}{\theta_3 o^2}$$

$$(11.)\qquad \frac{dF}{d\nu} - \frac{dE}{d\nu} = \tfrac{1}{4}\pi\,\frac{\theta_2 o^3\,\theta_2'' o}{\theta_3 o^2}.$$

§. 196.

Nach diesen Vorbereitungen kann man die Ableitung von Φ nach a darstellen. Wenn man für diesen Zweck die Formel (14.) in §. 193

$$\Phi = F.E(\sigma',k') - (F-E)F(\sigma',k') + k'F\cos\sigma'\sqrt{\frac{1}{b^2}-1}$$

benutzt, so kann Φ als eine Function von σ' und ν betrachtet werden, während ν als Function von a erscheint, aber σ' nicht auch von ν, sondern nur von a abhängt. Es wird dann

$$\frac{d\Phi}{da} = \frac{d\Phi}{d\sigma'}\frac{d\sigma'}{da} + \frac{d\Phi}{d\nu}\frac{d\nu}{da}.$$

Die Ableitungen $\frac{d\nu}{da}$ und $\frac{d\sigma'}{da}$ ergeben sich leicht, wenn man die Formeln

$$k = \sqrt{\frac{a-b}{a+c}} \text{ und } \cos\sigma' = \frac{b\sqrt{1-a^2}}{\sqrt{1+2ab+b^2}}$$

logarithmisch differenziirt. Man findet so

(1.) $$\frac{d\nu}{da} = -\frac{2(ac+b^2)}{\theta o^4(a^2-b^2)(a+c)}$$

und

(2.) $$\frac{d\sigma'}{da} = \frac{b}{(b+c)\sqrt{1-a^2}}.$$

Auch der Werth von $\frac{d\Phi}{d\sigma'}$ ergiebt sich ziemlich leicht als

(3.) $$\frac{d\Phi}{d\sigma'} = -\frac{F\Delta(\sigma',k')}{ab} - \frac{F-E}{\Delta(\sigma',k')}.$$

Am beschwerlichsten ist die Darstellung von $\frac{d\Phi}{d\nu}$. Man muss dabei die Formeln benutzen:

(4.) $$\frac{dF}{d\nu} = \tfrac{1}{4}\pi\theta_2 o\,\theta_2''o;\quad \frac{dF}{d\nu} - \frac{dE}{d\nu} = \tfrac{1}{4}\pi\frac{\theta_2 o^3\theta_2''o}{\theta_3 o^2};\quad \frac{d(k'F)}{d\nu} = \tfrac{1}{4}\pi\theta o\theta''o$$

(5.) $$\frac{dE(\sigma',k')}{d\nu} = -\tfrac{1}{2}\theta_2 o^4\Big(F(\sigma',k') - E(\sigma',k')\Big)$$

(6.) $$\frac{dF(\sigma',k')}{d\nu} = \tfrac{1}{2}\theta_3 o^4 E(\sigma',k') - \tfrac{1}{2}\theta_2 o^4 F(\sigma',k') - \tfrac{1}{2}\theta o^4\frac{\cos\sigma'\sin\sigma'}{\Delta(\sigma',k')},$$

welche sich bei gehöriger Berücksichtigung der Formeln (11.), (12.),

(13.) des §. 77 und der hierher gehörigen aus §. 51 und §. 195 leicht ergeben. Wenn alle Reductionen ausgeführt worden sind, so erhält man endlich

$$(7.)\qquad \frac{d\Phi}{d\nu} = \tfrac{1}{4}\pi\,\frac{\theta o\,\Theta'' o}{a}\sqrt{\frac{1-a^2}{1-b^2}\cdot\frac{a+b}{b+c}}.$$

Hiernach sind also die Producte

$$\frac{d\,\Phi}{d\sigma'}\cdot\frac{d\sigma'}{da} \quad \text{und} \quad \frac{d\,\Phi}{d\nu}\cdot\frac{d\nu}{da}$$

negative Grössen und es ist daher bewiesen, dass der Winkel Φ von $\frac{1}{2}\pi$ an zu wachsen beginnt, sobald a bis b hin abnimmt.

§. 197.

Wir wollen zum Schluss noch die Länge des Bogens s berechnen, welchen das Pendel bei seiner Bewegung beschrieben hat, indem wir den Nullpunkt dieses Bogens in den tiefsten Punkt verlegen, den das Pendel zunächst erreicht, und zwar in dem Augenblicke, von welchem aus die Zeit gezählt wird.

Nach N. 7 in §. 189 war

$$v = \frac{ds}{dt} = \sqrt{2G(\eta+z)}.$$

Nach (3.), (5.), (10.) und (12'.) in §. 191 ist aber

$$\eta+z = (c-b)\left(1-\frac{a-b}{c-b}\,\frac{fx^2}{k}\right),$$

und wenn man aus (7.) in §. 191 den Werth von dt einsetzt, so wird

$$(1.)\qquad s = 2\sqrt{\frac{c-b}{a+c}}\int_0^x dx\sqrt{1-\frac{a-b}{c-b}\,\frac{fx^2}{k}}.$$

Dieses Integral lässt sich auf dem Wege, welcher in §. 143 eingeschlagen worden ist, sogleich auf ein elliptisches zurückführen. Es ergab sich dort, dass

$$(2.)\qquad d\varphi\sqrt{\frac{1-\beta\sin\varphi^2}{1-\alpha\sin\varphi^2}} = \frac{\sqrt{1-\beta}\,\theta o^2\,dx}{1-\beta+\beta fx^2},$$

wenn

$$(3.)\qquad \operatorname{tg}\varphi = \frac{1}{\sqrt[4]{(1-\alpha)(1-\beta)}}\,\frac{fx}{gx}$$

gesetzt und der Modul k und sein Complement k' durch

$$(3'.)\qquad m = \sqrt{\frac{\alpha-\beta}{1-\beta}} \text{ und } m' = \sqrt{\frac{1-\alpha}{1-\beta}}$$

ersetzt werden, wobei offenbar α grösser als β angenommen worden ist.

Ausserdem lieferte N. 3 die Formel

$$\frac{1-\alpha\sin\varphi^2}{1-\beta\sin\varphi^2} = \frac{hx^2}{ho^2}.$$

Multiplicirt man diese Gleichung mit der (2.), so wird

$$(4.)\qquad d\varphi\sqrt{\frac{1-\alpha\sin\varphi^2}{1-\beta\sin\varphi^2}} = \frac{\sqrt{1-\beta}.\ \theta o^2\, hx^2 dx}{1-\beta+\beta \frac{fx^2}{m}}.$$

Diese beiden Formeln (2.) und (4.) ergänzen also einander. Man bedient sich der ersten, wenn der Factor von $\sin\varphi^2$ im Nenner des Bruches unter dem Wurzelzeichen grösser ist, als im Zähler, und der zweiten im entgegengesetzten Falle.

Man führt übrigens ein Integral von der Form

$$\int d\varphi\sqrt{\frac{1-\alpha\sin\varphi^2}{1-\beta\sin\varphi^2}}$$

auch sehr schnell auf ein elliptisches erster und dritter Gattung zurück, wenn man einen Winkel ψ durch die Gleichung

$$\operatorname{tg}\psi = \gamma\operatorname{tg}\varphi$$

berechnet und dann die Constante γ zweckmässig bestimmt. Es ist dies offenbar dasselbe Mittel, welches auch in §. 143 zum Ziele führte.

Um diese Formeln für die Berechnung des Bogens s benutzen zu können, suchen wir aus der Gleichung

$$(5.)\qquad \frac{1}{\sqrt{k}} fx = \sin\xi,$$

welche nach §. 51 unmittelbar die folgenden

$$(6.)\qquad \frac{1}{\sqrt{k'}}\frac{fx}{gx} = \operatorname{tg}\xi \text{ und } \theta o^2 dx = \frac{d\xi}{\sqrt{1-k^2\sin\xi^2}}$$

nach sich zieht, einen Winkel ξ und erhalten dann aus (1.)

$$(7.)\qquad s = 2\sqrt{\frac{c-b}{a+c}}\int_0^\xi d\xi\sqrt{\frac{1-\frac{a-b}{c-b}\sin\xi^2}{1-\frac{a-b}{c+a}\sin\xi^2}}.$$

Wenn man diese Gleichung mit N. 4 vergleicht, so sieht man sogleich, dass

$$\alpha = \frac{a-b}{c-b} \text{ und } \beta = \frac{a-b}{c+a}$$

zu setzen, also der Modul

$$(8.) \qquad m = \sqrt{\frac{\alpha-\beta}{1-\beta}} = \sqrt{\frac{a^2-b^2}{c^2-b^2}} \text{ und } m' = \sqrt{\frac{c^2-a^2}{c^2-b^2}}$$

anzunehmen ist, während

$$k = \sqrt{\frac{a-b}{a+c}} \quad \text{und} \quad k' = \sqrt{\frac{b+c}{a+c}}$$

war. Vermöge der Gleichungen (3.) und (6.) muss man jetzt eine neue elliptische Transcendente einführen, welche vom Modul m und einem neuen Argumente y abhängt und durch die Gleichung

$$\operatorname{tg}\xi = \sqrt[4]{\frac{c+a}{c-a} \cdot \frac{c-b}{c+b}} \cdot \frac{f(y,\mu)}{g(y,\mu)} = \sqrt[4]{\frac{a+c}{b+c}} \frac{f(x,\nu)}{g(x,\nu)}$$

oder

$$(9.) \qquad \frac{f(y,\mu)}{g(y,\mu)} = \sqrt[4]{\frac{1-a^2}{1-b^2}} \frac{f(x,\nu)}{g(x,\nu)}$$

mit der früheren in Verbindung steht. Es ist hier der Buchstabe μ, dessen numerischer Werth unbestimmt bleibt, in demselben Sinne wie ν für die Formel benutzt worden, so dass μ eben so von m abhängt, wie ν von k. Berechnet man sich aus dem bekannten m eine Grösse p auf dieselbe Weise, wie in §. 43 q aus k gefunden worden ist, so kann die Gleichung (9.) auch so dargestellt werden:

$$\frac{\sin y - p^2 \sin 3y + p^6 \sin 5y - p^{12} \sin 7y + \ldots}{\cos y + p^2 \cos 3y + p^6 \cos 5y + p^{12} \cos 7y + \cdots}$$

$$= \sqrt[4]{\frac{1-a^2}{1-b^2}} \cdot \frac{\sin x - q^2 \sin 3x + q^6 \sin 5x - \cdots}{\cos x + q^2 \cos 3x + q^6 \cos 5x + \cdots}$$

und aus dieser Gleichung muss der Winkel y durch eins der uns bekannten Näherungsverfahren berechnet werden. Die Grösse y lässt sich also durch die Zeit t ausdrücken, da bereits x eine bekannte Function von t ist. Eine bequemere Näherungsrechnung würde man auszuführen haben, wenn man sich aus der Gleichung (9.) den Werth von $h(y, \mu)$ suchte, der freilich nicht auf so einfache Weise durch die Functionen fx, gx, hx ausgedrückt werden kann, als der in (9.) dargestellte Quotient. Könnten die Quadrate von p und q vernachlässigt werden, so würde man zur Bestimmung von y die einfache Formel erhalten:

$$\operatorname{tg} y = \sqrt[4]{\frac{1-a^2}{1-b^2}} \operatorname{tg} x.$$

Die N. 7 verwandelt man jetzt leicht nach der Vorschrift (4.), wenn die Werthe von α, β und m gehörig eingesetzt werden, in

$$(10.) \qquad s = 2\sqrt{\frac{c-b}{c+b}}\,\theta(o,\mu)^2 \int_0^y \frac{h(y,\mu)^2\,dy}{1+\frac{k^2}{mk'^2}f(y,\mu)^2}.$$

In §. 130 ergab sich aber unter N. 4 die Formel

$$(11.) \qquad \theta o^2 \frac{fa\,ha}{ga}\int\frac{hx^2\,dx}{fa^2 fx^2-1} = x\,l'\theta a + \tfrac{1}{2}l\frac{\theta(a-x)}{\theta(a+x)}.$$

Nimmt man nun für a eine imaginäre Grösse von der Form λi an und setzt $f(a) = \frac{ik}{k'\sqrt{m}}$, so ergeben sich sehr leicht die Formeln:

$$(12.) \qquad f(\lambda i,\mu)^2 = -\sqrt{\frac{a-b}{a+b}\cdot\frac{c-b}{c+b}};\quad g(\lambda i,\mu)^2 = \sqrt{\frac{a-b}{a+b}\cdot\frac{c+a}{c-a}};$$

$$h(\lambda i,\mu)^2 = \sqrt{\frac{c-b}{c+b}\cdot\frac{c+a}{c-a}},$$

aus denen

$$\frac{f(\lambda i,\mu)h(\lambda i,\mu)}{g(\lambda i,\mu)} = i\sqrt{\frac{c-b}{c+b}}$$

folgt. Führt man dann diese Ausdrücke in (11.) ein, so ergiebt sich auf der Stelle, dass s durch die Formel

$$(13.) \qquad s = 2y\frac{dl\theta(\lambda i,\mu)}{d\lambda} + \frac{1}{i}\,l\frac{\theta(\lambda i+y,\mu)}{\theta(\lambda i-y,\mu)}$$

dargestellt werden kann, für welche die Grösse λ sich am bequemsten aus der letzten der Formeln (12.), also aus

$$h(\lambda i,\mu) = \frac{1}{k'\sqrt{m'}}$$

auf die in §. 192 angegebene Weise berechnen lässt. Ueber die weiteren Umformungen, denen der Ausdruck (13.) für s unterworfen werden kann, und über seine Auflösung in Reihen sind die Paragraphen 192, 193 und 140 zu vergleichen.

Fünfter Abschnitt.

Ueber die Drehung eines festen Körpers um einen festen Punkt.

§. 198.

Hauptgesetze der Bewegung eines Systems von Atomen.

Da wir für unsern Zweck der Kenntniss einiger dieser Sätze bedürfen und in Schriften, welche denselben Gegenstand behandeln, die einfachen Formeln, die sie aussprechen, sehr häufig aus einer Combination von sogenannten Prinzipien, wie z. B. des d'Alembert'schen und des Prinzips der virtuellen Geschwindigkeiten, abgeleitet werden, von denen wir nach unseren Erfahrungen voraussetzen müssen, dass sie für sehr viele unserer Leser, welche dieser Sätze zu praktischen Zwecken bedürfen, niemals alle Unklarheit verlieren werden, so wollen wir diese Gesetze ohne jede andere Voraussetzung, als die des Satzes vom Parallelogramm der Kräfte, hier entwickeln.

In den Punkten

$$M_1;\quad M_2;\quad M_3;\quad \ldots$$

des Raumes, deren rechtwinklige Coordinaten

$$x_1 y_1 z_1;\quad x_2 y_2 z_2;\quad x_3 y_3 z_3;\quad \ldots\ldots$$

sein sollen, denken wir uns

$$m_1;\quad m_2;\quad m_3;\quad \ldots$$

Atome vereinigt, und bezeichnen allgemein durch

$$l^2_{a,b} = (x_b - x_a)^2 + (y_b - y_a)^2 + (z_b - z_a)^2$$

das Quadrat der Entfernung der Punkte M_a und M_b. Nach dieser Bezeichnung ist also

$$l_{a,a} = 0 \quad \text{und} \quad l_{a,b} = l_{b,a}.$$

Ein Atom in M_b gebe einem Atom in M_a, wenn es eine Secunde lang mit unveränderter Stärke auf dasselbe eingewirkt hat, einen Zuwachs von Geschwindigkeit

$$k_{a,b}$$

so dass also nach dem Satze von der Gleichheit der Wirkung und Gegenwirkung

$$k_{a,b} = k_{b,a}$$

sein wird. Diese Grössen werden wir kurz als Impulse bezeichnen. Die m_a Atome in M_a erhalten also von den m_b Atomen in M_b den Impuls

$$m_b\, k_{a,b}.$$

Ausser der gegenseitigen Einwirkung der Atome auf einander, mögen noch Kräfte im Raume thätig sein, welche den Atomen in den Punkten M Impulse ertheilen, deren Componenten nach den Coordinatenaxen

$$X, Y, Z$$

sein sollen.

Die Componente des Zuwachses an Geschwindigkeit, welche z. B. die Atome in M_1 parallel der Axe der x erhalten, ist also, wenn M_1 die seit der Beobachtung der Bewegung verflossene Anzahl der Secunden bezeichnet,

$$\frac{d^2x_1}{dt^2} = X_1 + m_2\, k_{1,2}.\frac{x_2 - x_1}{l_{1,2}} + m_3\, k_{1,3}\frac{x_3 - x_1}{l_{1,3}} + m_4\, k_{1,4}\frac{x_4 - x_1}{l_{1,4}} + \cdots\cdots$$

Besteht das System, dessen Bewegung bestimmt werden soll, aus n Punkten, so lassen sich offenbar $3\,n$ solcher Gleichungen aufstellen, da für jeden derselben drei Statt finden, und aus der Integration dieser Gleichungen ist die Bewegungsweise des Systems und jedes einzelnen Punktes zu ermitteln.

Bezeichnet man aber die Geschwindigkeiten, welche die Punkte M annehmen, durch v, so dass

$$v^2 = \left(\frac{dx}{dt}\right)^2 + \left(\frac{dy}{dt}\right)^2 + \left(\frac{dz}{dt}\right)^2$$

ist und bildet man den Ausdruck

$$(1.)\qquad T = \tfrac{1}{2}\Sigma mv^2 - \Sigma m(xX + yY + zZ) + \tfrac{1}{2}\Sigma\Sigma' m_s m_{s'} k_{s,s'}\, l_{s,s'},$$

wo die einfachen Summenzeichen bedeuten, dass alle unter ihnen begriffenen Grössen mit den Zeigern 1, 2, 3, ... n versehen werden sollen, und die doppelten, dass die Zeiger s und s' diese Werthe erhalten müssen, so lassen sich die erwähnten $3n$ Gleichungen offenbar auch in folgender Gestalt darstellen:

$$(2.)\qquad \left\{\begin{array}{lll} \dfrac{dT}{dx_1} = 0; & \dfrac{dT}{dy_1} = 0; & \dfrac{dT}{dz_1} = 0 \\ \cdot\;\cdot\;\cdot\;\cdot & \cdot\;\cdot\;\cdot\;\cdot & \cdot\;\cdot\;\cdot\;\cdot \\ \dfrac{dT}{dx_n} = 0; & \dfrac{dT}{dy_n} = 0; & \dfrac{dT}{dz_n} = 0, \end{array}\right.$$

denn es ist

$$\frac{dl_{a,b}}{dx_a} = \frac{x_a - x_b}{l_{a,b}},$$

also z. B.

$$\frac{dT}{dx_1} = m_1\left(\frac{d^2x_1}{dt^2} - X_1 + \Sigma m_s k_{1,s}\frac{dl_{1,s}}{dx_1}\right).$$

Da die Gleichungen (2.) Statt finden, so ist auch

$$dT = 0$$

oder

(3.) $$\Sigma mv\,dv = \Sigma m(Xdx + Ydy + Zdz) - \tfrac{1}{2}\Sigma\Sigma' m_s m_{s'}, k_{s,s'}\,dl_{s,s'}.$$

Ist

$$Xdx + Ydy + Zdz = d\varphi$$

ein vollständiges Differenzial und sind die k nur Functionen der Entfernungen l; so lässt sich (3) integriren, und man erhält

(4.) $$\tfrac{1}{2}\Sigma mv^2 = \Sigma m\varphi - \tfrac{1}{2}\Sigma\Sigma'\int m_s m_{s'} k_{s,s'}\,dl_{s,s'}.$$

Sind die l constant, ist also das System ein festes, so wird $dl = 0$, also wenn C die Integrationsconstante bezeichnet,

$$\tfrac{1}{2}\Sigma mv^2 = \Sigma m\varphi + C.$$

Gehen die Functionen v und φ für einen bestimmten Zeitpunkt in v_0 und φ_0 über, so ist

$$\tfrac{1}{2}\Sigma mv_0^{\,2} = \Sigma m\varphi_0 + C,$$

also

(5.) $$\tfrac{1}{2}\Sigma mv^2 - \tfrac{1}{2}\Sigma mv_0^{\,2} = \Sigma m\varphi - \Sigma m\varphi_0.$$

Diese Formel wird der Satz von der lebendigen Kraft genannt.

Sind die Resultanten der äusseren Kräfte, welche auf das System in den Punkten M_1, M_2, M_3 einwirken,

$$P_1, P_2, P_3, \ldots\ldots$$

und bilden sie mit den Coordinatenaxen die Winkel

$$\alpha_1\,\beta_1\,\gamma_1;\quad \alpha_2\,\beta_2\,\gamma_2;\quad \alpha_3\,\beta_3\,\gamma_3;\quad \ldots\ldots -$$

so finden für irgend einen der Punkte M die Gleichungen Statt:

$$X = P\cos\alpha;\quad Y = P\cos\beta;\quad Z = P\cos\gamma.$$

Sind ferner a, b, c die Winkel, welche die Tangenten der Bahn des Punktes M mit den Coordinatenaxen macht, so dass

$$\cos a = \frac{dx}{ds};\quad \cos b = \frac{dy}{ds};\quad \cos c = \frac{dz}{ds}$$

ist, und schliesst diese Tangente mit der Richtung der Resultante der Kräfte den Winkel τ ein, so ist

$$\cos\alpha \frac{dx}{ds} + \cos\beta \frac{dy}{ds} + \cos\gamma \frac{dz}{ds} = \cos\tau,$$

also

$$X dx + Y dy + Z dz = P\cos\tau\, ds = P\cos\tau\, v dt,$$

da $v = \frac{ds}{dt}$ ist.

Hiernach kann man der Gleichung (3.) auch die Gestalt geben:

(6.) $$\Sigma mv\, dv = \Sigma m Pv \cos\tau\, dt - \tfrac{1}{2} \Sigma\Sigma' m_s m_{s'} k_{s,s'} dl_{s,s'}.$$

Wenn das System ein festes ist, so verschwindet $dl_{s,s'}$ und man behält nur die Gleichung

(7.) $$\Sigma mv dv = \Sigma m P \cos\tau v dt,$$

aus welcher man sogleich das Princip der virtuellen Geschwindigkeiten ableitet, wenn keine Beschleunigung der Geschwindigkeit mehr eintritt, oder das System im Gleichgewicht ist.

§. 199.

Addirt man die ersten der Gleichungen unter N. 2, so ergiebt sich

$$0 = \frac{dT}{dx_1} + \frac{dT}{dx_2} + \frac{dT}{dx_3} + \cdots = \Sigma m \frac{d^2x}{dt^2} - \Sigma m X + \Sigma\Sigma' m_s m_{s'} k_{s,s'} \frac{dl_{s,s'}}{dx_s}.$$

Da aber

$$\frac{dl_{a,b}}{dx_a} = \frac{x_a - x_b}{l_{a,b}} = -\frac{dl_{b,a}}{dx_b},$$

so verschwindet das letzte Glied dieser Gleichung und man gelangt so, wenn man auch die beiden übrigen Gruppen addirt, zu den Formeln:

(1.) $$\Sigma m \frac{d^2x}{dt^2} = \Sigma m X$$

(2.) $$\Sigma m \frac{d^2y}{dt^2} = \Sigma m Y$$

(3.) $$\Sigma m \frac{d^2z}{dt^2} = \Sigma m Z.$$

Es ist ferner

$$0 = y_1 \frac{dT}{dz_1} + y_2 \frac{dT}{dz_2} + \cdots = \Sigma m y \frac{d^2z}{dt^2} - \Sigma m y Z + \Sigma\Sigma' m_s m_{s'} y_s k_{s,s'} \frac{dl_{s,s'}}{dz_s}$$

und

$$0 = z_1 \frac{dT}{dy_1} + z_2 \frac{dT}{dy_2} + \cdots = \Sigma m z \frac{d^2y}{dt^2} - \Sigma m z Y + \Sigma\Sigma' m_s m_{s'} m_{s,s'} \frac{dl_{s,s'}}{dy_s}.$$

Da aber

$$y_a \frac{dl_{a,b}}{dz_a} + y_b \frac{dl_{b,a}}{dz_b} = z_a \frac{dl_{a,b}}{dy_a} + z_b \frac{dl_{b,a}}{dy_b},$$

so ist auch

$$\Sigma\Sigma' m_s m_{s'} y_s k_{s,s'} \frac{dl_{s,s'}}{dz_s} = \Sigma\Sigma' m_s m_{s'} z_s k_{s,s'} \frac{dl_{s,s'}}{dy_s}.$$

Von der Richtigkeit dieser Formeln überzeugt man sich am besten durch wirkliche Ausführung der Operation an drei bis vier Gliedern.

Zieht man nun die vorhergehenden Gleichungen von einander ab, so heben sich die beiden letzten Glieder fort und man erhält, wenn man ganz ähnlich mit den beiden andern Gruppen der Gleichungen unter N. 2 in §. 198 verfährt, die folgenden drei Formeln:

$$(4.) \qquad \Sigma m\left(y\frac{d^2z}{dt^2} - z\frac{d^2y}{dt^2}\right) = \Sigma m(yZ - zY)$$

$$(5.) \qquad \Sigma m\left(z\frac{d^2x}{dt^2} - x\frac{d^2z}{dt^2}\right) = \Sigma m(zX - xZ)$$

$$(6.) \qquad \Sigma m\left(x\frac{d^2y}{dt^2} - y\frac{d^2x}{dt^2}\right) = \Sigma m(xY - yX).$$

Wirkt die Resultante P in der Richtung auf den Punkt $x\,y\,z$, welche durch die Linie

$$\frac{\xi - x}{\cos\alpha} = \frac{\eta - y}{\cos\beta} = \frac{\zeta - z}{\cos\gamma}$$

dargestellt wird, in der ξ, η, ζ die laufenden Coordinaten bedeuten, so sind die Entfernungen dieser Linie von den Axen der x, y, z entsprechend

$$\frac{y\cos\gamma - z\cos\beta}{\sin\alpha} = p; \qquad \frac{z\cos\alpha - x\cos\gamma}{\sin\beta} = q; \qquad \frac{x\cos\beta - y\cos\alpha}{\sin\gamma} = r;$$

Es ist also

$$yZ - zY = (y\cos\gamma - z\cos\beta)P = pP\sin\alpha$$

und in ähnlicher Weise lassen sich auch die rechten Seiten der Gleichungen (5.) und (6.) ausdrücken. An die Stelle dieser drei Gleichungen können also auch die folgenden treten:

$$(7.) \qquad \Sigma m\left(y\frac{d^2z}{dt^2} - z\frac{d^2y}{dt^2}\right) = \Sigma mpP\sin\alpha$$

$$(8.) \qquad \Sigma m\left(z\frac{d^2x}{dt^2} - x\frac{d^2z}{dt^2}\right) = \Sigma mqP\sin\beta$$

$$(9.) \qquad \Sigma m\left(x\frac{d^2y}{dt^2} - y\frac{d^2x}{dt^2}\right) = \Sigma mrP\sin\gamma.$$

Sind die Resultanten P gleich Null oder nach dem Anfang der Coordinaten gerichtet, so dass also die Entfernungen p, q und r verschwinden, so verschwinden auch die rechten Seiten der drei letzten Gleichungen und ihre Integrale liefern die Gleichungen:

$$(10.)\qquad \Sigma m\left(y\frac{dz}{dt} - z\frac{dy}{dt}\right) = A$$

$$(11.)\qquad \Sigma m\left(z\frac{dx}{dt} - x\frac{dz}{dt}\right) = B$$

$$(12.)\qquad \Sigma m\left(x\frac{dy}{dt} - y\frac{dx}{dt}\right) = C,$$

in welcher A, B, C die Integrationsconstanten bedeuten. Diese Integrale enthalten den Satz von der Erhaltung der Flächen.

Wenn Gleichgewicht oder Ruhe im Systeme Statt findet, so liefern die Gleichungen (1.), (2.), (3.) und (7.), (8.), (9.) die sechs Bedingungsgleichungen des Gleichgewichts eines festen Körpers

$$(13.)\qquad \Sigma mX = 0;\quad \Sigma mY = 0;\quad \Sigma mZ = 0$$

und

$$(14.)\qquad \Sigma mpP\sin\alpha = 0;\quad \Sigma mqP\sin\beta = 0;\quad \Sigma mrP\sin\gamma = 0.$$

oder

$$(14'.)\quad \Sigma m(yZ - zY) = 0;\quad \Sigma m(zX - xZ) = 0;\quad \Sigma m(xY - yX) = 0.$$

§. 200.

Führt man statt der $3n$ veränderlichen Grössen $x_1\ y_1\ z_1 \ldots x_n$, y_n, z_n durch die Gleichungen

$$\begin{aligned}
x_1 &= u + \xi_1; & y_1 &= v + \eta_1; & z_1 &= w + \zeta_1 \\
x_2 &= u + \xi_2; & y_2 &= v + \eta_2; & z_2 &= w + \zeta_2 \\
&\ldots & &\ldots & &\ldots \\
x_n &= u + \xi_n; & y_n &= v + \eta_n; & z_n &= w + \zeta_n
\end{aligned}$$

$3n + 3$ neue Veränderliche ein, so kann man die drei Gleichungen bilden:

$$\Sigma mx = u\Sigma m + \Sigma m\xi;\quad \Sigma my = v\Sigma m + \Sigma m\eta;\quad \Sigma mz = w\Sigma m + \Sigma m\zeta$$

und über die drei willkürlichen Grössen u, v, w so verfügen, dass

$$(1.)\qquad u = \frac{\Sigma mx}{\Sigma m};\quad v = \frac{\Sigma my}{\Sigma m};\quad w = \frac{\Sigma mz}{\Sigma m}$$

wird. Es bleiben dann die ξ, η und ζ den Bedingungsgleichungen unterworfen:

$$(2.)\qquad \Sigma m\xi = 0;\quad \Sigma m\eta = 0;\quad \Sigma m\zeta = 0.$$

Differenzirt man die Gleichungen (1.) zweimal nach t, so erhält man mit Berücksichtigung der Gleichungen (1.), (2.), (3.) in §. 199

$$(3.)\qquad \frac{d^2u}{dt^2} = \frac{\Sigma mX}{\Sigma m};\quad \frac{d^2v}{dt^2} = \frac{\Sigma mY}{\Sigma m};\quad \frac{d^2w}{dt^2} = \frac{\Sigma mZ}{\Sigma m}.$$

Der Punkt, dessen Coordinaten u, v, w sind, wird der Schwerpunkt des Systems genannt, und seine Bewegung ist durch die drei letzten Gleichungen dargestellt.

Wenn keine äusseren Kräfte auf das System wirken, so wird

$$\frac{d^2u}{dt^2} = 0;\quad \frac{d^2v}{dt^2} = 0;\quad \frac{d^2w}{dt^2} = 0;$$

also, wenn man integrirt:

$$\frac{du}{dt} = a,\ \frac{dv}{dt} = b,\ \frac{dw}{dt} = c$$

und

$$u = at + a';\quad v = bt + b';\quad w = ct + c'.$$

Der Schwerpunkt schreitet also dann mit gleichförmiger Geschwindigkeit in gerader Linie fort.

Nachdem wir nun die Hauptsätze der Bewegung eines Systems von Atomen entwickelt haben, gehen wir zu unserm eigentlichen Probleme über, die Drehung eines festen Körpers um einen festen Punkt zu untersuchen.

§. 201.

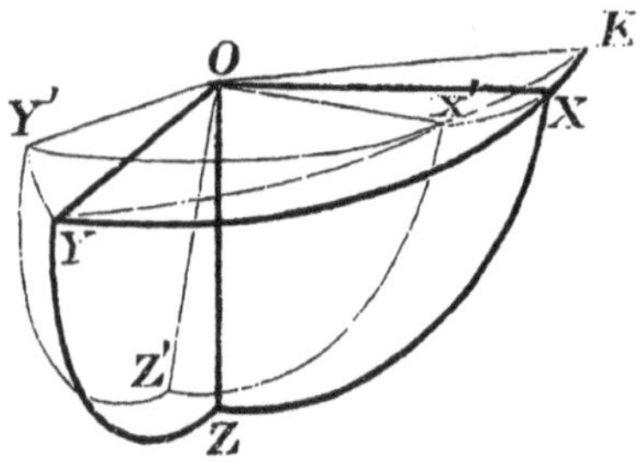

In der nebenstehenden Figur sei O der Mittelpunkt einer Kugel, deren Radien OX, OY, OZ als Längeneinheit betrachtet und die Richtung der Achsen eines im Raume festen Coordinatensystems XYZ angeben sollen, in welchem die Abscissen x und y in der horizontalen Ebene XOY liegen, und OZ die Richtung der positiven Ordinaten z vorstellt. Der feste Körper sei um den Punkt O drehbar und in ihm ein zweites rechtwinkliges Coordinatensystem $X'Y'Z'$ als fest gedacht, welches also bei der Rotation des Körpers seine Stellung im Raume ändert. Die Coordinaten der einzelnen Punkte des Körpers in Bezug auf dieses bewegliche Coordinatensystem mögen mit ξ, η, ζ bezeichnet werden. Die augenblickliche Lage des beweglichen Systems, also auch des Körpers, kann in der Weise bestimmt werden, dass man die Lage der Durchschnittskante OK der Ebene der xy mit der Ebene der $\xi\eta$ durch den Bogen $XK = \psi$ angiebt, und den Winkel $XKX' = \chi$ misst, den beide Ebenen mit einander bilden. Die Lage der beweglichen Abscissenaxe OX' braucht dann nur noch durch den Bogen $KX' = \varphi$ angegeben zu werden, um die Lage des Körpers im Raume vollständig bestimmt zu haben, wenn zugleich auch auf die Zeichen der Grössen φ, ψ, χ gehörig Rücksicht genommen wird.

Ausser dieser Bestimmungsweise wollen wir noch die Winkelabstände der Punkte X', Y', Z' von den Punkten X, Y, Z auf der Kugeloberfläche zur Fixirung der Lage des Körpers benutzen. Wir bezeichnen zu diesem Zwecke:

$$\begin{array}{lll} X'X = \alpha, & X'Y = \alpha_1, & X'Z = \alpha_2 \\ Y'X = \beta, & Y'Y = \beta_1, & Y'Z = \beta_2 \\ Z'X = \gamma, & Z'Y = \gamma_1, & Z'Z = \gamma_2 \end{array}$$

und erinnern uns folgender Bedingungsgleichungen, welche zwischen diesen 9 Winkeln Statt finden, wenn das Zeichen cos allenthalben ergänzt wird.

$$(1.)\ \begin{cases} \alpha^2 + \beta^2 + \gamma^2 = 1 \\ \alpha_1^2 + \beta_1^2 + \gamma_1^2 = 1 \\ \alpha_2^2 + \beta_2^2 + \gamma_2^2 = 1 \end{cases} \qquad (2.)\ \begin{cases} \alpha^2 + \alpha_1^2 + \alpha_2^2 = 1 \\ \beta^2 + \beta_1^2 + \beta_2^2 = 1 \\ \gamma^2 + \gamma_1^2 + \gamma_2^2 = 1 \end{cases}$$

$$(3.)\ \begin{cases} \beta\gamma + \beta_1\gamma_1 + \beta_2\gamma_2 = 0 \\ \gamma\alpha + \gamma_1\alpha_1 + \gamma_2\alpha_2 = 0 \\ \alpha\beta + \alpha_1\beta_1 + \alpha_2\beta_2 = 0 \end{cases} \qquad (4.)\ \begin{cases} \alpha_1\alpha_2 + \beta_1\beta_2 + \gamma_1\gamma_2 = 0 \\ \alpha_2\alpha + \beta_2\beta + \gamma_2\gamma = 0 \\ \alpha\alpha_1 + \beta\beta_1 + \gamma\gamma_1 = 0 \end{cases}$$

$$(5.)\ \begin{cases} \alpha = \beta_1\gamma_2 - \gamma_1\beta_2 \\ \alpha_1 = \beta_2\gamma - \gamma_2\beta \\ \alpha_2 = \beta\gamma_1 - \gamma\beta_1 \end{cases} \quad (6.)\ \begin{cases} \beta = \gamma_1\alpha_2 - \alpha_1\gamma_2 \\ \beta_1 = \gamma_2\alpha - \alpha_2\gamma \\ \beta_2 = \gamma\alpha_1 - \alpha\gamma_1 \end{cases} \quad (7.)\ \begin{cases} \gamma = \alpha_1\beta_2 - \beta_1\alpha_2 \\ \gamma_1 = \alpha_2\beta - \beta_2\alpha \\ \gamma_2 = \alpha\beta_1 - \beta\alpha_1 \end{cases}$$

Die Zeichen der rechten Seiten dieser drei letzten Gleichungen müssen umgekehrt werden, wenn die Ordnung der Winkel eine andere wäre, d. h. wenn man, mit dem Fusse in O stehend, von Z aus die Punkte X' und Y' in umgekehrter Ordnung erblickte. Von den sieben aufgestellten Gruppen von Gleichungen sind bekanntlich nur die beiden (1.) und (3.) erforderlich, um den Zusammenhang der 9 Winkel untereinander auszudrücken, aber die übrigen werden im Verlauf der Rechnungen ebenfalls benutzt.

Fassen wir den Körper als ein System von Atomen auf, und bezeichnen die Ableitungen nach der Zeit t durch Accente, so gelten nach §. 199 folgende dynamische Gleichungen:

$$(7.)\quad \begin{cases} \Sigma m(yz'' - zy'') = \Sigma m(yZ - zY) \\ \Sigma m(zx'' - xz'') = \Sigma m(zX - xZ) \\ \Sigma m(xy'' - yx'') = \Sigma m(xY - yX) \end{cases}$$

und unser Problem würde vollständig gelöst sein, wenn wir diese drei Differenzialgleichungen zu integriren vermöchten. Für jeden der im Raume beweglichen Punkte xyz; $x_1 y_1 z_1$; $x_2 y_2 z_2$; ..... des Körpers findet aber folgendes Gleichungssystem Statt:

$$(8.)\quad \begin{cases} x = \alpha\xi + \beta\eta + \gamma\zeta \\ y = \alpha_1\xi + \beta_1\eta + \gamma_1\zeta \\ z = \alpha_2\xi + \beta_2\eta + \gamma_2\zeta, \end{cases}$$

in welchem die Coordinaten $\xi\eta\zeta$ fest bestimmte, von der Zeit unabhängige Werthe besitzen, aber die Winkel $\alpha \ldots . \gamma_2$ Functionen der Zeit sind. Durch Differenziren nach t leitet man aus diesen Gleichungen die folgenden ab:

$$(9.)\quad \begin{cases} x' = \alpha'\xi + \beta'\eta + \gamma'\zeta \\ y' = \alpha'_1\xi + \beta'_1\eta + \gamma'_1\zeta \\ z' = \alpha'_2\xi + \beta'_2\eta + \gamma'_2\zeta \end{cases} \quad \text{und} \quad (10.)\quad \begin{cases} x'' = \alpha''\xi + \beta''\eta + \gamma''\zeta \\ y'' = \alpha''_1\xi + \beta''_1\eta + \gamma''_1\zeta \\ z'' = \alpha''_2\xi + \beta''_2\eta + \gamma''_2\zeta \end{cases}$$

Wenn die Werthsysteme (8.) und (10.) und die entsprechenden für $x_1 y_1 z_1$; $x''_1 y''_1 z''_1$; etc. in (7.) eingesetzt werden, so erhält man zwischen den 9 Grössen $\alpha \ldots .. \gamma_2$ drei Differenzialgleichungen zweiter Ordnung. Durch die Bedingungsgleichungen (1.) bis (7.) lassen sich aber sechs dieser Grössen eliminiren, so dass nur noch drei solche Differenzialgleichungen zwischen drei der Veränderlichen übrig bleiben. Die sechs Constanten, welche ihre Integrale mit sich bringen, werden durch die drei Coordinaten irgend eines Punktes $\xi\eta\zeta$, den man betrachten will, und durch die drei Componenten der Geschwindigkeiten bestimmt, die dieser Punkt angenommen hat, denn durch diese Grössen würden die Lage und die Geschwindigkeiten aller übrigen Punkte des Körpers ebenfalls bestimmt sein.

§. 202.

Die ganze Arbeit, welche jetzt auszuführen ist, besteht in einem geschickten Eliminationsverfahren, welches statt der 9 Winkel $\alpha \ldots .. \gamma_2$ drei Grössen p, q, r einführt, welche zwar aus mechanischen Betrachtungen hervorgegangen sind, aber hier als analytische Hülfsgrössen angesehen werden sollen. Man differenzirt nämlich die Gleichungen (3.) nach t und bezeichnet

(1.) $$\gamma\beta' + \gamma_1\beta'_1 + \gamma_2\beta'_2 = -\gamma'\beta - \gamma'_1\beta_1 - \gamma'_2\beta_2 = p$$

(2.) $$\alpha\gamma' + \alpha_1\gamma'_1 + \alpha_2\gamma'_2 = -\gamma\alpha' - \gamma_1\alpha'_1 - \gamma_2\alpha'_2 = q$$

(3.) $$\beta\alpha' + \beta_1\alpha'_1 + \beta_2\alpha'_2 = -\alpha\beta' - \alpha_1\beta'_1 - \alpha_2\beta'_2 = r.$$

Bildet man aus diesen Gleichungen die Differenz $\beta r - \gamma q$, indem man für r den ersten Ausdruck benutzt und für q den zweiten, so ergiebt sich

$$\beta r - \gamma q = (\beta^2 + \gamma^2)\alpha' + (\beta\beta_1 + \gamma\gamma_1)\alpha'_1 + (\beta\beta_2 + \gamma\gamma_2)\alpha'_2$$
$$= (1 - \alpha^2)\alpha' - \alpha\alpha_1\alpha'_1 - \alpha\alpha_2\alpha'_2.$$

Differenzirt man aber die erste Gleichung aus N. 2 in §. 201, so wird

$$\alpha\alpha' + \alpha_1\alpha'_1 + \alpha_2\alpha'_2 = 0,$$

also

$$\beta r - \gamma q = \alpha'.$$

Auf ähnliche Weise kann man auch die Grössen $\beta' \ldots \gamma'_2$ ausdrücken und sich folgendes System von Gleichungen verschaffen:

(4.) $$\alpha' = \beta r - \gamma q\,; \quad \beta' = \gamma p - \alpha r\,; \quad \gamma' = \alpha q - \beta p$$

(5.) $$\alpha'_1 = \beta_1 r - \gamma_1 q; \quad \beta'_1 = \gamma_1 p - \alpha_1 r; \quad \gamma'_1 = \alpha_1 q - \beta_1 p$$

(6.) $$\alpha'_2 = \beta_2 r - \gamma_2 q; \quad \beta'_2 = \gamma_2 p - \alpha_2 r; \quad \gamma'_2 = \alpha_2 q - \beta_2 p.$$

Setzt man diese Werthe in N. 9 ein und bezeichnet

(7.) $$\zeta q - \eta r = u; \quad \xi r - \zeta p = v; \quad \eta p - \xi q = w,$$

so erhält man

(8.) $$\begin{cases} x' = \alpha u + \beta v + \gamma w \\ y' = \alpha_1 u + \beta_1 v + \gamma_1 w \\ z' = \alpha_2 u + \beta_2 v + \gamma_2 w. \end{cases}$$

Mit Hülfe dieser Ausdrücke und derer in N. 8 des §. 201 bilden wir uns zunächst

$$yz' - zy' = (\alpha_1\xi + \beta_1\eta + \gamma_1\zeta)(\alpha_2 u + \beta_2 v + \gamma_2 w)$$
$$- (\alpha_1 u + \beta_1 v + \gamma_1 w)(\alpha_2\xi + \beta_2\eta + \gamma_2\zeta)$$
$$= (\beta_1\gamma_2 - \gamma_1 p_2)(\eta w - \zeta v) + (\gamma_1\alpha_2 - \alpha_1\gamma_2)(\zeta u - \xi w) + (\alpha_1\beta_2 - \beta_1\alpha_2)(\xi v - \eta u)$$

oder

(8'.) $$\eta z' - zy' = \alpha(\eta w - \zeta v) + \beta(\zeta u - \xi w) + \gamma(\xi u - \eta u).$$

Die Umwandlung, welche hier die zwei ersten Producte erfahren haben, geschieht mit Hülfe eines bekannten Determinantensatzes, oder man weist ihre Richtigkeit durch unmittelbare Ausführung der Multiplication nach. Für die dritte Zeile sind die ersten der Formeln in (5.), (6.), (7.) des §. 201 benutzt worden.

Nimmt man nun an, die Axen der ξ, η, ζ wären in dem festen Körper so gelegt worden, dass

(9.) $$\Sigma m\eta\zeta = 0; \quad \Sigma m\zeta\xi = 0; \quad \Sigma m\xi\eta = 0$$

wird, oder wären sogenannte Trägheitsaxen, dann lehrt eine einfache Ausführung der Rechnung sehr leicht, dass, wenn man beide Seiten der vorhergehenden Gleichung mit m multiplicirt und dieser Grösse, so wie den $x, y, z, \xi, \eta, \zeta$ die Zeiger $1, 2, 3 \ldots n$ beifügt, man den Summenausdruck erhält:

$$\Sigma m(yz'-zy') = \alpha p \Sigma m(\eta^2+\zeta^2) + \beta q \Sigma m(\zeta^2+\xi^2) + \gamma r \Sigma m(\xi^2+\eta^2).$$

Bezeichnet man nun die Trägheitsmomente

(10.) $$\Sigma m(\eta^2+\zeta^2) = A; \quad \Sigma m(\zeta^2+\xi^2) = B; \quad \Sigma m(\xi^2+\eta^2) = C,$$

so geht aus diesen letzten und den übrigen ähnlich gebildeten Formeln das Gleichungssystem hervor:

(11.) $$\begin{cases} \Sigma m(yz'-zy') = \alpha\, Ap + \beta\, Bq + \gamma\, Cr \\ \Sigma m(zx'-xz') = \alpha_1 Ap + \beta_1 Bq + \gamma_1 Cr \\ \Sigma m(xy'-yx') = \alpha_2 Ap + \beta_2 Bq + \gamma_2 Cr, \end{cases}$$

Differenzirt man die erste dieser Gleichungen nach t, so wird

$$\Sigma m(yz''-zy'') = \alpha Ap' + \beta Bq' + \gamma Cr' + \alpha' Ap + \beta' Bq + \gamma' Cr,$$

oder, wenn man N. 4 benutzt,

$$\Sigma m(yz''-zy'') \\ = \alpha\{Ap'-(B-C)qr\} + \beta\{Bq'-(C-A)rp\} + \gamma\{Cr'-(A-B)pq\}.$$

Bezeichnet man aber

(12.) $$\begin{cases} Ap' - (B-C)qr = P \\ Bq' - (C-A)rp = Q \\ Cr' - (A-B)pq = R \end{cases}$$

und setzt

(13.) $$\begin{cases} \Sigma m(yZ-zY) = U \\ \Sigma m(zX-xZ) = V \\ \Sigma m(xY-yX) = W, \end{cases}$$

so erhält man jetzt statt der Gleichungen (7.) in §. 201 die folgenden drei Bewegungsgleichungen:

$$(14.)\quad \begin{cases} \alpha P + \beta Q + \gamma R = U \\ \alpha_1 P + \beta_1 Q + \gamma_1 R = V \\ \alpha_2 P + \beta_2 Q + \gamma_2 R = W, \end{cases}$$

aus denen sogleich mit Rücksicht auf die Formeln (2.) und (3.) in §. 201 die andern drei folgen:

$$(15.)\quad \begin{cases} \alpha U + \alpha_1 V + \alpha_2 W = P \\ \beta U + \beta_1 V + \beta_2 W = Q \\ \gamma U + \gamma_1 V + \gamma_2 W = R. \end{cases}$$

Auf die Integration dieser drei Differenzialgleichungen zweiter Ordnung kommt es nun an.

§. 203.

In den Grössen U, V, W kommen noch die Coordinaten $x_1\ y_1\ z_1\ x_2, y_2, z_2, \ldots$ vor. Diese müssen durch die Winkel $\alpha \ldots \gamma_2$ und die Coordinaten $\xi_1\ \eta_1\ \zeta_1,\ \xi_2\ \eta_2\ \zeta_2, \ldots$ ausgedrückt werden. Dann müsste man auch wieder die p, q, r durch $\alpha\,\beta\,\gamma$, $\alpha'\,\beta'\,\gamma'$, etc. ersetzen und Polarcoordinaten φ, ψ, χ einführen, deren Bedeutung in §. 201 angegeben wurde, wodurch man drei Differenzialgleichungen zweiter Ordnung zwischen $\varphi, \psi, \chi;\ \frac{d\varphi}{dt}, \frac{d\psi}{dt}, \frac{d\chi}{dt};\ \frac{d^2\varphi}{dt^2}, \frac{d^2\psi}{dt^2}, \frac{d^2\chi}{dt^2}$ erhielte, denn durch p, q, r lassen sich die $\alpha\beta\gamma, \ldots$ nicht unmittelbar ausdrücken. Nach der Figur in §. 201 ist, nach einfachen Sätzen der sphärischen Trigonometrie:

$$(1.)\quad \begin{cases} \alpha = \cos\varphi\cos\psi + \sin\varphi\sin\psi\cos\chi & \beta = -\sin\varphi\cos\psi + \cos\varphi\sin\psi\cos\chi \\ \alpha_1 = -\cos\varphi\sin\psi + \sin\varphi\cos\psi\cos\chi & \beta_1 = \sin\varphi\sin\psi + \cos\varphi\cos\psi\cos\chi \\ \alpha_2 = -\sin\varphi\sin\chi & \beta_2 = -\cos\varphi\sin\chi \\ \qquad \gamma = \sin\psi\sin\chi & \\ \qquad \gamma_1 = \cos\psi\sin\chi & \\ \qquad \gamma_2 = \cos\chi. & \end{cases}$$

Differenzirt man nun die ersten beiden Gruppen dieser Gleichungen nach t, so wird

$$\begin{aligned} \alpha' &= \beta\varphi' + \alpha_1\psi' - \gamma\chi'\sin\varphi & \beta' &= -\alpha\varphi' + \beta_1\psi' - \gamma\chi'\cos\varphi \\ \alpha_1' &= \beta_1\varphi' - \alpha\psi' - \gamma_1\chi'\sin\varphi & \beta_1' &= -\alpha_1\varphi' - \beta\psi' - \gamma_1\chi'\cos\varphi \\ \alpha_2' &= \beta_2\varphi' \qquad - \gamma_2\chi'\sin\varphi & \beta_2' &= -\alpha_2\varphi' \qquad - \gamma_2\chi'\cos\varphi. \end{aligned}$$

Setzt man diese Werthe in die Gleichungen (1.), (2.), (3.) in

§. 202 ein, so findet man mit Benutzung der Bedingungsgleichungen (1.) bis (7.) in §. 201

$$(3.)\quad \begin{cases} p = \psi' \sin\varphi \sin\chi - \chi' \cos\varphi \\ q = \psi' \cos\varphi \sin\chi + \chi' \sin\varphi \\ r = \varphi' \qquad\qquad - \chi' \cos\chi. \end{cases}$$

Mit Hülfe dieser Gleichungen lassen sich nun alle Veränderliche in den Differenzialgleichungen (15.) des §. 202 durch die Winkel φ, ψ, χ und ihre Ableitungen φ', ψ', χ' und φ'', ψ'', χ'' ausdrücken.

§. 204.

Aus den Gleichungen (8.) in §. 202 leitet man sogleich die folgende ab:

$$x'^2 + y'^2 + z'^2 = u^2 + v^2 + w^2 = (\zeta q - \eta r)^2 + (\xi r - \zeta p)^2 + (\eta p - \xi q)^2$$
$$= p^2(\eta^2 + \zeta^2) + q^2(\zeta^2 + \xi^2) + r^2(\xi^2 + \eta^2) - 2(\eta\zeta q r + \zeta\xi r p + \eta\xi p q).$$

In §. 198 ergab sich aber unter N. 5 die Gleichung:

$$(1.)\quad \Sigma m(x'^2 + y'^2 + z'^2) = 2\,\Sigma m\varphi + C.$$

Multiplicirt man also die vorige Gleichung mit m und nimmt unter Berücksichtigung der Gleichungen (9.) und (10.) in §. 202 von beiden Seiten die Summen, so erhält man

$$(2.)\quad Ap^2 + Bq^2 + Cr^2 = 2\Sigma m\int(Xdx + Ydy + Zdz) + C,$$

wo für φ sein Werth eingesetzt worden ist.

Kann man also rechts integriren, so hat man auf diese Weise ein erstes Integral der vorgelegten Differenzialgleichungen erhalten.

§. 205.

Wenn bloss die Schwerkraft auf den Körper einwirkt, so sind $X = o$, $Y = o$ und $Z = g$, und man erhält aus (13.) in §. 202

$$U = g\Sigma my;\quad V = -g\Sigma mx;\quad W = 0,$$

also nach N. 15, wenn man die Gleichungen (8.) aus §. 201 anwendet, und die Formeln (5.), (6.), (7.) benutzt,

$$P = \alpha g\Sigma my - \alpha_1 g\Sigma mx = g\Sigma m\{(\alpha\beta_1 - \beta\alpha_1)\eta - (\lambda\alpha_1 - \alpha\gamma_1)\zeta\}$$
$$= g\Sigma m(\gamma_2\eta - \beta_2\zeta).$$

Bezeichnet man die Coordinaten des Schwerpunkts des Körpers in Bezug auf das feste Axensystem mit a, b, c und setzt

$$\Sigma m = M,$$

so wird

$$\Sigma m\xi = aM; \quad \Sigma m\eta = bM; \quad \Sigma m\zeta = cM$$

und

$$P = gM(b\gamma_2 - c\beta_2).$$

Entwickelt man in ähnlicher Weise die Ausdrücke für Q und R, so erhält man folgende Gleichungen:

(1.) $Ap' - (B-C)qr = gM(b\gamma_2 - c\beta_2) = gM(b\cos\chi - c\cos\varphi\sin\chi)$

(2.) $Bq' - (C-A)rp = gM(c\alpha_2 - a\gamma_2) = -gM(c\sin\varphi\sin\chi + a\cos\chi)$

(3.) $Cr' - (A-B)pq = gM(a\beta_2 - b\alpha_2) = gM(b\sin\varphi - a\cos\varphi)\sin\chi.$

Aus (2.) in §. 204 folgt noch

$$Ap^2 + Bq^2 + Cr^2 = 2gcM + C.$$

§. 206.

Wirken keine Kräfte auf den Körper ein, oder ist er in seinem Schwerpunkt befestigt, so dass also die Coordinaten desselben verschwinden, so hat man nur die drei Gleichungen

(1.) $$Ap' - (B-C)qr = 0$$

(2.) $$Bq' - (C-A)rp = 0$$

(3.) $$Cr' - (A-B)pq = 0$$

zu integriren.

Multiplicirt man dieselben der Reihe nach mit p, q, r, so giebt ihre Summe

$$App' + Bqq' + Crr' = 0.$$

Multiplicirt man sie aber mit Ap, Bq, Cr, so liefert ihre Summe

$$A^2pp' + B^2qq' + C^2rr' = 0.$$

Die Integrale dieser beiden Gleichungen sind:

(4.) $$Ap^2 + Bq^2 + Cr^2 = m$$

(5.) $$A^2p^2 + B^2q^2 + C^2r^2 = n^2,$$

wo m und n^2 die Integrationsconstanten bedeuten.

Wenn keine Kräfte auf den Körper einwirken, so sind vermöge der Formeln (10.), (11.), (12.) in §. 199 die Grössen U, V, W Constante, welche wir mit L, M, N bezeichnen wollen. Die Formeln (11.) in §. 202 nehmen also die Gestalt an:

(6.) $$\begin{cases} \alpha\, Ap + \beta\, Bq + \gamma\, Cr = L \\ \alpha_1 Ap + \beta_1 Bq + \gamma_1 Cr = M \\ \alpha_2 Ap + \beta_2 Bq + \gamma_2 Cr = N. \end{cases}$$

Aus diesen Gleichungen ergeben sich sogleich, wenn man die Formeln (2.) und (3.) in §. 201 berücksichtigt,

$$(7.)\qquad Ap = \alpha L + \alpha_1 M + \alpha_2 N$$

$$(8.)\qquad Bq = \beta L + \beta_1 M + \beta_2 N$$

$$(9.)\qquad Cr = \gamma L + \gamma_1 M + \gamma_2 N.$$

Die Summe der Quadrate dieser drei Integrale giebt aber das Integral (5.) als Folge. Man hat daher bis jetzt nur vier Integrale (4.), (5.), (7.), (8.) gewonnen.

Man kann nun noch ein fünftes Integral erhalten, wenn man sich z. B. pq aus (4.) und (5.) berechnet und den Werth in (3.) einsetzt. Man findet auf diese Weise

$$(10.)\qquad dt = \pm \frac{\sqrt{AB}\, Cdr}{\sqrt{n^2 - mB + C(B-C)r^2}\sqrt{mA - n^2 - C(A-C)r^2}}$$

Durch Integration dieser Gleichung wird r als Function der Zeit t gefunden. Ganz auf dieselbe Weise lassen sich aber auch p und q als Functionen von t ausdrücken Man braucht jetzt die Gleichungen (7.), (8.), (9.) nicht, sondern könnte die für p, q, r erhaltenen Ausdrücke in (3.) des §. 203 einsetzen und erhielte so drei Differenzialgleichungen erster Ordnung zwischen den Grössen φ, ψ, χ und φ', ψ', χ' zu integriren.

Das sechste Integral würde man leicht finden können, wenn L und M verschwänden, denn man erhält aus ξ (7.) + η (8.) + ξ (9.), wenn man die Gleichung (8.) in §. 201 berücksichtigt,

$$(11.)\qquad Ap\xi + Bq\eta + Cr\zeta = xL + yM + zN,$$

also, wenn L und M gleich Null werden,

$$(11'.)\qquad Ap\xi + Bq\eta + Cr\zeta = zN.$$

Setzt man ferner in §. 202 N. 8' für u, v, w ihre Werthe aus (7'.) ein, und bezeichnet die Entfernung des Punktes xyz oder $\xi\eta\zeta$ vom Anfangspunkte der Coordinaten durch s, setzt also

$$(12.)\qquad x^2 + y^2 + z^2 = \xi^2 + \eta^2 + \zeta^2 = s^2$$

und auch noch

$$(13.)\qquad p\xi + q\eta + r\zeta = l,$$

so findet man sehr leicht

$$(14.)\qquad \begin{cases} yz' - zy' = (\alpha p + \beta q + \gamma r)s^2 - xl \\ zx' - xz' = (\alpha_1 p + \beta_1 q + \gamma_1 r)s^2 - yl \\ xy' - yz' = (\alpha_2 p + \beta_2 q + \gamma_2 r)s^2 - zl. \end{cases}$$

Multiplicirt man nun diese Gleichungen der Reihe nach mit L, M, N und addirt die Producte, während man die Gleichungen (7.), (8.), (9.) und (14.) berücksichtigt, so erhält man

$$(15.)\quad L(yz'-zy')+M(zx'-xz')+N(xy'-yx')=ms^2-l(xL+yM+zN)$$
$$=ms^2-l(Ap\xi+Bq\eta+Cr\zeta)$$
$$=ms^2-lzN,$$

also, wenn L und M verschwinden,

$$(16.)\qquad N(xy'-yx') = ms^2-lzN.$$

Aus dieser Gleichung und der N. 12 ergiebt sich jetzt

$$\frac{xdy-ydx}{x^2+y^2}=\frac{(ms^2-lzN)\,dt}{N(s^2-z^2)}.$$

Da nun das Integral der Gleichung (10.) die Grössen p, q, r, als Functionen der Zeit t kennen lehrt, so sind auch vermöge (11'.) und (13.) die Ordinate z, so wie der Ausdruck l bekannte Functionen von t, und das Integral unserer letzten Gleichung liefert

$$(17.)\qquad arc\operatorname{tg}\frac{y}{x}=\frac{1}{N}\int\frac{ms^2-lzN}{s^2-z^2}\,dt=T,$$

wenn das Integral als Function von t kurz mit T bezeichnet wird. Da nun z bereits als Function von t durch (11'.) gegeben ist, so erhält man endlich auch durch die Gleichungen

$$(18.)\qquad x=\sqrt{s^2-z^2}\cos T \text{ und } y=\sqrt{s^2-z^2}\sin T$$

die Abscissen x und y durch die Zeit t ausgedrückt. Auf diesen speciellen Fall, in welchem L und M als Null angenommen wurden, lässt sich nun der allgemeinere zurückführen.

Zu dem Ende legen wir durch den Anfangspunkt der Coordinaten ein neues festes Coordinatensystem, dessen Axen mit den Axen der xyz die Winkel bilden sollen, deren Cosinus sind:

$$abc;\quad a_1 b_1 c_1;\quad a_2 b_2 c_2.$$

In diesem Systeme mögen die Coordinaten des Punktes xyz oder $\xi\eta\zeta$ durch $\lambda\mu\nu$ bezeichnet werden, so dass dann folgende Gleichungen Statt finden:

$$(19.)\quad \begin{cases} x=a\lambda+b\mu+c\nu \\ y=a_1\lambda+b_1\mu+c_1\nu \\ z=a_2\lambda+b_2\mu+c_2\nu \end{cases} \text{ also } (20.)\quad \begin{cases} \lambda=ax+a_1y+a_2z \\ \mu=bx+b_1y+b_2z \\ \nu=cx+c_1y+c_2z \end{cases}$$

und, wenn man diese Gleichungen nach t differenzirt,

$$(21.)\quad \begin{cases} x' = a\lambda' + b\mu' + c\nu' \\ y' = a_1\lambda' + b_1\mu' + c_1\nu' \\ z' = a_2\lambda' + b_2\mu' + c_2\nu' \end{cases} \text{ also } (22.)\quad \begin{cases} \lambda' = ax' + a_1y' + a_2z' \\ \mu' = bx' + b_1y' + b_2z' \\ \nu' = cx' + c_1y' + c_2z'. \end{cases}$$

Aus diesen Gleichungen leitet man ganz auf dieselbe Weise wie (8'.) in §. 202 dargestellt wurde, die folgende ab:

$$(23.)\quad \lambda\mu' - \mu\lambda' = c(yz' - zy') + c_1(zx' - xz') + c_2(xy' - yx').$$

Wenn man aber die Summe der Quadrate der Gleichungen (6.) bildet und (5.), so wie die Formeln (2.) und (3.) in §. 201 berücksichtigt, so sieht man auf der Stelle ein, dass

$$L^2 + M^2 + N^2 = n^2$$

ist, dass also

$$\frac{L}{n} = c; \quad \frac{M}{n} = c_1; \quad \frac{N}{n} = c_2$$

gesetzt werden können, oder dass diese Quotienten als die Cosinus der Winkel angenommen werden dürfen, welche die Axe der ν des neuen Coordinatensystems mit den Axen der x, y, z des alten bilden soll. Setzt man diese Werthe für L, M, N in (11.) ein und beachtet die letzte der Gleichungen (20.), so wird

$$(25.)\quad Ap\xi + Bq\eta + Cr\zeta = n\nu$$

und aus (15.) erhält man, mit Rücksicht auf (23.):

$$(26.)\quad n(\lambda\mu' - \mu\lambda') = ms^2 - ln\nu.$$

Die Gleichungen (11'.) und (16.) gehen aber in diese letzten beiden Gleichungen über, wenn man x, y, z mit λ, μ, ν und N mit n vertauscht, daher gelten auch die Gleichungen

$$(27.)\quad arc\operatorname{tg}\frac{\mu}{\lambda} = \frac{1}{n}\int\frac{ms^2 - ln\nu}{s^2 - \nu^2}\,dt = T'$$

und

$$(28.)\quad \lambda = \sqrt{s^2 - \nu^2}\cos T'; \quad \mu = \sqrt{s^2 - \nu^2}\sin T',$$

durch welche die Abscissen λ und μ als Functionen der Zeit gefunden werden. Aus ihnen lassen sich dann wieder die x, y, z mit Hülfe der Gleichungen (19.) bestimmen. Von den Winkeln, deren Cosinus a, b, a_1, b_1, a_2, b_2 waren, muss einer willkürlich angenommen werden, da durch die c, c_1, c_2 nur die Richtung der Axe der ν bestimmt worden ist.

§. 207.

Wir bedürfen in der Folge noch eines wichtigen dynamischen Satzes, der gleich bei der Entwickelung der allgemeinen Bewegungsgleichungen hätte mit aufgenommen werden können, aber auch hier eine passende Stelle findet.

In §. 198 war angenommen worden, dass die Kräfte P_1, $P_2, \ldots$ mit den Axen der x, y, z die Winkel $\alpha_1, \beta_1, \gamma_1, \alpha_2, \beta_2, \gamma_2 \ldots$ bilden, wonach also die rechten Seiten der Gleichungen (4.), (5.), (6.) in §. 199 so dargestellt werden können:

$$\begin{aligned} \Sigma m(yZ - zY) &= \Sigma m P(\gamma y - \beta z) = U \\ \Sigma m(zX - xZ) &= \Sigma m P(\alpha z - \gamma x) = V \\ \Sigma m(xY - yX) &= \Sigma m P(\beta x - \alpha y) = W, \end{aligned}$$

wenn wir uns der Bezeichnung in §. 202 bedienen. Legt man nun durch den Anfangspunkt der Coordinaten der x, y, z neue rechtwinklige Axen der ξ, η, ζ, welche mit den erstern die Winkel bilden sollen:

$$\begin{aligned} (\xi x) &= a \;; & (\eta x) &= b \;; & (\zeta x) &= c \\ (\xi y) &= a_1 ; & (\eta y) &= b_1 ; & (\zeta y) &= c_1 \\ (\xi z) &= a_2 ; & (\eta z) &= b_2 ; & (\zeta z) &= c_2, \end{aligned}$$

so hat man für die Transformation der Coordinaten, wenn die Zeichen cos fortgelassen werden, die folgenden Gleichungen:

$$\begin{aligned} x &= a\xi + b\eta + c\zeta & & & \xi &= ax + a_1 y + a_2 z \\ y &= a_1\xi + b_2\eta + c_1\zeta & &\text{und} & \eta &= bx + b_1 y + b_2 z \\ z &= a_2\xi + b_2\eta + c_2\zeta & & & \zeta &= cx + c_1 y + c_2 z \end{aligned}$$

Bilden ferner die Kräfte mit den Axen der ξ, η, ζ die Winkel λ, μ, ν, so finden noch folgende Gleichungen Statt:

$$\begin{aligned} \lambda &= a\alpha + a_1\beta + a_2\gamma \\ \mu &= b\alpha + b_1\beta + b_2\gamma \\ \nu &= c\alpha + c_1\beta + c_2\gamma, \end{aligned}$$

und die Gleichungen (4.), (5.), (6.) in §. 199 nehmen dann für das neue Coordinatensystem die Form an:

$$\Sigma m\left(\eta\frac{d^2\zeta}{dt^2} - \zeta\frac{d^2\eta}{dt^2}\right) = \Sigma m P(\nu\eta - \mu\zeta)$$

$$\Sigma m\left(\zeta\frac{d^2\xi}{dt^2} - \xi\frac{d^2\zeta}{dt^2}\right) = \Sigma m P(\lambda\zeta - \nu\xi)$$

$$\Sigma m\left(\xi\frac{d^2\eta}{dt^2} - \eta\frac{d^2\xi}{dt^2}\right) = \Sigma m P(\mu\xi - \lambda\eta).$$

Es lassen sich aber jetzt die Winkel $abc \ldots c_2$ des neuen Coordinatensystems so bestimmen, dass die rechten Seiten der beiden ersten dieser Gleichungen oder die sogenannten Momente der Drehung um die Axen der ξ und η verschwinden. Denn es ist

$$\begin{aligned}\nu\eta - \mu\zeta &= (c\alpha + c_1\beta + c_2\gamma)(bx + b_1 y + b_2 z) - (b\alpha + b_1\beta + b_2\gamma)(cx + c_1 y + c_2 z)\\ &= a(\gamma y - \beta z) + a_1(\alpha z - \gamma x) + a_2(\beta x - \alpha y),\end{aligned}$$

also:

$$\Sigma mP(\nu\eta - \mu\zeta) = a\Sigma mP(\gamma y - \beta z) + a_1\Sigma mP(\alpha z - \gamma x) + a_2\Sigma mP(\beta x - \alpha y).$$

Verfährt man ganz auf dieselbe Weise mit den Ausdrücken $\lambda\zeta - \nu\xi$ und $\mu\xi - \lambda\eta$, so verschafft man sich das Formelsystem

$$\begin{aligned}\Sigma mP(\nu\eta - \mu\zeta) &= R = aU + a_1 V + a_2 W\\ \Sigma mP(\lambda\zeta - \nu\xi) &= S = bU + b_1 V + b_2 W\\ \Sigma mP(\mu\xi - \lambda\eta) &= T = cU + c_1 V + c_2 W,\end{aligned}$$

in welchem die Momente in Bezug auf die Axen der ξ, η, ζ kurz durch R, S, T bezeichnet worden sind.

Sollen jetzt die Axen der ξ, η, ζ eine solche Lage erhalten, dass von diesen Momenten die beiden ersten verschwinden, so ergeben sich zur Bestimmung der Lage dieser Axen die Gleichungen:

$$\begin{aligned}aU + a_1 V + a_2 W &= 0\\ bU + b_1 V + b_2 W &= 0\\ cU + c_1 V + c_2 W &= T.\end{aligned}$$

Die Summe der Quadrate derselben liefert

(1.) $$T^2 = U^2 + V^2 + W^2.$$

Multiplicirt man aber diese Gleichungen nach der Reihe mit a, b, c, dann mit a_1, b_1, c_1, und zuletzt mit a_2, b_2, c_2, und bildet jedesmal die Summen der drei Producte, so erhält man

(2.) $$c = \frac{U}{T}; \quad c_1 = \frac{V}{T}; \quad c_2 = \frac{W}{T}.$$

Durch diese Gleichungen ist also die Richtung der Axe der ζ bestimmt, welche eine solche Lage im Raume erhalten hat, dass die Momente in Bezug auf die Axen der ξ und η verschwinden und das Moment T für die Axe der ζ möglichst gross geworden ist. Die Lage der Axen der ξ und η, welche auf der der ζ senkrecht stehen, ist dabei willkürlich geblieben. Dieser wichtige Satz wird gewöhnlich in den Lehrbüchern der Mechanik mit Hülfe der Theorie der Kräftepaare bewiesen, und ist hier, ohne Voraussetzung dieser Theorie, aus einfachen Operationen gefolgert worden, welche der Analytiker sehr häufig anwenden muss, und die ihm daher geläufig sind. Wenn man übrigens auch die praktische Wichtigkeit der Theorie der Kräftepaare nicht in Abrede stellen kann, so wird doch keinem erfahrenen Lehrer entgangen sein, wie häufig von den Studirenden die ganze Theorie missverstanden wird, und dass auch in der That dabei Vorstellungen benutzt werden, welche der Klarheit entschieden entbehren, mit der mechanische Processe aufgefasst werden können.

Wenn der hier bewiesene Satz benutzt worden wäre, so hätte man offenbar das sechste der zur Lösung unseres Problems erforderlichen Integrale unmittelbar erhalten können.

§. 208.

Nachdem wir nun nachgewiesen haben, wie durch eine Reihe analytischer Operationen die Lösung des Problems der Drehung eines festen Körpers, auf welchen keine äusseren Kräfte wirken, um einen festen Punkt, auf Quadraturen zurückgeführt werden kann, ohne dabei geometrische oder mechanische Vorstellungen benutzen zu müssen, wobei offenbar der analytische Prozess reiner hervortritt, so wollen wir jetzt die Hülfe der Thetafunctionen in Anspruch nehmen, um die Resultate verständlicher zu deuten und das Ganze in eine für die Berechnung bequemere Form bringen zu können. Wir würden aber die Grenzen dieses Buches weit überschreiten müssen, wenn wir das ganze Problem der Drehung fester Körper hier vollständig abhandeln wollten. Wer sich klare geometrische Vorstellungen über die Drehung eines festen Körpers verschaffen will, muss durchaus die Abhandlung: Théorie nouvelle de la rotation des corps von Poinsot im 16. Bande 1851 des Liouville'schen Journals studiren. Die Thetafunctionen hat zuerst ein Mathematiker, Adolph Rueb aus Rotterdam, zur Lösung unserer Aufgabe benutzt, in einer ausführlichen Abhandlung, welche 1834 in Utrecht erschienen ist und zum Schlusse auch eine Geschichte des Problems enthält. Später vervollständigte und vollendete Jacobi die Auflösung, welche Rueb begonnen hatte, in einer Abhandlung „Sur la rotation d'un corps", die 1850 im 39. Bande des Crelle'schen Journals erschien. Unser nächster Zweck ist nun, zu zeigen, wie man leicht und schnell zu den Hauptresultaten einer der letzten grossen Arbeiten des berühmten Verfassers gelangen kann, ohne indessen dabei auf alle Details der Lösung eingehen zu wollen.

§. 209.

In §. 206 ergaben sich zur Bestimmung der Grössen p, q, r die drei Differenzialgleichungen

$$(1.)\qquad dt = \frac{Adp}{(B-C)qr} = -\frac{Bdq}{(A-C)rp} = \frac{Cdr}{(A-B)pq}.$$

Zwei Integrale dieser Gleichungen erhielten wir dort in der Form:

$$(2.)\qquad Ap^2 + Bq^2 + Cr^2 = m$$

$$(3.)\qquad A^2p^2 + B^2q^2 + C^2r^2 = n^2.$$

Es kann aber, wie so eben gezeigt wurde, ein neues, im Raume festes Coordinatensystem so durch den Anfangspunkt der alten Coordinaten gelegt werden, dass von den dort mit L, M, N bezeichneten Momenten der Drehung die beiden ersten verschwinden. In diesem Falle liefern aber die Gleichungen (7.), (8.) und (9.) sogleich

$$Ap = \alpha_2 N;\quad Bq = \beta_2 N;\quad Cr = \gamma_2 N;$$

also

$$A^2p^2 + B^2q^2 + C^2r^2 = n^2 = N^2$$

und daher wird, vermöge (1.) in §. 203,

$$(4.)\qquad \frac{Ap}{n} = -\sin\varphi\sin\chi;\quad \frac{Bq}{n} = -\cos\varphi\sin\chi;\quad \frac{Cr}{n} = \cos\chi.$$

Aus den Gleichungen (2.) und (3.) kann man p^2 und r^2 durch q^2 ausdrücken und erhält

$$C(A-C)r^2 = Am - n^2 - B(A-B)q^2$$
$$A(A-C)p^2 = n^2 - mC - B(B-C)q^2.$$

Es muss also q^2 kleiner sein, als der kleinste der Brüche

$$\frac{Am-n^2}{B(A-B)} \quad \text{und} \quad \frac{n^2-mC}{B(B-C)},$$

wenn r^2 und p^2 positive Grössen werden sollen. Unter der Annahme, dass

$$A > B > C \text{ wenn } mB > n^2$$

oder auch

$$A < B < C \text{ wenn } mB < n^2,$$

welche beiden Fälle nur voraussetzen, dass B das mittlere Trägheitsmoment ist, wird

$$\frac{Am-n^2}{B(A-B)} > \frac{n^2-mC}{B(B-C)} > q^2.$$

Erreicht q den Grenzwerth

$$\frac{n^2 - mC}{B(B-C)},$$

so verschwindet p, aber r kann niemals den Werth Null erreichen.

Die Constanten m und n werden auf folgende Weise bestimmt: Bezeichnen x, y, z Coordinaten des Coordinatensystems, auf welches der Körper ursprünglich bezogen wurde, und setzen wir in den Gleichungen (11.) des §. 202

$$\Sigma m\left(y\frac{dz}{dt} - z\frac{dy}{dt}\right) = D; \quad \Sigma m\left(z\frac{dx}{dt} - x\frac{dz}{dt}\right) = E; \quad \Sigma m\left(x\frac{dy}{dt} - y\frac{dx}{dt}\right) = F,$$

so wird aus der Summe der Quadrate dieser Gleichungen

$$D^2 + E^2 + F^2 = A^2p^2 + B^2q^2 + C^2r^2 = n^2$$

gefunden.

Da aber die Coordinaten jedes einzelnen Atoms des festen Atomensystems, aus welchen der Körper besteht, so wie die Geschwindigkeiten, welche jedes erhalten hat, für einen bestimmten Zeitpunkt, z. B. für $t = 0$, bekannt sein müssen, so sind damit die Werthe von D, E, F, also auch von n, gegeben. Wie diese Werthe ermittelt werden, wenn der Körper eine bekannte geometrische Gestalt besitzt, und durch einen Stoss in Bewegung gesetzt worden ist, muss in den Lehrbüchern über Mechanik nachgesehen werden. Um die Constante m zu bestimmen, entnehmen wir aus §. 204 die Gleichungen (1.) und (2.), welche jetzt, da keine äusseren Kräfte auf den Körper einwirken, in

$$\Sigma m\left(\frac{dx^2}{dt^2} + \frac{dy^2}{dt^2} + \frac{dz^2}{dt^2}\right) = C$$

und

$$Ap^2 + Bq^2 + Cr^2 = C = m$$

übergehen. Da nun die Anfangsgeschwindigkeiten jedes einzelnen Punktes des Körpers bekannt sind, so ist C, oder die sogenannte lebendige Kraft, gegeben und damit auch die Constante m bekannt, welche wohl kaum mit der unter dem Summenzeichen stehenden Grösse m verwechselt werden kann.

§. 210.

In §. 34 gelangten wir zu der wichtigen Formel:

$$h(\lambda',\nu')^2 f(x,\nu)^2 + g(\lambda',\nu')^2 g(x,\nu)^2 + f(\lambda',\nu')^2 h(x,\nu)^2 = 1,$$

in welcher x und λ' beliebige Argumente sind und ν und ν' durch die Relation

$$\nu\nu' = \pi^2$$

mit einander zusammenhängen. Wir drückten dort diese Formel, welche uns bereits bei der Berechnung der Oberfläche eines Ellipsoids diente, kurz in folgender Weise aus:

$$h'^2 f^2 + g'^2 g^2 + f'^2 h^2 = 1. \tag{1.}$$

Vergleicht man sie mit der Gleichung (3.), so sieht man sogleich, dass diese Gleichung befriedigt wird, wenn man

$$\left\{\begin{aligned} \frac{Ap}{n} &= -g(\lambda',\nu')g(x,\nu) = -\frac{gx}{g\lambda i} \\ \frac{Bq}{n} &= h(\lambda',\nu')\,f(x,\nu) = \frac{h\lambda i}{g\lambda i}\,fx \\ \frac{Cr}{n} &= f(\lambda',\nu')h(x,\nu) = \frac{f\lambda i}{ig\lambda i}hx \end{aligned}\right. \tag{2.}$$

setzt.

Führt man diese Werthe in die Gleichung (2.) ein, so muss

$$\frac{g'^2 g^2}{A} + \frac{h'^2 f^2}{B} + \frac{f'^2 h^2}{C} = \frac{m}{n^2} = \mu \tag{3.}$$

sein, wenn der Kürze wegen $m : n^2$ durch μ ersetzt worden ist. Drückt man hier die Functionen gx und hx durch fx aus, so erhält man

$$\frac{go^2 g'^2}{A} + \frac{ho^2 f'^2}{C} - \left(\frac{ho^2 g'^2}{A} - \frac{h'^2}{B} + \frac{go^2 f'^2}{C}\right) fx^2 = \mu.$$

Da diese Gleichung für jeden Werth von x befriedigt werden muss, so ergeben sich folgende zwei Bedingungsgleichungen:

$$\frac{go^2 g'^2}{A} + \frac{ho^2 f'^2}{C} - \mu = 0 \tag{4.}$$

und

$$\frac{ho^2 g'^2}{A} - \frac{h'^2}{B} + \frac{go^2 f'^2}{C} = 0 \tag{5.}$$

zur Bestimmung der Functionen f', g', h'.

Entwickelt man f' sowohl aus der ersten, als aus der zweiten und setzt dann beide Werthe einander gleich, so erhält man sehr leicht die Formeln:

$$go^2 = \sqrt{\frac{A-B}{A-C}\cdot\frac{1-\mu C}{\mu B-1}};\quad ho^2 = \sqrt{\frac{B-C}{A-C}\cdot\frac{\mu A-1}{\mu B-1}}, \tag{6.}$$

aus denen man durch die bekannten, in §. 21 entwickelten Relationen

$$g(o,\nu') = \frac{1}{g(o,\nu)} \quad \text{und} \quad h(o,\nu') = \frac{h(o,\nu)}{g(o,\nu)}$$

sogleich auch noch die Formeln

$$(7.)\qquad g(o,\nu')^2 = \sqrt{\frac{A-C}{A-B}\cdot\frac{\mu B-1}{1-\mu C}} \text{ und } h(o,\nu')^2 = \sqrt{\frac{B-C}{A-B}\cdot\frac{\mu A-1}{1-\mu C}}$$

findet. Diese Formeln liefern also den Modul der eingeführten elliptischen Functionen

$$(8.)\ k = \frac{1}{h(o,\nu')^2} = \sqrt{\frac{A-B}{B-C}\cdot\frac{1-\mu C}{\mu A-1}} \text{ und } k' = \frac{1}{h(o,\nu)^2} = \sqrt{\frac{A-C}{B-C}\cdot\frac{\mu B-1}{\mu A-1}}.$$

Werden nun die für go und ho gefundenen Ausdrücke in (4.) eingesetzt, so erhält man auch die Werthe der Functionen f', g' h' und $f\lambda i$, $g\lambda i$, $h\lambda i$ in folgender Gestalt:

$$(9.)\begin{cases} f(\lambda',\nu')^2 = C\sqrt{\frac{(\mu A-1)(\mu B-1)}{(A-C)\ (B-C)}}; & f\lambda i^2 = -\frac{C}{A}\sqrt{\frac{A-B}{B-C}\cdot\frac{\mu A-1}{1-\mu C}} \\ h(\lambda',\nu')^2 = B\sqrt{\frac{(\mu A-1)(1-\mu C)}{(A-B)\ (B-C)}}; & h\lambda i^2 = \frac{B}{A}\sqrt{\frac{A-C}{B-C}\cdot\frac{\mu A-1}{\mu B-1}} \\ g(\lambda',\nu')^2 = A\sqrt{\frac{(\mu B-1)(1-\mu C)}{(A-B)\ (A-C)}}; & g\lambda i^2 = \frac{1}{A}\sqrt{\frac{A-B}{\mu B-1}\cdot\frac{A-C}{1-\mu C}}. \end{cases}$$

Für die weiteren Rechnungen können auch bisweilen die Formeln

$$(10.)\qquad \begin{aligned} \frac{l'f(\lambda',\nu')}{\theta(o,\nu')^2} &= \frac{\theta_1(o,\nu)^2}{il'h(\lambda i,\nu)} \\ \frac{l'g(\lambda',\nu')}{\theta_1(o,\nu')^2} &= \frac{l'g(\lambda i,\nu)^2}{i\theta_1(o,\nu)^2} \\ \frac{l'h(\lambda',\nu')}{\theta_1(o,\nu')^2} &= \frac{i\theta(o,\nu)^2}{l'f(\lambda i,\nu)} \end{aligned}$$

benutzt werden, welche sich leicht aus den Gleichungen (7.), (8.), (9.) in §. 21 bilden lassen.

Das Product der ersten beiden Gleichungen unter N. 2 liefert nach bekannten Formeln

$$\frac{AB}{n^2}pq = -g'h'fxgx = \frac{g'h'}{\theta_1 o^2}\frac{dhx}{dx}.$$

Das Differenzial der dritten giebt

$$\frac{Cdr}{n} = f'\frac{dhx}{dx}dx.$$

Dividirt man diese Gleichung durch die vorhergehende und benutzt aus N. 1

$$dt = \frac{Cdr}{(A-B)pq},$$

so gelangt man, wenn die Gleichung

$$(11.)\qquad \frac{g(\lambda',\nu')h(\lambda',\nu')}{f(\lambda',\nu')} = \frac{l'f(\lambda',\nu')}{\theta(o,\nu')^2} = \sqrt{\frac{AB}{C}\cdot\frac{1-\mu C}{A-B}}$$

angewandt wird, zu der Formel

$$dx = \frac{n}{\theta o^2}\sqrt{\frac{(A-B)(1-\mu C)}{ABC}}\,dt,$$

oder auch, wenn man θo^2 durch $\theta o^2 \frac{go^2}{ho^2}$ ersetzt,

$$(12.)\qquad dx = \frac{n}{\theta o^2}\sqrt{\frac{(B-C)(\mu A-1)}{ABC}}\,dt,$$

deren Integral

$$(13.)\qquad x = \frac{n}{\theta o^2}\sqrt{\frac{(B-C)(\mu A-1)}{ABC}}\,(t-t_0)$$

das Argument x als Function der Zeit t kennen lehrt, während man angenommen hat, dass x für $t=t_0$ verschwindet.

Uebrigens kann die Gleichung (12.) auch durch eine der folgenden

$$(14.)\qquad \begin{cases} \frac{i}{n}l'f\lambda i\,dx = \frac{A-C}{AC}dt \\ -\frac{i}{n}\frac{\theta o^4}{l'g\lambda i}dx = \frac{B-C}{BC}dt \\ \frac{i}{n}l'h\lambda i\,dx = \frac{A-B}{AB}dt \end{cases}$$

ersetzt werden, wovon man sich bald überzeugen wird, wenn man die Formel (9.) benutzt.

Eliminirt man χ' aus den ersten der beiden Gleichungen (3.) in §. 203, so erhält man

$$p\sin\varphi + q\cos\varphi = \sin\chi\,\frac{d\psi}{dt},$$

also wenn man diese Gleichung mit $\sin\chi$ multiplicirt und die Formeln (4.) in §. 209 benutzt:

$$-\frac{Ap^2}{n}-\frac{Bq^2}{n}=\left(1-\frac{C^2r^2}{n^2}\right)\frac{d\psi}{dt}.$$

Mit Rücksicht auf (2.) in §. 209 und §. 210 führt man diese Gleichung leicht in die folgende über:

$$-\frac{n}{C}(\mu C-f'^2h^2)=(1-f'^2h^2)\frac{d\psi}{dt},$$

aus welcher man dann, wenn man (11.) benutzt,

$$d\psi=-\frac{ndt}{C}+\frac{\theta_1 o^2 g'h'}{f'}\cdot\frac{dx}{1-f'^2hx^2}$$

findet.

In §. 130 ist aber die erste der dort aufgeführten sechzehn Formeln

$$\frac{\theta_1 o^2 ga\,ha}{fa}\int^x\frac{dx}{ga^2+fa^2hx^2}=xl'\theta_1 a+\tfrac{1}{2}l\frac{\theta(a-x)}{\theta(a+x)}.$$

Ersetzt man hier a durch λi, so verwandelt sich dieses Integral, vermöge der Formeln (7.), (8.), (9.) in §. 21:

$$\frac{f\lambda i^2}{g\lambda i^2}=-f(\lambda',\nu')^2 \quad\text{und}\quad \frac{h\lambda i}{f\lambda i\,g\lambda i}=\frac{h(\lambda',\nu')g(\lambda',\nu')}{if(\lambda',\nu')}$$

in

$$\frac{\theta_1 o^2 g'h'}{f'}\int_0^x\frac{dx}{1-f'^2hx^2}=ixl'\theta_1(\lambda i)+\tfrac{1}{2}il\frac{\theta(\lambda i-x)}{\theta(\lambda i+x)}.$$

Integrirt man also (15.), so erhält man, wenn ψ_0 die Integrationsconstante bezeichnet,

$$\psi=\psi_0-\frac{nt}{C}+ixl'\theta_1\lambda i+\tfrac{1}{2}il\frac{\theta(\lambda i-x)}{\theta(\lambda i+x)},$$

oder wenn man die erste der Gleichungen (14.) anwendet:

$$(16.)\qquad \psi=\psi_0-\frac{n}{l'f\lambda i}\left(\frac{l'\theta_1\lambda i}{A}-\frac{l'\theta\lambda i}{C}\right)t+\tfrac{1}{2}il\frac{\theta(\lambda i-x)}{\theta(\lambda i+x)}.$$

Aus den Formeln (2.) und N. 4 in §. 209 ergeben sich die Winkel χ und φ durch die Gleichungen:

$$(17.)\qquad \cos\chi=\sqrt{C}\sqrt[4]{\frac{(\mu A-1)(\mu B-1)}{(A-B)\,(B-C)}}h(x,\nu)=f(\lambda',\nu')\,h(x,\nu)$$

$$(18.)\quad \operatorname{tg}\varphi=\sqrt{\frac{A}{B}}\sqrt[4]{\frac{(B-C)(\mu B-1)}{(A-C)(\mu A-1)}}\frac{g(x,\nu)}{f(x,\nu)}=\frac{g(\lambda',\nu')\,g(x,\nu)}{h(\lambda',\nu')\,f(x,\nu)}.$$

§. 211.

Durch die Entwickelungen in den beiden letzten Paragraphen sind wir bereits in den Stand gesetzt, die Winkel φ, χ, ψ, also die Lage des rotirenden Körpers, für jeden Zeitpunkt bestimmen zu können, und die Rechnungen, welche zu diesem Zwecke ausgeführt werden müssen, sind folgende:

Nachdem man die Trägheitsmomente A, B, C des Körpers, so wie die lebendige Kraft m und das Drehungsmoment n in der unveränderlichen Ebene (plan invariable) berechnet hat, sucht man aus der ersten der Formeln (8.) in §. 210 den Modul k der elliptischen Integrale und die Grösse q in den Thetafunctionen, welche Verhulst, nicht unpassend, als den Nomos dieser Functionen bezeichnet. Da dieser Nom bekannt ist, so erhält man auch durch die Formeln des §. 43 den complementären q' und damit aus der zweiten der Formeln (9.) das Argument λ', welches wieder dazu dienen kann, das Argument λ nach den Vorschriften des §. 51 zu berechnen. Die Gleichung (12.) liefert dann das Argument x aus der Zeit t und die Grössen p, q, r werden aus (2.) ebenfalls als bekannte Functionen der Zeit dargestellt. Die Formeln (17.) und (18.) geben dann unmittelbar χ und φ als Functionen der Zeit t. Wie endlich aus der Formel (16.) der Winkel ψ zu berechnen ist, kann unmittelbar aus den Vorschriften entnommen werden, welche wir in §. 192 für die Berechnung der Grössen $l'\theta\lambda$ und $l\dfrac{\theta(\lambda-x)}{\theta(\lambda+x)}$ gegeben haben. Der Winkel ψ, welcher den Durchschnitt OK der unveränderlichen Ebene (plan invariable) der xy mit der Ebene der $\xi\eta$ bestimmt, in welcher die Axen der Trägheitsmomente A und B liegen, kann offenbar mit wachsender Zeit jede Grösse erreichen. Der Cosinus des Winkels χ, den beide Ebenen mit einander bilden, schwankt nur zwischen den Grössen

$$\sqrt{\frac{C(\mu B-1)}{B-C}} \quad \text{und} \quad \sqrt{\frac{C(\mu A-1)}{A-C}}$$

periodisch hin und her, denn die Function hx nimmt nur Werthe von

$$\sqrt{k'} \text{ bis } \frac{1}{\sqrt{k'}}$$

an, und die vorigen Grössen ergeben sich durch diese aus N. 17, wenn man die zweite der Formeln (8.) in §. 210 benutzt.

Der Winkel φ kann, ebenso wie $\frac{gx}{fx}$, jeden Werth annehmen und ist eben so wie χ eine periodische Function der Zeit. Da $h\ (x)$ und $\frac{gx}{fx}$ ihren Werth nicht ändern, so oft x um π zu- oder abnimmt, so ist nach N. 13 in §. 210 die Periode dieser Schwankungen offenbar

$$T = \frac{\pi \varrho o^2}{n} \sqrt{\frac{ABC}{(B-C)(\mu A-1)}}.$$

§. 212.

Wenn nun auch bereits ein wichtiger Schritt zur Lösung unseres Problems gethan ist, so sind wir doch noch weit davon entfernt, eine klare Einsicht in das Wesen einer solchen drehenden Bewegung eines festen Körpers zu besitzen. Diese Einsicht kann auch nur dadurch gewonnen werden, dass man die einzelnen Fälle genau discutirt, welche eintreten können, wenn die numerischen Werthe der Trägheitsmomente A, B, C und der Constanten m und n sich in bestimmten Grenzen bewegen, und das Moment m mit bestimmten Zeichen behaftet ist. Diese Untersuchungen, welche von Rueb begonnen und von Jacobi vollständig zu Ende geführt worden sind, und jetzt mehr einem Lehrbuche der Mechanik anheimfallen, als dieser Schrift, müssen a. a. O. nachgelesen werden. Ueber die Bedeutung der Grössen p, q, r wollen wir indessen hier das Wesentlichste in Erinnerung bringen. Sucht man nämlich im rotirenden Körper einen Punkt xyz, welcher nach Verlauf der Zeit t in Ruhe ist, so müssen dessen Componenten der Geschwindigkeit $\frac{dx}{dt}, \frac{dy}{dt}, \frac{dz}{dt}$ für diesen Augenblick verschwinden. Setzt man also in den Formeln (9.) des §. 201 $x' = y' = z' = 0$, so erhält man die Gleichungen

$$(1.)\quad \begin{cases} \alpha'\xi + \beta'\eta + \gamma'\zeta = 0 \\ \alpha'_1\xi + \beta'_1\eta + \gamma'_1\zeta = 0 \\ \alpha'_2\xi + \beta'_2\eta + \gamma'_2\zeta = 0 \end{cases}$$

Aus den Formeln (4.), (5.), (6.) des §. 202 verschafft man sich aber leicht das folgende Gleichungssystem:

$$(2.)\quad \begin{cases} \alpha' p + \beta' q + \gamma' r = 0 \\ \alpha'_1 p + \beta'_1 q + \gamma'_1 r = 0 \\ \alpha'_2 p + \beta'_2 q + \gamma'_2 r = 0 \end{cases}$$

und die Vergleichung desselben mit dem vorigen führt sogleich zu der Formel

(3.) $$\frac{\xi}{p} = \frac{\eta}{q} = \frac{\zeta}{r}.$$

Alle Punkte des Körpers also, deren Coordinaten $\xi\eta\zeta$ dieser Gleichung genügen, oder auf der geraden Linie liegen, welche durch diese Gleichung dargestellt wird, in der $\xi\eta\zeta$ die laufenden Coordinaten bedeuten, sind zur Zeit t für einen Augenblick in Ruhe. Diese gerade Linie heisst desswegen die augenblickliche Drehungsaxe des Körpers, und wenn man

(4.) $$p^2 + q^2 + r^2 = \omega^2$$

bezeichnet, so sind die Cosinus der Winkel λ, μ, ν, welche sie mit den in dem Körper festen Axen der ξ, η, ζ bildet,

(5.) $$\lambda = \frac{p}{\omega}; \quad \mu = \frac{q}{\omega}; \quad \nu = \frac{r}{\omega},$$

wenn, wie immer in der analytischen Geometrie, wo keine Verwechslung entstehen kann, die Zeichen cos weggelassen werden.

Die Gleichung einer Ebene durch die augenblickliche Drehungsaxe und einen beliebigen andern Punkt $\xi_1\ \eta_1\ \zeta_1$ im Körper, der nicht in dieser Linie liegt, ist

$$\xi(q\zeta_1 - r\eta_1) + \eta(r\xi_1 - p\zeta_1) + \zeta(p\eta_1 - q\xi_1) = 0$$

oder

(6.) $$\xi u + \eta v + \zeta w = 0$$

wenn man die Bezeichnung aus N. 7 in §. 202 benutzt, und $\xi\ \eta\ \zeta$ mit $\xi_1\ \eta_1\ \zeta_1$ vertauscht.

Aus N. 8 desselben Paragraphen erhält man aber sogleich

(7.) $$\begin{cases} u = \alpha x' + \alpha_1 y' + \alpha_2 z' \\ v = \beta x' + \beta_1 y' + \beta_2 z' \\ w = \gamma x' + \gamma_1 y' + \gamma_2 z'. \end{cases}$$

Es sind also u, v, w die Projectionen der Componenten x', y', z' der Geschwindigkeit, welche der Punkt im Raume hat, auf die Axen der ξ, η, ζ im Körper. Diese Geschwindigkeit s also selbst bildet mit beiden Axen Winkel, deren Cosinus

$$\frac{u}{s}, \frac{v}{s}, \frac{w}{s}$$

sind, denn aus (7.) ergiebt sich auch sogleich

$$u^2+v^2+w^2=x'^2+y'^2+z'^2=s^2.$$

Die erwähnten drei Quotienten sind aber auch zugleich die Cosinus der Winkel, welche die Normale der Ebene (6.) mit den Axen der ξ, η, ζ macht, daher steht die Richtung der Geschwindigkeit s senkrecht auf der Ebene (6.). Bezeichnet man aber mit ϱ die Entfernung des Punktes $\xi_1\ \eta_1\ \zeta_1$ von der Drehungsaxe (3.), so ist, nach einer Formel der analytischen Geometrie,

$$\varrho^2=(\mu\zeta_1-\nu\eta_1)^2+(\nu\xi_1-\lambda\zeta_1)^2+(\lambda\eta_1-\mu\xi_1)^2$$

oder, wenn man (5.) benutzt,

$$\omega^2\varrho^2=(q\zeta_1-r\eta_1)^2+(r\xi_1-p\zeta_1)^2+(p\eta_1-q\zeta_1)^2=u^2+v^2+w^2=s^2.$$

Daher wird

$$s=\varrho\omega \tag{8.}$$

gefunden, und es stellt also ω die Geschwindigkeit dar, mit welcher sich ein Punkt, in der Entfernung $\varrho=1$ von der augenblicklichen Drehungsaxe, um diese Axe zu drehen sucht, oder es ist ω die augenblickliche Winkelgeschwindigkeit der Drehung und p, q, r können nach (4.) als die Projectionen derselben auf die Axen irgend eines der durch O gelegten rechtwinkligen Coordinatensysteme betrachtet werden.

Nennt man λ', μ', ν', die Winkel, welche die augenblickliche Drehungsaxe mit den festen Axen der x, y, z bildet, so ist z. B.

$$\lambda'=\alpha\lambda+\beta\mu+\gamma\nu.$$

Führt man hier die Werthe für λ, μ, ν aus N. 5 ein, und berechnet auch die Werthe für μ' und ν', so erhält man folgendes Gleichungssystem:

$$\begin{cases}\omega\lambda'=\alpha p+\beta q+\gamma r\\ \omega\mu'=\alpha_1 p+\beta_1 q+\gamma_1 r\\ \omega\nu'=\alpha_2 p+\beta_2 q+\gamma_2 r.\end{cases} \tag{9.}$$

Die rechten Seiten dieser Gleichungen stellen also die Projectionen der augenblicklichen Winkelgeschwindigkeit auf die festen Axen der x, y, z dar, oder wie man sich auch wohl kurz ausdrückt, die Geschwindigkeiten der Drehung um diese festen Axen. Wären die Grössen p, q, r Constante, dann würde die augenblickliche Drehungsaxe vermöge (3.) eine feste Lage im Körper behalten, aber auch zugleich im Raume eine feste Stellung einnehmen, da die Ableitungen der Gleichungen (9.) nach der Zeit t genommen, sich auf die Gleichungen (2.) reduciren, also verschwinden müssen, woraus die Unabhängigkeit der Drehungsgeschwindigkeit um die festen Axen von der Zeit t und die Festigkeit der Drehungsaxe im Raume erhellt.

§. 213.

Es ist Jacobi gelungen, auch die Cosinus der neun Winkel, welche die beweglichen Axen mit den drei festen Axen bilden, von denen eine auf der unveränderlichen Ebene senkrecht steht, durch die Thetafunctionen als periodische Functionen der Zeit darzustellen. Zu diesem wichtigen Resultate führen uns am schnellsten die bereits in §. 29 unter (5′.), (1′.), (8′.) und in §. 68 unter (10.), (7.), (11.) entwickelten Gleichungen:

$$(1.)\quad \begin{cases} 2\theta x\,\theta_1 x\,\theta_2 y\,\theta_3 y = \theta_2 o\,\theta_3 o\{\theta_1(x+y)\theta(x-y)+\theta(x+y)\theta_1(x-y)\} \\ 2\theta x\,\theta_2 x\,\theta y\,\theta_2 y = \theta o\,\theta_2 o\{\theta(x+y)\theta_2(x-y)+\theta_2(x+y)\theta(x-y)\} \\ 2\theta x\,\theta_3 x\,\theta_1 y\,\theta_2 y = \theta o\,\theta_3 o\{\theta_1(x+y)\theta_2(x-y)-\theta_2(x+y)\theta_1(x-y)\} \end{cases}$$

$$(2.)\quad \begin{cases} \theta_2 o\,\theta x\,\theta_2 y\,\theta(x+y) = \theta_3 o\,\theta_1 x\,\theta_3 y\,\theta_1(x+y)+\theta o\,\theta_2 x\,\theta y\,\theta_2(x+y) \\ \theta_2 o\,\theta_1 x\,\theta_3 y\,\theta(x+y) = \theta_3 o\,\theta x\,\theta_2 y\,\theta_1(x+y)-\theta o\,\theta_3 x\,\theta_1 y\,\theta_2(x+y) \\ \theta_2 o\,\theta_2 x\,\theta y\,\theta(x+y) = \theta_3 o\,\theta_3 x\,\theta_1 y\,\theta_2(x+y)+\theta o\,\theta x\,\theta_2 y\,\theta_2(x+y). \end{cases}$$

Ersetzt man in diesen Gleichungen y durch λi und zerlegt die Functionen $\theta(x+\lambda i)$, $\theta_1(x+\lambda i)$, $\theta_2(x+\lambda i)$ in ihren reellen und imaginären Theil, so dass

$$(3.)\quad \theta(x+\lambda i)=a+ib;\quad \theta_1(x+\lambda i)=a_1+ib_1;\quad \theta_2(x+\lambda i)=a_2+ib_2$$

gesetzt werden könnte, also z. B.

$$a=\tfrac{1}{2}\{\theta(x+\lambda i)+\theta(x-\lambda i)\}\ \text{und}\ b=\tfrac{1}{2}i\{\theta(x+\lambda i)-\theta(x-\lambda i)\}$$

sein müsste, so zerfallen diese sechs Formeln in neun andere. Eine solche Zerlegung, welche hier aber nicht wirklich vorgenommen zu werden braucht, hat übrigens mit Hülfe der Formeln (3.) bis (6.) in §. 16 keine Schwierigkeit, wenn man die bekannten Exponentialfunctionen für $\sin\lambda i$ und $\cos\lambda i$ benutzt. Setzt man ausserdem noch, ähnlich wie auch in §. 192 verfahren wurde,

$$2\cos 2\lambda i = e^{2\lambda}+e^{-2\lambda}=y,$$

so erhält man z. B.

$$\theta(x+\lambda i) = 1-qy\cos 2x+q^4(y^2-2)\cos 4x-q^9(y^3-3y)\cos 6x+\cdots$$
$$+i\sqrt{y^2-4}\,(q\sin 2x-q^4 y\sin 4x+q^9(y^2-1)\sin 6x-\cdots)$$

und ähnliche Ausdrücke, welche für die numerische Berechnung die bequemsten sind, ergeben sich auch für die übrigen Functionen.

Die Formeln, welche wir durch die angegebene Zerlegung (3.) erhalten, sind nun aus N. 1 die folgenden:

$$
\begin{aligned}
\theta x\,\theta_1 x\,\theta_2\lambda i\,\theta_3\lambda i &= \theta_2 o\,\theta_3 o(aa_1+bb_1)\\
\theta x\,\theta_2 x\,\theta\lambda i\,\theta_3\lambda i &= \theta o\,\theta_3 o(aa_2+bb_2)\\
\theta x\,\theta_3 x\,\theta_1\lambda i\,\theta_2\lambda i &= i\theta o\,\theta_3 o(b_1a_2-a_1b_2).
\end{aligned}
$$

Aus N. 2 erhält man, wenn die reellen und imaginären Theile gehörig verglichen werden,

$$
\begin{aligned}
a\theta_3 o\,\theta x\,\theta_3\lambda i &= a_1\theta_3 o\,\theta_1 x\,\theta_3\lambda i + a_2\theta o\,\theta_3 x\,\theta\lambda i\\
b\theta_3 o\,\theta x\,\theta_3\lambda i &= b_1\theta_3 o\,\theta_1 x\,\theta_3\lambda i + b_2\theta o\,\theta_3 x\,\theta\lambda i\\
a\theta_3 o\,\theta_1 x\,\theta_3\lambda i &= a_1\theta_3 o\,\theta x\,\theta_3\lambda i - b_2 i\theta o\,\theta_3 x\,\theta_1\lambda i\\
b\theta_3 o\,\theta_1 x\,\theta_3\lambda i &= b_1\theta_3 o\,\theta x\,\theta_3\lambda i + a_2 i\theta o\,\theta_3 x\,\theta_1\lambda i\\
a\theta_3 o\,\theta_3 x\,\theta\lambda i &= b_1 i\theta_3 o\theta_3 x\theta_1\lambda i + a_2\theta o\,\theta x\,\theta_3\lambda i\\
b\theta_3 o\,\theta_3 x\,\theta\lambda i &= -a_1 i\theta_3 o\theta_3 x\theta_1\lambda i + b_2\theta o\,\theta x\,\theta_3\lambda i.
\end{aligned}
$$

Setzt man aber in diesen neun Formeln

$$
\begin{aligned}
a\theta_3 o &= \theta x\,\theta_3\lambda i A; \quad a_1\theta_3 o = \theta x\theta_3\lambda i A_1; \quad a_2\theta o = \theta x\,\theta_3\lambda i A_2;\\
b\theta_3 o &= \theta x\,\theta_3\lambda i B; \quad b_1\theta_3 o = \theta x\theta_3\lambda i B_1; \quad b_2\theta o = \theta x\,\theta_3\lambda i B_2;
\end{aligned}
$$

und dividirt alle durch $\theta x^2\theta_3\lambda i^2$, so erhält man, wenn noch

$$
\frac{f\lambda i}{iq\lambda i}hx = C; \quad \frac{qx}{g\lambda i} = C_1; \quad \frac{h\lambda i}{g\lambda i}fx = C_2
$$

angenommen werden,

$$
\begin{aligned}
C_2 &= A\,A_1 + BB_1\\
C_1 &= A\,A_2 + BB_2\\
C &= B_1A_2 - A_1B_2\\
A &= C_2A_1 + C_1A_2; \quad B = C_2B_1 + C_1B_2\\
AC_2 &= A_1 + CB_2; \quad BC_2 = B_1 - CA_2\\
AC_1 &= -B_1C + A_2; \quad BC_1 = A_1C + B_2.
\end{aligned}
$$

Diese Formeln haben nun schon mit denen unter (5.), (6.), (7.) in §. 201 aufgeführten, durch welche der Zusammenhang der neun Cosinus der Winkel ausgedrückt wird, welche die Axen zweier rechtwinkligen Coordinatensysteme mit einander bilden, grosse Aehnlichkeit und sie gehen in diese Formeln wirklich über, wenn wir

$$
A, B, C; \quad A_1, B_1, C_1; \quad A_2, B_2, C_2
$$

durch

$$\gamma_1, \gamma, \gamma_2; \quad -\alpha, \alpha_1, -\alpha_2; \quad -\beta, \beta_1, \beta_2$$

ersetzen.

Wenn also ein sphärisches Dreieck XYZ mit drei rechten Winkeln auf der Oberfläche einer Kugel in eine andere Lage $X'Y'Z'$ gebracht wird, so dass die Bogen

$$X'X = \alpha, \; X'Y = \alpha_1, \; X'Z = \alpha_2$$
$$Y'X = \beta, \; Y'Y = \beta_1, \; Y'Z = \beta_2$$
$$Z'X = \gamma, \; Z'Z = \gamma_1, \; Z'Z = \gamma_2$$

sind, so drücken die Formeln

$$\alpha = -\theta_3 o . \frac{\theta_1(x+\lambda i) + \theta_1(x-\lambda i)}{2\theta x \theta_3 \lambda i}; \quad \alpha_1 = \theta_3 o . \frac{\theta_1(x+\lambda i) - \theta_1(x-\lambda i)}{2i\theta x \theta_3 \lambda i}$$

$$\beta = -\theta o . \frac{\theta_2(x+\lambda i) + \theta_2(x-\lambda i)}{2\theta x \theta_3 \lambda i}; \quad \beta_1 = \theta o . \frac{\theta_2(x+\lambda i) - \theta_2(x-\lambda i)}{2i\theta x \theta_3 \lambda i}$$

$$\gamma = \quad \theta_3 o . \frac{\theta(x+\lambda i) - \theta(x-\lambda i)}{2i\theta x \theta_3 \lambda i}; \quad \gamma_1 = \theta_3 o . \frac{\theta(x+\lambda i) + \theta(x-\lambda i)}{2\theta x \theta_3 \lambda i}$$

$$\alpha_2 = -\frac{gx}{g\lambda i}; \quad \beta_2 = \frac{h\lambda i}{g\lambda i} fx; \quad \gamma_2 = \frac{f\lambda i}{ig\lambda i} hx$$

die Cosinus dieser neun Bogen durch die beiden Argumente x und λ und den Nomos q der Thetafunctionen aus.

§. 214.

Bezeichnen wir

(1.) $$\frac{n}{l'f\lambda i}\left(\frac{l'\theta_1\lambda i}{A} - \frac{l'\theta\lambda i}{C}\right) = \Theta$$

und

(2.) $$\tfrac{1}{2} i l \frac{\theta(\lambda i - x)}{\theta(\lambda i + x)} = \sigma,$$

so wird der Winkel ψ nach N. 16 in §. 210 durch die Gleichung ausgedrückt:

(3.) $$\psi = \psi_0 - \Theta t + \sigma.$$

Aus (2.) folgt aber

$$e^{\sigma i} = \sqrt{\frac{\theta(\lambda i + x)}{\theta(\lambda i - x)}} \quad \text{und} \quad e^{-\sigma i} = \sqrt{\frac{\theta(\lambda i - x)}{\theta(\lambda i + x)}},$$

also

(4.) $$\operatorname{tg}\sigma = \frac{\theta(\lambda i + x) - \theta(\lambda i - x)}{\theta(\lambda i + x) + \theta(\lambda i - x)} = \frac{\gamma}{\gamma_1} = (\operatorname{tg}\psi \text{ §. } 203)$$

nach den Formeln des vorigen Paragraphen. Die so eben für die neun Cosinus gefundenen Formeln geben nun, wenn man unter x, λ und ν die vorher für diese Grössen gefundenen Werthe versteht, unmittelbar die Winkel φ, χ und σ, wie man durch Vergleichung derselben mit (4.) und N. 2 in §. 210 sogleich ersieht. Den Bogen ψ, welchen die Knotenlinie OK auf der unveränderlichen Ebene durchläuft, findet man dann durch die Gleichung (3.) auf die Weise, dass man eine zweite Linie mit der gleichförmigen Winkelgeschwindigkeit Θ auf dieser Ebene sich um O drehen lässt, deren Sinn durch das Zeichen von Θ bestimmt ist, während die Linie OK selbst um diese Linie periodisch hin und her schwankt, in einer Weite, welche von der Grösse von σ abhängt.

§. 215.

Es lassen sich jetzt auch die Geschwindigkeiten der Drehungen um die festen Axen der x, y, z durch Thetafunctionen ausdrücken. In §. 212 ergaben sich unter N. 9 für diese Grössen die Gleichungen

$$(1.)\qquad \begin{aligned} \omega\lambda' &= \alpha p + \beta q + \gamma r \\ \omega\mu' &= \alpha_1 p + \beta_1 q + \gamma_1 r \\ \omega\nu' &= \alpha_2 p + \beta_2 q + \gamma_2 r. \end{aligned}$$

Nach §. 209 ist aber

$$\alpha_2 = \frac{Ap}{n};\quad \beta_2 = \frac{Bq}{n};\quad \gamma_2 = \frac{Cr}{n},$$

also wird die Geschwindigkeit der Drehung um die Axe der z

$$\omega\nu' = \frac{1}{n}(Ap^2 + Bq^2 + Cr^2) = \frac{m}{n}.$$

Um einen Ausdruck für die beiden anderen Geschwindigkeiten zu erhalten, multipliciren wir die erste der Gleichungen (1.) mit i und addiren sie zu der zweiten, dann wird

$$\omega(\mu' + \lambda' i) = (\alpha_1 + \alpha i)p + (\beta_1 + \beta i)q + (\gamma_1 + \gamma i)r.$$

Es ist aber nach §. 213

$$\alpha_1 + \alpha i = \frac{\theta_2 o\,\theta_1(x+\lambda i)}{i\theta x\,\theta_3\lambda i};\quad \beta_1 + \beta i = \frac{\theta o\,\theta_2(x+\lambda i)}{i\theta x\,\theta_3\lambda i};\quad \gamma_1 + \gamma i = \frac{\theta_3 o\,\theta(x+\lambda i)}{\theta x\,\theta_3\lambda i}$$

und

$$p = -\frac{n\theta_2 x\,\theta_1\lambda i}{A\theta x\,\theta_3\lambda i};\quad q = \frac{n\theta_1 x\,\theta_2\lambda i}{B\theta x\,\theta_3\lambda i};\quad r = \frac{n\theta_3 x\,\theta_1\lambda i}{iC\theta x\,\theta_3\lambda i}.$$

Führt man diese Werthe in die vorletzte Gleichung ein, so erhält man

$$\frac{i}{n}\theta x^2 \theta_1 \lambda i^2 \omega(\mu' + \lambda' i)$$

$$= -\frac{\theta_3 o}{A}\theta\lambda i \theta_1 x \theta_2(x+\lambda i) + \frac{\theta o}{B}\theta_3\lambda i \theta_1 x \theta_1(x+\lambda i) + \frac{\theta_3 o}{C}\theta_1\lambda i \theta_2 x \theta(x-\lambda i).$$

Vertauscht man in der zweiten Formel N. 2 §. 213 x mit λi und y mit x, so geht sie über in

$$0 = \theta_3 o\, \theta\lambda i\, \theta_1 x\, \theta_2(x+\lambda i) - \theta o\, \theta_3\lambda i\, \theta_2 x\, \theta_1(x+\lambda i) - \theta_3 o\, \theta_1\lambda i\, \theta_2 x\, \theta(x+\lambda i).$$

Dividirt man diese Gleichung durch C und addirt den Quotienten zum vorigen, so wird

$$\frac{i}{n}\theta x^2 \theta_1 \lambda i^2 \omega(\mu' + \lambda' i) = \theta_3 o\, \theta\lambda i\, \theta_1 x\, \theta_2(x+\lambda i)\left(\frac{1}{C} - \frac{1}{A}\right)$$

$$-\theta o\, \theta_3\lambda i\, \theta_2 x\, \theta_1(x+\lambda i)\left(\frac{1}{C} - \frac{1}{B}\right).$$

Benutzt man hier die erste und zweite Formel aus N. 14 in §. 210:

$$\frac{1}{C} - \frac{1}{A} = \frac{i\theta o^2 g\lambda i\, h\lambda i}{n f\lambda i}\frac{dx}{dt}; \quad \frac{1}{C} - \frac{1}{B} = \frac{i\theta_3 o^2 g\lambda i}{n f\lambda i\, h\lambda i}\frac{dx}{dt},$$

so findet man

$$\omega(\mu' + \lambda' i) = \frac{\theta o\, \theta_3 o}{\theta x^2 \theta_1\lambda i\, \theta_3\lambda i}\frac{dx}{dt}\{\theta o\, \theta_3\lambda i\, \theta_2 x\, \theta_1(x+\lambda i) - \theta_3 o\, \theta\lambda i\, \theta_1 x\, \theta_2(x+\lambda i)\}.$$

Aus N. 18 in §. 68 entnimmt man aber leicht die Formel

$$\theta o\, \theta_3\lambda i\, \theta_2 y\, \theta_1(x+\lambda i) - \theta_3 o\, \theta\lambda i\, \theta_1 x\, \theta_2(x+\lambda i) = \theta_2 o\, \theta_1\lambda i\, \theta x\, \theta_3(x+\lambda i).$$

Daher wird endlich, wenn man N. 1 in §. 31

$$\theta_1' o = \theta o\, \theta_2 o\, \theta_3 o$$

anwendet,

$$(2.) \qquad \omega(\mu' + \lambda' i) = \theta_1' o \frac{\theta_3(x+\lambda i)}{\theta x\, \theta_1\lambda i}\frac{dx}{dt}.$$

Vertauscht man hier i mit $-i$, so erhält man

$$\omega(\mu' - \lambda' i) = \theta_1' o \frac{\theta_3(x-\lambda i)}{\theta x\, \theta_1\lambda i}\frac{dx}{dt}.$$

Also sind die gesuchten drei Geschwindigkeiten der Drehung um die Axen der x, y, z

$$(3.) \qquad \omega\lambda' = \frac{\theta_1' o}{2i\theta x\, \theta_1\lambda i}\frac{dx}{dt}\{\theta_3(x+\lambda i) - \theta_3(x-\lambda i)\}$$

(4.) $$\omega\mu' = \frac{\vartheta_1' o}{2\,\theta x\,\vartheta_1\lambda i}\,\frac{dx}{dt}\{\vartheta_1(x+\lambda i)+\vartheta_1(x-\lambda i)\}$$

(5.) $$\omega\nu' = \frac{m}{n}.$$

§. 216.

Die Ausdrücke dieser Geschwindigkeiten und der neun Cosinus, welche in §. 213 gefunden wurden, lassen sich mit Hülfe der Formeln des §. 72 fast unmittelbar in Reihen auflösen. Wir wollen von diesen Reihen, welche Jacobi in der angeführten Abhandlung fast sämmtlich entwickelt, nur einige beispielsweise hier angeben, weil die übrigen sich sehr leicht nach ihnen bilden lassen.

Vertauscht man in N. 3 §. 72 das x mit λi und y mit x, so erhält man

$$\vartheta_1' o\,\frac{\vartheta_1(\lambda i+x)}{\theta x\,\vartheta_1\lambda i} = \sum_{-\infty}^{\infty}\frac{e^{2sxi}}{\cos(\lambda+s\nu)i},$$

also, wenn man x mit $-x$ vertauscht und die halbe Summe beider Gleichungen nimmt, so wird

$$\frac{\vartheta_1' o}{2\,\theta x\,\vartheta_1\lambda i}(\vartheta_1(x+\lambda i)+\vartheta_1(x-\lambda i)) = \sum_{-\infty}^{\infty}\frac{\cos 2sx}{\cos(\lambda+s\nu)i}$$

Es ist aber

$$2\cos(\lambda+s\nu)i = e^{-\lambda-s\nu}+e^{\lambda+s\nu} = e^{-\lambda}q^s+e^{\lambda}q^{-s} = e^{-\lambda}q^{-s}(e^{2\lambda}+q^{2s}),$$

also findet man für die Drehungsgeschwindigkeit um die Axe der y

(1.) $$\omega\mu' = 2e^{\lambda}\,\frac{dx}{dt}\sum_{-\infty}^{\infty}\frac{q^s\cos 2sx}{e^{2\lambda}+q^{2s}},$$

wo für $\frac{dx}{dt}$ sein Werth aus N. 12 in §. 210 einzusetzen ist.

Zieht man in dieser Reihe zwei entsprechende Glieder zusammen und setzt

$$\frac{2\lambda}{\nu} = a, \quad \text{also} \quad e^{2\lambda} = e^{\nu a} = q^{-a},$$

so ergiebt sich sehr leicht, wenn man das Glied absondert, welches dem Werthe $s = 0$ entspricht,

(2.) $$\omega\mu' = \frac{2q^{\frac{a}{2}}}{1+q^a}\,\frac{dx}{dt}+2(q^{\frac{a}{2}}+q^{-\frac{a}{2}})\,\frac{dx}{dt}\sum_{1}^{\infty}\frac{q^s(1+q^{2s})\cos 2sx}{(1+q^{2s+a})(1+q^{2s-a})}$$

Nimmt man aber statt der halben Summe der vorher gebildeten Gleichungen ihre halbe Differenz, so erhält man für die Drehungsgeschwindigkeit um die Axe der x die Reihe

(3.) $$\omega\lambda' = 2e^{\lambda}\frac{dx}{dt}\sum_{-\infty}^{\infty}\frac{q^s\sin 2sx}{e^{2\lambda}+q^{2s}}$$

oder

(4.) $$\omega\lambda' = 2(q^{-\frac{a}{2}} - q^{\frac{a}{2}})\frac{dx}{dt}\sum_{1}^{\infty}\frac{q^s(1-q^{2s})\sin 2sx}{(1+q^{2s+a})(1+q^{2s-a})}.$$

Die Reihen für die Cosinus α_2, β_2, γ_2 sind die bekannten, in §. 73 bis §. 75 aufgestellten. Die Reihen für die Cosinus der übrigen sechs noch fehlenden Winkel erhält man aus den Formeln (1.), (2.), (4.) in §. 72, wenn man wieder y mit x und x mit λi vertauscht. Die N. 1 geht z. B. auf diese Weise über in

$$\theta_1' o\, g\lambda i\frac{\theta_1(\lambda i+x)}{\theta x\theta_1\lambda i} = \sum_{-\infty}^{\infty}\frac{e^{(2s-1)xi}}{\sin(\lambda+(s-\frac{1}{2})\nu)i}.$$

Setzt man hier $-x$ statt x und bildet die halbe Summe beider Gleichungen, so wird

$$\frac{\theta_1' o\, g\lambda i}{2\theta x\theta_1\lambda i}(\theta_1(\lambda i+x)+\theta_1(\lambda i-x)) = \sum_{-\infty}^{\infty}\frac{\cos(2s-1)x}{\sin(\lambda+(s-\frac{1}{2})\nu)i}$$

oder auch, weil $\theta_1(-x) = -\theta_1 x$ ist,

(5.) $$\alpha_1 = \frac{2q^{\frac{a-1}{2}}}{\theta o\theta_1 o g\lambda i}\sum_{-\infty}^{\infty}\frac{q^s\cos(2s-1)x}{1-q^{2s-1+a}}.$$

Wenn man hier wieder die Glieder zusammennimmt, welche die Cosinus der Gleich-Vielfachen von x enthalten, so gelangt man endlich zu der Gleichung

(6.) $$\alpha_1 = -2\frac{(q^{-\frac{a+1}{2}} - q^{-\frac{a-1}{2}})}{\theta o\,\theta_1 o\, g\lambda i}\sum_{1}^{\infty}\frac{q^s(1+q^{2s-1})\cos(2s-1)x}{(1-q^{2s-1+a})(1-q^{2s-1-a})},$$

wo für $g\lambda i$ sein Werth aus N. 9 in §. 210 einzusetzen ist. Die halbe Differenz der erwähnten Gleichungen liefert ebenso den Werth von α. Die Reihen für die Cosinus der noch übrigen vier Winkel werden ganz auf dieselbe Weise gebildet und sind ganz ähnlich gestaltet wie die letzte.

Druckfehler-Verzeichniss.

Seite	19	Zeile	2 v. o.	lies	Σ_1^{n-1} statt Σ_0^{n-1}
-	25	-	11 v. o.	-	q^{4s+4} statt q^{4s+2}
-	26	N. 6		-	q^{2s+1} statt q^{s+1}
-	28	Zeile	6 v. u.	-	$e^{\pi i-\nu}$ statt $q^{\pi i-\nu}$
-	29	-	5 v. u.	-	$2n+1$ statt $2n-1$
-	31	-	8 v. u.	-	und statt oder
-	32	-	11 v. o.	-	§. 16 statt §. 15
-	34	-	13 v. o.	-	$\theta(x-\frac{1}{2}\nu i)$ statt $\theta(x,\frac{1}{2}\nu i)$
-	38	-	14 v. o.	-	$(\sigma+\frac{1}{2})(x-y)$ statt $(\sigma+\frac{1}{2})(x+y)$
-	50	-	7 v. o.	-	§. 26 statt §. 62
-	52	-	14 v. o.	-	x statt χ
-	54	-	6 v. u.	-	$1+\mathrm{tg}$ statt $1-\mathrm{tg}$
-	58	-	4 v. o.	-	$-\frac{1}{2}$ statt n
-	63	N. 2		-	$\cos x+q^{\frac{9}{4}}$ statt $\cos x-q^{\frac{9}{4}}$
		N. 3		-	$2q\cos 2x$ statt $2x\cos 2x$
-	75	Zeile	8 v. u.	-	$\sin\alpha_1$ statt $\sin\alpha$
	80	N. 2		-	$\mathrm{tg}\frac{1}{2}\alpha\sin\varphi_1$ statt $\mathrm{tg}\frac{1}{2}\psi\sin\varphi_1$
-	81	Zeile	6 v. o.	-	$o,\frac{1}{2}\pi,\frac{2}{2}\pi$ statt $o,\frac{2}{2}\pi$
-	84	-	6 v. o.	-	ho^{-1} statt ho^{-2}
-	85	-	2 v. o.	-	N. 24. N. 25 statt N. 21. N. 22
-	86	N. 1		-	$\frac{u}{m}$ statt u
-	97	Zeile	1 v. u.	-	$(-1)^m$ statt $(-1)^n$
-	103	-	6 v. u.	-	$\sigma=\frac{1}{2}\pi\ x-y$ statt $\sigma=\frac{1}{2}\pi$
-	107	N. 9		-	im Nenner $\sin(\alpha-\beta)$ statt $\sin(\alpha+\beta)$
-		Zeile	4 v. u.	-	$\sigma=-z$ statt $\sigma=x+y+z$
-	111	-	4 v. u.	-	$\sqrt{\frac{1}{2}}\int_0^{\frac{\pi}{2}}$ statt $\frac{1}{2}\int_0^{\frac{\pi}{2}}$
-	113	N. 3		-	$\frac{2K}{\pi}$ statt $\frac{2kK}{\pi}$
		N. 9		-	Σ_1^{ω} statt Σ_0^{ω}
-	115	Zeile	11 v. o.	-	$4\theta o^4 fx..$ statt $4fx..$
-	124	N. 8		-	$l\cos x-4$ statt $l\cos x+4$
-	125	Zeile	5 v. u.	-	φ statt y
-	126	-	6 v. o.	-	φ statt y
-	137	-	8 v. u.	-	$1+4\Sigma_1^{\omega}$ statt $4\Sigma_0^{\omega}$
			2 v. u.	-	$\frac{2K}{\pi}=1+4\Sigma_1^{\omega}$ statt $\frac{2K}{\pi}=4\Sigma_0^{\omega}$
-	139	-	11 v. o.	-	$l''\theta o$ statt $l''\theta x$

-	140	- 10 v. o.	- $\frac{4}{\theta_3 o^2}\Sigma_1^{\omega}\frac{q^s(1-q^{2s})}{(1+q^{2s})^2}$ statt $\frac{2}{\theta_3 o^2}\Sigma_1^{\omega} q^s\left(\frac{1-q^s}{1+q^{2s}}\right)^2$
-	144	- 1 v. u.	muss } am Ende der Zeile stehen und nicht vor $\frac{x^{10}}{10}$
-	152	- 12 v. o.	lies $\frac{\beta}{k^2-\alpha}$ statt $\frac{\beta}{k-\alpha}$
-	154	- 1 v. u.	- $\mathrm{tg}\psi i$ statt $\mathrm{tg}\psi i^2$
-	156	- 3 v. u.	- $\sin\frac{1}{2}\psi^2$ statt $\frac{1}{2}\psi^2$
-	157	- 4 v. o.	- $l+l\cos\alpha$ statt $1+l\cos\alpha$
		- 7 v. u.	- $\sqrt{k'}$ statt $\sqrt{k}$
-	175 N. 2		- stets $\frac{\lambda_2}{\lambda_1}$ statt $\frac{\lambda_1}{\lambda_2}$
-	176 Zeile	13 v. u.	- (7.) statt (4.)
-	177	- 10 v. o.	- (8.) §. 109 statt (8.)
-	179	- 8 v. u.	- (5.) statt (3.)
		- 2 v. u.	- $\frac{x_2}{x_1}, \frac{y_2}{y_1}, \frac{z_2}{z_1}$ statt $\frac{x_1}{x_2}, \frac{y_1}{y_2}, \frac{z_1}{z_2}$
-	188	- 9 v. u.	- $\Sigma_0^{\omega}\Delta^s u$ statt $\Sigma_0^{\omega} u_s \Delta^s u$
-	204	- 8 v. u.	- $\int_0^u$ statt $\int_1^u$
-	205	- 1 v. o.	- $\frac{\pi u}{2K}$ statt $\frac{\pi u}{2k}$
		- 2 v. o.	- $\frac{\pi u}{2K'}$ statt $\frac{\pi u}{2k}$
-	206	- 6 v. u.	- $+\frac{dp}{d\lambda}$ statt $=\frac{dp}{d\lambda}$
-	213	- 4 v. u.	- γ statt $\sin\gamma$
-	218	- 8 v. o.	- θb statt θa
-	220	- 4 v. u.	- $2ix$ statt ix
-	221	- 8 v. o.	- $\Delta am A$; $f(a\pm x)$ statt $\Delta am A f(a\pm x)$
-	224	- 2 v. o.	- $\frac{fa^2}{ha^2}\int_0^x$ statt $fa^2\int_0^x$
-	229	- 9 v. u.	- N. 3 statt N. 1
-	260	- 8 v. u.	- $4k^2$ statt $4k$
		- 5 v. u.	- $(1-nt)$ statt $(1+nt)$
-	261	- 5 v. u.	- $\sqrt{h_1}$ statt $\sqrt{h}$
-	263	- 5 v. o.	- $\frac{c-a}{b-a}$ statt $\frac{c-a}{d-b}$
-	265	- 4 v. u.	- g statt g_1
-	266	- 5 v. u.	- μ^2 statt μ
-	275	- 5 v. o.	- $R(\alpha)$ statt $R(x)$
		- 8 v. o.	- $(x-\alpha)^{m+2}$ statt $(x-\alpha)^{m+4}$
-	276	- 12 v. u.	- . statt +
-	352 N. 3		- $\mathrm{tg}\zeta$ statt ξ. Zeile 16. v. o. lies ζ statt ξ.
-	397	- 7 v. u.	- hx^3 statt hx.

Kolibri 360 GmbH
Ferdinand-Jühlke-Straße 7
99095 Erfurt, Deutschland
produktsicherheit@kolibri360.de